三版

普通物理

著者
余健治
陳家駒
閔振發
褚德三
蔣亨進
蔡尚芳

東華書局

國家圖書館出版品預行編目資料

普通物理 / 余健治等著. -- 三版. -- 臺北市：臺灣東華，
　民 97.08
　896 面；19x26 公分
　含索引
　ISBN 978-957-483-437-2（平裝）

　1. 物理學

330　　　　　　　　　　　　　　　　　96014501

普通物理

著　　者	余健治、陳家駒、閔振發、褚德三、蔣亨進、蔡尙芳
發 行 人	陳錦煌
出 版 者	臺灣東華書局股份有限公司
地　　址	臺北市重慶南路一段一四七號三樓
電　　話	(02) 2311-4027
傳　　眞	(02) 2311-6615
劃撥帳號	00064813
網　　址	www.tunghua.com.tw
讀者服務	service@tunghua.com.tw
門　　市	臺北市重慶南路一段一四七號一樓
電　　話	(02) 2371-9320

2026 25 24 23 22　HJ 9 8 7 6 5

ISBN　　978-957-483-437-2

版權所有　·　翻印必究

作者簡介

| 余健治 | 美國俄亥俄州立大學物理博士 | 曾任台灣師範大學物理系系主任
現任台灣師範大學教授 |

| 陳家駒 | 美國波士頓東北大學物理博士 | 現任成功大學物理系教授 |

| 閔振發 | 美國羅格斯大學物理博士 | 曾任成功大學物理系主任
現任成功大學物理系教授 |

| 褚德三 | 美國紐約州立大學水牛城分校物理博士 | 曾任交通大學理學院院長、電子物理系系主任
現任交通大學電子物理系教授 |

| 蔣亨進 | 美國卡內基梅農大學物理博士 | 曾任清華大學物理系系主任
現任清華大學物理系榮譽教授 |

| 蔡尚芳 | 美國紐約州立大學石溪分校物理博士 | 曾任台灣大學物理系系主任
現任吳鳳技術學院教授兼教務長 |

編輯大意

一、坊間雖有高水準之普通物理教本出版，惟絕大多數為適合大學理工科系之英文本及其中譯本。然而，具相同水準，以中文編寫、適合本國學生之本土普通物理教本尚付闕如，本書編輯之目的在於針對理工科學生之需求，編寫適用之教本。

二、本書之編寫學理與實用並重，文字之敘述及公式之推演力求簡潔。

三、本書附圖清晰、印刷精美、重點公式及文字套色印刷，力求醒目，藉此提高學生之學習興趣及效果。

四、學習本書所需數學基礎限於初等微積分及向量代數，避免艱深數學之應用。

五、本書每章課文中均附有適當數目例題，用以闡明重點內容。

六、本書每章章末附有適當數目習題，教師可選取，供學生練習。習題標以 * 號者為難度較高的題目，教師可視學生程度，決定是否選取要求學生做答。習題答案載於書末附錄 F 中，每一習題之詳細解答則載於教師手冊中。

七、本書專有名詞及人名皆採用教育部國立編譯館所頒布之「物理

學名詞」。

八、本書附有教師手冊（內容包括各章重點、補充例題、補充資料及習題詳解）、附圖投影片及題庫，以為教師教學之輔助。

九、為求配合各種學制之不同專業領域，以及學生程度上之差異，本書另編有精簡本，程度較本課本略淺，內容亦有所精簡，刪除近代物理部份，教師可依其教學需求而選用之。

十、本書著作人皆學有專精，並具多年普通物理之教學經驗，本書為各著作人教學結晶之力作，惟疏漏之處在所難免，尚祈各學者先進不吝指正。

目　錄

第 1 章　物理學與測量　1

- **1-1**　物理學與自然科學 2
- **1-2**　測　量 4
  - 1-2-1　時間的測量與時間單位 5
  - 1-2-2　長度的測量與單位 8
  - 1-2-3　質量的測量與單位 11
  - 1-2-4　國際單位系統 12
- **1-3**　物理量的因次與因次分析法 14
- 習　題 17

第 2 章　質點運動學　19

- **2-1**　直線運動 20
  - 2-1-1　質點與位置 20
  - 2-1-2　速率與速度 21
  - 2-1-3　等速度運動 26
  - 2-1-4　加速度運動 27
  - 2-1-5　等加速度運動公式 31
- **2-2**　自由落體運動 34
- **2-3**　向量與向量運算 36
  - 2-3-1　位移與向量 36
  - 2-3-2　向量的合成與分解 37
- **2-4**　平面運動 40
  - 2-4-1　位　移 40

   2-4-2 速度與加速度向量 41
   2-4-3 等加速度運動 44
 2-5 拋體運動 45
 習題 49

第 3 章　靜力學　53

 3-1 力的量度 54
 3-2 力的合成與分解 55
   3-2-1 幾何法 56
   3-2-2 解析法 56
 3-3 力的平衡 59
 3-4 常見力的性質 63
   3-4-1 彈簧力 63
   3-4-2 張　力 64
   3-4-3 抗　力 65
   3-4-4 摩擦力 66
 3-5 力矩及力矩的平衡 70
 3-6 靜力平衡 73
 習題 77

第 4 章　質點動力學　81

 4-1 慣性與牛頓第一運動定律 82
 4-2 力的定義與牛頓第二運動定律 84
   4-2-1 牛頓第二運動定律 84
 4-3 牛頓第三運動定律 89
 4-4 動量與動量守恆定律 91
   4-4-1 多質點系統的動量守恆 92
   4-4-2 衝量與動量定理 95
 習題 98

第 5 章　功與能量　101

- **5-1**　功 102
- **5-2**　動　能 106
- **5-3**　功-動能定理 107
- **5-4**　功　率 110
- **5-5**　保守力 111
  - 5-5-1　地表附近重力 111
  - 5-5-2　彈簧恢復力 112
- **5-6**　力學能守恆 114
- 習　題 118

第 6 章　質點組動力學　121

- **6-1**　質點組系統的動量 122
- **6-2**　質量中心的運動 125
- **6-3**　質點組系統的動能 127
- **6-4**　質點組系統的位能 131
- **6-5**　一維碰撞 134
  - 6-5-1　彈性碰撞 135
  - 6-5-2　非彈性碰撞 142
- **6-6**　二維碰撞 143
  - 6-6-1　彈性碰撞 143
  - 6-6-2　非彈性碰撞 146
- 習　題 148

第 7 章　轉動運動學　151

- **7-1**　角位移 152
- **7-2**　角速度及角加速度 154
- **7-3**　等角加速度運動 157
- **7-4**　圓周運動 159
- **7-5**　角動量 162

- 7-5-1 單一質點的角動量 163
- 7-5-2 對定軸轉動剛體的角動量 165
- 習題 168

第 8 章 轉動動力學 171

- 8-1 轉動運動方程式 172
- 8-2 角動量守恆 176
- 8-3 轉動動能 178
  - 8-3-1 質點的轉動動能 178
  - 8-3-2 對定軸轉動剛體的轉動動能 179
- 8-4 平行軸定理 181
- 8-5 定軸轉動與一維運動的比較 184
- 習題 186

第 9 章 萬有引力 189

- 9-1 克卜勒行星運動三定律 190
- 9-2 萬有引力定律 193
- 9-3 萬有引力定律與克卜勒定律 196
- 9-4 重力位能 198
- 9-5 人造衛星 203
- 習題 206

第 10 章 流體力學 209

- 10-1 靜止流體的壓力 210
  - 10-1-1 靜止流體內部各點的壓力 210
- 10-2 阿基米德原理 214
- 10-3 大氣壓力 217
- 10-4 帕斯卡原理 218
- 10-5 液體的界面現象 219
  - 10-5-1 表面張力 219

10-5-2　毛細現象 222
10-6　白努利原理 225
習　題 231

第 11 章　振盪運動　233

11-1　振盪運動的特性 234
11-2　簡諧運動 235
　　　11-2-1　簡諧運動的週期與頻率 238
　　　11-2-2　相位與相位常數 239
　　　11-2-3　簡諧運動的速度與加速度 240
11-3　簡諧運動的應用 242
　　　11-3-1　垂懸的彈簧──重物系統 242
　　　11-3-2　單　擺 243
　　　11-3-3　複擺與扭擺 243
11-4　簡諧運動的能量 245
11-5　阻尼振盪 248
11-6　受迫振盪與共振 250
習　題 253

第 12 章　波　動　257

12-1　波的種類與特性 259
　　　12-1-1　振　幅 259
　　　12-1-2　縱波與橫波 259
　　　12-1-3　波　形 260
　　　12-1-4　波長、週期與頻率 260
　　　12-1-5　波　速 261
12-2　波動的數學描述 262
12-3　弦線上的波 265
　　　12-3-1　張緊的弦線 265
12-4　波功率與波強度 267
　　　12-4-1　波功率 267

　　　　12-4-2　波強度 269
　12-5　重疊原理與波的干涉 271
　　　　12-5-1　拍 272
　　　　12-5-2　二維干涉 274
　習　題 275

第 13 章　聲音與其它的波動現象　279

　13-1　氣體中的聲波 280
　13-2　氣體中的聲速 282
　13-3　聲強度 285
　　　　13-3-1　聲音與人耳聽覺 288
　　　　13-3-2　分　貝 288
　13-4　液體與固體中的聲波 289
　13-5　波的反射 290
　13-6　駐　波 292
　　　　13-6-1　樂　器 296
　13-7　都卜勒效應 298
　13-8　震　波 301
　習　題 302

第 14 章　溫度與熱量　305

　14-1　溫　度 306
　14-2　溫度的測量 307
　14-3　理想氣體的性質 308
　14-4　熱膨脹 311
　14-5　熱　量 314
　14-6　潛熱與相變 317
　14-7　導熱的機制 321
　習　題 331

第 15 章　熱力學第一定律　335

- 15-1　功與熱力學過程 336
- 15-2　熱力學第一定律 346
- 15-3　理想氣體的內能與比熱 350
- 15-4　氣體動力論與理想氣體的內能 356
- 習　題 361

第 16 章　熱力學第二定律　365

- 16-1　理想氣體的絕熱過程 366
- 16-2　熱　機 369
- 16-3　卡諾循環 373
- 16-4　熱力學第二定律 377
- 16-5　熵 378
- 習　題 380

第 17 章　電荷與電場　383

- 17-1　引　言 384
- 17-2　庫侖定律 387
- 17-3　電　場 394
- 17-4　高斯定律 401
- 習　題 408

第 18 章　電　位　411

- 18-1　電位差與電位 412
- 18-2　點電荷的電位與靜電位能 415
- 18-3　連續電荷分布的電位 420
- 18-4　電位差與電場 424
- 18-5　帶電導體的靜電學 428
- 習　題 433

第 19 章　靜電能與電容器　437

- 19-1　電容器 ……………………………………………………………… 438
- 19-2　平行板電容器 …………………………………………………… 439
- 19-3　電容的計算 ……………………………………………………… 441
  - 19-3-1　圓柱電容器 ……………………………………………… 442
  - 19-3-2　圓球電容器 ……………………………………………… 444
- 19-4　帶電的電容器所儲存的能量 ………………………………… 446
- 19-5　靜電能與電場 …………………………………………………… 449
- 19-6　電容器的並聯與串聯 ………………………………………… 452
- 19-7　電容器與介電物質 …………………………………………… 456
- 習　題 …………………………………………………………………… 462

第 20 章　電流與直流電路　467

- 20-1　電　流 ……………………………………………………………… 468
- 20-2　電阻與歐姆定律 ……………………………………………… 472
- 20-3　電功率 …………………………………………………………… 476
- 20-4　金屬的導電機制 ……………………………………………… 478
- 20-5　電動勢 …………………………………………………………… 481
- 20-6　電阻的串聯與並聯 …………………………………………… 485
- 20-7　克希荷夫法則與多迴路電路 ………………………………… 487
- 20-8　電阻-電容（RC）串聯電路 ………………………………… 489
  - 20-8-1　電容器充電 ……………………………………………… 489
  - 20-8-2　電容器放電 ……………………………………………… 493
- 習　題 …………………………………………………………………… 495

第 21 章　磁場與磁場源　501

- 21-1　磁場與磁力線 …………………………………………………… 502
- 21-2　帶電質點在磁場中的運動 …………………………………… 503
- 21-3　電流在磁場中所受的力 ……………………………………… 507
- 21-4　電流線圈在磁場中所受的磁力矩 …………………………… 509

21-5	必歐-沙伐定律	513
21-6	載流導線間的磁作用力	518
21-7	安培定律	519
21-8	安培定律的應用	520
21-9	磁性物質	522
21-10	磁單極與磁的高斯定律	526
21-11	螺線管與環式螺線管	528
習題		532

第 22 章　電磁感應與磁能　537

22-1	感應電流	538
22-2	法拉第定律與冷次定律	539
22-3	運動的感應電動勢	543
22-4	感應電場	545
22-5	渦電流	548
22-6	自感應	549
22-7	互感應	551
22-8	RL 電路	554
22-9	磁場能量	557
習題		560

第 23 章　交流電流　565

23-1	包含交流電源與電阻器的交流電路	566
23-2	包含交流電源與電容器的交流電路	567
23-3	包含交流電源與感應線圈的交流電路	569
23-4	LCR 串聯電路	571
23-5	方均根電壓與電流	574
23-6	電功率	575
	23-6-1　R 電路	575
	23-6-2　LCR 電路	575
23-7	LCR 串聯交流電路的共振	578

23-8	LC 振盪	579
23-9	RC 濾波器	581
習 題		583

第 24 章　馬克士威方程式與電磁波　585

24-1	隨時間改變的電場是一種磁場源	586
24-2	馬克士威方程式	590
24-3	電磁波及其傳播	591
24-4	電磁波的波譜與產生	593
24-5	電磁波的偏振	596
24-6	電磁波的能量	600
24-7	電磁波的動量與光壓	602
習 題		605

第 25 章　反射與折射　609

25-1	反射與透射	610
25-2	反　射	611
25-3	折　射	614
	25-3-1　海市蜃樓	618
25-4	全內反射	620
25-5	色　散	624
	25-5-1　稜鏡分光計	626
	25-5-2　虹與霓	628
25-6	反射係數與起偏振角	631
習 題		633

第 26 章　成像與光學儀器　635

26-1	平面鏡	636
26-2	曲面鏡	638
	26-2-1　拋物面鏡	638

	26-2-2 球面鏡	639
	26-2-3 球面鏡的成像公式	642
26-3	透　鏡	647
	26-3-1 光線描跡法	649
26-4	造鏡者公式	649
	26-4-1 球面折射成像公式	650
	26-4-2 薄透鏡折射成像公式	654
26-5	光學儀器	659
	26-5-1 眼睛與眼鏡	659
	26-5-2 照相機	662
	26-5-3 放大鏡與顯微鏡	664
	26-5-4 望遠鏡	668
習　題		670

第 27 章　干涉與繞射　673

27-1	相干性與干涉	674
	27-1-1 相干性	674
	27-1-2 相長與相消干涉	676
27-2	雙縫干涉	677
	27-2-1 光強度分布	680
27-3	多縫干涉與繞射光柵	681
	27-3-1 繞射光柵	684
	27-3-2 鑑別率	686
27-4	薄膜與干涉計	687
	27-4-1 邁克生干涉儀	691
27-5	海更士原理與繞射	692
	27-5-1 繞　射	692
27-6	單縫繞射	693
	27-6-1 單縫繞射的強度分布	696
	27-6-2 多縫繞射	700
27-7	繞射極限	700

習 題 703

第 28 章　相對論　705

- 28-1　伽立略轉換 706
- 28-2　愛因斯坦的基本假定及勞侖茲轉換 710
  - 28-2-1　勞侖茲坐標轉換式 710
  - 28-2-2　勞侖茲速度轉換式 713
  - 28-2-3　相對論的同時性 716
  - 28-2-4　長度收縮 718
  - 28-2-5　時間膨脹 720
- 28-3　相對論中的質量及動量 722
- 28-4　相對論力學 723
- 習 題 727

第 29 章　量子物理　729

- 29-1　黑體輻射 730
- 29-2　光電效應 737
- 29-3　康卜吞效應 742
- 29-4　電子繞射 747
- 29-5　量子力學的初步 753
  - 29-5-1　測不準原理 754
- 習 題 757

第 30 章　原子物理　759

- 30-1　氫原子光譜 761
- 30-2　波耳的原子模型 763
- 30-3　X-射線 769
  - 30-3-1　莫斯萊定律 773
- 30-4　雷射 776
- 習 題 781

第 31 章　分子與固態物理　783

- **31-1**　分子鍵結 784
  - 31-1-1　離子鍵 784
  - 31-1-2　共價鍵 785
  - 31-1-3　金屬鍵 786
  - 31-1-4　凡德瓦爾鍵 786
  - 31-1-5　氫　鍵 786
- **31-2**　分子的能階 787
- **31-3**　固體的種類 789
  - 31-3-1　離子晶體 789
  - 31-3-2　共價晶體 791
  - 31-3-3　金屬晶體 791
- **31-4**　晶體的能帶理論 792
  - 31-4-1　導　體 793
  - 31-4-2　絕緣體 794
  - 31-4-3　半導體 794
- **31-5**　超導性 798
- 習　題 801

第 32 章　原子核物理　803

- **32-1**　原子核的一些基本性質 804
  - 32-1-1　原子核的質量及電荷 804
  - 32-1-2　原子核的大小 806
  - 32-1-3　原子核的魔術數字 806
- **32-2**　原子核的束縛能 807
  - 32-2-1　核　力 810
- **32-3**　原子核的放射性 812
- **32-4**　α 衰變 815
- **32-5**　β 衰變 818
- **32-6**　γ 衰變 822

32-7　天然放射性 825
習　題 825

第 33 章　基本粒子　827

33-1　粒子的發現之旅 828
33-2　粒子的交互作用 833
　　　33-2-1　強作用 833
　　　33-2-2　電磁作用 834
　　　33-2-3　弱作用 835
　　　33-2-4　重力作用 835
33-3　粒子的分類 835
33-4　粒子的守恆定律 837
　　　33-4-1　重子數守恆定律 837
　　　33-4-2　輕子數守恆定律 838
33-5　夸克模型 839
習　題 842

附　錄　843

索　引　863

物理學與測量

1-1 物理學與自然科學

1-2 測　量

1-3 物理量的因次與因次分析法

探索科學最原始的動機是為解決生活上的困難。探索科學另外的動機是出自人類本能的好奇與懷疑。日月星辰的週期運動，雷電雲雨的天氣變化，均會引起人類想去了解其中的奧祕。探索科學的第三個動機是為改善及提升人類生活的品質。科學知識的產生與累積，都是源自上述動機的結果。本章將對物理學與其它學門的關係做一簡略的敘述。

物理學脫離不了實驗，而實驗則免不了做測量，本章也將對物理學中的基本測量做一簡單的敘述。

1-1 物理學與自然科學

物理學是自然科學的一支，而自然科學則是指對自然界的各種現象、事物做有系統研究的學問。科學的英文是"science"，乃源自拉丁文的字根 "scientia"，意義為知識（knowledge）。人類自古以來，從日常生活中觀察到許多現象，對這些現象及知識也或多或少做了一些探討，因此累積了不少知識，但能對這些知識做有系統研究，則是遲至距今三、四百年之前的事。後來，隨著文明的進展，在原先科學中的一些領域，逐漸成熟，漸漸形成獨立而創新的學科。因此，科學一詞也須賦予較廣泛的意義。廣義的科學係指經由觀察、實驗、分析、歸納、演繹等過程所建立的有系統、有組織的知識與學問，同時科學也涵蓋了求得這些知識的方法，例如：如何做合理的假設、如何提出一個完整有效的模型、如何正確分析所獲數據等等，都已是隸屬廣義的科學的範圍。

科學可分為自然科學及社會科學兩大類。自然科學指的是探索與自然界中物質或能量相關之性質的學問，例如物理學、化學或生物學、…等屬之；而社會科學則研究與人類社會中物質或精神文明相關的問題，例如心理學、經濟學、…等等均屬

之。自然科學按研究的對象可分類成物理的科學（physical science）及生物的科學（life science）兩大領域。物理的科學有時也稱為物質科學，它主要研究的是有關自然界中物質的組成或與組成物質間之交互作用相關的一些性質或現象。而生物的科學有時也稱為生命科學，它主要研究的則是有關自然界中有生命群體部門的一些現象或分類。物質科學包括了物理學、天文學、化學、地球科學、…等等；而生命科學包括了動植物學、微生物學（圖 1-1）、生態學、醫學、…等等。物理學是自然科學的基礎學科，因此，物理學所探究的問題，主要是有關物質的性質、組成物質的基本要素及物質間最基本的交互作用的特性與形式。它所研究的範圍，從小至微觀粒子的組成及性質，大至宇宙的構成及來源，它不僅包括對自然現象所研究得到的有系統知識，同時也包括探索這些知識的方法。物理學所包含的知識，是人類從不同的驗證中所發現及歸納出來，並且經過有系統的推廣演繹所得的。物理學（包括天文學）在整個自然科學的範疇內，不僅發展較早而且佔著最基本的地位，構成了其它分支學門的基礎，它和其它自然科學分支的關係也相當密切。

圖 1-1　微生物

　　自然科學並不包括數學。數學源自於人類數數目的觀念，其本質是抽象性的、普遍性的以及邏輯性的，它所研究的對象通常並非是具體的事物。數學的目的雖也是求正確的知識，但它和自然界的一切，並沒有必然的關聯，因此數學並不列入自然科學的範圍，但數學與自然科學同時是研究自然界現象的兩項必備的工具，它們與社會學、經濟學、語文學或其它技術性的學域相比，具有基本上的重要性，因此數學與自然科學也被合稱為基礎科學。相對的，其它技術性的學域如電機、土木、化工、…等則稱為應用科學，應用科學乃是應用了數學與自然科學所得的知識後，將一些科學概念或結果予以具體化製成器具，供人類直接應用。基礎科學與應用科學的研究息息相關，

圖 1-2　X光照片

圖 1-3　雷射筆

例如：人類發現 X 射線並研究其光譜的分布等性質的科學是屬於基礎科學家的研究領域，但利用 X 射線的短波長及大強度的性質，發明了可用來探測人類骨骼的 X 射線透視機，透視人體的骨骼（見圖 1-2），則是應用科學家的研究範圍。愛因斯坦（A. Einstein）提出了原子的躍遷機率理論，是屬於基礎科學的研究領域，而湯斯（C. Townes）等人則應用了愛因斯坦的理論，將原子的躍遷變成具體化且具可控制性，而發明了邁射及雷射（見圖 1-3），則屬於應用科學家的研究範圍。沒有自然科學家的研究，人類不能了解電與磁的基本性質及關係，也不能了解熱機的原理。但若沒有應用科學家的研究，人類就無法享受電力的供應，更不能享有電冰箱、冷氣機的方便性。

二十世紀由於基礎科學與應用科學的交互激勵，造就了人類史上空前的物質文明。在二十一世紀中，將可預見由於物理科學與生命科學的密切交流，而激起了人類史上另一波物質文明的進展。目前具有熱記憶性的材料已被發明，這些材料製成的用品能在特定的溫度條件下，恢復其原有的形狀。最近其它人造材料也已經萌芽，未來將很有可能發明出具有自我修補能力的材料及器具，及製造出具有自我複製能力的機器，更可能研製出具有思考能力的電腦，使得人類的生命更有保障、生活更舒適、資源的浪費也將變為極小。

1-2　測　量

物理學是一門實驗的科學，它主要探討自然界中發生的現象。然而，特定的自然現象並不一定隨時發生，而且即使發生也往往因為不妥善的環境因素，影響了觀測的可重複性及準確性。因此，為了仔細探究這些自然現象所包含的事理，常需要在特定的場所及時間、控制好的環境及裝置下安排實驗，反覆做詳細的觀察。觀察需要測量、整理、歸納及分析。測量得越

準確，則往後的整理、歸納及分析就越容易。測量時常需要將某些物理量做數量上的表示或比較，但比較兩個或多個物理量，則需要這些物理量間有共同的基準，這共同的基準稱為單位（unit）。因此，測量的結果就需要包含單位及數值。為了能使眾多的物理量能有一個共同的基準，則這個共同的基準，必須是物理上最基本的概念。我們在緒論中已略述科學可分為基礎科學和應用科學兩種。基礎科學又可分為數學和自然科學；而自然科學則可分為物質科學和生命科學。在物質科學中，物理學是居於較基層的地位的，而在物理學的各部門中（包括力學、電磁學、光學、熱學和統計物理學等），力學則居於最基層。整部力學可以建立在三個基本概念上：即空間、時間和質量。也就是說：一些自然現象（如太陽系各行星的運動，圖1-4）和日常生活的現象（如撞球遊戲）的觀察、描述和構成定律，需要三個最基本的概念——空間、時間和質量。也就是說利用「時間、空間、質量」這三個基本的物理量，即可以導出力學中其它的概念。

圖 1-4　太陽系

1-2-1　時間的測量與時間單位

　　時間的概念在人類歷史中很早就出現，這是因為人類在生存中由於事物的變異，很自然的就形成了時間的概念。人終其一生經驗到了出生、成長、衰老和死亡的變化；每天看到日出日沒；每年也看到了春夏秋冬四季的推移，自然而然的會興起了「逝者如斯乎」，時間有如流水的感慨。

　　在物理學中，我們需要知道如何量度時間的長短。最原始的量度方法，就是從利用有週期性的自然現象，如晝夜的變化、月的盈虧和春夏秋冬的輪替。從這些現象，人類在幾千年前就有了時間的粗略單位，如日、月和年等。現在我們已了解這些自然現象，是由於地球的自轉及公轉以及月球對地球的公轉等週期性運動而來。由於地球自轉的微小偏差和月球運行的

圖 1-5　沙漏

圖 1-6　機械鐘

微小不規則等複雜因素，上述的日、月實在不適宜作為科學上時間的標準單位。

物理上比較準確的時間單位是平均太陽日。所謂太陽日指的是太陽連續兩次正對地球上某一處所經歷的時間。我們若將一年中所有的太陽日平均起來，就成了平均太陽日。平均太陽日可作為時間的單位。從平均太陽日可定義小時、分和秒，即：

1 平均太陽日 = 24 小時 = 24×60 分 = 24×60×60 秒
1 秒 = 86400 分之一個平均太陽日

要將每一平均太陽日的時間劃分成更小的單位，必須要有適宜的計時工具，最簡單自然的計時工具是利用週期較短的週期運動來製作的。很早的年代，人們即以沙漏（圖 1-5）作為標準的計時工具。單擺也是一種簡單而實用的工具，目前很多實際的計時工具，仍是根據單擺的原理製成，例如機械鐘（圖 1-6）。伽立略是第一個發現單擺做小擺幅擺動時，其週期是固定的科學家，他是在上教堂的時候，無意中發現到教堂的大吊燈有規律的來回振盪而發現的。

上述以平均太陽日來定義的時間標準有以下的缺點：平均太陽日會逐年改變，變動的幅度雖不是很大，但在現今科技快速發展的時代，精密度的要求極高，平均太陽日變動的幅度會引起時間測量上很大的誤差；而且這種時間標準不易直接比較，仍要透過計時器（例如精確的鐘錶）來比較，這種計時器因為精確性要求很高，在製作時很不容易。因此，物理學家有必要尋求更精確、更方便及更直接的時間標準。

從近代物理的研究，我們得知原子中有某些振動具有相當固定的頻率，因此這些原子每一次振動會有固定的時間，這種時間的長短由原子內部的構造所決定，不受外界環境如溫度、壓力等的影響，因此它有較好的恆定性。又因原子振動在各實驗室中都不難獲得，因此各處的實驗室都能有這種標準。用這

圖 1-7　時間標準器──原子鐘（此鐘目前置於桃園電信研究所內）

種原子振動恆定性的原理製成的計時器稱為原子鐘（如圖 1-7）。在 1967 年的國際度量衡會議上選定了以銫（Cesium）原子的某一固定振動做標準，以此振動 9,192,631,770 次所經歷的時間定義為 1 秒，此一標準一直沿用至今。

　　時間的測量技術是所有基本測量技術中改進得最快的，自西元 1380 年佛立歐（Foliot）發明第一個機械鐘開始，經過第一個單擺、各式改進的擺鐘，以至利用石英晶體的震盪來計時，到最近使用的銫原子鐘，其誤差從每天近 1,000 秒（Foliot 鐘）到 10 秒（第一個單擺）到 0.0001 秒（石英晶體），終至 0.000001 秒（銫原子鐘），有了快速驚人的進展。原子鐘目前可說是最準確的計時器，例如美國國家標準和技術局提供給其它計時器作為標準的原子鐘，其準確度達到每一千萬年僅差一秒。原子鐘自 1950 年代被發明以來，在時間量測技術上不斷的被改進，相對準確度自 1950 年代的 10^{-10} 進展到 2000 年代的 10^{-15}。尤其最近幾年來雷射冷凍術（laser cooling）被應用到原子鐘，大大改進了原子振動頻率的測量技術，原子鐘的準確度大增，誤差已從每天 10^{-11} 秒被改進到 10^{-16} 秒。由於時間測量的準確度大增，也影響了長度的測量標準。最近長度標準的訂定，已改由可極精確測量的光速值及時間間隔來訂定了。表 1-1 列出一些與我們日常生活有關的時間間隔。

表 1-1　一些已測得的時間

時間間隔	秒
地球年齡	1.3×10^{17}
金字塔年齡	1.2×10^{11}
人類平均壽命（台灣）	2×10^{9}
地球公轉週期（一年）	3.1×10^{7}
地球自轉週期（一天）	8.6×10^{4}
人造衛星週期	5.1×10^{3}
自由中子半衰期	7.0×10^{2}
人類正常心跳週期	8.0×10^{-1}
A 調音叉週期	2.3×10^{-3}
μ 介子半衰期	2.2×10^{-6}
波長 3 公分之微波振盪週期	1.0×10^{-10}
分子轉動週期	1×10^{-12}
中性 π 介子半衰期	2.2×10^{-16}
1 MeV γ 射線振盪週期（計算值）	4×10^{-21}
快速基本粒子穿過中等原子核之時間	2×10^{-23}

1-2-2　長度的測量與單位

　　長度的測量也是將一個被測長度與一個公認的標準長度做比較。最早國際公認的長度單位標準是在巴黎國際度量衡局所保存的一支鉑銥合金棒，它在攝氏零度時的長度訂爲 1 公尺。這支標準公尺的長度，原來是取地球北極經巴黎到赤道的子午線長度的千萬分之一，作爲標準公尺的。並依此做了一個鉑銥合金的標準尺，將此標準尺上兩個精細刻度間的距離定義爲 1 公尺。這個標準尺放在法國塞佛（Sevres）國際度量

圖 1-8　長度標準器──氦氖雷射（此氦氖雷射目前置於新竹工業技術研究院量測技術發展中心內）

衡標準局中，世界各國都獲有一支它的複製品。後來再經精密測量發現上述的標準公尺，其實與所規定的子午線長度的一千萬分之一倍並不完全相符，大約有 0.0296% 的誤差，而且這種標準也有其缺點，因為它易於受到周圍溫度的影響產生誤差，或甚至由於戰亂而遭破壞。因此在 1961 年，國際間同意將公尺的標準改訂為氪的同位素所發出某一特定光的波長的 1,650,763.73 倍，這個定義當然是由原先的標準公尺的定義而來的。圖 1-8 所示為用來制訂標準公尺的氦氖雷射。但因長度測量的精密度比不上時間測量的精密度，而且真空中的光速也可測得非常準確，因此在 1983 年國際度量衡會議即改用真空中的光速及時間間隔來訂定長度的標準。定義光在真空中於 299,792,458 分之一秒所走的距離為 1 公尺，這是一個間接的標準，但是因為已經有非常精確的時間標準，真空中的光速又為恆定的常數，所以此一標準即為一個精確而且恆常的標準，而且各地也都容易由實驗中自行建立這個標準。

常用的長度單位，除了公尺以外，還有

1 公里 = 10^3 公尺，
1 公分 = 10^{-2} 公尺，公分亦稱釐米，

1 公釐 = 10^{-3} 公尺，公釐亦稱毫米，
1 埃 = 10^{-10} 公尺，以 Å 表示，
1 奈米 = 10^{-9} 公尺，以 nm 表示。

為了方便或由於歷史的因素，人們也常用各種不同的長度單位，但在科學上為了劃一起見，我們將全部採用公尺，而將其大小以數量級法（10 的自乘次數）表示出來，例如 1.38 公分記為 1.38×10^{-2} 公尺；33,000 公分表為 3.30×10^2 公尺。表 1-2 列出一些與我們日常生活相關的長度。

表 1-2　一些已測得的長度

長　度	公　尺
至最遠的類星體（1984）	$\sim 10^{26}$
最近的星雲距離（到仙女座）	2×10^{22}
我們的銀河半徑	6×10^{18}
最近的星球的距離（人馬星座）	4.3×10^{16}
最遠的行星（冥王星）的平均軌道半徑	5.9×10^{12}
太陽的半徑	6.9×10^{8}
地球的半徑	6.4×10^{6}
東亞最高的山玉山之高度	4.0×10^{3}
平常人高度	1.7×10^{0}
一張紙厚度	1.0×10^{-4}
病毒大小	1.2×10^{-8}
氫原子的半徑	5.0×10^{-11}
質子的半徑	1.2×10^{-15}

例題 1-1

已知一哩約為 1.61 公里。美國高速公路上的速率限制大多為每小時 65.0 哩，試換算此一速限為每小時多少公里？

解

$1.61 \times 65.0 = 105$ km/h

此結果較國內一號高速公路的速限高一些。

例題 1-2

在土地或房屋的權狀上，面積是用平方公尺作單位，然而民間買賣時卻用坪為單位。一坪是 6.00×6.00 平方台尺，一台尺約為 30.30 公分。試計算 40.00 坪的房子在權狀上，所登記的面積是多少平方公尺？

解

$$一坪 = 6.00 \times 6.00 = 36.00 \text{ 平方台尺}$$

$$一平方台尺 = 0.3030 \times 0.3030 = 0.09181 \text{ 平方公尺}$$

$$一坪 = 36.00 \times 0.09181 \text{ 平方公尺}$$

$$因此 40 坪 = 40.00 \times 36.00 \times 0.09181 = 132.2 \text{ 平方公尺}$$

1-2-3 質量的測量與單位

質量的測量也是將一個被測的質量與一已知的標準質量做比較。在 1889 年以前，標準質量是採用 1 公升純水在 4°C 時的質量，將此質量定義為 1 公斤。此一標準也有其缺點，因為純水不易得到，而且縱使能獲得純水，測量時溫度也必須控制得相當準確，否則會引起相當大的誤差。因此在 1889 年的國際度量衡會議上，決定改採一個鉑銥合金所製成的公斤原器為標準（見圖 1-9），此一圓柱形的公斤原器，目前也置於法國塞佛之國際度量衡標準局內，世界各國都有其複製品，我國也有一個複製品，目前置於新竹工業技術研究院的量測技術發展中心。當一物體在等臂天平上與該公斤原器成平衡時，則

圖 1-9　質量標準器（此標準器目前置於新竹工業技術研究院量測技術發展中心內）

其質量定為 1 公斤。其它常用的質量單位有：

$$1\ 公噸 = 10^3\ 公斤$$
$$1\ 公克 = 10^{-3}\ 公斤$$

表 1-3 列出一些與我們日常生活有關的質量。

表 1-3　一些已測得的質量

物　體	公　斤	物　體	公　斤
我們的銀河系	2.2×10^{41}	葡　萄	3.0×10^{-3}
太　陽	2.0×10^{30}	一小片灰塵	6.7×10^{-10}
地　球	6.0×10^{24}	菸草病素細菌	2.3×10^{-13}
月　球	7.4×10^{22}	盤尼西林分子	5.0×10^{-17}
海洋中所有的水	1.4×10^{21}	鈾原子	4.0×10^{-26}
越洋郵輪	7.2×10^{7}	質　子	1.7×10^{-27}
大　象	4.5×10^{3}	電　子	9.1×10^{-31}
人	6.0×10^{1}		

1-2-4　國際單位系統

　　世界各國都有自己習用的單位，例如英國人習用的**碼**（yard）、**呎**（feet）及**吋**（inch）相傳都源自於英國以前某位國王的身體尺寸，如「碼」即為該國王從鼻尖至伸直的右手拇指間的距離；「呎」則為該國王腳板的長度；而「吋」則為該國王大拇指最上節的長度等等。同樣的，中國習用的「華里」則相傳源自某位皇帝射箭時的一箭之遙。因此各國物理量的習用單位也就不一定相同，但是科技越發達，國際間之交流及合作越來越頻繁，若世界各國沒有一個共同的單位，則每次要比對數據時，不同習用單位之間的換算將是又麻煩又費時費力的事，

表 1-4　國際基本單位

物理量	單 位	符 號
時　間	秒	s（second）
長　度	公尺	m（meter）
質　量	公斤	kg（kilogram）
電　流	安培	A（ampere）
溫　度	（克氏）度	K（kelvin）
光　度	燭光	cd（candela）
物質量	莫耳	mol（mole）

而且容易引起錯誤。有見於此，1960 年第 11 屆國際度量衡會議即訂定了一套統一且大家要共同採用的國際單位系統，簡稱 SI 制，這是源自法文 "System Internationale" 的字首。此一單位系統原訂共有 6 個物理量的單位，後來在 1971 年，第 14 屆國際度量衡會議上又加入了第 7 個單位：莫耳。SI 制沿用至今，其 7 個單位如表 1-4 所列。

　　表 1-4 中所定義的單位，在以後其它章節中將會陸續討論到。我們日常生活中一些常用的單位，實際上並非 SI 單位，而是 SI 單位的某些倍數，例如前數小節所舉的常用時間、長度及質量的單位。科學上有時也需用到很大或很小的數目，通常即在 SI 單位前記上 10 的幾次方的字首，而給予某一特定的名稱，例如，10^{-9} 公尺，稱為奈米（nano-meter）。表 1-5 列出公制中常用的字首。

表 1-5　公制中的字首

次方	字首	符號	次方	字首	符號
10^{18}	exa 百萬兆	E	10^{-2}	Centi 釐	c
10^{15}	peta 仟兆	P	10^{-3}	milli 毫	m
10^{12}	tera 兆	T	10^{-6}	micro 微	μ
10^{9}	giga 十億	G	10^{-9}	nano 奈（毫微）	n
10^{6}	mega 百萬	M	10^{-12}	pico 皮（微微）	p
10^{3}	kilo 千	k	10^{-15}	femto 飛（毫微微）	f
10^{2}	hecto 佰	h	10^{-18}	atto 阿	a
10^{1}	deka 佰分，十	da			

1-3　物理量的因次與因次分析法

　　物理學中的各種物理量，例如時間、質量、長度、位移、速度、加速度等都具有量值與單位。量值的大小需先說明是用什麼單位來量度，這樣才能與基本量相互比較，其數值也才能確定。像這類無法僅憑數值來表示其數量值大小的物理量，稱為具有**因次**（dimension）的物理量。在力學中，通常將長度、時間、質量當作基本量，並將這些基本量的因次分別表示為$[L]$、$[T]$、$[M]$，這些基本量相互之間沒有關係，也就是說它們各自獨立。其它物理量的因次則根據它們與基本量之間的數學關係，可用基本量的因次乘積式來表示。例如，加速度為長度除以時間的兩次方，因次表示成

$$[a] = \frac{長度}{時間^2} = \frac{[L]}{[T]^2} = [L][T]^{-2} \qquad (1\text{-}1)$$

而力則為質量乘以加速度，因此力的因次表示為

$$[F] = [M] \times [a] = [M][L][T]^{-2} \qquad (1\text{-}2)$$

又如角度無因次,此因角度的定義為其所張的弧長除以半徑長,因為弧長及半徑長均為長度,故兩者相除為無因次。

在物理學的任何等式中,所包含的多個物理量間的正確關係,若以數學式表示時,不論式中哪一項,其所包括的各物理量的乘、除、相加或相減的關係,最後所得的每一項,其因次必須相同。因此,我們常常可以利用因次分析來判斷計算的結果是否正確。我們也常常可以利用因次分析來推求數個物理量之間的關係。以下,我們將用幾個例子來說明此點。

例題 1-3

試求出下列物理量的因次:速度、加速度、壓力。

解

$$速度 = 距離/時間 = [L]/[T] = [L][T]^{-1}\,;$$
$$加速度 = 速度/時間 = [L][T]^{-1}/[T] = [L][T]^{-2}\,;$$
$$壓力 = \frac{力}{面積} = [M] \times [L][T]^{-2} \times [L]^{-2} = [M][L]^{-1}[T]^{-2}$$

例題 1-4

某生在考試中需用一個質點運動的方程式,但他不能詳細記住每一項的正確形式,只好寫成:

$$v = v_0 - at^2 \tag{1-3a}$$

試問上式是否正確無誤?若不是則哪一項要修正?

解

上式中左端為物體的末速度,其單位為公尺/秒,它的因次為

$$[v] = [L][T]^{-1} \tag{1-3b}$$

而（1-3a）式右端第一項為質點的初速度，其因次是

$$[v_0] = [L][T]^{-1} \tag{1-3c}$$

與左端的末速度項相同，又（1-3a）式右端第二項的因次為

$$[-at^2] = [L][T]^{-2}[T]^2 = [L] \tag{1-3d}$$

故與距離的因次相同，而非速度的因次，顯然這一項不正確，它需要少乘一個時間的因次，因此若將其改為 $-at$ 即可達到所求，所以右端第二項應改為 $-at$，也就是說（1-3a）式要修正成

$$v = v_0 - at \tag{1-3e}$$

例題 1-5

已知繩波波速與繩子的張力及線密度有關。試用因次分析法，寫出繩波在繩子上的傳播速度表示式。

解

繩波在繩子上傳播的速度，依題意假設可以寫成繩子的張力及線密度的關係式如下

$$v = F^a \mu^b \tag{1-4a}$$

（1-4a）式左、右兩端的因次須相同，今左端之因次為

$$[v] = \frac{[L]}{[T]} = [L][T]^{-1} \tag{1-4b}$$

而右端之因次為力（即質量×加速度）因次 $[F]$ 的 a 次方與線密度（即：$\frac{質量}{長度}$）因次 $[\rho]$ 的 b 次方的乘積，即

$$\begin{aligned}[F]^a[\mu]^b &= ([M][L][T]^{-2})^a([M]/[L])^b \\ &= [M]^a[L]^a[T]^{-2a}[M]^b[L]^{-b} \\ &= [M]^{a+b}[L]^{a-b}[T]^{-2a}\end{aligned} \tag{1-4c}$$

因任何物理等式中任何一項的因次須相同，故由（1-4b）及（1-4c）式可得

$$a+b=0$$
$$a-b=1$$
$$2a=1 \quad (1\text{-}4d)$$

因此，可得 $a=\frac{1}{2}$，$b=-\frac{1}{2}$，故由（1-4a）式可得繩波在繩子上傳播的速度 v 可表示為

$$v=F^{\frac{1}{2}}\mu^{-\frac{1}{2}}=\sqrt{\frac{F}{\mu}} \quad (1\text{-}4e)$$

請注意例題 1-5 中（1-4e）式左右兩邊可以任意乘上任何沒有因次的量，如 2 或 $\frac{1}{3}$ …等只具數值而無因次的因子，甚至可在（1-4e）式右端任意加減任何與速度因次相同的量，如 at，a 為加速度，t 為時間等，而不致於影響其因次相等的關係。因此利用因次分析法所得的關係式，雖然等式兩邊的因次相同，但並不一定保證是正確無誤的物理公式。要得到正確無誤的物理公式，尚需從更詳細的分析以及更嚴格的推導才能得到。

習題

1-1 節

1-1 試以個人觀點敘述物理學的重要性。

1-2 自然科學按研究的對象可如何分類？

1-3 試敘述物理的科學及生物的科學的主要內容。

1-2 節

1-4 光在一年中行進的距離，稱為光年。已知最遠的準星體距離我們地球約 170 億光年，若光速為 3.0×10^8 m/s，則該準星體距離我們地球約多少 km？

1-5 人的身高約為 1.7 m，體重約為 65 kg。螞蟻的身長約為 0.5 cm。試估計人的身高約為螞蟻身長的幾倍？又若假設人與螞蟻的密度約略相同，則螞蟻的體重約為多少 kg？

1-6 在光譜學中常使用埃（Å, angstrom = 10^{-10} m），表示波長，而在半導體製造業中，常使用微米（micron 或 μm）或奈米（nm, nanometer）做長度單位。試問 15 μm 長的分子，其長度等於多少奈米（nm）？若一色光的波長為 5,280 Å，則此色光的波長為多少奈米（nm）？一量子元件的尺寸為 0.01 μm，則為多少 Å？

1-7 已知地球的半徑約為 6,400 km，則光繞地球赤道一圈需時幾秒？

1-8 已知地球與太陽的距離約為 1.5×10^{11} m，則從太陽射出的光到達地球需時幾秒？

1-9 地球的質量約為 6.0×10^{24} kg，假設地球的形狀約為球形，則其平均密度約為若干？

1-10 已知我們的銀河系質量約為 2.2×10^{41} kg，半徑約為 6.0×10^{18} m，假設它是球形，則其平均密度大約為若干？

1-11 SI 制的長度、質量、時間、體積、密度之單位各為何？

1-3 節

1-12 試寫出 SI 制中下列物理量的單位及因次：密度、動量、力臂、波長、頻率。

1-13 下式可能是運動學中的一個公式，

$$s = v_0 t + \tfrac{1}{2} at$$

式中 s 表距離、v_0 表速度、a 表加速度、t 表時間。試以因次分析法檢驗上式是否正確，若不正確，則可能的錯誤在哪裡？如何修正？

質點運動學

- 2-1 直線運動
- 2-2 自由落體運動
- 2-3 向量與向量運算
- 2-4 平面運動
- 2-5 拋體運動

我們生活在一個運動不息的宇宙中，環繞在我們四周圍的，到處都充滿了運動的例子。大至天空中運行不息的日月星辰，小至環繞在我們周圍的熙攘的人群，吵雜的車水馬龍，樹上跳躍飛舞的蟲鳥蜂雀，隨風搖曳的花草樹木，壯闊飛瀉的瀑布，潺潺而流的江河溪水，以及洶湧澎湃的浪花潮湧，都是運動的例子。即使是表面上看起來靜止不動的教室、桌椅，或站在門前的銅像，若更深入地研究它們的組成，也可發現它們內部的原子也是不停地在做各式各樣的運動。因此，我們實際上與運動的現象密不可分，而描述運動現象的力學無疑地與我們息息相關。本章將探討質點運動的一些情形。為了簡單起見，本章前二節將先只考慮質點在一直線上運動的情形，然後再推廣至質點在平面上運動的情形。

2-1　直線運動

　　本章將把質點的運動分成直線及平面運動兩種情形來加以說明，首先將探討直線運動的情形。

2-1-1　質點與位置

　　一般物體都具有體積，但當一個物體的體積遠小於它的活動空間，或物體的尺寸遠小於物體運動所涵蓋的範圍時，我們為了簡化對物體運動的描述，通常可以將物體的內部結構忽略不計，而把這物體當成為一個幾何上的點，稱之為質點。例如，考慮行星在太陽系中的運動時，由於太陽與行星間的距離遠大於太陽及行星的半徑，因此可以把太陽及行星均看成是質點，而使一個複雜的系統變成為簡單的雙質點運動的系統。

　　當一個質點做直線運動時，它的位置可以用一直線上的一個位置點來表示，當這位置點不隨時間變動時，我們說質點是靜止的，當這個質點的位置點隨著時間變化時，我們說質點是運動的。因此，質點運動的情形可以用它的位置點隨

```
  P₂              O        P₁       P            Q
−9 −8 −7 −6 −5 −4 −3 −2 −1 0 +1 +2 +3 +4 +5 +6 +7 +8 +9 +10
```

圖 2-1　直線上的位置點

著時間變化的數學關係來描述。

要描述一個質點在一直線上的位置，可以先在直線上固定一個點 O，作為**參考點**（或稱為**原點**），並規定質點若位於 O 的右方，則其位置取為正號，質點若位於 O 的左方，則其位置取為負號。任一質點的位置可用此直線上的一點來表示，如圖 2-1 所示的 P_1 及 P_2 點。圖中 P_1 點的位置為 +3 單位（以公分或公尺表示），P_2 點則位於為 −4 單位（公分或公尺）。

2-1-2　速率與速度

當一個質點作直線運動時，其在直線上的位置，會隨著時刻 t 而變。質點在一直線上的運動有快有慢，有往正 x 方向的運動，也有往負 x 方向的運動。*表達質點運動快慢及方向的物理量，稱為速度*。要確切的定義速度，不僅需要知道它的*量值*（或稱為數值或大小），也需要知道它的*方向*，像這種有數值也有方向的量，稱為向量。速度是一個向量，其量值稱為*速率*。

如圖 2-1 所示，假設一個質點在 t_1 時刻位於 P 點，在 t_2 時刻，它行進到 Q 點，P 點的位置為 x_1 單位，而 Q 點的位置則為 x_2 單位，則質點從 P 點行進到 Q 點，其位置的改變量（稱為**位移**）可寫為 $\Delta x = x_2 - x_1$。位移有正負號，如果質點從 P 點往右方運動到 Q 點時，其位置的改變量 $\Delta x = x_2 - x_1$ 為正，如質點從 Q 點往左方運動到 P 點時，其位置的改變量 $x_1 - x_2 = -\Delta x$ 為負。質點從 P 點行進到 Q 點時，位移為 Δx，若共經歷了時間 $\Delta t = t_2 - t_1$，我們定義在這段時間內，*質點每單位時間所行進的位移，稱為質點的平均速度*，表示為

$$\bar{v} \equiv \frac{x_2 - x_1}{t_2 - t_1} = \frac{\Delta x}{\Delta t} \qquad (2\text{-}1)$$

平均速度的單位為公分/秒或公尺/秒。

（2-1）式的意義可用幾何學來說明。我們先定義一平面直角坐標，此坐標是由兩個互相垂直的軸（如鉛直及水平兩方向）組成，如圖 2-2(a) 所示。其鉛直線稱為縱軸，而水平線稱為橫軸，兩軸的交點稱為原點，橫軸在原點的右方訂為正，在原點的左方訂為負，縱軸在原點的上方訂為正，在原點的下方訂為負。在此二軸組成的平面上的任一點 P，可用坐標 (a, b) 表示，a 代表 P 點沿橫軸計量時，離開原點的距離，因此稱為 P 點的 x 坐標。而 b 則代表 P 點沿縱軸計量時，離開原點的距離，因此稱為 P 點的 y 坐標。故原點 O 的坐標可表示為 $(0, 0)$，圖 2-2(a) 中 P 點的坐標為 $(3, 3)$，而 Q 點的坐標為 $(-4, -4)$。

今若以縱坐標表示一個質點在 t 時刻的位置 x（相對於原點），而以橫坐標表示質點運動的時刻 t（相對於現在），則在此種直角坐標上的任一點 (t, x) 即代表在距現在 t 時刻時，質點相對於原點的位置 x。今若將一個質點運動時，在不同時刻 t 的質點位置 x 所代表的點，以一平滑曲線相連接，則所成的圖形，稱為質點運動的 x-t 圖。在 x-t 圖中的曲線代表質點運動時 x 與 t 之數學函數的關係：

$$x = x(t) \qquad (2\text{-}2)$$

圖 2-2(b) 及 (c) 即代表某一質點運動時的 x 與 t 之數學函數關係圖，要注意的是在 x-t 圖中的曲線只是**表示質點的位置（相對於原點的距離）隨時刻 t 的變化情形，並非表示質點運動的真正軌跡（路徑）**。今為簡單計，先考慮 t 及 x 都大於零的情形。例如圖 2-2(b) 的 x-t 曲線為一直線，表示一個質點相對於原點的距離 x 每經過相同時間，就行進同樣長的距

離。這種運動其平均速度 $\bar{v} = \dfrac{x_2 - x_1}{t_2 - t_1}$ 顯然是一個定值（設其為 v_0），因此當質點的 x-t 曲線為一直線時的運動，稱為等速度運動。質點作等速度運動時，其 x-t 圖的曲線是一條直線，直線的斜率定義為 $\dfrac{\Delta x}{\Delta t} = \dfrac{x_2 - x_1}{t_2 - t_1}$，即為該直線中任兩點間鉛直坐標差值與水平坐標差值的比值，見圖 2-2(b)，因此 x-t 圖中直線的斜率即為質點運動的平均速度。

現在考慮圖 2-2(c) 的情形，這種曲線所代表的質點運動，在每單位時間內質點所行進的距離，會隨著時刻 t 的增加而變大，亦即剛開始運動時，在每單位時間內，質點移動的距離

圖 2-2 質點作直線運動的 x-t 圖：(a) 平面直角坐標；(b) 等速運動，斜率即為平均速度；(c) 變速度運動。

較小，但運動時間越久時，質點在每單位時間內所移動的距離就越大。換言之，質點的速度不是定值而是隨著時刻 t 的增大而增多。這種速度不是固定值的運動，稱為變速度運動。由圖 2-2(c) 可知，在 t_1 秒時質點位於 P 處（與原點 O 的距離為 x_1），在 t_2 秒時，質點位於 Q 處（與 O 點距離為 x_2），因此在 $\Delta t = t_2 - t_1$ 時段內，質點的平均速度為

$$\bar{v} \equiv \frac{x_2 - x_1}{t_2 - t_1} = \frac{\Delta x}{\Delta t}$$

上式右端代表圖 2-2(c) 中直線 $\overline{PQ}$ 兩端點的 x 坐標（即鉛直軸）差值 Δx，與 t 坐標（即水平軸）差值 Δt 的比值，因此為直線 $\overline{PQ}$ 的斜率。此斜率隨著 P 及 Q 的位置變化而有不同。而且，$\overline{PQ}$ 直線顯然與 P、Q 兩點間的曲線（即質點真正的運動情形）有很大的不同。因此，在變速度運動中，單由某兩個位置間的平均速度是無法代表質點在此兩位置間任一時刻的真正運動情形的。圖 2-3 示出，若所取的時間間隔 $\Delta t = t_2 - t_1$ 越小，如圖中的 $\overline{PQ''}$ 直線的情形，則平均速度所表示的質點運動情形（即 $\overline{PQ''}$ 直線），就會與真實的運動情形（即 P、Q'' 兩點間的曲線）相差越少。因此，要真正描述一個質點的運動情形，須再引入**瞬時速度**的概念。

今設一質點運動的 x-t 圖如圖 2-4 所示，若在圖中取一固定點 P，P 在 x-t 圖上的坐標記為 (t, x)，次取一鄰近

圖 2-3 x-t 圖

圖 2-4　變速度直線運動

點 Q_1，其在 x-t 圖上的坐標記為 (t_1, x_1)，則按（2-1）式，可得 P、Q_1 兩點間，經過時段 $\Delta t = t_1 - t$ 中的平均速度為

$$\bar{v} \equiv \frac{x_1 - x}{t_1 - t} = \frac{\Delta x}{\Delta t}$$

此即 $\overline{PQ_1}$ 直線的斜率。當 Q_1 點越接近 P 點時（如圖中的 Q_2 及 Q_3 點等等），則 Δt 會越來越小。當 Q_1 點無限接近 P 點時，此時割線 $\overline{PQ_1}$ 也趨近曲線在 P 點的切線 $\overline{PT}$。因此當 Δt 趨近於 0，則 $\frac{\Delta x}{\Delta t}$ 的比值（即割線 $\overline{PQ_1}$ 的斜率）即會趨近切線 $\overline{PT}$ 的斜率，此時切線 $\overline{PT}$ 的斜率即稱為**質點在 P 處（時刻 t，位置 x）的瞬時速度**：即當 Δt 趨近於 0 時，平均速度

$$\boxed{\bar{v} = \frac{\Delta x}{\Delta t} = v}\quad (\text{= 質點在 }P\text{ 處的瞬時速度}) \quad (2\text{-}3)$$

數學上常把 $\Delta t \to 0$ 下的 $\frac{\Delta x}{\Delta t}$ 表示成 $\frac{dx}{dt}$。$\frac{dx}{dt}$ 稱為位移 x 對時間 t 的**導數**（derivative）或稱為位移 n 對時間 t 的微分。瞬時速度常簡稱為**速度**，它是向量，單位是公尺/秒或公分/秒。

例題 2-1

一質點作直線運動，它的 x-t 圖之曲線可用 $x = v_0 t$ 來描述，v_0 為一個常

數,單位為 m/s。試求在時刻 t_0 時,質點的瞬時速度。

解

在時刻 t_1 時,質點的位置在 $x_1 = v_0 t_1$。在時刻 t_0 時,質點的位置在 $x_0 = v_0 t_0$。我們先求出質點在 x-t 圖曲線上 (x_0, t_0) 與 (x_1, t_1) 兩點間的平均速度,即

$$\bar{v} = \frac{x_0 - x_1}{t_0 - t_1} = \frac{v_0 t_0 - v_0 t_1}{t_0 - t_1} = v_0 = 常數$$

因此,在時刻 t_0 時,質點的瞬時速度也是 v_0。

2-1-3 等速度運動

在上一節的討論中,我們定義了平均速度及瞬時速度。質點在一直線上運動,其速度 v 可以有正、負兩種符號。v 如為正號,表示質點是向正 x 方向(向右)行進的。如為負號則表示質點是向負 x 方向行進的。v 的量值則表示這個質點運動的快慢程度。假如一個質點運動時,它速度的量值及方向均不改變,則我們稱此質點為等速度運動,簡稱為等速運動。

質點作等速度運動時,其運動方程式極易由下述方法得出。因質點的速度保持不變,故在任何時段內的平均速度,即為質點的瞬時速度 v,由質點的平均速度之定義可得

$$v = \bar{v} = \frac{x - x_0}{t - t_0} = v_0 = 常數 \tag{2-4a}$$

故由上式即可得質點在運動過程中的任何位置 x 為

$$x = x_0 + v_0(t - t_0) = x_0 + v(t - t_0) \tag{2-4b}$$

故可知:**質點作等速度運動時,其位置(位移) x 為時刻 t 的一次方程式。而且只要知道質點在某一時刻 t_0 的位置 x_0,則任意時刻 t 的位置 x 就知道了。**

2-1-4 加速度運動

在上節中,我們敘述了質點作等速度運動的情形。本節將討論質點的速度不再是一個定值,而是可以隨著時刻 t 變化的情形。換言之,速度 v 是時刻 t 的函數,以數學式表示即為

$$v = v(t) \tag{2-5}$$

這種質點的速度會隨著時刻 t 變化的運動稱為**變速度運動**。

如一質點在 t_1 時的速度為 v_1,t_2 時的速度為 v_2,即在 $\Delta t = t_2 - t_1$ 時段內,質點速度的變化值為 $\Delta v = v_2 - v_1$,則我們定義每單位時間內質點速度的變化值為**平均加速度**,表示為

$$\overline{a} \equiv \frac{v_2 - v_1}{t_2 - t_1} = \frac{\Delta v}{\Delta t} \tag{2-6}$$

平均加速度的單位是公尺／秒^2 或公分／秒^2。

同前節的討論一樣,平均加速度其實不能真正反映出質點速度變化的詳細情形,但若我們所取的運動時段 Δt 越來越短,則平均加速度就逐漸與質點速度的真正變化情形相同了,此可由下列說明了解。

若在一平面直角坐標中,以縱坐標表示質點的運動速度

圖 2-5 質點作直線運動的 v-t 圖:(a) 等速度運動;(b) 等加速度運動;(c) 變加速度運動。

v，以橫坐標表示時刻 t，而將質點在運動時的速度 v 隨著時刻 t 的變化情形畫出來，則這樣畫出來的曲線（或直線）圖稱為質點運動的 v-t 圖。

圖 2-5 示出三種不同的質點運動的情形。圖 2-5(a) 表示一質點的運動速度不因時刻的變化而改變者，因此為一種等速度運動，其加速度為零。圖 2-5(b) 示出一質點運動時，其速度隨時間作線性式遞增的情形。因此此直線上任兩點 P、Q 間的平均加速度 $\bar{a}$ 為一個定值（即為該直線的斜率），即

$$\bar{a} \equiv \frac{v_2 - v_1}{t_2 - t_1} = \overline{PQ} \text{ 直線的斜率} = a_0 = \text{定值} \qquad (2\text{-}7a)$$

圖 2-5(b) 的運動情形稱為等加速度運動，例如自由落體運動。圖 2-5(c) 也示出一質點的速度隨著時刻 t 的增大而增加，但速度 v 增大的程度並不均勻，因此不是一種等加速度運動，而是一種變加速度運動。

在質點作加速度運動時，其加速度 a 可正可負，若 $a>0$，則質點的速度隨著時刻 t 的增加而增大，我們稱質點作加速度運動；若 $a<0$，則質點的速度隨著時刻 t 的增加而減小，我們稱質點作減速度或負加速度運動。

茲取較普遍性的變加速度運動情形（圖 2-5(c)）加以說明。在圖 2-5(c) 中若先選一固定點 P，則其它任意點 Q 與 P 點間的平均加速度，按（2-7a）式的定義

$$\bar{a} \equiv \frac{v_2 - v_1}{t_2 - t_1} = \frac{\Delta v}{\Delta t} \quad (\overline{PQ} \text{ 割線的斜率}) \qquad (2\text{-}7b)$$

由圖 2-5(c) 可知，當 Q 點越接近 P 點，則時段 $\Delta t = t_2 - t_1$ 也越小，質點在此一時段的速度變化值也越小。若 Q 點趨近於 P 點，則時段 $\Delta t = t_2 - t_1$ 及速度變化值 $\Delta v = v_2 - v_1$ 均趨近於零，但兩者之比值 $\frac{\Delta v}{\Delta t}$ 會趨近一個極限值 a，即當 $\Delta t \to 0$，平均加速度

$$\bar{a} = \frac{\Delta v}{\Delta t} \to a \qquad (2\text{-}8)$$

此極限值 a 稱為在運動過程中，質點位於 P 點的瞬時加速度，簡稱加速度。上式中當 $\Delta t \to 0$ 時的 $\frac{\Delta v}{\Delta t}$ 值（瞬時加速度），常被表示成 $\frac{dv}{dt}$，即瞬時加速度 a 為速度 v 的導數。又從 2-1-2 節中知道瞬時速度 v 為位移 x 對時間 t 的導數，因此，瞬時加速度 a 為位移 x 對時間 t 的二階導數，常表示為 $a = \frac{d^2 x}{dt^2}$。瞬時加速度是一個向量，其方向在速度變量 $\Delta \vec{v} = \vec{v}_2 - \vec{v}_1$ 的方向上，其單位與平均加速度相同。

上面我們已引入了位移 x、速度 v 及加速度 a 的概念及它們相互間的關係，以及如何由 $x = x(t)$ 式求出 $v(t)$ 及 $a(t)$ 的方法。現在我們要反問這樣一個問題：如已知質點的加速度 $a(t)$，則在 t 時刻，質點的速度 $v(t)$ 和位移 $x(t)$ 應如何求出呢？

讓我們先考慮一個較簡單的問題，考慮質點作等速度運動，即 $v = v_0 =$ 固定值，則在時段 $\Delta t = t - 0 = t$ 內，質點所經的距離 x 為

$$x = v_0 t$$

而在 v-t 圖中，此等速度運動可用一水平直線代表，見圖 2-6(a)。此直線從 $t = 0$ 至 $t = t$ 所包圍的面積（即圖中陰影部份）等於 $v_0 t$，此即質點從時間 $t = 0$ 至 $t = t$ 的位移。因此可知，在等速度運動中，質點從 $t = 0$ 至 $t = t$ 的位移（或距離），恰等於 v-t 圖中直線從 $t = 0$ 至 $t = t$ 所包圍的面積。

今考慮質點作變速度運動的情形，即 $v = v(t)$，則質點在 $t - t_0$ 時段內的運動可用 v-t 圖中從 t_0 到 t 之間的平滑曲線表示，見圖 2-6(b)。今若將時段 $t - t_0$ 分成 N 等分（圖中的虛線），假如 N 值很大，則每一等分的時段就變成很小，因此每一小時段內質點速度就幾乎不變，而可看成是一種等速

圖 2-6　質點運動的 v-t 圖

(a)

(b)

(c)

(d)

(e) 等加速度運動之 v-t 圖

度運動了（如圖 2-6(c) 所示，當 $\Delta t \to 0$ 時，曲線 AG 與直線 $\overline{FG}$ 就幾乎相同）。則按上述，每一小時段內質點的位移即應等於平滑曲線在該小時段內所包圍的面積。因此，在質點從 t_0 運動到 t 的總時段內，其總位移應等於所有 N 個小時段內每一平滑曲線所包圍面積的總和（見圖 2-6(d) 所示）。而此即平滑曲線在 $t - t_0$ 時段內所包圍的總面積。因此可知：在變速度運動中，v-t 圖中曲線在某兩時刻內所包圍的面積亦同樣代

表質點在該兩時刻內所行經的位移。

2-1-5 等加速度運動公式

今考慮一個較特殊的情形，即一質點從靜止開始作等加速度的運動，亦即考慮質點在運動過程中，它的加速度 a 維持不變的情形。我們想知道的是，若剛開始（$t=0$）時，質點的初速度為 v_0，位置為 x_0，而在時刻 t 時，質點的速度 $v(t)$ 及位置 $x(t)$，會隨時刻 t 如何變化？

由於質點作等加速度運動，故由 2-1-4 節的討論，可知：質點在任何時刻的瞬時加速度應等於任何時段的平均加速度，因此

$$a = \frac{dv}{dt} = \bar{a} = \frac{v(t) - v_0}{t - 0} \tag{2-9}$$

即

$$v(t) = v_0 + at \tag{2-10}$$

而質點從時刻 0 至時刻 t 所經的位移，按上述為質點 v-t 圖中曲線在時刻 0 至時刻 t 內所包圍的面積。圖 2-6(e) 示出質點作等加速度運動的 v-t 圖，質點在時刻 0 時速度為 v_0（圖中 A 點），經過時段 t 速度變為 $v(t)$（圖中 B 點），而 $\overline{AB}$ 直線從時刻 0 至時刻 t 共包圍的面積為

$$x(t) - x_0 = v_0 t + \frac{1}{2}at^2$$

上式也可寫成

$$x(t) = x_0 + v_0 t + \frac{1}{2}at^2 \tag{2-11}$$

今由（2-10）式可得

$$t = \frac{v(t) - v_0}{a} = \frac{v - v_0}{a}$$

將上式代入（2-11）式，即可得

$$x - x_0 = v_0 t + \frac{1}{2}(v - v_0)t = \frac{1}{2}(v + v_0)t = \frac{1}{2}(v + v_0)\frac{(v - v_0)}{a}$$

化簡之，即得

$$v^2 = v_0^2 + 2a(x - x_0) \tag{2-12}$$

（2-10）、（2-11）及（2-12）三式稱為質點的等加速度運動公式。

例題 2-2

一小汽車從靜止出發，以 0.5 公尺/秒^2 的等加速度行駛，問 1 分鐘後，小汽車共行駛多少距離，又當時的速度為若干？

解

因為小汽車從靜止出發，因此其初速度 $v_0 = 0$ 公尺/秒，若以開始出發處為原點，則（2-11）式中的 $x_0 = 0$ 公尺、$v_0 = 0$ 公尺/秒，而小汽車之等加速度 $a = 0.5$ 公尺/秒^2，因此由（2-11）式，可得 1 分鐘（即 60 秒）後，小汽車行駛的距離為

$$x = \frac{1}{2}at^2 = \frac{1}{2} \times 0.5 \times (60)^2 = 900 \text{公尺} = 0.9 \text{公里}$$

小汽車當時的速度為

$$v = at = 0.5 \times 60 = 30 \text{公尺/秒} = 108 \text{公里/時}。$$

例題 2-3

若上題中的小汽車，行駛 1 分鐘後發現前方有一卡車拋錨，馬上踩煞車。已知煞車系統提供給小汽車的等減速度為 10 公尺/秒^2，則小汽車需要走多遠才能停住？又需要多久才能停住？

解

從上題知道小汽車踩煞車時，其速度為 $v = 30$ 公尺/秒。等減速度為 10 公尺/秒^2，因此 $a = -10$ 公尺/秒^2，最後小汽車需要停住，因此末速度為 $v = 0$ 公尺/秒，由（2-10）式，

$$v = 0 = v_0 - at = 30 - 10t$$

即小汽車需要花掉 $t = 3$ 秒才能停住。再利用（2-12）式可得小汽車需要走 $x = \dfrac{v_0^2 - v^2}{2a} = \dfrac{(30)^2 - 0}{2 \times 10} = 45$ 公尺，才能停住。

例題 2-4

一小汽車以 v_0 之速度在高速公路上等速行進，忽然看到前方距離 d 處有砂石車拋錨停在路中央，小汽車駕駛隨即踩上煞車，若想不撞上砂石車則小汽車的煞車系統提供給小汽車的等減速度最少需要多大？又需時多久才能停住車子？

解

以開始煞車處為原點，則（2-12）式中的 $x_0 = 0$、$x = d$、$v = 0$，且加速度 a 顯然需為負值。故

$$0 = v_0^2 + 2ad$$

即小汽車的負加速度（減速度）的值最少需要大於 $\dfrac{v_0^2}{2d}$。又由（2-10）式得：停住車子所需時間為

$$t = -\dfrac{v_0}{a} = \dfrac{2d}{v_0}$$

如以高速公路限速 $v_0 = 90$ km/h，並取 d 為 36 m，可得小汽車的負加速度（減速度）的值最少需要大於

$$\dfrac{v_0^2}{2d} = \dfrac{(90 \times 1000/3600)^2}{2 \times 36} = 8.7 \text{ m/sec}^2$$

停住車子所需的時間為

$$t = \dfrac{2d}{v_0} = \dfrac{2 \times 36}{90 \times 1000/3600} = 2.9 \text{ s}。$$

例題 2-5

一質點的位移與時間的關係為 $x(t) = \alpha + \beta t + \gamma t^2$，其中 α、β、γ 為常數，

則其初速為多少？加速度為多少？

解

將 $x(t)$ 與 (2-11) 式比較，即可得

$$v_0 = \beta, \quad \frac{1}{2}a = \gamma, \quad \text{故} \quad a = 2\gamma$$

另解

$$v = \frac{dx}{dt} = \beta + 2\alpha t$$

令 $t = 0$，故得

$$v_0 = \beta$$

$$a = \frac{dv}{dt} = 2\alpha$$

故得相同之結果。

2-2 自由落體運動

最常見的等加速度直線運動，就是初速度為零的<u>自由落體</u>（free-falling body）運動。所謂自由落體運動指的是一個質點或一個物體，在運動過程中，除了地球的引力外，沒有任何力對它施加作用。實際上地球表面的任何落體，都是在空氣中運動，因此難免會受到周圍空氣所施加的作用，例如空氣的阻力、浮力或風力。但在討論中為了簡化問題，一般都忽略空氣對落體所施的作用。在不考慮空氣對落體施力的情況下，<u>伽立略</u>（G. Galileo）發現所有的自由落體，不論其輕重、大小如何，在地球表面附近均做等加速度的運動，且在地球上同一地點的所有落體，其加速度均相同。自由落體加速度的方向係沿鉛

直線向下，其量值通常以 g 表示，g 值常稱為**重力加速度**（gravitational acceleration）。在地球表面不同位置或離地面不同高度處，g 值會略有不同，由實驗發現在地球緯度 45° 的海平面上，g 值為 9.8 公尺/秒²。由赤道到南北兩極的 g 值會隨著緯度增高而增大，但改變值不大，大約由 9.78 公尺/秒² 增加到 9.83 公尺/秒²。因平常在探討自由落體運動時，均考慮距地表不遠處，故 g 值變化甚小，可視為一個定值，因此，自由落體運動即可視為等加速度運動的一個特例，其等加速度為 g 者。重力加速度 g 之值常取為 9.8 公尺/秒²。

因為在距地表不遠處的自由落體運動實際上為一等加速度運動，因此初速度為零的自由落體運動的公式，可利用等加速度運動公式得出。即取垂直向下為正 x 方向，在（2-10）、（2-11）及（2-12）三式中，令 $v_0 = 0$、$a = g$，可得初速度為零的**自由落體運動公式**如下：

$$v = gt \tag{2-13a}$$

$$x - x_0 = \frac{1}{2}gt^2 \tag{2-13b}$$

$$v^2 = 2g(x - x_0) \tag{2-13c}$$

（2-13b）式顯示：物體由靜止狀態墜落時，其墜落的距離與時間的平方成正比。

例題 2-6

一冰雹在離地面 500 公尺處形成後，即從靜止往地面落下，假設冰雹在落下過程為一自由落體運動，試問當它掉落至地面時需時若干？其掉落至地面的速度又為何？

解

令 $x_0 = 0$、$x = 500\ \text{m}$，代入（2-13b）式，即得冰雹掉落至地面所需時間

$$t = \sqrt{\frac{2 \times 500}{9.8}} = 10 \text{ sec}$$

再利用（2-13a）式即可得冰雹掉落至地面的速度為

$$v = gt = 9.8 \times 10 = 98 \text{ m/sec}。$$

2-3　向量與向量運算

　　在討論物理問題的時候，我們常常會遇到一些物理量，例如：溫度、質量、位移、速度、加速度、長度、體積、作用力、…等等。在這些物理量裡面，有些是只需一個數值就可以完全描述其意義的，例如上述的溫度、質量、長度及體積等，這些物理量我們稱之為純量（scalar）。另外有一些物理量，例如質點的位移（displacement）、速度（velocity）、加速度（acceleration）、作用力（force）、…等等，這些量都不能用單純一個數值來表現它們的意義。因為，這些物理量除了需要有一個數值來表現出它們的量值（數值的大小）外，還需要有一個方向才能完整的表示出它們所代表的意義。譬如說，我們若要描述一個質點的運動速度，我們除了必須說明那一個質點每秒鐘走多遠以外，還必須說明它到底走向那裡，換句話說，也要知道它的運動方向。像這一類的物理量，我們稱之為向量（vector）。

2-3-1　位移與向量

　　本章前二節我們敘述了質點的一維（直線）運動，在一維運動中，位移、速度、加速度、…等物理量雖為向量，但因質點只在直線上運動，這些物理量只能有兩個方向（不是向左就是向右），因此通常只用正、負符號來加以區別，其運算亦符合一般的代數加減。本節將把上二節的結果推廣到平面上的運

圖 2-7 平面直角坐標

圖 2-8 位置及位移向量，$\overrightarrow{OP}$ 及 $\overrightarrow{PQ}$。

動。當質點在一平面上運動時，常用直角坐標描述其位置，如圖 2-7 所示。在平面上任一點的位置表示為 (a, b)，a 是 x 坐標，而 b 是 y 坐標。

如果自原點連一線段 $\overrightarrow{OP}$ 至平面上一點 P，P 的坐標為 (x, y)，則線段 $\overrightarrow{OP}$ 為一有向線段，方向定義為由 O 至 P，用符號表示為 $\overrightarrow{OP}$。因 $\overrightarrow{OP}$ 是表示 P 點相對於原點 O 的位置及方向，因此稱為位置向量，見圖 2-8。

當質點由 P 移至 Q，則質點的位移可用向量 $\overrightarrow{PQ}$ 表示，這 $\overrightarrow{PQ}$ 稱為質點由 P 移動至 Q 的位移向量。兩個位移向量相等時，其方向及量值都需相等。因為將一個向量平移後，不會改變它的方向及量值，因此平移後的向量與原向量相等。

2-3-2　向量的合成與分解

(a) 向量的合成

質點沿直線運動時，位移只是作代數的加減。在平面上位移相加的方法就不同了。如圖 2-9 所示，一質點要從 A 點移至 C 點，它可以由 A 點直接移向 C 點，因此其位移為向量 $\overrightarrow{AC}$。但質點亦可由 A 點先移至 B 點，再由 B 點移至 C 點，也就是說 A、C 兩點間的有向線段 $\overrightarrow{AC}$，可以寫成 A、B 兩點間的有向線段 $\overrightarrow{AB}$ 及 B、C 兩點間的有向線段 $\overrightarrow{BC}$ 的和，以數學式表示即為：$\overrightarrow{AB} + \overrightarrow{BC} = \overrightarrow{AC}$。這種以一個向量取

圖 2-9 $\overrightarrow{AB} + \overrightarrow{BC} = \overrightarrow{AC}$

代兩個向量的過程，稱為向量的合成，$\overrightarrow{AC}$ 稱為 $\overrightarrow{AB}$ 及 $\overrightarrow{BC}$ 兩分向量的合向量。由圖可知，平面內兩有向線段的相加，顯然不再與直線中的兩有向線段的相加相同。直線中的兩有向線段的相加與一般的代數和一樣，但平面內兩有向線段的相加則其量值顯然已非各分向量的量值的單純代數和，其方向也不同。求兩向量的合成有下列數種方法：

- **三角形法**　如圖 2-10(a) 所示，求兩向量 $\vec{a}$ 及 $\vec{b}$ 的和，可將 $\vec{b}$ 的起點連接在 $\vec{a}$ 的箭頭上，再從 $\vec{a}$ 的起點畫一直線接到 $\vec{b}$ 的箭頭上，即得 $\vec{a}$ 及 $\vec{b}$ 的合向量 $\vec{c} = \vec{a} + \vec{b}$。由圖 2-10(a) 可知兩向量 $\vec{a}$ 及 $\vec{b}$ 及其合向量 $\vec{c}$ 構成一個封閉三角形。這種以圖 2-10(a) 中的三角形作圖法求得兩向量之和的方法，稱為**三角形法**。

　　又如圖 2-10(b) 所示，兩向量相加時，我們也可由 A 點做 $\overrightarrow{AD}$ 平行且等於 $\overrightarrow{BC}$，因此 $\overrightarrow{AD} = \vec{b}$，另由 D 點做 $\overrightarrow{DC}$ 平行等於 $\overrightarrow{AB}$，因此 $\overrightarrow{DC} = \vec{a}$。則在 △ABC 及 △ADC 中，顯見 $\vec{a} + \vec{b} = \vec{c} = \vec{b} + \vec{a}$。因此可知：求任何兩向量的和，與取那一個向量的先後次序是無關的。

- **平行四邊形法**　如圖 2-10(a) 中，假如我們把 $\vec{a}$ 往右平移，使其起點移至與 $\vec{b}$ 的起點 B 重合，並以 $\vec{a}$ 及 $\vec{b}$ 為兩邊作一平行四邊形，如圖 2-10(c) 所示，則此時平行四邊形的

(a) $\vec{a} + \vec{b} = \vec{c}$　三角形法　　(b) $\vec{a} + \vec{b} = \vec{b} + \vec{a}$　　(c) $\vec{a} + \vec{b} = \vec{c}$　平行四邊形法

圖 2-10　兩向量相加

對角線即係圖 2-10(a) 中的 $\vec{c}$ 向量。這種以圖 2-10(c) 中的平行四邊形作圖法求得兩向量之和的方法，稱為平行四邊形法。

由上面的討論可知，兩向量 $\vec{a}$ 及 $\vec{b}$ 的相加，既可以用上式圖 2-10(a) 的三角形法，也可以用圖 2-10(c) 所示的平行四邊形法。

(b) 向量的分解

上面已知兩個向量可以合成為一個合向量。反過來一個向量也可以分解為兩個向量的和。這種以兩個向量代替一個向量的過程稱為向量的分解。兩個向量合成時雖只得到一個合向量，但一個向量分解成兩個向量（稱為分向量）卻可有很多種，如圖 2-11 所示，$\vec{c}$ 向量可分成 $\vec{a}_1$、$\vec{b}_1$，也可分成 $\vec{a}_2$、$\vec{b}_2$、…等等。

上述向量的加法定義，其實也包括了減法，如把與 $\vec{b}$ 量值相等、方向相反的向量定義為 $\vec{b}$ 的反向量 $-\vec{b}$，則我們即可定義兩向量 $\vec{a}$ 及 $\vec{b}$ 的相減為

$$\vec{a} - \vec{b} = \vec{a} + (-\vec{b}) \tag{2-14}$$

因此求 $\vec{a}$ 及 $\vec{b}$ 的相減，$\vec{a} - \vec{b}$，我們只需先求出向量 $\vec{b}$ 的反向量 $-\vec{b}$，然後即可做照上述向量的加法，利用三角形法或平行四邊形法，求出 $\vec{a}$ 及 $-\vec{b}$ 兩向量的和了。

(a) $\vec{c} = \vec{a}_1 + \vec{b}_1$ (b) $\vec{c} = \vec{a}_2 + \vec{b}_2$ (c) 向量 c 沿 x 和 y 軸分解

圖 2-11　向量 $\vec{c}$ 可分解成多組分向量

例題 2-7

質點 A 從原點出發往正 x 軸方向行進 3 公尺，然後往正 y 方向行進 4 公尺，試問此質點一共位移了多少？

解

由圖 2-12 可知，質點先由 O 點位移了 $\overrightarrow{OA}$ 到 A 點，再由 A 點位移 $\overrightarrow{AB}$ 到 B 點。因為位移是向量，因此質點總位移為 $\overrightarrow{OA}+\overrightarrow{AB}=\overrightarrow{OB}$，其量值是

$$\overline{OB}=\sqrt{\overline{OA}^2+\overline{AB}^2}=\sqrt{3^2+4^2}=5 \text{ 公尺}$$

圖 2-12

2-4 平面運動

2-4-1 位移

在上些節我們已敘述了如何在平面上描述一個質點的位置，我們也引進向量作為描述質點作平面運動時相關的一些物理量，如位移、速度、加速度、…等等的工具。我們也簡介了向量的加、減的法則。本章將應用前述直線運動的結果以描述質點作平面運動的情形。

在上些節中，我們也引進了直角坐標用來描述質點的平面運動。質點作平面運動時，在任何時刻的位置均可用直角坐標中的一個點 (x, y) 來表示。x-y 平面上質點的 x 及 y 的關係曲線，描述的是質點在某一時段內，其 x 坐標與 y 坐標兩者之間的關係，因此，即代表質點在平面上運動的軌跡。從原點 O 至運動的軌跡上的任一點 P，所畫出的有向線段 $\overrightarrow{OP}$，稱為質點在該時刻的**位置向量**，位置向量常以 $\vec{r}$ 表示。當質

圖 2-13 質點的位置向量

點沿運動軌跡的曲線，從某一位置 P 移動至另一位置 Q 時，有向線段 $\overrightarrow{PQ}$ 即表示質點從位置 P 移動至位置 Q 的**位移向量**（簡稱**位移**）。位移向量常以 $\Delta \vec{r}$ 表示。圖 2-13 示出質點作平面運動時 P、Q 兩個位置的位置向量 $\vec{r}_1$ 及 $\vec{r}_2$，以及質點從位置 P 移動至位置 Q 的位移向量 $\Delta \vec{r}$，從圖中三個向量的關係可得

$$\vec{r}_2 - \vec{r}_1 = \Delta \vec{r} \tag{2-15a}$$

設 P、Q 兩點的位置坐標各為 (x_1, y_1)、(x_2, y_2)，則（2-15a）式用分量式表示，可寫為

$$x_2 - x_1 = \Delta x \tag{2-15b}$$
$$y_2 - y_1 = \Delta y \tag{2-15c}$$

故位移向量 $\overrightarrow{PQ}$ 的量值為

$$\Delta r = \sqrt{(\Delta x)^2 + (\Delta y)^2} = \sqrt{(x_2 - x_1)^2 + (y_2 - y_1)^2} \tag{2-15d}$$

從（2-15a）、（2-15b）及（2-15c）諸式可知，用向量表示物理方程式比較簡單。

2-4-2 速度與加速度向量

上一節中已敘明一向量可看成為沿 x 及 y 軸兩分向量的向量和，因此在多個向量的相加中，我們可以把每個向量各自分解為沿 x 及 y 軸的分向量，然後把所有沿 x 軸（或 y 軸）的分向量作代數相加。本節將利用這種直角坐標分解法，

圖2-14 質點由 A 點移至 B 點的位移向量為 $\Delta\vec{r}$

把速度向量也分解在 x 及 y 軸上，然後分別處理 x 軸方向及 y 軸方向的運動情形。

在平面上的質點，如其位置向量不隨時刻變化者稱為**靜止**。如其位置向量之量值或方向會隨時刻 t 變化者，則稱此質點在此平面上運動。今考慮一質點的運動，若 t_1 時刻它位於圖 2-14 所示之 A 處，位置向量為 $\vec{r}_1$，$\vec{r}_1$ 的 x 及 y 方向的分量各為 x_1 及 y_1；t_2 時刻它位於 B 處，位置向量為 $\vec{r}_2$，$\vec{r}_2$ 的 x 及 y 方向的分量為 x_2 及 y_2，則在 $\Delta t = t_2 - t_1$ 時段內，質點由 A 移至 B，其位移向量為 $\Delta \vec{r} = \vec{r}_2 - \vec{r}_1$，沿 x 及 y 方向的分量為 $x_2 - x_1$ 及 $y_2 - y_1$。因此如前些節所述，若時段 $\Delta t = t_2 - t_1$ 趨近於零時，此質點的位移時變率（即瞬時速度）沿 x 及 y 軸方向的分量即各別為

$$\overline{v}_x(t) \equiv \frac{x_2 - x_1}{t_2 - t_1} = \frac{\Delta x}{\Delta t} \rightarrow 瞬時速度的 x 分量 v_x(t) \quad (2\text{-}16a)$$

$$\overline{v}_y(t) \equiv \frac{y_2 - y_1}{t_2 - t_1} = \frac{\Delta y}{\Delta t} \rightarrow 瞬時速度的 y 分量 v_y(t) \quad (2\text{-}16b)$$

瞬時速度的量值及與 x 軸的夾角 θ 為

$$v = \sqrt{v_x^2 + v_y^2} \; ; \; \tan\theta = \frac{v_y}{v_x} \quad (2\text{-}16c)$$

在平面上運動的質點，如其速度向量的量值及方向均不變，則稱此質點作等速度運動。如速度向量的量值或方向會隨時刻變化而變化，則稱為變速度運動。茲考慮一質點作變速度

運動，設其在 t_1 時刻的速度為 $\vec{v}_1$，其 x 及 y 方向的分量為 v_{1x} 及 v_{1y}；t_2 時刻的速度為 $\vec{v}_2$，其 x 及 y 方向的分量為 v_{2x} 及 v_{2y}；則在 $\Delta t = t_2 - t_1$ 時段內，質點速度改變了 $\Delta \vec{v} = \vec{v}_2 - \vec{v}_1$，沿 x 及 y 方向的分量為 $\Delta v_x = v_{2x} - v_{1x}$ 及 $\Delta v_y = v_{2y} - v_{1y}$。因此，如同前述討論，若時段 $\Delta t = t_2 - t_1$ 趨近於零時，此質點的 x 及 y 方向加速度的分量之時變率（即瞬時加速度）可表為

$$\bar{a}_x(t) = \frac{v_{2x} - v_{1x}}{t_2 - t_1} = \frac{\Delta v_x}{\Delta t} \rightarrow 瞬時加速度的 x 分量 a_x(t) \quad (2\text{-}17a)$$

$$\bar{a}_y(t) = \frac{v_{2y} - v_{1y}}{t_2 - t_1} = \frac{\Delta v_x}{\Delta t} \rightarrow 瞬時加速度的 y 分量 a_y(t) \quad (2\text{-}17b)$$

瞬時加速度的量值及與 x 軸的夾角 θ 為

$$a = \sqrt{a_x^2 + a_y^2} \;;\; \tan\theta = \frac{a_y}{a_x} \quad (2\text{-}17c)$$

由（2-16a）、（2-16b）、（2-17a）及（2-17b）式可知，一質點在平面上的運動，可看成為沿 x 及 y 軸方向的兩個直線運動所組成。此兩個直線運動各自獨立而不互相牽涉，這種性質稱為運動的獨立性（見圖 2-15(a)）。

圖 2-15　(a) 運動獨立性

例題 2-8

一質點的位置向量，其 x 及 y 分量與時間的關係可表示為 $x = ct$ 及 $y = bt$，c 及 b 均為常數。試求出此質點的速度及加速度與時間的關係。

解

由題設，在 t 時刻，此質點的位置向量有兩個分量，即 $x = ct$ 及 $y = bt$，此均為時間的一次式。按例題 2-1 可知，此質點 x 及 y 分量的運動均為等速度運動，其速度的 x 及 y 分量按例題 2-1 可表示為 $v_x = c$ 及 $v_y = b$。

2-4-3　等加速度運動

當質點在平面上運動，其加速度向量 $\vec{a}_0$ 的量值及方向均固定不變時，則稱此質點作等加速度運動。質點作等加速度運動時，其加速度的 x 及 y 方向的分量均須為常數，即

$$a_x = a_{0x} = 常數 \;；\; a_y = a_{0y} = 常數 \qquad (2\text{-}18)$$

本章前數節已敘明，一質點若作等加速度運動時，其運動公式滿足（2-10）、（2-11）及（2-12）三式。我們可以做照前些節的作法，對一質點在一平面上作等加速度運動的每一方向，分別求出該方向的速度分量及位移分量與時刻 t 的關係，此關係與（2-10）、（2-11）及（2-12）三式具有相同的形式。設在 $t = 0$ 時，質點的 x 及 y 方向的速度分量分別為 v_{0x} 及 v_{0y}，其 x 及 y 方向的位置向量之分量分別為 x_0 及 y_0，則利用前些節的結果，質點位移、速度及加速度向量之間的關係可表示為：

x-分量

$$v_x(t) = v_{0x} + a_{0x}t \qquad (2\text{-}19a)$$

$$x(t) = x_0 + v_{0x}t + \frac{1}{2}a_{0x}t^2 \qquad (2\text{-}19b)$$

$$v_x^2 = v_{0x}^2 + 2a_{0x}(x - x_0) \qquad (2\text{-}19c)$$

y-分量

$$v_y(t) = v_{0y} + a_{0y}t \qquad (2\text{-}20a)$$

$$y(t) = y_0 + v_{0y}t + \frac{1}{2}a_{0y}t^2 \qquad (2\text{-}20b)$$

$$v_y^2 = v_{0y}^2 + 2a_{0y}(y - y_0) \qquad (2\text{-}20c)$$

例題 2-9

一質點位置與時間的關係可表為 $x = v_0 t$，$y = \frac{1}{2}gt^2$，試求其速度與加速度。

解

按前一例題的作法，可得 x 方向的速度分量為

$$v_x = v_0$$

而欲得 y 方向的瞬時速度分量，需先求出 y 方向的平均速度，即

$$\bar{v}_y = \frac{y_2 - y_1}{t_2 - t_1} = \frac{\frac{1}{2}gt_2^2 - \frac{1}{2}gt_1^2}{t_2 - t_1} = \frac{1}{2}g(t_2 + t_1)$$

若令上式中的 $\Delta t = t_2 - t_1$ 時段趨近於零（即令 $t_1 \to t_2$），則平均速度將等於瞬時速度，因此 y 方向的瞬時速度分量由上式，令 $t_1 = t_2 = t$ 即可獲得為

$$v_y = gt$$

因為 x 方向的速度分量是常數，因此 $a_x = 0$。又因 y 方向的速度分量是時間的一次式，按前一例題的作法，可得其加速度 $a_y = g$，為一常數。上述的結果亦可利用微分直接求得，讀者可自行練習。

2-5 拋體運動

最常見的平面運動乃是**拋體運動**。例如投擲棒球及射擊砲彈，棒球及砲彈的運動情形即很接近拋體運動。通常的拋體運動都是接近地球表面進行，因此當然會受到空氣的影響，但為了簡單分析起見，我們將不考慮空氣阻力、風力或浮力的作用。在這種理想狀況下把一質點以仰角 θ、初速度 v_0

圖 2-15　(b) 拋體運動

斜向拋出時，這質點將以拋物線的軌跡作運動，且終將掉回地面，如圖 2-15(b) 所示。我們將在本節詳細分析拋體運動。

在 2-2 節中，我們曾討論過在地球表面附近運動的物體，由於只受到地心引力的作用，會使質點向地心作加速運動，而有向下的加速度 $g = 9.8$ 公尺／秒^2。我們在上兩節亦已敘明，任何一個平面運動均可分解成兩個相互垂直的、獨立的直線運動。今考慮圖 2-15(b) 中以拋體的出發點 O 為直角坐標的原點，作水平及鉛直兩坐標軸，分別表為 x 軸及 y 軸。沿水平（即 x 軸）方向的運動，因與地心引力相垂直，由運動的獨立性，可知質點在水平方向並不受力，因此為一等速度運動，其速度為 $\vec{v}_0$ 沿 x 軸方向的分量 $v_0 \cos\theta$。而沿鉛直（即 y 軸）方向的運動，則受到地心引力的作用，受有一向下的加速度 g，且其初速度為 $v_0 \sin\theta$。在鉛直方向的運動，質點的初速度向上，與其加速度 g 相反方向，速度因而隨著時刻 t 而變小，故為一種等減速度運動（即加速度為負）。因此 t 秒後水平及鉛直方向的速度分量將各為

$$v_x = v_0 \cos\theta \tag{2-21a}$$

$$v_y = v_0 \sin\theta - gt \tag{2-21b}$$

而 t 秒後質點的位置向量，沿水平及鉛直方向的分量將各為

$$x = (v_0 \cos\theta)t \qquad (2\text{-}21c)$$

$$y = (v_0 \sin\theta)t - \frac{1}{2}gt^2 \qquad (2\text{-}21d)$$

由（2-21c）及（2-21d）二式消去時間 t，即由（2-21c）式得

$$t = \frac{x}{v_0 \cos\theta} \qquad (2\text{-}21e)$$

代入（2-21d）式，可得

$$y = (\tan\theta)x - \frac{1}{2}\frac{g}{(v_0 \cos\theta)^2}x^2 \qquad (2\text{-}21f)$$

上式乃質點鉛直方向的位置 y，與水平方向的位置 x 之間的關係式，因此即代表質點在空間運動時的軌跡。因（2-21f）式為 x 的二次方程式，故在 x-y 圖中的曲線為一拋物線。由（2-21f）式可知，當鉛直位移 y 為零時，得到兩個解，即 $x = 0$，乃表質點開始被拋射出的位置（即原點），及 $x = \frac{2v_0^2 \sin\theta \cos\theta}{g} = \frac{v_0^2}{g}\sin 2\theta$，此乃表質點被拋射出後，再次落回地面的距離，因此即代表質點所能飛行的水平距離，稱為水平射程（簡稱射程），通常以 R 表示，即

$$R = \frac{v_0^2 \sin 2\theta}{g} \qquad (2\text{-}22a)$$

如我們以 R 取代（2-21e）式中的 x，則得質點（或拋體）的總飛行時間 T，即

$$T = \frac{2v_0 \sin\theta}{g} \qquad (2\text{-}22b)$$

上式如代入（2-21a）、（2-21b）式，即得拋體再次回到地面時的末速度 x、y 方向的兩個分量

$$v_x = v_0 \cos\theta$$
$$v_y = v_0 \sin\theta - g\frac{2v_0 \sin\theta}{g} = -v_0 \sin\theta$$
$$v = \sqrt{v_x^2 + v_y^2} = v_0$$

因此在無空氣阻力的情形下，拋體剛被拋出時的初速度與剛掉回同一水平面的末速度量值相同，而方向則對水平面形成對稱。如圖 2-15(b) 所示。

例題 2-10

試證如以同一初速率 v_0，將一拋體以仰角 θ 及 $\frac{\pi}{2}-\theta$ 拋射而出，則所得的水平射程相同。

解

由（2-22a）式，拋體具相同的初速率 v_0，又因 $\sin 2\theta = \sin 2(\frac{\pi}{2}-\theta)$，因此以初速率 v_0、仰角 θ 拋射出去的拋體，其水平射程 $R = \dfrac{v_0^2 \sin 2\theta}{g}$，與以相同初速率 v_0、仰角為 $\frac{\pi}{2}-\theta$ 所得的水平射程 $R = \dfrac{v_0^2 \sin 2(\frac{\pi}{2}-\theta)}{g}$ 相同。

例題 2-11

試證拋體如以同一初速率 v_0 拋出，則以仰角 $\theta = 45°$ 拋出者之射程為最大。

解

由（2-22a）式可知，因 $\dfrac{v_0^2}{g}$ 為常數，故如 $\sin 2\theta$ 最大時，射程即為最大。而當 $2\theta = \dfrac{\pi}{2}$ 時，$\sin 2\theta$ 之值為最大值 1，亦即以 $\theta = 45°$ 之仰角拋射出的拋體能飛行最遠。

例題 2-12

如以仰角 θ、初速率 v_0 作拋射運動，則質點可達到的最大高度為何？

解

因質點達到最大高度所需的時間，恰為飛行一半射程之時間。因此由（2-22b）式可得質點飛行到最大高度所需的時間為

$$t = \frac{v_0 \sin \theta}{g}$$

以此值代入（2-21d）式，即可得最大高度 H 為

$$H = v_0 \sin \theta \times \frac{v_0 \sin \theta}{g} - \frac{1}{2} g (\frac{v_0 \sin \theta}{g})^2 = \frac{(v_0 \sin \theta)^2}{2g}$$

習題

2-1 節

2-1 短跑運動家班強生曾在奧運會的百米競賽上跑出 8.81 s 的令人難以置信的佳績。試問他的平均速率為若干？若他以同樣的平均速率跑一小時的直線距離，則可達多遠？

2-2 一質點沿一直線運動，在 t 時刻時，距原點 O 之距離為 $x = 8t - 2t^2$，式中 x 之單位為 m，t 之單位為 s。試求該質點自 $t = 1$ s 至 $t = 2$ s 間的平均速率。

2-3 一人騎腳踏車出遊，在旅途中遇一直線下坡路段，在第 1 s 行駛 1 m，在第 2 s 行駛 3 m，在第 3 s 行駛 5 m，在第 4 s 行駛 7 m 到坡的底部。試問此人在下坡路段最初兩秒內、最後兩秒內及全部下坡路段的平均速率各為若干 m/s？又任一時刻之瞬時速度又是多少？

2-4 一人騎腳踏車出遊，在旅途中，先以平均速率 2 m/s 行駛 4 s，次以平均速率 3 m/s 行駛 6 s，再以平均速率 4 m/s 行駛 7 s，最後以平均速率 5 m/s 行駛 2 s。試問此人在全部旅途中的平均速率為若干 m/s？

2-5 通常汽車駕駛人的反應時間為 0.7 s，如一汽車能有 5 m/s² 的減速度。試問若車速為 (a) 36 km/hr，(b) 72 km/hr，

駕駛人自看到紅燈信號至停車所需之時間各為若干 s？

2-6 當綠燈剛亮時，一小汽車以 2 m/s² 的等加速度，從靜止起動，同時間一砂石車以 10 m/s 之等速度超越小汽車。問：(a) 小汽車行駛若干遠後可超越砂石車？(b) 當時小汽車之速度為何？忽略車子的長度。

2-7 一物體從靜止開始，以加速度 a_1 作等加速直線運動，接著以加速度 a_2 作等減速直線運動至停止。試問物體走完全程位移 s 所經歷的時間為若干？

2-8 一火車以速率 v_1 向前行駛，突然間司機發現在前方同一軌道上距車 s 處有另一輛火車正沿相同的方向以較小的速率 v_2 做等速行駛，他於是立即拉煞車，假設司機反應時間極短可以忽略，則要使兩火車不致相撞，後一部火車需要有多大的減速度？

2-2 節

2-9 一物體從 200 m 的高度由靜止自由落下，若重力加速度可取為 10.0 m/s²，則此物體落下一半高度後，再經多少時間會落至地面？

2-10 一石子自 101 大樓頂自由下落，8.0 s 後著地，求此大樓之高度。

2-11 一石子自 101 大樓頂自由下落，8.0 s 後著地，求此石子著地之速度，試以 km/h 表示。

2-12 一小孩將一球垂直拋上 4.9 m，待球下落時將它接住，問此球在空中飛行時間為若干？

2-13 一石子自高樓樓頂平台邊垂直上拋，上拋之初速度為 9.8 m/s；已知小石被拋出後共經 4 s 著地。試求 (a) 石子抵達最高點之時間；(b) 石子所達最高點距樓頂之高度；(c) 高樓之高度。

2-3 節

2-14 A 向量沿 x 軸方向長度為 6 m，B 向量沿 y 軸方向長度為 8 m，問此兩向量的合向量之長度與方向為何？

2-15 二位移向量 $\vec{A}$、$\vec{B}$，已知 $\vec{A}$ 沿水平方向，量值為 150 m，$\vec{B}$ 與水平夾 90° 角，量值為 200 m。試問兩位移向量的合向量之量值及方向各為何？

2-16 （見圖 P2-16）在中國黃河及長江的某些段，船的前進是靠兩岸的船伕以繩子拉著船前進。設兩條繩子對船的拉力都是 2.0×10^3 N（N 為力的量值單位，將在第 4 章詳細定義），兩繩互成 45° 角。試以平行四邊形法求出合力的量值及與繩子的夾角各若干？

圖 P2-16

2-17 三個力，其量值均為 2.0 N。已知力 $\vec{A}$ 與水平方向夾 30°，力 $\vec{B}$ 與水平方向夾 45°，力 $\vec{C}$ 與水平方向夾 60°。試求出此三個力之合力之量值及與水平

方向之夾角。

2-4 節

2-18 A 車向東方以等速度 6.0 m/s 行駛 10 s 後，再轉頭朝西方以等速度 8.0 m/s 行駛 10 s。問此車的合位移？其平均速度量值又為若干？

2-19 A 車向東方以等速度 6.0 m/s 行駛 10 s 後，再轉向北方以等速度 8.0 m/s 行駛 10 s。問此車的合位移？其平均速度量值又為若干？

2-20 A 車向東方以等速度 6.0 m/s 行駛 10 s 後，再轉頭向西方以等速度 3.0 m/s 行駛 10 s，最後再轉向北方以等速度 4.0 m/s 行駛 10 s。問此車的合位移？其平均速度量值又為若干？

2-5 節

2-21* 羅賓漢以弓箭瞄準一樹上的蘋果，當他射箭之瞬間，蘋果恰同時自樹上自由下落。若羅賓漢的箭係以初速 v_0 m/s，仰角 30° 射出，而弓與蘋果未掉落時的距離為 30 m，問羅賓漢要射中蘋果，則箭的初速 v_0 須達若干？

2-22 一距地面 50 公尺的要塞大炮，以水平速度，將一炮彈水平拋射而出，恰可打中距離要塞 500 公尺遠的敵方戰車，試問炮彈被射出的速度 v_0 為若干？

2-4節

2-18 A車向東以等速度 6.0 m/s 行駛 10 s 後，即轉面向北以等速度 8.0 m/s 行駛 10 s。問此車的合速度為何？其加速度為何？

2-19 A車向東方以等速度 6.0 m/s 行駛 10 s，再轉向北方以等速度 8.0 m/s 行駛 10 s。問此車的合位移為何？其平均速度為何？

2-20 A車向東方以等速度 6.0 m/s 行駛 10 s 後，即轉變向北方以等速度 3.0 m/s 行駛 10 s，接著再轉東向北方以等速度 4.0 m/s 行駛 10 s。問此車的合位移為何？

2-5節

2-21 一顆蘋果從人的頭頂掉落一樹上的蘋果，有同之間，樹果恰與自頭上的蘋果，同時落下開出，而自樹蘋果未掉出，已掉落了 30 m，問蘋果變為中時，兩蘋果的初速 v_0，則為若干？

2-22 一皮球自 50 公尺的屋頂落下，以水平方向，朝一窗戶水平射出，恰可通過距屋頂 500 公尺處的窗口，試求此皮球射出中的初速度 v_0 為若干？

3

靜力學

- 3-1 力的量度
- 3-2 力的合成與分解
- 3-3 力的平衡
- 3-4 常見力的性質
- 3-5 力矩及力矩的平衡
- 3-6 靜力平衡

物體受到力的作用時，一般而言，會改變它的運動狀態，但是，在日常生活中我們看到的物體，大部份是靜止不動的，然而它們並非不受到力的作用，只是所受的幾個力的淨效果為零。這種情形我們稱之為**靜力平衡**（static equilibrium）。要了解靜力平衡，我們先要了解力的一般性質，以及它們如何相加。在這一章內，我們要對這些靜力平衡相關的問題，也就是**靜力學**（statics）的問題，加以探討。

3-1 力的量度

在日常生活上，我們對力多少有一些直覺的感覺，然而，作為一個物理量，我們一定要知道如何去量度它。我們都有拉動一個彈簧的經驗，一般而言，用力越大，彈簧伸長越多。如果我們能找出彈簧伸長長度與所用拉力的量化關係，我們就可用彈簧的伸長量來量度力。設想我們將一個彈簧秤掛起來，在彈簧秤下掛上一個砝碼（如圖 3-1 所示），彈簧伸長 1 刻度，如再增加一個相同的砝碼，則彈簧伸長 2 刻度，實驗顯示，彈簧伸長的刻度數，與所掛砝碼的數目成正比。如以 $|x|$ 代表彈簧的伸長量，則力的量值 F 與 $|x|$ 成正比，亦即

$$F = k|x| \tag{3-1}$$

圖 3-1 彈簧秤是量度力的量值的工具

（3-1）式中的比例常數稱為彈簧的**力常數**（force constant）。有了（3-1）式的量化關係，我們就可以用**彈簧的伸長量來量度力的量值**。

假定我們要量度一個力 $\vec{F}$ 的量值，我們可以用下列步驟來進行：首先我們以此力拉下彈簧秤，讀出其伸長的刻度，將此力拿開，換成砝碼拉下此彈簧秤，增加砝碼至彈簧秤與 $\vec{F}$ 有相同的讀數時，砝碼的總重量即為 $\vec{F}$ 的量值。砝碼的質量若為 M 公斤（kilogram，簡寫為 kg），則砝碼的重量為 M 公斤重（或千克重，寫為 kgw）。因此力的單位為公斤重。

在日常生活中有時也將公斤重簡稱為公斤,但是這容易與質量的單位相混淆,同時我們務必注意,如果是在說明重量或是力的量值時,公斤只是公斤重的簡稱。另一個力的單位是牛頓(newton,寫為 N),1 公斤重等於 9.8 牛頓。在下一章動力學當中我們將說明牛頓這個單位的意義。

例題 3-1

一長度為 0.30 m,力常數為 2.0×10^3 N/m 之均勻彈簧,被置於一光滑水平桌面上,彈簧的左端被繫於牆上,今在彈簧的右端 D 施一 40 N 的水平拉力,則 (a) 彈簧的伸長量為多少 m?(b) 今若彈簧的右端再串接一完全相同的彈簧,並在第二支彈簧的右端施 40 N 的水平拉力,則兩支彈簧的總伸長量變為多少 m?

解

(a) 由虎克定律得

$$40 = 2.0 \times 10^3 \times |x|$$

所以

$$|x| = 2.0 \times 10^{-2} \text{ m}$$

(b) 由於彈簧在水平方向靜止,故彈簧上張力量值處處相同。因此第二支彈簧兩端,各受左、右相反方向,但量值均為 40 N 的水平拉力作用,此情形與 (a) 小題的情形相同(該小題中彈簧也各受到左、右相反方向的拉力作用,只是向左的拉力是牆壁作用於彈簧左端),由 (a) 小題可知第二支彈簧的伸長量為 2.0×10^{-2} m。至於第一支彈簧,由於靜止平衡,故其兩端也各受左、右相反方向、量值均為 40 N 的水平拉力作用,因此其伸長量也等於 2.0×10^{-2} m。因此,兩支彈簧的總伸長共為 4.0×10^{-2} m。

3-2 力的合成與分解

力是一個向量,因此,力的相加或相減遵守向量相加及相

減的法則。在運動學中，我們看到位移、速度、加速度都是向量，因此，力的相加或相減與這些物理量的相加或相減是十分類似的。設有 $\vec{A}$、$\vec{B}$、$\vec{C}$ 三力，若 $\vec{C} = \vec{A} + \vec{B}$，則我們稱 $\vec{C}$ 為 $\vec{A}$ 及 $\vec{B}$ 的**合力**（resultant）；反之，$\vec{B}$ 或 $\vec{A}$ 則稱為 $\vec{C}$ 的**分力**（component）。因此，力的合成是分力的相加，以分力的向量和表示其合力；反之，若將合力用其分量表示，則稱為力的分解。力的合成與分解在力學問題的分析上，有很大的用處。

力的合成與分解有很多種方法，以下我們舉出最常見的兩種方法來說明。

3-2-1 幾何法

在這種方法中，每一力以一向量表示，我們可用 2-3-2 節中向量的合成與分解方法來處理力的合成與分解。因此力的合成如圖 3-2 及 3-3 所示，也滿足三角形及多邊形法則。

同理，我們也可用 2-3-2 節中之方法做力的分解，圖 3-4 中顯示了力 $\vec{C}$ 的兩種分解方法。

3-2-2 解析法

在這個方法中每一個力都分解為各坐標軸方向的分力，用每一坐標軸方向的單位向量表示分力的方向，用每一坐標軸上的投影作為每一分力的量值，以此一方法表示後，力的相加或相減可將其相同方向的分力相加或相減即可。例如圖 3-5 所示，平面中二力 $\vec{A}$ 及 $\vec{B}$ 分別可以表示為

$$\vec{A} = A_x \hat{i} + A_y \hat{j}$$
$$\vec{B} = B_x \hat{i} + B_y \hat{j}$$

上式中 $\hat{i}$ 及 $\hat{j}$ 各表沿 x 軸及 y 軸的單位向量（即長度為一單位，方向沿 x 軸及 y 軸）。合力 $\vec{A} + \vec{B}$ 則為

$$(A_x \hat{i} + A_y \hat{j}) + (B_x \hat{i} + B_y \hat{j})$$
$$= (A_x + B_x) \hat{i} + (A_y + B_y) \hat{j}$$

圖 3-2 力的三角形相加法則

圖 3-3 力的多邊形相加法則

圖 3-4 合力 $\vec{C}$ 的兩種分解方式

圖 3-5 力 $\vec{A}$ 及 $\vec{B}$ 在平面直角坐標中之分解圖

圖 3-6 力的合成及分解幾何法與解析法的關係圖

如果我們將圖 3-5 中 $\vec{B}$ 平行移動，使其箭尾移至 $\vec{A}$ 的箭頭處，則如圖 3-6 所示，很明顯的，$\vec{A}+\vec{B}$ 的 x 軸分力為 $(A_x+B_x)\hat{i}$，y 軸分力為 $(A_y+B_y)\hat{j}$，所以，這種相加及分解的法則與幾何法是相當的。

如果有兩個以上的力，我們可以將每一力分解於各坐標軸上，再將每一坐標軸上分量相加即可。同時，也不必限於 x-y 平面中，若以 $\hat{k}$ 代表 z 軸方向的單位向量，則

$$\vec{A} = A_x\hat{i} + A_y\hat{j} + A_z\hat{k}$$
$$\vec{B} = B_x\hat{i} + B_y\hat{j} + B_z\hat{k}$$
$$\vec{C} = C_x\hat{i} + C_y\hat{j} + C_z\hat{k}$$
$$\vdots$$
$$\vec{A}+\vec{B}+\vec{C}+\cdots = (A_x+B_x+C_x+\cdots)\hat{i} + (A_y+B_y+C_y+\cdots)\hat{j}$$
$$+ (A_z+B_z+C_z+\cdots)\hat{k}$$

幾何法及解析法各有好處，當各力的方向關係很清楚時，以幾何法處理，很容易看出合力與分力間之相互方向關係。但若是分力數目很多，或是幾何圖形不易表達各分力關係時，解

析法不失為一系統性的方法。

例題 3-2

在 xy-平面中有 $\vec{A}$、$\vec{B}$ 兩力，$\vec{A}$ 力之量值為 $\sqrt{3}$ kgw 與 x 軸之夾角為 $30°$；$\vec{B}$ 力的量值為 1 kgw 與負 x 軸方向之夾角為 $60°$（如圖 3-7 所示），試以幾何法及解析法求兩力之合力的量值及方向。

圖 3-7

解

(a) 幾何法

由圖上可看出 $\vec{A} \perp \vec{B}$，故 $\vec{A}$、$\vec{B}$ 以及其合力形成一個直角三角形，其斜邊長度即為合力之量值，又由圖上可看出此一三角形之三內角分別為 $30°$、$60°$ 及 $90°$，故由畢氏定理可算出合力量值，由圖 3-7 可決定合力之方向。

合力之量值為

$$\sqrt{A^2 + B^2} = \sqrt{1+3} = 2 \text{ kgw}$$

因三角形斜邊之長度恰為一股之兩倍，所以此一三角形之內角分別為 $30°$、$60°$ 及 $90°$，由圖上可看出合力與 x 軸之夾角為 $60°$。

(b) 解析法

依解析法可將 $\vec{A}$、$\vec{B}$ 用單位向量 $\hat{i}$ 及 $\hat{j}$ 表示，合力量值為 $\sqrt{(A_x+B_x)^2+(A_y+B_y)^2}$，方向則可由 $\dfrac{A_y+B_y}{A_x+B_x}$ 之比值決定。

$$\vec{A} = \sqrt{3}\cos 30°\hat{i} + \sqrt{3}\sin 30°\hat{j} = \frac{3}{2}\hat{i} + \frac{\sqrt{3}}{2}\hat{j}$$

$$\vec{B} = -\cos 60°\hat{i} + \sin 60°\hat{j} = -\frac{1}{2}\hat{i} + \frac{\sqrt{3}}{2}\hat{j}$$

$$\vec{A} + \vec{B} = \hat{i} + \sqrt{3}\,\hat{j}$$

$$|\vec{A} + \vec{B}| = \sqrt{1^2 + (\sqrt{3})^2} = 2 \text{ kgw}$$

設合力與 x 軸之夾角為 θ，則 $\tan\theta = \sqrt{3}$，$\theta = 60°$。

由以上解題過程，似乎幾何法比較簡單些，但若是 $\vec{A}$、$\vec{B}$ 及其合力所形成的不是特別角的三角形時，幾何法就不見得會比較簡單了。

3-3 力的平衡

一個物體若同時受到幾個力的作用，一般而言，它會在合力的方向運動。如果此數個力的合力為零，則物體不會移動。我們稱此數個力有**力的平衡**。若有 n 個力成平衡時，以數學式表示，則為

$$\vec{F_1} + \vec{F_2} + \vec{F_3} + \cdots + \vec{F_n} = 0 \qquad (3\text{-}2)$$

如果兩個力成平衡，則它們必定是量值相等，方向相反，這是最簡單的情形，不必多加討論。我們可以由三個以上的力來考慮。由上節的討論，我們知道數個力如成平衡，它們一定形成一個封閉的多邊形。若是三個力，則一定形成一個封閉的三角形（如圖 3-8 所示）。其相對應數學式則為

$$\vec{F_1} + \vec{F_2} + \vec{F_3} = 0 \qquad (3\text{-}3)$$

若是 $\vec{F_1}$、$\vec{F_2}$、$\vec{F_3}$ 皆在 xy-平面中，則可以解析法將（3-3）式

圖 3-8 三力平衡圖

寫為

$$F_{1x}\hat{i} + F_{1y}\hat{j} + F_{2x}\hat{i} + F_{2y}\hat{j} + F_{3x}\hat{i} + F_{3y}\hat{j}$$
$$= (F_{1x} + F_{2x} + F_{3x})\hat{i} + (F_{1y} + F_{2y} + F_{3y})\hat{j} = 0$$

故
$$F_{1x} + F_{2x} + F_{3x} = 0 \tag{3-3a}$$
$$F_{1y} + F_{2y} + F_{3y} = 0 \tag{3-3b}$$

上式中 F_{ix}、F_{iy} 分別代表第 i 個力的 x 及 y 分量。在分析力的平衡問題時（3-3）式是非常有用的公式。我們也可以將（3-3）式推廣到三度空間的形式。若是有些力不在 xy-平面中，則我們另有

$$F_{1z} + F_{2z} + F_{3z} = 0 \tag{3-3c}$$

的條件。很明顯地，若是力的數目不限於三個，則（3-3a）、（3-3b）及（3-3c）式的推廣式為

$$\sum_{i=1}^{n} F_{ix} = 0 \tag{3-4a}$$
$$\sum_{i=1}^{n} F_{iy} = 0 \tag{3-4b}$$
$$\sum_{i=1}^{n} F_{iz} = 0 \tag{3-4c}$$

雖然，我們已得力的平衡條件的一般式，但是在應用上，三共點力（作用在一點上的三個力）是最常見的情況，值得我

們做進一步更詳細的探討。假定三個力 $\vec{F}_1$、$\vec{F}_2$、$\vec{F}_3$ 平衡如圖 3-9 所示，我們可以用解析法求出三個力的一些關係，

$$F_1 \cos\theta_1 - F_2 \cos\theta_2 = 0 \tag{3-5}$$

$$F_1 \sin\theta_1 + F_2 \sin\theta_2 - F_3 = 0 \tag{3-6}$$

由（3-5）式，得

$$\frac{F_1}{\cos\theta_2} = \frac{F_2}{\cos\theta_1} \tag{3-7}$$

圖 3-9 三共點力成平衡

將上式代入（3-6）式，得

$$F_3 = F_1 \sin\theta_1 + F_1 \frac{\cos\theta_1}{\cos\theta_2} \sin\theta_2$$

$$= \frac{F_1}{\cos\theta_2}(\sin\theta_1 \cos\theta_2 + \cos\theta_1 \sin\theta_2)$$

$$= \frac{F_1}{\cos\theta_2} \sin(\theta_1 + \theta_2)$$

故

$$\frac{F_1}{\cos\theta_2} = \frac{F_3}{\sin(\theta_1 + \theta_2)} \tag{3-8}$$

綜合（3-7）、（3-8）兩式得

$$\frac{F_1}{\cos\theta_2} = \frac{F_2}{\cos\theta_1} = \frac{F_3}{\sin(\theta_1 + \theta_2)} \tag{3-9}$$

如果我們將圖 3-9 改畫成圖 3-10 的情形，則 $\phi_1 = \theta_2 + 90°$，$\phi_2 = \theta_1 + 90°$，$\phi_3 = 180° - (\theta_1 + \theta_2)$，因此（3-9）式可寫為

$$\frac{F_1}{\sin\phi_1} = \frac{F_2}{\sin\phi_2} = \frac{F_3}{\sin\phi_3} \tag{3-10}$$

（3-10）式的形式非常對稱，其內容是：**當三共點力成平衡時，每一力之量值與其所對角度的正弦值的比值都相等，稱為三共點力平衡的正弦定律。**這個定律在 ϕ_1、ϕ_2、ϕ_3 三個角度為特別角時能夠幫助我們很快的讀出 F_1、F_2、F_3 量值的關係。

圖 3-10 共點力 $\vec{F}_1$、$\vec{F}_2$、$\vec{F}_3$ 分別對 ϕ_1、ϕ_2、ϕ_3 角度成平衡圖。

例題 3-3

一質量為 m 的小木塊被放置在一斜角為 θ 的固定斜面上，設小木塊與斜面間無摩擦，今欲施一水平作用力 F，使小木塊能靜止於斜面上（如圖 3-11 所示），則 $\vec{F}$ 之量值為多少？

解

小木塊所受斜面之正向力 $\vec{N}$ 垂直於斜面，小木塊 m 的力圖如圖 3-12 所示，故小木塊受到三共點力而達到平衡，利用（3-10）式，即可求出 $\vec{F}$ 之量值。利用（3-10）式，

$$\frac{F}{\sin(180°-\theta)} = \frac{mg}{\sin(90°+\theta)}$$

所以

$$F = mg\frac{\sin(180°-\theta)}{\sin(90°+\theta)} = mg\tan\theta$$

▶ 圖 3-11 小木塊受水平作用力 $\vec{F}$ 平衡於斜面上

▶ 圖 3-12 小木塊平衡時之力圖

當然我們也可以利用（3-3a）、（3-3b）兩式以解析法解本題，然而，由以上解的過程，可看出利用正弦定律解題的好處，我們只要知道 $\vec{N}$ 是垂直於斜面即可求出答案，不必牽涉到

$\vec{N}$ 的量值，換言之，我們省去了解析法中消去 N 的過程，所以很快就可得到答案。

3-4 常見力的性質

　　靜力學的問題在力學的觀念中是比較單純的，然而，一般學生對於靜力學的問題常感到困難，考其原因，主要是對於常見力的性質未能了解，或是未能標出作用力的正確方向，或是對力的作用點未能掌握，因此未能畫出正確的力圖，解問題時自然遭遇到困難，以下我們對常見力做較詳細的探討。

3-4-1 彈簧力

　　在 3-1 節有關力的量度中我們已初步的討論了**彈簧力**（spring force），利用彈簧的伸長量來量度力。事實上，我們也可以用彈簧的壓縮量來量度力，實驗顯示，在壓縮彈簧時，彈簧的恢復力也遵守（3-1）式，其比例常數與彈簧伸長時相同，因此我們對彈簧恢復力 $\vec{F}_s$ 可寫下一個通式

$$\vec{F}_s = -k\vec{x} = -kx\hat{i} \tag{3-11}$$

其中 x 是相對於彈簧自然長度，彈簧端點的位移，當 x 為正時表示彈簧伸長，當 x 為負時彈簧縮短，**彈簧力的方向永遠與其端點位移方向相反**（如圖 3-13 所示），**而其量值則與其位移成正比**，這個關係在 1678 年由虎克發現，稱為**虎克定律**。

　　彈簧力為力學中非常常見的力，不僅如此，一些原子、分子間的作用力，當原子、分子在其平衡位置附近振盪時，其相互的作用力也與彈簧力的性質相仿而遵守（3-11）式，了解了彈簧力，對於這些原子、分子力的分析也有幫助。

圖 3-13　(a) 自然長度為 l_0 的彈簧受拉力 $\vec{F}$ 端點產生位移 $x\hat{i}$ ($x > 0$)，恢復力 $\vec{F_s} = -\vec{F} = -kx\hat{i}$。(b) 自然長度為 l_0 的彈簧受壓縮力 $\vec{F}$ 端點產生位移 $x\hat{i}$ ($x < 0$)，恢復力 $\vec{F_s} = -\vec{F} = -kx\hat{i}$。

3-4-2　張　力

張力（tension）是繩子繃緊時表現出來的力。我們可以從鏈條上的力來了解張力，一個鏈條繃緊了，環環相扣的地方所出現的拉力就是張力，如果鍊條上的每一環扣縮小而趨近於零，則鍊條趨近於細線，此時線上兩相鄰點間的作用力就是細線上的張力了。由以上的討論，可知在細線上每一點，都有大小相等、方向相反的張力。因此，我們說細線上的張力時應說明是指線上的哪一點，至於張力的方向則要看是所指的受力體為何來決定。我們常常提到某一線上，或某一繩上之張力，一般而言，這是指張力的量值，在一些常見的情況下，張力量值處處相同，所以就不必指明位置了。在什麼情況下，一繩或線上張力的量值與位置無關呢？那是在線或繩的質量可以略去時的特殊情況，我們可以用下列例子來說明此點。如果我們在天花板下吊一均勻重繩（如圖 3-14 所示），在 A 點的張力 T_A，向上的是拉住繩子，向下的是作用在天花板上。同理，在重繩中點 B 點的張力 T_B 也有向上及向下兩個方向，向上的是作用在下半截繩子的上端，向下的是作用在上半截繩子的下端。我們可以由力的平衡得到 T_A 及 T_B 之間的關係。由下半截繩子的平衡條件，T_B 等於下半截繩子的重量，若繩子的質量為

圖 3-14　懸吊的重繩及其各點張力的力圖

m，則 $T_B = \frac{1}{2} mg$。T_A 則等於整條繩子的重量，所以 $T_A = mg$。我們再看上半截繩子的平衡條件，它受一向上之張力 T_A，向下之張力 T_B，另外還受到重力 $\frac{1}{2} mg$，故 $T_A - T_B = \frac{1}{2} mg =$ 半截繩子的重量，確實是相符的。由以上的例子，我們可以看出一般而言繩子的張力量值確實是與其位置有關。值得指出的是若是繩子沒有重量，則懸吊起來時，繩上張力處處為零，其量值是與位置無關的。若是在此繩的下端掛上重量為 W 的物體，則由平衡條件可以看出繩上張力量值處處為 W，而確實是與位置無關的。故在繩子質量可略去時，繩上的張力量值處處相同。

3-4-3 抗　力

張力是物體受到拉扯，抵抗被拉開的力；抗力（reaction force）則相反，它是在物體互相擠壓時抵抗擠壓所生出來的力。舉例來說，將一個物體放在桌子上，物體與桌子間在接觸面上有互相擠壓的傾向，物體對桌子施以作用力，因此桌子對物體產生了反作用力，作用力與反作用力大小相等，方向相反（有關作用力與反作用力的關係還會在「牛頓第三運動定律」一節中詳述）。易言之，物體施力於桌面，桌面反施一力於物體，這種力因係抵抗擠壓變形而產生，故稱為抗力。物體與桌子之間的相互作用力，既為作用力及反作用力的關係，這對我們在判斷抗力的方向上提供了一些線索。舉例言之，如圖 3-15 所示，一棒之一端被吊起，另一端被放置在水平之光滑桌面上，因桌面光滑，所以棒對桌面無法施水平方向的力，也就是說棒對桌面之力是垂直桌面的（垂直向下），桌面對棒之力是棒對桌面之力的反作用力，其量值與棒壓桌面之力的量值相等，但方向是垂直向上。這種垂直於接觸面的抗力也稱為正向力（normal force）。當然，若是桌面不是光滑，則棒可在水平方向對桌

圖 3-15　光滑桌面對棒之抗力為垂直向上

面施力,其反作用力,即桌面的抗力也就不在垂直方向了。這時候抗力有兩個互相垂直的分量,垂直桌面的分力仍稱為正向力。平行桌面分力跟棒的重量及桌面的粗糙程度都有關係。

3-4-4 摩擦力

當兩個物體疊在一起,若它們的接觸面不是完全光滑,則當兩接觸面有相互運動的傾向時,會產生阻止相互運動的力,這種力稱為**摩擦力**(friction force)。若兩接觸面有相互運動之傾向,但尚未產生運動時,此摩擦力稱為**靜摩擦力**(static friction force)。若兩接觸面已經相互運動,則此摩擦力稱為**動摩擦力**(kinetic friction force)。摩擦力的一些重要性質如下:

1. 摩擦力與兩物體接觸面平行,方向在阻止接觸面相互滑動的方向。
2. 靜摩擦力 f_s 不是一個定值,它的量值會隨著外力的增大而增大。
3. 靜摩擦力有一個最大值 f_{sm} 稱為最大靜摩擦力,或簡稱最大靜摩擦。最大靜摩擦與物體所受之正向力量值 N 成正比,即

$$f_{sm} = \mu_s N \tag{3-12}$$

其中 μ_s 稱為**靜摩擦係數**(coefficient of static friction)。
4. 動摩擦力比最大靜摩擦力略小。通常情況下,動摩擦力的量值與兩物體接觸面的大小及相對速度無關,而僅與接觸面的性質(例如光滑與否,材質等)有關。
5. 動摩擦力的量值 f_k 與物體所受之正向力量值 N 成正比,即

$$f_k = \mu_k N \tag{3-12a}$$

其中 μ_k 稱為**動摩擦係數**(coefficient of kinetic friction)。

若對水平桌面上一物體施一水平力 F,當 F 逐漸增加時,

物體與桌面間的摩擦力略如圖 3-16 所示。在 F 小於 $F_0 = \mu_s N$ 之前，F 與靜摩擦力相等，所以物體靜止，當 F 大於 F_0 以後，物體已開始運動，其所受之摩擦力 $f_k = \mu_k N$，此後 F 增加，物體被加速，但所受之動摩擦力並不增加而保持常數。

　　常見物體間的摩擦係數的值略如表 3-1。

圖 3-16　物體所受外力 F 變動時，桌面對其摩擦力之變化圖。

表 3-1

物　　質	μ_s	μ_k
木塊對木塊	0.6	0.4
鐵氟龍對鐵氟龍	0.04	0.04
黃銅與鋼	0.5	0.45
橡膠與乾水泥地	1.0	0.8
橡膠與濕水泥地	0.7	0.5
玻璃與玻璃	0.94	0.4

例題 3-4

一質量可略去的彈簧被掛在天花板下，掛上一個重量為 W 的重物時，彈簧的長度伸長了 ΔL，則彈簧的中點下墜了多少距離？從中點截斷的兩彈簧其等效力常數為多少？

解

設彈簧的中點下墜 $\Delta L'$，則因彈簧是按比例伸長的，所以

$$\Delta L' = \frac{\Delta L}{2}$$

設截斷後的彈簧之等效力常數為 k'，則

$$k' = \frac{W}{\Delta L'} = \frac{2W}{\Delta L}$$

例題 3-5

一小木塊與一長木板間之靜摩擦係數為 0.6，今將小木塊放置於長木板上，將長木板一端上抬，如圖 3-17 所示，求長木板在傾角 θ 為何值時，小木塊開始下滑？

圖 3-17 小木塊靜止於上抬之長木板上

解

當小木塊開始要下滑時，小木塊與長木板間之作用力為最大靜摩擦力，亦即 $f = \mu_s N$，此時小木塊所受之三力：重力、正向力及摩擦力成平衡，將其力圖畫出，利用（3-10）式，即可求出 θ 之值。

小木塊即將滑下前之力圖如圖 3-18 所示，由（3-10）式，得

$$\frac{N}{\sin(90°+\theta)} = \frac{f}{\sin\theta} = \frac{mg}{1}$$

圖 3-18 在長木板上小木塊之力圖

所以 $\quad f = N\tan\theta = \mu_s N$

故得 $\quad \tan\theta = \mu_s = 0.6$

$$\theta = 31°$$

例題 3-6

一木塊被放置於水平桌面上，設木塊與桌面間之靜摩擦係數為 μ_s，今施一力 $\vec{F}$ 於此木塊（如圖 3-19 所示），則此力的量值為多大時木塊開始運動？

圖 3-19 在粗糙之桌面上以外力 $\vec{F}$ 拉動木塊圖

解

當 $\vec{F}$ 之量值增加時，一方面其水平分量增加，一方面減少木塊下壓桌面之力，因此桌面對木塊之正向力也會減小，當 $\vec{F}$ 之水平分量大到可以克服當時的最大靜摩擦力時，木塊會開始運動。

由木塊垂直方向力的平衡得

$$mg - F\sin\theta = N \tag{3-13}$$

當木塊即將運動時，靜摩擦力 f_s 為最大值，且

$$f_s = \mu_s N$$

故

$$F\cos\theta = f_s = \mu_s N \tag{3-14}$$

由（3-13）式及（3-14）式消去 N，得

$$\mu_s mg - \mu_s F \sin\theta - F\cos\theta = 0$$

在上式中將 F 解出，得

$$F = \frac{\mu_s mg}{\mu_s \sin\theta + \cos\theta} \tag{3-15}$$

我們可以對（3-15）式做一些特殊角度的驗證，當 $\theta = 0$ 時，

$$F = \mu_s mg$$

此一結果極易了解，因為此時正向力等於 mg，最大靜摩擦力即等於 $\mu_s mg$。當 $\theta = 90°$ 時，此時 F 垂直向上，由（3-15）式，$F = mg$，此時 F 僅需克服小木塊之重力，而將其提起，正向力及摩擦力都為零。

3-5 力矩及力矩的平衡

我們都有轉動門扉的經驗，當我們施力於門扉時，一般而言，施力越大，越容易轉動門扉。但若是我們施力的方向通過門軸，則不論我們用多大力，也無法轉動門扉。因此轉動門扉的難易與施力的大小、力的方向，以及施力點與轉軸的距離都有關係，我們可以定義一個物理量將這些因素都包括進去，這個物理量就是**力矩**（torque）。力矩的定義如下

若施力點對原點的位置向量為 $\vec{r}$，所施之力為 $\vec{F}$，則對原點的力矩 $\vec{\tau}$ 定義為

$$\vec{\tau} \equiv \vec{r} \times \vec{F} \tag{3-16}$$

上式中的 × 號代表向量積的意思，$\vec{r}$ 與 $\vec{F}$ 的向量積仍為一個向量，它的量值及方向定義如下

圖 3-20 右手定則示意圖：(a) 右手拇指向上；(b) 右手拇指向下。

$\vec{\tau}$ 的量值為 $|\vec{r}| \times |\vec{F}| \sin\theta$，其中 θ 為 $\vec{r}$ 與 $\vec{F}$ 的夾角，$|\vec{r}|\sin\theta$ 稱為**力臂**（arm of force）。$\vec{\tau}$ 的方向則由右手定則所決定。右手定則如圖 3-20(a) 及 (b) 所示，若以右手之四指由 $\vec{r}$ 的方向轉向 $\vec{F}$ 的方向，則豎起拇指所指的方向即為 $\vec{\tau}$ 的方向。因此，在圖 3-20(a) 的情況，$\vec{\tau}$ 的方向是垂直向上，在圖 3-20(b) 的情況 $\vec{\tau}$ 的方向是垂直向下。

由 $\vec{\tau}$ 的定義，我們可以看出在下列三種情形 $\vec{\tau}$ 的量值為零：

(a) $|\vec{F}|$ 為零，這是所施之力為零的情形。
(b) $|\vec{r}|$ 為零，這是施力點在轉軸上的情形。
(c) θ 為零，這是施力方向穿過轉軸的情形。

(b) 與 (c) 都是力臂為零的情況。

在上述的三種情況，力矩的量值為零，這也對應了我們在前一段中所述的門扉無法轉動的情形，因此，力矩的大小決定了門扉轉動的難易程度，**力矩是改變物體轉動狀態的因素**。由力矩的定義，我們可以看出其單位為力乘以長度，所以在國際公制中其單位為牛頓–公尺，寫為 N·m。

當一個物體受到數個力矩時，所產生的淨效果是這幾個力矩的向量和所產生的效果，當這個向量和為零時，物體的轉動

狀態不會改變，此時我們稱具有力矩的平衡，若有 n 個力矩成平衡，以數學式表示之，則為

$$\vec{\tau}_1 + \vec{\tau}_2 + \vec{\tau}_3 + ... + \vec{\tau}_n = 0 \tag{3-17}$$

例題 3-7

一質量可略去，長度為 l 的長桿上掛一重量為 5 kgw 的重物，今在桿之 A 端處將其吊起，另一端 B 端著地（如圖 3-21 所示），需施力 3 kgw，則在 B 端將其吊起，令 A 端著地需用力若干？

圖 3-21 一桿吊一重物，力矩平衡圖。

解

當 A 點被吊起時，由力矩的平衡，可算出所掛重物在桿上之位置，知道重物所掛位置，即可算出當 B 點被吊起時需用力若干。

設桿長為 l，吊掛重物點 O 與 B 點之距離為 l_B，與 A 點之距離為 l_A，則 $(l_A + l_B) = l$。由圖 3-21 中力矩平衡之條件，得

$$F_A l = 5 l_B \tag{3-18}$$

若將 B 點吊起時需用力 F_B，則力矩平衡之條件為

$$F_B l = 5 l_A \tag{3-19}$$

將（3-18）式與（3-19）式相加，得

$$(F_A + F_B)l = (3 + F_B)l = 5(l_A + l_B) = 5l$$

因此

$$3 + F_B = 5 \quad , \quad F_B = 2 \text{ kgw}$$

3-6 靜力平衡

在前面我們分別討論了力及力矩的平衡，若是兩種平衡都達到則物體的移動及轉動運動狀態都不改變，原來靜止的物體保持靜止，稱為靜力平衡（static equilibrium）。此時（3-2）式及（3-17）式都要成立。此處我們要強調力的平衡與力矩的平衡是不同的平衡，舉例言之，在一桿的兩端施以大小相等，方向相反的力（如圖 3-22 所示），則此桿有力的平衡，但無力矩的平衡，桿雖不會移動，但會轉動，此種情形稱為*力偶*（couple）。再如圖 3-23 所示，一桿受到三個力的作用，其中作用在桿兩端的力、方向及量值都相同，作用於桿中心 O 點處之力量值較作用於兩端者為小，則對 O 點，我們有力矩的平衡，但無力的平衡，桿雖不會轉動但會向下加速。由以上的討論，我們知道若一物體要維持其移動及轉動狀態都不變，必須是在靜力平衡狀態。

一般而言，物體所受力矩與參考點（即支點）的選擇有關，但是若一物體在靜力平衡狀態，則無論參考點取在何處，其總力矩都為零，我們可以證明如下：若此物體受到 n 個力，其中第 i 個力的施力點位置向量為 $\vec{r}_i$，則物體所受之總力矩 $\vec{\tau}$ 為

$$\vec{\tau} = \sum_{i=1}^{n} \vec{\tau}_i = \sum_{i=1}^{n} \vec{r}_i \times \vec{F}_i = 0$$

若將參考點移動一位移 $\vec{r}_0$，則 $\vec{F}_i$ 施力點的位置向量變為 $\vec{r}_i - \vec{r}_0$，故總力矩 $\vec{\tau}'$ 為

$$\vec{\tau}' = \sum_{i=1}^{n}(\vec{r}_i - \vec{r}_0) \times \vec{F}_i = \sum_{i=1}^{n}(\vec{r}_i \times \vec{F}_i) - \sum_{i=1}^{n}(\vec{r}_0 \times \vec{F}_i)$$

$$= 0 - \vec{r}_0 \times \sum_{i=1}^{n} \vec{F}_i$$

圖 3-22 桿受力偶作用，會轉動不會移動。

圖 3-23 桿有力矩的平衡，但無力的平衡，會移動，但不會轉動。

因物體有力的平衡,所以 $\sum_{i=1}^{n} \vec{F}_i = 0$,將此條件代入上式,得

$$\vec{\tau}' = 0$$

因此,靜力平衡狀態的物體,無論參考點取在何處,所受總力矩都為零。

解靜力平衡的問題,可以採取下列策略及步驟:

1. 將靜力平衡的物體或其一部份與其它部份分隔,集中焦點,考慮該部份。
2. 對此部份物體畫出其所受之所有外力(外界對此部份物體所施之力),標明其大小及方向,也就是將此部份物體的力圖畫出,未知力之量值或方向列為未知數。
3. 以靜力平衡條件(3-2)及(3-17)式,列出其方程式。
4. 選擇未知力最多之一點為計算力矩的參考點,這樣可得最簡單的方程式。
5. 解聯立方程式,將未知數解出。

例題 3-8

試討論倚牆而立梯子的平衡情況,證明若牆面與地面都為光滑,則梯子不可能達到靜力平衡。

解

若牆面與地面皆為光滑,則梯子受到如圖 3-24 中所示的三個力,即牆面的正向力 $\vec{F}$、地面的正向力 $\vec{N}$ 及梯子所受之重力 $\vec{W}$。很明顯的,若 $\vec{F}$ 不為零,則梯子在水平方向的力無法平衡。若是 $\vec{F}$ 等於零,則對 O 點的力矩全部由梯之重力 $\vec{W}$ 所產生,當然無法有力矩的平衡,因此在這種情況,無法達到靜力平衡。若是地面上有摩擦力,則在 O 點除了正向力外,尚有向左的摩擦力,則此摩擦力可能與 $\vec{F}$ 平衡,$\vec{F}$ 所產生的力矩又可能與 $\vec{W}$ 所產生的力矩平衡,這樣就有可能達到靜力平衡了。

第 3 章 靜力學

圖 3-24 倚牆而立梯子的力圖

例題 3-9

一長度為 L，重量為 6 kgw 的均勻長棒，一端頂住牆壁，另一端則被一重量可略去的輕繩拉住成水平，長桿上離其一端 $\dfrac{L}{3}$ 處吊一重量為 15 kgw 的重物（如圖 3-25 所示）。試求：(a) 繩上之張力 $\vec{T}$ 的量值。(b) 牆面對桿之正向力及摩擦力。

圖 3-25

解

由桿的力平衡條件可得兩個方程式，分別對應於垂直方向及水平方向力的平衡，再由力矩平衡的條件可得另一方程式。利用此三個方程式可將繩之張力 T、牆面之正向力 N 及摩擦力 F 解出。

參看圖 3-25 中之力圖，垂直方向力平衡之條件為

$$F + T\sin 30° - 15 - 6 = 0 \tag{3-20}$$

水平方向力平衡的條件為

$$N - T\cos 30° = 0 \tag{3-21}$$

以 O 為參考點，力矩平衡的條件為

$$T\sin 30° L - 15 \times \frac{2}{3}L - 6 \times \frac{1}{2}L = 0 \tag{3-22}$$

由（3-22）式，得

$$T = 15 \times \frac{2}{3} \times 2 + 6 = 26 \text{ kgw}$$

將 T 的值代入（3-21）式，得

$$N = T\cos 30° = 26\frac{\sqrt{3}}{2} = 13\sqrt{3} \text{ kgw}$$

將 T 的值代入（3-20）式，得

$$F = 15 + 6 - T\sin 30° = 8 \text{ kgw}$$

例題 3-10

一質量可略去之細桿，長度為 L，桿之一端以樞紐固定於牆壁上，細桿可以樞紐為軸自由轉動。細桿之另一端連接一質量可略去的光滑滑輪，一質量可略去的輕繩跨過此滑輪吊掛一 20 kgw 之重物，平衡時，繩與水平方向之夾角為 30°（如圖 3-26 所示），試求：(a) 繩上之張力；(b) 樞紐對桿所施之力；(c) θ' 之值。

解

若假定樞紐對桿所施之水平分力為 N，垂直分力為 F，則本題中一共有 T、N、F、θ' 四個未知數。因繩無重量，故 T 等於 20 kgw，因此實際上只有三個未知數。桿水平方向及垂直方向力的平衡，可提供兩個方程式，桿之力矩平衡又可提供一個方程式，以此三個方程式，即可解出 N、F、θ' 三個未知數。

$$T\sin 30° + F - 20 = 0 \tag{3-23}$$

$$T\cos 30° - N = 0 \tag{3-24}$$

圖 3-26

取 O 點為參考點，力矩平衡的條件為

$$20L\cos\theta' - T\sin(30° + \theta')L = 0 \qquad (3-25)$$

由（3-23）式，得

$$F = 10 \text{ kgw}$$

由（3-24）式，得

$$N = T\cos 30° = 10\sqrt{3} \text{ kgw}$$

由（3-25）式，得

$$20\sin(30° + \theta') = 20\cos\theta'$$

所以

$$\sin(30° + \theta') = \cos\theta'$$
$$\theta' = 30°$$

習題

3-1 節

3-1 有二彈簧，其力常數分別為 750 N/m 及 1200 N/m，若將此二彈簧串聯，則此二彈簧的等效彈簧的力常數為多少？
（N/m 表示牛頓/公尺，是力常數的單位，1 kgw = 9.8 N，1 牛頓的意義將在第 4 章說明）。

3-2 承上題，若將此二彈簧並聯，則其等效彈簧的力常數為多少？

3-3 n 個力常數為 k 的彈簧串聯起來後，其等效彈簧的力常數為多少？

3-4 n 個力常數均為 k 的彈簧並聯起來，其等效彈簧的力常數為多少？

3-5 一彈簧之自然長度為 l_0，力常數為 k，施力 $\vec{F}$ 於其一端將此彈簧拉長，則在彈簧上距固定端 $\dfrac{l_0}{3}$ 處（圖 P3-5 中 A 點）之位移為多少？

圖 P3-5

3-2 節

3-6 在 x-y 平面中有 $\vec{F}_A$ 及 $\vec{F}_B$ 兩力，$\vec{F}_A$ 與 x 軸的夾角為 30°，量值為 20 kgw；$\vec{F}_B$ 與 x 軸的夾角為 60°，量值為 40 kgw，則二力的合力量值為多少？與 x 軸的夾角為多少？

3-7 若 xy-平面中有二力 $\vec{F}_1 = a_1 \hat{i} + b_1 \hat{j}$、$\vec{F}_2 = a_2 \hat{i} + b_2 \hat{j}$；今欲施一力 $\vec{F}_3$ 使 $\vec{F}_1$、$\vec{F}_2$ 及 $\vec{F}_3$ 成平衡，則 $\vec{F}_3$ 的量值為多少？$\vec{F}_3$ 在 x 軸上的分量為多少？

3-8 若 xy-平面中有二力 $\vec{F}_1 = a_1 \hat{i} + b_1 \hat{j}$、$\vec{F}_2 = a_2 \hat{i} + b_2 \hat{j}$，則此二力合力之量值及方向為何？

3-3 節

3-9 在一水平的繩上掛上一重物，則繩不再能維持絕對水平，試說明之。

3-10 在一斜角為 30° 之斜面上，放置一質量為 m 之小木塊，小木塊與斜面間之靜摩擦係數為 0.8，今施一平行於斜面而向上之力 f，若欲維持 m 平衡，則 f 之最大及最小量值為多少？

3-11 承上題，若 f 之方向為平行於斜面而向下，則 f 之最大及最小量值又為多少？

3-12 一重量為 W 之重物，以二繩吊起，平衡時此二繩與水平方向之夾角分別為 θ_1 及 θ_2（如圖 P3-12 所示），則二繩上之張力分別為多少？

圖 P3-12

3-13 當單擺擺至最高點時，其擺錘是否在力平衡狀態？

3-14 一質量為 m 之木塊被繫於一斜角為 θ 之光滑斜面頂端（如圖 P3-14 所示），則平衡時，繩上之張力為多少？

圖 P3-14

3-15 二質量均為 m 之木塊，以一繩連接，繩跨過一斜角為 θ 之斜面頂端滑輪，一木塊被置放斜面上，另一木塊則下垂（如圖 P3-15 所示）。若整個系統能維持平衡，則木塊與斜面間的靜摩擦係數最小須為若干？

圖 P3-15

3-4 節

3-16 在天花板下懸吊一質量為 m 的均勻重繩，則繩的上端及繩的中點處的張力量值有何關係？

3-17 火車開動時，使火車加速的力是何力？

3-18 汽車在轉彎時，若速度太快，則會打滑，這是什麼緣故？

3-5 節

3-19 一不均勻、質量為 m 之木棒以 A 端吊起，B 端著地，需用力 $\frac{1}{3}mg$，則以 B 端吊起，A 端著地需用力若干？

3-6 節

3-20 一長度為 L、質量為 m 之均勻梯子，倚牆角而立（如圖 P3-20 所示），梯子底端與地面之靜摩擦係數為 μ，牆面為光滑。一質量為 m' 之人向上登梯，若要梯腳不產生滑動，此人最高可以爬升到多高？

圖 P3-20

3-21 一長度為 L、質量為 m 的均勻細桿，其一端的樞紐固定在牆壁上，細桿可無摩擦的在樞紐處旋轉，細桿另一端則掛上質量為 m' 之重物，並以一細繩吊起平衡，如圖 P3-21 所示，則 (a) 細繩上張力 T 為若干？(b) 樞紐處細桿所受之力為若干？

圖 P3-21

3-22 一長度為 L 之均勻長板，用兩個支架支起成靜力平衡，其中一支架在長板之一端，證明兩支架之距離必須大於 $\frac{L}{2}$。

3-23* 一質量為 m 的細桿被放置在一半圓形軌道內面，細桿長度 $L=\sqrt{2}R$，其中 R 為軌道半徑，細桿平衡如圖 P3-23 所示。設細桿與軌道間之靜摩擦係數為 μ，平衡時細桿下端所受之摩擦力恰為最大靜摩擦力，求細桿兩端各受力多少？

圖 P3-23

4

質點動力學

- 4-1 慣性與牛頓第一運動定律
- 4-2 力的定義與牛頓第二運動定律
- 4-3 牛頓第三運動定律
- 4-4 動量與動量守恆定律

在第 2 章中，我們已知道一個質點或物體的運動狀態可以用它的位置向量或速度向量隨時間的關係來描述。在第 2 章質點運動學中，我們只探討質點或物體的運動情形，也就是說只討論質點的速度與加速度之間的關係，而不去問這個質點為什麼會有加速度？它的運動狀態為什麼會發生改變？在本章中，我們將找出這個問題的答案。本章所要討論的稱為動力學（dynamics），動力學是要探討為什麼質點的運動狀態會發生改變？也就是要探討使物體的運動狀態發生變化的因素──力，它究竟與物體運動狀態改變有什麼樣的關係的問題。

4-1 慣性與牛頓第一運動定律

我們由日常生活的經驗，在一平地上滾動一球，若不持續施力，球會漸漸的慢下來終至停止不動。希臘哲人亞里斯多德（Aristotle）從這些日常生活的經驗，以為若要在水平地面上使一物體繼續維持等速運動，就必須持續對其施力。事實上，我們現在很清楚球之所以不能在水平地面上維持等速度運動的原因，並非外界不持續施力，而是因物體受到地面摩擦力作用，以致變慢而停止的緣故。

圖 4-1 伽立略

伽立略（見圖 4-1）曾做了一個斜面實驗（見圖 4-2），來探討這個問題。他認為從日常的經驗中，可以發現一個物體若沿一光滑斜面下滑，它會有加速度；反之，若物體沿著光滑斜面上滑時，它會有減速度。這下滑的加速度，或上滑的減速度

圖 4-2 伽利略實驗

會隨斜面的斜角變小而變小。因此物體若沿一個傾斜角為零的光滑水平面滑行，它的速度是否既不變慢也不變快，而是維持等速度運動了呢？

　　伽立略從不同情況的考慮中，得到下列結論：*若物體沿著一個光滑的水平面運動，它將會往前一直運動而不停止。亦即在光滑水平面上運動的物體，必永遠維持等速度運動。*此稱為伽立略的慣性定律。因此，物體一旦有了速度，除非有外力使它加速或減速，它將維持等速運動。這種物體在沒有外力作用下，會保持它原來運動狀態的特性，稱為慣性（inertia）。物體的慣性與它的質量有關，物體的質量越大，慣性也越大，要改變它的運動狀態也越不容易，故也越難被加速或減速。伽立略的慣性定律是建立在完全沒有摩擦力的情形下，雖然這種情況在現實生活中不能真正得到，但在實驗室中常使用的氣墊軌道（見圖 4-3），則可視為接近無摩擦的情形。

圖 4-3　氣墊軌道

　　牛頓把伽立略的實驗及思索的結果加以延伸，而提出一個基本性的結論，即：

物體若不受外力作用，則靜者恆靜，動者恆沿原來運動方向作等速度運動。

此結論稱為牛頓第一運動定律（Newton's first law of motion），事實上這定律也就是伽立略的慣性定律，只是牛頓先對力給出了定義，即：

改變物體運動狀態的因素稱為力。

　　上面所稱物體不受外力作用的意義，當然也包括了物體受到的外力和為零（即物體所受淨力為零）的情形。一個物體受到的外力和若為零，則稱此物體係處於*力的平衡狀態*。在平衡狀態下的物體，可能靜止不動，也可能以等速度作直線運動。例如滑車在氣墊軌道上運動時，就近乎是一種等速運動。

　　日常生活中我們都會有「靜者恆靜」的慣性經驗，但「動

圖 4-4　佛科擺

者恆沿直線做等速度運動」的例子卻不多見，原因是在現實的世界中，摩擦力是永遠存在的,因此要維持物體做等速度運動，需要「對物體持續的施力」以克服摩擦力的阻礙。

在物理上，我們稱可以適用牛頓力學的參考系為*慣性參考系*（inertial reference frame），簡稱為慣性系。牛頓第一運動定律事實上可以作為慣性系的定義，亦即所謂慣性系是指牛頓第一運動定律可以成立的坐標系統。因此，在慣性系中，若物體所受的淨力為零，則所觀測到的物體運動將不會有加速度。地球由於有自轉，因此並不是慣性參考系。但是，地球自轉所引起的非慣性特性，只有在討論*大尺度運動*（large scale motion），如科學館中常見的佛科擺（見圖 4-4）、航海時常見的貿易風及洋流時才會顯著，平常則可將其忽略。因此，除非特別聲明，本書都把地球當做慣性參考系。

4-2　力的定義與牛頓第二運動定律

在牛頓第一運動定律中，我們引入了力的概念，力乃是可使物體運動狀態（靜止或行進速度的情形）發生改變的因素。至於確切的給力一個定量的定義以及力到底如何改變物體的運動狀態，就需要牛頓第二運動定律了。

4-2-1　牛頓第二運動定律

在牛頓第一運動定律中，我們已知物體若無外力作用，它的運動狀態將會維持不變。我們將進一步來了解，一個物體若在外力作用下，它的運動狀態究竟如何改變。

如圖 4-5 所示，假設在一平滑桌面上，放置一個木塊，並以不同大小的力作用於此木塊上，我們會發現當木塊受到*外力作用後，即會在外力方向上產生加速度，且木塊所產生的加速度 $\vec{a}$ 與外力 $\vec{F}$ 成正比*。即

圖 4-5　牛頓第二運動定律實驗

$$\vec{a} \propto \vec{F} \qquad (4\text{-}1a)$$

若我們以相同大小的外力作用不同質量的木塊,則我們會發現質量越大的木塊受到外力作用後,所產生的加速度之值越小,換言之,在相同大小的外力作用下,木塊所產生的加速度 $\vec{a}$ 之量值與其質量成反比。即

$$a \propto \frac{1}{m} \qquad (4\text{-}1b)$$

綜合上兩式,可得

$$a \propto \frac{F}{m} \qquad (4\text{-}1c)$$

且加速度 $\vec{a}$ 的方向與外力 $\vec{F}$ 的方向相同。今若選用適當的單位,則上式的比例常數可以取為 1,因此可得

$$\vec{F} = m\vec{a} \qquad (4\text{-}1d)$$

因此可知:

> 質量固定的物體受到外力 $\vec{F}$ 作用時,它會在外力作用的方向上獲得一個加速度 $\vec{a}$,加速度的量值與物體所受的外力成正比。若以同一外力作用於不同物體時,物體所產生的加速度的量值與物體的質量成反比。

上面的結論稱為牛頓第二運動定律(Newton's second law of motion)。

(4-1d)式中的力 F,它的單位為牛頓(newton),寫為 N。當以一力作用於質量為 1 公斤的物體,而能使該物體獲得 1 公尺/秒^2 的加速度時,則此作用力的大小值稱為 1 牛頓。平常所稱 1 公斤重的物體,係受到地球引力 $F = mg = 1 \times 9.8 = 9.8$ 牛頓的作用。

<u>伽立略</u>的慣性定律指出物體速度的改變必須由外力引起。牛頓的第二運動定律更進一步賦予物體慣性的定量意

義。相同的外力作用在不同質量的物體上，便有了不同的加速度。要改變不同質量的物體的速度使產生相同的加速度，質量較大的物體所需的力也較大。因此，*質量可以用來量度物體的慣性。*

例題 4-1

一均勻長方體形之木塊，靜置於光滑地面上，今若在木塊左、右兩端各施加一水平力 F_1 及 F_2，方向如圖 4-6 所示。設 $F_1 > F_2$。試討論木塊中間截面上受力的情況及其力的量值。

圖 4-6

解

從截面 C 處把長方體木塊分成左、右兩部份，設截面 C 處向左、右兩半塊長方體木塊作用力量值均為 F，長方體木塊之質量為 m，長方體木塊向右之加速度為 a，截面 C 處之力，對左半木塊作用方向是向左，對右半木塊作用方向是向右，則對左、右兩半塊長方體木塊，個別的應用牛頓第二運動定律可得：

$$F_1 - F = \frac{m}{2}a \tag{4-2a}$$

$$F - F_2 = \frac{m}{2}a \tag{4-2b}$$

將上兩式相減得

$$F_1 + F_2 - 2F = 0$$

故

$$F = \frac{F_1 + F_2}{2}$$

例題 4-2

如圖 4-7，考慮一段長度為 L，密度（每單位長度的質量）為 d 之繩，今在繩

圖 4-7 質量不為零的繩，受到張力之情形。

子兩端各施以 T_1 及 T_2 的拉力（$T_1 > T_2$）。繩子以加速度 a 運動，則繩上任一點 P 的張力 T_x 為何？

解

由牛頓第二運動定律，因繩子受到 $T_1 - T_2$ 的淨力，故 $T_1 - T_2 = ma$ 或繩子所獲的加速度為 $a = \dfrac{T_1 - T_2}{m}$。

又設距繩右端 x 處，繩之張力為 T_x，則由牛頓第二運動定律可得出 T_x 如下：

$$T_1 - T_x = (\frac{m}{L}x)a = (\frac{m}{L}x)(\frac{T_1 - T_2}{m}) \qquad (4\text{-}2c)$$

或

$$T_x = (1 - \frac{x}{L})T_1 + \frac{x}{L}T_2 \qquad (4\text{-}2d)$$

從（4-2c）式可知當 $m = 0$，或 $a = 0$，$T_1 = T_x = T_2$，即繩子無質量時，或等速移動時，繩中任一點的張力 $T_x = T_1 = T_2$。因此可知，當繩子無質量或繩子水平靜止（或等速運動）時，繩子上各點的張力才相等。

例題 4-3

如圖 4-8 所示，為一阿特午機，它由兩質量各為 4.0 kg 及 2.4 kg 的物體 A 及 B，以無重量且不伸長之繩相連繫，繩子跨過一無重量無摩擦之滑輪組成，試問 A 與 B 的加速度各為何？

解

因假設繩子無重量且滑輪無摩擦，故繩上張力各點相同。設繫著 A 物的繩上張力為 T，則繫著 B 物的繩上張力也為 T，又因

圖 4-8

繩子不伸長，故 A 及 B 兩者的加速度量值也相等。由牛頓第二運動定律，則 A 物及 B 物滿足下列的運動方程式，

$$m_A g - T = m_A a \tag{4-3a}$$

及

$$T - m_B g = m_B a \tag{4-3b}$$

將上二式相加，得

$$a = \frac{m_A - m_B}{m_A + m_B} g = \frac{4.0 - 2.4}{4.0 + 2.4} g = 2.45 \text{ m/s}^2$$

將 a 之值代入 (4-4a) 式，得

$$T = m_A (g - a) = 29.4 \text{ N}$$

例題 4-4

質量 m 的物體，置於斜角為 θ 的楔形木塊的斜面上，如圖 4-9(a) 所示。假設物體與斜面間的動摩擦係數為 μ ($\mu < \tan \theta$)，則物體受到的正向力為若干？物體的加速度 a 為若干？

圖 4-9

(a)　　(b)

解

先畫出物體力圖，物體共受重力 mg、斜面正向力 N 及靜摩擦力 f 的作用，如圖 4-9(b) 所示。因物體沿斜面滑動，又物體沿斜面之加速度為 a，則沿斜面方向滿足下列牛頓第二運動定律

$$mg \sin \theta - f = ma \tag{4-3c}$$

$$f = \mu N \tag{4-3d}$$

垂直斜面方向則無加速度，故此方向合力為零。因此物體受到的正向力為

$$N = mg\cos\theta \tag{4-3e}$$

將（4-3e）式代入（4-3d）式後，得摩擦力

$$f = \mu N = \mu mg\cos\theta$$

將此式代入（4-3c）式，即可求得加速度為

$$a = (\sin\theta - \mu\cos\theta)g$$

4-3 牛頓第三運動定律

　　我們在上一章討論力的作用時，只討論到物體受力後運動的情形，但力的作用需要有施力體及受力體，施力體作用一力到受力體上，例如人撞牆壁，則人是施力體，而牆壁是受力體；若車撞了人，則車子是施力體，而人則是受力體。本節將進一步討論受力體與施力體間有關力作用的關係。

　　在日常生活中我們常有下列經驗：

1. 站在滑板上以手推一手推車，手推車被推向前，但人及滑板也往後退。
2. 火箭向下噴出氣體，但火箭卻往上衝出（見圖 4-10）。
3. 子彈從槍口射出，槍身卻後退（見圖 4-11）。

　　在這些例子中，推手推車的手、火箭噴出的氣體、槍及火藥爆炸所產生的氣體等都是*施力體*，而手推車、火箭、子彈等都是*受力體*。施力體施力給受力體，使得受力體改變運動狀態。但同時施力體本身的運動狀態也改變了，例如，人撞牆壁，人也會被牆壁擋住；車撞人，車子也會因之受阻。這現象說明了施力體也受到力的作用，因為力是在兩物體間互相作用的，因此，受力體所受的力既來自施力體，則施力體所受的力必來

▲ 圖 4-10　　　　　　　　　　　　▲ 圖 4-11

自受力體。通常把施力體施於受力體的力稱為**作用力**（action），而把受力體回施給施力體的力稱為**反作用力**（reaction）。牛頓從不同情形的探討中發現

> 若施力體施一個作用力給受力體，則受力體亦必同時反施一個反作用力給施力體，兩者大小相等，方向相反。

這稱為**牛頓第三運動定律**（Newton's third law of motion）。

　　這個定律看起來雖然簡單，但所指的作用力與反作用力之間的特殊關係則需要徹底了解。任意一對大小相等、方向相反的作用力，並不必然構成作用力與反作用力。兩個力要互相構成作用力與反作用力的關係，需要滿足

1. 同時產生、同時消失的關係。
2. 作用力與反作用力分別作用於受力體及施力體上。

不符合這兩個特性的，便不構成牛頓第三運動定律的一對作用力和反作用力。

　　作用力與反作用力雖然大小相等，方向相反，但因各自作用在不同的物體上，因此並不會互相抵銷。反之，若有兩個大小相等、方向相反的力作用在同一個物體上，則這兩個力必定不可能組成一對作用力及反作用力。

例題 4-5

考慮一受重力 W、靜置於桌上的物體，桌面作用物體的正向力為 N，試問此兩力是否構成一對作用力與反作用力？（見圖 4-12）

圖 4-12

解

物體一共受到兩個力的作用，即重力 W（向下）與正向力 N（向上）。W 是地球對物體的引力，而 N 則是桌子施於物體的正向力。物體靜置於桌上不動，按照牛頓第一運動定律，它所受的淨力需為零，才能使物體不下墜。但須注意 W 與 N 同時都作用在物體上，若將桌子撤走，N 就不存在了，而 W 依然存在，故 W 和 N 並不相互構成牛頓第三運動定律所指的作用力與反作用力。W 的反作用力是物體對地球的引力（作用於地球的球心）。與 N 構成一對作用力和反作用力的，是物體對桌面的向下作用力 W'（量值等於物體重 W）。

4-4　動量與動量守恆定律

在 4-3 節中，我們已經知道當一質量為 m 的物體受到外力 $\vec{F}$ 作用時，它會產生一個加速度 $\vec{a}$，加速度的量值與物體所受的外力大小成正比，而加速度的方向則沿著外力的方向。此稱為牛頓第二運動定律。以數學式表示可寫為

$$\vec{F} = m\vec{a} \tag{4-4a}$$

考慮一個物體受到固定力作用的情形，當外力 $\vec{F}$ = 常數時，則由上式可知，物體的加速度 $\vec{a}$ 也是一個常數。換言之，當以一固定的外力作用於一物體時，物體即作等加速度運動。因此，以第二章的等加速度公式，$a = \dfrac{v - v_0}{t}$ 代入（4-4a）式，即得

$$F = \frac{mv - mv_0}{t} \equiv \frac{p - p_0}{t} = \frac{\Delta p}{\Delta t} \tag{4-4b}$$

上式中 $p = mv$ 稱為質量為 m 的物體，當其速度為 v 時的動量（momentum）。

在 $\Delta t \to 0$ 的情形下，上式可表為

$$\vec{F} = \frac{d(m\vec{v})}{dt} \equiv \frac{d\vec{p}}{dt} \tag{4-4c}$$

因此，當物體受到外力 $\vec{F}$ 的作用，它的動量 $\vec{p}$ 即會發生改變，動量 $\vec{p}$ 的時變率等於外力。從（4-4b）或（4-4c）式也可知，在同樣的動量變化下，若使動量變化的時間儘量拉長，則物體所受的外力會變小。體操墊的功能就是延長體操選手落至地上時，讓動量減少至零的時間，以減輕選手所受的撞擊力。上兩式也說明了在外力為零（即 $\vec{F} = 0$）的情況下，物體的動量不會改變（即 $\Delta \vec{p} = 0$ 或 $\vec{p}$ = 常數），換言之，物體的動量會維持定值，此稱為動量守恆定律。寫成數學式為

$$\vec{p} = m\vec{v} = 常數（若外力為零） \tag{4-4d}$$

4-4-1　多質點系統的動量守恆

動量守恆定律不僅對一個質點或一個物體成立，一個系統若包含多個質點，在沒有外力的作用力，該系統的總動量仍然守恆的。茲考慮兩個物體組成的質點系統，假設此系統中，物

體 1 及 2 各受到力 $\vec{F_1}$、$\vec{F_2}$ 的作用,因此,系統一共受到合力 $\vec{F} = \vec{F_1} + \vec{F_2}$ 的作用。因物體 1 及 2 均受到力的作用,因而使得其動量發生改變,按(4-4c)式,可得

$$\vec{F_1} = \frac{\Delta p_1}{\Delta t} \ , \ \vec{F_2} = \frac{\Delta p_2}{\Delta t}$$

上式中,Δp_1 及 Δp_2 各表物體 1 及 2 在受到 $\vec{F_1}$、$\vec{F_2}$ 力的作用後,其動量的改變值。對整個系統而言,系統所受到的合力為

$$\vec{F} = \vec{F_1} + \vec{F_2} = \frac{\Delta \vec{p_1}}{\Delta t} + \frac{\Delta \vec{p_2}}{\Delta t} = \frac{\Delta(\vec{p_1} + \vec{p_2})}{\Delta t} = \frac{\Delta \vec{p}}{\Delta t} \quad \text{(4-5a)}$$

上式中 $\vec{p} = \vec{p_1} + \vec{p_2}$ 乃系統的總動量。$\vec{F_1}$ 則包括了物體 2 施於物體 1 的作用力 $\vec{F}_{12}$,以及除了 $\vec{F}_{12}$ 之外,所有作用於物體 1 的外力 $\vec{F_1}^{(e)}$;而 $\vec{F_2}$ 則包括了物體 1 施於物體 2 的作用力 $\vec{F}_{21}$,以及除了 $\vec{F}_{21}$ 之外,所有作用於物體 2 的外力 $\vec{F_2}^{(e)}$。因此

$$\vec{F_1} = \vec{F_1}^{(e)} + \vec{F}_{12} \quad \text{(4-5b)}$$
$$\vec{F_2} = \vec{F_2}^{(e)} + \vec{F}_{21} \quad \text{(4-5c)}$$

按牛頓第三運動定律,物體 1 施於物體 2 的作用力與物體 2 施於物體 1 的反作用力,大小相等,且方向相反。亦即 $\vec{F}_{12} = -\vec{F}_{21}$,此兩力因係系統中任兩物體間相互作用的力,因此稱為內力。將(4-5b)及(4-5c)兩式代入(4-5a)式可得:

$$\vec{F_1}^{(e)} + \vec{F_2}^{(e)} = \vec{F}^{(e)} = \frac{\Delta \vec{p}}{\Delta t} \quad \text{(4-5d)}$$

上式中 $\vec{F}^{(e)}$ 表系統所受到的總外力。因此可知,在有外力作用下,系統的總動量才會發生變化,此稱為多質點系統的動量守恆定律。假如系統不受外力作用,則其總動量的改變為零,亦即物體 1 所獲的動量,必等於物體 2 所損失的動量,

以維持整個系統的動量變化總和為零。

多質點系統的動量守恆定律，常見應用於日常生活的例子中，例如過年節慶所燃放的煙火，被射至天空爆開後，散布在空中的煙火各部份的動量和，仍與未爆前整個煙火的動量相同（見圖 4-13）。又如載送衛星的火箭（見圖 4-10），均是利用本身燃料燃燒時產生的廢氣向後噴出所產生的動量，使得火箭獲得向前的動量而衝出，因此它們在幾近真空的外太空中也可以前進。

圖 4-13　煙火

例題 4-6

質量為 1.00×10^{-2} g 的子彈，以水平速度 v 嵌入靜置於光滑水平面上的木塊，木塊的質為 2.00 kg，之後木塊與子彈一起以 3.00 m/s 速度前進，試問子彈的初速 v 為何？

解

子彈的初動量（亦即系統的初動量）為

$$p_i = (1.00\times10^{-2})\times v = 1.00\times10^{-2}v$$

子彈嵌入木塊後系統的總動量為

$$p_f = (2.00+1.00\times10^{-2})\times 3.00 = 6.03 \text{ m/s}$$

因無外力作用故動量守恆，即 $p_i = p_f$，因此由上二式得

$$v = \frac{6.03}{1.00\times10^{-2}} = 603 \text{ m/s}$$

例題 4-7

質量為 M 的楔形板（斜面），靜置於光滑水平面上，另一質量為 m 的木塊在同一水平面上以初速 v 朝楔形板的斜面運動（見圖 4-14），若斜面與木塊間無摩擦，則當木塊沿斜面上升到最大高度時，斜面及木塊的速率為若干？

圖 4-14

解

這是木塊與楔形板的碰撞問題,當木塊爬上斜面前後,系統(即木塊與楔形板)的總動量要守恆。當木塊沿斜面上升到最大高度時,斜面及木塊具有相同的速率。設木塊沿斜面上升到最大高度時,斜面及木塊的速率均為 u,則當木塊沿斜面上升到最大高度時,斜面及木塊的總動量為 $(M+m)u$,當小木塊未爬上斜面時,整個系統只有小木塊有動量 mv,由動量守恆定律得

$$(m+M)u = mv$$

故

$$u = \frac{mv}{M+m}$$

例題 4-8

一質量為 0.50 kg 的物體,以初速度 50 m/s 被鉛直上拋,當到達最高點時物體的動量為何?又在物體被上拋 4 s 後,此物體的動量(大小值與方向)又為何?

解

物體被上拋的運動是一種等減速度運動,其末速度 v 與初速度 v_0 的關係可利用公式 $v = v_0 - gt$ 計算,當物體到達最高點處 $v = 0$,因此在該處物體的動量為零。而在到達最高點時,需時

$$t = \frac{v_0}{g} = \frac{50}{9.8} = 5.1 \text{ s}$$

因此物體被上拋 4 s 後,仍未到達最高點,此時速度為

$$v = v_0 - gt = 50 - 9.8 \times 4 = 11 \text{ m/s}$$

故動量為

$$mv = 0.50 \times 11 = 5.5 \text{ kg-m/s},方向朝上。$$

4-4-2 衝量與動量定理

現在再考慮以一固定力 $\vec{F}$,作用於一個質量為 m 的物體上。作用一段時間 t 後,使物體的速度由 $\vec{v}_0$ 增大至 $\vec{v}$。

根據（4-4b）式

$$\vec{F} = m\vec{a} = \frac{mv - mv_0}{t - 0} = \frac{\Delta p}{\Delta t} \quad (4\text{-}6a)$$

上式也可寫成

$$\Delta \vec{p} = \vec{F} \Delta t \quad (4\text{-}6b)$$

上二式中的 $\Delta \vec{p}$ 是物體在外力作用期間動量的變化，而左邊則為施於物體的外力（在此情形下，常稱為**衝力**（impulsive force））與施力時間的乘積，這個乘積稱為**衝量**（impulse）。衝量的單位與動量的單位相同，是牛頓-秒或公斤-公尺/秒。（4-6c）或（4-6d）式的意義為物體受外力作用所獲的衝量等於該物體在外力作用期間動量的變化。此稱為衝量與動量定理。因此，若物體動量變化一定，則力作用的時間越短，所受的力越大。汽車避震器的目的也是在汽車行駛於顛簸不平的地面時，用來延長車體與底盤接觸的時間，以減少乘客所受的衝力，增加乘客的舒適感。同樣的，近年來流行的汽車安全氣囊，其目的也是在延長撞車時駕駛人與車體碰撞的時間，減速的時間越長，人所受的平均撞擊力也越小，因此受傷的機會也可相對減輕。

例題 4-9

質量為 0.10 kg 的球，以 30 m/s 的速度正面撞擊牆壁，碰撞後球以 20 m/s 的速度反彈。如果球撞擊牆壁的碰撞時間只有 0.01 s，則碰撞時，牆壁作用在球上的平均作用力為若干？

解

設球碰撞後的動量為正，則球碰撞前的動量為負。故球碰撞前後動量的變化量為

$$|\Delta \vec{p}| = |m\vec{v} - m\vec{v}_0|$$
$$= 0.10 \times 20 - (-0.10 \times 30) = 5.0 \text{ N} \cdot \text{s}$$

因為碰撞的時間很短，故球所受的作用力很大。由（4-6b）式得

$$F = \frac{mv - m(-v_0)}{t} = \frac{5.0}{0.01} = 5.0 \times 10^2 \text{ N}$$

即約 50 kgw。

例題 4-10

一質量為 M 的大砲，被放置在光滑的水平面上，大砲射出一質量為 m 的砲彈。假定砲彈被射出時，對地的速率為 v，其方向與地平面平行。求大砲反彈的速度及方向。

解

設大砲反彈的速度為 V，則由動量守恆得

$$mv + MV = 0$$

故可得

$$V = -\frac{m}{M}v$$

從上式可知，若 $\frac{m}{M}$ 越小，即砲身越重，則 V 越小，即大炮反彈速度越小。

例題 4-11

一般汽車以 90 km/h 的速度在高速公路上行駛時，若不幸撞上固定的阻擋物，則大致上車子要被擠壓而縮短約 1 m 左右。假如一部車（連人）共重 1,000 kg，在車禍情形下，估計駕駛人所受到的衝力約若干？

解

先求出此問題的一般解，假設一質量 m 的車，以 v_1 速度在高速公路上急駛，不幸撞上水泥分隔牆，車身被擠壓縮短了 Δx 而停止，則此車的動量改變即為其所獲之衝量

$$\Delta p = p_f - p_i$$
$$= 0 - mv_1 = -mv_1$$

假設車子碰撞後以等減速度停下，則在碰撞過程內，車子的平均速度約為

$$\bar{v} = \frac{v_1 + v_2}{2} = \frac{v_1}{2}$$

因此，車子由撞擊至完全停止與牆壁之接觸時間 Δt 為

$$\Delta t = \frac{\Delta x}{\bar{v}} = \frac{2\Delta x}{v_1}$$

車子所受之平均衝力為

$$\bar{F} = \frac{\Delta p}{\Delta t} = -\frac{mv_1}{\frac{2\Delta x}{v_1}} = -\frac{\frac{1}{2}mv_1^2}{\Delta x}$$

$$= -\frac{車子所減少的動能}{車子被壓短的長度}$$

$$= -\frac{\frac{1}{2} \times 1000 \times (90 \times \frac{10^3}{3600})^2}{1}$$

$$\approx -3.1 \times 10^5 \text{ N}$$

因此如車禍時，車子動能減少越多（即由高速突然停止），則碰撞後所受的衝力越大；另外，如車子在車禍發生後，被擠縮的長度越少（如車子保險桿奇硬），則車子所受之衝力亦越大。欲減少衝力，可設法使車子碰撞後，人受到撞擊的時間變長（如加設安全氣囊），使人所受之平均力減少。

習題

4-1 節

4-1 若你在一封閉車廂內看到一個靜止不動、擺線沿鉛直方向的單擺，你能否確定這封閉車廂是在靜止不動的狀態？

4-2 若你在一封閉車廂內看到一個靜止不動、擺線與鉛直方向夾 θ 角的單擺，你能否推測得到這封閉車廂的運動狀態？

4-3 拿一支氣泡水平儀放在水平桌面上時，其氣泡恰位於水平儀正中央。今若將水平儀沿水平桌面往前推，則氣泡會位於水平儀正中央？前方？或後方？

4-2 節

4-4 一質量為 2.0 kg 的物體靜止於水平地面上,受到一個 4.4 N 的水平拉力,物體與地面的滑動摩擦係數為 0.11,試求物體在 4.0 s 末的速度及 4.0 s 內的位移。

4-5 如圖 P4-5 所示 A、B 兩物體質量為 1.0 kg 及 2.0 kg,被置於一水平光滑之地面上,A、B 兩物體間以一無質量及不伸縮的繩相連,今以一水平力 $F = 3.0$ N 拉 A,試問繩上的張力為若干?

圖 P4-5

4-6 一力 F 可使質量為 m_1 的物體在 1.0 s 內速度增加 5.0 m/s,也可使質量為 m_2 的物體在 2.0 s 內速度增加 20.0 m/s,今若將此兩物體連在一起,並以力 F 作用在此組合物體上,試問在 3.0 s 內可使其速度增加若干 m/s?

4-7 如圖 P4-7 所示,物體 B 的質量為 1 kg,小車 A 與物體 B 的動摩擦係數為 0.20,而靜摩擦係數為 0.25,求當小車的加速度等於多大時,物體 B 可等速下滑?又若物體 B 相對小車靜止,則小車的加速度又須等於若干?

圖 P4-7

4-8 如圖 P4-8 所示,一質量可忽略的彈簧上端固定,下端懸一質量為 m_0 的平盤,盤中置有一質量為 m 的物體,當盤靜止時,彈簧長度比其自然長度長了 l。今將盤下拉 Δl 後放手,則剛放手時盤對盤中物體的支持力為若干?

圖 P4-8

4-9* A、B 兩物體疊放在水平桌面上(如圖 P4-9),A 上 B 下,A、B 間的滑動摩擦係數為 μ_1,B 與地面間的滑動摩擦係數為 μ_2。A、B 質量分別為 m_A、m_B。今以水平作用力 F 作用於 B,問當 F 等於多大時,恰能把 B 從地面及 A 之間抽出?

圖 P4-9

4-10* 長 A、重 G 的均勻細繩掛在一光滑釘子上,當它自由下滑時,證明當繩子一邊長為 B,另一邊長為 C 時,它對釘子的壓力為 $F = 4G(\dfrac{BC}{A^2})$。

4-11 六個相同的木塊,每個質量各為 1

kg，置放在光滑的水平桌面上。以 1 kgw 的固定力 F 水平作用在第一塊木塊上，其方向如圖 P4-11 所示。(a) 求每一塊木塊所受淨力的值。(b) 第四塊木塊作用在第五塊的力是多少？

$\vec{F} \rightarrow$ ⬚1⬚2⬚3⬚4⬚5⬚6⬚

圖 P4-11

4-3 節

4-12 一水平置放內部灌滿氣體的瓶子，其瓶塞若突然脫落，此瓶子會如何運動？

4-13 一水平置放內部真空的瓶子，若其瓶塞突然脫落，使得瓶外氣體突然湧入瓶子內，此瓶子會如何運動？

4-14 橡皮頭子彈不會穿越人體而會反彈，鉛頭子彈則會穿越人體而不會從人體反彈。從這相異處分析為什麼以色列軍隊比較喜歡用橡皮頭子彈射擊巴勒斯坦人？

4-15 將一盞燈以繩吊掛在天花板，則燈所受的重力與繩子拉燈的拉力，大小相等、方向相反，這兩個力是否組成一對作用力及反作用力？

4-4 節

4-16 質量為 M 之木塊從距水平地面 h 高處自由下落，當木塊下落至距地面 $2/h$ 高處時，被一質量為 m、速度為 u 之子彈從水平方向射中，子彈並嵌在木塊中。試問：(a) 木塊被射中後再經幾秒會落至地面上？(b) 木塊之橫向位移為何？

4-17 一子彈水平射穿 A、B 兩個並排緊靠、且靜置於光滑水平面上、質量各為 m 及 M 的木塊，假設子彈射穿此 A、B 木塊所需的時間各為 Δt 及 ΔT，而 A、B 木塊對子彈的阻力則均為 f。試求出：(a) 子彈射穿木塊後，A、B 兩木塊的速度為何？(b) 當子彈射入 A 木塊時，A、B 兩木塊間的相互作用力又為何？

4-18 有 A、B 兩方形木塊，其質量分別為 $m_A = 0.20$ kg 及 $m_B = 0.40$ kg，在光滑水平面上，有一質量可略去的彈簧，今若用手將 A、B 兩方形木塊相向擠壓彈簧，然後同時放開，已知 B 木塊在平面上最後的速率為 1.0 m/s，則 A 木塊的最後速率為多少？

5

功與能量

5-1 功
5-2 動 能
5-3 功 – 動能定理
5-4 功 率
5-5 保守力
5-6 力學能守恆

當我們施力於一靜止的物體，它會受到力的作用而運動，因此，它的位置會改變，這種情形，我們說力對物體做了功（work）。然而，運動中的物體若撞及另一靜止的物體，則亦可能對此一靜止物體施力，移動其位置，所以運動中的物體也具備了做功的能力，或說它具備了能量，這種能量是由於運動而來，稱為動能（kinetic energy）。同理，我們將一物體舉高，它落下時撞到其它靜止的物體，也能使靜止物體受力而改變位置，所以它也增加了做功的能力，這種能量是由位置的改變而來，稱為位能（potential energy）。由以上的討論，我們也可以看出功與能量的關係非常密切。由日常生活的經驗，我們對於功、動能及位能都有一些概念，但是作為一個物理量來討論，我們需要給它們較嚴謹的定義，在本章中，我們要說明功、動能、位能的定義以及它們之間的關係。

5-1 功

首先，我們定義功。一個質點在力 $\vec{F}$ 的作用下產生了位移，則我們說這個力對質點做了功，若以 $\vec{s}$ 代表質點的位移（如圖 5-1 所示），則此力所做之功 W 定義為

$$W \equiv \vec{F} \cdot \vec{s} = Fs\cos\theta \tag{5-1}$$

式中的點代表向量間的純量積（或稱點乘積），s 為 $\vec{s}$ 之量值，θ 為 $\vec{F}$ 與 $\vec{s}$ 之間的夾角。因此 $\vec{F}$ 與 $\vec{s}$ 的純量積等於 $\vec{F}$ 在 $\vec{s}$ 方向的分量與 s 的乘積，當然這個乘積也可以看成是 $\vec{s}$ 在 $\vec{F}$ 方向的分量與 F 的乘積。這個性質對任何兩個向量都

圖 5-1 力 $\vec{F}$ 對質點做功示意圖

成立，亦可看成兩個向量純量積的定義。由上式可看出若 $\theta > 90°$，則 ΔW 為負；若 $\theta < 90°$，則 ΔW 為正。換言之，若是 $\vec{s}$ 逆著 $\vec{F}$ 的方向，ΔW 為負；若是 $\vec{s}$ 順著 $\vec{F}$ 的方向，則 ΔW 為正。

若是 $\vec{F}$ 會隨著位置變動，或是質點運動的方向會變動，我們要計算 $\vec{F}$ 在質點做無限小位移 $d\vec{s}$ 時所做之功，則由功的定義（5-1）式

$$dW = \vec{F} \cdot d\vec{s} = F\cos\theta\, ds$$

一個質點在力 $\vec{F}$ 的作用下由位置 i 移動到位置 f，則 $\vec{F}$ 所做功之總和是將各段無限小位移所做之功累加起來，也就是

$$W = \int dW = \int_i^f F\cos\theta\, ds \qquad (5\text{-}2)$$

在（5-2）式中的積分計算是要沿著質點移動的路徑逐段累加的。

在國際公制單位系統中功的單位是焦耳（joule），寫為 J，1 焦耳 = 1 牛頓-公尺。

以下我們舉幾個例子說明功的計算。

例題 5-1

一質點在光滑水平桌面上受到一常量力 $\vec{F}$（$\vec{F} = F\hat{i}$，F 為常數）的作用，經由圖 5-2 所示的兩種路徑，由 A 移動至 B，求力 $\vec{F}$ 對此質點分別在此二路徑中所做之功。

圖 5-2

解

因為 $\vec{F}$ 是常量力，利用（5-1）式之定義，分別沿路徑 1 及路徑 2 即可算出 $\vec{F}$ 所做之功。

(a) 路徑 1

對於路徑 1，$\vec{s}_1 = x\hat{i}$，所以由（5-1）式

$$W = \vec{F} \cdot \vec{s}_1 = F\hat{i} \cdot \hat{i}(x_B - x_A) = F(x_B - x_A) \tag{5-3}$$

(b) 路徑 2

如取 $\vec{s}_2 = \overrightarrow{AC} + \overrightarrow{CB}$

$$\begin{aligned} W &= \vec{F} \cdot \vec{s}_2 = \vec{F} \cdot (\overrightarrow{AC} + \overrightarrow{CB}) = \vec{F} \cdot \overrightarrow{AC} + \vec{F} \cdot \overrightarrow{CB} \\ &= F\,\overline{AC}\cos\theta_1 + F\,\overline{CB}\cos\theta_2 \\ &= F(x_C - x_A) + F(x_B - x_C) = F(x_B - x_A) \end{aligned} \tag{5-4}$$

由上式的計算過程來看，無論 C 點的位置為何，其答案均相同，而且都與路徑 1 的結果相同。

例題 5-2

承例題 5-1，若是桌面粗糙，質點在移動時，受到動摩擦力，設質點的質量為 m，動摩擦係數為 μ，則在路徑 1 及路徑 2 之過程中，摩擦力對質點所做之功各為多少？

解

因本題中摩擦力在質點位移的反方向，故在每一段位移中摩擦力的方向為已知，量值則為 μmg，利用此結果，可將所做之功逐段積出。

(a) 路徑 1

在此過程中，摩擦力的方向在負 x 方向，量值為 μmg，故摩擦力可寫為

$$\vec{F}_f = -\mu mg \hat{i} \tag{5-5}$$

將此力代入（5-2）式，得

$$W = \int_A^B dW = \int_A^B -(\mu mg)\hat{i} \cdot \hat{i} \, dx$$
$$= -\int_A^B \mu mg \, dx = -\mu mg(x_B - x_A) = -\mu mg(\overline{AB}) \tag{5-6}$$

(b) 路徑 2

將路徑 2 分成 $A \to C$ 及 $C \to B$ 兩部份。在 $A \to C$ 的過程中摩擦力的方向是由 C 指向 A，在 $C \to B$ 的過程中摩擦力的方向是由 B 指向 C。設 $\overrightarrow{AC}$ 方向的單位向量為 $\hat{n}$，$\overrightarrow{CB}$ 方向的單位向量為 $\hat{l}$，則在 $A \to C$ 及 $C \to B$ 兩過程中，摩擦力可分別表為 $-\mu mg \hat{n}$ 及 $-\mu mg \hat{l}$。在此兩過程中，質點之位移則可分別表為 $\hat{n} ds$ 及 $\hat{l} ds$，其中 ds 代表質點移動之路徑長。因此

$$W = \int_A^C dW + \int_C^B dW = \int_A^C (-\mu mg\hat{n}) \cdot \hat{n} \, ds + \int_C^B (-\mu mg\hat{l}) \cdot \hat{l} \, ds$$
$$= -\mu mg \left[\int_A^C ds + \int_C^B ds\right] = -\mu mg(\overline{AC} + \overline{CB}) \tag{5-7}$$

因 $(\overline{AC} + \overline{CB}) > \overline{AB}$，我們可以看出，在本例中摩擦力在路徑 1 及路徑 2 中對質點所做之功並不相同。

例題 5-3

一小木塊被置放於一水平桌面上，小木塊以一力常數為 k 之彈簧繫於牆上（如圖 5-3 所示），今將小木塊自其平衡點拉至位移 x_0（虛線所示）時由靜止釋放，則自釋放至小木塊回到其平衡點之過程中，彈簧恢復力對小木塊做功多少？

解

小木塊被拉回至平衡點之過程中力 $\vec{F}$ 在負 x 方向，利用（5-2）式積分，即可算出答案。在此過程中彈簧之恢復力 $\vec{F}_r$ 可表為

圖 5-3

$$\vec{F}_r = -kx\hat{i}$$

其中 x 代表小木塊離開平衡點的總位移。小木塊的無限小位移 $d\vec{r}$ 可表為 $d\vec{r} = \hat{i}\,dx$，所以由（5-1）式

$$\Delta W = \int dW = \int_{x_0}^{0}(-kx\hat{i})\cdot(\hat{i}dx) = -\int_{x_0}^{0}kx\,dx = \frac{1}{2}kx_0^2 \tag{5-8}$$

5-2 動　能

　　當一個物體具有做功的能力時，我們說它具有能量。能量有很多種，常以不同的面貌呈現。一個物體如在運動，就具有做功的能力，因為此一物體如撞向另一物體，能對另一物體施力做功，這種因物體運動而具有的能量稱為動能。物體質量越大，速率越大，做功的能力也越大。動能 E_k 的定量定義可以下列數學式表示之

$$E_k \equiv \frac{1}{2}mv^2 \tag{5-9}$$

上式中 m 代表物體的質量，v 則代表其速率。因此，物體質量越大，速率越大，其動能也越大，也就是說它做功的能力越大。

5-3 功-動能定理

物體在力的作用下會改變運動的狀態，當一物體改變運動狀態時，其動能也會改變，因此物體受到力的作用時會產生動能的變化。由 5-1 節，我們知道物體受到力的作用而產生位移時，力對物體做了功，那麼力對物體所做之功，與物體動能的變化之間有沒有什麼關係呢？

假定一個質量為 m 的質點，受到許多力的作用，設這些力的合力為 $\vec{F}$，則這些力對此質點所做之功為

$$W = \int_A^B \vec{F} \cdot d\vec{r} = \int_A^B m\vec{a} \cdot d\vec{r} = \int_A^B m\frac{d\vec{v}}{dt} \cdot d\vec{r}$$
$$= \int_A^B m d\vec{v} \cdot \frac{d\vec{r}}{dt} = \frac{m}{2}\int_A^B d(\vec{v} \cdot \vec{v}) = \frac{m}{2}(v_B^2 - v_A^2) \tag{5-10}$$

上式中 $\vec{a}$ 代表此質點的加速度，$\vec{v}$ 為質點的速度。(5-10) 式是一個非常重要的結果，它的涵義是：**一個質點所受合力所做之功，等於此一質點動能的改變量**，這個結果稱為**功-動能定理**（work-kinetic energy theorem）。

功-動能定理常被應用來分析力學問題，以下我們舉幾個例子來說明。

例題 5-4

一質點在地球表面附近由靜止被釋放，落下距離 h 時（如圖 5-4 所示），其速率為何？

解

利用 (5-1) 式算出重力所做之功，即可算出質點動能的增加。此質點被釋放後僅受重力之作用，若取垂直向上方向為正 y 方向，則重力 $\vec{F}_g$ 可寫為

$$\vec{F}_g = -mg\hat{j}$$

質點的位移可寫為 $-h\hat{j}$，故在落下距離 h 的過程中，重力所做的功為

$$\Delta W = \vec{F} \cdot \vec{s} = (-mg\hat{j}) \cdot (-h\hat{j}) = mgh \tag{5-11}$$

依功-動能定理，這個功等於質點動能的改變量，設質點的末速率為 v，則

$$mgh = \frac{m}{2}v^2$$

故
$$v = \sqrt{2gh} \tag{5-12}$$

這個結果與第 2 章中用自由落體公式所求者相同。

例題 5-5

一質點在地球表面以速率 v 被斜向拋出，當此質點落下著地之瞬間其速率為何？

解

此質點被斜向拋出後僅受重力，因此只要算出重力在質點飛行期間做了多少功，即可算出質點動能的變化。如圖 5-5 所示，在質點飛行任一小段路徑中重力所做之功為

$$dW = (-mg\hat{j}) \cdot d\vec{r} = -mg\, dy$$

$$\Delta W = -\int_O^A mg\, dy = -mg\,(y_A - y_O) = 0$$

因此，在質點飛行的過程中，重力所做之功為零，依功-動能定理，質點在 O 點及 A 點的動能相同，所以它的速率也相同，即 $v_A = v_O$。

例題 5-6

一質量為 m 的質點，以一力常數為 k 的彈簧繫於天花板下，起始時，以手將此質點托住，彈簧處於其自然長度，若此時將質點釋放，令其下墜，則此質點下墜多少距離才會向上彈起？

解

如要分析質點下墜過程中任一時刻之速率或位移，則比較複雜，但是本例題只要分析最低點的位移就比較簡單，因質點在最低點時速率為零，因此與起始點比較，其動能沒有變化，依功-動能定理，在質點下墜過程中，它所受合力所做之功為零。設質點下墜距離 h 後跳起，則由例題 5-4 之結果，重力所做之功為 $\Delta W_g = mgh$。彈簧恢復力所做之功為

$$\Delta W_s = \int_h^0 (ky\hat{j}) \cdot (\hat{j}\, dy) = \int_h^0 ky\, dy = -\frac{k}{2}h^2$$

$$\Delta W_g + \Delta W_s = mgh - \frac{k}{2}h^2 = 0$$

所以 $h = 0$ 或 $\dfrac{2mg}{k}$。$h = 0$ 的解，代表起始那點的解，不是我們要求之解，所以 $h = \dfrac{2mg}{k}$ 是所要求之答案。

5-4 功率

在一般描述汽車加速性質的表中，可以看到由速度零加速到每小時 100 公里需時若干。需時越短則表示加速能力越強，性能越好。由速度零加速到固定時速其動能的增加是一定的，由功-動能定理，汽車所需之功為一定，若所需加速時間越短，則表示功的時變率較大。

功的時變率稱為**功率**（power）。由（5-2）式功的定義，功率 P 可定義為

$$P \equiv \frac{dW}{dt} = \vec{F} \cdot \frac{d\vec{r}}{dt} = \vec{F} \cdot \vec{v} \tag{5-13}$$

因此，當一個物體在力 $\vec{F}$ 之作用下產生運動，則此物體所獲得的功率等於力 $\vec{F}$ 與速度 $\vec{v}$ 的純量積。功率在國際公制單位系統中之單位為焦耳/秒，稱為**瓦特**（watt），寫為 W。

例題 5-7

一質量為 m 的小木塊自斜角為 θ 的斜面上以速度 v 等速滑下。試求 (a) 斜面對小木塊的動摩擦力。(b) 重力對小木塊所提供之功率。

解

(a) 小木塊滑下時沿斜面方向受到重力的分力 $mg\sin\theta$ 及動摩擦力。因小木塊等速滑下，故此二力成平衡，摩擦力 $f_k = mg\sin\theta$，方向則是沿斜面向上。

(b) 由（5-13）式，功率 $= \vec{F} \cdot \vec{v}$，在本例題中，$\vec{F} \cdot \vec{v} = mgv\sin\theta$，此為重力所提供的功率，也是摩擦力所消耗的功率。

5-5 保守力

在（5-2）式有關功的定義中，如果 $\vec{F}\cdot d\vec{r}$ 可以被積分成為一個位置的函數，則此力稱為是**保守力**（conservative force），反之，則稱為**非保守力**（nonconservative force）。也就是說，如果存在一個位置函數 $E_p(\vec{r})$，使得 $dE_p(\vec{r}) = -\vec{F}\cdot d\vec{r}$，則此力稱為保守力，而此一位置函數 $E_p(\vec{r})$ 則稱為對應此保守力的位能函數。這是因為一個質點在保守力的作用下，在不同的位置有不同的做功本領。以下我們舉一些常見的保守力例子。

5-5-1 地表附近重力

在地表附近重力為 $-mg\hat{j}$ 是一個常數。

$$\vec{F}\cdot d\vec{r} = -mg\hat{j}\cdot d\vec{r}$$

又因 $d\vec{r}$ 可以寫為

$$d\vec{r} = \hat{i}\,dx + \hat{j}\,dy + \hat{k}\,dz \tag{5-14}$$

所以

$$-\vec{F}\cdot d\vec{r} = mg\,\hat{j}\cdot d\vec{r} = mg\,\hat{j}\cdot(\hat{i}\,dx + \hat{j}\,dy + \hat{k}\,dz) = mg\,dy$$

由上式我們很容易看出存在一個位置函數

$$E_p(y) = mgy$$

使得

$$dE_p(y) = mg\,dy = -\vec{F}\cdot d\vec{r}$$

所以，地表附近的重力是保守力。而 $E_p(y) = mgy$ 即為重力位能。

5-5-2 彈簧恢復力

在這種情形 $\vec{F} = -kx\hat{i}$。將此力及（5-14）式的 $d\vec{r}$ 代入 $\vec{F} \cdot d\vec{r}$，可得

$$\vec{F} \cdot d\vec{r} = -kx\hat{i} \cdot (\hat{i}\,dx + \hat{j}\,dy + \hat{k}\,dz) = -kx\,dx$$

由上式可以看出存在一位置函數

$$E_p(x) = \frac{1}{2}kx^2$$

使得

$$dE_p(x) = kx\,dx = -\vec{F} \cdot d\vec{r}$$

因此，彈簧的恢復力也是保守力。而 $E_p(x) = \frac{1}{2}kx^2$ 即為彈簧力位能。

我們可以用另外一個方法來判斷一個力是否為保守力。保守力所做的功可以寫為

$$\vec{F} \cdot d\vec{r} \equiv -dE_p(\vec{r}) \qquad (5\text{-}15)$$

因此，

$$\int_A^B \vec{F} \cdot d\vec{r} = -\int_A^B dE_p(\vec{r}) = -\{E_p(\vec{r}_B) - E_p(\vec{r}_A)\} \qquad (5\text{-}15a)$$

（5-15a）式是保守力的一個重要性質，其意義是說：保守力作用在一物體上，在兩固定點 A、B 之間所做之功等於 $-E_p(\vec{r}_B) - E_p(\vec{r}_A)$，此一結果只與 $\vec{r}_A$、$\vec{r}_B$ 有關，而與物體所走的路徑無關。

在（5-15a）式中若 $\vec{r}_A = \vec{r}_B$，也就是說，物體在一保守力的作用下，經由某一路徑又回到了原來那點，則

$$\int_A^B \vec{F} \cdot d\vec{r} = \oint \vec{F} \cdot d\vec{r} = -(E_p(\vec{r}_B) - E_p(\vec{r}_A)) = 0 \qquad (5\text{-}16)$$

上式中 $\oint$ 符號的意思是順著某一路徑積分一圈的意思。

　　換言之，無論物體所走路徑為何，只要起始點與終了點重合，保守力所做之功一定為零，這也是保守力的一個重要性質。由這個性質來檢視摩擦力，很容易看出它不是保守力，因為摩擦力處處與物體位移反向，物體經由一路徑回到原來那點時，摩擦力所做之功必為負，而不會等於零，所以摩擦力不是保守力。由前面的討論我們知道地表附近的重力是保守力，我們也可以用（5-16）式的性質來驗證。想像質點進行圖 5-6 中走一圈的路徑，則重力所做之功應為零。證明如下：

圖 5-6　質點自 O 點經路徑 1、2、3、4 回到 O 點之示意圖

在路徑 1 中，重力與路徑垂直，故做功為零；路徑 2 中重力與路徑方向相反，故重力做功 $-mgh$；路徑 3 中重力與路徑垂直，故做功為零；最後路徑 4 中，重力做功 mgh，所以質點自 O 點出發經路徑 1、2、3、4 再回到 O 點，重力做功等於 $-mgh + mgh = 0$。

例題 5-8

一保守力所對應之位能函數為 $E_p = cxy$，其中 c 為一常數，則此力的 x 軸及 y 軸分量各為多少？

解

$$dE_p = cy\,dx + cx\,dy$$

又由

$$dE_p = -F_x\,dx - F_y\,dy$$

比較上兩式，故得

$$F_x = -cy \quad , \quad F_y = -cx$$

例題 5-9

一力之形式為 $\vec{F}(x,y) = ax\hat{i} + by\hat{j}$，其中 a 及 b 為常數，試判斷此力是否為保守力。

解

將 $\vec{F}$ 力中每一項對坐標積分以求位能函數 $E_p(x,y)$，故得

$$E_p(x,y) = -a\frac{x^2}{2} - b\frac{y^2}{2}$$

我們可以驗證一下 dE_p 是否等於 $-\vec{F}\cdot d\vec{r}$，因為

$$\vec{F}\cdot d\vec{r} = (ax\hat{i} + by\hat{j})\cdot(\hat{i}\,dx + \hat{j}\,dy) = ax\,dx + by\,dy$$

將前面所得之 E_p 微分可得

$$-dE_p = ax\,dx + by\,dy$$

故我們確實找到一個位能函數使得 $dE_p = -\vec{F}\cdot d\vec{r}$，故此力為保守力。

5-6 力學能守恆

在上一節中相對應於保守力的位能函數 $E_p(\vec{r})$，一般簡稱

為位能。也可以說，一個物體在一保守力的作用下就具有了位能。位能與動能合稱為力學能（mechanical energy），由功及位能的定義，得

$$\vec{F} \cdot d\vec{r} = dW = -dE_p$$

將上式積分，由功-動能定理及位能之定義得

$$\int_A^B \vec{F} \cdot d\vec{r} = W = E_k(\vec{r}_B) - E_k(\vec{r}_A)$$
$$= -\int_A^B dE_p = E_p(\vec{r}_A) - E_p(\vec{r}_B)$$

將上式整理可得

$$E_k(\vec{r}_A) + E_p(\vec{r}_A) = E_k(\vec{r}_B) + E_p(\vec{r}_B) = 常數 \tag{5-17}$$

（5-17）式告訴我們：在物體運動的過程中，動能與位能的和在任意兩位置 $\vec{r}_A$、$\vec{r}_B$ 都是相同的，此一性質稱為力學能守恆定律（law of conservation of mechanical energy）。這個定律也告訴我們一個質點在保守力的作用下運動時，動能的增加必等於位能的減少；反之，動能的減少必等於位能的增加。此處要強調的是，力學能守恆定律是由功-動能定理及位能的定義而來，依功-動能定理，所有作用於物體上之力，如果有做功，都會改變物體的動能，而對應於這樣的每一個力都要存在一位能函數，所以力學能守恆的前提是：物體所受的力，如果對物體有做功，都必須是保守力。

力學能守恆定律在力學中有廣泛的應用，以下我們也舉幾個例題來說明此點。

例題 5-10

一質點在地球表面以仰角 θ、速率 v 被斜向拋出，求此質點到達最高點時的高度。

解

此質點到達最高點時，垂直方向速度為零，因此其速度方向為水平，速率為 $v\cos\theta$，據此可算出質點在最高點時之動能。又因質點在飛行過程中僅受到重力，故其位能為重力位能 mgy。利用力學能守恆，可以求出質點飛行軌跡之頂點高度。

設質點軌跡頂點高度為 h。質點在被拋出後之瞬間其動能為 $\frac{m}{2}v^2$，位能為零，故此時之力學能為 $\frac{m}{2}v^2$，到達軌跡頂點時之動能為 $\frac{m}{2}v^2\cos^2\theta$，位能為 mgh，故此時其力學能為 $\frac{m}{2}v^2\cos^2\theta+mgh$，由力學能守恆，得

$$\frac{m}{2}v^2 = \frac{m}{2}v^2\cos^2\theta + mgh$$

在上式中將 h 解出，得

$$h = \frac{v^2(1-\cos^2\theta)}{2g} = \frac{v^2\sin^2\theta}{2g}$$

由此一方法所得之答案與第 2 章質點運動學中所得的相同，在計算上以力學能守恆的方法要簡單些。

例題 5-11

一單擺之最大擺角為 θ_0，擺線長度為 l，此單擺的擺錘在擺動的過程中，最大速率為多少？

解

在單擺擺動過程中，擺線始終與擺錘的位移垂直，因此擺線上之張力不會對擺錘做功。在考慮功-動能定理時，僅要考慮擺錘所受之另一力，即重力。又因重力為保守力，故擺錘的動能加上其重力位能要守恆，利用此一條件，即可求出擺錘在最低點之速率，此點之速率就是擺錘的最大速率。

取擺錘最低點為原點，並設擺錘在此點之速率為 v，則其力學能為 $\frac{m}{2}v^2$，在擺錘最高點時，其動能為零，位能為 mgh，由圖 5-7 可看出

$$h = l(1-\cos\theta_0)$$

所以

圖 5-7 單擺擺動時高度的變化圖

$$\frac{m}{2}v^2 = mgl(1-\cos\theta_0)$$

在上式中將 v 解出，得

$$v = \sqrt{2gl(1-\cos\theta_0)}$$

例題 5-12

一質量為 m 的小木塊被放置在一水平光滑的桌面上，並以力常數為 k 的彈簧繫在牆上，若彈簧的自然長度為 L，今將此小木塊拉到離平衡位置 x_0 位移處後自靜止放開（如圖 5-3 所示），則小木塊在此後之運動中 (a) 離牆最近距離為多少？(b) 最大速率為多少？

解

(a) 離牆最近距離時表示彈簧有最大壓縮，此時小木塊的位移為 $-x_0$，故此時小木塊離牆的距離 d 為

$$d = L - x_0$$

(b) 此時小木塊在平衡點，彈力位能為零，設此時之速率為 v_m，則由力學能守恆，

$$\frac{m}{2}v_m^2 = \frac{k}{2}x_0^2$$

在上式中將 v_m 解出，得

$$v_m = \pm\sqrt{\frac{kx_0^2}{m}} = \pm x_0\sqrt{\frac{k}{m}}$$

上式中負號表示速度在負 x 方向，也就是說當小木塊經過平衡點時如向正 x 方向運動，v_m 取正號，如向負 x 方向運動，則 v_m 取負號。

習題

5-1 節

5-1 一小石子由地表被拋出，落地時離拋出點 10 m，設此小石子在飛行過程中受到量值為 100 N 的水平阻力，則在小石子飛行過程中，阻力做功多少？

5-2 月球在地球的引力下做圓周運動，月球繞行一周之過程中，地球引力做功多少？

5-3 一質點在一力 $\vec{F}$ 之作用下，在 x 軸上移動距離 d，若 $\vec{F}=4\hat{i}+3\hat{j}$，則此質點移動過程中，$\vec{F}$ 做功多少？

5-4 吾人在地表附近，將一質量為 m 的物體自地面緩慢垂直往上提升至高度 h 處，在此過程中吾人對物體所施之力做功多少？重力做功多少？

5-5 一單擺擺線長為 1 m，擺錘質量為 1 kg，設此單擺之擺錘被拉至擺角為 30° 時由靜止釋放，空氣的阻力可以不計，則由起始至擺垂擺至最低點，重力做功多少？擺線上張力做功多少？

5-6 一質量為 m 的質點自斜角為 θ 的光滑斜面頂端滑下，若斜面頂端高度為 h，則在質點滑下之過程中，重力做功若干？斜面之正向力做功若干？

5-7 承 5-6 題，設斜面不為光滑，與質點間之動摩擦係數為 μ，其餘條件不變，則在質點滑下之過程中，重力做功多少？正向力做功多少？摩擦力做功多少？

5-8 一質點在重力的作用下自一圓弧形的光滑軌道頂端沿軌道內面滑下（如圖 P5-8 所示），若軌道半徑為 R，則在質點下滑過程中，重力做功若干？

圖 P5-8

5-2 節

5-9 一質量為 1000 kg 的汽車以 100 km/h 速度奔馳，其動能為多少？

5-10　月球的質量為 7.35×10^{22} kg，與地球的距離為 3.84×10^8 m，繞地球的週期為 27.4 天。將月球視為質點，忽略地球以外天體的影響，估算月球的動能。

5-3 節

5-11　一質量為 1000 kg 的汽車以 100 km/h 的速度前進，此時駕駛員煞車，將輪胎鎖死，使車輪在地面上滑行，最後汽車停止，在汽車滑行過程中，地面摩擦力做功多少？

5-12　一質量為 m 的質點以初速 v_0 沿一斜角為 θ 的光滑斜面上滑，則此質點上滑多少距離就不再上升？此過程中重力做多少功？

5-13　在習題 5-12 中若斜面並非光滑，質點與斜面間之動摩擦係數為 μ_k，在相同的起始條件下，質點上滑的距離為多少？摩擦力在此過程中做功多少？重力做功多少？

5-14*　在例題 5-6 質點下墜過程中，若下墜距離為 y，質點的動能為何？在 y 為何值時，動能為最大？此動能值為若干？

5-15　在習題 5-5 中，現在考慮空氣的阻力，最後擺錘停在最低點，則自開始至最後，重力做功多少？空氣阻力做功多少？

5-4 節

5-16　一汽車質量為 2000 kg，若此汽車在 10 s 內速度由零增至每小時 108 km，求汽車引擎在此期間中所提供的平均功率。

5-17　一質量為 m 的質點在地表附近，以初速 v_0、傾角 θ 被斜向拋出。(a) 在此質點飛行的過程中，重力所提供的瞬時功率為多少？(b) 若此質點自地面被拋出，到達頂點，在此過程中，重力所提供的平均功率為多少？

5-18　一質量為 m 的木塊在一水平桌面上滑動，設木塊與桌面間之動摩擦係數為 μ_k，木塊的初速為 v_0：(a) 試求木塊速度為 v 時，摩擦力所提供的功率。(b) 木塊自速度 v_0 至停止，摩擦力的平均功率為若干？

5-5 節

5-19　試證明一常量力必為保守力。

5-20　設有一力 $\vec{F}$ 與坐標的關係為 $\vec{F} = c(y\hat{i}+x\hat{j})$，其中 c 為一常數，此力是否為保守力？

5-21　若一質點所受之力為連心力，$\vec{F}(r) = \dfrac{k}{r^2}\hat{r}$（$k$ 為常數），其中 $\hat{r}$ 為徑向方向的單位向量，試證明此力為保守力，並求其對應之位能函數。

5-6 節

5-22　一質點在地球表面以傾角 θ、速率 v 被斜向拋出，(a) 質點能到達的最高高度為何？(b) 到達最高高度一半時，質點的速率為何？

5-23　若在例題 5-11 中擺錘的初速不為零而為 v_0，則在其擺動過程中，最大速率為多少？

5-24 一質點由一內面光滑、半徑為 R 之軌道下滑，滑至軌道最低點後離開軌道落向地面，若軌道底面離地面高度為 h（如圖 P5-24 所示），求此質點離開軌道後飛行多遠會落到地面上？

5-25 承上題，質點落地時的速率為多少？

圖 P5-24

6

質點組動力學

6-1 質點組系統的動量

6-2 質量中心的運動

6-3 質點組系統的動能

6-4 質點組系統的位能

6-5 一維碰撞

6-6 二維碰撞

在第 4 章及第 5 章我們討論了一個質點的動力學。然而，一個物體往往是由許多質點所構成，因此，我們要了解一個物體的運動就要了解一個質點組的運動。一般而言，質點組的運動相當複雜，但是當質點組中各質點間有一定的關係時，問題就可以簡化。例如剛體，其中各質點間的距離不會改變，整個物體在運動時，看起來是整體在運動，這種整體的運動可以用其質量中心的運動來表現，物體的質量中心的運動類如一個質點的運動，我們可以用第 4 章及第 5 章中所學的方法來描述它。至於質點組中各質點的運動則可用相對於質量中心來描述。在本章中將討論質量中心的定義及其運動，將質點組的動量、動能等物理量分成質量中心的部份以及對質量中心的部份，並利用這種表示方法來分析質點組的運動。至於質量組的角動量則在第 8 章中詳加討論。

6-1　質點組系統的動量

若有 N 個質點的系統，其中第 i 個質點的質量為 m_i，其位置向量為 $\vec{r}_i$，則這個系統質量中心的位置向量 $\vec{r}_c$ 是由（6-1）式定義的

$$\vec{r}_c \equiv \frac{\sum_{i=1}^{N} m_i \vec{r}_i}{\sum_{i=1}^{N} m_i} = \frac{\sum_{i=1}^{N} m_i \vec{r}_i}{M} \tag{6-1}$$

上式中 M 代表整個質點組系統所有質點質量的總和。上式也常寫為

$$M\vec{r}_c = \sum_{i=1}^{N} m_i \vec{r}_i \tag{6-2a}$$

若以二質點系統為例，則（6-2a）式可寫為

$$M\vec{r}_c = m_1\vec{r}_1 + m_2\vec{r}_2 \qquad (6\text{-}2b)$$

將（6-2b）式對時間 t 微分一次，即可得二質點系統質量中心的動量 $\vec{p}_c$ 為

$$\vec{p}_c = M\dot{\vec{r}}_c = m_1\dot{\vec{r}}_1 + m_2\dot{\vec{r}}_2 = \vec{p}_1 + \vec{p}_2$$

上式告訴我們，二質點系統的總動量等於其質心的動量。其實此一結果對任何數目質點的系統都是正確的，若將（6-2a）式對時間 t 微分一次，則得

$$\vec{p}_c = M\dot{\vec{r}}_c = m_1\dot{\vec{r}}_1 + m_2\dot{\vec{r}}_2 + \cdots + m_N\dot{\vec{r}}_N = \vec{p}_1 + \vec{p}_2 + \cdots + \vec{p}_N \qquad (6\text{-}3)$$

（6-3）式告訴我們：質點系統的總動量等於其質心的動量。

例題 6-1

一質量為 1 kg 的質點，以 2 m/s 的速度在 x 軸上運動，另一質量為 2 kg 的質點，以 4 m/s 的速度在 y 軸上運動，則此二質點質量中心的動量為何？

解

因 $\vec{p}_c = \vec{p}_1 + \vec{p}_2$，故得

$$\vec{p}_c = m_1\vec{v}_1 + m_2\vec{v}_2 = 1\times 2\hat{i} + 2\times 4\hat{j} = 2\hat{i} + 8\hat{j} \text{ kg}\cdot\text{m/s}$$

例題 6-2

有質量分別為 m_1 及 m_2 之兩質點，其位置向量分別為 $\vec{r}_1$ 及 $\vec{r}_2$，試求此質點系統之質量中心位置向量；並求相對於質量中心，二質點之位置向量 $\vec{r}_1'$ 及 $\vec{r}_2'$（如圖 6-1 所示）。

解

依質量中心之定義

$$\vec{r}_c = \frac{m_1\vec{r}_1 + m_2\vec{r}_2}{m_1 + m_2}$$

圖 6-1 質點 m_1、m_2 與其質量中心位置向量關係圖

設 m_1、m_2 相對於質量中心之位置向量分別為 $\vec{r}_1'$ 及 $\vec{r}_2'$，則

$$\vec{r}_1' = \vec{r}_1 - \vec{r}_c = \vec{r}_1 - \frac{m_1\vec{r}_1 + m_2\vec{r}_2}{m_1 + m_2} = \frac{m_2}{m_1 + m_2}(\vec{r}_1 - \vec{r}_2) \tag{6-4}$$

同理

$$\vec{r}_2' = \vec{r}_2 - \vec{r}_c = \vec{r}_2 - \frac{m_1\vec{r}_1 + m_2\vec{r}_2}{m_1 + m_2} = \frac{m_1}{m_1 + m_2}(\vec{r}_2 - \vec{r}_1) \tag{6-5}$$

在例題 6-2 中所計算的 $\vec{r}_1'$ 及 $\vec{r}_2'$ 是觀察者位於質量中心時質點 1 與 2 的位置向量，由（6-4）及（6-5）式來看這也是質點 1 與 2 對質量中心的相對位移向量。

由例題 6-2 的結果可以看出 $m_1\vec{r}_1' + m_2\vec{r}_2' = 0$，這個結果推廣到 N 個質點時也是成立的，我們將在下面詳細的證明。

令 $\vec{r}_i = \vec{r}_c + \vec{r}_i'$，其中 $\vec{r}_i'$ 代表第 i 個質點對質量中心的位置向量，則

$$\sum_{i=1}^{N} m_i \vec{r}_i = \sum_{i=1}^{N} m_i(\vec{r}_c + \vec{r}_i') = \sum_{i=1}^{N} m_i \vec{r}_c + \sum_{i=1}^{N} m_i \vec{r}_i'$$

$$= M\vec{r}_c + \sum_{i=1}^{N} m_i \vec{r}_i' \tag{6-6}$$

比較（6-6）式與（6-2a）式，得

$$\sum_{i=1}^{N} m_i \vec{r}_i' = 0 \tag{6-7}$$

將（6-7）式對時間微分一次，得

$$\vec{p}' = \sum_{i=1}^{N} m_i \dot{\vec{r}}_i' = 0 \qquad (6\text{-}8)$$

（6-8）式告訴我們，質點組中各質點對質量中心的動量和為零。因此，在分析質點組的運動時，將原點取在質量中心可以大幅簡化問題。

6-2 質量中心的運動

將（6-2a）式對時間 t 取兩次微分，即可得質量中心的運動方程式如下

$$M\ddot{\vec{r}}_c = \dot{\vec{p}} = \sum_{i=1}^{N} m_i \ddot{\vec{r}}_i = \sum_{i=1}^{N} \vec{F}_i \qquad (6\text{-}9)$$

假定質點組中第 i 個質點所受之力可寫為 $\vec{F}_i = \vec{F}_i^{(e)} + \vec{F}_i^{(i)}$，其中 $\vec{F}_i^{(e)}$ 代表第 i 個質點所受的**外力**（external force），$\vec{F}_i^{(i)}$ 則代表第 i 個質點所受之**內力**（internal force），所謂內力是指力的來源是由質點組中另一質點所作用在第 i 個質點上之力。外力則是指由外界所施之力。因此，

$$M\ddot{\vec{r}}_c = \dot{\vec{p}} = \sum_{i=1}^{N}[\vec{F}_i^{(e)} + \vec{F}_i^{(i)}] \qquad (6\text{-}10)$$

一般而言，質點間的內力滿足牛頓第三運動定律，所以它的總和為零。我們可以用 3 個質點的例子說明此點。

$$\vec{F}_1^{(i)} = \vec{F}_{12} + \vec{F}_{13} \qquad (6\text{-}11)$$

上式中 $\vec{F}_{12}$ 及 $\vec{F}_{13}$ 分別代表第 2 個及第 3 個質點作用於第 1 個質點的內力，同理

$$\vec{F}_2^{(i)} = \vec{F}_{21} + \vec{F}_{23}$$
$$\vec{F}_3^{(i)} = \vec{F}_{31} + \vec{F}_{32}$$

因此，

$$\sum_{i=1}^{3} \vec{F}_i^{(i)} = \vec{F}_{12} + \vec{F}_{21} + \vec{F}_{13} + \vec{F}_{31} + \vec{F}_{23} + \vec{F}_{32}$$

利用牛頓第三運動定律

$$\vec{F}_{ij} = -\vec{F}_{ji} \tag{6-12}$$

$$\vec{F}_{12} = -\vec{F}_{21} \,,\, \vec{F}_{13} = -\vec{F}_{31} \,,\, \vec{F}_{23} = -\vec{F}_{32}$$

所以
$$\sum_{i=1}^{3} \vec{F}_i^{(i)} = 0 \tag{6-13}$$

從以上之推導中，我們很容易看出這個結果可以推廣到 N 個質點的情形。將這個結果應用到（6-10）式，得

$$M\ddot{\vec{r}}_c = \sum_{i=1}^{N} \vec{F}_i^{(e)} \tag{6-14}$$

（6-14）式的結果告訴我們：質量中心的運動方程式猶如將整個質點組所受之外力都作用到質量中心上的情況。這個結果對於質點組整個運動狀況的分析很有幫助。舉例來說，如果我們將一個保齡球瓶斜向拋出，球瓶的詳細運動情形可以相當複雜，它一方面飛行，一方面整體可能會繞著質量中心轉動，但是它質量中心的運動則十分簡單。如同一個質量為 M 的質點被斜向拋出的情形。所以它的軌跡如圖 6-2 中虛線所示，因此我們對球瓶的整體運動也能有一個概念。

圖 6-2 保齡球瓶飛行時有旋轉，其運動相當複雜，但其質量中心遵循一簡單的拋物線（虛線）軌跡。

例題 6-3

一質量為 M 之砲彈自地面斜向射出，若此砲彈落地時未爆，其射程為 d。當此砲彈飛行至最高點時，炸成 A、B 兩片，設其質量分別為 $M_A = \dfrac{M}{3}$，$M_B = \dfrac{2M}{3}$，兩彈片均水平飛出，若 A 片落地點離砲彈發射點之距離為 d_A，則 B 片落地點離發射點之距離 d_B 為多少？

解

砲彈之質心運動，猶如一質量為 M 之質點在重力場中之運動，因爆炸所產生的力為內力，所以不會影響質心的運動。又因砲彈爆炸後，A、B 兩片均水平飛出，故同時著地，由質量中心之定義可求出 A、B 兩片落地點之關係，因 A 片落地點為已知，故可求出 B 片落地點的位置。

由質量中心之定義

$$M_A d_A + M_B d_B = Md$$

將 M_A、M_B 代入上式，得

$$\frac{M}{3} d_A + \frac{2M}{3} d_B = Md$$

故

$$d_B = \frac{3}{2}(d - \frac{1}{3} d_A)$$

6-3 質點組系統的動能

質點組系統的動能是所有質點動能之和，亦即

$$E_k = \sum_{i=1}^{N} E_{ki}$$

上式中 E_{ki} 代表第 i 個質點的動能，利用質點動能的定義，

$$E_k = \sum_{i=1}^{N} \frac{m_i}{2} v_i^2 = \sum_{i=1}^{N} \frac{m_i}{2} (\dot{r}_i \cdot \dot{r}_i) = \sum_{i=1}^{N} \frac{m_i}{2} (\dot{r}_c + \dot{r}_i') \cdot (\dot{r}_c + \dot{r}_i') \quad \text{(6-15a)}$$
$$= \sum_{i=1}^{N} \frac{m_i}{2} \dot{r}_c \cdot \dot{r}_c + \sum_{i=1}^{N} m_i \dot{r}_c \cdot \dot{r}_i' + \sum_{i=1}^{N} \frac{m_i}{2} (\dot{r}_i') \cdot (\dot{r}_i')$$

上式中第一項可寫為 $\sum_i \frac{m_i}{2} v_c^2 = \frac{M}{2} v_c^2$，是質量中心的動能。

第二項則可寫為 $\dot{r}_c \cdot (\sum_{i=1}^{N} m_i \dot{r}_i')$，但是由（6-8）式，此項為零。

第三項則是所有質點相對於質量中心的動能，可以看成是質點組內部的動能，或簡稱為內動能。至於質量中心的動能則可相對的稱為外動能。以公式表之則為

$$E_k = \frac{M}{2} v_c^2 + \sum_{i=1}^{N} \frac{m_i}{2} (\dot{r}_i') \cdot (\dot{r}_i') \quad \text{(6-15b)}$$

因此，質點組系統的動能可分成兩部份：一部份是質量中心的動能（稱為外動能），一部份為各質點對質量中心的動能（稱為內動能）。當質點組中各質點對質量中心都相對靜止時，整個質點組以質量中心速度運動；反之，若質量中心靜止，但各質點對質量中心有相對運動，則整個質點組系統雖看起來沒有整體的運動，但仍然是有動能的。

例題 6-4

若有一質點組系統，包含質量分別為 m_1 及 m_2 的兩個質點。試證明其動能可以寫成兩項之和，其中一項為質量中心的動能，另一項內動能等於 $\frac{\mu}{2} v_{12}^2$，其中 v_{12} 代表二質點的相對速率，μ 則等於 $\frac{m_1 m_2}{m_1 + m_2}$，稱為此二質點的**約化質量**（reduced mass）。

解

按照推導（6-15a）式的方法，可以將二質點之動能寫成質量中心動能及內動

能兩項之和，再利用（6-4）式及（6-5）兩式，即可將二質點對質量中心之速度用二質點之相對速度表示。

利用（6-15b）式，二質點之動能可寫為

$$E_k = \frac{M}{2}v_c^2 + \sum_{i=1}^{2}\frac{m_i}{2}(\dot{\vec{r}}_i' \cdot \dot{\vec{r}}_i') = \frac{M}{2}v_c^2 + \frac{m_1}{2}(\dot{\vec{r}}_1' \cdot \dot{\vec{r}}_1') + \frac{m_2}{2}(\dot{\vec{r}}_2' \cdot \dot{\vec{r}}_2') \tag{6-16}$$

利用（6-4）及（6-5）式，

$$\dot{\vec{r}}_1' \cdot \dot{\vec{r}}_1' = \frac{m_2^2}{(m_1+m_2)^2}(\dot{\vec{r}}_1 - \dot{\vec{r}}_2) \cdot (\dot{\vec{r}}_1 - \dot{\vec{r}}_2) = \frac{m_2^2}{(m_1+m_2)^2}v_{12}^2 \tag{6-17}$$

上兩式中 $v_{12} = |\dot{\vec{r}}_1 - \dot{\vec{r}}_2|$，是兩質點相對速度的量值。同理

$$\dot{\vec{r}}_2' \cdot \dot{\vec{r}}_2' = \frac{m_1^2}{(m_1+m_2)^2}(\dot{\vec{r}}_1 - \dot{\vec{r}}_2) \cdot (\dot{\vec{r}}_1 - \dot{\vec{r}}_2) = \frac{m_1^2}{(m_1+m_2)^2}v_{12}^2 \tag{6-18a}$$

利用（6-17）及（6-18a）式可得二質點之內動能為

$$\frac{m_1}{2}(\dot{\vec{r}}_1' \cdot \dot{\vec{r}}_1') + \frac{m_2}{2}(\dot{\vec{r}}_2' \cdot \dot{\vec{r}}_2') = \frac{1}{2}\frac{m_1 m_2}{(m_1+m_2)}v_{12}^2 = \frac{\mu}{2}v_{12}^2 \tag{6-18b}$$

綜合（6-16）及（6-18b）兩式結果，得：兩質點系統之外動能為 $\frac{(m_1+m_2)}{2}v_c^2$，內動能為 $\frac{\mu}{2}v_{12}^2$，即

$$E_k = \frac{m_1+m_2}{2}v_c^2 + \frac{\mu}{2}v_{12}^2 \tag{6-18c}$$

值得指出的是，（6-18c）式對任何運動方向的兩質點，都是成立的。

例題 6-5

一兩質點系統，其中二質點質量分別為 m_1 及 m_2，若 m_2 靜止，另一質點 m_1 以速度 v 接近 m_2，如圖 6-3 所示，則此時此二質點的質量中心動能為多少？內動能為多少？總動能為多少？

圖 6-3 二質點系統 m_1、m_2 運動示意圖。

解　由質量中心的定義，

$$\dot{\vec{r}}_c = \frac{m_1\dot{\vec{r}}_1 + m_2\dot{\vec{r}}_2}{m_1 + m_2}$$

將題設之速度代入，$\dot{\vec{r}}_2 = 0$，$\dot{\vec{r}}_1 = \vec{v}$，

$$\vec{v}_c = \dot{\vec{r}}_c = \frac{m_1\vec{v}}{m_1 + m_2}$$

所以，質量中心的動能為

$$\frac{M}{2}v_c^2 = \frac{(m_1 + m_2)}{2} \times \frac{m_1^2 v^2}{(m_1 + m_2)^2} = \frac{1}{2}\frac{m_1^2}{(m_1 + m_2)}v^2 \tag{6-19}$$

由例題 6-3 之結果可得內動能為

$$\frac{\mu}{2}v_{12}^2 = \frac{\mu}{2}v^2 = \frac{1}{2}\frac{m_1 m_2}{m_1 + m_2}v^2 \tag{6-20}$$

整個系統的動能為

$$\frac{m_1}{2}v_1^2 + \frac{m_2}{2}v_2^2 = \frac{m_1}{2}v^2$$

內、外動能之和應該等於總動能，我們可以做一簡單的驗算，即

$$\frac{1}{2}\frac{m_1^2}{m_1 + m_2}v^2 + \frac{1}{2}\frac{m_1 m_2}{m_1 + m_2}v^2 = \frac{1}{2}m_1 v^2$$

換言之，在本例題的情況，m_1 的動能也就是全部動能。其中 $\frac{m_1}{m_1 + m_2}$ 的比例成為質量中心的動能，$\frac{m_2}{m_1 + m_2}$ 的比例成為內動能。

由前兩節的討論，我們可以看出質點組的動量及動能都能分成兩部份，一部份是屬於質量中心的，另一部份是屬於質點組的內部的。有關質量中心的部份，可以用一個質量為 M 的質點取代，分析起來比較容易，因此對於質點組的運動可以只專注於其內部的互相運動，這樣能使問題簡化。

6-4 質點組系統的位能

假定一個質點組系統中每一個質點所受到的力，包括外力及內力都是保守力，對於這樣的每一個力都存在一個位能函數，設第 i 個質點所受的外力為 $\vec{F}_i^{(e)}$，受到第 j 個質點的作用力（內力）為 $\vec{F}_{ij}$，則我們可以定義

$$dU_i^{(e)} \equiv -\vec{F}_i^{(e)} \cdot d\vec{r}_i \qquad (6\text{-}21)$$

$$dU_{ij} \equiv -\vec{F}_{ij} \cdot d\vec{r}_i - \vec{F}_{ji} \cdot d\vec{r}_j$$

因為 $\vec{F}_{ji} = -\vec{F}_{ij}$，所以

$$dU_{ij} = -\vec{F}_{ij} \cdot (d\vec{r}_i - d\vec{r}_j) = \vec{F}_{ij} \cdot d\vec{r}_{ij} \qquad (6\text{-}22)$$

（6-21）式中，$U_i^{(e)}$ 代表第 i 個質點所受外力所對應的位能，（6-22）式中 U_{ij} 則代表 (i, j) 這對質點之間內力所對應的位能。因為 dU_{ij} 中包含了 $\vec{F}_{ij} \cdot d\vec{r}_i$（對應第 i 個質點，內力 $\vec{F}_{ij}$ 所做之功），$\vec{F}_{ji} \cdot d\vec{r}_j$（對應第 j 個質點，內力 $\vec{F}_{ji}$ 所做之功），所以 U_{ij} 是 (i, j) 這對質點之間內力所對應的位能，可以看成是這對質點間的內位能。整個系統的位能 E_p 可以看成這些位能的和，所以

$$E_p = \sum_i U_i^{(e)} + \sum_{(i,j)} U_{ij} \qquad (6\text{-}23)$$

在上式中 $\sum_{(i,j)}$ 的意思是指對所有質點對（particle pair）相加的意思，例如有 3 個質點，則 $\sum_{(i,j)} U_{ij} = U_{12} + U_{13} + U_{23}$。

（6-23）式中第一項稱為此質點系統的外位能，第二項則稱為此質點系統的內位能。如果各質點所受力皆為保守力，對於每一質點應用功-動能定理，我們很容易將力學能守恆定律推廣到質點組系統的情形，亦即

$$\sum_{i=1}^{N}\frac{m_i}{2}v_i^2 + \sum_{i}U_i^{(e)} + \sum_{(i,j)}U_{ij} = 常數 \quad (6\text{-}24)$$

質點系統中內動能及內位能之和，一般簡稱為內能（internal energy），這個物理量在熱力學（thermodynamics）中是一個常用的物理量，在後面熱力學的章節中會詳細的討論。

例題 6-6

在水平光滑的桌面上有質量分別為 m_1 及 m_2 的兩質點，設兩質點之間以一力常數為 k 的彈簧相連接，設彈簧之質量可以略去，並可視為無內部構造，起始時，彈簧在其自然長度 l，m_1 質點被敲擊，使其具有一初速 v，在此瞬間 m_2 靜止（如圖 6-4 所示），試求在此後此質點系統運動時其 (a) 外動能；(b) 彈簧最大壓縮量 Δ。

圖 6-4

解

在 m_1 被撞擊後整個系統所受之外力為重力及桌子上之正向力。此二力平衡，故可視同未受外力的情形，質量中心之速度不會改變，故其外動能為一常數，系統的總力學能守恆，其值為 $\frac{m_1}{2}v^2$，故將外動能扣除，內動能及內位能之和亦為一常數，利用此一性質可求出內動能及內位能之關係，進而求出在彈簧不同壓縮量時二質點之相對速率。

(a) 由例題 6-5 的結果，得質量中心在起始時之動能 E_{kc}，為

$$E_{kc} = \frac{1}{2}\frac{m_1^2}{m_1+m_2}v^2$$

因質量中心的動能不變，所以上式此一結果也是任何時刻系統的外動能。

(b) 利用（6-18c）及（6-24）式，系統內動能及內位能之和為

$$\frac{1}{2}m_1v^2 - \frac{1}{2}\frac{m_1^2}{m_1+m_2}v^2 = \frac{1}{2}\frac{m_1m_2}{m_1+m_2}v^2 = \frac{\mu}{2}v^2$$

因起始時內位能為零，所以上式這個值也是起始時的內動能，這個結果也與例題 6-5 的結果相符。設彈簧之最大壓縮量為 Δ，則當時的內位能為 $\frac{k}{2}\Delta^2$，內動能為零，故

$$\frac{1}{2}k\Delta^2 = \frac{\mu}{2}v^2$$

在上式中將 Δ 解出，得

$$\Delta = \sqrt{\frac{\mu}{k}}\,v \tag{6-25}$$

例題 6-7

二質量均為 m 之小木塊以一力常數為 k、質量可略去的彈簧相連接，此一系統被放置在光滑桌面上，其中一個木塊緊靠牆壁（如圖 6-5 所示）。若將彈簧自其自然長度壓縮 Δ 之長度後放開，求：(a) 左方之木塊何時開始離開牆壁？(b) 承 (a)，此後整個系統向右運動時質心的速度為多少？(c) 承 (a)，在此後之運動中，彈簧的最大壓縮量為多少？

圖 6-5

解

(a) 當彈簧反彈至其自然長度時，牆壁對左邊木塊之作用力為零，此後彈簧伸長，左邊木塊被拉離牆壁。彈簧由其最大壓縮量，恢復到其自然長度，所需時間為四分之一週期。當系統未離開牆壁前，此系統的運動猶如一個質量為 m 的木塊，繫在一個固定於牆壁上之彈簧，所以其週期 T 為 $2\pi\sqrt{\frac{m}{k}}$，所求時間為

$$\frac{T}{4} = \frac{\pi}{2}\sqrt{\frac{m}{k}} \; \circ$$

(b) 在左方木塊離開牆壁瞬間，速度為零，此時彈簧位能為零，故此瞬間整個系統的力學能為右方木塊的動能，又因牆壁正向力並未使左方木塊移動，故沒有做功，利用系統的力學能守恆條件，可求出右方木塊之當時的速度，進而求出質心的速度。

設在系統離開牆壁瞬間，右方木塊之速度為 v，則由力學能守恆，得

$$\frac{1}{2}k\Delta^2 = \frac{1}{2}mv^2$$

因此

$$v = \Delta\sqrt{\frac{k}{m}}$$

設質心的速度為 v_c，則 $2mv_c = mv$，故 $v_c = \frac{v}{2} = \frac{\Delta}{2}\sqrt{\frac{k}{m}}$ 。

(c) 利用力學能守恆，將質心動能扣除，即可求出系統的內位能及內動能之和，此能量也等於內位能的最大量，用此條件可求出系統離開牆壁後，彈簧的最大壓縮量。

設系統離開牆壁後，彈簧之最大壓縮量為 x，則

$$\frac{1}{2}mv^2 - \frac{1}{2}(2m)v_c^2 = \frac{1}{2}kx^2$$

所以

$$\frac{1}{4}mv^2 = \frac{1}{2}kx^2 = \frac{1}{4}k\Delta^2$$

將上式中之 x 解出，得

$$x = \frac{\Delta}{\sqrt{2}}$$

6-5 一維碰撞

當兩質點互相接近，在它們之間的相互作用力下，產生動量及動能的變化，然後再分離的現象，稱之為兩質點的**碰撞**（collision）。碰撞的時間，涵蓋了兩質點相互影響的時間，一

般而言，此時間皆很短，這個性質常能幫助我們簡化碰撞問題的分析。若是碰撞時間極短，二質點所受之外力在此時間裡所產生的動量變化可以略去，則兩質點的總動量守恆。在碰撞前、後，兩質點的總動能若沒有改變，稱之為**彈性碰撞**（elastic collision）；碰撞前、後兩質點的動能和若有所改變，則稱之為**非彈性碰撞**（inelastic collision）。在本章裡，我們將針對常見的碰撞問題做較深入的探討。

在本節中，我們將討論碰撞前後質點的速度或動量限於一維的情形，也就是說，各質點的速度或動量永遠是沿著一個軸（例如 x 軸）或逆著此軸的方向。為了討論上的方便，我們再假設下列兩點：

1. 在整個碰撞過程中，兩質點都沒有受到外力。
2. 兩質點在碰撞前及碰撞後，它們之間內力所對應之內位能皆可略去。

因此，在討論碰撞前、後兩質點的力學能時，我們僅需考慮它們的動能。以下我們依兩質點碰撞前、後總動能是否守恆，分成兩種情況來討論。

6-5-1 彈性碰撞

碰撞過程中動能沒有損失，稱之為彈性碰撞，因此這種情況，碰撞前、後兩質點的動能和相等。又因整個系統在碰撞中沒有受到外力，由（6-9）式，可以看出 $\ddot{\vec{r}}_c = 0$ 或 $\dot{\vec{r}}_c =$ 常數。換言之，兩質點的質量中心速度為一常數，因此**以質量中心為原點的坐標**（center of mass system, 稱為質量中心坐標，或簡稱**質心坐標**）也是一個慣性坐標，可以用來分析碰撞運動，在這個坐標中碰撞的圖像特別簡單，便於分析。至於我們真正觀察碰撞的坐標則稱為**實驗室坐標**（laboratory system）。在碰撞的問題中，我們常是由實驗室坐標中，兩質點碰撞前的速度去

求碰撞後的速度。但是由於在質心坐標中分析比較方便，我們可以在質心坐標中做分析，再將其速度或動量換算到實驗室坐標。以下我們假定兩質點碰撞前、後都在 x 軸上運動，並定義其速度或動量如下：

實驗室坐標碰撞前　　　　　　實驗室坐標碰撞後
m_1 速度 $\vec{v}_1$　動量 $\vec{p}_1 = m_1\vec{v}_1$　m_1 速度 $\vec{u}_1$　動量 $\vec{q}_1 = m_1\vec{u}_1$
m_2 速度 $\vec{v}_2$　動量 $\vec{p}_2 = m_2\vec{v}_2$　m_2 速度 $\vec{u}_2$　動量 $\vec{q}_2 = m_2\vec{u}_2$

質心坐標碰撞前　　　　　　　質心坐標碰撞後
m_1 速度 $\vec{v}_1'$　動量 $\vec{p}_1' = m_1\vec{v}_1'$　m_1 速度 $\vec{u}_1'$　動量 $\vec{q}_1' = m_1\vec{u}_1'$
m_2 速度 $\vec{v}_2'$　動量 $\vec{p}_2' = m_2\vec{v}_2'$　m_2 速度 $\vec{u}_2'$　動量 $\vec{q}_2' = m_2\vec{u}_2'$

換言之，符號的法則是在質心坐標中各物理量都加上一撇的上標。假設質心在實驗室坐標中的速度為 $\vec{v}_c$，則兩坐標間速度的換算為

$$\vec{v} = \vec{v}' + \vec{v}_c$$
$$\vec{u} = \vec{u}' + \vec{v}_c$$
(6-26)

以上的兩個換算公式，對質點 1 或質點 2 都是成立的。有了這些換算公式，我們可以在質心坐標中做分析，再換算到實驗室坐標各對應物理量。

為什麼在質心坐標分析會比較簡單呢？我們可以比較兩坐標中的動量圖得到了解。在圖 6-6 及圖 6-7 中我們分別畫出兩質點碰撞前後動量的圖像。

我們注意到在圖 6-7 中無論是碰撞前後 4 個動量 $\vec{p}_1'$、$\vec{p}_2'$、$\vec{q}_1'$、$\vec{q}_2'$ 的量值都相等，而在圖 6-6 中 4 個動量 $\vec{p}_1$、$\vec{p}_2$、$\vec{q}_1$、$\vec{q}_2$ 的量值一般而言都不相等。因此在質心坐標中碰撞的圖像大大簡化，分析起來比較方便。現在我們來說明為什麼 $\vec{p}_1'$、$\vec{p}_2'$、$\vec{q}_1'$、$\vec{q}_2'$ 量值都相等。由（6-8）式，我們知道在質心坐標中，

圖 6-6 實驗室坐標中動量圖：(a) 碰撞前動量圖；(b) 碰撞後動量圖。

圖 6-7 質心坐標中動量圖：(a) 碰撞前動量圖；(b) 碰撞後動量圖。

$$m_1\vec{v}'_1 + m_2\vec{v}'_2 = 0$$

即 $\quad \vec{p}'_1 + \vec{p}'_2 = 0 \quad$ 或 $\quad \vec{p}'_1 = -\vec{p}'_2$

因此，$\vec{p}'_1$ 與 $\vec{p}'_2$ 方向相反而量值相等，符合圖 6-7(a) 的情況。同理

$$\vec{q}'_1 + \vec{q}'_2 = 0 \quad 或 \quad \vec{q}'_1 = -\vec{q}'_2$$

$\vec{q}'_1$ 與 $\vec{q}'_2$ 方向相反而量值相等，符合圖 6-7(b) 的情況。至於為何碰撞前、後動量的量值都相等呢？那是因為在質心坐標中動能守恆的關係。依彈性碰撞的假定，系統的總動能是守恆的；系統的外動能，也就是質心的動能永遠是 $\dfrac{m_1+m_2}{2}v_c^2$，是一個常數，所以其內動能，也就是在質心坐標中的動能也是守恆的，若以 $p'_1 \cdot q'_1 \cdot p'_2 \cdot q'_2$ 分別代表 4 個動量的量值，則

$$\frac{{p'_1}^2}{2m_1} + \frac{{p'_2}^2}{2m_2} = \frac{{q'_1}^2}{2m_1} + \frac{{q'_2}^2}{2m_2}$$

又因 $p'_1 = p'_2$，$q'_1 = q'_2$，所以上式可以寫為

$$\frac{{p'_1}^2}{2}\left(\frac{1}{m_1}+\frac{1}{m_2}\right) = \frac{{q'_1}^2}{2}\left(\frac{1}{m_1}+\frac{1}{m_2}\right) \qquad (6\text{-}27)$$

由上式，得 $q'_1 = p'_1$，亦即 $\vec{q}'_1$ 與 $\vec{p}'_1$ 的量值相等。同理 $q'_2 = p'_2$，故 4 個動量的量值都相等，亦即 $p'_1 = q'_1 = p'_2 = q'_2$。然而我們又如何知道 $\vec{q}'_1$ 與 $\vec{p}'_1$ 反向呢？因為如果 $\vec{q}'_1$ 與 $\vec{p}'_1$ 同向，則 $\vec{q}'_1 = \vec{p}'_1$，$\vec{q}'_2 = \vec{p}'_2$，碰撞前後二質點的動量完全沒有改變，相當於沒有碰撞了。

經過上一段的分析，我們可以很容易的求出 u_1、u_2。由（6-27）式及（6-18b）式

$$\frac{p'^2_1}{2}\left(\frac{1}{m_1} + \frac{1}{m_2}\right) = 內動能 = \frac{\mu}{2}(v_2 - v_1)^2$$

或
$$p'^2_1 = \mu^2(v_2 - v_1)^2$$
$$p'_1 = \mu|v_2 - v_1|$$

在以下的推導過程中，為了簡化計算，我們考慮 $v_2 = 0$ 的特例情形，也就是在碰撞前，質點 2 在實驗室坐標中靜止的情形。此時 p'_1 為

$$p'_1 = \mu v_1$$

因此

$$|u'_1| = \frac{q'_1}{m_1} = \frac{p'_1}{m_1} = \frac{\mu v_1}{m_1}$$

$$|u'_2| = \frac{q'_2}{m_2} = \frac{p'_1}{m_2} = \frac{\mu v_1}{m_2}$$

利用上兩式，並由圖 6-7(b)，可知

$$\vec{u}'_1 = \frac{-\mu v_1}{m_1}\hat{i} = \frac{-m_2}{m_1 + m_2}v_1\hat{i} \qquad (6\text{-}28)$$

$$\vec{u}'_2 = \frac{\mu v_1}{m_2}\hat{i} = \frac{m_1}{m_1 + m_2}v_1\hat{i} \qquad (6\text{-}29)$$

再利用（6-26）式，得

$$\vec{u}_1 = \vec{u}'_1 + \vec{v}_c \qquad (6\text{-}30)$$

$$\vec{u}_2 = \vec{u}_2' + \vec{v}_c \qquad (6\text{-}31)$$

因為

$$\vec{v}_c = \frac{m_1 \vec{v}_1 + m_2 \vec{v}_2}{m_1 + m_2} = \frac{m_1 v_1 + m_2 v_2}{m_1 + m_2}\hat{i} \qquad (6\text{-}32)$$

將（6-28）、（6-29）式及 v_c 代入（6-30）、（6-31）兩式，即可求出 $\vec{u}_1$ 及 $\vec{u}_2$。

$$\vec{u}_1 = \frac{-m_2 v_1}{m_1 + m_2}\hat{i} + \frac{m_1 v_1 + m_2 v_2}{m_1 + m_2}\hat{i}$$

亦即

$$\vec{u}_1 = \frac{m_1 - m_2}{m_1 + m_2} v_1 \hat{i} \qquad (6\text{-}33)$$

$$\vec{u}_2 = \frac{m_1 v_1}{m_1 + m_2}\hat{i} + \frac{m_1 v_1 + m_2 v_2}{m_1 + m_2}\hat{i}$$

亦即

$$\vec{u}_2 = \frac{2 m_1 v_1}{m_1 + m_2}\hat{i} \qquad (6\text{-}34)$$

例題 6-8

在一維的彈性碰撞問題中，就 (a) $m_1 \gg m_2$，(b) $m_1 = m_2$，(c) $m_1 \ll m_2$ 三種情形，分別討論碰撞後兩質點的速度。

解

在（6-33）及（6-34）式中將題設之條件分別帶入，即可解得答案。

(a) $m_1 \gg m_2$

在（6-33）及（6-34）式中將分子及分母均除以 m_1，得

$$\vec{u}_1 = \frac{1}{1+\frac{m_2}{m_1}}(1-\frac{m_2}{m_1})v_1\hat{i}$$

$$\vec{u}_2 = \frac{2v_1}{1+\frac{m_2}{m_1}}\hat{i}$$

令 $\frac{m_2}{m_1} \to 0$，代入上二式，得

$$\vec{u}_1 \cong v_1\hat{i} \tag{6-35}$$

$$\vec{u}_2 \cong 2v_1\hat{i} \tag{6-36}$$

上兩式的結果可以這樣看：因為 $m_1 >> m_2$，所以碰撞對於 m_1 的影響很小，其速度改變很小，所以 $\vec{u}_1 \cong \vec{v}_1$。至於 $\vec{u}_2$ 則可看成是由於 $m_1 >> m_2$，站在 m_1 上看，m_2 猶如碰撞牆壁，m_2 原對 m_1 有相對速度 $-\vec{v}_1$（如圖 6-8 所示），碰撞後相對速度反向變成 $\vec{v}_1$，所以 $\vec{u}_2 = \vec{v}_1 + \vec{v}_1 = 2\vec{v}_1\hat{i}$。

(b) $m_1 = m_2$

將此條件代入（6-33）、（6-34）兩式，得

$$\vec{u}_1 = 0 \tag{6-37}$$

$$\vec{u}_2 = \vec{v}_1 \tag{6-38}$$

因此兩個質點的速度交換。易言之，m_2 帶走了 m_1 的所有動量及能量，碰撞後 m_1 靜止。

(c) $m_2 >> m_1$

在（6-33）及（6-34）兩式中，分子及分母均除以 m_2，得

圖 6-8　站在 m_1 上看，m_2 以 $-\vec{v}_1$ 之相對速度碰撞 m_1。

圖 6-9　站在 m_2 上看，m_1 以相對速度 $\vec{v}_1$ 與 m_2 碰撞。

$$\vec{u}_1 = \frac{1}{\frac{m_1}{m_2}+1}(\frac{m_1}{m_2}-1)v_1\hat{i}$$

$$\vec{u}_2 = \frac{1}{\frac{m_1}{m_2}+1}v_2\hat{i}$$

在上二式中令 $\frac{m_1}{m_2} \to 0$，得

$$\vec{u}_1 \cong -\vec{v}_1 \tag{6-39}$$

$$\vec{u}_2 \cong \vec{v}_2 = 0 \tag{6-40}$$

上兩式的結果也可以這樣看：當 $m_2 \gg m_1$ 時，站在 m_2 上看，m_1 猶如撞到牆壁，m_1 對 m_2 原有相對速度 $\vec{v}_1$（如圖 6-9 所示），碰撞使其相對速度反向，成為 $-(\vec{v}_1)$。至於 $\vec{u}_2$，則因 $m_2 \gg m_1$，碰撞並不大能影響 m_2 的速度，所以 $\vec{u}_2 \cong \vec{v}_2 = 0$。

例題 6-9

如圖 6-10 所示，一質量為 m 之木塊 A 以速度 v 與另外兩個質量亦為 m，相挨之兩木塊 B、C 在水平光滑之桌面上發生彈性碰撞。證明碰撞後，木塊 C 以 v 之速度離去，木塊 A、B 靜止；而不可能發生 B、C 各以 $\frac{v}{2}$ 之速度離去，A 靜止的情形。

解

因碰撞為彈性碰撞，系統的動量及動能皆須守恆。A、B、C 質量相同，故 C 以 v 之速度離去，A、B 靜止，滿足動量及動能守恆。如 B、C 以 $\frac{v}{2}$ 速度離去，A 靜止，則動量雖守恆，動能變為 $2[\frac{m}{2}(\frac{v}{2})^2] \neq \frac{m}{2}v^2$，故動能不守恆。

圖 6-10 質量相同的三木塊彈性碰撞圖

6-5-2 非彈性碰撞

碰撞過程中若動能不守恆，這種碰撞稱為非彈性碰撞。因此，這種碰撞的前、後動能並不相等，少了動能守恆的條件，我們沒有足夠的方程式解出 $\vec{u}_1$、$\vec{u}_2$。換言之，除非我們知道在碰撞過程中損失了多少動能，一般而言，我們無法由已知的 $\vec{v}_1$、$\vec{v}_2$，求出 $\vec{u}_1$、$\vec{u}_2$。若是碰撞後兩質點結合在一起，這種情況稱為完全非彈性碰撞，這是一種特例，碰撞後 $\vec{u}_1 = \vec{u}_2 = \vec{v}_c$。因為 $\vec{v}_c$ 為已知，所以在這個特殊情況，$\vec{u}_1$ 及 $\vec{u}_2$ 可以被求出。

例題 6-10

試求在兩質點的一維非彈性碰撞中，整個系統動能損失的可能最大量為多少？在什麼情況時發生？

解

這是對應碰撞後動能最小的情況。設 $m_1 + m_2 = M$，則碰撞後系統動能為

$$E_{kf} = \frac{M}{2} v_c^2 + \frac{\mu}{2}(u_2 - u_1)^2 \tag{6-41}$$

因此 E_{kf} 的極小值發生於 $u_2 = u_1$，也就是內動能為零的情形。即

$$E_{kf} = \frac{M}{2} v_c^2 \tag{6-42}$$

因為內動能也等於 $\frac{m_1}{2} u_1'^2 + \frac{m_2}{2} u_2'^2$，若要等於零，必須 $u_1' = u_2' = 0$，因此這種情況是在碰撞後二質點皆靜止於質心坐標內，也就是完全非彈性碰撞的情形，碰撞後，只剩下質心的動能。設動能的損失為 ΔE_k，則由（6-18c）式及（6-42）式得

$$\Delta E_k = E_{ki} - E_{kf} = \frac{M}{2} v_c^2 + \frac{\mu}{2} v_{12}^2 - \frac{M}{2} v_c^2 = \frac{\mu}{2} v_{12}^2 \tag{6-43}$$

例題 6-11

一質量為 5.00 kg 的木塊被放置於一光滑之水平桌面上，一質量為 5.00×10^{-2} kg 之子彈以 100 m/s 的速度水平射入此木塊，設子彈最後停留在木塊內，求在此過程中，子彈與木塊系統所損失的動能為若干？

解

子彈穿入木塊，最後停留於木塊內，可以看成是一個完全非彈性碰撞，因此所損失的動能如（6-43）式所示，將題設各數據代入（6-43）式即可算出結果。故

$$\Delta E_k = \frac{1}{2}\mu v_{12}^2 = \frac{1}{2}\frac{(5.00\times 10^{-2})(5.00)}{(5.00\times 10^{-2}+5.00)}(100-0)^2$$

$$= \frac{0.250}{10.1}(100)^2 \cong 248 \text{ J}$$

6-6 二維碰撞

6-6-1 彈性碰撞

一般而言，二維碰撞的問題相當複雜，為了簡化問題，我們仍然要假定碰撞過程中質點都沒有受到外力，同時，在碰撞前後二質點間的位能可以略去。另外，我們要假定 $m_1 = m_2$ 及碰撞前 m_2 靜止，且二質點的碰撞為彈性碰撞。即使做了這樣多簡化的假設，問題仍然要比一維碰撞複雜不少。我們要求的 $\vec{u}_1$ 及 $\vec{u}_2$ 在兩個坐標軸上都可能有分量，因此實際上有四個未知數。然而我們只有三個方程式，一個是動能守恆方程式，另兩個是動量守恆方程式在兩個坐標軸上的分量方程式，因此，除非我們已知一個未知數（例如，$\vec{u}_1$ 或 $\vec{u}_2$ 的方向），我們是沒有足夠的方程式來解出 $\vec{u}_1$ 及 $\vec{u}_2$ 的。以下我們假設 $\vec{u}_1$ 與 $\vec{v}_1$ 的夾角為 θ，亦即 m_1 因碰撞的影

圖 6-11 兩質量相同之質點二維碰撞圖

響，其運動方向偏折了 θ 角，在這個前提下，解出 $\vec{u}_1$ 及 $\vec{u}_2$。如以動量圖形表示這種碰撞則如圖 6-11 所示。

由動量守恆得

$$\vec{p}_1 = \vec{q}_1 + \vec{q}_2$$

由上式得

$$\frac{p_1^2}{2m} = \frac{(\vec{q}_1+\vec{q}_2)\cdot(\vec{q}_1+\vec{q}_2)}{2m} = \frac{q_1^2}{2m} + \frac{\vec{q}_1 \cdot \vec{q}_2}{m} + \frac{q_2^2}{2m} \tag{6-44}$$

由動能守恆得

$$\frac{p_1^2}{2m} = \frac{q_1^2}{2m} + \frac{q_2^2}{2m} \tag{6-45}$$

比較（6-44）式與（6-45）式，得

$$\frac{\vec{q}_1 \cdot \vec{q}_2}{m} = 0 \tag{6-46}$$

也就是說 $\vec{q}_1$ 與 $\vec{q}_2$ 垂直，圖 6-11 中的 $\theta + \phi = 90°$ 這個性質是源自 $m_1 = m_2$ 的結果，換言之，質量相同的兩質點做二維彈性碰撞時，碰撞後互相夾直角離去。若 θ 為已知，以上的計算相當於用動能守恆求出了 ϕ 角，因此我們僅剩下兩個未知數 q_1、q_2（也可說是 $|\vec{u}_1|$ 及 $|\vec{u}_2|$），一般而言，可用動量分量守恆的兩個方程式將其解出。但是利用 $\vec{q}_1 \perp \vec{q}_2$ 的性質可以更簡單的求出 q_1 及 q_2。

圖 6-11 可改畫成圖 6-12 的情形，因為動量守恆，所以 $\vec{p}_1$、$\vec{q}_1$、$\vec{q}_2$ 形成一個封閉的三角形，又由（6-46）式，知 $\vec{q}_1$、$\vec{q}_2$ 之間夾角為 90°，所以我們可以從圖 6-12 中立即讀出

$$q_1 = p_1 \cos\theta = mv_1 \cos\theta \tag{6-47}$$

$$q_2 = p_1 \sin\theta = mv_1 \sin\theta \tag{6-48}$$

圖 6-12 二質點二維碰撞時之動量守恆圖

至於碰撞後兩質點的速率則分別為 $|\vec{u}_1| = \dfrac{q_1}{m} = v_1 \cos\theta$ 及 $|\vec{u}_2| = \dfrac{q_2}{m} = v_1 \sin\theta$。

例題 6-12

一質點以 300 m/s 的速度與另一質量相同的靜止質點，產生二維之彈性碰撞，設此二質點在碰撞後各帶走 $\dfrac{3}{4}$ 及 $\dfrac{1}{4}$ 總動能，試求碰撞後兩質點的速率及方向為何？

解

系統之總動能 $E_k = \dfrac{p_1^2}{2m}$，碰撞後二質點的動能分別為 $\dfrac{3}{4}E_k$ 及 $\dfrac{1}{4}E_k$，故

$$\frac{q_1^2}{2m} = \frac{3}{4}\frac{p_1^2}{2m}$$

$$\frac{q_2^2}{2m} = \frac{1}{4}\frac{p_1^2}{2m}$$

因此，

$$q_1 = \frac{\sqrt{3}}{2}p_1$$

$$q_2 = \frac{1}{2}p_1$$

由（6-47）及（6-48）式可得

$$q_1 = p_1 \cos\theta = p_1 \frac{\sqrt{3}}{2}$$

$$q_2 = p_1 \sin\theta = p_1 \frac{1}{2}$$

所以 $\cos\theta = \dfrac{\sqrt{3}}{2}$，$\sin\theta = \dfrac{1}{2}$，$\theta = 30°$。

二質點的速率分別為 $\dfrac{q_1}{m}$ 及 $\dfrac{q_2}{m}$。

$$|\vec{u}_1| = \dfrac{q_1}{m} = v_1\dfrac{\sqrt{3}}{2} = 150\sqrt{3} \cong 260 \text{ m/s}$$

$$|\vec{u}_2| = \dfrac{q_2}{m} = v_1\dfrac{1}{2} = 150 \text{ m/s}$$

在二維的彈性碰撞中若 $m_1 \neq m_2$，即使 θ 為已知，一般而言，我們需要將動能守恆及動量守恆的三個方程式聯立解出，才能求得 $\vec{u}_1$、$\vec{u}_2$。計算上比較繁雜，此處就不多討論了。

6-6-2　非彈性碰撞

如同一維非彈性碰撞的情形，我們必須知道碰撞過程中損失了多少動能，才能分析其結果。在此，我們僅考慮完全非彈性碰撞的情形。在這種情形，碰撞後二質點結合在一起，二質點沒有受到外力，故其後運動一定是一維的，因此，此處所說的二維碰撞是指碰撞前二質點的動量不在同一條線上的情形，設其動量分別為 $\vec{p}_1$ 及 $\vec{p}_2$，則由動量守恆得

$$\vec{p}_1 + \vec{p}_2 = \vec{q} = M\vec{v}_c$$

至於在碰撞中，系統所損失的動能仍可由 $\dfrac{\mu}{2}v_{12}^2 = \dfrac{\mu}{2}|\vec{v}_1 - \vec{v}_2|^2$ 算出。

例題 6-13

一質量為 0.60 kg 的質點以 100 m/s 之速度向正 x 方向運動，另一質量為

0.40 kg 的質點以 200 m/s 的速度向正 y 方向運動，兩質點在原點產生完全非彈性碰撞，試求 (a) 碰撞後二質點質心動量量值及運動的方向，(b) 在此碰撞中系統損失了多少動能？

解

(a) 參閱圖 6-13，由動量守恆得

$$\vec{q} = \vec{p}_1 + \vec{p}_2 = 0.60 \times 100 \hat{i} + 0.40 \times 200 \hat{j} = 60 \hat{i} + 80 \hat{j}$$

動量量值為 $|\vec{q}| = \sqrt{(60)^2 + (80)^2} = 100$ kg·m/s

故
$$\tan \theta = \frac{80}{60} = \frac{5}{3}$$

$$\theta \cong 59°$$

(b)
$$\Delta E_k = \frac{\mu}{2} |\vec{v}_1 - \vec{v}_2|^2$$

$$\vec{v}_1 = 100 \hat{i}$$
$$\vec{v}_2 = 200 \hat{j}$$
$$\vec{v}_1 - \vec{v}_2 = 100 \hat{i} - 200 \hat{j}$$
$$v_{12}^2 = |\vec{v}_1 - \vec{v}_2|^2 = (100)^2 + (200)^2 = 5.00 \times 10^4$$

所以
$$\Delta E_k = \frac{1}{2} \mu v_{12}^2 = \frac{1}{2} (\frac{0.60 \times 0.40}{0.60 + 0.40}) \cdot 5.00 \times 10^4 = 6.0 \times 10^4 \text{ J}$$

圖 6-13 二質點在原點發生完全非彈性碰撞

習題

6-1 節

6-1 有質量為 0.1 及 0.2 kg 的兩質點，分別以 2 m/s 及 4 m/s 的速度在 x 軸上同向運動，此系統的總動量為何？

6-2 節

6-2 一質點之質量為 0.1 kg，向東以每秒 5 m/s 之速度運動，另一質點質量為 0.2 kg，以 2 m/s 之速度向北運動，則此兩質點系統質量中心的速度量值及方向為何？

6-3 承上題，求各質點在質心坐標中之速度 $\vec{v}_1'$ 及 $\vec{v}_2'$。並證明 $m_1\vec{v}_1' + m_2\vec{v}_2' = 0$。

6-4 若一質點 A 之速度 $\vec{v}_A$ 為 $(2t\hat{i}+3t\hat{j})$ m/s，質量為 0.1 kg；另一質點 B 之速度 $\vec{v}_B$ 為 $(3t\hat{i}+2t\hat{j})$ m/s，質量為 0.2 kg，t 表示時間，求此兩質點系統質心的加速度，此系統所受之外力為何？

6-5 承 6-4 題，求經過 4 s 後，質點 B 對質點 A 的相對速度及加速度。

6-6 承 6-1 題，若兩質點起始相距 2 m，求經過 4.0 s 後，二質點的距離為多少？

6-7* 承 6-4 題，若在 $t=0$ 時，兩質點均自原點出發，則在 $t=2$ s 時，質心的位置在何處？

6-8* 在圖 P6-8 所示之阿特午機裝置中，假定 $m_2 > m_1$，滑輪的摩擦可略去，則兩

圖 P6-8

重物質心的加速度為何？

6-9 已知地球與月球的質量分別為 5.97×10^{24} kg 及 7.35×10^{22} kg，月球與地球的距離為 3.84×10^8 m，忽略地球的公轉，試討論地球與月球對兩者質量中心運動的軌跡。

6-10 一砲彈質量為 M，以初速 v 及傾角 θ 自地面被射出，在飛行頂點，砲彈被炸成質量為 $\dfrac{M}{3}$ 及 $\dfrac{2M}{3}$ 之兩彈片，兩彈片皆水平飛出，已知質量為 $\dfrac{M}{3}$ 之彈片速度為 $\dfrac{3}{2}v\cos\theta$，求二彈片落地點各距發射點多遠？

6-3 節

6-11* 承上題，在砲彈炸開後，落地前瞬間，二彈片的內動能及外動能分別為多少？

6-4 節

6-12 在一光滑桌面上放置有質量為 m_1 及 m_2 之兩木塊，兩木塊間以力常數為 k 的彈簧相連接，如圖 P6-12 所示。今將兩木塊向中間擠壓後放開，則兩

圖 P6-12

木塊對其質心振盪的角頻率為何？

6-13* 承上題，若兩木塊起始被壓縮 Δ 距離後放開，當兩木塊之間的距離大於 d 時，彈簧就會斷掉，則斷掉後兩木塊運動的速度為何？

6-14 若二質點間的作用力為 $-G\dfrac{m_2 m_1}{r^2}$ 之形式，其中 G 代表一大於零之常數。此二質點在彼此的吸引力之下運動，若在二質點相距 d 時二質點靜止，則二質點在相距 d' ($d' < d$) 時，二質點的速度為多少？

6-15 一質量為 m 的小木塊以初速 v 滑上一質量為 M、放置在水平光滑桌面上之楔形木塊，若小木塊在楔形木塊上爬升最高可到達 h 之高度，則 h 之值為若干？

6-16* 若有三個質量均為 m 的小木塊，其間以兩個力常數為 k 的彈簧相連接成一直線，起始時整個系統被放置在水平光滑平面上。今敲擊最後面之木塊使其產生瞬時速度 v，其它二木塊則瞬間靜止，則此後之運動中，兩彈簧位能之最大值為多少？

6-17* 如圖 P6-17 所示，兩木塊起先皆被托住，彈簧之力常數為 k，起始時彈簧在其自然長度，今放開右邊之木塊讓其下墜，則在左方木塊被拉起之瞬間，右方木塊之速度為多少？

圖 P6-17

6-18 如圖 P6-18 所示，一質量為 m 的小珠子自一質量為 M 的光滑楔形木塊上滑下，起始時小珠子的高度為 h，楔形木塊與桌面間無摩擦，求小珠子滑至桌面後，楔形木塊之速度。

圖 P6-18

6-5 節

6-19 光滑之水平桌面上並排放著兩個質量相同的小木塊 B、C，其間隔有一距離。另一質量相同的木塊 A 自左方以速度 v 向此二木塊碰撞（如圖 P6-19 所示），設碰撞為完全彈性碰撞，證明碰撞後 B、C 兩木塊不會靠在一起運動。

圖 P6-19

6-20 在水平之光滑桌面上一木塊靜止，其質量為 0.2 kg，另一質量為 0.3 kg 的木塊以速度 5 m/s 與此木塊產生一維

彈性碰撞，則碰撞後兩木塊的速度各為多少？

6-21 兩木塊以一力常數為 k 之彈簧相連接，此系統被放置在光滑之水平桌面上，另一木塊以初速 v 與此系統產生一維彈性碰撞，如圖 P6-21 所示。若三木塊質量相同，求碰撞後：(a) 彈簧連接之兩木塊質心速度。(b) 此後運動中彈簧的最大壓縮量。

圖 P6-21

6-22 承上題，若碰撞為完全非彈性碰撞，則質心速度為何？彈簧之最大壓縮量為何？

6-23 一質量為 m 的質點 A 由一內面光滑的半圓形軌道上滑下，如圖 P6-23 所示，在軌道最下端撞擊另一質量相同的質點 B，設撞擊為彈性碰撞，則碰撞後 B 質點能滑至多高的高度？

圖 P6-23

6-24 承上題，若 A、B 之碰撞為完全非彈性碰撞，則 A、B 最後可升高之高度為多少？

6-25* 一質量為 M 的木塊以一細繩吊掛於天花板下，今以一槍水平射擊此木塊，設子彈之質量為 m，穿入木塊前之速度為 v，子彈射穿出木塊後速度減為 $\frac{v}{2}$，則木塊能盪起的最大高度為多少？

6-6 節

6-26* 一質點 A 以 10 m/s 之速度與另一質量相同的質點 B 發生二維彈性碰撞，已知碰撞後 A 質點的方向偏折了 30°，如圖 P6-26 所示，求碰撞後兩質點的速度。

圖 P6-26

6-27 A 質點速度為 30 m/s，方向為 y 方向；B 質點速度為 $30\sqrt{2}$ m/s，方向與 x 軸夾 45° 角。A 質點及 B 質點的質量分別為 0.2 及 0.1 kg。今兩質點在原點產生完全非彈性碰撞，求碰撞後兩質點的速度及方向。在碰撞過程中系統的動能損失多少？

7 轉動運動學

- 7-1 角位移
- 7-2 角速度及角加速度
- 7-3 等角加速度運動
- 7-4 圓周運動
- 7-5 角動量

在一個質點或物體做曲線運動時，我們往往可以將其運動視作對某一轉軸做轉動的運動。例如一質點在一圓軌道上運動時，我們也可以將之視為對通過圓心、垂直於軌道面的轉軸轉動，因此，對於這樣的運動，我們固然可以用質點的直角坐標 (x, y)、切線速度、切線加速度及法線加速度等來描述，我們也可以用質點的位置向量與 x 軸的夾角 θ 以及 θ 的時變率等來描述，在圓周運動情形，質點的位置僅需用一個變數 θ 即可完整的描述，有其方便之處。一般而言，質點或物體的運動如果可以看成瞬間對一轉軸轉動，則用轉動來描述更加方便，在本章中我們將較深入的探討轉動運動。首先，我們先不考慮質點或物體受到力矩所產生的影響，僅考慮質點或物體在做轉動運動時的性質，這部份稱為轉動運動學。然後，我們要考慮質心或物體受到力矩的作用時其轉動運動變化的情形，這部份稱為轉動動力學。一般而言，轉動的運動相當複雜，在本章內將只考慮質點及剛體對固定軸轉動的情形。

7-1 角位移

一個質點在做曲線運動時它的方向及速率都可能改變，因此，一般而言是相當複雜的運動。當一個質點在某一瞬間在其軌跡上做曲線運動時，都可以看成瞬間在一個圓上運動。例如圖 7-1 中所示，質點在 A 點，B、C 兩點在其運動軌跡上，無窮的接近 A 點，經過 A、B、C 三點可以畫出一個圓，這個圓叫做質點運動在 A 點處之**極限圓**（limiting circle），質點在此瞬間可以看成是在 A 點的極限圓上運動。通過極限圓的中心，垂直於極限圓的軸則稱為質點在 A 點時的**瞬時轉軸**（instantaneous axis），在圖 7-1 中，此軸是垂直於紙面，通過 O 點的軸，我們說質點在 A 點是繞著此軸轉動。所以，質點在做曲線運動時，也是不斷的在做轉動運動。

圖 7-1　質點在 A 點及 A' 點時的極限圓

同理，若質點運動到 A' 點，B' 及 C' 二點也是在其運動軌跡上而無限的接近 A' 點，經過 A'、B'、C' 三點也可以畫一極限圓（圖 7-1 中之虛線圓），而此時質點轉動運動的瞬時轉軸就變成此一極限圓的中心軸了。由前段的討論，我們知道質點做曲線運動時其瞬時轉軸的位置及方向都會隨時改變，當曲線的曲率改變時，極限圓的半徑會改變，所以轉軸的位置會改變；當曲線不限於在一平面中時（例如圖 7-1 中之曲線會穿出紙面時）則轉軸的方向會改變，所以這種轉動運動一般而言是相當複雜的，為簡化計，以下我們假定轉軸固定的情形。

圖 7-2 質點由 A 點運動至 B 點之角位移

考慮圖 7-2 中的情形，轉軸是穿過 O 點，垂直紙面的軸，若質點由 A 點運動至 B 點，則我們定義其角位移（angular displacement）$d\vec{\theta}$ 為

$$d\vec{\theta} \equiv \hat{n}\, d\theta \tag{7-1}$$

上式中 $\hat{n}$ 代表垂直穿出紙面方向的單位向量，$d\theta$ 的正、負慣例為：由 A 到 B 若是反時鐘方向則 $d\theta$ 為正，反之，若為順時鐘方向則 $d\theta$ 為負。因此，由 A 至 B 的角位移是在 $\hat{n}$ 的方向，由 B 至 A 的角位移是在負 $\hat{n}$ 方向。這種角位移方向的規則可以用所謂右手定則來幫助記憶。將右手掌之四指捲曲由 A 指向 B，則拇指所指方向即為其角位移的方向（如圖 3-20 所示），因此，由 A 至 B，角位移在垂直穿出紙面方向，反之，由 B 至 A，角位移在垂直穿入紙面的方向。因為 $\hat{n}$ 為單位向量，所以角位移的量值為

$$|d\vec{\theta}| = |\hat{n}\, d\theta| = |d\theta| \tag{7-2}$$

換言之，角位移的量值等於其所轉過角度的量值。角位移常用的單位有度（degree）及弧度（radian，簡寫做 rad），360 度 $= 2\pi$ 弧度，一弧度是長度等於半徑的圓弧所對的圓心角。

例題 7-1

一質點由圖 7-3 中的位置 A 運動至位置 B，求其角位移為多少？

圖 7-3

解

質點由 A 至 B 的位移可以看成是由 A 沿半徑為 d 的圓弧運動至 C 點，再由 C 點沿徑向運動至 B 點。質點在做徑向運動時，沒有轉動運動，故無角位移，因此只要計算 A 點至 C 點的角位移即可。

由圖 7-3 可看出圖中轉角 θ 為 $45°$，故其角位移為

$$\vec{\theta} = \frac{\pi}{4}\hat{n}$$

上式中 $\hat{n}$ 代表垂直穿出紙面的單位向量，也就是 z 軸的方向。$\vec{\theta}$ 的量值則為

$$|\vec{\theta}| = \left|\frac{\pi}{4}\hat{n}\right| = \frac{\pi}{4} \text{ rad}$$

7-2 角速度及角加速度

角速度（angular velocity）的定義為角位移的時變率。故角速度 $\vec{\omega}$ 的定義為

$$\vec{\omega} \equiv \frac{d\vec{\theta}}{dt} = \dot{\vec{\theta}} \tag{7-3a}$$

這個定義是跟 $\vec{v} = \dfrac{d\vec{r}}{dt}$ 相似的定義。在我們所做的簡化假定下，也就是轉軸為固定的條件下，$\vec{\omega}$ 可寫為

$$\vec{\omega} = \frac{d(\hat{n}\,d\theta)}{dt} = \hat{n}\frac{d\theta}{dt} \tag{7-3b}$$

上式中 $\dfrac{d\theta}{dt}$ 是 $\vec{\omega}$ 的量值，稱為角速率。

　　同理，角加速度（angular accerleration）的定義為角速度的時變率，因此角加速度 $\vec{\alpha}$ 的定義為

$$\vec{\alpha} \equiv \frac{d\vec{\omega}}{dt} \tag{7-4a}$$

在轉軸固定的條件下，可將（7-3a）式代入（7-4a）式，$\vec{\alpha}$ 可寫為

$$\vec{\alpha} = \hat{n}\frac{d^2\theta}{dt^2} \tag{7-4b}$$

上式中 $\dfrac{d^2\theta}{dt^2}$ 是 $\vec{\alpha}$ 的量值，稱為角加速率。

例題 7-2

估算 (a) 地球繞其軌道中心軸的公轉平均角速度及 (b) 地球上任一點繞其自轉轉軸的自轉角速度。

解

計算公轉角速度時可將地球視為質點，故一年繞行一圈，也就是在一年的時間裡角位移量值為 2π。至於自轉的情形，則地球上任一點繞其自轉軸在一天的時間內轉了 2π 的角度，故

(a) 公轉平均角速率 $\bar{\omega}_r$ 為

$$\bar{\omega}_r = \frac{2\pi}{365 \times 86400} \cong 1.99 \times 10^{-7} \text{ rad/s}$$

(b) 自轉角速率 ω_s 為

$$\omega_s = \frac{2\pi}{86400} = 7.27 \times 10^{-5} \text{ rad/s}$$

至於公轉或自轉角速度的方向則都是各自沿著其轉軸的方向，而要用右手定則來決定其正、反方向。

例題 7-3

一質點繞一定軸轉動，設其角位移與時間 t 的關係為 $\vec{\theta}(t) = (1 + 2t^2 + 4t^3)\hat{n}$ rad，試求此質點在時刻 $t = 0$ 時的角速度及角加速度。

解

利用（7-3b）式及（7-4b）式，即可求出任一時刻的角速度及角加速度，再將 $t = 0$ 的條件代入即可求得答案。

$$\vec{\omega} = \hat{n}\frac{d\theta}{dt} = \hat{n}\frac{d}{dt}(1 + 2t^2 + 4t^3) = \hat{n}(4t + 12t^2) \tag{7-5}$$

將 $t = 0$ 代入上式，得

$$\vec{\omega}(0) = 0 \text{ rad/s}$$

再將（7-5）式對 t 微分一次，得

$$\vec{\alpha}(t) = \hat{n}(4 + 24t)$$

將 $t = 0$ 的條件代入上式，得

$$\vec{\alpha}(0) = 4\hat{n} \text{ rad/s}^2$$

7-3 等角加速度運動

在轉動的運動中，如果角加速度是常數，也就是說其方向及量值都不變時，稱為等角加速度運動。這種運動與直線的等加速度運動在數學上有其相似之處，只是將直線等加速度運動中的線運動物理量，改成其對應的角運動物理量，因此，其所用到的數學式與直線等加速度運動相似。

因為

$$\vec{\alpha} = \hat{n}\alpha = \frac{d\vec{\omega}}{dt} = \hat{n}\frac{d^2\theta}{dt^2}$$

上式中 α 為常數，所以

$$\frac{d^2\theta}{dt^2} = \alpha \tag{7-6a}$$

將上式積分，得

$$\frac{d\theta}{dt} = \alpha t + \omega_0 \tag{7-6b}$$

其中 ω_0 代表 $t=0$ 時的角速率。再將（7-6b）式積分，得

$$\theta = \frac{1}{2}\alpha t^2 + \omega_0 t + \theta_0 \tag{7-6c}$$

上式中 θ_0 代表 $t=0$ 時的角位移。（7-6a）、（7-6b）及（7-6c）三式都與直線等加速度運動的公式相似。我們可以將直線等加速度運動及等角加速度運動的公式併列於表 7-1 中加以比較，由表中很容易看出線運動量與角運動量的對應關係。

在表 7-1 中最後一列的方程式 $\omega^2(\theta) = \omega_0^2 + 2\alpha\theta$ 是由前兩個方程式 $\omega(t)$ 及 $\theta(t)$ 中消去 t 所得，這個情況就如我們在 $v(t)$ 與 $x(t)$ 的方程式中消去 t 得到 $v^2(x)$ 一樣。

表 7-1　直線等加速度運動與等角加速度運動重要公式比較表

直線等加速度運動	等角加速度運動
a	α
$v(t) = v_0 + at$	$\omega(t) = \omega_0 + \alpha t$
$x(t) = x_0 + v_0 t + \frac{1}{2}at^2$	$\theta(t) = \theta_0 + \omega_0 t + \frac{1}{2}\alpha t^2$
$v^2(x) = v_0^2 + 2ax$	$\omega^2(\theta) = \omega_0^2 + 2\alpha\theta$

例題 7-4

甲、乙二人在同一圓形軌道上賽跑，起始時，二人之角速率皆為 0.05π rad/s，乙落後甲半圈，今甲以等角速率運動，乙以 0.02π rad/s² 的等角加速率開始加速，則 (a) 經過多少時間乙可以追上甲？(b) 在乙追上甲的瞬間，乙的角速率為多少？

解

在乙追甲的過程中甲維持等角速率運動，乙則為等角加速率運動，利用表 7-1 中的公式，甲是 $\alpha = 0$ 的情形，乙則是 $\alpha = 0.02\pi$ rad/s² 的情形。可將甲、乙二人的角位移算出，二者角位移差為 π 的時間，即為所求的時間，再利用 $\omega(t)$ 的公式，即可求出當時乙的角速率。

(a) 設在時刻 t 時，甲、乙二人的角位移分別為 $\theta_1(t)$ 及 $\theta_2(t)$，則

$$\theta_1(t) = \omega t = 0.05\pi t \text{ rad}$$

$$\theta_2(t) = \omega t + \frac{1}{2}\alpha t^2 = 0.05\pi t + \frac{1}{2}(0.02\pi)t^2 \text{ rad}$$

所以

$$\theta_2(t) - \theta_1(t) = \frac{1}{2}(0.02\pi)t^2 = 0.01\pi t^2 = \pi$$

$$t^2 = 100$$

$$t = \sqrt{100} = 10 \text{ s}$$

(b) 因 $\omega(t) = \omega_0 + \alpha t = 0.05\pi + (0.02\pi)10 = 0.25\pi$ rad/s

7-4 圓周運動

在平面的運動中有一種特別簡單的運動，那就是質點在圓周上的運動，在本章中我們介紹了角運動變數（例如角位移、角速度、角加速度等），圓周運動可以用角運動變數來描述，因此在此節內我們要將圓周運動中的一些線運動量（例如位移、速度、加速度等）與角運動量關聯起來。

如圖 7-4 所示，質點 m 在一圓軌道上做圓周運動，我們可以說此質點繞著通過 O 點、垂直紙面的轉軸做轉動運動，那麼其位移、速度與加速度及其角運動變數之間有何關係呢？首先，我們由圖上可以看出質點的位置向量 $\vec{r}$ 可以寫為

$$\vec{r} = x\hat{i} + y\hat{j} = R\cos\theta\,\hat{i} + R\sin\theta\,\hat{j} \tag{7-7}$$

質點的路徑長 $s = R\theta$。質點的速度在切線方向，其量值 v 為

$$v = \frac{ds}{dt} = R\frac{d\theta}{dt} = R\omega \tag{7-8}$$

至於質點的加速度則有切線加速度 $\vec{a}_t$ 及向心加速度 $\vec{a}_n$ 兩

圖 7-4 質點做圓周運動

個分量，切線加速度的量值 a_t 為

$$a_t = \frac{dv}{dt} = R\frac{d\omega}{dt} = R\alpha \qquad (7\text{-}9a)$$

至於向心加速度的量值 a_n 則可由圖 7-4(b) 上看出來。若在時間 Δt 中質點轉動了 $\Delta\theta$，當 Δt 趨近於零時，$\Delta\theta$ 也趨近於零，由圖 7-4(b) 可看出速度的變量 $\Delta\vec{v}$ 在向心方向，其量值為 $v\Delta\theta$，所以

$$a_n = \lim_{\Delta t \to 0}\frac{v\Delta\theta}{\Delta t} = v\omega = \frac{v^2}{R} = R\omega^2 \qquad (7\text{-}9b)$$

上式中 $\lim_{\Delta t \to 0}$ 的符號是表示取 Δt 的極限值趨近於 0 的意思。從以上各式可看出，在圓周運動中，質點的線運動變數與角運動變數間有相當簡單的關係，我們可以將之對應列表如表 7-2 所示。

此處要提醒各位同學，表 7-2 中所列的關係都是各變數量值的關係，位移、速度、加速度都是在圖 7-4 所示的平面內；角位移、角速度、角加速度則都是垂直於圖 7-4 所示的平面，因此，如果用向量表示，兩套變數之間的對應量並非

表 7-2　圓周運動中線運動變數及角運動變數對照表

	線變數	角變數
路徑長	s	$R\theta$
速　率	v	$R\omega$
切線加速度量值	a_t	$R\alpha$
向心加速度量值	a_n	$R\omega^2$

在相同方向。例如，$\vec{v}$ 並不能寫為 $R\vec{\omega}$，這是容易忽略的地方。另外，表 7-2 中各對應關係並不限於 $v(t)$ 為常數的情形，即使 $v(t)$ 不為常數，各對應關係仍成立，這一點，我們從（7-7）式到（7-9）式的推導過程中就可看得出來，因為我們僅用到 R 為常數的條件而並未用到 v 為常數的條件。

若是 ω 為一常數，則 $a_t = 0$，v 及 a_n 都為常數，這種運動是圓周運動中的特例，稱為**等速率圓周運動**或簡稱**等速圓周運動**。

例題 7-5

一質量為 m 的質點，做半徑為 R、角速率為 ω 的等速率圓周運動，試由牛頓第二運動定律，分析其受力的情況。

解

由 $\vec{F} = m\vec{a}$，可得 $F_t = ma_t$，$F_n = ma_n$。
因為 $a_t = R\alpha = 0$，所以 $F_t = 0$。又因 $a_n = R\omega^2$，所以 $F_n = mR\omega^2$。也就是說，此質點在切線方面沒有受力，僅受一向心力，其量值為 $mR\omega^2$。

例題 7-6

一質點在一半徑為 R 的圓軌道上進行圓周運動，設此質點繞圓中心軸之角加速率 α 為一常數，起始時 $\theta(0) = 0$，$(\frac{d\theta}{dt})_{t=0} = 0$，求在時刻 t 時 (a) 此質點所走過的路徑長；(b) 當時質點的速率；(c) 當時質點的切線加速率及向心加速率。

解

此質點進行一等角加速率的運動，故其角速率及角位移皆可用表 7-1 中各公式算出，再將各量代入表 7-2 中之各公式，即可算出所要求之答案。
(a) 質點的角位移為

因為 $\omega_0 = 0$，所以

$$\theta(t) = \frac{1}{2}\alpha t^2$$

將上式代入 $s = R\theta$ 公式，得

$$s = \frac{1}{2}R\alpha t^2$$

(b) 質點的角速率為

$$\omega = \omega_0 + \alpha t = \alpha t$$

將上式代入（7-8）式，得

$$v = R\omega = R\alpha t$$

(c) 質點的各加速度分量為

$$a_t = R\alpha$$
$$a_n = R\omega^2$$
$$= R(\alpha t)^2 = R\alpha^2 t^2$$

7-5 角動量

在分析質點的移動運動時，線動量是一個非常有用的觀念。同樣地，在描述質點的轉動運動時，**角動量**（angular momentum）也是一個非常有用的觀念。在本節中，我們要利用角動量來描述質點的轉動運動，首先我們要對單一質點的情況來說明，然後再將這個觀念推廣到剛體的情形。

7-5-1 單一質點的角動量

若有一質點為 m 的質點,其位置向量為 $\vec{r}$,動量為 $\vec{p}$,則其對原點的角動量 $\vec{L}$ 之定義為

$$\vec{L} \equiv \vec{r} \times \vec{p} \tag{7-10}$$

上式中的乘積為向量積或簡稱叉乘積。這個乘積的意思我們在定義力矩時已說明過。角動量 $\vec{L}$ 等於位置向量與動量的向量積。因此 $\vec{L}$ 垂直於 $\vec{r}$ 及 $\vec{p}$ 所形成的平面,而其方向則要用右手定則來決定。$\vec{L}$ 的量值 L 為

$$\begin{aligned} L = |\vec{L}| &= |\vec{r} \times \vec{p}| \\ &= |\vec{r}|\,|\vec{p}| \sin\phi \end{aligned} \tag{7-11}$$

上式中 ϕ 代表 $\vec{r}$ 與 $\vec{p}$ 之間的夾角。我們可以將 (7-11) 式中角動量的量值用角運動變數來表示。參閱圖 7-5,其中 $\vec{p}_\perp$ 代表質點動量在垂直於 $\vec{r}$ 方向的分量。$\vec{p}_\perp$ 的量值為 $p\sin\phi$,所以 (7-11) 式可以寫為

$$|\vec{L}| = rp_\perp = rmv_\perp \tag{7-11a}$$

圖 7-5 角動量的量值等於 $rp_\perp$

由圖 7-5 可看出 $v_\perp$ 恰為質點在虛線圓切線方向的速度分量,由上一節的討論,我們知道 $v_\perp = r\omega$,其中 ω 代表質點在該點的角速率,因此

$$\begin{aligned} L = |\vec{L}| &= r\,mv_\perp \\ &= rm(r\omega) = mr^2\omega \end{aligned} \tag{7-11b}$$

上式中 mr^2 稱為質點 m 在此一位置時對 O 點的轉動慣量 (moment of inertia),常寫做 I,故

$$I = mr^2 \tag{7-12}$$

$$L = I\omega \tag{7-13}$$

如以向量形式表示，則（7-13）式可表為

$$\vec{L} = I\vec{\omega} \tag{7-13a}$$

（7-12）式的形式與線動量的方程式有相似的地方，也就是角動量的量值與角速率成正比例，猶如線動量的量值與速率成正比例一樣。其中轉動慣量 I 的角色有如線動量中的質量。不過我們要強調的是轉動慣量中的 r 可隨著時間變動，因此在 r 變動時，I 並非是一個常數，這一點是與質量不同的地方。

例題 7-7

一質量為 m 的質點，在地球表面以傾角 θ、初速 v 被斜向拋出，當此質點飛行至軌跡最高點時，對拋出點 O 的角動量量值為若干？

解

參閱圖 7-6，先求出質點軌跡的頂點高度及當時的水平位移，如此即可求得 $\vec{r}$ 與 $\vec{p}$ 之間的夾角 ϕ，質點在頂點處只有水平速度，故 $p = mv\cos\theta$，再求出 $|\vec{r}|$，即可求得其角動量的量值。

利用（7-11）式，L 為

$$L = rp\sin\phi = ph \tag{7-14}$$

上式中 h 代表頂點高度，由例題 5-10，質點的頂點高度 h 為

$$h = \frac{v^2\sin^2\theta}{2g}$$

將 h 代入（7-14）式，得

圖 7-6

$$L = \frac{mv^3}{2g}\sin^2\theta\cos\theta$$

7-5-2 對定軸轉動剛體的角動量

所謂剛體是指質點間距離恆保持一定的物體。當一個剛體對一定軸轉動時,所有質點角運動的情況相同,因此它們有相同的角位移、角速度及角加速度。利用(7-11b)式,一個質點系統角動量可寫為

$$\vec{L} = \sum_{i=1}^{N} mr_i^2 \vec{\omega}_i \tag{7-15}$$

但是對於剛體所有的 $\vec{\omega}_i$ 都相同,假定 $\vec{\omega}_i = \vec{\omega}$,則(7-15)式可寫為

$$\vec{L} = (\sum_{i=1}^{N} mr_i^2) \vec{\omega} \tag{7-16}$$

上式括弧中的量是一個質點轉動慣量的推廣,稱為剛體對轉軸的轉動慣量,亦即

$$I = \sum_{i=1}^{N} mr_i^2 \tag{7-17}$$

(7-16)式即可寫為

$$\vec{L} = I\vec{\omega} \tag{7-13b}$$

其形式與一個質點時之(7-13a)式相同。

一般而言,計算剛體的轉動慣量需要用到積分,今舉一例如下:

例題 7-8

求一質量為 M、長度為 L 的均勻細桿，對垂直桿身、通過其中心之轉動慣量。

解

考慮質量的連續分布，依 (7-17) 式，I 可寫為

$$I = \int r^2 dm \tag{7-18}$$

其中 r 代表 dm 到轉軸的垂直距離。設單位長度中的質量為 ρ，則 $dm = \rho\, dr$，I 可寫為

$$I = 2 \times \int_0^{\frac{L}{2}} \rho r^2 dr = 2 \times \rho \int_0^{\frac{L}{2}} r^2 dr$$

$$= 2\rho(\frac{1}{3} \times \frac{1}{8} L^3) = \frac{1}{12}(\rho L) L^2$$

$$= \frac{1}{12} ML^2$$

一般而言，剛體的轉動慣量要用積分來計算，有的相當複雜，我們在不給證明的情況下，將常見剛體的轉動慣量列於表 7-3 內。例題 7-8 的結果即表中 (e) 的情形。

表 7-3　常見剛體之轉動慣量

(a) 圓環對中心軸 $I = MR^2$	(b) 空心圓柱對中心軸 $I = \frac{1}{2}M(R_1^2 + R_2^2)$	(c) 實心圓柱對中心軸 $I = \frac{1}{2}MR^2$
(d) 圓柱對中間直徑軸 $I = \frac{1}{4}MR^2 + \frac{1}{12}ML^2$	(e) 細棒對截面直徑軸 $I = \frac{1}{12}ML^2$	(f) 實心圓球對中心軸 $I = \frac{2}{5}MR^2$
(g) 薄球殼對直徑軸 $I = \frac{2}{3}MR^2$	(h) 圓環對直徑軸 $I = \frac{1}{2}MR^2$	(i) 長方形板對中心軸 $I = \frac{1}{12}M(a^2 + b^2)$

習題

7-1 節

7-1 某人沿圓形跑道跑了 4 圈，其總角位移為多少 rad？

7-2 某人以等速率繞一半徑為 60 m 的圓形跑道跑步，若其速率為 8 m/s，則其角速率為多少？10 s 後其總角位移為多少？

7-3 某人在圓形軌道上跑步，若其 ω 隨時間的關係為 $\omega(t) = 3t^2 + 2$ rad/s，則 10 s 後其總角位移為多少？

7-2 節

7-4 某人沿一半徑為 60 m 圓形軌道上跑步，設其角加速率為 0.1 rad/s²，則 10 s 後其角速率及所走之路徑長為多少？

7-5 月球繞地球的公轉週期約為 28 天，其角速率約為多少？

7-6 一質點的角速率與時間的關係為 $\omega(t) = 3t^2 + 2t$，則其角加速率與時間的關係為何？

7-7 甲、乙二人在同一圓形軌道上賽跑，起始時，乙落後甲四分之一圈，此時甲、乙二人之角速率相同，若此時乙開始加速，設其角加速率為 0.10 rad/s²，甲則維持原來之角速率，則乙要追及甲需多久時間？乙追及甲時角速率比起始時增加了多少？

7-3 節

7-8 某人以 0.10 rad/s 的初角速率在圓跑道上慢跑，此時他開始以等角速率減速，跑了 1 圈後停止，則其角加速率為何？

7-9 若汽車上的引擎轉速表上顯示 2000 rpm（即每分鐘轉 2000 圈），則此時引擎的角速率為多少 rad/s？

7-10 某人在半徑為 R 的圓跑道上跑步，若其角速率 ω 與時間 t 的關係為 $\omega(t) = \alpha t$，其中 α 為一常數，則在跑了 4 圈後，此人之角位移、角速率及角加速率各為多少？

7-11* 甲、乙二人在圓形軌道上跑步，開始時二人之角速率皆為 ω，今甲以 ω 等角速率跑步，乙則以等角加速率減速，設乙跑了兩圈後停止，則此時甲共跑了幾圈？

7-4 節

7-12 某人沿半徑為 r 的軌道跑步，若其角速率 ω 與時間 t 的關係為 $\omega(t) = at^2 + bt + c$，則在 $t = 10$ s 時其角位移為多少？其切線加速率為多少？向心加速率為多少？

7-13 一質點在半徑為 R 的圓軌道上以角速率 ω 以反時鐘方向運動，若起始時此質點位於 x 軸上（如圖 P7-13 所示），則此質點的 x、y 與 t 的關係為何？

圖 P7-13

7-14* 承上題，此質點之 v_x 及 v_y 與時間 t 的關係為何？速率為何？

7-15* 承上題，此質點之 a_x 及 a_y 與時間 t 的關係為何？a_t 及 a_n 為何？

7-16 已知月球與地球的距離約為 3.84×10^8 m，月球對地球的公轉週期約為 28 天，求月球對地心的向心加速度量值。

7-5 節

7-17 承上題，已知月球的質量為 7.35×10^{22} kg，則月球對地心的角動量量值為多少？

7-18 一質量為 m 的質點以初速 v、傾角 θ 自地面被拋出，在質點落地前瞬間，質點對拋出點角動量的量值為多少？

7-19 若將地球看成一個均勻的球體，則地球因自轉對地心所產生的角動量量值為多少？

7-20 一質量為 M、長度為 L 的均勻細桿，其兩端各黏有質量為 m 的質點，則此系統對通過細桿質心、垂直桿身之軸的轉動慣量為何？

7-21 承上題，若轉軸取為通過一質點的垂直軸，則其轉動慣量又為多少？

7-22 一質量為 0.10 kg、半徑為 0.10 m 的均勻圓盤，以 2.0 rad/s 的角速率繞其中心軸旋轉，則此圓盤對其質心之角動量量值為多少？

7-23 承上題，若圓盤是以 0.2 rad/s^2 的等角加速率由靜止開始旋轉，則 3 秒後圓盤角動量量值為多少？

7-24 一單擺，擺線長為 l，擺錘質量為 m，若將擺錘拉至幅角 θ_0 後由靜止釋放，則當擺錘擺至最低點時，對單擺頂端端點的角動量量值為多少？

7-14 一質點位北側點之 r_1、r_2 向路問之間隔位移向量之速率為何？

7-15 一質點位北側點之 z_1、z_2 及 z_3 與階間之向量位移向量 a_1 及 a_2 為何？

7-16 已知月球繞地球的圓周軌道為 3.84×10^8 m，月球繞地球的公轉週期約為 28 天，求月球對地心的向心加速度值。

7-5 節

7-17 在上圖，已知月球的質量為 7.35×10^{22} kg，問月球繞地心的角動量值應為多少？

7-18 一質量為 m 的質點以初速 v_0，朝向 θ 角向斜面射出，當質點為在地面時，質點對地出發點向動量矩的量值為多少？

7-19 若斯相對有相距一個均勻之球體，相應該以等速引擔心擾之作等速之的動量應該多少？

7-20 一質量為 M_1，具長為 L 的均勻圓盤，其底部之軸轉動慣量為 m 的質點，其此系統沿通過圓心 O 、垂直於系之軸向轉動之轉動慣量為多少？

7-21 承上題，若轉動的初速度為一固定的角速率 ω，則其轉動動能又為多少？

7-22 一質量為 0.10 kg，半徑為 0.10 m 的均勻圓盤，以 2.0 rad/s 的角速率繞其中心軸旋轉，試此圓盤其對其軸之之動量量值為多少？

7-23 承上題，若圓盤最初以 0.2 rad/s 旋轉，經若干時間後加速動，則若干時間圓盤擁有的動能為多少？

7-24 一長度 L、質量 M 為，一個質量為 m 的物體放在其上端，他該棒繞底端之軸站立著在其鉛直，對該底端底之角動量量值為多少？

8 轉動動力學

- 8-1 轉動運動方程式
- 8-2 角動量守恆
- 8-3 轉動動能
- 8-4 平行軸定理
- 8-5 定軸轉動與一維運動的比較

在前面一章我們討論了質點或物體的轉動運動，至於質點或物體為何產生轉動，則未討論。在第 3 章中我們曾經說明過力矩是改變物體轉動狀態的要素，因此，如要改變一個物體的轉動運動狀態，我們要對其施以力矩。在移動運動中，質點動量的時變率等於質點所受之力，因此我們可以猜想得到，質點角動量的時變率會等於它所受到的力矩，以下我們對這點做較詳細的討論。

8-1　轉動運動方程式

一質點之角動量 $\vec{L}$ 為

$$\vec{L} = \vec{r} \times \vec{p} \tag{8-1}$$

故其時變率 $\dfrac{d\vec{L}}{dt}$ 為

$$\frac{d\vec{L}}{dt} = \frac{d\vec{r}}{dt} \times \vec{p} + \vec{r} \times \frac{d\vec{p}}{dt}$$

上式中的第一項 $\dfrac{d\vec{r}}{dt} \times \vec{p} = \vec{v} \times m\vec{v} = 0$，所以

$$\frac{d\vec{L}}{dt} = \vec{r} \times \frac{d\vec{p}}{dt} = \vec{r} \times \vec{F} = \vec{\tau} \tag{8-2}$$

（8-2）式告訴我們：一質點角動量的時變率等於它所受到的力矩。此處特別要提醒的是：$\vec{L}$ 的時變率 $\dot{\vec{L}}$ 是跟 $\vec{\tau}$ 同方向，垂直於 $\vec{r}$ 與 $\vec{F}$ 所形成的平面，一般而言，它是不一定與 $\vec{L}$ 同方向。

利用（7-13a）式，（8-2）式可寫為

$$\frac{d\vec{L}}{dt} = \vec{\tau} = I\frac{d\vec{\omega}}{dt} = I\vec{\alpha} = mr^2\vec{\alpha} \tag{8-3}$$

上式中 $\vec{\alpha}$ 代表角加速度。(8-3) 式稱為質點的轉動運動方程式。

值得指出的是 (8-2) 式可推廣至對定軸轉動剛體的情況，此時 $\vec{\tau}$ 要用剛體所受的外力矩 $\vec{\tau}_e$ 來取代，因此，由 (7-13a) 式，對於此種剛體，其轉動運動方程式為

$$\frac{d\vec{L}}{dt} = \vec{\tau}_e = I\vec{\alpha} \qquad (8\text{-}3a)$$

當然，此處 I 代表剛體的轉動慣量。

例題 8-1

一質量為 m 之質點自高度 h 處由靜止落下（如圖 8-1 所示）。求 (a) 在此質點落下過程中質點對原點 O 的角動量與時間 t 的關係。(b) 以 (7-11b) 式計算質點落到 x 軸上瞬間之角動量量值，並證明與 (a) 中所得結果相符。(c) 承 (b)，計算在該瞬間，質點的角加速率。

圖 8-1 質點做自由落體運動時，對原點 O 有角動量。

解

(a) 因質點所受之力矩為常數，其方向恆為垂直穿入紙面，量值為 mgx_0，故利用 (8-2) 式積分可將任一時刻之角動量算出。在本題的情況，角動量也一直是在垂直穿入紙面的方向，其量值則隨時間增加。

$$\frac{dL}{dt} = mgx_0$$

所以
$$L = mgx_0 t + C$$

上式中 C 為一積分常數，在 $t = 0$ 時 $L = 0$，所以 $C = 0$，故
$$L = mgx_0 t \tag{8-4}$$

(b) 因
$$L = mrv_\perp \tag{7-11b}$$

故只要算出在該瞬間質點的 $v_\perp$ 即可算出 L。
$v_\perp$ 為質點落在 x 軸上瞬間之速率，利用力學能守恆，得
$$\frac{m}{2}v_\perp^2 = mgh$$

所以
$$v_\perp = \sqrt{2gh}$$

將 $v_\perp$ 代入（7-11b）式，得
$$L = mx_0\sqrt{2gh} \tag{8-5}$$

質點落下之時間為
$$t = \sqrt{\frac{2h}{g}}$$

將上式代入（8-4）式，得
$$L = mgx_0\sqrt{\frac{2h}{g}} = mx_0\sqrt{2gh}$$

故（8-5）式之結果與 (a) 中所得結果相符。

(c) 利用 $\tau = I\alpha$，因 τ 為已知，只要算出該瞬間的 I，即可求出該瞬間質點的角加速率 α。
$$I = mx_0^2$$
$$\tau = I\alpha$$

故
$$\alpha = \frac{\tau}{I} = \frac{mgx_0}{mx_0^2} = \frac{g}{x_0}$$

上式的結果也很容易了解，因為在該瞬間質點可以看成是進行半徑為 x_0 之瞬間圓周運動，其切線加速率為 g，故依（7-9a）式，角加速率為

$$\alpha = \frac{a_t}{R} = \frac{g}{x_0}$$

例題 8-2

一質量為 0.20 kg，長度為 0.60 m 之均勻長桿，在其一端受到 1.0 N 的力，垂直桿身作用其上，使其繞固定的中心軸旋轉（如圖 8-2 所示）。(a) 求細桿對轉軸之轉動慣量。(b) 求 4.0 s 後此桿旋轉之角速度及對 O 點之角動量量值。

圖 8-2 細桿受一力矩轉動示意圖

解

利用 I 的積分表示式，即（7-18）式，可將細桿對轉軸的轉動慣量求出。再利用 $\tau_e = I\alpha$ 可將細桿旋轉的角加速率求出，利用（7-6b）式可求其最後之角速率。其最後之角動量亦可由（7-13）式求出。

(a) 利用例題 7-8 之結果

$$I = \frac{1}{12}ml^2 = \frac{1}{12}(0.20)(0.60)^2 = 0.0060 \text{ kg} \cdot \text{m}^2$$

(b)

$$\tau_e = F \times \frac{l}{2} = 1.0 \times 0.30 = 0.30 \text{ N} \cdot \text{m}$$

$$\tau_e = I\alpha = 0.0060\alpha$$

所以

$$\alpha = \frac{0.30}{0.0060} = 50 \text{ rad/s}^2$$

$$\omega = \alpha t = 50 \times 4.0 = 200 \text{ rad/s}$$

由（7-13）式，$L = I\omega$，將 (a)、(b) 中所得之 I 及 ω 代入，得

$$L = 0.0060 \times 200 = 1.2 \text{ kg} \cdot \text{m}^2/\text{s}$$

我們注意到上式的答案，也可以用（8-2）式積分求得，即

$$L = \int \tau \, dt = \int_0^{4.0} 0.30 \, dt = 1.2 \text{ kg} \cdot \text{m}^2/\text{s}$$

因此，當 τ 為常數時，利用對 t 積分，也很容易算出 L。

8-2 角動量守恆

一個質點如果沒有受到力矩，其角動量一定守恆，由（8-2）式

$$\dot{\vec{L}} = \vec{\tau}$$

所以當 $\vec{\tau} = 0$ 時，$\dot{\vec{L}} = 0$，$\vec{L}$ 的時變率為零，$\vec{L}$ 保持常數。亦即

$$\vec{L} = 常數 = C \tag{8-6}$$

對定軸轉動的剛體，我們可以由（8-3a）式推廣如下：當 $\vec{\tau}_e = 0$ 時，

$$\dot{\vec{L}} = \vec{\tau}_e = 0$$

所以剛體的角動量也等於常數，也就是說如 $\vec{\tau}_e = 0$，（8-6）式對剛體也成立。

例題 8-3

一質量為 m、半徑為 R 之均勻轉盤，繞著其中心軸以 ω 之角速率自由轉動。(a) 求此轉盤對轉軸之轉動慣量 I_c。(b) 若有一質量為 m' 之昆蟲垂直跌落於此轉盤之邊緣，則轉盤之角速率變為若干？

圖 8-3　將圓盤分割成細環狀，以求其轉動慣量。

解

轉盤的轉動慣量可用積分求出。昆蟲與轉盤之間之碰撞力為內力，故轉盤加昆蟲整個系統沒有受到外力，其角動量之和要守恆，利用此條件可求出昆蟲落於盤上後轉盤之角速率。

(a) 令轉盤單位面積中之質量為 σ，則 $dm = \sigma\, dA$，其中 dA 為面積素。我們可取圖 8-3 中咖啡色的一圈面積為 dA，則 $dA = 2\pi r\, dr$，因此 $dm = \sigma 2\pi r\, dr$

$$I_c = \int_0^R \sigma(2\pi r)r^2\, dr = \sigma 2\pi \int_0^R r^3\, dr = \sigma 2\pi \frac{1}{4}R^4 = \sigma \frac{\pi}{2}R^4$$

但 $\sigma\pi R^2 = m$，所以

$$I_c = \frac{1}{2}(\sigma\pi R^2)R^2 = \frac{m}{2}R^2 \tag{8-7}$$

(b) 設昆蟲掉落在轉盤後整個系統的轉動慣量及角速率分別為 I' 及 ω'，由角動量守恆可得

$$L = I_c \omega = I' \omega'$$

所以

$$\omega' = \frac{I_c \omega}{I'}$$

又因

$$I' = I_c + m'R^2$$

所以 $$\omega' = \frac{\frac{m}{2}R^2}{(\frac{m}{2}+m')R^2}\omega = \frac{m}{m+2m'}\omega$$

圖 8-4 (a) 溜冰演員轉動慣量大時角速率較小。(b) 溜冰演員轉動慣量小時角速率較大。

在日常生活中，角動量守恆的例子可說相當常見。例如花式溜冰的演員，在快速旋轉前往往把手足向外伸出，如圖 8-4(a) 所示，然後再將手足收攏，如圖 8-4(b) 的情形，這樣就可加快其旋轉的速度，這就是一種角動量守恆的應用，因為從圖 8-4(a) 的姿勢變換成圖 8-4(b) 的姿勢時，其轉動慣量變小了，而在冰上旋轉可以看成幾乎不受到力矩，所以角動量大致是守恆的，依（7-13b）式，當轉動慣量變小時，其角速率就變大了。

8-3 轉動動能

8-3-1 質點的轉動動能

讓我們先考慮一個質量為 m 的質點，在一平面中做曲

線運動的情形。轉軸取為垂直紙面向上。則質點的速度 $\vec{v}$ 可分成徑向 $\vec{v}_r$ 及垂直徑向 $\vec{v}_\theta$ 兩分量（如圖 8-5 所示）。因此，質點的動能為

$$E_k = \frac{m}{2}v^2 = \frac{m}{2}(v_r^2 + v_\theta^2) \tag{8-8}$$

在上式中的第二項 $\frac{m}{2}v_\theta^2$ 一般稱之為轉動動能。

又因 $v_\theta = r\omega$，所以這項轉動動能 $E_k^{(r)}$ 有時也寫成

$$E_k^{(r)} = \frac{m}{2}v_\theta^2 = \frac{m}{2}r^2\omega^2 = \frac{I}{2}\omega^2 \tag{8-9}$$

圖 8-5 平面曲線運動的速度 $\vec{v}$，可分為 $\vec{v}_r$ 及 $\vec{v}_\theta$ 兩分量。

上式中 I 代表質點的轉動慣量。一般而言，因為質點的徑向距離 r 及 ω 都會隨時間變，所以將動能的一部份寫成轉動動能的形式，並不一定能簡化問題，但是在 $v_r = 0$ 的情形，質點的徑向距離 r 為常數，則 I 亦為常數，此時問題就大大簡化了。

8-3-2 對定軸轉動剛體的轉動動能

若一剛體對一定軸轉動，則其中每一質點都繞其轉軸作圓周運動，若第 i 個質點的速率為 v_i，則 $v_i = r_i\omega$，其中 r_i 為第 i 個質點到轉軸的垂直距離，ω 則為角速率。若以 m_i 代表第 i 個質點的質量，則此剛體的動能為

$$E_k = \sum_{i=1}^{N} E_{ki} = \sum_{i=1}^{N}\frac{m_i}{2}v_i^2 = \sum_{i}^{N}\frac{m_i}{2}r_i^2\omega^2 = \frac{1}{2}I\omega^2 \tag{8-10}$$

上式中 I 代表整個質點系統對轉軸的轉動慣量。對定軸轉動的剛體，所有 r_i 均為常數，因此其 I 也是一個常數。(8-10) 式與 (8-9) 式形式完全一樣，因此對定軸轉動的剛體，其轉動動能的計算跟一個質點的情形一樣簡單。

例題 8-4

一單擺，其擺錘之質量為 m，其最大擺角為 θ_0。若擺錘在 $\theta = \theta_0$（虛線所示位置）時自靜止釋放（如圖 8-6 所示），當其擺錘擺至擺角為 θ 之瞬間，試求其角速率。

解

利用力學能守恆可求出擺錘擺至擺角 θ 時之動能。因擺錘之轉動慣量為 ml^2，所以利用（8-9）式即可將 ω 求出。

若取單擺之頂點高度為重力位能為零之高度，則單擺由擺角 θ_0 擺至 θ 時位能之變化為

$$\Delta E_p = -mgl\cos\theta + mgl\cos\theta_0$$

$$\Delta E_k + \Delta E_p = 0$$

所以

$$\Delta E_k = -\Delta E_p = mgl(\cos\theta - \cos\theta_0) = \frac{1}{2}I\omega^2 = \frac{1}{2}ml^2\omega^2$$

$$\therefore \omega = \sqrt{\frac{2g}{l}(\cos\theta - \cos\theta_0)}$$

圖 8-6 單擺擺動示意圖

例題 8-5

一質量可略去、長度為 L 之長桿，兩端分別黏上質量為 m 及 $2m$ 的質點，此一系統繞垂直於桿之中心軸，以角速率 ω 轉動，求此系統 (a) 質心（CM）的轉動動能，(b) 整個系統之轉動動能。

解

對轉軸，質心轉動的角速率與兩質點之角速率相同，均為 ω。各質點及質心的轉動慣量皆為常數，故利用（8-9）式，即可將各轉動動能求出。

(a) 質心離轉軸之距離為 $\frac{L}{6}$，如圖 8-7 所示，故其轉動慣量為

$$(m+2m)(\frac{L}{6})^2 = \frac{1}{12}mL^2$$

第 8 章　轉動動力學　　181

圖 8-7　二質點繞定軸旋轉，與其質心相對位置關係圖。

因此，質心的轉動動能 E_{kc} 為

$$E_{kc} = \frac{1}{2} I_c \omega^2 = \frac{1}{2}(\frac{1}{12}mL^2)\omega^2 = \frac{1}{24}mL^2\omega^2$$

(b) 質點的轉動動能和為

$$E_k = \frac{1}{2}m(\frac{L}{2})^2\omega^2 + \frac{1}{2}(2m)(\frac{L}{2})^2\omega^2 = \frac{3}{8}mL^2\omega^2$$

(b) 與 (a) 中之答案並不相同，兩者之差即為兩質點對質量中心的動能，亦即兩質點系統的內動能。

8-4　平行軸定理

設有一剛體對一固定 O 軸以 ω 的角速率轉動，假定剛體對此轉軸的轉動慣量為 I，另取通過剛體質心與原轉動軸平行的 C 軸（如圖 8-8 所示），則剛體對此新軸的轉動慣量 I_c 為多少呢？我們可以利用剛體動能的兩種表示方法來找出 I_c 與 I 的關係。首先利用（8-10）式，剛體的動能可寫為

$$E_k = \frac{1}{2}I\omega^2 \tag{8-10}$$

圖 8-8　剛體繞二平行軸 O 軸及 C 軸轉動示意圖。

剛體的動能可寫爲其質心動能 E_{kc} 及對質心的動能 E'_k 兩項之和，故

$$E_k = E_{kc} + E'_k = E_{kc} + \sum_{i=1}^{N} \frac{m_i}{2} v'^2_i \qquad (8\text{-}11)$$

在上式中 m_i 代表第 i 個質點的質量，v'_i 代表第 i 個質點對質心的相對速率。因爲剛體內各質點與質心的距離不會改變，因此在剛體轉動時所有質點也對質心轉動，故 $v'_i = r'_i \omega$。將此一關係代入（8-11）式，得

$$E_k = E_{kc} + \sum_{i=1}^{N} \frac{m_i}{2} r'^2_i \omega^2 = E_{kc} + \frac{1}{2} I_c \omega^2 \qquad (8\text{-}12)$$

又因 $E_{kc} = \frac{M}{2} v_c^2 = \frac{M}{2} r_c^2 \omega^2$，其中 M 代表剛體質量，r_c 代表質心與 O 軸之垂直距離，也就是兩平行軸間之垂直距離。I_c 則代表剛體對 C 軸的轉動慣量

$$E_k = \frac{1}{2}(Mr_c^2 + I_c)\omega^2 \qquad (8\text{-}13)$$

比較（8-10）及（8-13）兩式，得

$$I = I_c + Mr_c^2 \qquad (8\text{-}14)$$

（8-14）式的關係式稱爲平行軸定理（parallel-axis theorem），利用這個定理我們可以選擇通過質心的軸計算轉動慣量，再換算到其它平行軸的轉動慣量，非常方便，以下我們用一些例題來說明此點。

例題 8-6

試求質量爲 m、長度爲 L 的均勻細桿，對通過其一端、垂直桿身之轉軸的轉動慣量 I。(a) 以積分法求 I。(b) 利用例題 7-8 的結果，再用平行軸定理求 I，並與 (a) 中所得結果印證。

解

(a) 利用 I 的積分式

$$I = \int_0^L x^2 dm = \rho \int_0^L x^2 dx = \frac{1}{3}\rho L^3 = \frac{1}{3}ML^2$$

(b) 因軸平移的距離為 $\frac{L}{2}$，故由（8-14）式

$$I = I_c + m(\frac{L}{2})^2 = \frac{1}{12}mL^2 + \frac{1}{4}mL^2 = \frac{1}{3}mL^2$$

故 (a)、(b) 中所得答案相符。

例題 8-7

試求一質量為 m、半徑為 R 的均勻圓盤，對圖 8-9 中 O 軸的轉動慣量 I。其中 O 軸與通過圓盤中心的平行軸 C 軸之距離為 d。

解

利用例題 8-3 的結果，代入（8-14）式即可求得答案。由（8-14）式，得

$$I = I_c + md^2$$

利用（8-7）式的結果，$I_c = \frac{1}{2}mR^2$，所以

$$I = m(\frac{1}{2}R^2 + d^2)$$

本例題利用平行軸原理，很容易可以求出答案。若要利用積分式直接積出 I 值，則要牽涉到兩個變數的積分，比較麻煩。

圖 8-9 垂直於圓盤面，相距為 d 的兩平行軸，其中 C 軸穿過圓盤中心。

8-5　定軸轉動與一維運動的比較

一個質點或一個剛體若對一個固定軸轉動，則其位置或方位可用一個角坐標，也就是角度 θ 來描述。這種情形就如一維運動中，我們可以用一個直角坐標 x 來描述一個質點或剛體的位置，因此，我們可以猜想得到在描述兩種運動中，有對應相似的地方。事實上，在前面所出現有關轉動運動的公式與一維運動之公式有許多相似的地方，我們在此將之集中起來，列在表 8-1 中，以便於比較。我們假定一維運動在 x 方向，其方向由單位向量 $\hat{i}$ 定義，轉動運動的轉軸方向由單位向量 $\hat{n}$ 定義，則可列如表 8-1。

在表 8-1 中除了功以外，每一個轉動運動的公式在前面

表 8-1　定軸轉動運動與一維運動公式對照表

一維運動	定軸轉動運動
位移　$x\hat{i}$	角位移　$\theta\hat{n}$
速度　$\vec{v} = \dfrac{dx}{dt}\hat{i}$	角速度　$\vec{\omega} = \dfrac{d\theta}{dt}\hat{n}$
加速度　$\vec{a} = \dfrac{d\vec{v}}{dt} = \dfrac{d^2x}{dt^2}\hat{i}$	角加速度　$\vec{\alpha} = \dfrac{d\vec{\omega}}{dt} = \dfrac{d^2\theta}{dt^2}\hat{n}$
質量　m	轉動慣量　I
動量　$\vec{p} = m\vec{v}$	角動量　$\vec{L} = I\vec{\omega}$
力　$F = \dfrac{d\vec{p}}{dt} = m\vec{a}$	力矩　$\vec{\tau} = \dfrac{d\vec{L}}{dt} = I\vec{\alpha}$
動能　$E_k = \dfrac{1}{2}mv^2$	轉動動能　$E_k^{(r)} = \dfrac{1}{2}I\omega^2$
功　$W = \int F\,dx$	功　$W = \int \tau\,d\theta$

都推導過。以下我們對此一轉動運動中,功的公式加以推導。如圖 8-10 所示,一力 $\vec{F}$ 作用於一質點或剛體上,使之產生角位移 $d\vec{\theta}$,由位置 1 轉到位置 2。因為 $\vec{\tau}$ 及 $d\vec{\theta}$ 都是在 z 軸方向,所以

$$\int_1^2 \vec{\tau} \cdot d\vec{\theta} = \int_1^2 \tau d\theta = \int_1^2 Fr\, d\theta = \int_1^2 F\, ds = W$$

因此,對轉動運動,功的公式中 $\vec{\tau}$ 取代了 $\vec{F}$,$d\vec{\theta}$ 則取代了 $d\vec{r}$。

圖 8-10

例題 8-8

一剛體對一固定軸之轉動慣量為 I,今在一常量力矩 $\vec{\tau}$ 之作用下由靜止開始轉動,當此剛體轉動 θ_f 角度時其轉動動能為何?

解

因 $\vec{\tau}$ 為常數,所以剛體做等角加速度運動,利用(7-6b)式及(7-6c)式,其中 $\omega_0 = 0$,$\theta_0 = 0$,所以

$$\omega = \alpha t$$
$$\theta_f = \frac{1}{2} \alpha t^2$$

由上二式消去 t,得

$$\omega = \alpha \sqrt{\frac{2\theta_f}{\alpha}} = \sqrt{2\alpha\theta_f}$$

再利用

$$E_k^{(r)} = \frac{1}{2} I \omega^2$$

得

$$E_k^{(r)} = \frac{1}{2} I \times 2\alpha\theta_f = I\alpha\theta_f = \tau\theta_f$$

我們也可以由功-動能定理的觀點得到上式的結果,剛體的起始轉動動能為零,故

$$E_k^{(r)} = \Delta E_k^{(r)} = \int_0^{\theta_f} \tau d\theta = \tau \theta_f$$

習題

8-1 節

8-1 一質點做等速率圓周運動，若以圓心為參考點，試證明此質點所受之力矩必為零。

8-2 一質量為 M、半徑為 R 之均勻圓盤，在一常量力矩 τ_0 之作用下自靜止開始轉動，$10\,s$ 後其角速率為何？

8-3 一質量為 M、半徑為 R 之均勻圓盤，以 ω_0 的角速率旋轉，今施一常量力矩使之減速，經 $20\,s$ 後停止，則此力矩之量值為何？

8-4 一質量為 m 之質點在一半徑為 R 之圓形軌道上做等角加速率運動，其角加速率為 α，則此質點對圓心的角動量隨時間的變化如何？

8-5 一單擺，擺線長度為 L，擺錘質量為 m，今將擺錘拉至幅角為 θ_0 之位置由靜止釋放，則擺錘在最高點及最低點時對其頂端端點角動量時變率之量值為多少？

8-6* 一質量為 m、長度為 l 之均勻細桿，

圖 P8-6

一端以樞紐固定在牆上，細桿可繞樞紐自由轉動，若以圖 P8-6 所示之 θ 角為變數，證明其運動方程式為

$$\ddot{\theta} + \frac{3}{2}\frac{g}{l}\sin\theta = 0$$

8-2 節

8-7 船隻在航海時常用迴轉儀 (gyroscope) 幫助導航，試說明其原理。

8-8 一質點受連心力之作用，亦即力在徑向方向，其量值僅為徑向距離的函數，證明此質點對原點的角動量守恆。

8-9 一質量為 M、半徑為 R 的唱片可繞其中心軸自由旋轉，一質量為 m 的小蟲沿唱片邊緣爬行，若對靜止的觀察者，小蟲爬行了一圈，則對同一觀察

者而言，唱片轉了多少圈？

8-10* 一質量為 M、長度為 l 之均勻細桿可對通過其中心、垂直桿身的固定軸自由旋轉，起始時細桿靜止。今有一質量為 m 的質點以初速 v 垂直射向桿之一端，碰撞後質點黏在細桿上，則碰撞後細桿的角速率為何？

8-11 如圖 P8-11(a) 所示，一個質量均勻的三節棍子，繞其中心軸以角速率 ω 自由旋轉，設轉軸中之摩擦可略去。今若在垂直方向的兩節棍子倒下成為水平（如圖 P8-11(b) 所示），則其旋轉的角速率變為多少？

圖 P8-11

8-12* 一質量為 m 之質點被放置在光滑之水平桌面上，質點被穿過桌面的細線繫住，今令質點繞桌孔（O 點）以 ω 之角速率做半徑為 r 的圓周運動，細線下則施一力 T 維持質點的圓周運動（如圖 P8-12 所示），今若將細線緩慢垂直拉下使質點運動的半徑變為

圖 P8-12

r'，則：(a) 質點的角速率變為多少？
(b) 細線之拉力變為多少？

8-3 節

8-13 承 8-12 題，(a) 求此質點之起始動能及末了動能；(b) 求細線上之張力在此過程中所做之功。

8-14 在 8-4 題中，此質點對通過圓心之垂直軸之轉動動能如何隨時間變化？

8-15 (a) 在 8-5 題中，在擺錘由最高點擺至最低點的過程中，重力做功多少？(b) 擺錘在最低點時之動能為多少？

8-16 一質量為 M、半徑為 R 的均勻圓環，在地面上滾動，設圓環與地面之接觸點無滑動，圓環的質心速率為 v，則圓環的角速率為何？

8-17 承 8-16 題，若取通過圓環質心、垂直環面的軸為轉軸，則圓環的轉動動能為多少？

8-18* 承 8-17 題，若取通過圓環與地面接觸點、垂直環面的軸為轉軸，則圓環的轉動動能又為多少？與題 8-17 比較所多出來的轉動動能與圓環的質心動能有何關係？

8-19* 承 8-6 題，若細桿起始時之幅角 $\theta =$

θ_0，將細桿由靜止釋放，當 $\theta = 0$ 時細桿未撞及牆面前之剎那，其質心之速率為何？

8-4 節

8-20 在一質量可略去的正三角形框架上三頂點各放有一個質量均為 m 的質點，設三角形之邊長為 d，試求：(a) 系統對 C 軸的轉動慣量，其中 C 軸為通過系統質心，垂直於三角形面的軸。(b) 求通過 O 軸的轉動慣量，其中 O 軸為通過三角形一頂點，垂直三角形面的軸。(c) 證明 (a)、(b) 中之結果滿足平行軸原理。

8-21 已知邊長為 a、質量為 M 的正方形均勻薄片，其對通過薄片中心、垂直薄片之軸的轉動慣量為 $\frac{1}{6}Ma^2$，若將軸平行移動，使其穿過薄片四角上之任一端點，則其轉動慣量為何？

8-22* 一質量均勻的圓環，其面質量密度為 σ，內半徑 a，外半徑 b。(a) 求對 C 軸之轉動慣量，其中 C 軸為通過質心、垂直環面的軸。(b) 求對 O 軸之轉動慣量，其中 O 軸為通過圓環邊上一點、垂直環面的軸。

8-23 已知一均勻圓球對其中心軸的轉動慣量為 $\frac{2}{5}MR^2$，其中 R 為球之半徑，M 為球之質量。今若將軸平行移動至圓球邊與圓球相切處，則球對此軸之轉動慣量為何？

8-24 承上題，若圓球的角速率為 ω，則在轉軸自穿過質心平行移動至與圓球相切，圓球的動能增加多少？

8-5 節

8-25 一質量為 M、半徑為 R 之均勻圓盤，繞通過盤心垂直盤面的軸旋轉，設其起始角速率為 ω_0，由於軸承處之摩擦，圓盤轉了 20 圈後停止，軸承對盤所施的平均力矩為多少？

9

萬有引力

- 9-1 克卜勒行星運動三定律
- 9-2 萬有引力定律
- 9-3 萬有引力定律與克卜勒定律
- 9-4 重力位能
- 9-5 人造衛星

自然界日月星辰的規律變化，一直是人類感興趣的課題，很自然的，人類會對天體的運動提出各種解釋。然而，人類對我們最近的天體系統，也就是太陽系的了解並非是一帆風順的。西元二世紀時，托勒密（A. Ptolemy）以地球為中心，提出他的天體運動模型，在此一模型中，太陽系中各行星以及太陽都是繞著地球轉的，此一模型與神學的思想契合，在神學主宰一切思想的時代不被懷疑。一直到十六世紀哥白尼提出以太陽為中心的天體運動模型，這個模型雖遭到教會的反對及壓制，但因比較符合實際上的觀察，所以也為一些科學家所接受，其中最重要的當推伽立略及克卜勒。克卜勒在 1609 至 1619 年間利用第古布拉長期的觀察記錄，歸納出了三個有關行星運動的定律，就是有名的克卜勒行星運動三定律。人類對天體運動的了解進入了一個新的階段，1687 年牛頓發表了他的巨著自然哲學的數學原理，在這本書中牛頓提出了萬有引力的觀念，並能以萬有引力解釋克卜勒的行星運動三定律，至此，天體運動的奧祕可說是完全被揭開了。以下我們對這些問題做較詳細的探討。

9-1　克卜勒行星運動三定律

　　克卜勒行星運動三定律的內容如下：

第一定律（軌道定律）

　　太陽系中所有行星都是以橢圓的軌跡繞行太陽，太陽位於這些橢圓的焦點上。

第二定律（面積定律）

　　太陽與任一行星的連線在單位時間中，所掃過的面積不變。

第三定律（週期定律）

　　行星繞太陽公轉週期的平方 T^2，與軌道平均半徑的三次方 R^3 的比值 $\frac{T^2}{R^3}$，對太陽系中所有行星均相同。

表 9-1　太陽系中各天體的基本資料

星球	質量 (kg)	平均半徑 (m)	週期 (s)	與太陽的距離 (m)	
水星 (Mercury)	3.18×10^{23}	2.43×10^{6}	7.60×10^{6}	5.79×10^{10}	2.97×10^{-19}
金星 (Venus)	4.88×10^{24}	6.06×10^{6}	1.94×10^{7}	1.08×10^{11}	2.99×10^{-19}
地球 (Earth)	5.97×10^{24}	6.37×10^{6}	3.16×10^{7}	1.50×10^{11}	2.97×10^{-19}
火星 (Mars)	6.42×10^{23}	3.37×10^{6}	5.94×10^{7}	2.28×10^{11}	2.98×10^{-19}
木星 (Jupiter)	1.90×10^{27}	6.99×10^{7}	3.74×10^{8}	7.78×10^{11}	2.97×10^{-19}
土星 (Saturn)	5.68×10^{26}	5.85×10^{7}	9.35×10^{8}	1.43×10^{12}	2.99×10^{-19}
天王星 (Uranus)	8.68×10^{25}	2.33×10^{7}	2.64×10^{9}	2.87×10^{12}	2.95×10^{-19}
海王星 (Neptune)	1.03×10^{26}	2.21×10^{7}	5.22×10^{9}	4.50×10^{12}	2.99×10^{-19}
冥王星 (Pluto)	1.40×10^{22}	1.50×10^{6}	7.82×10^{9}	5.91×10^{12}	2.96×10^{-19}
月球 (Moon)	7.35×10^{22}	1.74×10^{6}	–	–	–
太陽 (Sun)	1.99×10^{30}	6.96×10^{8}	–	–	–

圖 9-1　太陽系行星軌道示意圖

我們可以進一步的來看克卜勒三定律的意義，如圖 9-2 所示，行星的軌跡為一橢圓，太陽位於其一焦點上。假定行星由 A 依次運動至 B、C、D 各點，其中間隔的時間都是一樣的，則克卜勒第二定律告訴我們扇弧形 OAB、OBC、OCD 的面積都是相等的。至於克卜勒第三定律則可由表 9-1 中的數據得到了解。圖 9-1 顯示太陽系九大行星 (見註) 軌道的示意圖，在表 9-1 中我們則列出了太陽系中各行星、太陽及月球的一些基本資料，在此表的最後一欄中列出了其週期平方 T^2 與平均半徑立方 R^3 的比值，其值確實是非常接近一個常數。

圖 9-2　行星在橢圓軌道上運行圖

註：2006 年國際天文學聯合會（IAU），在捷克布拉格開會，會中通過修改行星定義，將冥王星降為「矮行星」，因此，太陽系九大行星變為八大行星，但仍有許多學者持不同看法，因此，在可預見之將來，九大行星及八大行星兩種說法會並行一段時間。

例題 9-1

哈雷彗星的軌跡是非常扁的橢圓，已知其近日點及遠日點分別距太陽 0.570 及 35.2 個天文單位（1 天文單位為地球公轉的軌道半徑，約等於 1.50×10^{11} m）。利用表 9-1 中之數據，(a) 計算哈雷彗星軌道的平均半徑 R。(b) 計算其週期。

解

利用 R 的定義 $R = \dfrac{r_1 + r_2}{2}$（其中 r_1 及 r_2 分別表示其近日點及遠日點離太陽之距離），即可算出其平均半徑。再利用已知的 $\dfrac{T^2}{R^3}$ 值，即可求出其週期。

(a)
$$R = \frac{1}{2}(r_1 + r_2) = \frac{1}{2}(0.570 + 35.2)$$
$$= 17.9 \text{ 天文單位} = 2.69 \times 10^{12} \text{ m}$$

(b) 由表 9-1 知
$$\frac{T^2}{R^3} \cong 2.97 \times 10^{-19}$$

所以
$$T^2 = 2.97 \times 10^{-19} \times R^3$$
$$= 2.97 \times 10^{-19} \times (2.69)^3 \times 10^{36}$$
$$T \cong 2.40 \times 10^9 \text{ s} \cong 76 \text{ 年}$$

9-2 萬有引力定律

　　牛頓創建了力學，並將之應用到天體運動的研究，他發現克卜勒的行星運動定律可用力學的定律來描述。傳說他因坐在蘋果樹下被落下的蘋果擊中而領悟到：主宰天體運動的力，與地球表面上使物體落下的力，是同一種力，從而提出了萬物之間皆有相互作用的力，稱爲萬有引力（或稱重力）。牛頓的萬有引力定律的內容是說：宇宙萬物間皆有互相吸引的力存在，此力在兩物的連線的方向，其量值與兩物的質量乘積成正比，而與兩物的距離平方成反比。如以 m_1、m_2 代表兩質點的質量，以 r_{12} 代表兩質點間的距離，則萬有引力的數學式可寫爲

$$\vec{F}_{21} = -G \frac{m_1 m_2}{r_{12}^2} \hat{r} \quad (9\text{-}1)$$

上式中 $\vec{F}_{21}$ 代表質點 m_1 對質點 m_2 的作用力，$\hat{r}$ 代表由 m_1 指向 m_2 方向的單位向量（如圖 9-3 所示），G 則爲一比例常數，在國際公制中其值爲

$$G = 6.672 \times 10^{-11} \frac{\text{牛頓-平方公尺}}{\text{公斤}^2}$$

圖 9-3　以萬有引力相互作用之兩質點幾何關係圖

　　(9-1) 式是針對兩質點的萬有引力公式，牛頓後又以微積分證明了兩均勻球體間的萬有引力，與位於兩球體中心，相同質量的兩質點相同。這就解決了在計算兩星球之間的萬有引力時，r 的值爲何的問題。

圖 9-4 卡文狄西測量萬有引力之扭秤裝置圖

萬有引力定律是牛頓從克卜勒行星運動定律的啟發及驗證，所推出來的理論結果，這個定律的直接實驗驗證則要等到一百多年後。1798 年英國物理學家卡文狄西（H. Cavendish）設計了扭秤實驗，直接驗證了萬有引力定律。實驗的裝置如圖 9-4 所示，兩小球以輕質細桿連接，小球之質量為 m，細桿長度為 L，此一系統被一懸線吊起，平衡後在小球旁另放置質量為 M 之兩重球，重球與小球之間之吸引力會使懸線扭轉，所轉之角度以一附在懸線上之平面鏡來測量，當平面鏡旋轉 θ 角時，由平面鏡反射之光線會旋轉 2θ 角，測量反射光線角度的變化，即可知懸線所轉之角度，此一角度與懸線上之扭力成正比，而扭力力矩則與萬有引力所產生之力矩平衡，因此重球與小球間的萬有引力可被測量。測量結果確實顯示了與質量乘積成正比，而與距離平方成反比的性質。

例題 9-2

已知月球至地球的距離為 3.84×10^8 m，試比較太陽與地球，以及地球與月球間萬有引力的量值。

解

利用表 9-1 中之數據，將質量及相對距離代入（9-1）式，即可算出其量值。

設太陽、地球及月球的質量分別為 M_s、M_e、M_m，地球與月球的軌道半徑分別為 r_e 及 r_m，則太陽與地球間萬有引力的量值為

$$F_{se} = G\frac{M_s M_e}{r_e^2}$$

地球與月球間萬有引力的量值為

$$F_{me} = G\frac{M_e M_m}{r_m^2}$$

故兩力之比為

$$\frac{F_{se}}{F_{me}} = \frac{M_s M_e}{M_e M_m} \times \frac{r_m^2}{r_e^2} = \frac{1.99 \times 10^{30}}{7.35 \times 10^{22}} \times \frac{(3.84 \times 10^8)^2}{(1.50 \times 10^{11})^2} \cong 1.77 \times 10^2$$

所以，太陽對地球的引力約為地球對月球的引力的 177 倍。

例題 9-3

已知地球之半徑為 6.37×10^6 m，月球離地心的距離為 3.84×10^8 m。試利用萬有引力定律及地球表面之重力加速度值，估算月球之公轉週期。

解

設月球對地心的向心加速度為 a_n，地表及月球到地心的距離分別為 r_s 及 r_m，則由萬有引力定律

$$a_n = g\left(\frac{r_s}{r_m}\right)^2 = r_m \omega^2$$

所以

$$\omega^2 = g\frac{r_s^2}{r_m^3} = 9.80 \times \frac{(6.37 \times 10^6)^2}{(3.84 \times 10^8)^3} = 7.02 \times 10^{-12}$$

$$\omega = \sqrt{7.02 \times 10^{-12}} = 2.65 \times 10^{-6}$$

月球公轉之週期 T 為

$$T = \frac{2\pi}{\omega} = 2.37 \times 10^6 \text{ s} \cong 27.4 \text{ d}$$

此一結果與觀測值大致相符，這也是當年牛頓用來印證萬有引力定律的方法。

9-3 萬有引力定律與克卜勒定律

在前面，我們提到牛頓是在克卜勒行星運動定律的啓發下，推導出萬有引力定律。在本節中我們要討論它們之間的關係及相互的驗證。

牛頓在創建力學的同時，創建了微積分，他能夠以微積分證出：若天體間的力遵守距離的平方反比性質，則行星對太陽的運動軌跡爲橢圓。在牛頓時代的同時，虎克也提出有關天體間的力是遵守距離平方反比的看法，但能夠以數學做嚴謹的驗證的則首推牛頓。有關這部份證明的論文即構成了牛頓巨著自然哲學的數學原理的部份前身，這部份證明所牽涉的數學運算比較繁複，我們不在此討論。牛頓也證明：由於太陽與行星間的萬有引力爲連心力，所以行星對太陽的角動量守恆，因爲太陽到行星的連線單位時間所掃過的面積與行星的角動量成正比，所以行星角動量守恆的性質也等同克卜勒第二定律（面積定律）。牛頓還利用了克卜勒第三定律來驗證萬有引力定律，也就是萬有引力與距離的平方反比性質，以下我們對牛頓的驗證作較詳細的討論。

假定一行星以半徑爲 r 的圓軌道繞行一恆星，因爲圓是橢圓的特例，因此克卜勒第三定律仍應適用，設行星所受之向心力爲 F_c，其質量爲 m，速率爲 v，則

$$F_c = \frac{mv^2}{r} \tag{9-2}$$

若行星運動之週期爲 T，則 $v = \dfrac{2\pi r}{T}$，將此關係代入（9-2）式，得

$$F_c = \frac{m(2\pi r)^2}{rT^2}$$

利用克卜勒第三定律，$T^2 \propto r^3$，所以

$$F_c \propto \frac{4\pi^2 m}{r^2}$$

上式告訴我們，如果克卜勒第三定律成立，萬有引力必須與軌道的半徑平方成反比。

　　克卜勒的行星運動定律是由觀測結果所歸納出來的經驗性定律，這些定律可以用一條萬有引力定律貫穿起來。從科學理論體系的觀點來看，這是一種進步，一方面可以用更少的規則說明同樣的現象，另一方面，萬有引力定律所適用的對象不限於恆星與行星之間，因此它的適用範圍大大擴大。由克卜勒行星運動定律到萬有引力定律，是物理理論演變進步的典型範例。

例題 9-4

假定只考慮地球的萬有引力，利用表 9-1 中之數據，計算：(a) 地球表面的重力加速度。(b) 月球受地球引力所產生的向心加速度。(c) 利用 (b) 之結果，求月球的運轉週期。

解

(a) 設地球的半徑為 R_e，質量為 M_e，則一質量為 m 之物體在地球表面所受之引力 F_g 為

$$F_g = G\frac{mM_e}{R_e^2} \equiv mg$$

故地表處之重力加速度 g 為

$$g = G\frac{M_e}{R_e^2} = 6.67 \times 10^{-11} \times \frac{5.97 \times 10^{24}}{(6.37 \times 10^6)^2}$$
$$= 9.81 \text{ m/s}^2$$

(b) 同理,設月球所受之向心力為 F_c,則

$$F_c = G\frac{M_m M_e}{r_m^2} \equiv M_m a_m$$

所以月球之向心加速度為

$$a_m = G\frac{M_e}{r_m^2} = 6.67 \times 10^{-11} \times \frac{5.97 \times 10^{24}}{(3.84 \times 10^8)^2}$$
$$= 2.70 \times 10^{-3} \text{ m/s}^2$$

(c)
$$a_m = \frac{v^2}{r_m} = \frac{(2\pi r_m)^2}{r_m T^2} = \frac{4\pi^2 r_m}{T^2}$$

所以
$$T^2 = \frac{4\pi^2 r_m}{a_m} = \frac{4\pi^2 \times 3.84 \times 10^8}{2.70 \times 10^{-3}} \cong 5.61 \times 10^{12} \text{ s}$$
$$T = 2.37 \times 10^6 \text{ s} = 27.4 \text{ 天}$$

9-4 重力位能

在第 5 章我們曾由保守力引進了位能的觀念。在這一節中我們將證明不論是否在地表附近,萬有引力都是保守力,由此一保守力可以定義一個位能函數,稱為**重力位能**(gravitational potential energy)。

如圖 9-5 所示,設一質量為 M 的物體位於原點 O,另一質量為 m 的物體在位置向量 $\vec{r}$ 處,假定 $M \gg m$,因此,在 m 及 M 萬有引力的作用下,M 的運動可以略去。當 m 移動 $d\vec{r}$ 的位移時,萬有引力所做之功為

圖 9-5

$$dW = -G\frac{mM}{r^2}\hat{r}\cdot d\vec{s} = -G\frac{mM}{r^2}dr$$

在上式中 dr 代表位移 $d\vec{s}$ 在徑向方向的分量。如以 U_g 代表重力位能，則由（5-15）式，將 E_p 寫為 U_g，得

$$dW = -dU_g = -G\frac{mM}{r^2}dr$$

將上式積分

$$U_g(r) = -G\frac{mM}{r} + 常數 \tag{9-3}$$

（9-3）式中之積分常數可由 U_g 的參考零點決定，如選 $r = \infty$ 時作為 U_g 的零點，則

$$U_g(\infty) = -G\frac{mM}{\infty} + 常數 = 0$$

所以常數 = 0，

$$U_g = -G\frac{mM}{r} \tag{9-4}$$

（9-4）式是重力位能的通式，這個結果與第 5 章中重力可視為恆力時的結果是相符合的，這一點我們可以從下列例題的結果看出來。

例題 9-5

以（9-4）式求一質點 m 在離地表高度 y 處的重力位能，證明若適當的選擇重力位能的零點，由此方法求出的重力位能與第 5 章中之結果相符合。

解

在（9-4）式中將離地表高度 y 之坐標代入即可求得重力位能之通解，再利用 $y \ll R$ 的性質，可求出重力位能之近似解，此一近似解即可與第 5 章的結果相比較。

因 $r = R_e + y$，所以

$$U(r) = -G\frac{mM_e}{r} = -G\frac{mM_e}{(R_e+y)} = -G\frac{mM_e}{R_e(1+\frac{y}{R_e})} \qquad (9\text{-}5)$$

因為 $y \ll R_e$，所以可將（9-5）式用二項式展開，

$$\begin{aligned}U(r) &= -\frac{GmM_e}{R_e}(1+\frac{y}{R_e})^{-1} \\ &\cong -\frac{GmM_e}{R_e}(1-\frac{y}{R_e}) = -\frac{GmM_e}{R_e} + \frac{GmM_e}{R_e^2}y\end{aligned} \qquad (9\text{-}6)$$

又因 $g = G\dfrac{M_e}{R_e^2}$，所以（9-6）式可寫為

$$U(r) = -\frac{GmM_e}{R_e} + mgy \qquad (9\text{-}7)$$

（9-7）式的結果與第 5 章的結果僅差一個常數 $-G\dfrac{mM_e}{R_e}$。

如果我們記得在重力位能的通式中還有一個積分常數，則（9-7）式的結果可改寫為

$$U(r) = -\frac{GmM_e}{R_e} + mgy + 常數 \qquad (9\text{-}8)$$

如果我們改變位能的參考零點，令 $y = 0$ 時 $U = 0$，則上式中之常數為

$$U(y = 0) = -\frac{GmM_e}{R_e} + 0 + 常數 = 0$$

所以積分常數變為 $\frac{GmM_e}{R_e}$，將此值代回（9-8）式，並將變數換為 y，得

$$U(y) = mgy$$

得到與第 5 章相符之結果。由以上的討論我們可看出重力位能零點的選擇是任意的，這個性質對其它位能函數也是成立的，這是因為只有位能的差才是可量的物理量。因此，我們可以選擇最方便的點作為位能函數的零點。

重力既為保守力，則一質點在重力的作用下遵守力學能守恆定律，這個結果在分析重力作用下質點的運動時，是非常有用的。

例題 9-6

若一質點在一星球之表面時所具有之動能恰能使它運動至無窮遠處，此時此質點之速率稱為該星球的脫離速率（escape speed）v_e。試求：(a) 地球表面的脫離速率；(b) 月球表面的脫離速率。

解

恰可運動至無窮遠處的條件為，在無窮遠處質點的速度為零，如取無窮遠處為位能的零點，則質點在無窮遠處之力學能為零。因為力學能守恆，質點在運動過程中任一時刻力學能為零，因為質點在星球表面時位能可被求出，故利用力學能守恆，可求出質點在星球表面時之速率。

(a) 質點的力學能為

$$-G\frac{mM}{R} + \frac{m}{2}v_e^2 = 0$$

故
$$v_e = \sqrt{\frac{2GM}{R}} \qquad (9\text{-}9)$$

將地球的質量及半徑代入上式得

$$v_e = \sqrt{\frac{2 \times 6.67 \times 10^{-11} \times 5.97 \times 10^{24}}{6.37 \times 10^6}} = 1.12 \times 10^4 \text{ m}$$

(b) 同理，將月球的質量及半徑代入（9-9）式，得

$$v_e = \sqrt{\frac{2 \times 6.67 \times 10^{-11} \times 7.35 \times 10^{22}}{1.74 \times 10^6}} = 2.37 \times 10^3 \text{ m}$$

因此，氣體分子要從地球表面脫離要比從月球表面脫離困難許多，這個因素使地球能夠維持一個大氣層，月球則不能。

例題 9-7

設有一隕石，其質量為月球質量的十億分之一，此隕石在地球引力之作用下撞擊地球，若此隕石在無窮遠處時速率為零，則此隕石撞擊地球時之動能為多少？

解

此隕石之力學能守恆，在無窮遠處時其動能及位能皆為零，故其力學能為零。撞擊地球表面時其重力位能可由（9-4）式求得，故其動能 E_k 即為其當時位能的絕對值。隕石在地球表面之重力位能 E_p 為

$$E_p = U_g = -G\frac{mM_e}{R_e}$$

由表 9-1，得 $m = 7.35 \times 10^{22} \times 10^{-9} = 7.35 \times 10^{13}$ kg，將 M_e、R_e 及 m 之值代入上式得

$$E_p = U_g = -6.67 \times 10^{-11} \frac{7.35 \times 10^{13} \times 5.97 \times 10^{24}}{6.37 \times 10^6}$$
$$= -4.59 \times 10^{21} \text{ J}$$

因為
$$E = E_k + E_p = 0$$

所以 $E_k = -E_p = 4.59 \times 10^{21}$ J

這是非常大的能量，因為一莫耳的 ^{235}U 分裂所產生的能量約為 1.8×10^{13} 焦耳。換言之，這樣一個隕石撞擊地球時其動能超過百萬顆核彈，所造成的浩劫將是難以想像的。

9-5 人造衛星

由於科技的進步，人類已能將物體送到太空，如果賦予這些物體適當的初速，則這些物體就會在地球引力的作用下繞行地球，成為地球的衛星，這種人為製造的天體稱為人造衛星（satellite）。以下為簡單計，我們先討論圓形軌道的人造衛星。

若一衛星以半徑為 r 的圓軌道繞行地球，則它所受的引力提供了圓周運動的向心力。設此衛星之速率為 v，質量為 m，則向心力 F_c 為

$$F_c = G\frac{mM_e}{r^2} = m\frac{v^2}{r}$$

由上式得

$$\frac{1}{2}mv^2 = G\frac{mM_e}{2r} \qquad (9\text{-}10)$$

（9-10）式的右邊等於 $(-\frac{1}{2})(\frac{-GmM_e}{r})$，也就是 $(-\frac{1}{2})(U_g)$，因此（9-10）式告訴我們，衛星的動能等於其位能的 $-\frac{1}{2}$ 倍。這個性質是圓軌道天體運動的一般性結果。因此，如果我們要送一個人造衛星到選定的圓形軌道運轉，就由（9-10）式決定其重力位能及動能。一般而言，如所選軌道離地表越高（r 較大），則由（9-10）式可看出其所需動能越小，也就是

圖 9-6 人造衛星

說需要賦與衛星的軌道切線速度越小，用來推動衛星向軌道切線方向加速的火箭做功也較少，但要送到較高的高度，則又增加其難度。至於要送人造衛星到什麼樣的軌道，則要視人造衛星的用途而定。

人造衛星有通訊、遙測、軍事以及科學研究等用途。圖 9-6 是美國太空總署為研究太空中的重力性質所發射的重力探測衛星。

例題 9-8

考慮以圓形軌道繞行地球的人造衛星，試估算：(a) 貼近地球表面飛行的人造衛星的週期。(b) 在赤道上空若施放一人造衛星，其週期與地球自轉週期相同（稱為同步衛星），則其離地表的高度為何？

解

(a) 由（9-10）式，可得出衛星的速率，再由其速率即可算出其週期。

$$\frac{1}{2}mv^2 = G\frac{mM_e}{2R_e}$$

又因
$$v = \frac{2\pi R}{T} \tag{9-11}$$

上式中 T 代表衛星的週期，將（9-11）式代入（9-10）式，得

$$\frac{4\pi^2 R_e^2}{T^2} = G\frac{M_e}{R_e}$$

或
$$T = \sqrt{\frac{4\pi^2 R_e^3}{GM_e}} = 2\pi\sqrt{\frac{(6.37\times10^6)^3}{6.67\times10^{-11}\times5.97\times10^{24}}}$$
$$\cong 5.06\times10^3 \text{ s} \tag{9-12}$$
$$= 1.41 \text{ h}$$

在低空飛行，例如在地表上幾百公里飛行的衛星，其週期都與（9-12）式的值相似而略大些。

(b) 由其週期可得到衛星的速率，再利用（9-12）式，即可算出其高度。

設衛星離地心之距離為 r，則將（9-11）式代入（9-10）式，得

$$m\frac{(2\pi r)^2}{T^2} = G\frac{mM_e}{r}$$

或
$$r^3 = \frac{GM_e T^2}{4\pi^2} \tag{9-13}$$

此時週期 T 為 1 天 = 86400 s，將此值代入（9-13）式，得

$$r^3 = \frac{6.67\times10^{-11}\times5.97\times10^{24}\times(86400)^2}{4\times(3.14)^2} \cong 7.5\times10^{22}$$

故得
$$r \cong 4.2\times10^7 \text{ m} \cong 6.6\times R_e$$

同步衛星離地表的高度約為
$$r - R_e \cong 5.6 R_e \cong 3.57\times10^7 \text{ m}$$

習題

9-1 節

9-1 利用克卜勒第三定律及地球的公轉週期（3.16×10^7 s）以及地球、火星到太陽的距離，計算火星的公轉週期。

9-2 已知木星與太陽的距離約為地球與太陽的 5.2 倍，兩者皆以近於圓的軌道繞行太陽，則木星公轉的週期約為地球公轉週期的幾倍？

9-3 已知月球到地球的距離約為 3.84×10^8 m，試利用表 9-1 中之數據，計算月球與地球質量中心的位置，此位置在地球內部還是在地球之外？

9-4 依克卜勒第一定律，行星的軌跡為橢圓，在平面極坐標中橢圓的公式為

$$\frac{1}{r}=a+b\cos\theta$$

其中 θ 為圖 P9-4 中所示之角度，a、b 皆為正常數，將行星到太陽的最遠點及最近點距離以 a、b 表示。

圖 P9-4

9-2 節

9-5 假定地球可看成質量均勻的圓球，則地心處的重力加速度量值為多少？

9-6 在地表上方多高處重力加速度的量值為地表處的一半？

9-7 在地球海平面處的重力加速度量值為 9.80 m/s^2，聖母峰的高度約為 9000 m，試計算聖母峰頂處重力加速度的量值。

9-8 已知月球與地球間之距離約為 3.84×10^8 m，若有一隕石在地球與月球的連線上，受到地球與月球相同之吸引力，則此隕石離地球多遠？

9-3 節

9-9 在課文中曾說明牛頓以克卜勒第三定律驗證了萬有引力的距離平方反比性質。假定行星的軌跡為圓，試從反方向由萬有引力定律證明克卜勒第三定律。

9-10 試利用表 9-1 中之數據計算地球與太陽的連線在單位時間中所掃過的面積。

9-11* 一質量為 m 之彗星以一橢圓軌道繞行太陽，其軌跡方程為 $\dfrac{a}{r}=1+\varepsilon\cos\theta$，其中 a 及 ε 為二大於零之常數，θ 為圖 P9-4 中之角度，則此彗星對太陽的角動量為何？

9-12 由質量分別為 m_1 及 m_2 兩星球所組成的雙星系統，相互繞系統之質心做圓軌跡之運動。若兩星球之距離為 d，則此雙星系統相互繞行的週期為何？

9-4 節

9-13 一砲彈自地表垂直向上發射，若砲彈

初速度為 300 m/s，則砲彈所能到達的最大高度約為多少？

9-14 若要將 10^4 kg 的太空船由地球表面送到月球表面，需做功若干？

9-15 已知月球到地球的距離約為 3.84×10^8 m。假定地球以外天體對月球的影響可忽略不計，試利用表 9-1 中之數據，計算月球的重力位能及動能。

9-16 試估算若要將地球拉出太陽系至無窮遠，至少需做功若干？

9-17* 一彗星從無窮遠處以速度 v_0 接近太陽，若彗星前進方向與太陽之垂直距離為 b（一般稱之為撞擊參數），則彗星在離太陽最近處之速率為何？

9-18 二星球其半徑分別為 R_1 及 R_2，質量分別為 M_1、M_2，此二星球原相距 r（$r > R_1 + R_2$）。若二星球原為靜止，在彼此之吸引力下產生正面碰撞，則碰撞時其動能和為多少？

9-19 承上題，試求二星球在碰撞時之相對速度。

9-5 節

9-20 一人造衛星以圓形軌道繞行地球，此衛星的總力學能為正或為負？其總力學能與其重力位能之間有何關係？

9-21 一人造衛星以圓軌道繞行地球，已知此衛星每九十分鐘繞行一圈，則此衛星距地表之高度為何？

9-22 一太空船以半徑為 r 之圓軌道繞行地球，則其速率為多少？若太空船啟動火箭改變其軌道，使其成為離地球最近距離為 r，離地球最遠距離為 r' 的橢圓，則太空船的運轉週期是變長還是變短？

初速度為 300 m/s，則此砲彈能夠飛到的
最大水平距離為多少？

9-14 若質量 10^5 kg 的人造太空船由地球表面起
飛，則其脫離地、繞地的力各為多少？

9-15 已知月球圍繞地球的距離約為 3.8×10^8 m，設月球以淨太陽月繞行地球的周期
為 27 天。試利用公式 9-1，中之週期、半
徑的關係估算地球的質量。

9-16 假如我們要將衛星送往地球赤道處測出
速度，求此衛星的速度為多少？

9-17 一質量的衛星繞地以速度 v_0 進入地
球，若要衛星能逃離太陽系，此速度
為何？(一般而言的圓周運動)，則此
速度離太陽表面之速度為何？

9-18 三個球其質量分別為 M_1、M_2、M_3，各為
分別在 M_1、M_2、M_3，且 M_3 距離間，可
$(r_3 = R_3) \cdot R_3$，試 M_3 受到的總合力。

9-19 承上題，求此球之總位能？

9-5 節

9-20 一人造衛星可以圍繞地球進行飛繞，
其所需的圓周力及其他在引力相等，了其
在水平方向重力作用，其結果如何？

9-21 一人造衛星以繞地球運動，再降有離，已知
此繞地運動方向降繞為一圈，則此運
星的結果之高速為何？

9-22 一人造衛星用於軌道由繞地球運行
使，指其運動速度之力？衛其繞軌道運動
軌道如何變化？以月球運動離地軌道，了的
繞地，則此球之繞地運動的結果其是
為為何？

10

流體力學

- **10-1** 靜止流體的壓力
- **10-2** 阿基米德原理
- **10-3** 大氣壓力
- **10-4** 帕斯卡原理
- **10-5** 液體的界面現象
- **10-6** 白努利原理

流體力學（fluid mechanics）討論的是流體所表現的力學效應，可分為流體靜力學（hydrostatics）及流體動力學（hydrodynamics）兩大領域。前者研究靜止流體中各點的壓力變化及平衡的問題，而後者則研究運動流體內部各點壓力與速度的關係，以及流體受力後所產生的現象。

10-1　靜止流體的壓力

可以流動、能隨容器改變形狀的物質稱為流體（fluid），例如液體和氣體均是流體。若於流體表面施加任何與表面平行的力，即會引起流體沿著施力的方向滑動。如果要讓流體靜止不動，則施加於其表面的力不僅各方面要相互平衡，而且施力的方向須與流體表面垂直。靜止流體受到重力作用，為維持平衡，流體表面須與重力垂直，因此必成水平面。

10-1-1　靜止流體內部各點的壓力

假如我們將一個軟木塞壓入水中，手一釋開，木塞立即浮起。又如在盛水的塑膠桶側面或底部任一處鑿一小孔，水立即噴射而出。這些事例均證明任何流體對其內部及其接觸面上各位置，均有壓力（pressure）的作用。所謂壓力也就是指單位面積上所受的正向力的值。考慮一小面積 ΔA 上，受到外力 ΔF 作用，則此小面積 ΔA 所受的平均壓力 $\overline{P}$ 定義為

$$\overline{P} \equiv \frac{\Delta F}{\Delta A} \tag{10-1}$$

若此小面積很小（幾乎為一點），則 $\overline{P}$ 即定義為此點的壓力 P。

(a)　　　　　　(b)

圖 10-1　靜止流體中 a、b 點受力情形

$$\bar{P} = \frac{\Delta F}{\Delta A} = P \quad (當 \Delta A 很小時) \quad (10\text{-}2)$$

壓力的單位為牛頓/公尺^2，1 牛頓/公尺^2 稱為 1 帕（Pascal，紀念法國人帕斯卡）。

　　平常在水中潛泳時，常會感受到從四面八方而來的壓力。這種靜止流體內部的壓力稱為流體靜壓力（hydraulic pressure）。如圖 10-1 所示，考慮一靜止流體中液面下相同深度的 a 及 b 兩點，如想像以 ab 為軸線作一個半徑很小的小正圓柱體，如圖 10-1(a) 所示。則由於此小正圓柱體呈平衡狀態，因此作用於此小圓柱體表面上各點的力，均與 ab 軸線垂直（a、b 處小截面所受的力則平行軸線）。今如將此想像中的圓柱體的半徑縮小至零，此時小圓柱體即變成一水平軸線，如圖 10-1(b) 所示，此時小圓柱所受重力即趨近於零，則作用於此水平軸線的壓力，必有大小相等、方向相反之平衡壓力同時作用。因此可知在靜止流體中同深度的任意兩點所受的壓力是相等的。

　　在日常經驗中，把一個圓球沉入靜止流體中，會發現圓球仍維持球形，從這個經驗可知，在靜止流體中任意點所受的壓力應該是各方向都相等的。今考慮一靜止流體中某點 a 的壓力，如圖 10-2 所示。茲以 a 為球心作一想像的小球

圖 10-2　靜止流體中 a 點受力情形

面，此球面所包圍的流體部份，由於平衡的關係，其球面上各點所受的力，均與球面正交，且通過球心（否則此球面內流體會移動或轉動）。今將球體的半徑漸縮小至一點（即球面縮至 a 點），球體所受之重力趨近於零，則沿任何方向作用於 a 點的壓力，必須有一大小相等、方向相反之平衡壓力同時作用在 a 點上。因此，**在靜止流體中任意點所受的壓力是各方向都相等的**。

再考慮一靜止流體內部的兩點 b 及 c，如圖 10-3(a) 所示，此兩點的鉛直距離為 h，今以 bc 為軸線作一小正圓柱體。在 b、c 點的壓力各設為 P_b 及 P_c，則圓柱體表面（除了上下底面）各點所受的力均垂直 bc 軸線且相互抵銷。此圓柱體液柱要維持靜力平衡狀態，則作用於 b、c 兩端的正向力的合力須與圓柱體液柱的重量平衡。若圓柱體的截面積為 A，液體密度為 ρ，則由圖 10-3 知圓柱體上表面受到向下的力 $P_b A$ 作用，而下表面則受到向上的力 $P_c A$ 作用，此兩力的合力與此圓柱體的重量 W 相等，即

$$(P_c - P_b)A = W = mg = \rho A h g \tag{10-3}$$

因此可得

$$P_c = P_b + \rho g h \tag{10-4}$$

因此可知，在一密度均勻的靜止流體中，任何兩點間的壓力差，與此兩點間的深度差成正比，即

(a)　(b)

圖 10-3　流體內部深度差為 h 的兩點 b、c 間的壓力差。

$$P_c - P_b \propto h \qquad (10\text{-}5)$$

又由（10-3）式亦可知，不同流體內部具有同樣鉛直距離的任兩點間的壓力差與流體的密度成正比。例如考慮一水銀槽內部有 a、b 兩點，而另一水槽內部有 a'、b' 兩點，若 a、b 兩點的鉛直距離等於 a'、b' 兩點的鉛直距離，則由（10-4）式可知 a、b 兩點間的壓力差為 a'、b' 兩點間壓力差的 13.6 倍。

因為靜止流體內部任何兩點間的壓力差，只與此兩點間的深度差有關，而與容器的面積無關，因此兩深度相同的水庫，不論所涵蓋的水庫面積大小如何，或水庫所能貯存的水量如何，兩個水庫的壩牆面的強度均要相同，而且水壩的擋水牆一定是上窄下寬（因越近壩底所受壓力越大）。

例題 10-1

一游泳池，水深 2.0 m，若泳池盛水後，問池底與水面所受之壓力差為若干？

解

利用（10-4）式，池底與水面所受之壓力差等於

$$\begin{aligned}\Delta P &= \rho g h \\ &= 1.0 \times 10^3 \times 9.8 \times 2.0 \\ &= 2.0 \times 10^4 \text{ N/m}^2\end{aligned}$$

10-2　阿基米德原理

當我們在海水浴場泡海水或進入游泳池內時，會覺得人變輕了；把大木塊壓入水中需要用相當大的力氣。這是因為任何物體在流體內會受到浮力（buoyant force）。阿基米德發現物體在流體內所受到的浮力與物體所排開的流體重量有關。

想像在一靜止流體（例如水）內，任取其中虛線所包圍的一部份，如圖 10-4 所示，這部份會受到周圍流體的壓力作用。其表面各點所受的壓力，視其距流體表面的深度而定。因流體靜止，因此虛線所包圍的流體部份受到的合力須為零。換言之，此部份流體所受到的地球引力（即物體重量，方向向下），需由其它部份流體對其施壓產生一向上合力來平衡，此向上合力即為此部份流體所受到的浮力。今想像將此部份流體取出，而以一形狀大小完全相同的其它物體取代，則周圍流體對此物體表面所施的向上合力（即浮力），仍如前並不改變，因此我們可得如下結論：在液體內的任何物體，均受到周圍液體所施的浮力作用。浮力與該物體同體積的液體重量相等，此稱為阿基米德原理（principle of Archimedes）。若物體並非全部沉入液體內，這時的物體稱為浮體，對一浮體而言，其所能排開的液體體積等於它沒入該液體內的體積，因此浮體在一液體中所受的浮力等於與該浮體沒入該液體的體積大小相同的液體重量。

浮力的作用點可以看成是作用於物體沉入液體內的部份，所排開的同體積液體的重心處，浮力的作用點稱為浮力中心（center of buoyancy）。當一艘船浮在水面上時，地球施給船的重力作用於整艘船的重心 c，而水對船的浮力則作用於船的浮力中心 b，此兩點通常不在同一個位置，見圖

圖 10-4　虛線中流體所受壓力

10-5(a)。若 b、c 兩點位於同一鉛直線上，則船受到的外力（重力及浮力）以及外力矩均平衡。但當船受到風浪襲擊而從原來平衡位置稍微傾斜時，如圖 10-5(b) 的情形，則一般情況下，浮體（船）所排開的液體（水）的形狀將會改變，浮力中心因而也隨之改變位置，如圖 10-5(b) 所示的情形，浮力中心與整艘船的重心 c 不再位於同一鉛直線上，因此船會受一個淨力矩作用，此淨力矩可以讓傾斜的船回復至原來的平衡位置（如圖 10-5(b) 的情形），或更加傾斜終於傾覆（如圖 10-5(c) 的情形）。這與船重心的高低有關，若船的重心過高，則在風浪中搖擺時，重心很容易偏離原來的位置而擺到浮力中心的外側（如圖 10-5(c) 的情形），產生使船傾覆的力矩。因此為了使船在大海航行中能經得起大風大浪，通常要儘可能壓低船的重心，例如在船底加裝鉛製龍骨以降低重心；或在船底艙裝置貨物，以降低重心。

圖 10-5 浮力中心與重心

例題 10-2

一小嬰兒被放入一圓桶形的木浴盆後讓它逐水而流，假設木浴盆重 5.0 kg，外圍直徑為 0.80 m，高 25 cm。在河中漂流時，盆緣距水面 23 cm，試問該嬰兒之體重為若干？

解

按題意，木浴盆沉入河水內之高度為 25 − 23 = 2.0 cm，因此所排開的水的重量為

$$W = \pi r^2 h \rho g$$
$$= 3.14 \times (0.40)^2 \times 0.020 \times 1000 \times 9.8$$
$$= 98 \text{ N} = 10 \text{ kgw}$$

此即嬰兒及木浴盆系統所受的總浮力，此總浮力即等於嬰兒及木浴盆系統的總重量，因此嬰兒的體重為 5.0 kgw。

例題 10-3

一物體在空氣中的重量為 W_1，如以繩子吊住並將之放入液體中，量得其重量為 W_2，如該液體的密度為 ρ_0，試問此物體的密度應為若干？

解

利用阿基米德原理：此物體在液體中減輕的重量即為液體對該物體的浮力，今此物體在液體中減輕的重量為 $W_1 - W_2$，此即液體對該物體的浮力。此浮力應等於與物體同體積的液體重。設物體的體積為 V，因液體的密度為 ρ_0，故有

$$W_1 - W_2 = \rho_0 V g$$

由上式即得物體的體積

$$V = \frac{W_1 - W_2}{\rho_0 g} \tag{10-6}$$

故物體的密度為

$$\rho = \frac{W_1}{Vg} = \frac{W_1}{W_1 - W_2} \rho_0 \tag{10-7}$$

因此一物體的密度即為該物體在空氣中的重量，與該物體在液體中所減輕的重量之比，乘上液體的密度。

物體的密度與水的密度之比，稱為**比重**（specific gravity），比重因係兩個同單位的物理量的比值，因此是一個無因次的物理量。

例題 10-4

如一物體在空氣中的重量為 W_1，將其以細線吊入水中，量得其重量為 W_2；但若將其吊入一未知比重的液體中，則量得其重量為 W_3，試問該未知液體的比重為若干？

解　物體在一液體中所受的浮力等於其所排開的液體重。而物體在液體中減輕的重量即等於其所受的浮力。

假設物體的體積為 V，液體的密度為 ρ，水的密度為 ρ_0；則由阿基米德原理可得

$$W_1 - W_2 = V\rho_0 g \tag{10-8a}$$

$$W_1 - W_3 = V\rho g \tag{10-8b}$$

將上二式相除即得液體的比重 $\dfrac{\rho}{\rho_0}$ 為

$$\frac{\rho}{\rho_0} = \frac{W_1 - W_3}{W_1 - W_2} = \frac{物體在液體中減輕的重量}{物體在水中減輕的重量} \tag{10-8c}$$

10-3　大氣壓力

包圍地球周圍的空氣稱為**大氣**。大氣在地面上的壓力稱為**大氣壓力**。在地球表面任一點 a 的大氣壓力的數值可如下定義：先以此點為中心做一個小水平圓，以此圓作為底面，往上延伸做一正圓柱體，則此正圓柱體內的空氣總重量除以該正圓柱體的底面積，即為 a 點所受到的大氣壓力。義大利人托里切利（E. Torricelli）於 1643 年首先量度大氣壓力，他將一支滿貯水銀的長玻璃管的開口端倒立沒入水銀池中，發現不論管子是否直立，管中的水銀高度都約為 0.76 公尺（76 公分）。因為水銀的密度為 13.6×10^3 公斤/公尺^3，假如玻璃管的內截面積為 A，則高 $h = 0.76$ 公尺的水銀柱在其底面積的壓力為

$$P = \frac{W}{A} = \frac{\rho V g}{A} = \frac{\rho h A g}{A}$$
$$= \rho h g = 1.013 \times 10^5 \text{ N/m}^2 = 1.013 \times 10^5 \text{ Pa}$$

上式中的 Pa 稱為帕，氣象學上常以百帕（100 Pa）為單位。上式的值與玻璃管的內截面積 A 的大小無關。

嚴格言之，只有在緯度為 45° 的海平面處，溫度為 0 °C 時，該處的大氣壓力才恰能使插於水銀槽中的玻璃管內的水銀柱達到 0.76 公尺的高度，此時該處的大氣壓力稱為 1 個標準大氣壓，一般簡稱 1 大氣壓，簡寫成 1 atm，也常以 0.76 公尺水銀柱高、0.76 mHg、76 cmHg 或 760 mmHg 表示之。1 mmHg 常稱為 1 torr。

10-4 帕斯卡原理

從 10-1 節知，靜止流體內任兩點間的壓力差只與流體的密度及這兩點間的鉛直高度差有關。若將一不易被壓縮的液體（例如水），裝在一個體積不變的剛性容器中，則當加壓於這液體的液面時，此時液面上的任何點均會因外力作用而增加壓力，因液體的密度及體積幾乎不變，故液體內任兩固定點間的壓力差，只與兩點間的鉛直高度差有關，而與外加壓力的大小無關，亦即液體中每一點的壓力必相對應地增加相同數值。換言之，對一封閉的不可壓縮液體所施的壓力，必均勻的傳遞到液體中的任一部份及器壁上，以維持任兩點間的壓力差值不變，此稱為帕斯卡原理（Pascal principle）。

水壓機即是帕斯卡原理的應用，如圖 10-6 所示。A_1 及

(a)　　　(b)

圖 10-6　水壓機

A_2 為活塞（其面積各為 A_1 及 A_2，重量不計），A_2 的面積遠大於 A_1。今如在小活塞 A_1 上施一力 F，即等於施給小活塞處的液體 $\dfrac{F}{A_1}$ 的壓力，由帕斯卡原理知此壓力會等值的傳給大活塞 A_2。當大活塞 A_2 上置有重物 W 時，此 W 亦給大活塞處的液體一個向下的壓力 $\dfrac{W}{A_2}$，如 A_1 及 A_2 保持平衡，則由於作用於小活塞處的壓力必完全的傳給大活塞，因此作用於小活塞處的壓力，必等於大活塞上的重物對活塞的壓力，即：

$$\frac{F}{A_1} = \frac{W}{A_2} \tag{10-9}$$

故如 $A_2 \gg A_1$，則 $W \gg F$，亦即可用一個很小的力舉起很重的物體。帕斯卡原理常被應用於修車廠中的油壓起重機、牙醫所用的油壓升降椅、怪手用來控制挖土鏟運動的油壓控制器及汽車的油壓煞車系統。

10-5 液體的界面現象

10-5-1 表面張力

將過濾過的水徐徐倒入杯中，水面雖稍高出杯面，仍不會溢出；將一潔淨的開口細玻璃管插入水中，即見管中的水面徐

(a)　　　　　　　　(b)

圖 10-7 液體內部分子受力情形

徐爬高至某一高度才停。這些現象都與液體的界面有關,稱為液體的**界面現象**(interface phenomena)。

界面現象是因為液體分子與液體分子之間有**內聚力**(cohesive force),以及液體分子與玻璃或其它物質(如空氣)接觸的界面分子間有**附著力**(adhesive force)所引起的。**內聚力使得液體表面分子有收縮以減少體積的趨勢。**

表面張力(surface tension)乃因分子力所引起。在液體內部各點所受的力,係來自其四周圍的其它所有液體分子的吸引力(即內聚力),因此內部各點可以看成是各方向均受到相等的力。而在液體表面上的分子,則僅受到液面下方的液體分子及液面上方空氣分子的吸引力(見圖 10-7),因液體分子的密度遠大於空氣分子的密度,且液體分子間的吸引力大於液體分子與空氣分子間的作用力,液體表面上的分子因此受到較大的向下力作用,而傾向液體內移動,使液面縮成最小表面積。

日常生活中常可看到表面張力的現象。例如將一細線繞成一圈縛在一鐵環內,若將鐵環放入肥皂水中再取出,環面即附上一層皂膜,此時細線圈為任何形狀,但如將細線環內的皂膜刺穿,則細線環迅速變成正圓形狀。這是因為此時細線只受到外側皂膜的垂直拉力,因而形成一正圓形。

表面張力定義為沿著液面上,每單位長度所受的垂直拉力,表面張力的單位為牛頓/公尺。圖 10-8 所示的裝置,可用來測量液體表面張力。如圖中所示,一置入液體中的 U 形框懸吊於天平一端,當在天平另一端加上砝碼,則 U 形框即漸被拉出水面。若使 U 形框液膜破裂的最小砝碼重量為 F,液體表面張力為 T,U 形框底線的長度為 L,則

$$F = 2TL$$

上式中 2 的因子出現是因為有兩層水膜的緣故,故液面的表面張力 T 為

(a)   (b)

圖 10-8 表面張力實驗

$$T = \frac{F}{2L} \tag{10-10}$$

　　液體的表面張力會隨著溫度的增高而變小，表面張力與溫度的關係可表示如下

$$T_t = T_0(1 - \beta t) \tag{10-11}$$

式中 T_t、T_0 各表在溫度 $t°C$、$0°C$ 的表面張力，β 為與物質有關的常數。表 10-1 列出一些常見液體的表面張力。

表 10-1　常見液體的表面張力

液　體	溫　度 (°C)	表面張力 (10^{-3}N/m)	液　體	溫　度 (°C)	表面張力 (10^{-3}N/m)
水	0	76.1	酒　精	50	19.8
水	10	74.2	乙　醚	20	16.5
水	25	72.0	甘　油	20	63.4
水	60	66.2	石　油	20	26.0
水	100	58.9	水　銀	20	465.0
酒　精	0	24.0	橄欖油	20	32.0
酒　精	20	22.3			

例題 10-5

俗稱水斗蟒的小蟲有三對長腳，每隻腳長約 1.00 cm，當水斗蟒在水面上行走時，每隻腳有 0.300 cm 緊貼於水面上，若水斗蟒不下沉，則其體重最大可達若干？設當時水的表面張力為 72.0×10^{-3} N/m。

解

水斗蟒的腳，每隻可沾內外兩片水膜。共有 6 隻腳踏在水面上，每隻腳有 $L = 0.00300$ m 長度與水面接觸，當水斗蟒的體重達到最大時，水膜表面成為鉛直方向，故表面張力作用的有效長度為 $2 \times 6 \times 0.00300$ m，表面張力作用的力等於其體重。因此水斗蟒的體重最大可達

$$W = 2 \times 6 \times 0.00300 \times 72.0 \times 10^{-3} \text{ N/m}$$
$$= 2.59 \times 10^{-3} \text{ N}$$

即約 0.26 g 左右。

10-5-2 毛細現象

把一細長的玻璃管插入水中，管內的水面會高於管外的液面，而且玻璃管徑越細，管內液柱越高；把一細長的玻璃管插入水銀中，管內的水銀液面會逐漸下降，降到某一深度才停止，使管內的水銀液面低於管外的水銀液面，玻璃管徑越細，管內水銀液面越低，這種現象稱為**毛細現象**（capillarity），可以明顯發生毛細現象的管叫做**毛細管**（capillary tube）。

水為什麼可以在玻璃毛細管內爬升呢？這是因為水與毛細管內壁接觸時，其與玻璃間的附著力大於水分子間的內聚力，於是管內水隨著上升，直到表面張力向上的拉引作用和管內升高的水柱的重量達到平衡時，管內水才停止上升，穩定在一定的高度，如圖 10-9(a) 所示。

圖 10-9 毛細管內外液面高度差

　　而水銀液體在玻璃毛細管內下降的道理相似，由於水銀液體附著力小於內聚力，於是管內水銀隨著下降，直到表面張力向下的拉引作用達到與管內外水銀液面差引起的壓力差作用平衡時，管內水銀才停止下降，穩定在一定的深度，如圖 10-9(b) 所示。

　　如圖 10-9(a) 所示，將一支毛細管插入水中後，毛細管內的水面會升高，管內外水面的高度差 y，與水的表面張力 T，管的內半徑為 r 的關係可證明得為

$$y = \frac{2T\cos\alpha}{\rho g r} \qquad (10\text{-}12)$$

上式中，ρ 為水的密度，g 為重力加速度，α 稱為接觸角，即表面張力 T 與毛細管壁所成的角度。

　　如圖 10-9(b) 所示，若將毛細管插入水銀液中，毛細管內的水銀液面會降低，管內外的水銀液面的高度差 y，與水銀的表面張力 T，管的內半徑為 r 等的關係，仍可證得與（10-12）式相同。

例題 10-6

將兩片相距 d 的平行玻璃板,鉛直插入水中,如圖 10-10 所示,兩玻璃板間的水面將因毛細管現象而上升,試推導出兩玻璃板間的水面高度,用已知物理量表示。設平行板長 l、水的表面張力及接觸角為 T、α,密度為 ρ。

圖 10-10

解

因為兩玻璃板間被拉起的水柱重量要等於表面張力沿鉛直方向的分量,因此若兩玻璃板間的水高於板外 h,則有

$$\rho h d l g = 2 T l \cos\alpha$$

或得兩玻璃板間的水高 h 為

$$h = \frac{2T\cos\alpha}{\rho g d} \tag{10-13}$$

例題 10-7

將兩片玻璃板重疊,一邊夾緊(例如用長尾夾夾住),另一邊夾一細棒(或細金屬線、薄銅板等),使兩片玻璃成一楔形(張開成 θ 角),如圖 10-11 所示。然後將整個裝置鉛直插入水中,水將在兩玻璃板間上升,試問楔形間的水面與玻璃的邊緣將成何種曲線?

解

應為雙曲線之形式,此可推證如下:如圖 10-11 所示。圖中 OY 為兩玻璃板的夾邊。兩玻璃板與 OY 軸相距 x 處的兩點相距 d'。因 θ 甚小,故 d' 可表為

圖 10-11

$$d' = x\theta$$

把（10-13）式應用到此處，式中的 d 取為平均厚度 $\dfrac{d'}{2} = \dfrac{x\theta}{2}$，高度 h 則為 y，於是有

$$y = \frac{4T \cos \alpha}{\rho g x \theta} \tag{10-14}$$

上式可改寫為

$$xy = \frac{4T \cos \alpha}{\rho g \theta} \tag{10-15}$$

此即一雙曲線形式（$xy = c =$ 常數），所以水面在玻璃板的邊緣成雙曲線。

10-6 白努利原理

　　前數節中，我們已敘述靜止流體的性質，本節將探討運動流體的性質。對於運動中的流體，理論分析上要比靜止流體困難許多。為了簡單起見，我們在本節僅考慮無黏滯性、不可壓

圖 10-12 畫垂直線及斜線部份的液體質量相等

縮及穩定流動（不考慮擾動）的流體（稱為理想流體）之性質。

考慮一非均勻截面的管子，管中有一理想流體流動，如圖 10-12 所示。流體流經 A_1 截面的高度為 y_1、速度為 v_1、壓力為 P_1；流體流經 A_2 截面的高度為 y_2、速度為 v_2、壓力為 P_2。流體在斜線及垂直線處密度設為 ρ_1 及 ρ_2，則管中介於 A_1 及 A_2 截面之間的流體受到三個力作用：即在截面 A_1 處受到向右的力 P_1A_1、在截面 A_2 處受到向左的力 P_2A_2，以及這段流體向下的重力。設斜線部份及垂直線部份的管徑都各自均勻，且 $P_1A_1 > P_2A_2$，因此上述的整段流體受到一向右方的淨力，A_1、A_2 間的流體於是流到 A_1'、A_2' 之間。在流體流動的過程中，外力所作的功為

1. 水平力 P_1A_1 作了功 $P_1A_1\Delta l_1 = P_1\Delta V_1 = P_1\dfrac{m}{\rho_1}$

   式中 ΔV_1 為斜線部份的體積，m 為斜線（或垂直線）部份流體的質量。

2. 水平力 P_2A_2 作了功 $-P_2A_2\Delta l_2 = -P_2\Delta V_2 = -P_2\dfrac{m}{\rho_2}$

   式中 ΔV_2 為垂直線部份的體積。由於上述外力的作用，使得系統的能量發生改變，即

   (a) 位能的改變，相當於把斜線部份的流體舉升到垂直線部份，故位能改變了

   $$mg(y_2 - y_1)$$

(b) 動能的改變，即

$$\Delta K = \frac{1}{2}mv_2^2 - \frac{1}{2}mv_1^2$$

故　　$P_1\dfrac{m}{\rho_1} - P_2\dfrac{m}{\rho_2} = mg(y_2 - y_1) + (\dfrac{1}{2}mv_2^2 - \dfrac{1}{2}mv_1^2)$

將上式兩邊消去 m，且因考慮流體不可壓縮（$\rho_1 = \rho_2 = \rho$），因此上式可寫如下

$$\begin{aligned}&P_1 + \rho g y_1 + \frac{1}{2}\rho v_1^2 \\ &= P_2 + \rho g y_2 + \frac{1}{2}\rho v_2^2 = 常數\end{aligned} \qquad (10\text{-}16)$$

上式稱為**白努利方程式**（Bernoulli's equation）。若把上式寫成

$$\begin{aligned}&[(\rho g y_1 + \frac{1}{2}\rho v_1^2) - (\rho g y_2 + \frac{1}{2}\rho v_2^2)]\Delta V \\ &= (P_2 - P_1)\Delta V = (P_2 - P_1)A\Delta x\end{aligned} \qquad (10\text{-}17)$$

則上式的意義為：若施淨力 $(P_2 - P_1)A$ 於水管中的某段水柱，並使之有了位移 Δx，則此淨力所做的功等於此段水柱系統力學能量的改變。因此，白努利方程式其實是功-動能定理的另一形式。

利用白努利方程式可求出一容器內的流體密度。假設容器內流體的壓力為 P_1，容器外的壓力為 P_2，且 $P_1 > P_2$。今如在器壁上鑿一小孔，則在容器內小孔附近的流體，將經由小孔向外噴出，如此孔極小，則容器內流體流動的速度 v_1 可視為零，流體從小孔噴出的速度設為 v_2，且假設流體噴出後，其高度 h 不變，則由白努利方程式可得

$$P_1 - P_2 = \frac{1}{2}\rho v_2^2 \qquad (10\text{-}18)$$

圖 10-13 蓄水池出水口

因此若能測得流體噴出的速度 v_2，即可由上式求得容器內流體的密度 ρ。

利用白努利方程式也可求出一蓄水池底部出水口的流水速度。考慮如圖 10-13 的情形，一大蓄水池池面距出水口 h 高，因池面及出水口處的壓力均為大氣壓 P_0，且因出水口口徑不大，而蓄水池容積很大，因此池面液體的速度幾乎為零，設液體流出出水口的速度為 v，液體密度為 ρ，則由白努利方程式可得：

$$P_0 + \rho gh = P_0 + \frac{1}{2}\rho v^2$$

或得出水口液體流出的速度 v 為

$$v = \sqrt{2gh} \tag{10-19}$$

上式稱為托里切利公式。

對不可壓縮的流體而言，流過水管任一截面 A_1 的流速若為 v_1，流過水管另一截面 A_2 的流速若為 v_2，則因每個 Δt 時段流過 A_1 截面的流體總流量（$A_1 v_1 \Delta t$）要等於同一時段流過 A_2 截面的流體總流量（$A_2 v_2 \Delta t$），因此可得

$$A_1 v_1 = A_2 v_2 \tag{10-20}$$

上式稱為不可壓縮流體的連續性方程式（equation of continuity）。從連續性方程式可知，在一水管內，截面積大的地方流速小，截面積小的地方流速大。另由（10-16）式可知對同高度的流體，截面積大的地方，由於流速小，因此水的壓力較大；截面積小的地方，由於流速大，因此水的壓力較小。

飛機為何可以在大氣中飛行而不摔落？原因是機翼係設計成上曲（弧形）下平的形狀，如圖 10-14 所示。為簡單計，茲以固定於飛機上的坐標來討論，在此坐標中飛機靜止，空氣從機翼前方分成兩部份，各從機翼上下方流過，並在機翼後方重新會合。由於流過機翼上方的空氣，在同樣時間內會

流速大，壓力小

機翼

流速小，壓力大

圖 10-14　機翼與流過機翼的空氣

經過較長的路徑，因此流速需較大才可與機翼下方的空氣在機翼後方重新會合（注意，在空氣坐標中，機翼前後的空氣其實是不動的，故對固定於飛機上的坐標而言，機翼前方的空氣流過機翼後，需在機翼後方重新會合，否則兩個坐標所得的物理結果會不同），故由（10-16）式可知，機翼下方與機翼上方的壓力差可寫為

$$P_{下} - P_{上} = \rho g(y_{上} - y_{下}) + \frac{1}{2}\rho(v_{上}^2 - v_{下}^2) \quad (10\text{-}21)$$

因機翼上下方的高度相差很小，故 $y_{上} \approx y_{下}$，因此上式可重寫為

$$P_{下} - P_{上} \approx \frac{1}{2}\rho(v_{上} - v_{下})(v_{上} + v_{下}) \quad (10\text{-}22)$$

若機翼的截面積為 A，則機翼將因此受到一個向上的合力 $(P_{下} - P_{上})A$ 作用，因此飛機得以在氣流中上升，從上式也可知飛機上升的力不僅與流經機翼上下方的氣流流速差值大小有關（此由機翼的形狀決定），也與飛機的速度（$\approx \frac{v_{上} + v_{下}}{2}$）有關，平常民航機由於重量大，起飛時須滑行很長距離，使機速夠快，才能獲得足夠的上升力。

在日常生活中常可見到與白努利方程式相關的有趣現象。例如，棒球投手在投變化球的時侯，常使球旋轉，使得球兩

邊的空氣速度不同，以致壓力不同，使球走彎曲的路徑。各位同學可以用下面簡單遊戲來觀察白努利方程式的效應：將你的書本平放在桌面上，在書本前方桌面上放置一個一元硬幣，如你自硬幣上方，平貼幣面用力快速的吹氣（如圖 10-15 所示），硬幣會被吹上書本呢。

圖 10-15

例題 10-8

一蓄水池有一出水口，其位置在其水面下深度 h 處。今若讓水由出水口流出，蓄水池中之水會逐漸減少。假定出水口的截面積為 A，水之密度為 ρ_w，則蓄水池中水之質量的時變率與 h 之關係為何？

解

設出水口處水之流速為 v，在 dt 的時間內，蓄水池中水之質量的變化 dm 為

$$dm = -\rho_w \, Av \, dt$$

故可得

$$\frac{dm}{dt} = -\rho_w \, Av$$

利用 (10-19) 式

$$v = \sqrt{2gh}$$

將 v 代入即得

$$\frac{dm}{dt} = -\rho_w Av = -\rho_w A\sqrt{2gh}$$

因此，蓄水池中水之質量的時變率是隨著 $\sqrt{h}$ 而減少的。

習題

10-1 節

10-1 在 74.0 cm 水銀柱的大氣壓力下，在深 30.0 m 的水底所受的壓力是多少？

10-2 石門水庫最高水位 260 m，滿水位時可貯水約 3 億噸。翡翠水庫最高水位 170 m，滿水位時可貯水約 4 億噸。試問哪一個水庫的擋水牆比較需加強？

10-3 一大水桶，高度 1.02 m，桶口及桶底面半徑均為 0.50 m，若盛滿水後，試問空氣壓在水面的力與水壓在桶底的力之差值若干？

10-2 節

10-4 有蓋子的空罐子會漂浮，若壓扁它則會下沉，試說明其原因。

10-5 試分析潛水艇為何能浮沉自如的原因。

10-6 汽車修理廠中用來測定鉛蓄電池裡蓄電液充電量的多少，常用一種比重計，試說明此種比重計的原理何在。

10-7 如圖 P10-7 所示之箱內裝有油及水，邊長為 10 cm 的正方形木塊，浮於油水交界處，木塊底面在交界面下 2.0

圖 P10-7

cm 處，設油的密度為 0.60 g/cm³，試問：(a) 木塊之質量為若干？(b) 木塊底面之壓力為若干？

10-3 節

10-8 試分析習見的打氣筒，其所以能向輪胎打氣的道理。

10-9 在一大氣壓力的情況下，面積為 1.00 m² 的桌面，約略承受多大空氣的重量？

10-10 一個成年人的表面積約為 3.00 m²，在一大氣壓力的情況下，一個成年人約略承受多大空氣的重量？

10-4 節

10-11 在水壓機中，如小活塞的直徑為 4.00 cm，大活塞的直徑為 80 cm。若欲舉起大活塞上質量為 2000 kg 的重物，

則在小活塞需施力若干？

10-12 自來水公司常須在水廠設置加壓設備，試問它的原因及目的何在？

10-13 試舉數個日常生活中有關帕斯卡原理的應用例子。

10-5 節

10-14 游泳時，人入水則覺泳褲較鬆，人一離水則覺泳褲貼緊腿部，試問這是什麼原因？

10-15 為什麼棉絮會比尼龍線較易吸水？試分析其原因。

10-16 市面上有一種布做成的雨衣，號稱不透水。試說明其可能之原因。

10-6 節

10-17 以水管澆水，如水管滑開吾人的手，而掉落地面作無法控制的運動，此是否為白努利方程式的結果？為什麼？試說明其真正原因。

10-18 試舉數個日常生活中有關白努利原理的應用例子。

10-19 同方向並排競速的兩部車子比較容易相撞，這是否與白努利原理有關？

11 振盪運動

- 11-1 振盪運動的特性
- 11-2 簡諧運動
- 11-3 簡諧運動的應用
- 11-4 簡諧運動的能量
- 11-5 阻尼振盪
- 11-6 受迫振盪與共振

處於穩定平衡態且靜止不動的系統，例如圖 11-1(a) 之單擺，其總力學能 E 必為相對極小值。當外來擾動使此系統偏離平衡態時，其總力學能會增加而較 E 為高，成為 $E' = E + \Delta E$（ΔE 為正值）。若 ΔE 夠小，則在擾動消失後，會有回復力出現，驅使系統回到穩定平衡態。但單擺在回到穩定平衡的位置時，由於總力學能 E' 比靜止態的 E 高出了 ΔE，並不會停下來，而會出現衝過頭繼續偏離的情形，接著在回復力的驅使下，又會掉頭回到穩定平衡態的位置，並再次衝過頭，結果就形成**振盪運動**（oscillation）。換言之，單擺會在平衡態位置的附近，不停地沿同一路線來回運動，如圖 11-1(b)。實際上，由於摩擦或其它形式的能量損耗，系統最後會停止振盪，而又回到穩定平衡，靜止不動。振盪運動是非常普遍的現象，在本章中，將針對如何描述此一現象，提出可應用到許多不同系統的一般性方法。

11-1 振盪運動的特性

振盪運動的特性可扼要的用兩個物理量來描述：**振幅**（amplitude）與**週期**（period）。振幅指的是*偏離平衡態位置的最大位移*，而週期則指*振盪一次所需的時間*。振盪運動的時間特性亦可用**頻率**（frequency）描述，即*在每一單位的時間內出*

圖 11-1 (a) 穩定平衡下的靜止單擺；(b) 單擺的振盪運動。

現的振盪次數。頻率與週期互為倒數，故如以 f 表示頻率，以 T 表示週期，則

$$f = \frac{1}{T} \qquad (11\text{-}1)$$

頻率的單位為赫（Hz），1 赫就是每秒振盪一次，有時也稱為 1 週／秒（cps, cycle per second）。

例題 11-1

一彈簧在光滑水平面上對其平衡位置 O 來回振動（圖 11-2），由 O 運動到 A 後，折返回 O，再到 B，又折返回 O。若如此來回運動 50 次，共需 20 秒，則此運動的週期與頻率各為何？若 OA 與 OB 的長度均為 12 公分，則此運動的振幅為何？

圖 11-2 彈簧的振動

解

來回振盪 50 次需時 20 秒，故每次振盪需時 $20/50 = 0.4$ 秒，此即為彈簧振動之週期，而頻率為每一秒振盪的次數，亦即 $50/20 = 2.5$ 赫，故頻率與週期確實互為倒數。因 OA 或 OB 的長度，即偏離平衡位置 O 之最大位移，故振幅為 0.12 公尺。

11-2 簡諧運動

一物體在其平衡位置 O 時，受到的合力為零。當微幅偏離 O 時，物體受到的回復力 F，會與其偏離 O 的位移 x 成正比，亦即位移變為兩倍長時，回復力也變為兩倍大，以公

式表示即

$$F = -kx \tag{11-2}$$

上式之比例常數 k 為正值，負號表示作用力與位移的方向相反，亦即位移向右時，作用力向左，反之亦然。（11-2）式即力常數為 k 的理想彈簧對物體的作用力，如圖 11-2。在這種作用力下，物體的振盪運動，其位移可表示為時間的正弦或餘弦函數，稱為簡諧運動（simple harmonic motion，簡稱為 SHM）。

當質量為 m 的物體作 x 方向的直線運動時，其加速度 $\ddot{x}$ 與受到的作用力 F，必須滿足牛頓第二運動定律，即 $F = m\ddot{x}$。故由（11-2）式，當物體作簡諧運動時，其加速度與位移間的關係為

$$\ddot{x} = -\left(\frac{k}{m}\right)x \tag{11-3}$$

亦即位移與加速度的大小成正比，方向相反，即物體的位移向右時，其加速度向左，反之亦然。

當一質點作半徑為 R、角速度為 ω 的等速圓周運動時，如圖 11-3 所示，其速率 $v = \omega R$。若以 $\hat{r}$ 代表沿半徑方向的單位向量，則質點的加速度 $\vec{a}$ 指向圓心 O，即與 $\hat{r}$ 反向，而可表示為

$$\vec{a} = -\left(\frac{v^2}{R}\right)\hat{r} = -(\omega^2 R)\hat{r} \tag{11-4}$$

圖 11-3 等速圓周運動

因質點的位置向量 $\vec{r} = R\hat{r}$，故上式亦可表示為

$$\vec{a} = -\omega^2 \vec{r} \tag{11-5}$$

而其 x 分量則可寫成

$$\ddot{x} = -\omega^2 x \tag{11-6}$$

如於（11-3）式中，令

$$\omega = \sqrt{\frac{k}{m}} \qquad (11\text{-}7)$$

則可見（11-3）式與（11-6）式完全相同。故知簡諧運動中，座標 x 隨時間變化的函數 $x(t)$，與角速度為 ω 的等速圓周運動中位移的 x 分量相同。

例題 11-2

一質量為 m 的質點，以一力常數為 k 的彈簧繫於天花板下，起始時，以手將此質點托住，彈簧處於其自然長度，若此時將質點釋放，令其下墜振盪。利用例題 5-6 的結果試求 (a) 此質點振盪的振幅。(b) 此質點的振盪頻率。

解

(a) 由例題 5-6 之結果可知，此質點是在下墜距離 0 至 $\frac{2mg}{k}$ 之間作振盪運動。下墜距離 $\frac{mg}{k}$ 為其振盪運動之中點，在此點彈簧恢復力等於 $k\frac{mg}{k} = mg$，恰等於其所受之重力，故此時質點所受之淨力為 0，此點為平衡點，故質點振盪運動之振幅為 $\frac{mg}{k}$。

(b) 取垂直向下為正 x 方向，則此質點之運動方程式為

$$m\frac{d^2 x}{dt^2} = mg - kx$$

將坐標平移一下，即令 $x' \equiv x - \frac{mg}{k}$，則對 x' 的運動方程式為

$$m\frac{d^2 x'}{dt^2} = -kx'$$

所以其振盪角頻率 ω 仍為 $\sqrt{\frac{k}{m}}$，頻率 $f = \frac{\omega}{2\pi} = \frac{1}{2\pi}\sqrt{\frac{k}{m}}$。

11-2-1　簡諧運動的週期與頻率

在等速圓周運動中，若以 θ 代表位置向量與 x 軸在時刻 t 的夾角（如圖 11-3），以 θ_0 代表時刻 $t=0$ 的 θ 角，則

$$\theta = \theta_0 + \omega t \tag{11-8}$$

故得位置向量的 x 坐標，亦即（11-3）式中簡諧運動的位移 $x(t)$ 為

$$x(t) = R\cos\theta = A\cos(\omega t + \theta_0) \tag{11-9}$$

上式中 A 等於 R。圖 11-4 顯示 $\theta_0 = 0$ 時，$x(t)$ 隨時間的變化。

因餘弦的最大值為 1，故由（11-9）式可知位移 $x(t)$ 的最大值為 A，此即為簡諧運動的振幅。餘弦的角度 θ 每增減 2π，其值即相同，因此位移 $x(t)$ 也會跟著重複，回到先前的值，而完成一次振盪；換言之，振盪一次的時間 T，亦即週期，必使角度 θ 相差 2π，故簡諧運動的週期為

$$T = \frac{2\pi}{\omega} = 2\pi\sqrt{\frac{m}{k}} \tag{11-10}$$

而頻率則為

圖 11-4　位移 x 隨時間 t 與角度 θ 的變化

$$f = \frac{1}{T} = \frac{\omega}{2\pi} \qquad (11\text{-}11)$$

上式顯示角速度 ω 也可當作頻率的一種量度，不過它與頻率 f 相差 2π 倍，故通常以**角頻率**（angular frequency）稱之，其單位為**弳/秒**（rad/s），但弳並無因次，故此單位亦可寫成 1/秒（1/s）。不致引起誤會時，角頻率有時亦簡稱為頻率。

例題 11-3

如例題 11-1 的振動系統，若彈簧的力常數為 12.5 N/m，物體的質量為 0.50 kg，且物體的位置坐標 $x(t)$ 可當作一等速圓周運動的 x 分量，則此圓周運動的角速度與週期各為何？

解

根據（11-7）式，因質量 m 為 0.50 kg，力常數 k 為 12.5 N/m，故角速度

$$\omega = \sqrt{\frac{12.5}{0.50}} = 5.0 \text{ 弳/秒}$$

而圓周運動與物體簡諧運動的週期 T 相同，故根據（11-10）式得

$$T = \frac{2\pi}{\omega} = 1.3 \text{ 秒}$$

11-2-2 相位與相位常數

正弦 $\sin\theta$ 或餘弦 $\cos\theta$ 會隨角度 θ 作週期性的變化，就如同月亮會隨其角位置而有盈虧的相變化，故一般稱（11-9）式中的 $\theta = \omega t + \theta_0$ 為簡諧運動在時刻 t 的**相位**（phase），而時刻 $t = 0$ 的相位 θ_0，則稱為**相位常數**（phase constant）。如果 $t = 0$ 時 $\theta = -\frac{\pi}{2}$，亦即 $\theta_0 = -\frac{\pi}{2}$，則由（11-9）式可得簡

圖 11-5　相位常數不同的位移函數

諧運動的 $x(t)$ 函數為

$$x(t) = A\cos(\omega t - \frac{\pi}{2}) = A\sin\omega t \tag{11-12}$$

圖 11-5 將 $\theta_0 = 0$ 與 $\theta_0 = -\frac{\pi}{2}$ 時，$x(t)$ 隨時間與角度的變化，分別顯示，可見相位常數由零變為負時，就相當於將 $x(t)$ 的曲線向右移。

11-2-3　簡諧運動的速度與加速度

由圖 11-3 的等速圓周運動，求出其速度 $\vec{v}$ 與加速度 $\vec{a}$ 的 x 分量，即可得簡諧運動的速度 $\dot{x}$ 與加速度 $\ddot{x}$，由前小節的結果，知 $\vec{v}$ 和 $\vec{a}$ 的大小為 $v = \omega A$，$a = \omega^2 A$，而 $\vec{v}$ 和 $\vec{a}$ 與 x 軸的夾角則分別為 $(\theta + \frac{\pi}{2})$ 和 $(\theta + \pi)$，故

$$\dot{x}(t) = v\cos(\theta + \frac{\pi}{2}) = -\omega A\sin(\omega t + \theta_0) \tag{11-13}$$

$$\ddot{x}(t) = a\cos(\theta + \pi) = -\omega^2 A\cos(\omega t + \theta_0) \tag{11-14}$$

由（11-9）式與（11-14）式，可見 $\ddot{x} = -\omega^2 x$，此與（11-6）式的結果顯然一致。圖 11-6 顯示 $\theta_0 = 0$ 時，位移 x、速度 $\dot{x}$、加速度 $\ddot{x}$ 隨時間 t 的變化。由此圖可看出：當位移為零時，

圖 11-6 位移 x、速度 $\dot{x}$、加速度 $\ddot{x}$ 隨時間 t 的變化

速率最大；而位移量值最大時，速率為零，但位移與加速度的符號恆相反，兩者的絕對值同時為最大。

例題 11-4

在一個簡化的氯化氫分子模型中，氫原子被視為是以理想彈簧連接到永遠靜止不動的氯原子，其振盪頻率為 8.66×10^{13} Hz，最大速率為 2.50×10^5 m/s。試求此彈簧的力常數 k 與氫原子的振幅 A？（氫原子的質量約為 $m = 1.67 \times 10^{-27}$ kg）

解

氫原子的質量 $m = 1.67 \times 10^{-27}$ kg，振盪頻率為 $f = 8.66 \times 10^{13}$ Hz，故由（11-10）式與（11-11）式，可得

$$k = m(2\pi f)^2 = 494 \text{ N/m}$$

由（11-13）式得最大速率為

$$v_m = \omega A = 2\pi f A$$

故氫原子的振幅為

$$A = v_m/(2\pi f) = 2.50 \times 10^5/(2\pi \times 8.66 \times 10^{13})$$
$$= 0.459 \times 10^{-9} \text{ m}$$

11-3　簡諧運動的應用

有很多系統，在平衡位置附近的來回運動，都可視為簡諧運動，因此可運用前節的結果加以分析討論。

11-3-1　垂懸的彈簧——重物系統

如圖 11-7，一彈簧的力常數為 k，單獨懸掛時，其底端位於 P。掛上質量為 m 的物體，並達靜止平衡時，其底端下降 x_0 而位於 O。將物體由平衡位置 O 下拉至 Q 後釋放，則在重力與彈簧力作用下，此物體將作垂直方向的簡諧運動，其角頻率可求得如下。

圖 11-7　垂懸的彈簧與重物

以平衡位置 O 為坐標原點，並取垂直向下為 x 軸的正方向，則在位置 O 時，作用於物體的彈簧力 $-kx_0$ 與重力 mg，其合力為零，即

$$-kx_0 + mg = 0$$

當物體偏離平衡位置 O 的位移為 x 時，彈簧的伸長量為 $x_0 + x$，故物體受到的彈簧力與重力分別為 $-k(x + x_0)$ 與 mg，其加速度 $\ddot{x}$ 為

$$\ddot{x} = \frac{1}{m}\{-k(x + x_0) + mg\} = -(\frac{k}{m})x$$

上式與（11-3）式相同，故知此系統會作垂直方向的簡諧運動，而由（11-6）式與（11-7）式，可得其角頻率為 $\omega = \sqrt{\dfrac{k}{m}}$，此結果與圖 11-2 中沿水平方向振盪的系統相同。

11-3-2　單　擺

如圖 11-8，以質量可忽略且不可伸縮的細繩，將一質點懸吊起來，並使其在一垂直平面內擺動，即成單擺（simple pendulum）。設質點的質量為 m，繩長為 L，並以平衡位置 O 為坐標原點，取逆時鐘方向為夾角 θ 與弧長 s 的正方向，則 $s = L\theta$，而沿圓弧切線方向作用於質點的力，僅有重力 $w = mg$ 在此方向的分量 $w_t = -mg\sin\theta$。故如以 $\ddot{s}$ 代表質點沿圓弧切線方向的加速度，則得

$$\ddot{s} = \frac{w_t}{m} = -g\sin\theta$$

圖 11-8　單擺

當夾角 θ 不大時（例如 $\theta < 10°$），正弦值 $\sin\theta$ 與 θ 的弳度值近似，即 $\sin\theta \cong \theta$，上式可近似為

$$\ddot{s} = -g\theta = -(\frac{g}{L})s$$

此與（11-3）式的形式相同，故知在小角度的單擺振盪為簡諧運動，其角頻率為 $\omega = \sqrt{\dfrac{g}{L}}$，而由（11-10）式可得其週期為

$$T = \frac{2\pi}{\omega} = 2\pi\sqrt{\frac{L}{g}} \tag{11-15}$$

11-3-3　複擺與扭擺

如圖 11-9，複擺（compound pendulum, physical pendulum）通常指的是在重力作用下可繞一水平轉軸來回擺動的物體，其

圖 11-9 複擺　　圖 11-10 扭擺

質量分布與單擺不同，並不能視為集中於一點。設複擺的重心位於 C，對轉軸 O 的轉動慣量為 I，O 到 C 的距離為 L，則當直線 OC 與垂直線的夾角為 θ 時，重力產生之力矩 $\tau = -mgL\sin\theta$，須等於轉動慣量 I 與角加速度 $\ddot{\theta}$ 的乘積，即 $I\ddot{\theta} = \tau = -mgL\sin\theta$。當夾角 θ 夠小時，正弦函數 $\sin\theta$ 可近似為 θ，故得

$$I\ddot{\theta} \approx -mgL\theta \tag{11-16}$$

如以 s 與 $\ddot{s}$ 分別代表重心沿其圓弧路線運動之弧長與切線加速度，則得 $s = L\theta$ 與 $\ddot{s} = L\ddot{\theta}$，故得 $I\ddot{s} = IL\ddot{\theta} = -mgL^2\theta = -mgLs$。此與（11-3）式的形式相同，故知在小角度的複擺振盪為簡諧運動，而由（11-10）式可得其週期 T 為

$$T = \frac{2\pi}{\omega} = 2\pi\sqrt{\frac{I}{mgL}} \tag{11-17}$$

可在一角度範圍內繞一轉軸來回扭轉的物體，稱為 **扭擺**（torsional pendulum），如圖 11-10 所示。扭擺偏離平衡位置的角位移為 θ 時，其回復力矩為 $\tau = -k\theta$，k 稱為 **扭轉常數**（torsional constant）。若扭擺繞其轉軸的轉動慣量為 I，轉動

的角加速度為 $\ddot{\theta}$，則 $I\ddot{\theta} = -k\theta$。將此式與（11-16）式比較，則可看出若 $mgL = k$，則扭擺與複擺之運動完全相同，故得扭擺的簡諧運動週期為

$$T = 2\pi\sqrt{\frac{I}{k}} \qquad (11\text{-}18)$$

例題 11-5

人在走路時，離地擺動的腳，可視為複擺。設腳可近似為均勻的棍子，則腿長 L 為 80 cm 的人，走路時其腳的擺動週期 T 為何？

解

設棍子的質量為 m，當轉軸位於其末端時，均勻棍子的轉動慣量

$$I = \frac{mL^2}{3}$$

重心到轉軸的距離為 $\frac{L}{2}$。故由（11-17）式可得其擺動週期約為

$$T = 2\pi\sqrt{\frac{I}{mg\left(\frac{L}{2}\right)}} = 2\pi\sqrt{\frac{2L}{3g}} = 2\pi\sqrt{\frac{2 \times 0.80}{3 \times 9.8}} = 1.5 \text{ s}$$

11-4　簡諧運動的能量

作簡諧運動時，例如圖 11-2 彈簧系統的振盪運動，物體受到的作用力如（11-2）式，是一種保守力，因此物體具有位能。若物體在平衡位置時的位能為零，則當位移為 x 時，其位能為

$$U = \frac{1}{2}kx^2 \qquad (11\text{-}19)$$

而動能則為

$$K = \frac{1}{2}m\dot{x}^2 \qquad (11\text{-}20)$$

根據（11-9）式與（11-13）式，物體的位能與動能隨著時間會不停的改變，即

$$U = \frac{1}{2}kA^2\cos^2(\omega t + \theta_0) \qquad (11\text{-}21)$$

$$K = \frac{1}{2}m\omega^2 A^2\sin^2(\omega t + \theta_0) \qquad (11\text{-}22)$$

但由（11-7）式，$m\omega^2 = k$，故位能與動能的和（亦即總力學能 E）為

$$\begin{aligned} E &= K + U \\ &= \frac{1}{2}kA^2\{\sin^2(\omega t + \theta_0) + \cos^2(\omega t + \theta_0)\} \\ &= \frac{1}{2}kA^2 \end{aligned} \qquad (11\text{-}23)$$

由上式可看出，系統的總力學能恆為常數，不隨時間而變，且振幅越大，則總力學能也越大。由（11-21）式與（11-22）式可看出，當速率或動能為零時，位能達到其最大值，即

$$U = E = \frac{1}{2}kA^2$$

此時位移的絕對值等於振幅；而當位移或位能為零時，速率與動能均達到最大值，即

$$K = E = \frac{1}{2}kA^2$$

例題 11-6

若圖 11-2 中的彈簧與物體系統，其振動的角頻率為 ω，振幅為 A，則當物體偏離其平衡位置的位移為振幅的一半時，其振動速率 $\dot{x}$ 為何？

解

設物體的質量為 m，則因 $m\omega^2 = k$，故由（11-23）式得此系統的總力學能恆為

$$E = K + U = \frac{m\omega^2 A^2}{2}$$

當物體的位移 x 為振幅的一半時，$x = \frac{A}{2}$，其位能依（11-19）式為

$$U = \frac{kx^2}{2} = \frac{m\omega^2 A^2}{8}$$

故其動能為

$$K = E - U = \frac{3m\omega^2 A^2}{8}$$

此須與（11-20）式的右邊相等，故得

$$\dot{x}^2 = \frac{3\omega^2 A^2}{4}$$

即振動速率

$$\dot{x} = \frac{\sqrt{3}\omega A}{2}$$

由（11-19）式可知，對作簡諧運動的系統而言，其 U 對 x 的曲線為凹陷的拋物線，此曲線的最低點在平衡位置（即 $x = 0$）。對一般的系統而言，如圖 11-11，其 U 對 x 的曲線，在穩定平衡位置附近，亦即位能 U 出現極小值之處（如圖中之 x_0），常可近似為拋物線（圖中之藍線），因此只要偏離平衡位置的幅度不大，這些系統都會以接近簡諧運動的方式振盪。

圖 11-11 一般系統的位能曲線

11-5 阻尼振盪

實際的振盪運動，由於無法排除非保守力（如摩擦力）的作用，系統的總力學能會不斷的耗損，無法維持不變，稱為**阻尼振盪**（damped oscillation）。如果耗損相當輕微，每次振盪的能量損失極為有限，則系統會像沒有受到阻尼一樣，繼續振盪，只是振幅會漸漸變得越來越小（如圖 11-12）。

在許多系統中，導致阻尼的作用力 F_d，大致與速度 $\dot{x}$ 成正比，但其方向與速度相反，即 $F_d = -b\dot{x}$，此式中之比例常數 b 為正值，稱為**阻尼常數**（damping constant），其大小代表阻尼的強弱程度。此阻尼作用力與回復力 $-kx$ 的合力，決定振盪運動的加速度 $\ddot{x}$，即

$$m\ddot{x} = -kx - b\dot{x} \tag{11-24}$$

上式有如下之解

$$x = Ae^{-\frac{bt}{2m}} \cos(\omega t + \theta_0) \tag{11-25}$$

由此解可看出振盪運動的振幅，會因阻尼而隨時間以指數函數的形式遞減（如圖 11-12），每隔 $t = \dfrac{2m}{b}$ 的時間，振幅即下降 $\dfrac{1}{e} = 36.8\%$。當阻尼相當微弱時，振盪的角頻率 ω 幾乎與

圖 11-12　振幅遞減的振盪運動

圖 11-13　不同程度的阻尼運動

無阻尼時的角頻率 $\sqrt{\dfrac{k}{m}}$ 相同；但阻尼較強時，振盪的角頻率會顯著降低，即振盪會較緩慢，週期變得較長，振幅也會較快速的下降。

　　阻尼不足時，系統在運動時仍會振盪，但振幅漸小，稱為**次阻尼**（underdamped）運動（圖 11-13 之曲線 a）；當阻尼增強到**臨界阻尼**（critical damping）的程度時，系統在回到靜止平衡的過程中，不會出現振盪（圖 11-13 之曲線 b）；當阻尼過度時，稱為**過阻尼**（overdamped），系統回到靜止平衡的過程，會變得更緩慢（圖 11-13 之曲線 c）。

　　有許多的物理系統，包括原子、分子、鋼琴的弦，以及人的手、腳，都可視為阻尼的振盪系統。日常生活中，汽、機車的避震器，以及關閉門扉用的門弓，多設計為接近臨界阻尼，以避免振盪，並可在最短時間內回復平衡。

例題 11-7

一裝有門弓的紗門，可視為力常數 $k = 450$ N/m、質量 $m = 10$ kg 的振盪系統。在長期使用後，此門弓的阻尼常數下降為 $b = 2.5$ kg/s。試求此門在打開後，

約需振盪多少次，門縫張開的幅度才會縮減為開門時的一半？

解　依（11-25）式，當 $e^{-\frac{bt}{2m}} = \frac{1}{2}$ 時，門縫張開的幅度會縮減為開門時的一半。如分別取此等式兩邊的自然對數，並利用 $\ln(x)$ 為 e^x 的反函數與 $\ln(\frac{1}{x}) = -\ln(x)$，則可得 $-\frac{bt}{2m} = -\ln 2$，故可求得

$$t = \frac{2m}{b}\ln 2 = \frac{(2)(10\,\text{kg})}{2.5\,\text{kg/s}} \cdot 0.693 = 5.5\,\text{s}$$

在阻尼為輕微的假設下，振盪的週期 T 約如（11-10）式，即

$$T = 2\pi\sqrt{\frac{m}{k}} = 2\pi\sqrt{\frac{10\,\text{kg}}{450\,\text{N/m}}} = 0.94\,\text{s}$$

故如要門縫縮減成為開門時的一半，則振盪的次數約為

$$\frac{t}{T} = \frac{5.5\,\text{s}}{0.94\,\text{s}} = 5.9$$

因所得振盪次數比 1 大得多，故知阻尼確屬輕微，解題時所作之假設並無不當。

11-6　受迫振盪與共振

　　如果抓準時間，在鞦韆每次要離去時，稍微推它一下，則鞦韆擺動的幅度會逐漸變得相當大；但如果用力推送的時機沒有配合鞦韆擺動的頻率，則推力的大小雖然相同，鞦韆擺動的幅度卻不見得會有什麼改變。

　　當有外力作用於一振盪系統時，此系統稱為**受迫**（driven）。假設一質量為 m 的物體與彈簧連接，除了受到彈簧回復力 $-kx$ 與阻尼力 $-b\dot{x}$ 之外，還受到外力 $F_0 \cos\omega_d t$ 的

驅動，此力的角頻率 ω_d 稱為驅動頻率（driving frequency），則由牛頓第二運動定律，可得此物體的運動方程式為

$$m\ddot{x} = -kx - b\dot{x} + F_0 \cos \omega_d t \qquad (11\text{-}26)$$

由於驅動頻率為 ω_d，使得物體在長期受迫後，亦會出現相同頻率的振盪，即

$$x = A \cos (\omega_d t + \theta_0) \qquad (11\text{-}27)$$

此式與（11-9）式的簡諧振盪位移公式相同，故**受迫振盪**（driven oscillation）的速度與加速度，亦可仿照簡諧振盪的結果，即（11-13）式與（11-14）式，表示為

$$\dot{x} = -\omega_d A \sin (\omega_d t + \theta_0) \qquad (11\text{-}28)$$

$$\ddot{x} = -\omega_d^2 A \cos (\omega_d t + \theta_0) \qquad (11\text{-}29)$$

將以上三式中的正弦與餘弦函數依以下公式展開：

$$\sin (\omega_d t + \theta_0) = \sin \omega_d t \cos \theta_0 + \cos \omega_d t \sin \theta_0$$

$$\cos (\omega_d t + \theta_0) = \cos \omega_d t \cos \theta_0 - \sin \omega_d t \sin \theta_0$$

並代入（11-26）式，則因 $\cos \omega_d t$ 與 $\sin \omega_d t$ 的係數須分別為零，故得（習題 11-19）

$$A = \frac{F_0}{m\sqrt{(\omega_d^2 - \omega_0^2)^2 + b^2 \dfrac{\omega_d^2}{m^2}}} \qquad (11\text{-}30)$$

上式中 $\omega_0 = \sqrt{\dfrac{k}{m}}$，它代表沒有阻尼及沒有外力時，簡諧振動的角頻率稱為**自然頻率**（natural frequency）。如圖 11-14 的曲線稱為**共振曲線**（resonance curve），顯示的是受迫振盪的振幅 A 隨驅動頻率 ω_d 變化的情形，圖中各曲線的阻尼程度不同，但外力振幅 F_0 則都一樣。當阻尼越輕微時，振幅 A 的極大值變得越高，共振曲線的尖峰寬度也越狹窄，而能使振

圖 11-14　共振曲線

幅 A 變為極大值的驅動頻率，也越接近自然頻率，此一現象稱為**共振**（resonance）。高樓或橋樑的設計須顧及在地震或強風吹襲時，共振所可能帶來的結構安全問題。建造高架道路時，也須避免車輛通過時，對路面或支撐的樑柱帶來過度的共振。

例題 11-8

一質量為 m 的次阻尼振盪系統，其自然頻率為 ω_0，阻尼常數為 b。試求能使此系統的振幅 A 為極大值的驅動頻率 ω_r。

解

由（11-30）式，可知能使振幅 A 成為極大值的驅動頻率 ω_r，須使該式右邊分母中的 $D(\omega_d^2) = (\omega_d^2 - \omega_0^2)^2 + \dfrac{b^2 \omega_d^2}{m^2}$ 為極小值。因 $D(\omega_d^2)$ 為 ω_d^2 的二次式，故可將其表示為一完全平方項與一常數項之和，即

$$D(\omega_d^2) = (\omega_d^2 - \omega_0^2)^2 + \frac{b^2 \omega_d^2}{m^2}$$

$$= (\omega_d^2)^2 - 2(\omega_0^2 - \frac{b^2}{2m^2})\omega_d^2 + (\omega_0^2)^2$$

$$= \{\omega_d^2 - (\omega_0^2 - \frac{b^2}{2m^2})\}^2 + (\omega_0^2)^2 - (\omega_0^2 - \frac{b^2}{2m^2})^2$$

當上式最後等號之後第一項為零時，$D(\omega_d^2)$ 為極小，故能使振幅為極大的驅動頻

率為

$$\omega_r = \sqrt{\omega_0^2 - \frac{b^2}{2m^2}}$$

可見其確實較 ω_0 為小。

習題

11-1 節

11-1 一鞦韆穩定擺動時，由最低點到最高點費時 0.50 s，則其週期與頻率各為何？若由一最高點到另一最高點的弧線路徑長為 2.0 m，則其振幅為何？

11-2 一琴弦發出頻率為 440 Hz 的單音，則此弦的振動週期為何？

11-2 節

11-3 一質量為 2.5 kg 的物體做頻率為 10 Hz 的簡諧運動，在時刻 t 為零時出現最大的位移 A 為 0.50 cm，則此物體的位置 x 隨時間變化的函數 $x(t)$ 為何？物體的最大加速度與受到的最大作用力各為何？

11-4 試分別求出圖 P11-4 中三個簡諧運動 a、b、c 的振幅、角頻率與相位常數。

11-5 使用同一對坐標軸，畫出下列簡諧運動的 x-t 圖：(a) $x = (10 \text{ cm})[\cos(2.0 t + \frac{\pi}{2})]$；(b) 振幅 20 cm，週期 5 s，相位常數 0；(c) 振幅 15 cm，角頻率 4.0 rad/s，相位常數 45°。

圖 P11-4

11-6 證明 $x(t) = A\cos\omega t - B\sin\omega t$ 可表示成 (11-9) 式的形式，並求此簡諧運動之振幅與相位常數。

11-7 一彈簧的力常數為 6.0 N/m，一端固定，另一端連接有一質量為 0.25 kg 的物體。若此彈簧與物體系統以 3.0 cm 的振幅作簡諧振動，試求此振動之頻率與週期、物體的最大速度、彈簧的最大作用力。

11-3 節

11-8 一老爺鐘靠長度為 1.60 m 的單擺計時。當擺錘向左或向右的位移為最大

時，此鐘會發出滴答聲，則相鄰兩次滴答聲的間隔為何？

11-9 一垂直懸吊之彈簧，底端連有一質量為 0.40 kg 的物體，沿垂直方向上下振動。若物體在最高位置時，彈簧長度正好等於其自然長度，而最低位置與最高位置相距 5.0 cm，則物體之振動頻率為何？

11-10 一火箭上有一單擺，當火箭靜止於發射台時，單擺的週期為 T。當火箭以 $\dfrac{g}{2}$ 的加速度垂直升空與降落時，單擺的週期各為何？

11-11* 如圖 P11-11，一質量為 m、半徑為 R 的均勻細圓環，掛在一水平的細釘桿上。當圓環繞著釘桿在一垂直平面內作微幅的振盪運動時，其週期為何？

圖 P11-11

11-12* 如圖 P11-12，一質量為 M、半徑為 R 的均勻圓環，在其內沿鑲有一質量為 m 的質點，垂直豎立於水平地面上。

圖 P11-12

使此環微幅偏離其平衡位置後輕輕放開，若圓環能來回滾動而不滑動，則此運動之週期為何？

11-13 以串聯方式，將力常數為 k_1 與 k_2 的兩條彈簧連接後，使其一端固定，另端與一質量為 m 的物體相連。若物體在一光滑水平面上來回振動，則其角頻率為何？

11-14 一扭擺的扭轉常數為 5.0 N·m/rad，轉動慣量為 2.0 kg·m²，則其週期為何？

11-4 節

11-15 一質點的位置 x（單位為 cm）隨時間 t（單位為 s）的變化為

$$x = 30 \cos\left(2\pi t + \dfrac{\pi}{3}\right)$$

則在何時其位能與動能相等？此時質點的位置為何？

11-16 一單擺微幅擺動時，其最大角位移為 θ_0，若單擺質量為 m，擺長為 L，試求其總力學能。

11-17* 如圖 P11-17，一圓盤之質量為 m、半徑為 R，中心裝有一輪軸，與一力常數為 k 的彈簧連接，隨著彈簧的伸縮，圓盤可來回作純滾動。試寫出此系統的總力學能，並求其週期。

圖 P11-17

11-5 節

11-18 一質量為 0.20 kg 的物體與一力常數為 4.2 N/m 的彈簧連接，若此系統的阻尼常數為 6.0×10^{-3} kg/s，則此系統的振幅降為 36.8% 需時約為多久？

11-6 節

11-19 試導出（11-30）式之公式。

11-20 若一彈簧-物體系統的阻尼常數與物體質量之比 $\dfrac{b}{m}$ 為其自然角頻率的 $\dfrac{1}{4}$，則當外加驅動角頻率 ω 偏離自然角頻率 $\pm 10\%$ 時，其振幅等於自然角頻率時之多少倍？

圖 11-5

11-18 一質量為 0.20 kg 的物體作一力振幅
為 4.2 N，m⁻¹ 的簡諧運動，若此物體的彈
性位能係數 6.0×10⁻¹ kg/s，即此系統
的振幅週期 36.8％，振幅為多大？

圖 11-6

11-19 試證明 (11-30) 式之公式。

11-20 若一木塊受一繫統的正常振動
週期為 2.12 秒，若此時初始動率為
$\frac{1}{4}$，則此木塊振動的頻率 ω，振幅 ξ
與能量 E 為 ±10%，且此振動將會以
衰減率之2.之倍？

12 波 動

- 12-1 波的種類與特性
- 12-2 波動的數學描述
- 12-3 弦線上的波
- 12-4 波功率與波強度
- 12-5 重疊原理與波的干涉

如 圖 12-1(a) 的彈簧與物體組成的振動系統，在受到擾動時，會出現振盪運動，假定沒有損耗，這個系統的能量不會傳到別處。

圖 12-1(b) 是一個比較複雜的振動系統，它是由一連串相同的彈簧與物體彼此相連組成，處於平衡狀態時所有彈簧的長度都相同。如圖 12-1(c) 所示，當其中的任何一個物體，如左邊第二個，受到外力擾動而偏離平衡位置時，這個擾動會逐漸傳到系統的其它部份（如圖 12-1(d) 左邊第四個），這樣的運動現象稱為**波**（wave）或**波動**（wave motion）。當波出現時，個別的物體只在其平衡位置附近振動，並不隨波遠離。隨波傳到遠處的其實是力學能（包括動能與位能），這可由波通過時，物體會來回振動（動能），而彈簧會伸縮（位能），得到證實。因此，波可定義為是一種可傳播能量、但不傳播物質的擾動。

波的例子很多。講話時產生的聲音，稱為聲波，它所具有的能量，可以經由空氣傳播到遠處，但空氣並不跟著聲波前進。同樣地，海面或湖面的水波，可將遠處風浪的能量，傳到岸邊，但海水或湖水本身並不隨著波浪一直前進。

以上提到的各種波都是**力學波**（mechanical wave），它們傳遞的是物質介質（如彈簧、空氣、水等）中出現的力學狀態的擾動。本章與下一章將討論力學波的性質與現象。光與

圖 12-1 振動與波

其它各種電磁輻射也都是波，稱為電磁波，即使在真空中也能傳播，因此並不是力學波。電磁波與力學波的異同之處，將於稍後的章節中加以說明。

12-1 波的種類與特性

12-1-1 振幅

擾動使介質偏離其平衡狀態。波的振幅指的是擾動的最大值。振幅衡量的是波所引起的各種物理量變化，例如物體的位移、聲波的壓力、波浪的高度。

12-1-2 縱波與橫波

圖 12-1(b) 的彈簧與物體系統只能使波沿著左右的方向傳遞，但它可以傳遞兩種不同形式的波。當擾動使物體偏離平衡位置時，物體的位移，如果恆沿著左右的方向，亦即與波傳遞的方向平行（圖 12-2(a)），則出現的波稱為縱波（longitudinal wave），如果恆沿著上下或前後的方向，亦即與波傳遞的方向垂直（圖 12-2(b)），則出現的波稱為橫波（transverse wave）。但是有些波不能視之為單純的縱波或橫波，例如圖 12-3 的水波平行於水面傳播時，水會就地沿著近乎為圓的路線運動，其位移的方向，並非一直與水面平行或垂直。

圖 12-2　(a) 縱波；(b) 橫波

圖 12-3　水波

12-1-3　波　形

在介質中的波擾動，其大小、高低或強弱隨位置而變。*波形*（waveform）指的就是擾動隨位置變化的形式。當介質受擾動的時間極為短暫時，出現的是局部而孤立的波（圖 12-4(a)），稱為*脈衝波*（pulse）。介質受到的擾動如果重複不停，則出現的是*連續波*（continuous wave）（圖 12-4(b)），但如果只持續有限的一段時間，則出現的是*波列*（wave train）（圖 12-4(c)）。

圖 12-4　(a) 脈衝波；(b) 連續波；(c) 波列

12-1-4　波長、週期與頻率

在同一時刻，介質中出現的擾動，如果沿著波傳遞的方向，每隔一段距離 λ 就又重複，則 λ 稱為此波之*波長*（圖 12-5）。在同一位置上先後出現的波擾動，如果每隔長度為 T 的時間就又重複，則 T 稱為此波之*週期*（圖 12-6）。介質中任意一個位置上（如圖 12-6(a) 中之 P 點）在一週期的時間內出現的波擾動，合稱為一個*波循環*（wave cycle）（圖 12-

圖 12-5　波長

圖 12-6 週期與波循環

6(b))。週期 T 的倒數就是波的頻率 f，也就是介質中任意一個位置上每單位時間內通過的波循環數，以公式表示即

$$f = \frac{1}{T} \tag{12-1}$$

12-1-5 波 速

波在一介質中傳遞的速率稱為**波速**（wave speed），它與介質的彈性與慣性有關，因此是介質的一種特性。在一大氣壓與 25°C 時，聲音在空氣中的波速約為 346 公尺/秒，池塘表面的漣漪，其波速約為 0.2 公尺/秒，而地震波在地球外表殼層的波速約為 6 公里/秒。

設圖 12-6(a) 的波頻率為 f，在 P 點的波擾動（向下的位移 y），經一週期 $T = \dfrac{1}{f}$ 的時間後，會傳到 Q 點，但 P、Q 間的距離正好是一個波長 λ，故波由 P 點傳至 Q 點的速率，亦即波速 v，可表示為

$$v = \frac{\lambda}{T} = f\lambda \tag{12-2}$$

12-2 波動的數學描述

一沿著 x 軸正方向（向右）傳播的波，在介質中引起的擾動 y（如位移），在時刻為 0 時，其波形若可表示為位置坐標 x 的函數 $f(x)$（如圖 12-7(a)），則得 $y = f(x)$。若波速為 v，則在時刻為 t 時，此波形將前進 $L = vt$ 的距離。將 x 軸的原點向右平移 L，可得一新坐標系（如圖 12-7(b)），其位置坐標 x' 與原來的坐標 x 有以下的關係

$$x' = x - L = x - vt \tag{12-3}$$

由圖 12-7(b)，可看出在時刻 t 的波形可表示為 $y = f(x')$。利用上式，將 x' 改用坐標 x 表示，則得在任何時刻 t 時，此波的波形均可寫成

$$y = f(x') = f(x - vt) \tag{12-4}$$

同理，若波沿 x 軸的**負方向**（向左）傳播，則波形可寫成

$$y = f(x + vt) \tag{12-5}$$

（12-4）式與（12-5）式表示出在波擾動下位移隨位置與時間的變化，稱為**波函數**（wave function）。

波形為正弦或餘弦函數的連續波，稱為**簡諧波**（simple harmonic wave），或逕稱為**正弦波**（sinusoidal wave）。當此種波通過時，介質中任一位置上出現的擾動，都會以波的週期 T 作簡諧振盪式的變化，而正弦或餘弦波形任一循環的寬度即為波長 λ。

如適當選擇位置坐標 x 的原點，則簡諧波在時刻為 0 時，可表示為

$$y(x, t=0) = A\cos\left(\frac{2\pi}{\lambda}x\right) \tag{12-6}$$

圖 12-7 不同時刻的波形

上式中的 y 代表波擾動引起的位移，而 A 則代表振幅。當 x 增減 λ 時，餘弦的角度也跟著增減 2π，因此位移 y 並不會改變，故式中的 λ 為波長。

依據（12-3）~（12-5）式的結果，將上式右邊的 x 改用 $x \pm vt$ 取代，即可得在任何時刻 t 的簡諧波，故得

$$y(x, t) = A\cos\left[\frac{2\pi}{\lambda}(x \pm vt)\right] = A\cos\left(\frac{2\pi}{\lambda}x \pm \frac{2\pi}{T}t\right) \qquad (12\text{-}7)$$

其中最後的等式是利用（12-2）式（即 $v = \lambda/T$）獲得的。由此式可看出，在任一位置，例如 $x = 0$，位移會以頻率 $f = \frac{1}{T}$ 隨時間變化，即 $y(0, t) = A\cos\left(\frac{2\pi t}{T}\right) = A\cos(2\pi f t)$，故可仿照前章，定義簡諧波的角頻率為

$$\omega \equiv \frac{2\pi}{T} = 2\pi f \qquad (12\text{-}8)$$

同理，可定義簡諧波的**波數**（wave number）為

$$k \equiv \frac{2\pi}{\lambda} \qquad (12\text{-}9)$$

利用角頻率 ω 與波數 k，可將（12-2）式與（12-7）式的結果分別表示為

$$v = f\lambda = \frac{\lambda}{T} = \frac{\frac{2\pi}{k}}{\frac{2\pi}{\omega}} = \frac{\omega}{k} \qquad (12\text{-}10)$$

$$y(x, t) = A\cos(kx \pm \omega t) \qquad (12\text{-}11)$$

例題 12-1

圖 12-8(a) 為時刻 0 時，一簡諧波的位移 y 對位置坐標 x 的變化，而圖 12-8(b) 則為 $x = 0$ 處，位移對時間坐標 t 的變化。試求此波之波長 λ、週期 T、

(a) 圖顯示 y(cm) 對 x(m) 之正弦波，振幅 2 cm，波長 3 m。

(b) 圖顯示 y(cm) 對 t(s) 之正弦波，振幅 2 cm，週期 1.5 s。

圖 12-8 位移的位置與時間變化

波速 v、前進方向與波函數 y(x, t) 的一般式。

解

波長即正弦曲線每一循環的寬度，故由圖 12-8(a) 得 λ 為 3.0 m。週期即任何點的位移振盪一次所需的時間，故由圖 12-8(b) 得 T 為 1.5 s。由（12-10）式可得波速 $v = \dfrac{\lambda}{T} = 2.0$ m/s。當圖 12-8(a) 的波形往右移時，在 $x = 0$ 處的位移，才會在 t 剛大於 0 時變為負值（圖 12-9），故此波沿 x 軸的正方向前進。由圖 12-8(a) 或 (b) 得最大位移（即振幅 A）為 2.0 cm，將以上結果代入（12-11）式，即得波函數的一般式為

$$y(x, t) = A\cos(\dfrac{2\pi}{\lambda}x - \dfrac{2\pi}{T}t) = A\cos[\dfrac{2\pi}{\lambda}(x - vt)]$$

$$= 2.0\cos[\dfrac{2\pi}{3.0}(x - 2.0t)]$$

圖 12-9 波形右移時，原點位移向下。

12-3 弦線上的波

12-3-1 張緊的弦線

具有伸縮性的細弦線，在被拉長後，會出現回復力，而使弦線張緊，可以傳遞橫波。弦線上橫波的波速由哪些因素決定？

考慮一沿 x 軸的均勻弦線（圖 12-10(a) 中的虛線），設其質量為 M，在拉緊後處於平衡狀態時，受到的張力為 F，總長度為 L，則此弦線的**線密度**（linear density），亦即每單位長度的質量為 $\mu = \dfrac{M}{L}$。假設在弦線一端，沿 y 軸方向施力，使此弦線稍微變形後放開，則弦線上將出現橫波，其波形以波速 v 向另一端傳遞，但組成弦線的各點並不沿 x 軸移動，如圖 12-10(a)。

弦線可視為由許多長度都為 ΔL 的小段組成，當 $\Delta L \ll L$ 時，每一小段的弦就相當於質量為 $m = \mu \Delta L$ 的質點。在一個沿 x 軸以 v 作等速度運動的參考坐標系 x' 中，波形是靜止不變的，但弦線的各點，則沿著波形定出來的路線，以 v 的速率，

圖 12-10 弦線上的橫波

圖 12-11　橫波的波速

沿 x 軸作相反方向的運動，如圖 12-10(b)。

考慮波形彎曲處頂端的一小段路線，並假設其長度夠短，而可當作是在半徑為 R 的圓弧上（圖 12-11）。若其中 P 至 Q 點的部份，相當於前述質量為 $m = \mu \Delta L$ 的質點，則其長度為 ΔL，對圓心 O 的張角為 $2\theta = \dfrac{\Delta L}{R}$。此質點以等速率 v 繞 O 作圓周運動時，所需沿 AO 方向的向心力 $N = \dfrac{mv^2}{R}$，來自作用於 P 與 Q 的張力 F。由圖 12-11 可看出，此二張力分別與半徑 OP 及 OQ 垂直，其沿 AO 方向的分量均為 $F \cos \angle OAQ = F \cos(\dfrac{\pi}{2} - \theta) = F \sin \theta$，故其合力為 $2F \sin \theta$，此合力須等於向心力 N。因張角 θ 很小，$\sin \theta$ 可近似為 θ，故得

$$\frac{mv^2}{R} = N = 2F \sin \theta \cong 2F\theta = 2F \frac{\Delta L}{2R} = \frac{F}{R}\left(\frac{m}{\mu}\right)$$

比較上式左、右兩邊，即得弦上橫波的波速為

$$v = \sqrt{\frac{F}{\mu}} \tag{12-12}$$

適用以上所得波速公式的橫波，其波形並沒有任何特別的限制，但因弦線的長度，必須大致維持不變，否則不能將張力 F 與線密度 μ 當作近乎不變的常數，故適用此波速公式的橫波，其振幅必須夠小。

（12-12）式顯示張力越大，或線密度越小，則波速也越快，此結果可作如下的解釋。依牛頓第二運動定律，在固定的線密度或慣性下，張力越大，則弦線各部份的加速度也越大，因此受擾動的部份，可以越快地複製傳來的波形，亦即波速越快。同理，在固定的張力下，線密度或慣性越小，則弦線各部份的加速度就越大，波速也越快。

例題 12-2

一鋼琴上張緊的琴弦,質量為 4.20 g,兩端的固定點相距 0.700 m,弦之張力為 726 N,則弦上出現的橫波,其波速為何?

解

琴弦之質量 M 為 4.20 g,長度 L 為 0.700 m,故其線密度 μ 為

$$\mu = \frac{M}{L} = \frac{0.00420 \text{ kg}}{0.700 \text{ m}} = 6.00 \times 10^{-3} \text{ kg/m}$$

琴弦受到的張力 F 為 726 N,故由(12-12)式可得波速 v 為

$$v = \sqrt{\frac{F}{\mu}} = \sqrt{\frac{726}{6.00 \times 10^{-3}}} = 348 \text{ m/s}$$

12-4 波功率與波強度

　　介質在傳播力學波時,先出現波擾動的部份,會施力給鄰接的部份,使其偏離平衡位置,並對其作功,因此波動的能量,可以由介質的一部份轉移到鄰接的部份,從而傳播至遠處。以弦線上的橫波為例,張力對弦線作功,波動的能量因此得以沿著波前進的方向傳遞。

12-4-1 波功率

　　如圖 12-12 所示,一弦線上的橫波,以波速 v 沿 $+x$ 的方向前進,在時刻 t 到 $t+\Delta t$ 的時間內,A 點介質沿 y 方向運動,其位移為 Δy,速度為 $\dot{y} = \frac{\Delta y}{\Delta t}$,而兩波形曲線在 B 與 C 點的切線互相平行,若以 θ 表示切線與 x 軸的夾角,則

圖 12-12　張力對弦線作功

$\tan\theta = \dfrac{-\Delta y}{v\Delta t} = -\dfrac{\dot{y}}{v}$。設在 A 點的張力 F，其 y 分量為 F_y，則張力 F 對弦線作功的功率 $P = F_y \dot{y}$，但 $F_y = -F\sin\theta$，而當 θ 夠小時，$\sin\theta \cong \tan\theta$，故得功率為

$$P = -\dot{y}F\tan\theta = \dfrac{\dot{y}^2 F}{v} = \mu v \dot{y}^2 \tag{12-13}$$

上式最右邊的等式是利用（12-12）式得到的。

當圖 12-12 中的橫波為（12-11）式中沿 x 軸正方向傳遞的簡諧波時，弦線上坐標為 x 的點，其位移 y 為

$$y = A\cos(\omega t - kx) \tag{12-14}$$

由於此點沿 y 方向作簡諧振盪，故其速度 $\dot{y}$，可仿（11-9）式與（11-13）式間的關係，寫成

$$\dot{y} = -\omega A\sin(\omega t - kx) \tag{12-15}$$

綜合前三式的結果，可得通過弦線上坐標為 x 的點，沿著簡諧波前進方向傳遞的波功率為

$$P = \mu \dot{y}^2 v = \mu v \omega^2 A^2 \sin^2(\omega t - kx) \tag{12-16}$$

此結果顯示一般而言，波功率會隨時間變化。

通常較常用的為 P 在一週期內的平均值 $\overline{P}$，即**平均波功率**（average wave power），因由半角公式可得

$$\sin^2(\omega t - kx) = \frac{1}{2} - \frac{1}{2}\cos(2\omega t - 2kx) \tag{12-17}$$

而在任一週期內，$\cos(2\omega t - 2kx)$ 之值為正與為負的時間各佔一半，其平均值為零，故 $\sin^2(\omega t - kx)$ 的週期平均值由（12-17）式中的第一項而來，其值為 $\frac{1}{2}$。將此結果代入（12-16）式，可得簡諧波的平均波功率為

$$\overline{P} = \frac{1}{2}\mu v \omega^2 A^2 \tag{12-18}$$

例題 12-3

一繩之線密度為 400 g/m，受到的張力為 50.0 N。若繩上出現的橫波，頻率為 2.0 Hz，振幅為 25 cm，則此繩波的平均波功率為何？

解

繩的線密度 μ 為 0.400 kg/m，受到的張力 F 為 50.0 N，故由（12-12）式可得波速 v 為

$$v = \sqrt{\frac{F}{\mu}} = \sqrt{\frac{50.0}{0.400}} = 11.2 \text{ m/s}$$

繩波的頻率 f 為 2.0 Hz，角頻率 ω 為 $2\pi f = 4.0\pi$ rad/s，振幅 A 為 0.25 m，故由（12-18）式可得波的平均波功率為

$$\overline{P} = \frac{1}{2}\mu v \omega^2 A^2$$
$$= \frac{1}{2}(0.400)(11.2)(4.0\pi)^2(0.25)^2 = 22 \text{ W}$$

12-4-2 波強度

細弦線的每一橫截面，因面積甚小，可視為一點，故通常只考慮通過整個橫截面的波能量或波功率。但考慮較粗的繩線

或其它介質時，如將其橫截面細分為許多個近乎平面的面積素，則通過各面積素的波能量或波功率並不一定相同。在這種情況下，與波的傳遞方向垂直的截面，每單位面積通過的平均波功率，稱為波強度（wave intensity），因波功率的單位為瓦特，故波強度的單位為瓦特／平方公尺（W/m²）。若與波傳遞方向垂直的面積素，其面積為 A，而通過的平均波功率為 $\overline{P}$，則波強度 I 可定義為

$$I \equiv \frac{\overline{P}}{A} \qquad (12\text{-}19)$$

在同一時刻具有相同波擾動的各點，其連接起來所形成的表面，稱為波前（wave front），例如各點的位移都等於波振幅的表面。波擾動或波能量傳遞的方向與波前垂直，如圖 12-13(a) 與 (b) 所示。波的波前為平行的平面時（圖 12-13(a)），稱此波為平面波（plane wave）。在平面波中，波前的面積均相同，波能量均勻地通過任何與波前平行的平面，故波強度到處相同。波前為同心球面的波（圖 12-13(b)），稱為球面波（spherical wave），此種波通常由位於球心的點波源發出，其波前的面積 A，與球面半徑 r 的平方成正比，即 $A = 4\pi r^2$。若點波源的平均波功率為 $\overline{P}$，則在距離波源 r 處的波強度 I 可表示為

(a)   (b)

圖 12-13　平面波 (a) 與球面波 (b) 的波前

$$I = \frac{\overline{P}}{A} = \frac{\overline{P}}{4\pi r^2} \qquad (12\text{-}20)$$

故球面波從球心發出往各個方向傳播時，每一完整球面通過的波能量或功率都相同，但波強度隨距離的平方遞減。

例題 12-4

一頻率固定的波源，以平均功率 $\overline{P}$ 沿水面發出水波，向各方向傳播。若水波在各處的深度相同，距離波源 R 處的波強度為 I，則距離波源 $2R$ 處的波強度為何？

解

因水波在各處的深度 h 相同，故距離波源 r 處的截面積 A 為 $2\pi rh$，亦即距離波源 $2R$ 處的截面積為距離波源 R 處的 2 倍。依（12-19）式，波強度與截面積成反比，亦即與距離 r 成反比，故距離波源 $2R$ 處的波強度為 $\frac{I}{2}$。

12-5　重疊原理與波的干涉

若弦線上有兩橫波波列，彼此相向沿著弦線傳遞（如圖 12-14(a)），則在兩波列交會或重疊處的波擾動（例如弦線的橫向位移），會出現什麼樣的變化？根據實驗的結果，有些波，例如弦波或聲波等，在數個波列重疊處，介質受到的波擾動會等於將各個波列單獨通過時的波擾動相加後的總和，此結果稱為波的**重疊原理**（superposition principle）。數個波列的波擾動，在重疊處依重疊原理合成後，波形會改變，此一現象或合成的過程，稱為波的**干涉**（interference）。兩個重疊的波列，在合成後，若波擾動增大（如圖 12-14(b)），則稱

圖 12-14　兩波列的干涉（時間先後順序為 a、b、c、d）

之為**相長干涉**（constructive interference），若波擾動減小（如圖 12-14(c)），則稱之為**相消干涉**（destructive interference）。兩個波列在重疊處會出現干涉現象，但各個波列仍繼續沿著原方向前進，在離開重疊區後，其波形與單獨通過介質時完全相同（如圖 12-14(d)）。

12-5-1　拍

當頻率相差不多的兩個簡諧波重疊時（如圖 12-15(a)），兩波的干涉在有些位置是相長的，而在有些位置則是相消的，因此合成後的波形，振幅會隨位置而變，如圖 12-15(b)。同樣地，對同一位置而言，兩波的干涉在有些時刻是相長的，而在有些時刻則是相消的，因此合成後的波形，振幅會隨時間而變，其波形如圖 12-15(b)。

假設兩波的振幅相等，但角頻率 ω_1 與 ω_2（或頻率 f_1 與 f_2）相差不多，則在原點的合成波，其位移 y 隨時間 t 的

圖 12-15　拍

變化可表示為

$$y = A\cos\omega_1 t + A\cos\omega_2 t \tag{12-21}$$

利用餘弦函數和差化為乘積的公式，上式可改寫為

$$y = 2A\cos\left(\frac{\omega_1-\omega_2}{2}t\right)\cos\left(\frac{\omega_1+\omega_2}{2}t\right) \tag{12-22}$$

在 $\omega_1 - \omega_2 \ll \omega_1$ 的情況下，上式第二個餘弦因子，其角頻率 $\overline{\omega}$ 為 ω_1 與 ω_2 的平均值，故與 ω_1 或 ω_2 相差不多，但第一個餘弦因子的角頻率 $\Omega = \frac{1}{2}|(\omega_1-\omega_2)|$，則會比 $\overline{\omega}$ 低很多。因此（12-22）式可改寫為 $y = 2A\cos(\Omega t)\cos(\overline{\omega} t)$，其中隨時間緩慢變化的部份 $A' = 2A\cos(\Omega t)$（如圖 12-15(b) 的虛線），可視為合成波的振幅。此種振幅隨時間緩慢作簡諧振盪的合成波，稱為拍（beat）。由圖 12-15(b) 可看出，由於 $\cos(\overline{\omega} t)$ 的時間變化比振幅 A' 快很多，位移 y 會在 $\cos(\Omega t) = \pm 1$ 時達到極大，亦即在振幅 A' 的每一循環內出現兩次極大，故合成波出現相長干涉的角頻率為 $2\Omega = |\omega_1-\omega_2|$，就聲波而言，此即拍音出現的角頻率。若以 f 表示拍的頻率（簡稱拍頻），則前述結果即為 $f = |f_1 - f_2|$。

例題 12-5

當頻率分別為 475 與 480 Hz 的兩音叉一起振動時，人耳聽到的混合聲音，其強弱變化的頻率為何？

解

混合聲音的強弱會以拍頻 f 變化，故得

$$f = |f_1 - f_2| = 480 - 475 = 5 \text{ Hz}$$

12-5-2　二維干涉

二維與三維的波，其干涉現象較富變化，比以上所討論的複雜許多。如圖 12-16 所示，以兩個點波源 A 與 B 發出的圓形水波為例，若兩水波的頻率與振幅均相同，由波源出發時的相位亦相同，則在兩點波源連線的中垂線上，會出現相長干涉，而使合成波的振幅增強；但在中垂線的兩旁，則會出現相消干涉，使合成波的振幅變得很小，因而形成一些節線（nodal line）。

圖 12-16　波源 A 與 B 的二維干涉

例題 12-6

如圖 12-16 所示，點波源 A 與 B 相距 20 m，P 點到 $\overline{AB}$ 的垂直距離為 50 m，P 點到 $\overline{AB}$ 中垂線的垂直距離為 30 m。若 P 點位在中垂線左邊第二條節線上，則水波的波長為何？

解

設水波的波長為 λ，則中垂線上各點與 A、B 等距離，中垂線左邊第一條節線上各點與 A、B 的距離相差 $\frac{\lambda}{2}$，第二條節線上各點與 A、B 的距離相差 $\frac{3\lambda}{2}$，故 $\overline{BP} - \overline{AP} = \frac{3\lambda}{2}$。但 A 點到 $\overline{AB}$ 中垂線的垂直距離為 $\frac{20}{2} = 10$ m，故由

$$\overline{AP} = \sqrt{(30-10)^2 + (50)^2} = 54 \text{ m}$$

$$\overline{BP} = \sqrt{(30+10)^2 + (50)^2} = 64 \text{ m}$$

可得 $\frac{3\lambda}{2} = 10$ m，即水波的波長為 6.7 m。

習題

12-1 節

12-1 一池塘中出現的水波，其傳播速率為 36 m/s，頻率為 4.5 Hz，則此水波的角頻率、週期與波長各為何？若水波最高點與最低點的高度差為 2.0 cm，則此水波的振幅為何？

12-2 一端固定之繩，手持其另一端，以 2.5 Hz 的頻率，輕輕地橫向來回搖動時所出現的繩波，波長為 1.8 cm，則繩波的傳播速率為何？

12-3 下列各種電磁波，波速均為 3.0×10^8 m/s，其波長各為何？(a) 1.0 MHz 的無線電波；(b) 200 MHz 的電視頻道電波；(c) 10 GHz 的警用測速雷達波；(d) 4.0×10^{14} Hz 的紅色可見光。

12-2 節

12-4 一簡諧波之位移 y，可用如下之波函數描述其隨位置 x 與時間 t 的變化

$$y = 2.4 \cos(0.80x + 40t)$$

上式中 y 與 x 的單位均為 cm，t 的單位為 s。試求出此波之 (a) 振幅；(b) 週期；(c) 波長；(d) 波數；(e) 波速。

12-5* 圖 P12-5 所示為一由 A 傳至 B 的簡諧波在 $t = 0$ 與 $t = 2.5$ s 時的波形。寫出此波在任一時刻的波函數。

圖 P12-5

12-6 一水波之位移 y 隨位置 x 與時間 t 的變化如下

$$y = 0.24 \sin(0.5x + 3.2t)$$

上式中 y 與 x 的單位均為 m，t 的單位為 s。試求出此波之 (a) 振幅；(b) 頻率；(c) 波長；(d) 波速。

12-7* 一橫波脈衝波在 $t = 0$ 時，各點之速度均為零，其位移 y 隨位置 x 的變化可表示為

$$y = \frac{0.2}{x^2 + 1}$$

上式中 y 與 x 的單位均為 cm。若此波沿 $+x$ 與 $-x$ 方向的傳播速率均為 5.2 cm/s，則此波在時刻 t 之波形為何？

12-3 節

12-8 一弦之線密度為 8.0 g/m，受到的張力為 20 N。若弦上出現的橫波，頻率為 50 Hz，振幅為 1.2 cm，則橫波的波速為何？弦上之點的振動速率最大為何？

12-9 一弦張緊於相距為 6.0 m 的兩端點時，弦之張力為 25 N。若出現於弦一端的擾動，需 0.20 s 才能傳到另一端，則此弦之質量為何？

12-4 節

12-10 一繩之線密度為 250 g/m，受到的張力為 560 N。若繩上出現的橫波，頻率為 4.0 Hz，振幅為 6.2 cm，則此橫波的平均波功率為何？

12-11* 一向右傳遞的弦波波列，其波形如圖 P12-11 所示，正好是振幅為 A、波長為 λ 的正弦波的一個波循環。若弦之張力為 F，則此波列之波能量為何？

圖 P12-11

12-5 節

12-12 當一飛機的雙引擎分別以 600 轉/分與 610 轉/分轉動時，由於引擎聲彼此干涉，機上乘客聽到的聲音強度變化，其頻率為何？

12-13 如圖 P12-13，兩擴音器 A 與 B 發出的聲波完全相同，頻率為 400 Hz。若圖中 P 點位於第一條節線上，$d = 1.6$ m，$h = 0.80$ m，$L = 3.2$ m，則聲速為何？

圖 P12-13

13-13 如圖 P12-13，四個音箱 A 與 B 發出的聲波完全相同，頻率為 400 Hz。在圖中 P 點位置聽到一極值為 0。$v = 1.6$ m，$v' = 0.50$ m，$A = 2.2$ m，問聲速為何？

圖 P12-13

13

聲音與其它的波動現象

- 13-1 氣體中的聲波
- 13-2 氣體中的聲速
- 13-3 聲強度
- 13-4 液體與固體中的聲波
- 13-5 波的反射
- 13-6 駐　波
- 13-7 都卜勒效應
- 13-8 震　波

聲波（sound wave）是在氣體、液體與固體中，以縱波方式傳播的力學波。雖然在日常生活用語中，聲波常被當作是人耳能聽到的聲音，亦即可聞聲（audible sound），但傳到人耳能引發聽覺的聲音，它的頻率範圍侷限在 20 到 20000 赫間，其實只是自然界與科技界無數種類聲波中的一小部份。例如，地震與大型建築物震動時，可發出低於 20 赫的聲波，稱為聲下波（infrasound），而醫學診斷或尋找水下目標位置時使用的超聲波（ultrasound），其頻率則高於 20000 赫。有些動物，如狗、鯨魚、蝙蝠等，可以察覺超聲波，蝙蝠甚至能發出超聲波，並根據這些波反射回來的時間長短，判斷周圍物體的遠近或位置。

前章討論橫波，主要以弦波為例，本章將接著討論縱波，以聲波為例，說明其特性，並探討波共通的一些基本現象。

13-1　氣體中的聲波

一沿 x 軸方向的開口空心圓筒，左端裝有一可左右來回運動的活塞 Q（如圖 13-1(a)）。若 Q 由平衡位置 $x=0$ 向右推進，則右邊相鄰部份的空氣受到壓縮，壓力與密度會變得比平衡值為高，成為稠密部（compression）（圖 13-1(b) 之深色區）；若將 Q 由平衡位置拉回向左，則相鄰部份的空氣膨脹，其壓力與密度會變得比平衡值為低，成為稀疏部（rarefaction）（圖 13-1(c) 之淺色區）。稠密部或稀疏部在形成後，會將其受到的壓力與密度擾動，傳給鄰接的部份，因而在空氣中形成縱波，亦即聲波。由於縱波傳播的是介質密度或壓力的變化，因此也稱為密度波（density wave）、疏密波或壓力波（pressure wave）。

如果活塞左右來回運動，則在圓筒內的空氣將交錯出現稠密部與稀疏部，而形成沿著 x 方向傳播的縱波，如圖 13-2(a)。若活塞的振動頻率在可聞聲的範圍，則當此縱波由

圖 13-1　(a) 處於靜力平衡態的空氣；(b) 被壓縮的空氣；(c) 膨脹的空氣。

圖 13-2　聲波的 (a) 密度、(b) 壓力與 (c) 位移分布

圓筒右端傳播到空氣中，到達人耳時，耳朵即能聽到聲音。此與人耳能聽到風琴管、喇叭、豎笛（即單簧管）等樂器演奏的聲音，其道理類似。

活塞的來回運動，不僅使介質的密度與壓力偏離其平衡值 ρ_0 與 P_0，也使介質偏離其平衡位置 x，而出現位移 s。當縱波通過時，若介質的密度為 ρ，壓力為 P，則介質偏離平衡態的情形，可以用變化量 $\Delta\rho$ 與 ΔP 來表示，即

$$\Delta\rho = \rho - \rho_0, \quad \Delta P = P - P_0 \tag{13-1}$$

圖 13-2(b) 與 13-2(c) 顯示對應於各位置的位移 s（向右為正）與壓力變化量 ΔP（增加為正）。在 a 點的位移為零（$s = 0$），但其左側的介質位移向左（$s < 0$），右側的介質位移向右（$s > 0$），即介質往 a 點的兩側散開，故其密度最稀疏，壓力最低，亦即其壓力變化量為負值，但 $|\Delta P|$ 為極大。在 c 點的位移雖亦為零（$s = 0$），但其左側的介質位移向右（$s > 0$），右側的介質位移向左（$s < 0$），即兩側介質往 c 點靠近，故其密度最稠密，壓力最高，即其壓力變化量 ΔP 為極大。

在 b 點的位移為極大（向右），其兩側的介質位移亦均向右（$s > 0$），故其密度與壓力沒有變化，即 ΔP 為零；在 d 點的位移，其絕對值為極大，但方向向左（$s < 0$），而兩側的介質位移亦均向左，故其密度與壓力亦無變化，ΔP 為零。

由圖 13-2 顯示的關係，可見密度變化與壓力變化的分布彼此同相，但與位移的分布有 90° 的相位差，即密度變化與壓力變化為極大或極小處，位移為零；反之，位移為極大或極小處，密度變化與壓力變化均為零。

若圖 13-2(c) 為波長 λ、振幅 s_0 的簡諧縱波在時刻 $t = 0$ 的位移波形，則可仿照（12-6）式的簡諧橫波，將縱向位移 s 表示為

$$s(x, t = 0) = s_0 \cos(kx) \tag{13-2}$$

並可依據（12-7）式的結果，將上式右邊的 x 改用 $x - vt$ 取代，而得在 x 處的介質在時刻 t 的位移為

$$\begin{aligned} s(x, t) &= s_0 \cos\left[\frac{2\pi}{\lambda}(x - vt)\right] = s_0 \cos\left(\frac{2\pi}{\lambda}x - \frac{2\pi}{T}t\right) \\ &= s_0 \cos(kx - \omega t) \end{aligned} \tag{13-3}$$

當 $v > 0$ 時，上式代表一個以速率 v 向右傳遞的波，故稱 v 為波的**傳播速率**（speed of propagation），而式中的 T 則為波的週期。同理，由圖 13-2(b)，可得壓力變化量為

$$\Delta P(x, t = 0) = \Delta P_0 \sin(kx) \tag{13-4}$$

$$\Delta P(x, t) = \Delta P_0 \sin[k(x - vt)] = \Delta P_0 \sin(kx - \omega t) \tag{13-5}$$

13-2 氣體中的聲速

固定質量的流體（包括氣體與液體），當其所受的壓力由平衡值 P_0 變成 $P_0 + \Delta P$ 時，其體積必須隨著改變，由 V_0 變成

$V_0+\Delta V$，才能重新達成平衡。當壓力的變化量 ΔP 相當微小時，體積的變化量 ΔV 通常會與 ΔP 成正比，也與原體積V_0成正比，而可表示為如下的關係

$$\Delta P = -B\frac{\Delta V}{V_0} \quad (13\text{-}6)$$

上式中的比例常數 B，稱為介質的體積彈性係數或體積彈性模量（bulk modulus），而負號則表示當壓力的變化量 $\Delta P > 0$ 時，體積的變化量 $\Delta V < 0$，也就是說當壓力增大時，體積會縮小。

氣體中的聲速與氣體的體積彈性係數以及平衡時的密度都有關係，其數學式的推導比較複雜，我們只將最後結果寫在下面。

$$v = \sqrt{\frac{B}{\rho_0}} \quad (13\text{-}7)$$

聲波在理想氣體中傳播時，空氣的壓力及體積都變動的很快，可看成是一個絕熱過程，在絕熱過程中，壓力與體積有下列關係

$$PV^\gamma = P_0 V_0^{\;\gamma} = 常數 \quad (13\text{-}8)$$

上式中 γ 是定壓比熱與定容比熱的比值，可視為一個常數。我們將在後面第 16-1 節中，證明 (13-8) 式。

由 (13-8) 式可得

$$\frac{P}{P_0} = \left(\frac{V}{V_0}\right)^{-\gamma} \quad (13\text{-}9)$$

令 $P = P_0 + \Delta P$，$V = V_0 + \Delta V$，則由 (13-9) 式可得

$$\frac{P}{P_0} = 1 + \frac{\Delta P}{P_0} = \left(\frac{V_0 + \Delta V}{V_0}\right)^{-\gamma} = \left(1 + \frac{\Delta V}{V_0}\right)^{-\gamma} \quad (13\text{-}10)$$

用二項式展開可得

$$(1+\frac{\Delta V}{V_0})^{-\gamma} \cong (1-\gamma\frac{\Delta V}{V_0}) \tag{13-11}$$

比較 (13-10) 及 (13-11) 兩式即得

$$\frac{\Delta P}{P_0} = -\gamma \frac{\Delta V}{V} \tag{13-12}$$

故由上式可得理想氣體的**體積彈性係數** B 為

$$B = -V_0 \frac{\Delta P}{\Delta V} = \gamma P_0 \tag{13-13}$$

將 (13-13) 式代入 (13-7) 式即得

$$v = \sqrt{\frac{\gamma P_0}{\rho_0}} \tag{13-14}$$

例題 13-1

(a) 試計算在 0°C 時的聲速。(b) 試求每升高溫度 1°C 聲速改變多少？

解

(a) 將 °C 時的 P_0 及 ρ_0 代入 (13-14) 式即得

$$v_0 = \sqrt{\frac{\gamma P_0}{\rho_0}} = \sqrt{\frac{1.402 \times 1.013 \times 10^5}{1.293}} = 331.6 \,(\text{m/s})$$

(b) 設在 t°C 時之壓力為 P，密度為 ρ，絕對溫度為 T；當時的聲速為 v，則由理想氣體方程式 (見後面第 (15-9) 式)，可得

$$\frac{P}{\rho} = \frac{P_0}{\rho_0}\frac{T}{T_0}$$

故由 (13-14) 式可得

$$v = \sqrt{\frac{\gamma P}{\rho}} = \sqrt{\frac{\gamma P_0 T}{\rho_0 T_0}} = v_0\sqrt{\frac{T}{T_0}} = v_0\sqrt{1 + \frac{t}{273}} \cong v_0(1 + \frac{t}{2 \times 273})$$

即氣溫每升高 1°C，傳播速率的改變量約為

$$\frac{v - v_0}{t} = \frac{v_0}{2 \times 273} = \frac{331.6}{546} \cong 0.6 \quad (\text{m/s})$$

聲波的傳播速率亦稱**聲速**（speed of sound）或**音速**（sonic speed）。飛機的速率有時也用飛行速率與空氣中音速之比來加以表示，稱為飛機速率的**馬赫數**（Mach number）。當一飛機以 1 馬赫數飛行時，其速率恰等於音速，即約為 331 公尺/秒或約 1192 公里/時。超過音速的飛行速率稱為**超音速**（supersonic speed），低於音速的飛行速率稱為**次音速**（subsonic speed）。

13-3 聲強度

在 12-4 節討論弦線的橫波時，曾提及波動的能量可順著波前進的方向傳遞，而傳遞的波功率即為張力對弦線作功的功率。同樣地，空氣中的聲波，其波動能量也是順著波前進的方向傳遞，但波功率則為空氣體積脹縮時，空氣壓力對毗鄰部份作功的功率。

考慮圖 13-1 的開口空心圓筒，其截面積為 A，筒內的聲波向右傳遞。位在 x 的截面，當偏離其平衡位置的位移為 s 時，左側空氣對其所施的壓力為 $P_0 + \Delta P$，總作用力為 $F = (P_0 + \Delta P)A$，如圖 13-3 所示。

設筒內聲波為簡諧波，則位移 s 將如同（13-3）式，而壓力變化 ΔP 則可由（13-5）式得知。此外，截面的縱向振動速度 $\dot{s}$，可利用簡諧運動中位移與速度的關係，即（12-14）

圖 13-3 　截面的位移與聲波壓力

式與（12-15）式間的關係，而知其為

$$\dot{s}(x,t) = \omega s_0 \sin(kx - \omega t) \tag{13-15}$$

因聲波傳給 x 處截面的功率為 $F\dot{s}$，故得每單位面積垂直通過截面之瞬時功率為

$$\frac{F\dot{s}}{A} = (P_0 + \Delta P)\dot{s}$$
$$= \omega s_0\{P_0 \sin(kx - \omega t) + \Delta P_0 \sin^2(kx - \omega t)\}$$

依定義，波強度 I 為上式在一週期之平均值，但上式中之正弦項與正弦平方項，其週期平均值分別為 0 與 $\frac{1}{2}$，故得波強度為

$$I = \frac{1}{2}\omega s_0 \Delta P_0 \tag{13-16}$$

利用（13-3）及（13-5）兩式可證明壓力振幅 ΔP_0 與位移的振幅 s_0 有下列關係

$$\Delta P_0 = kBs_0 \tag{13-17}$$

（13-17）式的數學證明比較複雜，此處略去。利用（13-17）式並利用 $k = \frac{\omega}{v}$ 的關係，（13-16）式可寫為

$$I = \frac{1}{2}\omega k B s_0^2 = \frac{1}{2}\rho_0 \omega^2 s_0^2 v \tag{13-18}$$

由此結果可看出聲波之波強度與位移或壓力變化的振幅平方成正比。可聞聲的波強度常以聲強度（sound intensity）或聲強

稱之。表 13-1 所列為一些日常生活中可聽到的聲強度。可聞聲的壓力變化振幅 ΔP_0，其範圍如圖 13-4 所示。

表 13-1 聲強度

聲　源	強度 (W/m²)	強度級 (dB)	註
鼓膜破裂	10^4	160	
噴射飛機（50 公尺外）	10	130	
搖滾樂隊（4 公尺外）	1	120	感覺底限
地下鐵路	10^{-2}	100	
市區交通	10^{-4}	80	
正常談話	10^{-6}	60	
蚊　子	10^{-8}	40	
耳語（隔 1 公尺）	10^{-10}	20	
正常呼吸	10^{-11}	10	
聽覺底限	10^{-12}	0	

圖 13-4 可聞聲的聲強度

13-3-1 聲音與人耳聽覺

人耳聽到的聲音，其響度（loudness）與人耳的生理結構和聽覺反應有關，並非全由聲強度決定。因此，響度與聲強度之間，並沒有正比的關係。人耳聽得到的聲音，其強度的範圍甚大，強弱的差異可達十幾個數量級。圖 13-4 所示為在可聞聲頻率的範圍內，聲音強度的上、下限，其中感覺底限（threshold of feeling）為人耳開始出現痛癢感覺的強度，而聽覺底限（threshold of hearing）則指人耳能聽得見的最微弱強度，正常人中約有 1%，其聽覺底限只能達到圖中藍線所示的聲強度，但約有 50% 則能達到紅線所示的聲強度。在圖 13-4 中，同一曲線上的各點，其響度都相同，但對應的聲音強度則隨頻率而變。

13-3-2 分 貝

聲強度的變化範圍相當大，因此常改用對數表示，稱為聲強度級（sound intensity level）。聲強度級 β 以分貝（decibel，符號為 dB）為單位，其定義為

$$\beta = 10 \log(\frac{I}{I_0}) \tag{13-19}$$

上式中的 $I_0 = 10^{-12}$ W/m² 為常用的聲音強度參考標準，此值約為人耳對空氣中 1 kHz 聲音的聽覺底限。因為 $\log 10^n = n$，故聲強度每提高 10 倍，聲強度級就增加 10 分貝。人耳聽到的聲音響度，來自個人主觀的判斷，其影響因素不只是聲強度級，也包括聲音的頻率和持續的久暫。對超過 40 分貝的聲音而言，聲強度級每增加 10 分貝，響度大約就會變為原來的兩倍。

當聲音的分貝值超過圖 13-4 所示的感覺底限（約為 120 分貝）時，人耳會有疼痛的感覺，而長時間處於超過 90 分貝

的環境下，會造成聽力受損，應該注意避免。

例題 13-2

試求在空氣中 120 分貝（感覺底限）的聲音所對應的聲強度 I。

解

由（13-19）式得

$$\beta = 120 = 10 \log(\frac{I}{I_0})$$

即

$$12 = \log(\frac{I}{I_0})$$

故得

$$I = 10^{12} I_0 = 1 \text{ W/m}^2$$

此結果與圖 13-4 所示感覺底限之值大致符合。

13-4　液體與固體中的聲波

　　液體與固體也能傳播縱波，其基本原理與波速公式均與 13-2 節討論的氣體一樣。一般而言，液體或固體都比氣體堅硬，因此被壓縮時，其體積的變化比氣體小很多，故由（13-6）式，其體積彈性係數 B 較氣體大得多，因此根據縱波的波速公式，即（13-7）式，除非液體或固體密度特別高，否則，**聲波在液體或固體中的傳播速率都會比在氣體中為快**。表 13-2 為在正常大氣壓力下，一些物質中的聲速。

表 13-2　物質中的聲速（正常大氣壓力下）

	物　質	聲速 (m/s)
氣體	空氣（0°C）	331
	空氣（20°C）	343
	CO_2	259
	氫	1284
液體 (25°C)	苯	1295
	水銀	1450
	水	1497
固體	鋁	6420
	銅	5010
	派熱司玻璃	5640
	鉛	1960
	合成橡膠	1600
	鋼	5940

13-5　波的反射

　　水波到達岸邊後會再回頭，聲波遇到山壁或建築物後會形成回音，光波照射到光滑的金屬面後能產生反光，這些都是波的反射（reflection）現象。

　　依據總力學能守恆定律，波在前進時，如果遇到的介質，不會吸收波動傳來的能量，但又無法將傳來的所有能量，以波動方式繼續向前傳遞，則必然會出現反射的波，將剩餘不能向前傳遞的能量，傳回到原來的介質中。

　　以弦線上的橫波為例，若弦線的右端固定不動（圖13-5(a)），或沿上下方向不受外力作用而可自由運動（圖13-5(b)），則由左端傳來的入射波，在到達右端後都會出現反

第 13 章　聲音與其它的波動現象　291

(a)　　　　　　　(b)

圖 13-5　弦線橫波的反射現象（紅色線與綠色線分別代表反射與入射的分波）

射波，造成兩波重疊干涉的現象。因反射波與入射波的波速相等，而由能量守恆的觀點，其振幅也相等，但兩者間可以有相位差。在圖 13-5(a) 中，弦右端固定，故入射波與反射波的位移，在右端必須反相，才能使該點的總位移永遠保持為零；而在圖 13-5(b) 中，弦右端可上下自由運動，故弦線的張力不可有沿上下方向的分力，否則此方向將出現無窮大的加速度。換言之，弦線在右端須呈水平，亦即在弦右端，由入射波與反射波合成的波形，須為極大或極小，故入射波與反射波的位移，在右端必須同相。

　　以上所舉的例子，與弦右端相連接的物體，其線密度為無窮大（右端固定）或零（右端自由），以致入射波所有的能量都隨著反射波傳回來。但實際與弦相連的物體，其線密度為有限值，介於以上兩者之間，在此情況下，入射波的能量有一部份會傳給連接的物體，稱為**透射**（transmission），剩

圖 13-6　橫波在弦線相接處的反射與透射

圖 13-7　入射線、反射線與折射線

餘的部份才會隨著反射波傳回來，如圖 13-6。各種波在傳到兩介質的交界處時，都會出現與此類似的一部份反射回來，而其餘部份則透射繼續前進的現象。

當波斜向入射到兩介質的交界線或面時，通常都會藉由透射，從一介質進入另一介質中繼續傳播。而如波在兩介質中的波速不同，則透射波的前進方向，會與入射波不同，此現象稱為波的**折射**（refraction）。入射波、反射波與折射波的前進方向，均與波前垂直，一般以**射線**（ray）表示，分別稱為**入射線、反射線與折射線**，恆與波前的法線同向，如圖 13-7。

13-6　駐　波

當橫波在張緊的弦線上傳播時，若弦線僅一端固定不動，則入射波與反射波在此固定端的相位，必須時時保持相反，但這個條件，對波的頻率或波長，並無特別的限制。若弦線兩端均固定不動，則因入射波與反射波在兩固定端的相位，都必須時時保持相反，波的頻率或波長，不能為任意值，必須與弦線的長度有一定的關係，在這樣的限制下，弦線只能以**駐波**（standing wave）的形式振動，亦即弦線上各點出

現的擾動，無法沿著弦線傳遞，必須駐留在兩固定端之間。以下以簡諧波為例，加以說明。

將長度為 L 的弦線，沿 x 軸張緊，兩端分別固定於 $x = 0$ 與 $x = L$。設入射波為簡諧橫波，其角頻率為 ω，在弦線上沿 $-x$ 方向以波速 v 往 $x = 0$ 的一端前進。依（12-10）式，此波之波數 k 與波長 λ 的關係為 $k = \dfrac{2\pi}{\lambda} = \dfrac{\omega}{v}$，而在弦線各點出現的橫向位移如（12-11）式所示為

$$y_1(x, t) = A\cos(kx + \omega t) \quad (13\text{-}20)$$

在 $x = 0$ 出現的反射波，在弦線上以波速 v 沿 $+x$ 方向前進，此波須為簡諧波，其角頻率須為 ω，而在 $x = 0$ 端之位移須與入射波反相，才能使弦線在 $x = 0$ 端之總位移在任何時刻均維持為零，故反射波在各點的橫向位移為

$$y_2(x, t) = -A\cos(kx - \omega t) \quad (13\text{-}21)$$

此二波在弦上重疊，形成駐波，其位移為

$$\begin{aligned} y(x, t) &= y_1(x, t) + y_2(x, t) \\ &= A\{\cos(kx - \omega t) - \cos(kx + \omega t)\} \\ &= 2A\sin kx \sin \omega t \end{aligned} \quad (13\text{-}22)$$

上式顯示弦上出現駐波時，各點均同步作簡諧振動，其相位完全一樣，但振幅不盡相同，而可表示為 $|2A\sin kx|$，亦即振幅隨位置作正弦函數變化，故弦上相隔為波長 λ 的兩點，其振幅必相同。注意：上述結論是在 $x = 0$ 端之位移須保持為零的條件下得到的。

若 $x = L$ 端亦為固定，則弦線在此端的振幅 $|2A\sin kL|$ 亦必須為零，故得 $kL = m\pi$（$m = 1, 2, 3, \cdots$），利用 $\lambda = \dfrac{2\pi}{k}$ 的關係，則波長與弦長須有如下的關係

$$2L = \dfrac{2m\pi}{k} = m\lambda \quad (m = 1, 2, 3, \cdots)\,(x = L \text{ 端為固定}) \quad (13\text{-}23)$$

在此情況下，對應於 m 的駐波頻率 f_m 可由上式求得為

$$f_m = \frac{v}{\lambda} = m(\frac{v}{2L}) \quad (m = 1, 2, 3, \cdots)\,(x = L \text{ 端為固定}) \quad (13\text{-}24)$$

若 $x = L$ 端為自由，則弦線在此端的振幅 $|2A\sin kL|$ 必須為極大，即 $\sin kL = \pm 1$，故得 $2kL = m\pi$（$m = 1, 3, 5, \cdots$），亦即波長與弦長須有如下的關係

$$4L = \frac{2m\pi}{k} = m\lambda \quad (m = 1, 3, 5, \cdots)\,(x = L \text{ 端為自由}) \quad (13\text{-}25)$$

由上式，對應於 m 的駐波頻率 f_m 可表示為

$$f_m = \frac{v}{\lambda} = m(\frac{v}{4L}) \quad (m = 1, 3, 5, \cdots)\,(x = L \text{ 端為自由}) \quad (13\text{-}26)$$

在以上各式中，不同的 m 值代表不同的駐波振動模式，故稱 m 為模式數（mode number）。對應於 $m = 1$ 的振動模式，波長最長，稱為基諧模式（fundamental mode），其對應之頻率最低，稱為基頻（fundamental frequency）或基音（first harmonic），其餘頻率較高的駐波振動模式，稱為泛音（overtone），其頻率稱為泛頻（overtone frequency）。基頻整數倍的頻率，均稱為諧頻或諧音（harmonic），故（13-24）與（13-26）式的駐波頻率均為諧頻。圖 13-8 與圖 13-9 所示為頻率最低的五個駐波振動模式，圖中代表弦線形狀的實線與虛線，其時間差為半個週期。

圖 13-8 與圖 13-9 顯示弦上出現駐波時，在弦的固定端及有些點上，波動的振幅恆為零，即這些點的位移在任何時刻均為零，稱為波節（node），而在兩波節的中點，振幅具有極大值，這些點稱為波腹（antinode）。

一般的高樓或其它的建築物，其底端通常固定不動，頂端則為自由。因此與上述一端自由的弦線類似，其駐波只能在一

第 13 章　聲音與其它的波動現象

圖 13-8　弦線的駐波 ($x = L$ 端固定)

圖 13-9　弦線的駐波 ($x = L$ 端自由)

些特定的頻率，即基頻與泛頻，才能振動。當受到外來擾動時，如強風吹襲或地震時，它們就會如 11-6 節所述，在這些特定的頻率出現共振現象。因此，在設計建築物時，必須掌握其駐波的振動頻率，並確保其不會因共振而有安全上的顧慮。

例題 13-3

一小提琴的琴弦，張緊於相隔為 0.600 m 的兩固定端點之間，其線密度為 5.4×10^{-5} kg/m，基頻為 440 Hz。試求：(a) 弦之張力；(b) 基諧模式之波長；(c) 模式數 $m = 2$ 之諧波頻率；(d) 模式數 $m = 2$ 的諧波，其相鄰兩波節之間距。

解

(a) 由（13-24）式得波速 v 為

$$v = 2Lf_1 = 2 \times 0.600 \times 440 = 528 \text{ m/s}$$

故由（12-12）式得弦之張力為

$$F = \mu v^2 = 5.4 \times 10^{-5} \times (528)^2 = 15 \text{ N}$$

(b) 由（13-23）式得基諧模式之波長為

$$\lambda = 2L = 2 \times 0.600 = 1.2 \text{ m}$$

(c) 由（13-24）式得 $m = 2$ 之諧波頻率為

$$f_2 = \frac{2v}{2L} = \frac{528}{0.600} = 880 \text{ Hz} = 2f_1$$

(d) 由（13-23）式得 $m = 2$ 的諧波波長 $\lambda = L$，波數 $k = \frac{2\pi}{\lambda} = \frac{2\pi}{L}$。因波節位於 $\sin kx = 0$ 處，故 $\sin(\frac{2\pi x}{L}) = 0$，即波節有三，分別為 $x = 0, \frac{L}{2}, L$，故相鄰兩波節之間距為 $\frac{L}{2} = \frac{0.600}{2} = 0.30 \text{ m}$。

13-6-1 樂器

吉他、提琴與鋼琴等絃樂器均有數根長度不等的琴弦，各弦兩端近乎固定，故被拉動或敲擊時，會如（13-24）式所示，出現一些特定頻率的駐波振動，從而使音箱或音板振動，或經電子放大器，將波動傳播到空氣中，發出不同的聲音。

喇叭、笛、簫與風琴等管樂器，在被吹奏或彈奏時，能在不同長度的管中，造成空氣的駐波振動，再由管子的開口端或洞口傳出，直接到達人耳。這類樂器的發音管，其結構與發音原理，與圖 13-10 類似，有一端是封閉的，另一端則是開口的，以便使聲音傳出，稱為**閉管**（closed pipe），但有些則兩端都為開口，稱為**開管**（open pipe）。

$m=1$ $\lambda=4L$

$m=1$ $\lambda=2L$

$m=3$ $3\lambda=4L$

$m=2$ $2\lambda=2L$

▶ 圖 13-10　閉管中空氣的位移

▶ 圖 13-11　開管中空氣的位移

　　由於開口端與大氣相通，因此該處的空氣壓力與大氣壓力相同，恆維持固定，亦即開口端的空氣壓力變化為零，可見就管中空氣的壓力分布而言，開口端須為波節，或者如圖 13-2(b) 與 13-2(c) 所示，須為位移分布的波腹；反之，閉口端的空氣無法振動，其位移恆為零，故閉口端須為位移分布的波節，或空氣壓力變化分布的波腹。

　　綜合上述，可知閉管空氣柱中的駐波，其位移分布與圖 13-9 所示之弦波類似，其波長與管長的關係為 $m\lambda = 4L$ ($m = 1, 3, 5, \cdots$)，如圖 13-10 所示；但開管中空氣的位移分布，則與圖 13-8 之弦波類似，其波長與管長的關係為 $m\lambda = 2L$ ($m = 1, 2, 3, \cdots$)，如圖 13-11 所示。注意：閉管與開管中空氣的位移，實際上均與管軸（橫軸）平行，但作圖時通常都將其沿垂直方向（縱軸）顯示。

例題 13-4

一長度為 1.25 m 之中空圓柱管，一端有一活塞，可在不同的頻率作簡諧振

動，另端開口與大氣相通。當於定點測定聲波強度 I 隨活塞振動頻率的變化時，發現能使 I 出現極大值的最低頻率為 68.5 Hz。試求：(a) 管中空氣之聲速；(b) 使 I 出現極大值的次低頻率。

解

(a) 當圓柱管內產生駐波共振時，聲波強度 I 會出現極大值，故測得之最低頻率 68.5 Hz，即為駐波振動之基頻（$m=1$），故基頻為 68.5 Hz，而此圓柱管適用閉管駐波之結果，故對應之波長 $\lambda = 4L = 4 \times 1.25 = 5.00$ m，即管中空氣之聲速為

$$v = f_1 \lambda = 68.5 \times 5.00 = 343 \text{ m/s}$$

(b) 使 I 出現極大值的次低頻率對應於閉管中 $m=3$ 之駐波振動，故可得次低頻率為基頻的 3 倍，即 $f_3 = 3f_1 = 3 \times 68.5 = 206$ Hz。

當琴弦或空氣柱振動時，通常會有多個駐波模式同時出現，因此一般樂器在演奏時產生的聲音，其實是由多個具有特定頻率與波長的簡諧波重疊組成的，每種樂器有其特定的振動模式與強度的組成比例，因此會具有特殊的音色。

13-7 都卜勒效應

在均勻介質中，一靜止的點波源，以一定的頻率振動時，其所發出的波，會以相同的波速，沿著各個方向傳播出去，因此每一方向上的波長都一樣，形成同心的波前（如圖 13-12）。但當點波源在介質中運動時，沿前進方向傳播的波，波前之間的距離縮短，故波長會較其它方向為短，而在背離波源運動的方向上，波前之間的距離增長，故波長會較其它方向為長（如圖 13-13）。由於波速是由介質的彈性與慣性決定，與波源的運動速度無關，故各方向的波速 v 都相同，但因波速等於頻率 f 與波長 λ 的乘積，即 $v = f\lambda$，故波源在介質中運動時，觀察者

圖 13-12　靜止的點波源　　　圖 13-13　運動的點波源

所量得的波頻率與波長會隨著波源運動方向變化，此一現象稱為都卜勒效應（Doppler effect），或都卜勒頻移（Doppler shift）。

設以 λ 與 λ' 分別代表波源處於靜止狀態與以速度 u 在介質中運動時，觀察者量得的波長。假設波源的振動週期為 T，且在時刻 $t = 0$ 由 O 點發出第一個波，則在時刻 $t = T$，波源將發出第二個波。此時第一個波已傳播至距離 O 點為 $\lambda = vT$ 的地方（如圖 13-14），而波源則已運動至距離 O 點為 $L = uT$ 的地方。故在波源運動的方向上，發出時間相隔為一週期 T 的第一與第二個波，其距離為 $\lambda - L = (v-u)T$，此即為波源沿直線等速運動時觀察者量得的波長 λ'，故得

$$\lambda' = (v-u)T = (1-\frac{u}{v})vT = (1-\frac{u}{v})\lambda \qquad (13\text{-}27)$$

同理，在背離波源運動的方向上，波長為

$$\lambda' = (v+u)T = (1+\frac{u}{v})vT = (1+\frac{u}{v})\lambda \qquad (13\text{-}28)$$

如將前兩式的結果改用頻率表示，並以 f 與 f' 分別代表波源處於靜止狀態與以速度 u 在介質中運動時，觀察者量得的頻率，則由 $v = f\lambda = f'\lambda'$，可得

$$f' = \frac{\lambda}{\lambda'}f = \frac{f}{1 \pm \dfrac{u}{v}} \tag{13-29}$$

圖 13-14　觀察者量得的波長

上式中的 + 與 − 號，分別對應於波源遠離與朝向觀察者運動時的結果，因此，救護車的警笛聲，其頻率在急駛而來時會較車子靜止時為高，而在急駛而去時則會降低。

當波源與介質靜止不動，而觀察者以速率 u_o 朝向或遠離波源運動時，也會出現都卜勒頻移。此情況下，觀察者在如圖 13-12 所示的同心波前中運動，在一週期 T 的時間內，其位移為 $\pm u_o T$，相當於 $\pm u_o T/\lambda$ 個波。故在 T 的時間內，觀察者聽到的波，除了靜止於原位時可聽到 1 個波外，還有因運動而增減的 $\pm u_o T/\lambda$ 個波（+ 與 − 號分別對應於朝向與遠離波源運動），因此觀察者量得的頻率 f'' 將為

$$f'' = (1 \pm \frac{u_o T}{\lambda})\frac{1}{T} = (1 \pm \frac{u_o}{\lambda f})f = (1 \pm \frac{u_o}{v})f \tag{13-30}$$

若聲源同時也以速率 u 在靜止的介質中運動，則上式中頻率 f 須依（13-29）式修改為 f'，因而可得聲源與觀察者相對於介質都有運動時的都卜勒頻移公式如下

$$f'' = \frac{(v \pm u_o)}{(v \pm u)}f \tag{13-31}$$

都卜勒頻移的應用相當多，例如警察就是利用雷達，對準汽車發射高頻無線電波，再根據反射波所產生的都卜勒頻移，以判斷汽車是否超速。同理，可運用超聲波被反射後產生的頻移，以檢視體內血液流動與胎兒心臟跳動的情形。

例題 13-5

一靜止的救護車發出的警笛聲，頻率為 1.40 kHz。當此車以 108 km/h 的速度急駛而至時，路旁行人聽到的頻率為何？

解

波源的速度為 $u = 108\,\text{km/h} = 30.0\,\text{m/s}$。設聲速為 $v = 343\,\text{m/s}$，則由（13-29）式得行人聽到的頻率為

$$f' = \frac{1.40 \times 10^3}{1 - \frac{30.0}{343}} = 1.53 \text{ kHz}$$

13-8 震 波

依（13-27）式，當波源速度 u 與聲速 v 相等時，觀察者量得的波長為零，亦即在波源前進方向上，不同時刻發出的波會同時到達（如圖 13-15），使波的振幅因重疊而大為增強，

圖 13-15 以聲速運動的點波源

圖 13-16 震波

稱為震波（shock wave）。如果波源速度超過聲速，則不同時刻發出的波，會在波源後方、半角的正弦 $\sin\theta = \dfrac{v}{u}$ 的錐面處重疊（如圖 13-16），半角 θ 稱為**馬赫角**（Mach angle），聲速與波源速度之比 $\dfrac{v}{u}$，則稱為波源的馬赫數。超音速飛機或太空船的飛行速度常以馬赫數表示，例如，飛航歐美間的協和號飛機，其航速約為 2 馬赫。

音爆（sonic boom）是超音速飛機引起的震波，而快艇的速度超越水面波速時，也會在其後方產生震波。

習題

13-1 節

13-1 在 1 大氣壓時，聲速若為 1 km/s，則空氣密度為何？

13-2 在 1 大氣壓時，每立方公尺的空氣分子數若為 2.50×10^{25}，而聲速為 340 m/s，則此空氣中氧氣分子的百分率為何？

13-2 節

13-3 溫度為 13°C 時，海水的體積彈性係數約為 2.28×10^9 Pa，密度為 1,026 kg/m³，則在此海水中的聲速為何？

13-4 一般人交談時的聲音，其聲強度約為 1 μW/m²。若聲音頻率為 2,000 Hz，空氣密度為 1.293 kg/m³，則空氣分子的位移為何？

13-5 聲強度超過 10 kW/m² 時，能使人耳朵的鼓膜破裂。若空氣在標準狀況下，則此強度的聲波，其最大的壓力變化約為 1 大氣壓的幾倍？

13-3 節

13-6 一擴音器發出之聲音，其頻率為 400 Hz，功率為 1.0 W。若朝空間各方向發出之聲強度均相同，試求在距離擴音器 6.0 m 處之聲強度與分貝值。

13-7 試證明分貝值每增加 $n\times 10$ dB，聲強度即增強為 10^n 倍。

13-8 試證明以空氣壓力變化量的振幅 ΔP 與參考壓力變化量的振幅 P_0 表示時，聲音之分貝值 β 的定義公式為

$$\beta = 20\,\log\left(\dfrac{\Delta P}{P_0}\right)$$

13-9 若與點波源距離 3.0 m 處之分貝值為 60 dB，則在距離此點波源多遠處，人耳聽到的聲音響度才會降為

3.0 m 處之一半？

13-5 節

13-10 到達人耳的兩聲音至少須間隔約 0.10 s 才可能被辨別。試據此估計人與反射面至少須隔多遠，才會察覺回聲的存在？

13-6 節

13-11 一細繩之兩端固定，張緊成為水平時，其長度為 2.4 m，則此繩上出現之駐波，波長最長為何？若波速為 60 m/s，則駐波之基頻與第一泛頻為何？

13-12 一細繩之兩端固定，以 80 Hz 之基頻作駐波振動時，於距離一端為三分之一繩長處，以上、下兩刀口，限制此繩之橫向振動，則駐波振動之基頻將變為何？

13-13 若成人聲道可近似為長度 15 cm、一端封閉之開口圓柱筒，試估計成人聲音之基頻。

13-7 節

13-14 一汽車喇叭發出頻率為 320 Hz 之警告聲。若車速為 20 m/s，則位於汽車前方之行人聽到的警告聲頻率為何？

13-15 當一汽車迎面以等速度急駛而至時，在路旁之行人聽到此車發出之噪音，其主要頻率為 1,250 Hz，但當汽車離去時，主要頻率降低至 1,000 Hz，則汽車速率為何？

13-8 節

13-16* 一超音速飛機在高度為 2,500 m 的空中水平飛行。地面上的觀察者在飛機通過其正上方後，隔 5 s 聽到音爆。若聲速為 340 m/s，則飛機飛行速率的馬赫數為何？

第 13 章 聲音與其傳播

1.0 m 處之一人？

13-5 圖

13-10 測得人耳的閾值音壓之間隔為 0.10 s 才可明辨清楚。試求耳朵距人耳以何種之最短距離，才會察覺回音？
答之？

13-6 圖

13-11 細繩之兩端繃緊，繩之兩端有水中間。其兩電極，2.4 m，開端彈性有出之兩極，一當電極大於每 7 pF 波速為 60 m/s。繼續降之之其相距離之波長為
何？

13-12 細繩之兩端繃緊，以 50 Hz之水平中中央向振動頻率增加，繼續二三分之一繩長要上下，下向入下，以相距之繩之個向振動，則其兩端振動之繼續同？

13-13 有夫人欲通過面形狀大小之 15 cm 之

13-7 圖

13-14 一只汽車以鳴笛頻率為 320 Hz，以等速度，有電動機 20 m/s，如以一行車前方之行人聽到的聲音頻率與車為何？

13-15 設一列電車面以不變速度之鳴笛而下，試駛近之行人，聽到此車輛出之音頻大為，只是鳴笛頻率 1,350 Hz，電車之頻率為 1,000 Hz，問電車速率為何？

13-8 圖

13-16 一部之速度以等於聲音速度之 2,500 m 的空中水平飛行，地面上的觀察者在座標頂通過其正上方後，隔 5 s，聽到音爆，若聲速為 340 m/s，問所經過行程中的可聽到聲爆為？

14

溫度與熱量

- 14-1 溫 度
- 14-2 溫度的測量
- 14-3 理想氣體的性質
- 14-4 熱膨脹
- 14-5 熱 量
- 14-6 潛熱與相變
- 14-7 導熱的機制

在日常生活中，溫度的效應通常是非常重要，也因此不能忽略。最直接的例子就是人體總是要保持在攝氏 36.7 度才能正常運作。又以太陽為例，已知太陽表面的溫度為 6000 °C 左右。可是一旦這個表面溫度降低 10%，則對地球而言就是大浩劫，因為地球會很快的進入冰河時期。這些例子都一再顯示出溫度的重要性。其實與溫度有關的還有熱的觀念，它也是廣泛地出現在日常生活中。例如利用金屬的熱脹冷縮現象，就可以製造因溫度高而自動切斷電路的燈泡。這種燈泡常串聯在耶誕節的燈飾中，可以使得燈飾一閃一閃地亮著。又如日光燈的啟動器也是靠同樣的原理來啟動（圖 14-1）。

這一章的主要目的就是要探討溫度與熱的觀念。以及一些與它們有關的物理現象。

(a)　　　　　　　　　　　　　　(b)

圖 14-1　(a) 日光燈的啟動器，(b) 啟動器放大圖

14-1　溫　度

首先必須強調的是在探討一個系統與溫度（temperature）和熱有關的問題時，這個系統必須是一個巨觀系統（macroscopic system）。也就是說此系統中的分子數 N 應該

是非常地多。它的數量級應該與亞佛加厥（Avogadro）數 N_0 （6.023×10^{23}）相當。換句話說，對一個只有 10^8 個分子的系統而言，溫度與熱都是沒有意義的。所以「一個分子的溫度」這句話並不具有任何的意義。

在日常經驗中，冷熱是一種感覺。雖然一般而言冷熱會有溫度高低的意義，但是它並不是一個描述溫度的客觀方式，原因可以由下面的例子來說明。如果在冬季的寒冷天氣中觸摸一塊金屬，則手指會感覺到非常的冰冷，然而如果手指去碰一塊布或木頭，則不會有冰冷的感覺。但是如果用溫度計來量它們的溫度，則它們都有一樣的溫度。可見冷熱的感覺並不能客觀地描述溫度。

經驗告訴我們當兩個系統之間有熱量的交換，時間久了，它們冷熱的程度會趨於一致，此時我們說兩系統有了熱平衡（thermal equilibrium）。實驗顯示，如果 A、B 兩系統成熱平衡，而 B、C 兩系統也成熱平衡，則 A 與 C 也一定成熱平衡。這就是熱力學第零定律（the zeroth law of thermodynamics）。在此要特別強調這個定律是要建立在經驗（也就是實驗的結果）上，而不是一個邏輯的推論。因為如果 A 與 B 有關係，B 與 C 有關係，並不代表 A 與 C 一定有關係。譬如說 A 與 B 是好朋友，而 B 與 C 也是好朋友，並不代表 A 與 C 一定是好朋友，因為他們也可以是仇人。

由熱力學第零定律可知熱平衡可以作為冷熱的客觀指標，利用這個性質就可以引進溫度的觀念：當兩個系統成熱平衡時，則它們具有相同的溫度。由於熱平衡的觀念是由巨觀系統而來的，所以溫度確實是一個巨觀的觀念。

14-2　溫度的測量

引進溫度的觀念以後，還要討論如何定量地描述溫度的高

低。在 SI 制中溫度是七個基本量之一。在氣象報導中，溫度都是用攝氏 °C（Celsius degree）或者華氏 °F（Farhenheit degree）作為量度的單位，不過在物理中卻是用絕對溫標 K（Kelvin scale）來描述。

圖 14-2　紅外線溫度計。

溫度的單位隨著所採用的溫標而有所不同。例如在攝氏溫標中，溫度的單位為 °C，是指定水的冰點為 0°C 與水的沸點為 100°C。而 1°C 就是沸點與冰點之間的溫度差的 $\frac{1}{100}$。在認定這兩個溫度（0°C 與 100°C）時還要求是在 1 大氣壓中測量。這是因為沸點與冰點都會隨著壓力而改變。溫度的測量可以藉下面的方法來進行，這個方法也是製作一個溫度計的作法。

首先將物體具有的某一個性質 X（如一水銀柱的高度，或者一金屬棒的電阻等等）在 0°C 與 100°C 測量。令對應的測量值分別為 X_0 與 X_{100}，而在任何溫度 t 時的值為 X_t，則對應的攝氏溫度 t °C 為

$$t(°C) = 100 \times \frac{X_t - X_0}{X_{100} - X_0} \tag{14-1}$$

這是一般溫度計校正的標準方法。不過這個方法有其侷限性。因為這種方法假設物體的性質 X 與溫度成線性的關係，可是在不同的溫度範圍內，X 並非都與溫度成正比。因此如何制定一個標準的溫度計作為所有溫度計校正的標準，是一件很重要的工作。在物理上標準溫度計是用氣體在固定體積下的壓力來作為測量的性質。下面先簡單討論一些氣體的性質。

14-3　理想氣體的性質

十七世紀時，波以耳（R. Boyle, 1627-1691）發現在固定溫度時氣體壓力 P 與體積 V 有以下的關係

$$PV = 常數 \quad （溫度不變）\tag{14-2}$$

這個結果就被稱為**波以耳定律**（Boyle's law）。由此定律可知在**等溫**（isothermal）的情況下，氣體的壓力與體積成反比。所以對氣體加壓時體積就會縮小，如果減壓則體積增加。

氣體的體積與溫度在固定壓力的條件下，也有一個關係，它是由**查理**（J. Charles）與**蓋呂薩克**（J. Gay-Lussac）所發現：在固定壓力下，低密度的氣體的體積 V 與溫度有以下的關係

$$V = V_0(1 + \frac{t}{273.15})\tag{14-3}$$

在上式中 t 為攝氏溫度，V_0 為 0°C 時的氣體體積。也就是說當壓力不變時，每升高 1°C，則氣體的體積的增加量為 V_0 的 $\frac{1}{273.15}$ 倍。

利用（14-3）式中溫度與體積的關係，可以重新引進一個新的溫標，也就是**絕對溫標**（absolute temperature scale）

$$T = 273.15 + t\tag{14-4}$$

T 的單位以 K 表示，以紀念**克耳文**（Lord Kelvin，1824-1907，原名為 William Thomson，<u>克耳文</u>是被封的爵號）。0°C 對應的絕對溫度為 273.15 K，而當 $t = -273.15$°C 時，則 T 為 0 K，這個溫度稱為絕對零度。令 $T_0 = 273.15$ K，則（14-3）式可以寫為

$$\frac{V}{T} = \frac{V_0}{T_0} = 常數\tag{14-5}$$

所以在固定的壓力下，氣體的體積與絕對溫度 T 成正比。如果將波以耳定律與（14-5）式合併在一起，可得氣體必須滿足的一個重要的關係

$$\frac{PV}{T} = 常數\tag{14-6}$$

這個方程式被稱為理想氣體（ideal gas）的狀態方程式（equation of state），理想氣體的定義，我們將在 15-3 節中討論。

在此特別強調，上式為氣體密度不高，而且溫度高時，氣體所滿足的關係。但是當溫度很低的時候，或密度高的情況下，氣體只是近似地滿足（14-6）式。

當然在上面的探討中，氣體的質量是固定的，而且由實驗結果可知，在標準狀況下（溫度 $T_0 = 273.15$ K，壓力 $P_0 = 1$ 大氣壓）1 莫耳的任何氣體，其體積為 22.4 升（L）。把這些數據代入（14-6）式即可把常數求出來，這個常數被稱為理想氣體常數（ideal gas constant）：

$$R = \frac{P_0 V_0}{T_0} = \frac{(1\,\text{atm})(22.4\,\text{L})}{273.15\,\text{K}}$$

$$= 0.082 \;\text{L}\cdot\text{atm/K}\cdot\text{mol} \qquad (14\text{-}7)$$

$$= 8.31 \;\text{N}\cdot\text{m/K}\cdot\text{mol} = 8.31\;\text{J/K}\cdot\text{mol}$$

常數 R 是由 1 莫耳的氣體在標準狀況下所決定。

n 莫耳氣體的狀態方程式可以寫為

$$PV = nRT \qquad (14\text{-}8)$$

此處要特別強調，這個方程式中的溫度 T 是用絕對溫標來表示的 (見註)。

註：理想氣體的狀態方程式也可用分子數 N 表示，利用 $n = \dfrac{N}{N_0}$，其中 N_0 代表亞佛加厥數。$PV = nRT$ 可寫為 $PV = nkT$，其中 $k = 1.38 \times 10^{-23}$ J/K，稱為波茲曼常數。

例題 14-1

求空氣在 20°C 及 1.00 大氣壓時的質量密度。

解

氣體密度 $\rho = \dfrac{M}{V}$，M 為氣體的總質量，V 為對應的體積。已知空氣是由 78% 的氮氣（N_2）與 22% 的氧氣（O_2）所組成。所以 1 莫耳的空氣中有 0.78 莫耳為 N_2 和 0.22 莫耳的 O_2，因為 1 莫耳的 N_2 與 O_2 的質量分別為 0.028 kg 和 0.032 kg，所以對應每 1 莫耳的空氣質量 M 為

$$M = (0.78 \times 0.028) + (0.22 \times 0.032)$$
$$= 0.029 \text{ kg}$$

在 20 °C 時（$T = 273.15 + 20 = 293.15$ K），1 莫耳空氣的體積可以由（14-8）式計算

$$V = \dfrac{293 \times 0.082}{1.00 \text{ atm}} = 24 \text{ L}$$

所以在 20 °C 與 1 大氣壓中空氣的質量密度為

$$\rho = \dfrac{0.029 \text{ kg}}{24 \text{ L}} = \dfrac{0.029 \text{ kg}}{24 \times 10^{-3} \text{ m}^3} = 1.2 \text{ kg/m}^3$$

14-4 熱膨脹

在上一節中已提到當溫度上升時，氣體的體積會膨脹。熱脹冷縮的例子並不是氣體所僅有，大部份的物質都有**熱膨脹**（thermal expansion）的現象。物體被加熱時會膨脹，不同物質的膨脹程度並不一樣，此一現象當然在生活中是常見的。例如當玻璃瓶子的金屬瓶蓋被旋緊而很難打開時，一般人都會用熱水來沖洗瓶蓋，這就是利用金屬在加熱時膨脹得比玻璃大，因此就可以扭開瓶蓋。不過熱膨脹也有負面的效果，譬如說鋪設火車鐵軌時都會在一定的長度間留空隙，這是為了避免在夏季炎熱的天氣下鐵軌因膨脹而產生互相擠壓扭曲，所以橋面也為了避免因熱曬膨脹而變形，都會預留空隙，如圖 14-3。

圖 14-3 橋面連接處所預留的空隙

不同物質的熱膨脹程度可以用一個熱膨脹係數來表示。假如說在溫度為 T 時，一根棍子的長度為 L，當溫度增加 ΔT 時，棍子會增長為 $L + \Delta L$，由實驗結果可知在 ΔT 不大的情況下，ΔL 與 ΔT 成正比，而且 ΔL 也正比於 L。綜合以上的結果可知，當棍子的原長為 L 時，則

$$\Delta L = \alpha L \Delta T \tag{14-9}$$

上式中的 α 為物體的線膨脹係數（coefficient of linear expansion）。定義為

$$\alpha \equiv \frac{1}{L}\frac{\Delta L}{\Delta T} \tag{14-10}$$

常見物質的線膨脹係數見表 14-1。

表 14-1

物　質	α(K^{-1})	物　質	α(K^{-1})
鋁（Aluminum）	2.4×10^{-5}	不銹鋼（Stainless Steel）	1.7×10^{-5}
銅（Copper）	1.7×10^{-5}	普通玻璃（Glass）	0.9×10^{-5}
鐵（Iron）	1.2×10^{-5}	耐熱玻璃（Pyrex Glass）	0.3×10^{-5}
黃銅（Brass）	2.0×10^{-5}	水泥（Cement）	1.2×10^{-5}
水銀（Mercury）	6.1×10^{-5}		

例題 14-2

一根鐵軌在 20°C 時，其長度為 10 m，則在夏天 40°C 時它的長度會增加多少？

解

假設材料為鐵，則由表 14-1 可知 $\alpha = 1.2 \times 10^{-5}$ K^{-1}，當 $\Delta T = 40 - 20 = 20$ °C 時，長度增加量

$$\Delta L = \alpha L \Delta T = 1.2 \times 10^{-5} \times 10 \times 20 = 2.4 \text{ mm}$$

由於長度會熱膨脹，所以實際上物體的體積也會相對的增加，當溫度變化不大時，體積的膨脹 ΔV 為

$$\Delta V = \gamma V \Delta T \tag{14-11}$$

或定義**體積膨脹係數**（coefficient of volume expansion）γ 為

$$\gamma \equiv \frac{1}{V} \frac{\Delta V}{\Delta T} \tag{14-12}$$

一般物體的 γ 都大約是它的線膨脹係數 α 的三倍，$\gamma \approx 3\alpha$。表 14-2 是一些物質 γ 的實驗值；與表 14-1 比較，可以發現 γ

表 14-2

物 質	γ(K^{-1})	α(K^{-1})
黃 銅	6.0×10^{-5}	2.0×10^{-5}
銅	5.1×10^{-5}	1.7×10^{-5}
水 銀	1.8×10^{-4}	6.1×10^{-5}
不銹鋼	3.6×10^{-5}	1.7×10^{-5}
玻 璃	1.2×10^{-5}	0.9×10^{-5}

≃ 3α 的正確性。同理，面積膨脹係數 β ≅ 2α。

對大部份的固體與液體而言，α 的值與壓力沒有太大的關係。

例題 14-3

若將一半徑為 R 的均勻金屬圓環，剪下一小段缺口，設此小段弧長為 Δ，Δ 遠小於 R。今將此具有缺口的圓環加熱，試討論是否當溫度夠高時，帶缺口的圓環能變成密合？

解

不可能。因為我們可以假想將缺口補回去，當加熱膨脹時，Δ 與 R 以相同比例膨脹，其比值維持不變，此比值為 Δ 所對的圓心角，故膨脹時 Δ 所對的圓心角不變，缺口不會消失，圓環不可能變成密合。

14-5　熱　量

熱被認定為能量的一種，是由一位德國的醫生梅耶（R. Mayer）在 1842 年首先提出來。不過讓熱為能量的觀念，更廣泛的為大家接受則是焦耳的貢獻，而且他還利用實驗方法把功轉變為熱。他利用圖 14-4 的裝置來測量水的溫度變化。圖中重物 M 在下降一個高度 h 時，它的位能轉變為功，使得水的溫度升高。但是由加熱也可以使水溫升高，因此焦耳認定熱也是能量的一種。

熱的多寡是用熱量來表示，熱量的單位在日常生活中都是用卡（calorie，簡寫為 cal）。1 公克的水從 14.5°C 升高至 15.5°C 所需要的熱量被定義為 1 卡（1 卡的定義特別指定為水由 14.5°C 升高 1°C 的熱量，因為在別的溫度時水升高 1°C

圖 14-4　(a) 焦耳利用實驗方法把功轉變為熱；(b) 加熱也可以使水溫升高。

圖 14-5　食品熱量標示

的熱量並不等於 1 卡）。但是因為熱就是能量，所以 1948 年國際公認在 SI 制裡，熱與能量有相同的單位，也是用焦耳（J）。焦耳在前述實驗中決定出卡與焦耳的換算值

$$1 \text{ cal} = 4.186 \text{ J}$$

一般標示在食品上的熱量為大卡，英文用大寫的 Cal（圖 14-5），1 大卡為 1 千卡

$$1 \text{ Cal} = 1 \text{ kcal}$$

表 14-3　常見物質的比熱

物　質	c(J/kg·K)	c(J/mol·K)
鋁	910	24.6
銅	390	24.8
鉛	130	26.9
鐵	470	26.3
水　銀	138	27.7
食　鹽	879	51.4
水	4186	75.4
冰	2000	36.5

在工程上有時候也會用英國的熱單位，簡稱為 Btu（British thermal unit），1 Btu 的熱量可以將 1 磅的水由 63°F 升高到 64°F。

$$1 \text{ Btu} = 1055 \text{ J} = 252 \text{ cal}$$

因為熱也是能量的一種，因此自本節起我們也常以熱能（thermal energy）一詞取代熱量。若要將物質加溫，外界必須提供熱量，如果物質的質量用 m 來表示，當溫度改變量為 dT，外界所必須提供的熱量為 dQ，則

$$dQ = mc\,dT$$

或

$$c \equiv \frac{1}{m}\frac{dQ}{dT} \qquad (14\text{-}13)$$

c 就稱為該物質的比熱（specific heat），它的 SI 制單位為 J/kg·K。不同物質的比熱都不一樣，而且比熱也與溫度有關。表 14-3 是一些常見物質的比熱。

表 14-3 中的最後一列是 1 莫耳物質的比熱簡稱**莫耳比熱**（molar specific heat）。如果檢視這一列中所有金屬的莫耳比熱，可以發現它們的值都是一樣，大概在 25 J/mol·K 左右，這個實驗的結果稱為**杜龍與柏蒂法則**（rule of Dulong and Petit）。

14-6　潛熱與相變

把水從室溫開始加熱，則水溫會逐漸升高，因此當系統與外界有熱量的交換，它的溫度可以改變。然而反過來說，當一個系統的溫度不變時，並不代表它與外界沒有熱量的交換。這種情形非常的普遍，例如冰在融化成水時，冰與水這個系統的溫度都是保持在 0°C。另外一個例子就是當水在沸騰時，水與水蒸汽的溫度都是一樣的為 100°C。雖然這些過程中系統的溫度保持一定，但冰在融化時，它的量一直在減少，直到全部融化為水。在這種溫度不變，而系統一直在改變的現象中，系統內的物質不再以均勻且單一形式出現。譬如，冰的融化過程裡固體的冰與液體的水共同出現。通常同一種物質會以不同的形態出現，則每一種形態就稱為一個**相**（phase）。如前述的 H_2O 可以是固態的冰，液態的水，還有

圖 14-6　水的三相共存現象：海水、冰以及水汽。

圖 14-7　金屬鎵 (Ga) 在手掌中熔化，它的熔點是 30°C。

氣態的水蒸汽。

當系統從一種相轉變成另外一種相，這種過程稱為相變化（phase change）或簡稱相變（phase transition）。在相變的過程中，系統會吸熱或放熱而且溫度維持不變。這種過程中交換的熱稱為潛熱（latent heat）。將單位質量的物質由固態變成液態所需要的潛熱就是該物質的熔化熱 L_f（heat of fusion）。例如要將 1 公斤的冰全部變為 0°C 的水所需要的熱量為：

$$L_f(\text{水}) = 3.34 \times 10^5 \text{ J/kg}$$
$$= 79.8 \text{ cal/g}$$

所以質量為 m 的固體在完全熔化所需要的熱量 Q_f 為

$$Q_f = mL_f \tag{14-14}$$

反過來說，把質量為 m 的液體凝結為同溫度的固體，則液體必須放熱，而熱量的大小也是遵守（14-14）式。同理，將單位質量的物質由液相（liquid phase）變為氣相（gas phase）所需要的潛熱就被定義為物質的汽化熱 L_v（heat of evaporation），在 1 大氣壓時水的汽化熱為 2.26×10^6 J/kg。不過由於氣體狀態與壓力有關，而且不同壓力下液體的沸點會改變，所以汽化熱與沸點都與壓力有關。例如水在 1 大氣壓中的沸點為 100°C，可是在高山上水的沸點是可以降低至 95°C 以下。水在 1 大氣壓下的 L_v 為

表 14-4　常見物質的熔化熱與汽化熱

物　質	熔點 (K)	熔化熱 (J/kg)	沸點 (K)	汽化熱 (J/kg)
氫	13.84	58.6×10^3	20.26	4.5×10^5
氮	63.58	25.5×10^3	77.34	2.0×10^5
氧	54.40	13.8×10^3	90.18	2.10×10^5
水銀	234.00	11.8×10^3	630.00	2.7×10^5
銀	1234.00	88.3×10^3	2466.00	2.3×10^5
金	1336.00	64.5×10^3	2933.00	1.6×10^5
銅	1356.00	134×10^3	1460.00	5.1×10^5

$$L_v(水) = 2.26 \times 10^6 \text{ J/kg}$$
$$= 539 \text{ cal/g}$$

質量為 m 的物體在汽化時所需要的熱量 Q_v 為

$$Q_v = m L_v \tag{14-15}$$

同樣的，當氣體凝結為液體時則它需要放熱，所放的熱量的大小也是遵守（14-15）式。

　　如果比較水的汽化熱與冰的熔化熱，可知汽化熱非常大。這一點用分子的觀念來看是不難了解的。因為固體熔化時，它所吸收的熱量是要抵抗固體中的分子之間的吸引力來做功，使得分子變成自由可動而變成液體。但是在這情況中分子並沒有得到太多的動能，可是在汽化時所吸收的熱量就是提供比較大的氣體分子動能。這就是汽化熱一般都比熔化熱大的原因。表 14-4 是一些常見物質的熔化熱與汽化熱。

例題 14-4

一罐黑松沙士能提供 42.0 Cal 的熱量。請用 kW·h 表示。

解

1 大卡 $= 10^3$ cal $= 4186$ J，所以

$$U = 42.0 \text{ Cal} = 42.0 \times 4186 \text{ J}$$
$$= 1.76 \times 10^5 \text{ J}$$

由

$$1 \text{ kW} = 10^3 \text{ J/s}$$

則

$$1.00 \text{ kW} \cdot \text{h} = (10^3 \text{ J/s})(3600 \text{ s})$$
$$= 3.60 \times 10^6 \text{ J}$$

因此

$$U = 1.76 \times 10^5 \text{ J}$$
$$= \frac{1.76 \times 10^5}{3.60 \times 10^6} = 0.049 \text{ kW} \cdot \text{h} \ (\cong 50 \text{ W} \cdot \text{h})$$

在電學中可以知道，電費的計算就是以 1 kW·h = 1 度電來收費。所以 0.049 kW = 0.049 度電。這個能量差不多等於一個 50 W 的燈泡在一個小時內所用掉的能量。一般步行一個小時可以消耗 200 Cal。因此喝一瓶汽水大概要步行 15 分鐘才能把能量消耗掉。

例題 14-5

在 1 大氣壓下把 1 kg 的冰從 0°C 加熱，並完全變成 100°C 的水蒸汽，求在這個相變過程中，外界必須提供的熱量。

解

整個過程所需要的熱 Q 為

$$Q = Q_f + Q_v + Q_l$$

其中，Q_f 是 0°C 的冰熔化為 0°C 的水所吸的熱；
Q_v 是 100°C 的水汽化為 100°C 的水蒸汽所吸的熱；
Q_l 則是把 0°C 的水變成 100°C 的水所需要的熱。

$$Q_f = mL_f = (1 \text{ kg})(3.34 \times 10^5 \text{ J/kg}) = 3.34 \times 10^5 \text{ J}$$
$$Q_v = mL_v = (1 \text{ kg})(2.26 \times 10^6 \text{ J/kg}) = 2.26 \times 10^6 \text{ J}$$
$$Q_t = mc\Delta T = (1 \text{ kg})(4186 \text{ J/kg} \cdot \text{K})(100 \text{ K}) = 4.186 \times 10^5 \text{ J}$$
$$Q = 3.01 \times 10^6 \text{ J}$$

圖 14-8 乾冰的昇華現象。

除了以上的相變化以外，物質還可以直接由固相變為氣相，這種相變稱為**昇華**（sublimation）。這些過程也是常見，例如乾冰在 1 大氣壓中會逐漸變成二氧化碳氣體（圖 14-8），中間並不需要經過一個液相的轉換。反過來說，氣體也可以直接變成固體。譬如說冰箱的冷凍庫的外殼結霜就是水蒸汽直接結冰的現象。

14-7 導熱的機制

將一個系統加熱，外界一定要提供熱量，但是熱量如何由一個系統轉移到另一系統是一個很重要的問題，因為對導熱

機制的了解就可以更有效地傳遞熱量以及防止能量的流失。

　　導熱的方式有三種，就是傳導（conduction）、對流（convection）與輻射（radiation）。傳導是發生在物體的內部或者物體與物體之間作接觸，在傳熱的過程並沒有物質的移動。對流都是發生在流體，流體的導熱是靠物質的移動來傳遞的。輻射則完全靠物體發射電磁波來完成能量的轉移。

　　如果手握一根鐵棒的一端並且把另外一端放在火爐中，則經過一段時間以後手會感到熱由火爐傳過來，這種導熱方式就稱為**熱傳導**（heat conduction，簡稱為 conduction）。在這個過程中熱從高溫的區域傳遞到低溫的區域。這個自然規律非常重要。因為經由這種機制物體才有可能達到熱平衡。譬如說如果一根鐵棒從火爐拿出來，它的兩端溫度不一樣，則熱會從高溫的那一端傳到低溫的另外一端去。這樣子低溫的那一端因獲得熱量而升溫，然後高溫的另一端會因失去熱量而降溫。這個過程會一直進行，直到整根鐵棒的溫度均勻而達到熱平衡狀態。

　　熱傳導是需要時間的，所以把 dQ 的熱量由高溫的區域向低溫地區傳遞時，如果需要的時間為 dt，則可以定義**熱流**（heat current）J

$$J = \frac{dQ}{dt} \tag{14-16}$$

J 就是單位時間流過的熱量，J 的單位為 J/s。實驗證明 J 與熱量通過的截面積 A 以及兩端的溫度差 ΔT 成正比，而與兩個區域之間的距離 Δl 成反比，這個現象就稱為傅立葉熱傳導定律。因此

$$J = -kA\frac{\Delta T}{\Delta l} \tag{14-17}$$

上式中的負號代表熱流方向與溫度增加的方向相反，k 是一個

圖 14-9　在兩端加溫的鋁棒之溫度分布。藍色代表低溫區域，綠色為高溫區域。顏色的分布是由液晶材料顯示。

表 14-5　一些物質的熱傳導係數 k

物　質	k (W/m·K)	物　質	k (W/m·K)
黃銅（Brass）	109.0	玻璃（Glass）	0.8
銅（Copper）	385.0	木材（Wood）	0.120
水銀（Mercury）	8.3	空氣（Air）	0.824
鋁（Aluminum）	205.0	氧（Oxygen）	0.023
不銹鋼（Stainless Steel）	50.2	氫（Hydrogen）	0.14
銀（Silver）	406.0	氦（Helium）	0.14
水泥（Cement）	0.8		

比例常數，稱為該物質的熱傳導係數（thermal conductivity），k 在 SI 制中的單位是 W/m·K。不同的物質的 k 是不一樣的，並且(14-17)式適用於所有均勻物質、且具有固定的截面積 A 的物體上，如大小均勻的棍子或者一塊有一定厚度的平板等等。表 14-5 列出了一些物質的熱傳導係數 k 的數值。

　　由表 14-5 可知金屬的熱傳導係數的確是比較大，原因就是因為其有可移動的電子的關係。而其它的如玻璃與木材就只能靠分子的振動來傳熱，所以對應的 k 值就比較小。氣體的熱傳導係數更低，其原因是因為它們之間的碰撞不容易發生。當然氣體的有效導熱方式並不是由熱傳導，而是用對流，這一點後面會再繼續討論。因此，不流通的氣體就是很好的絕緣體，這一點就是羊毛衣或者羽毛雪衣能禦寒的原因。當一個物質的 k 值越大，導熱能力就越好，目前知道最好的熱導體就是氦的超流體，它的 k 值幾乎是 ∞。良好的導體可以用來做散熱的工具，例如一般在電子產品中，大功率電晶體會發出

圖 14-10 電路中大功率電晶體的散熱裝置（圖中黑色部份）

很多熱，如果散熱情況不好，則電晶體會升溫而無法正常工作，甚至於會因而燒壞掉。因此一般的大功率電晶體都是安裝在大片的金屬板上來幫助散熱，圖 14-10 是在電路中大功率電晶體的散熱裝置。

例題 14-6

一個傳導係數為 0.010 W/m·K 的保麗龍保溫箱放在室外炎陽底下，其周圍溫度為 40 °C。如果箱子的 6 個面的面積都等於 0.090 m²，而每一個面的厚度為 0.040 m。(a) 如果箱內放冰塊且溫度為 0°C，則單位時間有多少熱量流入箱內？(b) 在 6.00 個小時的日曬當中（周圍溫度都是 40°C），則箱子吸收的總熱量可以融化多少 0°C 的冰？

解

(a) 箱子的總面積為 $A = 6 \times 0.090 \text{ m}^2 = 0.54 \text{ m}^2$。把這個 A 當作一個平面，而面的兩邊的溫度為 0°C 與 40°C，則單位時間所流過的熱量為

$$J = \frac{dQ}{dt} = \frac{kA\Delta T}{l}$$

$$= \frac{(0.010 \text{ W/m} \cdot \text{K})(0.54 \text{ m}^2)(40 \text{ K})}{0.040 \text{ m}} = 5.4 \text{ W}$$

(b) 6 個小時流入箱子中的熱量為

$$Q = J \cdot t = (5.4 \text{ W})(6.00 \text{ h})(3600 \text{ s/h})$$
$$= 1.2 \times 10^5 \text{ J}$$

這些熱量可以融化的冰為

$$m = \frac{Q}{L_f} = \frac{1.2 \times 10^5 \text{ J}}{3.34 \times 10^5 \text{ J/kg}} = 0.36 \text{ kg}$$

這個例子顯示出這個保溫箱的效果還蠻好的。

　　第二種導熱機制就是對流。這一方式是靠流體的移動來完成導熱的過程。由於流體在加熱時會膨脹而導致體積變大，所以高溫流體的密度就會比低溫流體的密度小。因此，熱的流體會向上移動，而其原來位置則由較冷的流體填補，這些流體會繼續被加熱（圖 14-11）。這種過程一直循環直到整個流體有一個均勻溫度時才會停止。對流的現象到處可見，在煮開水的過程中就可以看到對流的發生。還有白天的海風也是對流的現象，夏天的海灘上因為太陽照射使得溫度升高，所以熱空氣上升，而因此把海面上的冷空氣拉進陸地。因此夏天下午會有海風吹入岸上。

　　不過流體並不是完全都是由對流來導熱。因為在對流產生以前，流體也會有前面所討論的熱傳導。當水壺剛放上火

圖 14-11　加熱液體的對流現象示意圖

爐加熱時，開始導熱的主要機制還是熱傳導。只有當流體的底部與表面的溫度差高於某一個臨界值時，對流才會開始對導熱有貢獻。

對流是一個非常複雜的過程。所以不像熱傳導可以用一個簡單的公式來描述。不過對流是非常重要的現象，除了上面所說的燒開水以及大氣中空氣的流動以外，對流還是人體散熱的一個非常重要的機制。人體的肌肉組織並不是好的熱傳導物質，因此人體內部熱量的散發大部份需要由血液循環來完成。體內細胞所產生的熱（來自新陳代謝的化學反應）經由熱傳導轉移給血液。這一個過程非常的迅速，因為細胞很小而且微血管非常的薄。然後血液把這些熱量也經過熱傳導而轉移到皮膚。但是皮膚的散熱卻不是靠空氣來傳導，因為空氣也不是一個好的傳熱導體，因此下一步的散熱就是靠空氣的對流把熱量從皮膚上帶走。這一個過程的熱流 J_C 可以用下列的方程式來描述

$$J_C = k_C A(T_{\text{skin}} - T_{\text{air}}) \tag{14-18}$$

其中 A 為皮膚面積，T_{air} 與 T_{skin} 分別為空氣與皮膚的溫度。k_C 是對流係數，它與風速有關。若空氣中的風速為 1 m/s，則 k_C 約為 0.016 W/m²·K。

例題 14-7

如果人體表面積為 1.5 m²，空氣的溫度為 27°C，則當風速為 1 m/s 時，人體的散熱率為多少？（人體體溫為 36.7°C）

解

利用 $k_C = 0.016$ W/m²·K，

$$\Delta T = 36.7°C - 27°C = 9.7 \text{ K}$$

則

$$J_C = (0.016 \text{ W/m}^2 \cdot \text{K})(1.5 \text{ m}^2)(9.7 \text{ K})$$
$$= 0.23 \text{ W}$$

這是對流每秒鐘從一個人體帶走的熱量。

導熱的另外一種機制是輻射，輻射也是身體散熱的機制之一，所以三種導熱機制對體溫的調整過程都有貢獻。以下就是要進一步探討輻射的問題。

輻射當然是導熱機制中很重要的一種方式，因為地球上的生命現象的維持就是靠太陽所提供的光與熱來達成，而光與熱都來自於太陽所發射的電磁波。輻射與前面的熱傳導和對流有一個最不一樣的地方，就是輻射傳熱的過程中間並不需要有物質。就以太陽為例，太陽發出的電磁波是經過一個幾乎是真空的區域到達地球上。也就因為這種傳遞方式不需要在物質中進行，而使得太陽的能量可以傳到地球。

所有的物質只要有溫度，就會有電磁輻射。史帝芬（J. Stefan）在 1879 年發現物質發射電磁波的強度與物體表面溫度 T 的四次方成正比。如果考慮物體發射的能量流 J_R 與溫度 T 的關係，則

圖 14-12 非理想黑體的發射係數不同，而導致的溫度測量差異。紅色光點是測量區域。

$$J_R = -\frac{dQ}{dt} = e\sigma A T^4 \qquad (14\text{-}19)$$

因為 $\frac{dQ}{dt}$ 是單位時間內物體的能量增加率，所以 $-\frac{dQ}{dt}$ 代表由物體流出的能量。A 是物體的表面面積，σ 是一個基本常數稱為**史帝芬-波茲曼常數**（Stefan-Boltzmann constant）

$$\sigma = 5.6705 \times 10^{-8} \text{ W/m}^2 \cdot \text{K}^4$$

e 稱為**發射係數**（emissivity），e 的值在 0 與 1 之間，如果 $e = 1$ 則該物體稱為理想黑體。一般物體的 e 都小於 1。例如光滑的銅表面的 $e \approx 0.3$，而一個全黑的物體其 e 的值就非常接近 1。（14-19）式就是有名的史帝芬-波茲曼定律，它與近代物理的發展有非常重要的關係。

例題 14-8

已知太陽表面的溫度為 $T = 5800$ K，如果考慮太陽是一個理想黑體（就是 $e = 1$）。求太陽表面發射的能量。

解

太陽的半徑為 $r_S = 6.96 \times 10^8$ m，所以表面積 $A = 4\pi r_S^2 = 6.08 \times 10^{18}$ m²，由（14-19）式（$e = 1$）可得

$$\begin{aligned} I_R &= A\sigma T^4 \\ &= (6.08 \times 10^{18} \text{ m}^2)(5.67 \times 10^{-8} \text{ W/m}^2 \cdot \text{K}^4)(5800 \text{ K})^4 \\ &= 3.90 \times 10^{26} \text{ W} \end{aligned}$$

當物體可以發射輻射，它也可以吸收熱輻射。流進物體的能量也是與周圍溫度 T 的四次方成正比

圖 14-13 全球海洋溫度的黑體輻射所產生的紅外線分布。

圖 14-14 玻璃罩中的黑色金屬片因吸收輻射而升溫,引發內部氣體不均勻運動,導致金屬片繞中心軸旋轉。

$$\frac{dQ}{dt} = a\sigma AT^4 \qquad (14\text{-}20)$$

a 是一個**吸收係數**(coefficient of absorption)。其值也是在 0 與 1 之間。當 $a=1$ 時,則物體是理想的熱輻射吸收系統。σ 是史帝芬常數,A 是該物體的表面積。任何一個物體的發射係數 e 與吸收係數 a 相等。所以一個好的熱輻射發射者也同時是一個好的熱輻射吸收體。

當物體的溫度為 T 而環境的溫度為 T_S，則物體輻射出去的熱流為

$$J_R = -e\sigma AT^4$$

而它吸收進來的熱流為

$$J_a = a\sigma AT_S^4 = e\sigma AT_S^4$$

所以物體在單位時間內吸收的淨能量為

$$\frac{dQ}{dt} = e\sigma A(T_S^4 - T^4) \qquad (14\text{-}21)$$

如果 $T_S > T$，則 $\frac{dQ}{dt} > 0$，所以物體的確有從外界得到能量。反之，當 $T > T_S$，則 $\frac{dQ}{dt} < 0$，則物體所吸收的能量是負值，也就是物體不斷有能量流失。

例題 14-9

如果人體的表面積為 $1.50\ m^2$，體溫為 $36.7°C$，但是皮膚的溫度為 $33.0°C$，空氣的溫度為 $27.0°C$。則由輻射而流到空氣的熱流是多少？（假設人體的 $e = 1$）

解

由（14-21）式可得

$$\begin{aligned}\frac{dQ}{dt} &= e\sigma A(T_S^4 - T^4)\\ &= e\sigma A(T_S^4 - T^4)\quad (e=1)\end{aligned}$$

而 $T = 273 + 33.0 = 306\ K$，$T_S = 273 + 27.0 = 300\ K$，代入 $\sigma = 5.67 \times 10^{-8}\ W/m^2 \cdot K^4$，可得

$$\begin{aligned}\frac{dQ}{dt} &= (5.67 \times 10^{-8}\ W/m^2 \cdot K^4)(1.50\ m^2)[(306\ K)^4 - (300\ K)^4]\\ &= 56.8\ W\end{aligned}$$

如果與例題 14-7 中的對流的散熱流來作比較，可見人體散熱的主要機制是靠輻射而不是對流。就算把 e 由 1 改為 0.1，這樣子的散熱率還是比對流來得大。

習題

14-3 節

14-1 3.0 L 的理想氣體在壓力為 2 atm 時，將其溫度由 25°C 加熱到 200°C（壓力不變）。求氣體的體積變為多少公升？

14-4 節

14-2 一塊圓柱形的鋁在 20°C 時，高度為 0.100 m，半徑為 0.400 m。求在 100°C 時的體積。

14-3 一片水泥的地面在 27°C 時，長與寬各為 10 m。則在炎熱的夏天氣溫為 40°C 時，它的面積的增加量 ΔA 為多少？

14-4 加油站向中油買 100 m³ 的汽油，在晚上 25°C 時進貨，則在白天 35°C 時對應的體積為何？（設汽油的 γ 為 9.6×10^{-4} K^{-1}）。

14-5 1.000000 m 長的銅棒被加熱，則當溫度升高 5.0°C 時，銅棒的長度為多少？

14-6 在 18°C 時一塊玻璃的體積為 30 cm³，求在 58°C 時它的體積。

14-7 古時候都是用單擺來計時，而單擺的週期為 $T = 2\pi \sqrt{\dfrac{l}{g}}$，$l$ 為擺長，$g = 9.8$ m/s²。如果在 27°C 時擺的週期被校正為 2 s。而且擺是用鐵來做的，則：(a) 當室溫為 35°C 時擺長增長的比例 $\dfrac{\Delta l}{l_0}$ 為多少？其中 $l_0 = 1.0$ m 為 27°C 時的擺長；(b) 在每一天中，是快了還是慢了多少秒？

14-5, 14-6 節

14-8 (a) 把 3.0 L 的水由 27°C 加熱到 100°C 需要多少卡的熱量？(b) 如果再把 100°C 的水全部變成 100°C 的水蒸汽，則還要多少卡熱量（在 1 大氣壓中進行水在 100°C 的汽化熱為 2.26×10^6 J/kg）？(c) 如果用一個 1 kW 的電熱器來加熱，則需要多少時間才能完成 (a) 與 (b) 的過程？

14-9 把 2 L 的熱紅茶由 80°C 變成 5°C 的冰紅茶，則需要加多少 kg 的冰塊？假設冰塊的溫度為 0°C，而且紅茶的比熱與密度都與水相同。

14-10 體重 60 kg 的人在慢跑時所產生的熱的功率為 250 W 左右。如果一共跑了半小時而產生的熱並不發散到體外，則這個人的體溫由 36.7°C 會上升到攝氏幾度？（假設人體的平均比熱為 4200 J/kg·°C）

14-11 一般在買冷氣機時都是說買幾「噸」的，這個噸其實是一個功率的單位，它是指把 1 噸（= 2000 lb）0°C 的冰在 24 小時內融化成 0°C 的水。請把 1 噸用 kW 來表示。

14-12 人體用蒸發汗水來冷卻身體。如果一個體重為 60 kg 的人要把體溫 36.7°C 降低 1°C，則他需要蒸發多少汗水？設人體的比熱為 4200 J/kg·K，在 36.7°C 時水的汽化熱為 2.4×10^6 J/kg。

14-13 將 0.2 kg 的冰塊（0°C）與 4 L 的水（40°C）混合並且冰塊完全融解，求平衡時的溫度？

14-14 將一塊高溫（300°C）的鐵塊丟入體積為 4.0 L、溫度為 20°C 的水裡。如果鐵塊的質量為 20 g，求最後達到平衡時的水溫。

14-15 一個運動員練習兩個小時，流失的汗水約為 1.5 kg，如果這些汗水全部蒸發為水蒸氣，則需要吸收多少熱量？

14-7 節

14-16 一面玻璃窗戶的面積為 1.0 m²。如果玻璃的厚度為 1 cm，窗外的溫度為 5°C，而房內的溫度為 25°C，求流過窗戶的熱流。

14-17 把一根大小均勻的鋁棒一端放在 100°C 的熱水中，而另一端則放在冰水中。如果它的長度為 1.00 m，截面積為 2.00×10^{-2} m²，(a) 求熱流 J；(b) 求在棍子中間的溫度；(c) 求在棍子上溫度 T 的分布。

14-18* 一根長度為 2.00 m 的棍子，它的截面積是均勻的 4.00×10^{-2} m²。一半是用不銹鋼，另外一半則用銅。如果棍子的兩端溫度分別為 0°C（銅）及 100°C（不銹鋼），求棍子中的熱流及在兩種金屬相接處的溫度。

14-19* (a) 一個水壺的底面積為 1.00×10^{-2} m²，所用的材料為銅。假設壺底的厚度為 1.00 mm，當水在煮開時（100°C）每分鐘有 2.00×10^{-1} kg 的水被蒸發，求與火接觸的那一面的溫度；(b) 如果現在將壺底換成是鋁且厚度相同，而且在水沸騰時與火接觸的那一面的溫度不變，求每分鐘可以蒸發多少水？

14-20 一塊黑板的面積為 3.00 m²，它表面的溫度為 37.0°C，而且假設它的發射係數 $e = 0.800$，求每秒黑板所輻射的能量為多少？

14-21 假設人（37°C）在溫度 20°C 的水中浸泡，如果此人的總面積為 2.0 m²，而且假設皮膚的厚度為 2.0×10^{-2} mm，皮膚的熱傳導係數為 0.24 W/m·K。則每秒由人體流入水中的熱量為多少焦耳？

14-22 一隻老鼠的表面積約為 2.0×10^{-2} m²，如果它的體溫為 40°C（設室溫為 25°C），(a) 求老鼠每天輻射所散發的能量為多少大卡（Cal）？（假設 $e = 1$）(b) 要維持 (a) 中的熱量，一隻老鼠每天需要吃多少公克的米，才能保持它的體溫？米所含的熱量約為 10^3 Cal/kg。

14-23 燈泡的燈絲都是用鎢絲做材料。當它發亮時溫度為 2450 K。如果燈泡為 100 W，它的發射係數 e 為 0.40，而且 100 W 全部轉換為電磁波，求燈絲的表面積。

14-24 如果把一塊每邊長為 1.00 cm 的立方體的銀放在空氣中冷卻，假設銀的溫度為 800°C 時，而空氣的溫度為 20°C，求因輻射而流出的淨熱流。

14-25 將一塊面積為 8.00×10^{-2} m²，溫度為 0°C 的冰塊，放在 25.0°C 室溫中，求由輻射而流入冰塊的淨熱流。

15 熱力學第一定律

- 15-1 功與熱力學過程
- 15-2 熱力學第一定律
- 15-3 理想氣體的內能與比熱
- 15-4 氣體動力論與理想氣體的內能

熱 既是能量的一種，因此，一系統與外界有熱的交換時，就會影響系統的能量。另外，若是系統對外界或是外界對系統做功，也會影響系統的能量，這些物理量熱、功、系統的能量之間有什麼關係呢？若是外界對系統做了功，而增加了系統的熱能，則這些熱能是否能再全部轉換回功呢？這些都是本章及下章要研討的課題。

15-1　功與熱力學過程

在處理動力學的問題時，通常都將系統視為一個封閉系統來處理，也就是說把系統與外界之間的相互作用忽略掉。例如在討論單擺的運動時，一般都將其與空氣之間摩擦力省略掉。但是事實上摩擦力永遠都存在，並且它會使得單擺和空氣的溫度升高，這是力學能轉變成熱能的現象。

從上面的例子，可見在處理巨觀系統的問題時，無可避免的需要考慮系統的吸熱與放熱。當系統 A 與外界交換熱量時，外界其實也可以視為是另外一個系統 B。只不過當系統 B 的熱容量遠遠超過原來被觀測的系統 A 時，則任何由系統 A 進出的熱量都不會對系統 B 的溫度造成明顯的變化。也就是說這時候外界（系統 B）可以視為一個固定溫度（或簡稱為恆溫）的熱源，它唯一的作用只是提供系統熱量或是吸收由系統傳過來的熱量。這種理想的熱源就稱為熱庫（heat reservoir）。

在上一章第一節我們討論了熱平衡的觀念，由熱平衡定義了溫度，事實上，熱力系統之間或其內部的平衡並不僅限於熱平衡。

例如圖 15-1(a) 所示，將一筒氣體放在一個溫度為 T_0 的熱庫上，熱可以由底部經過熱傳導而進出。假設筒壁不導熱，

所以氣體並不會由筒壁吸熱或者散熱，而筒子的上方是一個質量可略去，可以自由活動而不導熱的活塞，如果時間持續夠久，則筒中氣體的壓力會趨於均勻且與筒外氣體的壓力成平衡，此時我們可說筒內氣體到達**機械平衡**（mechanical equilibrium）。若是筒中的氣體不只一種時，則各氣體間也有可能產生化學變化，如果時間持續夠久，則也會達到**化學平衡**（chemical equilibrium），此時筒中各種氣體的莫耳數不再有變化。一個熱力系統若同時具有熱平衡、機械平衡及化學平衡，則我們稱此系統到達**熱力平衡**（thermodynamic equilibrium）。一個到達熱力平衡的系統，其狀態就可用其**熱力變數**（thermodynamic variable），例如壓力 P、體積 V、溫度 T 等的平衡值來描述，因此，我們常將這些熱力變數的平衡值所對應的熱力系統狀況簡稱為一個**狀態**（state），或簡稱一個態。例如圖 15-1(a)，筒中氣體的狀態可以用它的壓力 P、體積 V 及溫度 T 來描述，若是外界的情況改變了，例如外面的大氣壓力變小了一些，則活塞會上移，因此，氣體的體積會增加，此時氣體雖然溫度仍為 T_0，但是壓力變小了一些，體積增大了一些，所以氣體 P 及 V 的平衡值都改變，也就是氣體的狀態改變了。若以熱力變數為坐標，則熱力系統的每一個態皆可以用這種坐標空間中的一點來表示。

假如開始時氣體的**初始狀態** i（initial state，以下簡稱初態）為 (P_i, V_i, T_i)，以圖 15-1(b) 中之一點表示，氣體經由一些變化，狀態變為**最末狀態** f（final state，以下簡稱末態），可以圖 15-1(b) 中另一點 (P_f, V_f, T_f) 來表示。這樣的狀態的改變稱為一個**熱力過程**（thermodynamic process），圖 15-1(b) 中連接初態及末態的曲線就代表一個熱力過程。在熱力過程中也許有熱量的轉移，也可能會對外界做功。不過由 i 狀態變化為 f 狀態時，系統可以經過不同的過程來完成這個變化。譬如說以上述的氣體為例，如開始時氣體的溫度為 T_i，而熱

圖 15-1 (a) 氣體與熱庫成熱平衡，與大氣成機械平衡；(b) 熱力過程示意圖。

庫的溫度為 T_0，若溫度 T_i 比 T_0 高，則熱接觸會使氣體的溫度一直降低，等時間夠長以後，氣體會與熱庫達到熱平衡，最後的溫度 T_f 總是與熱庫的 T_0 一樣。可是要使得系統的溫度變得與熱庫的溫度 T_0 一樣，尚可用以下的方法來達成。開始時 $T_i > T_0$，把氣體的活塞迅速的拉起來，使氣體的體積急速的膨脹，在這一個短暫的時間中熱庫沒有足夠的時間把熱量傳給氣體，則氣體原來的溫度 T_i 會在極短的時間內就急速下降到另外一個溫度 T_1，而且 T_1 比 T_0 還要低。但是氣體的溫度會慢慢由 T_1 回升到 T_0。在這個過程中氣體的溫度由 T_i 降溫為 T_1，然後又升溫到 $T_f = T_0$。而在第一過程中氣體的溫度只有從 T_i 一直降溫到 $T_f = T_0$，因此可見**同樣的初態與末態是可以經由不同的熱力過程來完成的**。

當然不同的過程可能需要不同的時間來完成，可是當過程變化太快時，則很可能無法明確的描述巨觀系統的狀態。以氣體為例，當氣體處於一個熱平衡狀態時，它的溫度是均勻的。也就是說氣體內部每一處的溫度都一樣。（如果溫度不是均勻的話則氣體就會對流，所以系統還是一直隨時間改變而沒有處於熱平衡狀態。）可是如果急速地使一個氣體膨脹，則氣體各處的溫度並不一致，所以無法用一個單一溫度來描述這個狀態。更進一步來說在某些情況下，可能連溫度都無法定義。這一點可由氣體的**自由膨脹**（free expansion）過程來說明。假如說將一隔熱的箱子分隔成兩半，其中一半是真空，另一半為氣體，中間分隔的板子上有一個可以打開的洞閥，使得氣體流到真空的那一邊，如圖 15-2 所示。則當洞口打開的那一瞬間，真空的區域 A 中開始有氣體分子進入。可是 A 中的氣體分子的數目 N 由零開始增加，而 N 又遠小於 N_0（亞佛加厥常數）時，則 A 中本來就無法定義溫度這個概念。所以氣體在急速膨脹時，中間過程是無法用溫度、壓力這些巨觀量來描述。可是等到整個過程結束以後（時間夠長），則整個系統又到達熱力平衡狀態，而溫度與壓力變得有意義而且也是均勻的。

圖 15-2 氣體的自由膨脹。(a) 隔熱的箱子隔成兩半；(b) 洞口打開那一瞬間，真空的區域 A 中開始有氣體分子進入。

在本章中所有熱力過程的變化都假設以非常緩慢的速度來進行，稱為準靜過程（quasi static process），系統雖然一直都在改變，可是它幾乎都保持在熱力平衡的狀態，所以溫度、壓力等等都是有意義的。而且系統中每一處的壓力、溫度都是同樣均勻的（這種情況代表系統中的每一部份都是互相維持熱力平衡）。

當氣體的狀態改變時，外界可能會對氣體作功，所做的功可由以下的討論來計算。以圖 15-1 為例，考慮當筒中的氣體已經與熱庫達到熱力平衡，所以氣體的溫度為 T_0，對應的體積與壓力分別為 V 與 P。氣體的壓力當然會把活塞往外推，由於系統是處於平衡狀態，所以活塞的重量以及外面的大氣壓力會剛好把氣體的壓力抵銷掉來達到平衡。假如說因為某種原因使得氣體往外推的力比外面所加的力稍微大一點（譬如說大氣壓力突然稍微變小一點）則活塞就被往上推移一個小距離 ds，則氣體對外界所做的功為

$$dW = F\,ds$$

F 為氣體對活塞所施之力，$F = $ (壓力) × (面積) $= PA$，(A 為筒子的截面積)，所以

$$dW = F\,ds = PA\,ds = P\,dV \tag{15-1}$$

dV 為體積的增加量，$dV = A\,ds$。如果這個變化過程非常的緩慢，則正如前面所討論的，壓力 P 都是有意義的。將 W 看成是 V 的函數 $W(V)$，則 P 可看成是 $W(V)$ 對 V 的導數。若這個過程由氣體的初態的體積 V_i，改變到末態的體積 V_f，氣體對外界所做的功為

$$\Delta W = \int dW = \int_{V_i}^{V_f} P\,dV \qquad (15\text{-}2)$$

（15-2）式中的符號 $\int$ 是積分的意思，積分的運算，可看成是微分的逆運算。（在過程中若 P 一直在改變，則 P 不能移到積分符號外面！）在上述的過程中因為氣體一直與熱庫保持接觸而且過程又是非常的緩慢，所以氣體的溫度就是熱庫的溫度 T_0。把 $dW = P\,dV$ 與 $dx = v\,dt$ 相比較，參考圖 2-6，以及該圖相關的討論，我們知道（15-2）式中之 ΔW 等於 PV 圖中由 V_i 到 V_f，$P(V)$ 曲線下所圍的面積。如果在熱力過程中溫度一直保持為定值，則該過程被稱為等溫過程（isothermal process）。當氣體做等溫膨脹時，則過程中的溫度一直不變。令其溫度為 T_0，則由理想氣體的狀態方程式可知

$$PV = nRT_0$$

其中 n 為氣體的莫耳數。由上式可以將過程中的壓力 P 寫成

$$P = \frac{nRT_0}{V}$$

將壓力代入（15-2）式可得

$$\Delta W = \int_{V_i}^{V_f} P\,dV = \int_{V_i}^{V_f} \frac{nRT_0}{V}\,dV = nRT_0 \int_{V_i}^{V_f} \frac{dV}{V}$$

在上式中因為 n、R、T_0 在過程中都沒有改變，各為常數值，所以可以移至積分符號的外面，由自然對數函數的導數，

$\dfrac{d\ln V}{dV} = \dfrac{1}{V}$，所以我們知道 $d(\ln V) = \dfrac{dV}{V}$，所以上式可寫為

$$\Delta W = nRT_0 \int_{V_i}^{V_f} d(\ln V) = nRT_0(\ln V_f - \ln V_i)$$

故氣體所做的功 ΔW 為

$$\Delta W = nRT_0 \ln(\dfrac{V_f}{V_i}) \qquad (15\text{-}3)$$

例題 15-1

當體積 V_i 增加一倍變成 $2V_i$ 時，求 1 莫耳空氣在 0°C 中進行等溫膨脹所做的功。

解

由於 $\Delta W = nRT_0 \ln(\dfrac{V_f}{V_i})$，因此所做的功只與變化前後體積的比值有關，而與原來 V_i 的值無關。由題意可知

$$\dfrac{V_f}{V_i} = \dfrac{2V_i}{V_i} = 2$$

把 $T_0 = 273\text{ K}$，以及 $\dfrac{V_f}{V_i} = 2$ 代入（15-3）式可得（$n = 1$，$R = 8.31\text{ J/mol·K}$）

$$\begin{aligned}
\Delta W &= nRT_0 \ln(\dfrac{V_f}{V_i}) \\
&= (8.31\text{ J/mol·K})(273)(\ln 2) \\
&= 1.57 \times 10^3 \text{ J}
\end{aligned}$$

圖 15-3 等溫過程

在以上的討論中，所有的過程都是非常緩慢，因此在過程中氣體的每一狀態都可以用壓力、體積及溫度來表示。但是因為 P、V、T 滿足理想氣體狀態方程式 $PV = nRT$，所以只要知道 P 與 V 則 T 就可以確定。因此可以用 PV 圖（PV-diagram）上的一點來代表氣體的狀態。則整個過程的變化可以由 PV 圖上的一條曲線來描述，如例題 15-1 的等溫過程可以用圖 15-3 來表示。而圖中塗色的面積，即代表氣體在此過程中所做的功。

等溫過程中 $PV =$ 常數，所以代表這種過程的曲線都是雙曲線。因此，氣體若在不同溫度中做等溫膨脹時，就可用不同的雙曲線來表示（如圖 15-4）。

至於氣體膨脹所做的功為 $W = \int P\,dV$，其對應的就是 PV 圖上的曲線底下所圍的面積，這一點可以由例題 15-2 來說明。

圖 15-4 不同溫度的等溫過程

例題 15-2

圖 15-5 為氣體由狀態 A 經過 B、C、D 再回到 A 的一個過程。求氣體由 $A \to A$ 所做的功。

圖 15-5 氣體由狀態 A 經過 B、C、D 再回到 A 的一個過程。

解

這是四個過程合在一起的循環，我們可以分別計算每一個過程中，系統所做的功，再加總起來。ΔW_1、ΔW_2、ΔW_3 和 ΔW_4 分別為 $A \to B$、$B \to C$、$C \to D$ 以及 $D \to A$ 所做的功，則

$$\Delta W_1 = \int_{V_1}^{V_2} P\, dV = \int_{V_1}^{V_2} P_1\, dV = P_1 \int_{V_1}^{V_2} dV = P_1(V_2 - V_1)$$

而 $\Delta W_2 = \int_{V_2}^{V_2} P\, dV = 0$，因為體積沒有改變。同樣的理由 $\Delta W_4 = 0$。而 ΔW_3 為

$$\Delta W_3 = \int_{V_2}^{V_1} P_2\, dV = P_2(V_1 - V_2)$$

ΔW_3 為負值，這是因為在此過程中，氣體的體積縮小，實際上是外界對氣體系統做了功。所以

$$\begin{aligned}\Delta W &= \Delta W_1 + \Delta W_2 + \Delta W_3 + \Delta W_4 \\ &= P_1(V_2 - V_1) + P_2(V_1 - V_2) \\ &= -(P_2 - P_1)(V_2 - V_1)\end{aligned}$$

因為 $P_2 > P_1$ 而且 $V_2 > V_1$，所以 ΔW 為負值。當所做的功為正時，則代表系統對外界做功。而做負功時就代表外界對系統做功。因此本題中由 A 狀態開始而回復為 A 狀態的過程是外界對系統做功。

由圖中可知 $(P_2 - P_1)(V_2 - V_1)$ 就是曲線所圍的面積。因此氣體所做的功的量值確實是可以用曲線所包的面積來表示。

圖15-6 不同過程狀態的改變

　　例題 15-2 的過程是一種很特殊的過程，因為它的初態與末態都一樣。這種過程稱為**熱力循環**（thermodynamic cycle）。利用 PV 圖很容易可以看出任何兩個狀態之間可以用不同的曲線連起來。如圖 15-6 所示，狀態 A 與狀態 C 可以分別由曲線 1 與曲線 2 來連結。曲線 1 代表一個等溫過程，曲線 2 是由 $A \rightarrow B$，然後 $B \rightarrow C$。由 A 變為 B，代表一個**壓力維持不變的過程，這種過程稱為等壓過程**（isobaric process）。然後體積保持不變，而由 B 變成 C 狀態，這種過程稱為**等容過程**（isochoric process）。所以由 $A \rightarrow C$ 可以經過一等溫過程來完成，或者由一等壓過程再加上一等容過程來達成。

　　因為所有非常緩慢的變化過程中的每一步驟，系統都處於熱力平衡的狀態，所以每一步就可用 PV 圖上的一點來表示。因此整個過程就可以用這些點連結起來的曲線來代表。沿著這條曲線就可以正確地描述過程由初態到末態的每一步驟。所以也可以沿著同樣的曲線反方向的由末態又重新回到初態。因為這種非常緩慢的過程都是可以**可逆**（reversible）進行，也就稱為**可逆過程**（reversible process）。所有的可逆過程都可在 PV 圖上用一條曲線來表示。當然兩個狀態之間的變化也可能是**不可逆的**（irreversible），例如說在前面所提到的**氣體的自由膨脹，就是一個典型的不可逆過程**（irreversible process）例子。當氣體由原來的體積 V_i 突然擴散到一個原來是真空的區域（如圖 15-7），最後總體積變為 V_f（整個容器的體積），則氣體的初態為 (P_i, V_i) 而末態為 (P_f, V_f)，它

圖 15-7　氣體的自由膨脹

們都可以在 PV 圖上表示。但是中間所發生的過程卻無法在 PV 圖上用一條曲線表示出來。這是因為在這個過程中，氣體並不是在熱力平衡狀態，因此在過程中 P 與 V 都沒有明確的意義，所以就不能用一明確的曲線來連結初態與末態。在這種情況下，當然也不知如何反向的由末態重回到初態。但是重要的是雖然氣體自由膨脹不能在 PV 圖中用一條曲線來代表，但是初態與末態還是可以經由其它的可逆過程來連結，而且這些過程都可以用 PV 圖中的曲線來表示。

例題 15-3

在圖 15-6 中考慮 1 莫耳的理想氣體 (若 $P_A = P_B = 2.00$ atm，$V_A = \frac{1}{2}V_B = 1.00$ L)，則 (a) 計算圖中 A、B、C 三點的溫度。(b) 求對應圖中兩個不同的過程對氣體所做的功。

解

(a) 因為圖 15-6 中的曲線 1 是一個等溫過程，所以 A 點與 C 點的溫度是一樣的，由理想氣體方程式，可得

$$T_A = \frac{P_A V_A}{nR} = T_C$$

$$P_A = 2.00 \text{ atm} = 2.02 \times 10^5 \text{ N/m}^2$$

則

$$T_A = T_C = \frac{2.02 \times 10^5 \text{ N/m}^2 \times 10^{-3} \text{ m}^3}{8.31 \text{ J/mol} \cdot \text{K}} = 24.3 \text{ K}$$

設 B 點的溫度為 T_B，因 $P_B = P_A$，故

$$T_B = \frac{P_B V_B}{R} = \frac{P_A V_B}{R} = \frac{2.02 \times 10^5 \,\text{N/m}^2 \times 2.00 \times 10^{-3} \,\text{m}^3}{8.31 \,\text{J/mol} \cdot \text{K}} = 48.6 \,\text{K}$$

(b) 等溫過程中氣體所做的功可由（15-3）式來計算

$$\Delta W_1 = RT_A \ln(\frac{V_C}{V_A}) = (8.31 \,\text{J/mol} \cdot \text{K})(24.3 \,\text{K}) \times \ln 2$$

$$= 140 \,\text{J}$$

由於 ΔW_1 是正的，因此氣體在膨脹時對外界做功。

另外的過程為等壓過程再加上一等容過程。在等容過程中 $dV = 0$，所以不做功，因此 ΔW_2 只與等壓過程有關：

$$\Delta W_2 = \int_{V_A}^{V_B} P \, dV = P_A (V_B - V_A)$$

$$= (2.02 \times 10^5 \,\text{N/m}^2)(10^{-3} \,\text{m}^3) = 202 \,\text{J}$$

比較例題 15-3 中之 ΔW_1 與 ΔW_2，可知對相同的初態與末態而言，不同熱力過程系統所做的功是不相等的。

15-2　熱力學第一定律

當系統與外界有溫度差時，系統經由吸熱或放熱過程，就可以改變溫度；但是由上一章的討論得知，當外界對系統作功，亦即外界對系統輸入能量，也可以改變系統的溫度，因此**熱也是能量的一種**。在考慮一個系統的能量轉變時，亦應該將熱能計算在內，方能正確地描述系統的變化。

系統與外界之間的熱能轉移是與過程有關的。譬如說，前一章中所討論的氣體自由膨脹的例子，就可用來說明這個事實。首先要探討的是氣體自由膨脹的一個特徵：**在自由膨脹的過程中理想氣體的溫度不會改變**。這一個實驗結果可用圖 15-8 的裝置來觀察。將一個導熱良好的箱子分隔成兩半，

圖 15-8　理想氣體的自由膨脹，膨脹前後溫度不變的示意圖。

其中一半充滿氣體而另一半則抽真空。然後將整個箱子置於一**絕熱**（adiabatic）的水槽中，並記錄在熱平衡時的水溫 T_0，則氣體的溫度也應該是 T_0。然後把中間的板子抽出讓氣體膨脹，並且觀察水及氣體的平衡溫度，則發現水及氣體的溫度都沒有改變，仍是 T_0，因定量的水其溫度沒有改變，這也代表沒有淨熱能流進水中，氣體可視為進行一個絕熱的自由膨脹，這個實驗結果告訴我們，若將理想氣體放在絕熱容器中，使其自由膨脹，它的溫度也是不會改變的。所以氣體在自由膨脹時膨脹前後溫度不變。

現在考慮由一個溫度也是 T_0 的熱庫與氣體交換熱能，使氣體做等溫膨脹，其體積亦如自由膨脹一樣，也由 V_1 變成 V_2。氣體會不斷從熱庫中得到熱能以保持溫度固定（假如沒有熱庫，則在膨脹的過程中溫度會下降）。因此氣體可經由自由膨脹或者等溫膨脹來改變氣體的狀態。可是只有等溫膨脹有涉及到熱量的交換。而熱能交換的多少是視過程而定。

因為熱能的變化是與過程有關，因此說「系統的某一個狀態儲存了多少熱能」這句話是毫無意義的。因為由上面的探討可知氣體的自由膨脹過程並不牽涉到熱能的轉移，而等溫過程卻有吸熱。可是不管是那一個過程，對應都是相同的初態（T_0, V_1, P_1）及末態（T_0, V_2, P_2）。因此，**系統熱能的變化是不能由系統的初態及末態決定。**

現在讓我們考慮一個系統內部的能量，如果用分子的觀

點來看物質,則把每一個分子對質心的動能與所有分子之間的位能全部加起來,就應該是這個系統的內部總能量。在熱力學中一個系統的內部總能量就稱為內能(internal energy),通常以 U 來表示。最簡單的系統就是氣體所組成的系統。如果氣體分子之間沒有任何的作用力,則它們之間就不會有位能,所以這個系統的內能 U 就是所有分子對其質心的動能,也就是我們在第 6 章中所稱的內動能的總和

$$U = \frac{1}{2}m_1v_1^2 + \frac{1}{2}m_2v_2^2 + \cdots = \frac{1}{2}\sum_i m_iv_i^2 \tag{15-4}$$

(15-4)式中的 $\sum_i$ 是代表對所有分子求總和的符號。其中第 i 個分子的質量為 m_i,它對質心的速度為 $\vec{v}_i$。

當外界對系統做功或者提供熱能時,內能會改變。如果系統由狀態 1 變為狀態 2,則內能的增加量為

$$\Delta U = U_2 - U_1 \tag{15-5}$$

這個內能的增加量 ΔU 應該是來自外界對它所做的功或者有熱能由外界流進來,所以

$$\Delta U = \Delta Q - \Delta W \tag{15-6}$$

上式就是熱力學第一定律的敘述:一系統的內能增加量等於系統所吸收的熱能減去系統對外界所做的功。其實它就是包括熱能在內的能量守恆定律。一般的慣例是系統對外界做功 ΔW 取為正值,而外界對系統所做功 ΔW 取為負值;同樣的,系統由外界吸收熱量 ΔQ 取為正值,而系統放出熱量至外界 ΔQ 取為負值。

在本節前面,我們曾經討論,理想氣體若分別進行自由膨脹過程及等溫準靜過程,雖然具有相同的初態及末態,但是所吸收的熱能不同,也就是說,熱力系統熱能的變化與過程有關。由 15-1 節的討論及例題 15-3 的結果,我們也知道熱力系統所做之功也與過程有關。然而,實驗顯示,內能的變化量與過程無關,內能完全由狀態的熱力變數所決定,這種性質也

常被敘述為內能是狀態的函數。以數學式表示，則可寫為

$$U = U(P,\ V,\ T) \tag{15-7}$$

易言之，上式是說明，內能一般而言是 P、V、T 等狀態變數的函數。

例題 15-4

在圖 15-9 的 PV 圖中，系統經過一個循環過程由 A 狀態回到 A 狀態，如果在 $A \to B$ 過程中系統吸了 200 J 的熱，而 $B \to C$ 過程中系統放出 400 J 的熱。求：(a) 在 $A \to B$ 過程中氣體內能的變化。(b) 從 $A \to D \to C$ 過程中系統吸熱或是放熱？其值為何？

圖 15-9　PV 圖

解

(a) 設 $A \to D \to C$ 為過程 1，$A \to B \to C$ 為過程 2。先考慮 $A \to B$ 的過程，由熱力學第一定律（15-6）式可知

$$\Delta U = U_B - U_A = \Delta Q - \Delta W$$

在吸熱過程中 ΔQ 為正數，所以 $\Delta Q = 200\,\text{J}$。而這個過程中壓力為定值，$P = 4.0 \times 10^4\,\text{Pa} = 4.0 \times 10^4\,\text{N/m}^2$，所以功為

$$\Delta W = \int_{V_A}^{V_B} P\,dV = (4.0 \times 10^4\,\text{N/m}^2)(5.0 - 2.0) \times 10^{-3}\,\text{m}^3 = 120\,\text{J}$$

因此系統的內能變化

$$\Delta U = \Delta Q - \Delta W = 200\,\text{J} - 120\,\text{J} = 80\,\text{J}$$

由於 $\Delta U > 0$，所以 $U_B > U_A$ 代表系統的內能增加。系統由外界吸收 200 J 的熱量，其中有一部份用在對外界做功，其餘的部份（80 J）則儲存為系統的內能。

(b) 因為內能為狀態函數，所以可以經由 $A \to B \to C$ 過程來計算 $\Delta U_1 = \Delta U_2$。因此

$$\Delta U_1 = \Delta U_2 = \Delta Q_2 - \Delta W_2$$

而 ΔQ_2 由題意可知為

$$\Delta Q_2 = 200 \text{ J} - 400 \text{ J} = -200 \text{ J}$$

並且在過程 2 中只有 $A \to B$ 過程，系統才有做功，$B \to C$ 過程因為體積不變而沒有做功。所以 ΔW_2 等於 (a) 中的 ΔW

$$\Delta W_2 = \Delta W = 120 \text{ J}$$

則

$$\Delta U_1 = \Delta Q_2 - \Delta W_2 = -200 \text{ J} - 120 \text{ J} = -320 \text{ J}$$

在過程 1 中的 ΔW_1 只有 $D \to C$ 過程才有做功，

$$\Delta W_1 = \int_{V_D}^{V_C} P\, dV$$
$$= (2.0 \times 10^4 \text{ N/m}^2)(5.0 - 2.0) \times 10^{-3} \text{ m}^3 = 60 \text{ J}$$

因此

$$\Delta Q_1 = \Delta U_1 + \Delta W_1 = (-320 \text{ J}) + (60 \text{ J}) = -260 \text{ J}$$

因為 $\Delta Q_1 < 0$，所以 $A \to D \to C$ 的過程是一個放熱過程。

15-3　理想氣體的內能與比熱

理想氣體是討論熱力學觀念的一個非常有用的系統。所謂理想氣體就是假設氣體分子的大小可以略去，而且分子間並沒有作用力。當然這是一個非常理想化的情形，因為真正的分子都有大小，並且彼此間也會有作用力，不過在處理真

正的氣體系統時，常可把它近似為一個理想氣體系統：當在氣體的密度不高時，分子間的平均距離都很大，所以分子間的作用力因距離大而變得很弱，再加上因氣體分子分布非常稀疏的緣故，氣體分子本身的體積與容器體積相比，可以忽略。綜合這兩個原因，低密度的氣體可近似為理想氣體。

由理想氣體狀態方程式，我們知道理想氣體的狀態只用兩個變數就足以描述，因此內能這個狀態函數就可以用 $U(P, V)$ 或 $U(T, V)$ 來表示，換句話說，氣體的內能 U 一般而言都是兩個變數的函數。實驗結果更進一步顯示

理想氣體的內能只是溫度的函數，與體積無關，$U = U(T)$。

以上的結果只適用於理想氣體，非理想氣體的內能還是 (T, V) 的函數。譬如，對真正的氣體而言，當它們的壓力很高，或者溫度很低時，就不能用理想氣體來描述。在這些情況下，真正氣體做自由膨脹時，氣體的溫度通常都會下降，而不會維持不變。

利用理想氣體的內能 U 只與溫度有關的這一個性質，就可以進一步探討氣體的比熱問題。一般而言，在固體與液體被加熱時，因為其體積與壓力的變化並不大，所以比熱問題比較簡單。可是對氣體而言，則大不相同。因為氣體的體積與壓力都會隨著溫度的增加而有大的改變，所以固定體積或者固定壓力來加熱就代表兩個不同的加熱過程。而熱量的吸收與過程有關，因此不同條件的加熱方式所對應的比熱就不會相等。通常在實驗上比較容易測量的是將 1 莫耳氣體的體積固定來加熱，這樣子測到的比熱稱為**莫耳定容比熱** c_v（molar specific heat at constant volume）

$$c_v \equiv \frac{dQ}{dT} \tag{15-8}$$

因為這個實驗只需要將氣體填充在一個密封的容器中加熱即可（將容器的體積的膨脹忽略掉）。另外一種比熱稱為**莫耳定壓比熱** c_p（molar specific heat at constant pressure），在測量 c_p 時是將 1 莫耳氣體加熱並保持在過程中壓力不變。

　　由熱力學第一定律，很容易就可以了解 c_v 與 c_p 是不相等的。在等容的過程中，因為 $dV = 0$，所以系統所做的功 $P\,dV$ 為零，因此所吸收的熱量完全變成氣體的內能。在等壓過程中將氣體升溫時，還必須對外界做功，因此除了將氣體提高溫度所需要的熱量以外，還要額外的吸收更多的熱量來做功。所以 c_p 當然會比 c_v 來得大。由理想氣體的內能只是溫度的函數與熱力學第一定律，可以推導出 c_p 與 c_v 之間的關係

$$c_p = c_v + R \qquad (15\text{-}9)$$

因為理想氣體常數 R 是一個正數，所以（15-9）式的結果證明 c_p 必大於 c_v。

　　（15-9）式是理想氣體在任何溫度 T 的 c_p 與 c_v 之間的關係，這個式子的實驗結果可以由表 15-1 的數據來驗證。

　　由表 15-1 可知，不同氣體的 c_v 會有不同的值，這是因為分子是有結構的。例如氦（He）和氬（Ar）是惰性氣體，其分子只有一個原子組成，也就是所謂的**單原子氣體**（monatomic gas）；而氮（N_2）和氧（O_2）的分子則由兩個原子組成，又稱為**雙原子氣體**（diatomic gas）；當分子由多於兩原子所組成時則稱為**多原子氣體**（polyatomic gas）。如果形成氣體分子的原子數一樣，則對應的 c_v 都一樣，因此 He 與 Ar 的 c_v 為 12.47 J/ mol·K，而 O_2 與 N_2 的 c_v 都是 29 J/ mol·K。這是理想氣體的特徵之一。

　　當用分子的運動來描述理想氣體時，則可以推導出單原子氣體的內能為

表 15-1

氣　體	c_v (J/mol·K)	c_p (J/mol·K)	$R = c_p - c_v$
氦（He）	12.47	20.78	8.31
氬（Ar）	12.47	20.78	8.31
氮（N$_2$）	20.76	29.07	8.31
氧（O$_2$）	20.85	29.17	8.31
二氧化碳（CO$_2$）	28.46	36.94	8.49
二氧化硫（SO$_2$）	31.39	34.60	8.98

$$U = \frac{3}{2}nRT \tag{15-10}$$

這個結果在本章的後面會推導出來。因此

$$dU = \frac{3}{2}nR\,dT$$

由於在等容過程中所做的功為零，因此內能的增加量 dU 為

$$dU = dQ$$

由（15-8）式可得單原子理想氣體的定容比熱為

$$c_v = \frac{3}{2}nR \tag{15-11}$$

或者每一莫耳的定容比熱為 c_v

$$c_v = \frac{3}{2}R \tag{15-12}$$

因為 c_v 只與理想氣體常數 R 有關。因此理想氣體的比熱 c_v 或 c_p 都與溫度無關。

所以對單原子氣體而言，

$$c_p = c_v + R = \frac{3}{2}R + R = \frac{5}{2}R \tag{15-13}$$

代入 $R = 8.31$ J/mol·K，即得

$$c_v = 12.47 \text{ J/mol·K}$$
$$c_p = 20.78 \text{ J/mol·K}$$

這兩個理論值與表 15-1 中的單原子氣體的實驗值非常的一致。如果再進一步考慮雙原子氣體的 c_v 與 c_p，則由分子運動的討論可以證明

$$c_v = \frac{5}{2}R \text{ , } c_p = \frac{7}{2}R \tag{15-14}$$

當然這些理論值也與表 15-1 的實驗值非常接近。（15-14）式的推導有一點冗長，因此從略。

例題 15-5

對 1 莫耳的理想氣體，考慮若經圖 15-10 中的 $A \to B \to C$ 的過程。(a) 求 $A \to B$ 過程中系統所吸的熱量。(b) 求 $A \to B \to C$ 過程中氣體所做的功。(c) 求 C 點的內能。

圖 15-10

解

(a) 由熱力學第一定律 $\Delta U = \Delta Q - \Delta W$，可知

$$\Delta U = U_B - U_A = \Delta Q - \int_{V_A}^{V_B} P\, dV$$

所以

$$\Delta Q = \Delta U + \int_{V_A}^{V_B} P\, dV$$

因為 n 莫耳理想氣體的內能為 $U = \dfrac{3}{2}nRT$，在本題中莫耳數 $n = 1$，則

$$U = \dfrac{3}{2}RT$$

而

$$\Delta U = \dfrac{3}{2}R(T_B - T_A)$$

溫度 T_A 與 T_B 可以由狀態方程式 $PV = nRT$ 計算

$$T = \dfrac{PV}{R}$$

則

$$\Delta U = \dfrac{3}{2}(P_B V_B - P_A V_A)$$

在本題中 $A \to B$ 過程為等壓過程，即 $P_A = P_B$。因此

$$\Delta U = \dfrac{3}{2}P_A(V_B - V_A)$$

在這個等壓過程中所做的功為

$$\int_{V_A}^{V_B} P\, dV = P_A(V_B - V_A)$$

所以

$$\begin{aligned}
\Delta Q &= \Delta U + \int_{V_A}^{V_B} P\, dV \\
&= \dfrac{5}{2}P_A(V_B - V_A) \\
&= \dfrac{5}{2}(5.0 \times 10^5 \text{ N/m}^2)(6.0 - 2.0) \times 10^{-3} \text{ m}^3 \\
&= 5.0 \times 10^3 \text{ J}
\end{aligned}$$

因為 Q 是正值。所以 $A \to B$ 過程中系統吸熱。

(b) 在 $A \to B \to C$ 過程中因 $B \to C$ 過程為等容過程，因此這一部份的過程系統並沒有做功，則

$$\Delta W = \int_{V_A}^{V_B} P\,dV = P_A(V_B - V_A)$$
$$= (5.0 \times 10^5 \text{ N/m}^2)(6.0 - 2.0) \times 10^{-3} \text{ m}^3$$
$$= 2.0 \times 10^3 \text{ J}$$

$W > 0$，所以氣體對外界做功。

(c) 在 C 狀態的內能為

$$U = \frac{3}{2}RT_C = \frac{3}{2}R(\frac{P_C V_C}{R})$$
$$= \frac{3}{2}(2.0 \times 10^5 \text{ N/m}^2)(6.0 \times 10^{-3} \text{ m}^3)$$
$$= 1.8 \times 10^3 \text{ J}$$

15-4　氣體動力論與理想氣體的內能

在前面討論理想氣體時曾經提過可以將一個理想氣體的內能 U 用所有分子的動能的總和來表示

$$U = \sum_i \frac{1}{2} m_i v_i^2 \tag{15-15}$$

可是在前一節中已經提過理想氣體的內能 $U = \frac{3}{2}nRT$，因此（15-15）式如何與溫度關連起來是這一節要討論的重點。

除了溫度以外，氣體的壓力 P 也是可以用氣體分子的運動來推導，考慮將氣體放在一個立方體的容器當中，假設該容器的體積為 V（如圖 15-11），則在容器中的每個分子會

向各方向運動，而且有各種不同速率，這些分子之間可以互相碰撞，也可以與容器的器壁做彈性碰撞，由圖中可知當分子與器壁碰撞時，則碰撞前後分子的動量只有垂直於器壁的分量會有改變。如果器壁為 yz 平面，則 $\Delta \vec{p}$ 只有 x 方向的分量

$$\Delta p_x = -mv_x - (mv_x) = -2mv_x \qquad (15\text{-}16)$$

如果平均 Δt 時間內，分子就與器壁碰撞一次，則器壁所受的力為

$$F_x = \frac{-\Delta p_x}{\Delta t} = \frac{2mv_x}{\Delta t}$$

圖 15-11

假如只有一個分子在容器中運動，而且這個分子只有 v_x 方向的速度，則上述的平均時間可計算為

$$\Delta t = \frac{2L}{v_x} \qquad (15\text{-}17)$$

其中 L 為容器的邊長，所以容器所受的力為

$$F_x = \frac{-\Delta p_x}{\Delta t} = \frac{2mv_x}{2L/v_x} = \frac{mv_x^2}{L} \qquad (15\text{-}18)$$

以上的計算是一個簡化的過程，因為容器中不僅只有一個分子，而且分子的運動也並不是只有 x 方向的速度，不過很容易就可以將上述的結果推廣到 N 個分子的情形。將每一個分子對器壁的力全部加起來就是器壁所受的總力

$$F_x = \frac{1}{L}(mv_{x1}^2 + mv_{x2}^2 + mv_{x3}^2 + \ldots + mv_{xN}^2) \qquad (15\text{-}19)$$

在上式中已經假設每一個分子的質量都一樣，v_{xi} 是第 i 個分子在 x 方向的速度，則這個器壁上的壓力為 F_x 除以面積 L^2

$$P = \frac{F}{A} = \frac{F_x}{L^2} = \frac{m}{L^3}\sum_i v_{xi}^2 \qquad (15\text{-}20)$$

現在將 $\sum_i v_{xi}^2$ 用一個平均的值來表示，令 $\overline{v_x^2}$ 爲 v_{xi}^2 的平均值，則

$$\overline{v_x^2} \equiv \frac{1}{N}\sum_i v_{xi}^2 \qquad (15\text{-}21)$$

因此（15-20）式可以寫爲

$$P = \frac{m}{L^3} N \overline{v_x^2} \qquad (15\text{-}22)$$

由於氣體中的分子可往各方向運動，並且它們之間有多次的碰撞，因此平均起來會使得每一個方向都相同，所以可以期待分子的 $\overline{v_x^2} = \overline{v_y^2} = \overline{v_z^2}$，所以

$$\overline{v^2} = \overline{v_x^2} + \overline{v_y^2} + \overline{v_z^2} = 3\overline{v_x^2} \qquad (15\text{-}23)$$

把 $\overline{v_x^2} = \frac{1}{3}\overline{v^2}$ 代入（15-22）式即得

$$P = \frac{m}{L^3} N \frac{\overline{v^2}}{3} = \frac{N}{3V}(m\overline{v^2}) \qquad (15\text{-}24)$$

在上式中已經把 L^3 改成氣體的體積 V。由（15-24）式可以看到氣體的壓力 P 與它的體積有一個反比的關係，如果把（15-24）式改寫爲

$$PV = \frac{1}{3}N(m\overline{v^2}) \qquad (15\text{-}25)$$

再利用理想氣體的狀態方程式 $PV = NkT$ 來比較，則可得

$$kT = \frac{1}{3}m\overline{v^2} \qquad (15\text{-}26)$$

現在把 $m\overline{v^2}$ 用每一個分子平均動能 E_k 來表示

$$E_k = \frac{1}{2}m\overline{v^2} \qquad (15\text{-}27)$$

則（15-27）式可寫為

$$E_k = \frac{1}{2}m\overline{v^2} = \frac{3}{2}kT \qquad (15\text{-}28)$$

也就是說每一分子的平均動能就是 $\frac{3}{2}kT$，這一個關係就將分子的平均動能與溫度聯繫起來。將所有分子的動能全部加總即得理想氣體的總能量，也就是理想氣體的內能 U

$$U = \sum_i \frac{1}{2}m\overline{v_i^2} = \frac{1}{2}mN\overline{v^2}$$

再利用（15-28）式，即得理想氣體的內能與溫度的關係

$$U = N(\frac{1}{2}m\overline{v^2}) = \frac{3}{2}NkT \qquad (15\text{-}29)$$

這個證明也證實了理想氣體的內能與體積無關的事實。

在以上的討論中有一點值得注意，就是當氣體的溫度為 T 時，則每一個分子的平均動能為 $E_k = \frac{3}{2}kT$。其實這個結果可以視為分子有三個獨立運動的方向，如果每一個方向的運動貢獻 $\frac{1}{2}kT$ 的能量，則三個方向的運動就提供了 $\frac{3}{2}kT$ 的能量。在這個問題中只處理了分子的移動動能，對單原子分子的氣體而言，每一個分子也只有移動動能，因此以上的結論是正確的。可是當考慮雙原子分子或者多原子分子的氣體時，則分子還可以有振動以及轉動，在處理這些氣體的內能時就需要將這些能量也一併考慮才能獲得正確的結果。例如以雙原子分子氣體而言，如果考慮轉動，則內能為

$$U = \frac{5}{2}NkT \qquad (15\text{-}30)$$

如果再加上振動，則內能為

$$U = \frac{7}{2}NkT \qquad (15\text{-}31)$$

由於這些問題的推導超出本書範圍，就不再深入推導。

由（15-29）式可知

$$\frac{1}{2}m\overline{v^2} = \frac{3}{2}kT$$

所以

$$\overline{v^2} = \frac{3kT}{m} \tag{15-32}$$

利用這個關係式，可以定義一個分子的方均根速度 v_{rms}，它是由（15-32）式開方而得

$$v_{rms} \equiv \sqrt{\overline{v^2}} = \sqrt{\frac{3kT}{m}} \tag{15-33}$$

例題 15-6

求一個氧分子在室溫（300 K）的平均移動動能，並求其對應的方均根速度。

解

$$U = \frac{3}{2}kT = \frac{3}{2} \times 1.38 \times 10^{-23} \times 300 = 2.07 \times 10^{-23} \text{ J}$$

由（15-33）式可知，

$$v_{rms} = \sqrt{\frac{3kT}{m}}$$

代入氧分子的質量

$$m = \frac{32.0 \text{ g/mol}}{6.02 \times 10^{23} \text{ 個/mol}} = 5.32 \times 10^{-26} \text{ kg}$$

即得

$$v_{rms} = \sqrt{\frac{3(1.38 \times 10^{-23} \text{ J/K})(300 \text{ K})}{5.32 \times 10^{-26} \text{ kg}}} = 483 \text{ m/s}$$

習題

15-1 節

15-1 求 1.0 mol 的氧氣在 300 K 時進行等溫膨脹所做的功。設氣體的體積由 $V_i = 2\,\text{L}$ 膨脹為 $V_f = 10\,\text{L}$。

15-2 一個氣體的 PV 圖（如圖 P15-2）：(a) 如果由 A 膨脹到 B 經過路徑 $A \to B$，求氣體所做的功；(b) 如果由 $A \to C \to B$，求氣體所做的功。

圖 P15-2

15-3 求圖 P15-2 中氣體由 $A \to B \to C \to A$ 的循環過程中所做的功以及所吸收的熱量。

15-4 在 1 大氣壓中，1.00 g 的水在沸騰時會變成 1.67 L 的水蒸氣，求水在沸騰汽化時所做的功。

15-5 5.0 mol 的理想氣體在 1 大氣壓下被加熱，溫度由 30°C 升高到 300°C，求氣體所做的功。

15-6 當 3.0 mol 的氧氣被等溫壓縮（27°C），它的體積由 $V_i = 1.0\,\text{L}$ 縮小為 $\frac{1}{3}V_i$。(a) 求 P_i；(b) 求外界對它所做的功。

15-7 1 mol 的空氣作等壓膨脹，它的體積由 V_i 增加三倍變成 $3V_i$，如果開始的溫度為 20.0°C，氣體壓力為一大氣壓（1 atm）。(a) 求膨脹後的溫度；(b) 求氣體對外界所做的功。

15-8* 1 mol 的空氣經過一個膨脹過程，而在這個過程中壓力 P 與體積 V 的關係為

$$P = 7V + 3$$

（在此關係中 V 與 P 的單位分別為 L 與 $10^5\,\text{N/m}^2$）。(a) 求由 $V_i = 3.0\,\text{L}$ 變為 $V_f = 4.0\,\text{L}$ 空氣對外界所做的功；(b) 求後來的空氣溫度。

15-2 節

15-9 一筒氣體在一定的壓力（$P = 2.0\,\text{atm}$）下冷卻，體積由 10 m³ 變為 0.80 m³。在這個過程中有 $2.0 \times 10^3\,\text{J}$ 的熱量由氣體放出到外界。(a) 求氣體所做的功；(b) 氣體的內能變化。

15-10 考慮在一個等溫過程中，理想氣體為了保持等溫而放出 300 J 的熱量，則這個過程中氣體需要做多少功？

15-11 將 1 mol 的氧氣在 50°C 作等溫壓縮。它的體積由 $V_i = 4\,\text{L}$ 變為 $V_f = 1\,\text{L}$，求這個過程中氣體所放出來的熱量。

15-12* 在圖 P15-12 中系統可以由經過 $a \to b \to c$ 或者 $a \to d \to c$ 兩個途徑來完成 $a \to c$。如果由 $a \to d \to c$ 所做的功為 500 J，而 $a \to b \to c$ 所做的功為 200 J，而且每一個狀態的內能分別為 U_a =100 J，U_b = 600 J，U_c = 800 J，U_d = 500 J，求 $a \to b$，$b \to c$，$a \to d$，$d \to c$ 這四個過程中，系統所吸收的熱量。

圖 P15-12

15-13 氧氣在一個壓力是 1 大氣壓的汽球中被加溫（這個過程是在 1 大氣壓中進行），如果溫度由 30°C 增加到 50°C，而氧氣共吸收了 6000 J 的熱量。(a) 求氧氣的莫耳數；(b) 氧氣的內能變化；(c) 氣體所做的功。

15-14 一個氣體系統在等壓中膨脹（P = 3.0 atm），而在這個過程中氣體吸熱 3.0×10^5 J。如果整個過程中內能沒有改變，求這個系統的體積變化（不用假設它是理想氣體）。

15-15 將 2.0 mol 的理想氣體降溫而且整個過程中體積保持不變，如果開始時的溫度為 100°C，壓力為 10^5 N/m²。當溫度降為 50.0°C 時，(a) 求對應的壓力；(b) 這個過程所做的功；(c) 這個過程中氣體所放出的熱量。

15-16 1 mol 的理想氣體作等壓膨脹，它的體積由 V_i = 1 L 變為 V_f = 2 L。如果開始的溫度為 50°C，求這個過程中氣體所吸收的熱量。

15-3 節

15-17 求 1 mol 的氦氣在 300 K 時的內能。

15-18 1 mol 的理想氣體做等溫膨脹，求這個過程中氣體所吸的熱量 ΔQ，以溫度 T、V_i 和 V_f 來表示（V_i 為開始的體積，V_f 為後來的體積）。

15-19 求 1 mol 理想氣體在等壓過程中每升高 1°C 所需要的熱量。

15-20 2 mol 的理想氣體經過等壓過程由 V_i = 4 L 變為 V_f = 1 L，如果氣體壓力為 2×10^5 N/m²，求內能的變化。

15-21 4 mol 的氦氣等溫膨脹，它的體積由 V_i 增大為 $4V_i$。如果氣體溫度為 50°C，(a) 求它對外界所做的功；(b) 求氣體在 $4V_i$ 時的內能。

15-4 節

15-22 求氧分子在 2000 K 的平均動能，且求對應的方均根速度。

15-23 (a) 求氧氣在 0°C 的方均根速度 v_0；(b) 在什麼溫度時，氧氣的方均根速度 v 會等於 $10v_0$？

15-24 在什麼溫度時，氫原子的方均根速度與氦原子 20°C 時的方均根速度相等？

15-25 房間內的空氣壓力為 1 大氣壓（$\simeq 10^5$ N/m²）。如果一面牆的面積為 9 m²，

則此面牆上所受的總力為多少牛頓？

15-26 如果理想氣體的平均分子動能為 3.60×10^{-20} J，則對應空氣的溫度 T 為多少 °C？

15-27 在 1600 °C 時，求氦氣的原子均方根速率 v。

16

熱力學第二定律

- **16-1** 理想氣體的絕熱過程
- **16-2** 熱　機
- **16-3** 卡諾循環
- **16-4** 熱力學第二定律
- **16-5** 熵

熱力學第一定律討論在熱力學過程中的能量守恆，但是這個定律並未保證任何遵守這個定律的過程一定可以發生。譬如物體運動因為摩擦而停止運動，在這個過程中物體的動能完全轉變為熱能，可是把熱能百分之百變成有用的功的過程是否可以發生，卻是一個值得深思的問題，熱力學第二定律就是要探討這個可能性，這也是本章的重點。

16-1 理想氣體的絕熱過程

對氣體而言，一般常見的熱力學過程為：1. 等容過程；2. 等壓過程；3. 等溫過程。這三種過程中系統都會與外界交換熱量。此外，還有一種熱力學過程為絕熱過程，在過程中系統與外界並沒有熱量的交換。在這個情況下，熱力學第一定律 $dU = dQ - dW = dQ - P\,dV$ 為

$$dU = -P\,dV \quad (dQ = 0) \tag{16-1}$$

當然世界上並沒有百分之一百的隔熱材料，所以理想的絕熱過程是不存在的。但因為熱的傳導需要時間，如果系統變化非常的快，使得熱量幾乎沒有足夠時間由系統流出，則這樣的過程就非常接近絕熱過程。在物理上最有名的例子就是聲波在空氣中傳播時究竟是一等溫過程還是絕熱過程？<u>生頓</u>在計算聲音的速度時，因為假設聲波傳遞是等溫過程，所以他得到的聲速無法與實驗數據符合。後來才發現聲波的傳遞過程其實是一個絕熱過程，因此才獲得空氣中正確的聲速。另外一個常用的絕熱過程，就是所有汽機車所用的內燃機，這一點在後面會用一個例子來詳細說明。

氣體經過一絕熱的變化，過程中理想氣體溫度與體積有一個關係

$$TV^{\gamma-1} = 常數 \tag{16-2}$$

（16-2）式中的 $\gamma \equiv \dfrac{c_p}{c_v}$。這是一個非常重要的結果，因為可說明絕熱過程中理想氣體溫度與體積的關係。（16-2）式是說在絕熱過程中理想氣體的溫度 T 與體積 V 的 $(\gamma-1)$ 次方的乘積永遠保持一個定值。換句話說，如開始時氣體的溫度為 T_1，體積為 V_1，而經過絕熱過程後，溫度為 T_2，體積為 V_2，則

$$T_1 V_1^{\gamma-1} = T_2 V_2^{\gamma-1} \qquad (16\text{-}3)$$

這個關係是**絕熱過程**的結果，在其它的過程中並不適用。譬如說在**等壓過程** $P=$ 常數，因此由狀態方程式可得

$$P = \dfrac{nRT_1}{V_1} = \dfrac{nRT_2}{V_2}$$

因此在**等壓過程**

$$T_1 V_1^{-1} = T_2 V_2^{-1}$$

與（16-3）式不一樣。

（16-3）式的結果也可以利用理想氣體狀態方程式來改寫成

$$P_1 V_1^{\gamma} = P_2 V_2^{\gamma} \qquad (16\text{-}4)$$

這是絕熱過程中理想氣體壓力與體積的關係。（16-2）及（16-4）式兩式的推導比較繁瑣，此處略去。

例題 16-1

2.00 莫耳的氧氣（O_2）由 12.0 L 膨脹為 20.0 L。(a) 如果這膨脹過程是等溫過程，設溫度 $T = 300\,K$，則在 20.0 L 時，壓力為多少大氣壓（atm）？(b) 如果這是一個絕熱過程，假設開始時溫度也是 $T = 300\,K$，則在 20.0 L 時對應的壓力又是多少大氣壓（atm）？並計算對應的溫度。

解

(a) 由狀態方程式可知 $PV=nRT$，因此在等溫過程中

$$P_1V_1 = nRT = P_2V_2$$

所以

$$P_2 = \frac{nRT}{V_2} = \frac{(2.00\,\text{mol})(8.31\,\text{J/mol}\cdot\text{K})(300\,\text{K})}{20.0\times 10^{-3}\,\text{m}^3}$$

$$= 2.49\times 10^5\,\text{Pa}$$

而 $1\,\text{atm} = 1.01\times 10^5\,\text{Pa}$，所以

$$P_2 = \frac{2.49\times 10^5\,\text{Pa}}{1.01\times 10^5\,\text{Pa/atm}} = 2.47\,\text{atm}$$

(b) 在絕熱膨脹時 $PV^\gamma =$ 常數。所以

$$P_1V_1^\gamma = P_2V_2^\gamma$$

由 $P=\dfrac{nRT}{V}$ 可得在 300 K 時的壓力 P_1，

$$P_1 = \frac{(2.00\,\text{mol})(8.31\,\text{J/mol}\cdot\text{K})(300\,\text{K})}{12.0\times 10^{-3}\,\text{m}^3}$$

$$= 4.16\times 10^5\,\text{Pa}$$

由（16-4）式可得

$$P_2 = P_1\left(\frac{V_1}{V_2}\right)^\gamma$$

因為 O_2 是雙原子氣體，所以它的 $\gamma = \dfrac{c_p}{c_v} = \dfrac{7}{5} = 1.4$，所以

$$P_2 = (4.16\times 10^5\,\text{Pa})\left(\frac{12.0}{20.0}\right)^{1.4} = 2.03\times 10^5\,\text{Pa}$$

$$= \frac{2.03\times 10^5\,\text{Pa}}{1.01\times 10^5\,\text{Pa/atm}} = 2.00\,\text{atm}$$

比較 (a) 與 (b) 的結果，可見在同樣的體積變化中絕熱膨脹後的壓力，比等溫膨脹後的低很多。要求對應的溫度當然可用 $T_1V_1^{\gamma-1} = T_2V_2^{\gamma-1}$ 來算。不過用狀態

方程式來計算比較簡單。

$$T_2 = \frac{P_2 V_2}{nR} = \frac{(2.03 \times 10^5 \text{ N/m}^2)(20.0 \times 10^{-3} \text{ m}^3)}{2.00 \times 8.31} = 244 \text{ K}$$

16-2 熱　機

　　力學系統中無論用做功或者由位能的轉換，都可完全轉換成物體的動能。因此自然而然地可以提出一個有趣的問題：熱是否可以完全的變成其它形式的能量？這個問題當然是非常重要，也非常實際。因為人類所用的能量大部份都是從燃燒的過程來取得熱量，然後再將熱量轉換成其它形式的能量來使用。例如汽車是由燃燒汽油來推動進行的，這就是由加熱做功。

　　將能量或者功完全轉換為熱是毫無問題的，因為摩擦力就是一個很好的例子。一個物體在一個有摩擦力的平面上運動，它原來的動能會因摩擦力的緣故到最後全部變成熱，這就是物體最後會停止的原因。反過來說，熱是否可以完全轉變為功就變得非常重要。如果熱不能完全轉變為功，則表示有一部份的熱會浪費掉，這在資源上是一種浪費，自然也就提高了成本，因此這個問題在應用與工業上都是一個非常實際又重要的課題。在歷史上這個問題的解答是由法國工程師卡諾（N. L. S. Carnot）所提出。他發現熱不能完全轉變為功，而且他的結論後來就形成了熱力學第二定律（the second law of thermodynamics）。更有趣的是當他發現上述的結果時，熱力學第一定律還沒有被建立起來（在前面提到的能量守恆定律是在 1842 年由梅爾所提出，而卡諾在 1824 年就提出以

上的論點）。

任何可以將熱能轉換為功的機器稱為**熱機**（heat engine），當熱機從外界吸收 ΔQ 熱量而對外做功 ΔW，則可以定義**熱效率** η（thermal efficiency）（簡稱**效率**）為：

$$\eta \equiv \frac{\Delta W}{\Delta Q} \tag{16-5}$$

當然大家都希望 $\eta = 1$，這個情況對應的就是熱量 ΔQ 完全轉換為功 ΔW；可是事與願違，因為卡諾發現對一個理想熱機而言，η 永遠都小於 1。所謂理想熱機就是指熱機在運轉時，它的每一個過程都是可逆過程。

最簡單的熱機是一個利用循環過程的系統，系統由一個狀態開始經過一連串的變化又回復到原始的狀態，這就是一個循環過程。每一個循環中，系統從外界吸收了 ΔQ 熱量，而且也對外界做功 ΔW。當系統與外界有熱的交換，當然就表示有溫度不一樣的區域，而熱量總是由高溫的地方流到低溫的地方，所以任何一個熱機總會與最少兩個不同溫度的區域做熱接觸。一個最簡單的熱機可以用圖 16-1 來表示。在這個圖中，中間的方塊代表一個熱機，它從高溫的熱庫（溫度為 T_1）吸收熱量 ΔQ_1，然後對外做功 ΔW。並把剩餘的熱量 $\Delta Q_2 = \Delta Q_1 - \Delta W$ 放回溫度較低的熱庫（溫度為 T_2），這是所有熱機的基本工作條件。因此熱效率 η 又可寫為

$$\eta = \frac{\Delta W}{\Delta Q_1} = \frac{\Delta Q_1 - \Delta Q_2}{\Delta Q_1} = 1 - \frac{\Delta Q_2}{\Delta Q_1} \tag{16-6}$$

這個結果很明顯的指出 $\eta = 1$ 的條件就等於求 $\Delta Q_2 = 0$。而 $\Delta Q_2 = 0$ 就是 $\Delta W = \Delta Q_1$。因此當 $\eta = 1$ 時，則表示（圖 16-1）中的 T_2 熱庫就不需要了，因為 T_2 熱庫的功能只是用來吸收 ΔQ_2 的熱量而已。一旦 $\Delta Q_2 = 0$，則這個低溫熱庫就沒有存在的必要。所以 $\eta = 1$ 就等價於要求一個熱機在單一溫度中運

圖 16-1 簡單的熱機

吸氣　　壓縮　　爆炸　　排氣

圖 16-2　鄂圖四衝程循環

轉，把熱完全變成功！卡諾的工作就是證明 $\eta=1$ 是不可能發生的。這一點在下節中會詳細討論。

在實際的情況中有兩種熱機循環常常被廣泛用在汽車以及其它動力系統：一種是所謂的鄂圖循環（Otto cycle）（圖 16-2），而另一種則是狄塞耳循環（Diesel cycle）。

圖 16-3 就是鄂圖循環的 PV 圖。在 a 點時汽油與空氣的混合物進入汽缸內，則混合物在汽缸內被絕熱壓縮，體積由 kV 變小為 $V(k>1)$，這絕熱過程為 $a \rightarrow b$ 過程。在 b 點油氣混合物因為溫度升高而燃燒，所以有熱量被釋放出來；這就等於系統從外界吸收熱量 Q_H，因為這段時間很短，所以氣體保持一樣的體積，但是壓力增加，對應在圖 16-3 上為 $b \rightarrow c$ 過程，然後氣體因壓力高而將活塞推開，這是絕熱膨脹過程（$c \rightarrow d$ 過程）。接著氣體由 d 狀態變回 a 狀態，並且放出 ΔQ_C 熱量。這樣子就完成了鄂圖循環過程。在此過程中 ΔQ_H 與 ΔQ_C 都是在等容過程中進行，因此

$$\Delta Q_H = nc_v(T_c - T_b)$$
$$\Delta Q_C = nc_v(T_d - T_a)$$

圖 16-3　鄂圖循環

n 為混合物的莫耳數，c_v 為氣體的定容比熱。因為 $T_c > T_b$，

$T_d > T_a$，所以 ΔQ_H 與 ΔQ_C 都是正值。由於 ab 與 cd 過程都是絕熱過程，所以並沒有熱量的轉移，因此系統吸收的熱量為 ΔQ_H，而排放的熱量為 ΔQ_C，則效率為

$$\eta = \frac{\Delta W}{\Delta Q_H} = \frac{\Delta Q_H - \Delta Q_C}{\Delta Q_H} = \frac{T_c - T_b + T_a - T_d}{T_c - T_b} \tag{16-7}$$

這些溫度之間的關係可以用（16-3）式求出

$$\begin{aligned} T_a V_a^{\gamma-1} &= T_a (kV)^{\gamma-1} = T_b V_b^{\gamma-1} = T_b V^{\gamma-1} \\ T_d V_d^{\gamma-1} &= T_d (kV)^{\gamma-1} = T_c V_c^{\gamma-1} = T_c V^{\gamma-1} \end{aligned} \tag{16-8}$$

把（16-8）式代入（16-7）式可得

$$\eta = 1 - \frac{1}{k^{\gamma-1}} \tag{16-9}$$

所以一個實際內燃機的效率 η 的確會小於 1。這個問題中的壓縮比就是 $\frac{1}{k}$，如果 $\frac{1}{k} = \frac{1}{15}$，則

$$\eta = 1 - \frac{1}{15^{\gamma-1}}$$

如果取 $\gamma = 1.4$（空氣的 γ 值），則 $\eta = 0.66$。當壓縮比越小則 η 越接近 1。不過以上的計算還是過於簡化，因為並沒有考慮到其它的因素，例如汽缸的摩擦力、汽缸的散熱、不完全燃燒的反應等等，因此真正的效率還會更低。一般內燃機的效率大概在 25% 左右。

狄塞耳循環的運作過程可以參考圖 16-4。在這種循環中空氣由 a 點開始被絕熱壓縮到狀態 b，然後再等壓加熱到 c 狀態。在這個過程中系統吸收 ΔQ_H 的熱量，然後系統再經過絕熱膨脹到達 d 狀態，再經過一個等容過程，過程中系統對外界放出 ΔQ_C 熱量再回到狀態 a。狄塞耳循環中汽油是在 b 點才加入，其優點是可以避免在 ab 的壓縮過程中太早引起燃燒而降低效率，這就是它比鄂圖循環的效率更高的原因。

圖 16-4　狄塞耳循環

16-3 卡諾循環

一般而言，當一個系統的狀態改變是一個不可逆過程時，通常都有能量損耗的情形發生，最簡單的例子就是有摩擦力存在時，過程都是不可逆的，因此，任何一個高效率的熱機所經過的熱力過程必須是可逆過程，也就是說在整個過程中變化都是非常緩慢，而且沒有損耗，因此一個理想熱機都是靠一個可逆循環過程來產生有用的功。理想熱機的效率最大，其實還可以進一步證明在相同的 T_1 與 T_2 熱庫間運轉的理想熱機，它們的效率都一樣！

卡諾循環（Carnot cycle）就是一個可逆循環，它是兩個可逆等溫過程再加上兩個可逆絕熱過程來組成。圖 16-5 是理想氣體在 PV 圖上的卡諾循環。以卡諾循環運作的熱機稱為卡諾熱機（Carnot engine）。

將氣體由狀態 a 等溫（溫度為 T_H）膨脹到狀態 b，在這個過程中氣體吸熱 ΔQ_H。然後氣體繼續絕熱膨脹到狀態 c，在這個過程中氣體與外界沒有熱量的交換。但是氣體因膨脹而降溫，因此狀態 c 的溫度為 T_c。接下來將氣體做等溫壓縮，此過程中因為氣體的溫度沒有改變，所以它的內能也不會改變，因此壓縮所做的功全部變成熱量 ΔQ_C。最後再將氣體絕熱壓縮回到狀態 a，就完成一個卡諾循環。這個熱機的效率可以利用這四個過程來計算。在第一個過程中，因為它是等溫所以內能不變，$\Delta U_{ab} = 0$。因此熱力學第一定律為

$$\Delta Q_H - \int_{V_a}^{V_b} P\, dV = 0$$

圖 16-5 卡諾循環

在第 15 章第一節中已經求過理想氣體等溫膨脹所做的功，所以

$$\Delta Q_H = nRT_H \ln(\frac{V_b}{V_a}) \tag{16-10}$$

同理，在 cd 過程中所放出的熱量 Q_C 為

$$\Delta Q_C = nRT_C \ln(\frac{V_c}{V_d}) \tag{16-11}$$

所以卡諾循環的效率為

$$\eta = 1 - \frac{\Delta Q_C}{\Delta Q_H} = 1 - \frac{T_C \ln(\frac{V_c}{V_d})}{T_H \ln(\frac{V_b}{V_a})} \tag{16-12}$$

到目前為止僅用了兩個等溫過程的資訊而已。下一步就利用兩個絕熱過程來簡化（16-12）式。由絕熱過程中的溫度與體積的關係（16-3）式可知

$$T_H V_b^{\gamma-1} = T_C V_c^{\gamma-1}$$
$$T_H V_a^{\gamma-1} = T_C V_d^{\gamma-1}$$

由這兩個式子的比值得

$$(\frac{V_b}{V_a})^{\gamma-1} = (\frac{V_c}{V_d})^{\gamma-1}$$

也就是說

$$\frac{V_b}{V_a} = \frac{V_c}{V_d}$$

代入（16-12）式則所有的對數因子都消掉，因此效率 η 變得非常簡單

$$\eta = 1 - \frac{T_C}{T_H} \tag{16-13}$$

這個結果是說一個卡諾循環的效率只與熱庫的溫度比值有關。在（16-13）式中的溫度都是用絕對溫標來表示。如果兩個溫度之間的差很大，則 η 就接近 1。當溫度越接近，則

η 就會越小。從這個式子可以看出當 $T_C = 0$ 時，則 $\eta = 1$。T_C 等於零的溫度是絕對溫標零度，所以如果宇宙中存在一個區域它的溫度為 0 K，則 $\eta = 1$ 的可能性就會出現。這在熱力學中是一個很重要的問題，在本章的後面會再討論。如果比較（16-12）與（16-13）式可得出另外一個很重要的結論

$$\frac{\Delta Q_C}{\Delta Q_H} = \frac{T_C}{T_H} \qquad (16\text{-}14)$$

例題 16-2

一個卡諾循環在 $T_H = 500.0$ K 與 $T_C = 300.0$ K 之間進行。如果在 T_H 熱庫所吸收的熱量為 3,000 J，則在 T_C 熱庫所釋放的熱量 ΔQ_C 為多少？而且熱機做了多少焦耳的功？它的效率 η 為多少？

解

由

$$\eta = 1 - \frac{\Delta Q_C}{\Delta Q_H} = 1 - \frac{T_C}{T_H}$$

即得

$$\Delta Q_C = (\frac{T_C}{T_H})\Delta Q_H = (\frac{300.0 \text{ K}}{500.0 \text{ K}}) \times 3000 \text{ J} = 1800 \text{ J}$$

由 $\Delta W = \Delta Q_H - \Delta Q_C = 3000 \text{ J} - 1800 \text{ J} = 1200 \text{ J}$，故它做了 1200 J 的功。

熱效率為

$$\eta = 1 - \frac{T_C}{T_H} = 1 - \frac{3}{5} = \frac{2}{5} = 0.4 \text{。}$$

例題 16-3

1.00 莫耳的雙原子氣體做卡諾循環。如果 $T_H = 1000$ K 與 $T_C = 300$ K。開始的狀態壓力為 1.00×10^6 Pa，然後在 T_H 溫度做等溫膨脹，由 V_a 變為 $V_b = 2V_a$。(a) 求圖 16-6 中 a、b、c、d 中的壓力與體積。(b) 求 ΔQ_H 與 ΔQ_C 以及 ΔW。(c) 求效率 η。

解 (a) 在狀態 a 時壓力為 $P_a = 1.00 \times 10^6$ Pa，則

$$V_a = \frac{RT_H}{P_a} = \frac{(8.31 \text{ J/mol} \cdot \text{K})(1000 \text{ K})}{1.00 \times 10^6 \text{ N/m}^2}$$

$$= 8.31 \times 10^{-3} \text{ m}^3 = 8.31 \text{ L}$$

$$V_b = 2V_a = 16.6 \text{ L}$$

對應的

$$P_b = \frac{RT_H}{V_b} = 5.00 \times 10^5 \text{ Pa}$$

由 $b \to c$ 為絕熱過程，則 $T_H V_b^{\gamma-1} = T_C V_c^{\gamma-1}$，由雙原子氣體的 $\gamma = 1.4$，可得

$$V_c = V_b \left(\frac{T_H}{T_C}\right)^{\frac{1}{\gamma-1}} = (16.6 \text{ L})\left(\frac{1000 \text{ K}}{300 \text{ K}}\right)^{2.5} = 337 \text{ L}$$

$$P_c = \frac{RT_C}{V_c} = 7.40 \times 10^3 \text{ Pa}$$

再利用 $d \to a$ 為絕熱過程，則 $T_C V_d^{\gamma-1} = T_H V_a^{\gamma-1}$，即得

$$V_d = V_a \left(\frac{T_H}{T_C}\right)^{2.5} = 169 \text{ L}$$

而

$$P_d = \frac{RT_C}{V_d} = 1.48 \times 10^4 \text{ Pa}$$

(b) 只有等溫過程中才會有吸熱或放熱，所以

$$\Delta Q_H = RT_H \ln\left(\frac{V_b}{V_a}\right) = (8.31 \text{ J/mol} \cdot \text{K})(1000 \text{ K})(\ln 2) = 5.76 \times 10^3 \text{ J}$$

$$\Delta Q_C = RT_C \ln\left(\frac{V_c}{V_d}\right) = (8.31 \text{ J/mol} \cdot \text{K})(300 \text{ K})\left(\ln\left(\frac{337}{168.5}\right)\right) = 1.73 \times 10^3 \text{ J}$$

$$\Delta W = \Delta Q_H - \Delta Q_C = 5.76 \times 10^3 \text{ J} - 1.73 \times 10^3 \text{ J} = 4.03 \times 10^3 \text{ J}$$

(c) $\eta = 1 - \dfrac{T_C}{T_H} = 1 - \dfrac{300 \text{ K}}{1000 \text{ K}} = 0.7$。

圖 16-6 自然過程中，熾紅的鋁塊會冷卻；而逆過程卻不會自然發生。

16-4　熱力學第二定律

在討論卡諾熱機時，已經可以知道理想熱機的效率 η_C 是最大的，而且 $\eta_C < 1$，也就是說想利用一個熱機將熱全部轉換成有用的功是不可能的夢想，這個無法達成的夢想就是熱力學第二定律的一種敘述

> 世界上並不存在任何一個循環系統（熱機），它可以在單一溫度的環境中吸取熱能，並且完全將熱能轉換為功。

以上的敘述稱為熱力學第二定律的克耳文（Kelvin）敘述。熱力學第二定律還有不同形式的敘述，因為它們都顯示出與日常生活中的關聯，所以值得進一步來探討，下面另一個敘述是由德國的克勞修斯（R. Clausius）所提出

> 任何自然過程中，熱不會由低溫的物體流入高溫的物體。

這個敘述是在描述一個自然界中常見的現象，在日常的經驗中，熱都是自發性的由高溫的物體轉移到低溫的物體，其實這就是熱在物體中的傳導形式，也因為是如此，熱平衡現象才會發生。譬如說一根金屬棒的兩端的溫度不一樣，則熱會由高溫的一端傳到低溫的那一端，因此高溫的地方會降溫，低溫的地方會升溫，到最後會變成整根棒子都有一樣的溫度，也就是整根棒子是處於熱平衡狀態。

假如克勞修斯的敘述不對，則上述的棒子無法達到熱平

衡。因為如果克勞修斯的敘述不成立，則代表熱量會由低溫物體流入高溫物體，低溫區域會因為熱量的流出降溫，高溫的區域會因為熱量的流入而升高溫度，這個過程會不斷的延續使得棒子的溫度分布一直隨時間改變而不會達到平衡。

因此，熱力學第二定律的存在對熱平衡狀態可以呈現有很大的關連性，當然克勞修斯的敘述著重於自然過程，如果在非自然過程中，熱的確是可以由低溫的地方往高溫傳遞，最常見的例子就是利用冷氣機把涼快的房子中的熱量不斷地往高溫的外界輸送。

16-5 熵

熱力學第二定律是一個非常奇特的定律，它與其它大家熟悉的物理定律不太一樣，因為一般物理定律都可以寫成一個方程式，或是一些物理量之間的關係式，例如牛頓第二運動定律 $\vec{F} = m\vec{a}$ 或熱力學第一定律 $\Delta U = \Delta Q - \Delta W$ 等等。可是熱力學第二定律卻以另外一個形式出現，它是敘述自然界中不能發生的過程。事實上也可以把它寫成一個數學形式，只不過它不是一個等式，而是以不等式的形式出現，為了呈現這個想法則引入另外一個新的觀念：**熵**（entropy）。

在描述第一定律時，已知系統的內能是狀態的函數，而與如何到達該狀態的過程沒有關係，也就是說當一系統的狀態由 i 變為 f，則它內能的變化

$$\Delta U = U_f - U_i$$

不管這個狀態是經過等溫過程或絕熱過程，只要它由 i 狀態到達 f 的狀態，它的內能變化都一樣。

可是熱力學的過程中，系統所吸收的熱量 ΔQ 卻與過程有關。不過即使 ΔQ 與過程有關，可是在可逆過程中 ΔQ 與

溫度 T 的比值卻是一個與過程無關的量,這個新的物理量就被定義為熵的改變量 ΔS

$$\Delta S \equiv (\frac{\Delta Q}{T})_R$$

上式中 T 是絕對溫度,R 則強調過程必須是可逆的。而 ΔQ 為系統所吸收的熱量($\Delta Q > 0$ 為吸熱,$\Delta Q < 0$ 為放熱)。如果 $\Delta Q \to 0$,則上式可寫成微分形式

$$dS \equiv (\frac{dQ}{T})_R \qquad (16\text{-}15)$$

在 SI 單位中熵的單位為 J/K。

如何認知 dS 與過程無關?這一點可以用理想氣體來說明。將理想氣體由狀態 (V_0, T_0) 進行一可逆循環過程,如果整個過程中熵的變化為零,則代表熵變化與過程無關。(請注意:在一個循環過程,所做的功或者所吸收的熱並不為零!)為了簡化起見,只用下面一個特例來討論熵的變化是與過程無關。

例題 16-4

計算理想氣體在卡諾循環中熵的變化量。

解

在卡諾循環中,有兩個絕熱過程,它們都與外界沒有熱量的交換,因此 $dQ = 0$。所以對卡諾循環而言,氣體的熵的變化為:

$$\Delta S = \int dS = (\int_{T_H} \frac{dQ}{T})_{T=T_H} + (\int_{T_C} \frac{dQ}{T})_{T=T_C}$$

其中 $\int dS$ 代表把整個循環過程中熵的變化量全部加起來,而 $(\int_{T_H} \frac{dQ}{T})_{T=T_H}$ 與 $(\int_{T_C} \frac{dQ}{T})_{T=T_C}$ 代表在兩個等溫過程中熵的改變量。而 T 為定值,所以

$$\left(\int_{T_H} \frac{dQ}{T}\right)_{T=T_H} = \frac{\Delta Q_H}{T_H}$$

$$\left(\int_{T_C} \frac{dQ}{T}\right)_{T=T_C} = -\frac{\Delta Q_C}{T_C} \quad (-\Delta Q_C \text{ 是因為這是系統放熱})$$

由前面（16-14）式的結果，所以

$$\Delta S = \frac{Q_H}{T_H} - \frac{Q_C}{T_C} = 0$$

因此在卡諾循環中氣體的熵沒有改變。

熵的變化與過程無關，因此它也如同內能一樣，是由熱力系統的狀態完全決定，也就是說，熵也是一個狀態函數，$S = S(P, V, T)$。對於不可逆過程中我們如何計算熵的變化呢？我們可以在相同的初態及末態中用一個可逆過程取代不可逆過程，再利用（16-15）式對此可逆過程積分，則所得的答案就是正確的答案。也就是說，這個 ΔS 的答案必然就等於 $S(P_f, V_f, T_f) - S(P_i, V_i, T_i)$。由於這個性質，我們也知道，對任一循環，$P_f = P_i$，$V_f = V_i$，$T_f = T_i$，所以 ΔS 對任一循環必為零。例題 16-4 的結果即是一個例子。

習題

16-1 節

16-1 1.0 mol 的理想氣體絕熱膨脹，由壓力 P_a 為 1 atm，$V_a = 1$ L 變為 $V_b = 2$ L，並且令氣體的 $\gamma = 1.4$，求 (a) 最後的壓力及溫度；(b) 這個氣體對外界所做的功。

16-2 在一個絕熱壓縮的過程中，1.0 mol 的單原子理想氣體的溫度由 10°C 升高至 30°C，而且開始時壓力為 1.0 atm。(a) 求外界對氣體所做的功；(b) 外界加了多少熱量到氣體？

16-3 3.0 mol 的理想氣體在絕熱過程中膨

脹，如果它由 $V_i = 2.0$ L 變為 $V_f = 5.0$ L，而開始時的壓力 $P_i = 10^5$ N/m^2，求在最後氣體的壓力 P_f 以及溫度 T_f。

16-4　1.0 mol 的理想氣體在絕熱過程中膨脹，如果體積由 $V_i = 2.0$ L 變為 $V_f = 4.0$ L，求氣體對外界所做的功（令剛開始的溫度為 300 K）。

16-5　1 mol 的氦氣由 (V_i, P_i) 壓縮到狀態 (V_f, P_f)。(a) 求等溫過程中氣體所做的功；(b) 求絕熱過程中氣體所做的功。

16-2 節

16-6　將 0.10 mol 的理想氣體在 $T = 30°C$ 時等溫壓縮，設開始的壓力為 1 atm，而最後的體積為 0.10 L。(a) 求這個過程中所做的功；(b) 如果現在把整個過程改成絕熱壓縮（設開始的溫度還是 30°C，而且開始的體積與 (a) 中一樣，並且令氣體的 $\gamma = 1.67$），則氣體這個過程中做了多少功？

16-7　如果 0.1 mol 氣體它的 $\gamma = \dfrac{c_p}{c_v} = 1.7$，而開始的溫度 $T_i = 300$ K，體積為 $V_i = 2$ L，則 (a) 當等壓膨脹到 $V_f = 4$ L 時，求對應的溫度；(b) 如果絕熱膨脹至 $V_f = 4$ L，則對應的溫度為如何？

16-3 節

16-8　如果一個卡諾熱機在溫度分別為 1,000°C 與 300°C 的熱庫間運轉，則 (a) 熱效率 η_C 為多少？(b) 如果吸熱為 800 J，則它放出多少熱？

16-9　一個可逆循環的熱機在 500 K 與 3,000 K 的熱庫間運轉，求 (a) 效率；(b) 如果在低溫熱庫放出 500 J 的熱量，求它對外界做的功。

16-10　如果一個卡諾熱機所做的功為 1000 J，而且它對 300 K 的熱庫中放出 400 J 的熱量，求 (a) 在高溫熱庫中所吸收的熱量；(b) 效率 η_C；(c) 高溫熱庫的溫度。

16-11　在一個卡諾循環中 $T_H = 600$ K，1 mol 理想氣體（$\gamma = \dfrac{5}{3}$）開始的體積為 $V = 1.0$ L。(a) 如果等溫膨脹到 $V = 2.0$ L，求對應的壓力與溫度；(b) 當由 (a) 的狀態絕熱膨脹到 $V = 3$ L，求對應的壓力與溫度。

16-12　如果 1.0 mol 理想氣體（$\gamma = 1.5$）做一個卡諾循環，兩熱庫溫度分別為 $T_H = 400$ K 與 $T_C = 200$ K。開始的體積為 $V_0 = 1$ L，壓力為 $P_0 = 20$ atm，然後等溫膨脹到 $V = 2V_0$，求 (a) 在等溫膨脹時所吸收的熱量；(b) 在等溫壓縮時所放出的熱量；(c) η_C。

16-13　三個理想熱機 A、B、C 它們的工作溫度分別為：(a) 400°C 與 600°C；(b) 700°C 與 900°C；(c) 300 K 與 500 K。求它們對應的熱效率。

16-14　一部蒸氣機的蒸汽為 600°C，它的熱效率為 25%。如果把它視為卡諾循環，則它放出來廢氣的溫度是多少 °C？

16-15 核能發電廠可以產生 1000°C 的蒸汽而放出之廢氣為 200°C，則這個發電廠的最大熱效率為多少？

16-16 一個內燃機在每一個循環中可以做 10 kJ 的功，如果它的效率為 25%。(a) 求它吸入的熱量？(b) 求它排出的熱量？(c) 如果把效率改善為 30%，而仍然在循環中做 10 kJ 的功，則它需要吸入的熱量為何？

16-4, 16-5 節

16-17 當 1.0 mol 的理想氣體做可逆等溫膨脹時，如果 $T = 400$ K，體積由 $V_i = 1$ L 變為 $V_f = 2$ L，求 (a) 內能的改變；(b) 熵的改變。

16-18 1.0 mol 的理想氣體由 $T = 400$ K，體積由 $V_i = 1$ L 變為 $V_f = 2$ L，這個過程是一個可逆的絕熱過程。求 (a) 內能的變化；(b) 熵的變化。

16-19 把 1.0 kg、比熱為 900 J/kg·K 的鋁塊（溫度為 100°C）放到 3 kg、比熱為 4186 J/kg·K 冰水中（溫度為 0°C）。求 (a) 最後的溫度；(b) 整個系統的熵變化。

16-20 把 1.0 L 的水放在兩個不同範圍中加熱，它們分別為：(a) 25°C–35°C；(b) 75°C–85°C。求在 (a) 與 (b) 中熵的改變 ΔS。

16-21* 將 1 mol 的氦氣加熱，它的溫度由 300 °C 升至 400 °C。如果在整個過程中體積保持不變（而且過程為可逆過程），求氣體的熵變化 ΔS。

17

電荷與電場

- **17-1** 引　言
- **17-2** 庫侖定律
- **17-3** 電　場
- **17-4** 高斯定律

在現代生活中，電器用品已經是無可或缺的。它們也使得我們的生活變得多姿多彩。這一切都是人類了解電磁現象之後而發展出來的。不過，電與磁的重要性並不是僅此而已。其實在更基本的層面上，電與磁對人類的影響遠超過上述在生活中的應用，因為電磁力也提供了原子與分子之間的結合力，進而形成各種物質。

17-1 引言

電與磁的現象無論在東方或西方的歷史上早就有所記載。在我國的史書中如呂氏春秋中就出現有「慈石召鐵」（在這裡「慈」與「磁」是相通的）之語。而漢代的王充在他的論衡一書中就有靜電吸引的現象記載：「頓牟掇芥，磁石引針」，（頓牟就是玳瑁）。這句話的意思就是說明被摩擦過的玳瑁會吸引草籽（芥）。在西方最早的記錄是在古希臘時代。其實電的英文為 Electricity，它的字源是出自希臘文 Electrum，原意是指琥珀（amber）。早期的記載中，希臘人發現被毛皮摩擦過的琥珀會吸引小片的紙屑或木屑。另外磁的英文 Magnetic 它也是來自古希臘的一個地方 Magnesia（現在是土耳其的一部

圖 17-1　靜電排斥的噴墨過程

份），這個地方出產大量的礦石，而其中有一些礦石會吸引鐵屑，因此希臘人稱之為磁石（magnet）。

法國人杜菲（C. Dufay）是第一位確認物質在摩擦起電以後，會帶有兩種不同的電性：用玻璃或水晶與絲巾摩擦以後，玻璃棒上所帶的電與用毛皮摩擦琥珀所帶的電是不一樣的。杜菲觀察帶同類電性的物體會互相排斥，而帶有不同電性的物體之間則會互相吸引。而且杜菲對摩擦帶電的現象給出一個圖象。他認為物體帶有兩種流體，當沒有摩擦時兩種流體的量是相等的。但是摩擦的過程會使得物體中的兩種流體轉移而變成不相等，因而表現出帶電的現象。這些帶電物體就是兩種流體不相等的表現。現在我們知道這些帶電物體帶有電荷（electric charge）。由摩擦玻璃棒使得玻璃棒帶電荷，這些電荷稱為正電荷，由摩擦而使琥珀所帶的電荷為負電荷。這些想法在現代的原子觀念中可以更具體的呈現。

圖 17-2
Vandergraaf 靜電產生器

目前可以觀測到最小的物質為電子（electron）。電子的電量等於 $-e$，$e = 1.6 \times 10^{-19}$ 庫侖（coulomb，寫為 C）。電子的電荷是目前可以直接測量到的最小電荷單位。所有的物質都是由原子構成，而原子則是由一定數目的電子與一個帶正電的原子核（atomic nucleus）所組成。因為原子都是中性的，故原子核的電量與所有電子的總電量大小相等。如果進一步分析原子核的內部結構可以發現原子核是由帶正電的質子（proton）與不帶電荷的中子（neutron）所構成。而且實驗上量出的質子電量為 $q_p = 1.6 \times 10^{-19}$ 庫侖，也就是說，目前的實驗測量結果 $q_p = e$。每一個原子的質子數就被稱為這個元素的原子序（atomic number，簡寫為 Z）。不同的原子就有不同的原子序，如氧的原子序為 8，則代表氧的原子核中有 8 個質子。

在原子觀念中摩擦起電的過程實際上就是電子的轉移。由於電子帶有負電荷，它與帶正電的原子核之間有吸引力，而形成中性的原子或帶電的離子（ion）。如果外界提供足夠的能

量，則電子就可以離開原來原子，而轉移到別的物質的原子上，也因此使該物質帶電。這個過程就是摩擦起電的原因。例如用毛皮摩擦琥珀時，毛皮的原子中的電子會因摩擦所提供的能量而*游離*（ionized），這些電子轉移到琥珀上使其變為帶負電。反之在玻璃的帶電過程中，是玻璃失去電子而變成帶正電，所以在原子觀念中摩擦帶電的過程只有負電荷的電子參與轉移而已。其中並不牽涉到原子核的移動。

在上一段中利用原子的觀念來了解摩擦帶電的機制，不過在這個想法還牽涉到電磁現象中另外一個重要的規律：*電荷守恆定律*。在所有的物理或化學過程中，人們觀察到一個事實

> 在一個封閉（與外界隔絕）的系統中，電荷的總和不隨時間改變。

這個敘述就是*電荷守恆定律*。如果用摩擦帶電為例子，把毛皮與琥珀視為一個系統，則它們就形成一個封閉系統，在摩擦之前它們都是中性的，所以總電荷為零。在摩擦後，如果琥珀帶有 n 個電子，則琥珀帶有 $-ne$ 電荷。由原子觀念可知毛皮上帶有 $+ne$ 電荷。因此摩擦後這個系統（毛皮＋琥珀）的電荷總和為

$$-ne + ne = 0$$

也就是說電荷總和還是零，雖然毛皮與琥珀都分別帶有電荷。以上的討論是用封閉系統來看守恆這個觀念，其實它還可以用另外一個方式來表達

> 當一個系統中的總電荷隨時間而改變，則一定有電荷從外界進入系統或由系統離開到外界。

在這個講法中，系統不再是封閉的，也就是說電荷可以進出這個系統。用前面的例子來看，毛皮與琥珀合起來為一個封閉系統，但是我們也可以把毛皮單獨視為系統，琥珀就是它

的外界。當毛皮的電荷在摩擦後由零電荷增加為 ne，則代表有電子（電荷）由系統（毛皮）離開而轉移到外界（琥珀）。電荷守恆與其它如能量、動量及角動量守恆一樣重要，都是自然界中各種過程必須遵守的定律。

17-2 庫侖定律

　　由前一節的探討中，可知物體可以經由摩擦帶電，並且也知道自然界中有兩種電荷：正電荷與負電荷。這兩種電荷之間會有作用力：異性相吸，同性相斥。這個作用力的存在也是我們可以判斷物體是否帶電的一個實驗方法。這個作用力的正確描述是在 1785 年由法國人庫侖（C. Coulomb）經由實驗而確定（圖 17-3）。

　　當帶電物體的大小可以近似為一個點的時候可稱之為點電荷，庫侖發現：若兩個靜止的點電荷電量分別為 q_1 與 q_2，它們之間的靜電力的方向是在兩個點電荷的連線上，而且 q_1 對 q_2 的作用力 $\vec{F}_{21}$ 與它們之間的距離 r 有以下的關係

圖 17-3　庫侖定律的實驗裝置

$$\vec{F}_{21} = \frac{kq_1q_2\vec{r}_{21}}{r^3} \tag{17-1}$$

其中 $\vec{r}_{21} \equiv \vec{r}_2 - \vec{r}_1$，$\vec{r}_1$ 與 $\vec{r}_2$ 分別為 q_1 與 q_2 的位置向量。$r \equiv |\vec{r}_{21}|$ 是 $\vec{r}_{21}$ 的量值（參考圖 17-4 的說明）。k 稱為庫侖力常數，它是一個常數，其值與所選用的單位系統有關。

由（17-1）式可知當 q_1 與 q_2 同號，則 $\vec{F}_{21}$ 與 $\vec{r}_{21}$ 同方向，所以 q_2 所受的力為排斥力。反之，當 q_1 與 q_2 異號，則 $\vec{F}_{21}$ 與 $\vec{r}_{21}$ 反方向，因此 q_2 所受的力為吸引力。

同理，可以寫下 q_2 對 q_1 的作用力 $\vec{F}_{12}$

$$\vec{F}_{12} = \frac{kq_1q_2\vec{r}_{12}}{r^3}$$

其中 $\vec{r}_{12} \equiv \vec{r}_1 - \vec{r}_2$。由 $\vec{r}_{12} = -\vec{r}_{21}$，可知

$$\vec{F}_{12} = -\vec{F}_{21} \tag{17-2}$$

圖 17-4 兩個同號電荷之間的電力向量圖（$q_1 q_2 > 0$）

在庫侖定律中出現了一個常數 k，它的數值在不同的單位系統中是不一樣的。不過要決定 k 之前，還要定義電量 q。在 SI 單位系統中 q 是由電流的單位來決定。電流的定義為單位時間流過的電量，對應在 SI 單位系統中電流的單位為**安培**（ampere，寫為 A），則電量單位為庫侖：1 庫侖是 1 安培的電流在 1 秒內所移轉的電量。

若 SI 單位中的電量為庫侖，k 的數值通常寫為

$$k \equiv \frac{1}{4\pi\varepsilon_0} = 8.99 \times 10^9 \text{ N} \cdot \text{m}^2/\text{C}^2 \tag{17-3}$$
$$\cong 9 \times 10^9 \text{ N} \cdot \text{m}^2/\text{C}^2$$

圖 17-5 工業用途的靜電灰塵清除設施

ε_0 稱為真空的**電容率**（permitivity），ε_0 的數值為

$$\varepsilon_0 = 8.85 \times 10^{-12} \text{ C}^2/\text{N} \cdot \text{m}^2 \tag{17-4}$$

例題 17-1

比較氫原子中質子與電子之間的庫侖力與萬有引力。

解

在所有的元素中，氫（H）的原子是最簡單的。因為 H 是一個電子與一個質子所形成的。簡單而言，氫原子的結構可以看成是電子繞著質子做圓周運動，庫侖力就是維持電子在軌道上的向心力。已知 H 的半徑 r_H 約為 5.30×10^{-11} m。則電子與質子之間的吸引力量值 F_e 為

$$F_e = \frac{k q_e q_p}{r_H^2}$$

$$= k\frac{(1.60\times10^{-19})^2}{(5.30\times10^{-11})^2} \cong 8.20\times10^{-8} \text{ N}$$

而對應的萬有引力 F_g 為：

$$F_g = \frac{G m_p m_e}{r_H^2}$$

$$= \frac{6.67\times10^{-11}\times9.11\times10^{-31}\times1.67\times10^{-27}}{(5.30\times10^{-11})^2}$$

$$= 3.61\times10^{-47} \text{ N}$$

則 $\frac{F_e}{F_g} \approx 2.27\times10^{39}$，可見在原子尺度中，基本粒子間的萬有引力是非常的微弱，與電磁力比較，完全可以略去。

在上述庫侖力的討論中，只討論了兩個電荷之間的作用力的情況。如果有多於兩個電荷的情形，則每一個電荷所受的力應該如何決定是值得進一步探討的，實驗的結果顯示出一個重要的性質：**任何兩個電荷之間的作用力還是由庫侖定律來決定**。換句話說，如果系統中有 n 個電荷，則其中一個電

圖 17-6 玻璃珠在靜電場中懸浮。這種情況可以研究物質在沒有外界接觸之下的性質。

荷 q_i 所受的總力 $\vec{F}_i$ 是由所有其它的電荷對 q_i 產生的庫侖力所加起來，例如 $i=1$ 時第一個電荷所受的力 $\vec{F}_1$ 為

$$\vec{F}_1 = \vec{F}_{12} + \vec{F}_{13} + \ldots + \vec{F}_{1n} \tag{17-5}$$

（17-5）式是靜電力的一個非常重要的特性，被稱為重疊原理（principle of superposition）。此原理保證每一個電荷所受的靜電力是可以由其它電荷對它所產生的庫侖力所重疊來計算。

例題 17-2

三個電荷在一直線上，如圖 17-7，它們的電量分別為 $q_1 = 1.0 \times 10^{-6}$ C、$q_2 = 2.0 \times 10^{-6}$ C 和 $q_3 = 5.0 \times 10^{-6}$ C。如果 q_2 與 q_1 和 q_3 為等距離，$a = 0.20$ m。(a) 求 q_2 所受的力。(b) 求 q_1 所受的力。

圖 17-7

解　令該直線稱為 x 軸，因為電力為連心力，所以這個問題中的每一個電荷所受的力都只有 x 方向的力而已。

(a) q_1 對 q_2 所產生的庫侖力為

$$\vec{F}_{21} = \frac{kq_1q_2}{a^2}\hat{i}$$

而 q_3 對 q_2 所施的力為

$$\vec{F}_{23} = -\frac{kq_2q_3}{a^2}\hat{i}$$

由重疊原理可知 q_2 上的總力為

$$\vec{F}_2 = \vec{F}_{21} + \vec{F}_{23} = k\frac{q_2}{a^2}(q_1 - q_3)\hat{i}$$
$$= -1.8\hat{i} \text{ (N)}$$

這個力是指向負 x 方向。

(b) q_1 所受的力為

$$\vec{F}_1 = \vec{F}_{12} + \vec{F}_{13} = -k\frac{q_1}{a^2}(q_2 + \frac{q_3}{4})\hat{i}$$
$$= -7.3 \times 10^{-1}\hat{i} \text{ (N)}$$

$\vec{F}_1$ 的方向是指負 x 的方向。

　　在上述的討論中，只處理了點電荷的靜電力問題，但是在實際的問題中，電荷常常是一個連續分布。就有如在討論水時，一般都會引進一個密度，雖然在水中分子與分子之間還是有很多空隙，不過卻可以把它視為一個連續分布一樣。同樣的，電荷在空間中的分布，也可以用一個電荷密度（charge density）ρ 來表示，並且 ρ 可以隨地點變化。

$$\rho = \rho(\vec{r}) = \text{在 } \vec{r} \text{ 點附近單位體積中的電量}$$

也就是說在 dV 體積中的電荷為

$$dq = \rho(\vec{r})\,dV = 出現在 \vec{r} 附近一個小體積 dV 中的電量$$

對應這個微小電荷 dq，可以視為一個點電荷，也因此它對另外一個電荷 Q 之間的庫侖力為

$$d\vec{F} = \frac{kQ\,dq}{r^2}\hat{r} = \frac{kQ\rho\,dV}{r^2}\hat{r} \qquad (17\text{-}6)$$

其中 r 為 dq 與 Q 之間的距離，而 $\hat{r}$ 的方向是由 dq 指向 Q（圖 17-8）。

整個電荷分布對 Q 所產生的靜電力可以用重疊原理來計算，把每一個小塊的 dq 對 Q 的作用力全部加起來。因為電荷分布是連續的，所以用積分來表示

$$\vec{F} = \int d\vec{F} = kQ \int dV\,\frac{\rho\hat{r}}{r^2} \qquad (17\text{-}7)$$

這個式子中的積分範圍是整個空間（請注意積分中的 $\hat{r}$ 是變數，不能提出積分符號之外）。

圖 17-8

例題 17-3

求一個均勻電荷分布的圓環對其軸線上一個點電荷 Q' 所施的靜電力（圖 17-9）。

圖 17-9　電荷環與軸線上的點電荷 Q'

解

令圓環的半徑為 a，在圓環上的總電荷為 Q，則圓環的線電荷密度 $\lambda = \dfrac{Q}{2\pi a}$。

假設圓環的平面為 yz 平面，則通過圓心的軸線就是 x 軸，而 Q' 的位置向量為 $\vec{R}_1 = x\hat{i}$。在圓環上取一小段圓弧 dl，它所帶的電量 $dq = \lambda\, dl$。則 dq 與 Q' 的庫侖力的大小

$$dF = \frac{k\, dq\, Q'}{r^2}$$

r 是 dq 到 Q' 的距離，如果 dq 的位置向量為 $\vec{R} = y\hat{j} + z\hat{k}$，則

$$r = \sqrt{x^2 + y^2 + z^2}$$

但是 dq 是在一個圓周上，所以 $y^2 + z^2 = a^2$，即

$$r = \sqrt{a^2 + x^2} = 常數$$

很容易可以看出 $F_y = F_z = 0$，這是因為圓環上任何的一個直徑上兩端的小圓弧所產生的力在 yz 平面上的分量剛好抵銷，而它們的 x 分量剛好是同方向相加（請參考圖 17-10）。

圖 17-10　yz 平面上 $\vec{F}$ 的分量

因此，$\vec{F} = F_x \hat{i}$。

$$dF_x = dF\cos\theta = \frac{k Q' \lambda\, dl}{r^2}\frac{x}{r} = \frac{k Q' \lambda x\, dl}{r^3}$$

將上式積分，得

$$F_x = \int \frac{k Q' \lambda x\, dl}{r^3} = \frac{k Q' \lambda x}{r^3}\int dl$$

在上式最後一步，我們將 x、r 都拿出積分符號，那是因為積 dl 時，r 及 x 都不變。因為 $\int dl =$ 環的周長 $= 2\pi a$，所以

$$F_x = \frac{kQ'x}{r^3}\lambda 2\pi a = \frac{kQ'Qx}{r^3} = \frac{kQ'Qx}{(a^2+x^2)^{3/2}}$$

這個結果在 $x \gg a$ 時可以近似為

$$\vec{F} \approx \frac{kQQ'}{x^2}\hat{i}$$

這個近似的結果顯示出當圓環半徑 a 遠小於環與 Q' 之間的距離時，則靜電力可近似為兩個點電荷之間的庫侖力。也就是說，對於一個很遠的 Q' 而言，環看起來像一個點。

17-3　電　場

兩個點電荷 Q、Q' 之間由 Q' 對 Q 所施的庫侖力，可以寫成下面的形式

$$\vec{F} = Q(\frac{kQ'}{r^2}\hat{r}) \tag{17-8}$$

其中 $\hat{r}$ 代表由 Q' 指向 Q 方向的單位向量。值得注意的是這個式子有一些特徵

1. 式子的形式由兩個物理量的乘積來表示，其中一個量是點電荷的電量 Q，而另外的物理量為括號中所對應的量。
2. 括號中對應的物理量與 Q 無關。它是由其餘的電荷（除了 Q 以外）來決定。

如果用一個向量 $\vec{E}$ 來表示括號中的物理量，則（17-8）式的形式

$$\vec{F} = Q\vec{E} \tag{17-9}$$

這個 $\vec{E}$ 就稱為在 Q 所在位置的**電場**（electric field），它的單位是牛頓/庫侖（N/C），電場的嚴格定義在後面再重新討論。由於把 Q 放在不同的地點時，它會受到不同的力，因此（17-9）式應該隨著 Q 的坐標而改變，令 Q 的位置向量為 $\vec{r}_1$，則

$$\vec{F} = \vec{F}(\vec{r}_1) = Q\vec{E}(\vec{r}_1) \tag{17-10}$$

這個 $\vec{E}(\vec{r}_1)$ 表示 $\vec{E}$ 是與位置有關。引進 $\vec{E}(\vec{r}_1)$ 這個量可以更進一步地了解靜電力。因為在這表示法中，一個電荷 Q 在空間中任何地點 $\vec{r}$ 上所受的力由該地點上的電場 $\vec{E}$ 來決定，這個力的大小與方向由（17-10）式來描述。由於電場 $\vec{E}$ 與 Q 無關，因此當把另外一個 q_1 放在同一個地點 $\vec{r}_1$ 上，則 q_1 所受的力也只由該地點 $\vec{r}_1$ 的 $\vec{E}$ 及 q_1 來決定

$$\vec{F} = q_1 \vec{E}(\vec{r}_1) \tag{17-11}$$

這個想法很清楚的把靜電力的特質顯示出來：一個電荷 Q 受力與否與該地點上的 $\vec{E}$ 有關，而這個 $\vec{E}$ 的形成與 Q 無關。至於每一個地點的電場如何產生則是另外一個問題。不過由前述的例子很容易就可以決定一個點電荷在空間中所產生的電場。由（17-8）式可知如果把 Q' 放在坐標原點上，則在任何一點 $\vec{r}$（$\vec{r} = x\hat{i} + y\hat{j} + z\hat{k}$）上所產生的電場為

$$\vec{E}(\vec{r}) = \frac{kQ'\vec{r}}{r^3} \tag{17-12}$$

而在 $\vec{r}$ 位置處的電荷 Q 所受的靜電力為

$$\vec{F}(\vec{r}) = Q\vec{E}(\vec{r}) = \frac{kQQ'\vec{r}}{r^3}$$

當然 $\vec{F}$ 也就是原來 Q 與 Q' 之間的庫侖力。在這個簡單的例子中，電場 $\vec{E}$ 的意義與地位並不顯示出其重要性。因為它看起來好像只不過是把庫侖力改寫為另外一個形式而已。但是事

實上並非如此，因為觀念已有很大的改變。在這一個簡單的例子中，Q 所受力的來源已經是由另外一個物理量**電場**來描述。至於是什麼原因來產生 $\vec{E}$ 並不牽涉到 Q 的受力情況。在後面的章節將看到除了電荷可以產生電場外，的確還存在另外一種機制也可以在空間中產生電場，而在這種情況中電力就不再是庫侖力而只能用 $\vec{F}=Q\vec{E}$ 來描述。

任何一個物理量都是可測量的，所以要如何測量空間中的電場？這一點其實也是電場的定義

> 空間中任何一點 $\vec{r}$ 處的電場 $\vec{E}(\vec{r})$ 就是單位電荷在該點上所受的力 $\vec{F}$。

也就是說在 $\vec{r}$ 上放置一個無窮小的點電荷 q，測量 q 所受的力 $\vec{F}_q$，則 $\vec{r}$ 上的電場為

$$\vec{E}(\vec{r}) \equiv \lim_{q \to 0} \frac{\vec{F}_q}{q} \tag{17-13}$$

從上式可知在定義或測量 $\vec{E}$ 時所用的點電荷 q 被限制為一個無窮小的電量。這個道理很簡單。譬如說當 $\vec{E}$ 是由一些靜止電荷在空間中產生，則引進一個新的電荷 q 來測量電場，如果 q 不是無窮小，則它的引入會影響原來的電荷分布，也因此破壞原來的電場，所以量到的就不是原來想量的電場。另外一點值得一提的是（17-13）式所量到的電場與所用的 q 是正或負電荷無關。因為 $\vec{E}$ 是該點上的性質，本來就與 q 無關。在測量的過程中也的確是如此。以點電荷 Q 在原點所產生的電場為例，如果以一個正電荷 $q\,(q>0)$ 來測量受力情形，如果 Q 也是正電荷，則 $\vec{F}_q$ 為庫侖力

$$\vec{F}_q = \frac{kqQ\hat{r}}{r^2} \tag{17-14}$$

而 $\vec{F}_q$ 由球心指向外，所以

$$\vec{E} = \frac{kQ\hat{r}}{r^2} \qquad (17\text{-}15)$$

也同樣的由圓心指向外。這個電場可以用圖 17-11(a) 表示；但是如果 $q < 0$，則 $\vec{F}_q$ 為

$$\vec{F}_q = -\frac{k|q|Q\vec{r}}{r^3} \qquad (q = -|q|)$$

則 $\vec{F}_q$ 由外指向圓心（如圖 17-11(b) 所示），但是

$$\vec{E} = \frac{\vec{F}_q}{q} = -\frac{k|q|Q\vec{r}}{r^3 q} = \frac{kQ\vec{r}}{r^3}$$

可知 $\vec{E}$ 與 (17-15) 式是一樣，所以電場的定義與所用的 q 的符號無關。由

$$\vec{F}_q = q\vec{E}$$

可知如果 q 是正電荷，則 $\vec{E}$ 與 $\vec{F}$ 同方向，所以每一點上的電場方向就是任何一個正電荷在該點的受力方向。

任何地點 $\vec{r}_0 (\vec{r}_0 = x_0\hat{i} + y_0\hat{j} + z_0\hat{k})$ 上的電荷 Q 在空間中位置向量為 $\vec{r}$ 處所產生的電場為

$$\vec{E}(\vec{r}) = \frac{kQ(\vec{r} - \vec{r}_0)}{|\vec{r} - \vec{r}_0|^3} \qquad (17\text{-}16)$$

$|\vec{r} - \vec{r}_0|$ 為電荷 Q 與觀察點 $\vec{r}$ 之間的距離

$$|\vec{r} - \vec{r}_0| = \sqrt{(x-x_0)^2 + (y-y_0)^2 + (z-z_0)^2}$$

每一地點電場方向還是沿著電荷與觀察點之間的連線。如果 $Q > 0$，則在 $\vec{r}$ 點的電場方向為 $\vec{r} - \vec{r}_0$（參考圖 17-12）。

因為靜電力滿足重疊原理，所以電場也同樣的滿足重疊原理。例如，兩個電荷 q_1 與 q_2 在 $\vec{r}$ 點上產生的電場 $\vec{E}$ 等於每一個電荷各自產生的電場 $\vec{E}_1$ 與 $\vec{E}_2$ 的和

$$\vec{E}(\vec{r}) = \vec{E}_1(\vec{r}) + \vec{E}_2(\vec{r}) \qquad (17\text{-}17)$$

圖 17-11 (a) 正電荷所產生的電場分布；(b) 負電荷所產生的電場分布。

圖 17-12 一個點電荷 Q 所產生的電場

同理，n 個電荷在空間中所產生的電場為

$$\vec{E}(\vec{r}) = \vec{E}_1(\vec{r}) + \vec{E}_2(\vec{r}) + \ldots + \vec{E}_n(\vec{r}) \tag{17-18}$$

（17-18）式中的 $\vec{E}_i(\vec{r})$ 是第 i 個電荷在 $\vec{r}$ 點所產生的電場，如果令 $\vec{r}_i$ 為該電荷的位置向量，q_i 為其電荷，則由（17-16）式可得

$$\vec{E}_i(\vec{r}) = \frac{kq_i(\vec{r} - \vec{r}_i)}{|\vec{r} - \vec{r}_i|^3}$$

代入（17-18）式即得 $\vec{r}$ 點上的總電場為

$$\vec{E}(\vec{r}) = \sum_{i=1}^{n} \frac{kq_i(\vec{r} - \vec{r}_i)}{|\vec{r} - \vec{r}_i|^3}$$

例題 17-4

試由例題 17-3 的結果，求圖 17-9 中 Q' 所在位置的電場。

解

Q' 所受之力為

$$\vec{F} = \frac{kQQ'}{(a^2 + x^2)^{3/2}} \hat{i}$$

所以

$$\vec{E} = \frac{\vec{F}}{Q'} = \frac{kQ}{(a^2+x^2)^{3/2}}\hat{i}$$

例題 17-5

一邊長為 a 的正方形的三個頂點上各放一個點電荷 Q，另一頂點上則放點電荷 $2Q$，則正方形中心處電場的量值為多少？

解

此一電荷分布可看成四個頂點上各放一個點電荷 Q，再加上第四個頂點上放一個 Q，四個頂點上各一個 Q 的電場互相抵銷，所以總電場相當於由第四頂點多出來的 Q 所產生，故電場的量值 E 為

$$E = \frac{kQ}{d^2}$$

其中 d 為頂點到中心的距離，等於 $\frac{a}{\sqrt{2}}$。

所以

$$E = \frac{2kQ}{a^2}$$

例題 17-6

兩個電荷 $q_1 = q$ 和 $q_2 = -2q \, (q > 0)$。它們的位置分為 $\vec{r}_1 = (0, 0, a)$ 與 $\vec{r}_2 = (0, 0, 2a)$。求：(a) z 軸上任何一點的電場。(b) z 軸上 $\vec{E} = 0$ 的位置。

解

(a) 每一個電荷在任何一點 $\vec{r}$ 上所產生的電場為

$$\vec{E}_1 = \frac{kq(\vec{r}-\vec{r}_1)}{|\vec{r}-\vec{r}_1|^3} = \frac{kq(\vec{r}-a\hat{k})}{|\vec{r}-a\hat{k}|^3}$$

$$\vec{E}_2 = \frac{kq_2(\vec{r}-\vec{r}_2)}{|\vec{r}-\vec{r}_2|^3} = \frac{kq_2(\vec{r}-2a\hat{k})}{|\vec{r}-2a\hat{k}|^3} = -\frac{2kq(\vec{r}-2a\hat{k})}{|\vec{r}-2a\hat{k}|^3}$$

則

$$\vec{E}(\vec{r}) = \vec{E}_1(\vec{r}) + \vec{E}_2(\vec{r}) = kq\left[\frac{(\vec{r}-a\hat{k})}{|\vec{r}-a\hat{k}|^3} - \frac{2(\vec{r}-2a\hat{k})}{|\vec{r}-2a\hat{k}|^3}\right]$$

如果 $\vec{r}$ 點為 z 軸上任何一點，則 $\vec{r} = z\hat{k}$。因此，

$$\vec{E}(0, 0, z) = kq[\frac{(z-a)\hat{k}}{|(z-a)|^3} - \frac{2(z-2a)\hat{k}}{|(z-2a)|^3}]$$

$$= kq\hat{k}[\frac{(z-a)}{(z-a)^3} - \frac{2(z-2a)}{(z-2a)^3}]$$

$$= \frac{kq(2a^2 - z^2)\hat{k}}{(z-a)^2(z-2a)^2}$$

所以在 z 軸上的電場只有 z 分量而已，其它分量為 0。

(b) 在 z 軸上 $\vec{E} = 0$ 的位置可以由 (a) 的答案計算。因為 $\vec{E} = 0$ 條件為上式中的分子等於零，因此當 z 滿足 $2a^2 - z^2 = 0$ 時，在該地點上的電場即為零。所以 $\vec{E} = 0$ 的地點為 $(0, 0, a\sqrt{2})$ 和 $(0, 0, -a\sqrt{2})$。如果在這兩個位置放置電荷 Q。由 $\vec{E} = 0$，可知 Q 所受的力 $\vec{F} = Q\vec{E}$ 也為零，也就是說在這點上任何電荷都不會受力。

電場的觀念也可以用電力線來描述，這個想法是由法拉第所提出的。電力線是在電場不為零的空間中虛擬的曲線，並且每一條電力線由正電荷出發，在負電荷上終止，空間上每一點只有一條電力線通過，而這些曲線上的每一點的切線方向就是電場的方向。空間中不同區域的電場大小則由通過垂直電力線的平面上的單位面積的電力線數目多寡來表示，電力線越密則代表電場越強。點電荷的電場與電力線可以由圖 17-11 來說明，在該圖中的每一條線就是電力線。圖 17-13 則是一對量值相等的正負電荷對應的電力線圖，這個電荷分布的電場 $\vec{E}$ 方向就是每一條曲線上的切線方向。這種電荷分布又稱為電偶極（electric dipole）。對於電偶極，我們可以定義一個電偶極矩（electric dipole moment）$\vec{P}$，$\vec{P}$ 的量值等於 qd，其中 q 為電荷量值，d 為兩電荷之間的距離。$\vec{P}$ 的方向是沿著電荷連線由負電荷指向正電荷。在以後的討論中，我們將可看到電偶極的一些靜電性質可以用 $\vec{P}$ 來描述。

圖 17-13 電偶極的電力線分布

17-4 高斯定律

在前幾節的課文中已經熟悉電場的計算以及電荷在電場中的受力情形。不過電場本身的性質卻還沒有談及。在這一節裡，將詳細探討電場的一個基本性質。它就是電場的高斯定律。

在敘述高斯定律之前，需要引進一個簡單的觀念，就是**電通量 Φ**（electric flux）。假如在一個均勻電場中有一塊面積為 A 的平面 S，這個平面的垂直方向可以定義出一個向量 $\hat{n}$，它被稱為這個平面的法線向量，如圖 17-14（例如 xy 平面的法線向量就是 $\hat{k}$）。利用 $\hat{n}$ 可以定義平面上的電通量為（見圖 17-15）

$$\Phi \equiv (E \cdot \hat{n})A$$

圖 17-14 平面的法線向量

這個結果是對一個均勻電場而言，如果電場不是均勻的話，則可以把平面分成無窮多個小面積 ΔA_i，則每一個小面積上的法線方向還是同樣的 $\hat{n}$，則每個 ΔA_i 上的電通量 $\Delta\Phi_i$ 為

$$\Delta\Phi_i = [\vec{E}(\vec{r}_i) \cdot \hat{n}]\Delta A_i \quad (17\text{-}19)$$

其中 $\vec{r}_i$ 是 ΔA_i 中的一點，由於 ΔA_i 是非常小，所以取 ΔA_i 中那一點來當作 $\vec{r}_i$ 都沒有關係。在這個想法之下整個面積上的

圖 17-15 均勻電場的電通量

電通量 Φ 就是所有 $\Delta\Phi_i$ 的總和

$$\Phi = \sum_i \Delta\Phi_i = \sum_i \vec{E}(\vec{r}_i) \cdot \hat{n}\, \Delta A_i$$

當 ΔA_i 為無窮小則 $\Delta A_i \to dA$，而上式的 $\sum_i$ 就變成積分，則平面上的電通量可以寫成一個積分

$$\Phi = \int_S dA (\vec{E} \cdot \hat{n}) \tag{17-20}$$

這個結果是對整個平面 S 做積分。在這個簡單的情形中，因為 S 為平面，因此 $\hat{n}$ 是一個固定的向量，它的方向不隨地點而變。

例題 17-7

求電場 $\vec{E}(\vec{r}) = \vec{E}(x, y, z) = \alpha(x\hat{i} + y\hat{j})$（其中 α 為一常數）在：(a) xy 平面上的任何一個正方形 S 的電通量。(b) 如果正方形 S 是在 $x = 1$ 的平面上，求 Φ。

解

(a) 這個正方形面積是在 xy 平面上，所以 $\hat{n} = \hat{k}$，可是 $\vec{E}$ 只有 x 與 y 的分量，所以 $\vec{E} \cdot \hat{n} = \vec{E} \cdot \hat{k} = 0$，使得 S 上的電通量為

$$\Phi = \int_S dA(\vec{E} \cdot \hat{n}) = 0$$

(b) 如果 S 在 $x = 1$ 的平面上，則法線向量 $\hat{n} = \hat{i}$，而且 S 中的每一點的電場

$$\vec{E}(\vec{r}) = \alpha x \hat{i} + \alpha y \hat{j}$$

則

$$\vec{E} \cdot \hat{n} = \alpha x$$

但是因為正方形是在 $x = 1$ 的平面上，所以 $\vec{E} \cdot \hat{n} = \alpha$，則

$$\Phi = \int_S dA(\vec{E} \cdot \hat{n}) = \alpha \int_S dA = \alpha a^2$$

上式中 a^2 為正方形的面積。

圖 17-16

在前面的討論中因為 S 為平面，所以法線向量 $\hat{n}$ 都是固定的。現在進一步的把電通量的觀念推廣到任何一個彎曲的面上，如球面或拋物面。在一般的曲面上，如果把它分割成很多個小曲面，則每一面都可以視為一個小平面，所以每一個小平面上的法線向量 $\hat{n}$ 就可以視為曲面在該點上的法線向量（圖 17-16）。只不過曲面上的 $\hat{n}$ 會隨著位置而改變方向。例如，球面上一點的 $\hat{n}$ 就是沿球面上的點與球心的連線。因此不同的點就有不一樣的 $\hat{n}$ 方向。

電通量的觀念也可以利用電力線來理解。令經過小平面 ΔS 的電力線數為 N，對應的電場為 $\vec{E}$，為了簡單起見，考慮 $\vec{E}$ 為均勻電場，則 ΔS 上的電通量為 $\Phi = E\Delta A_\perp$，其中 $\Delta A_\perp$ 為與電場垂直的面積，則由 $E \propto N$ 可知 $\Phi \propto N$，所以通過一個曲面的電通量正比於經過的電力線數。這個結果可以幫助我們對高斯定律（高斯定律的內容將在本節後面敘述）的理解，由於電力線只能開始或終止在電荷上，因此對任何不含電荷的封閉曲面 S 而言，任何一條進入 S 的電力線一定會再離開 S，因此 S 上的淨電力線數目為零，而由電通量正比於經過的電力線數可知：封閉曲面之中若無電荷，則其上電通量為零，這就是高斯定律在沒有電荷的情況下的敘述（圖 17-17）。對有電荷的情況也可以用電力線來探討，這一部份就留待讀者自己嘗試來完成。

圖 17-17 不含電荷的封閉曲面 S 上的淨電力線數目為零

例題 17-8

如果點電荷 Q 在原點上，求：(a) 半徑為 a 的球面 S_1 上的 Φ。(b) 半徑為 $2a$ 的球面 S_2 上的 Φ。

解

該點電荷所產生的電場為

$$\vec{E}(\vec{r}) = \frac{kQ\hat{r}}{r^2}$$

(a) 在 S_1 上的每一點的電場為

$$\vec{E}(\vec{r}) = \frac{kQ\hat{r}}{a^2}$$

球面上的每一點的法線向量 $\hat{n}$ 正好就是 $\hat{r}$，故

$$\vec{E} \cdot \hat{n} = \frac{kQ}{a^2}(\hat{r} \cdot \hat{r}) = \frac{kQ}{a^2}$$

這個值不隨球上的位置改變。這是因為在球面上每一點的 $\vec{E} \cdot \hat{n}$ 恆為 $\frac{kQ}{a^2}$，而 a 為常數，所以電通量 Φ 為 $\vec{E} \cdot \hat{n}$ 乘上全部的面積 $4\pi a^2$

$$\Phi = (\vec{E} \cdot \hat{n})4\pi a^2 = 4\pi kQ$$

(b) 計算過程與 (a) 完全一樣，只不過把 a 變成 $2a$，所以

$$\Phi = \frac{kQ}{(2a)^2}\int_{S_2} dA = \frac{kQ}{(2a)^2}4\pi(2a)^2 = 4\pi kQ = \frac{Q}{\varepsilon_0}$$

上式最後用了 $k = \dfrac{1}{4\pi\varepsilon_0}$。這是一個很有意思的結果。以點電荷 Q 為球心的任何一個球面上的電通量都相等，其值都為 $\dfrac{Q}{\varepsilon_0}$。

其實例題 17-8 的結果是電場的一個很重要的（必須滿足）性質。它就是電場的高斯定律。

在空間中任何封閉曲面上的電通量 Φ 等於曲面中的總電荷 Q_V 與 ε_0 的比值。

即

$$\Phi_S = \int_S dA(\vec{E}\cdot\hat{n}) = \frac{Q_V}{\varepsilon_0} \tag{17-21}$$

上式中的 S 為封閉曲面，Q_V 為 S 所包的體積 V 中的總電荷，ε_0 為真空的電容率。

有了電場的高斯定律，如果再加上每一個點電荷所受的力為 $\vec{F} = q\vec{E}$，就可以反推得到庫侖定律，也就是說高斯定律與 $\vec{F} = q\vec{E}$ 就可以決定兩個點電荷之間的作用力。推導過程在下面的例子給出。

例題 17-9

(a) 利用高斯定律求出一個點電荷 Q 所產生的電場。(b) 把 (a) 的結果代入 $\vec{F} = q\vec{E}$ 來求出兩個點電荷之間的力。

解 (a) 把 Q 放在坐標原點上，並以半徑為 r 的球面作為封閉曲面 S，則高斯定律為

$$\int_S dA(\vec{E}\cdot\hat{n}) = \frac{Q}{\varepsilon_0}$$

由於 Q 在原點，因此球面上的每一點都是對稱的。所以可以期待每一點上的電場大小都一樣。並且它們的方向都應該用同一方法來表示。但是對一個球面而言，每一點上只有一個方向是有意義的，它就是沿著半徑的方向，所以球上的電場可寫成為

$$\vec{E}(\vec{r}) = E(r)\hat{r}$$

因此，$\vec{E}\cdot\hat{n} = E(r)$，對應的高斯定律為

$$\Phi_S = \frac{Q}{\varepsilon_0} = E(r)\times 4\pi r^2$$

上式已經用了球面上每一點的電場量值為定值的性質，因此

$$E(r) = \frac{Q\hat{r}}{4\pi\varepsilon_0 r^2} = \frac{kQ}{r^2}$$

故

$$\vec{E}(\vec{r}) = \frac{kQ\hat{r}}{r^2}$$

與以前的結果一樣。

(b) 由 $\vec{F} = q\vec{E}$ 可知，在 $\vec{r}$ 上點電荷 q 所受的力為

$$\vec{F} = q\vec{E} = \frac{kqQ\hat{r}}{r^2} = \frac{kqQ\vec{r}}{r^3}$$

這就是點電荷之間的靜電力，也就是庫侖定律。

例題 17-10

如果一個無窮大的平面上，有一個均勻的電荷分布，令單位面積上的電量為 σ，則 σ 被稱為**面電荷密度**（surface charge density）。求空間中的電場 $\vec{E}$。

解

一個無窮大的電荷面是非常對稱的。也就是說任何一個與這個電荷面平行的平面上的每一點上的電場都應該有相同的大小與方向。因此 $\vec{E}$ 只與該點到電荷面的距離有關。如果把電荷面放在 yz 平面上，則空間中任何一點的電場 $\vec{E}(\vec{r})$ 只與 x

有關

$$\vec{E}(\vec{r}) = \vec{E}(x)$$

其中 $\vec{r}$ 為該點的位移向量 $\vec{r} = x\hat{i} + y\hat{j} + z\hat{k}$。由對稱的考量可以知道，對任何一個無窮大的平面而言，只有它的法線方向是有特別意義的。因此這個問題中的電場也只能沿著 yz 面的法線方向，也就是 $\hat{i}$ 的方向，故

$$\vec{E}(\vec{r}) = E(x)\hat{i}$$

由對稱性可知在電荷面兩側的點，如果它們到電荷面的距離一樣，則它們的電場的大小應該相等，但是它們的方向應該相反。因此

$$E(-x) = -E(x)$$

利用以上的條件，再加上高斯定律就可以把這問題中的電場求出。用一圓柱體作為高斯定律中的封閉曲面，並且令圓柱體的一半在 $x > 0$ 的區域，而另外一半落在 $x < 0$ 的區域（如圖 17-18）。

圖 17-18 高斯定律與平面電荷分布

這個封閉曲面由三個面組成，它們分別為 S_1、S_2 和柱面。由圖中可知柱面上的法線 $\hat{n}_1$ 只有 y 方向及 z 方向的分量，而沒有 x 分量。可是因為空間中每一點的電場都只有 x 分量，因此 $\vec{E} \cdot \hat{n}_1 \equiv 0$。所以柱面上的電通量為零，而在 S_1 與 S_2 上的電通量很容易求出，這是因為在 S_1 上電場的量值為常數（因為 x 為定值），因此

$$\Phi_{S_1} = E(x)A$$

其中 A 為 S_1 的面積，而 S_2 上的電通量為

$$\Phi_{S_2} = -E(-x)A$$

其中負號是因為 S_2 的法線方向為 $-\hat{i}$，再利用 $E(-x) = -E(x)$，則

$$\Phi_{S_2} = E(x)A$$

因此整個封閉曲面上的 Φ 為

$$\Phi = \Phi_{S_1} + \Phi_{S_2} = 2E(x)A$$

所以 $\Phi = 2EA = \dfrac{Q_V}{\varepsilon_0} = \dfrac{\sigma A}{\varepsilon_0}$。因此 $E(x) = \dfrac{\sigma}{2\varepsilon_0}$，可是因為 $\dfrac{\sigma}{2\varepsilon_0}$ 與 x 無關，所以 $E(x)$ 也與 x 無關。也就是說一個無窮大的均勻面電荷所產生的電場大小與離此平面的距離沒有關係，所以

$$當\ x > 0, \quad \vec{E}(\vec{r}) = \dfrac{\sigma}{2\varepsilon_0}\hat{i}$$

$$當\ x < 0, \quad \vec{E}(\vec{r}) = -\dfrac{\sigma}{2\varepsilon_0}\hat{i}$$

這個結果可以用圖 17-19 來表示。

圖 17-19 無窮大均勻電荷面所產生的電場

習題

17-2 節

17-1 氦原子核中有兩個質子和兩個中子，如果原子核的大小為 10^{-15} m，求在這個距離中兩個質子之間的排斥力。

17-2 求在食鹽結晶中的鈉離子（Na$^+$）與氯離子（Cl$^-$）之間的靜電吸引力（已知它們之間的距離為 2.8×10^{-10} m）。

17-3 三個電荷量相等（$q = 10^{-9}$ C）的電荷位於 x 軸上，它們的坐標分別為 0，a，$-a$（$a = 1.00$ m），求在 $x = a$ 處的電荷所受的靜電力。

17-4 一個正三角形的邊長為 a，頂角上各放一個大小相等的電荷 q，求在三角形中心的電荷 Q 所受的靜電力。

17-5 兩電荷 q 與 $-q$，它們的坐標分別為 $(a, 0)$ 與 $(-a, 0)$，則在 y 軸上任何位置的電荷 Q 所受的靜電力為多少？

17-6 兩個電荷球各帶 q 電荷，並且有相同

的質量 m，如果分別用長度為 l 的線把它們懸掛，如圖 P17-6，則在平衡時，求它們之間的距離 x 與 m、q、l 的關係。

圖 P17-6

17-7 一個燈泡中流過 2.0 A 的電流，則 1 mol 的電子需要多長的時間通過燈泡？

17-8 在一般的下雨天的閃電過程中，閃電存在的時間約為 20 μs，而電流約為 2.0×10^4 A。求在這段時間中流過的電子數為多少？

17-9 在一個質子左右兩邊等距離的地方安置了兩個電子，設質子與電子之間的距離為 2.0 Å，求每一個電子所受的力。

17-3 節

17-10 如果氫原子的半徑為 0.53×10^{-10} m，求氫原子中的電子所受到由原子核（質子）所產生的電場 E 為何？並且求電子所受之靜電力。

17-11 在一個正方形的四個頂角上放置相同的電荷 q。如果正方形邊長為 a。求：(a) 在正方形中心的電場 $\vec{E}$；(b) 求每一個頂角上由其它頂角上電荷所產生之電場 $\vec{E}$ 的量值為多少？

17-12 有三個電荷在一直線上，如圖 P17-12

圖 P17-12

所示。(a) 求 A 點上的電場；(b) 如果 $x \gg a$，求電場的近似值。

17-13 有兩個電荷在 y 軸上，它們的坐標為 $(0, a, 0)$ 以及 $(0, -a, 0)$，而對應的電量分別為 q 與 $-q$。求：(a) 在 x 軸上任何一點 A 上的電場；(b) 如果在 A 點上放置一個電荷 Q，求 Q 所受的力。

17-14 一個半圓形的細塑膠管子上（管子的截面積可視為零）有一個均勻的電荷分布，如果這個半圓形的半徑為 a，而且總電荷為 q，求在圓心上的電場。

17-15 在一個均勻電場 $E = 2.0 \times 10^3$ N/C 中，一個電子由靜止開始被加速，求電子的加速度（不用考慮地球的重力）。

17-16 一個正三角形的每一個頂點上都放一個正電荷 $Q = 3 \times 10^{-8}$ C，如果三角形的邊長為 1 m，求在三角形中心的電場 E。

17-4 節

17-17 把一個立方形的盒子放在一個均勻電場中，假設電場與盒子其中一個面平行，如果 $E = 2 \times 10^2$ N/C，而盒子每一個邊長為 1 m。(a) 求每一個面的電通量；(b) 求通過這個盒子的總電通量。

17-18 把一個電荷 q 放在坐標原點。(a) 求 q 附近每一點的電場；(b) 求以 q 為中心，半徑為 a 的半球面上的電通量。

17-19 把一個電子放在一個立方形的盒子的一個頂角上，求經過這個盒子的電通量。

17-20 如果有兩個非常大的平行電荷面，它們分別帶有 σ 與 $-\sigma$ 的面電荷密度，而它們之間的距離為 d。求 (a) 空間中每一點的電場；(b) 單位面積上，每一個電荷面所受的力。

17-21* 如果有三個非常大的互相平行電荷面，設在中間的電荷面與其它兩個面的距離均為 d，而它們的電荷密度都是 σ，求空間中每一點的電場。

17-22* 一條無限長的均勻電荷線，其線電荷密度為 λ。(a) 求線外任何一點的電場；(b) 如果在它的旁邊有另外一條無限長的電荷線，它的電荷密度也是 λ，則當它們之間的距離為 d 時，它們之間單位長度的靜電力為何？

17-23 在一個薄的球殼上，有一個均勻的電荷分布，總電荷量為 Q。在球心上放置一個電荷 q_1，設球殼的半徑為 a。(a) 求球外任何一點的電場；(b) 求球內任何一點的電場；(c) 求 q_1 所受的靜電力。

17-24 兩個非常大的平行板上各帶有同樣的電荷密度 $\sigma = 3 \times 10^{-8}$ C/m^2。求空間上電場的分布。

17-25* 一個均勻電荷球它的半徑為 0.5 mm，總電荷 $Q = 10^{-12}$ C。求在 $r = 0.1$ mm 處的電場，以及 $r = 1$ m 處的電場。

18

電 位

- 18-1 電位差與電位
- 18-2 點電荷的電位與靜電位能
- 18-3 連續電荷分布的電位
- 18-4 電位差與電場
- 18-5 帶電導體的靜電學

庫侖靜電力是一種保守力。位能是和保守力息息相關、非常有用的一種物理觀念。靜電位能是電荷系統所擁有的能量，這種能量可視為外力對抗電荷間的庫侖力所做的功，並以位能的形式儲存在電荷系統內。靜電位能之於庫侖靜電力相似於重力位能之於萬有引力。萬有引力有重力場的觀念，而庫侖靜電力也有電場的觀念。和重力場息息相關的一個概念是重力位，同樣的，和電場相關的一個概念是電位。從電位差與電場間的關係，我們可以了解等位面與電力線之間的關係。本章將定義與分析電荷系統的靜電位能、電位、電位與電場間的關係，如何計算一個電荷分布系統的電位，並從而計算電場。靜電平衡條件下的帶電導體具有一些特殊的電學性質，本章也將引用電位差與電場的概念討論導體的尖端效應與靜電屏蔽等現象。

18-1 電位差與電位

萬有引力是一種保守力。靜電力遵守庫侖定律，而庫侖定律在形式上類似於牛頓的萬有引力定律，因此庫侖靜電力也是一種保守力。重疊原理適用於庫侖靜電力，因此，一點電荷的電場所擁有的特性，一般都能加以推廣應用到任意的電荷分布。考慮一點電荷 q，固定於空間某一定點 O。我們可以假設 $q>0$，圖 18-1 描繪出此電荷周圍的一些電力線。考慮置放在圖 18-1 中 A 點的一個測試點電荷 q_0（$q_0>0$），q_0 受到點電荷 q 的庫侖力 $\vec{F}_e$ 之作用，因此要讓 q_0 停留在 A 點上，必須對它施加以一外力 $\vec{F}_{ext}$ 來平衡 $\vec{F}_e$。現在讓我們將 q_0 從 A 點沿路徑 C 移到另一點 B，並分析外力對抗 q 與 q_0 間的庫侖力所必須做的功。我們假設在此過程中，點電荷 q_0 係處於力的平衡狀態，亦即外力剛好抵銷庫侖力。外力將 q_0 沿路徑 C 做一小位移 $d\vec{l}$ 所需做的功為

圖 18-1

$$dW = \vec{F}_{ext} \cdot d\vec{l} = (-q_0\vec{E}) \cdot d\vec{l} \qquad (18\text{-}1)$$

上式中 $\vec{E}$ 為電場。我們定義外力在這段小位移過程所做的功為此兩點電荷系統在做位移後和做位移前的靜電位能的差值。靜電位能若以符號 U 表之，則

$$dU = dW = -q_0\vec{E} \cdot d\vec{l} \qquad (18\text{-}2)$$

外力若做正功，則靜電位能增加，反之則減少；若外力所做的功為零，則靜電位能沒有改變。當測試電荷 q_0 的位置從 A 點沿路徑 C 移至 B 點，靜電位能的改變量為

$$\Delta U = U_B - U_A = -q_0 \int_A^B \vec{E} \cdot d\vec{l} \qquad (18\text{-}3)$$

U_A 與 U_B 分別為當 q_0 在 A 點與 B 點時，系統的靜電位能。在（18-3）式中 dU 是沿著路徑的累加，因此（18-3）式中的積分是一種線積分。以下我們證明只要起點 A 和終點 B 固定，則此線積分和所取的路徑 C 無關。小位移 $d\vec{l}$ 可以分解成兩個互相垂直的分量：平行與垂直於 q 與 q_0 連線的分量。垂直於連線的位移，外力不做功，只有平行於連線的位移，外力才做功。依此，我們證明了沿路徑 C，外力對抗庫侖力所做的功等於沿圖 18-1 中，$A \rightarrow B'$ 直線線段所做的功，其中 B' 點是在 q、A 連線上，而與 B 離開 q 相等之距離。事實上，沿著任意連接 A 與 B 兩點的曲線路徑，外力所做的功均等於沿 $A \rightarrow B'$ 路徑所做的功，這證明了點電荷的庫侖力是一種保守力。庫侖力所做的功正好是外力所做的功的負值。

　　重力位能和萬有引力相對應，而重力位則和重力場相對應。同理，庫侖靜電位能對應於庫侖靜電力，而庫侖靜電位，或簡稱為靜電位，則對應於庫侖電場。我們定義在前面 A 與 B 兩點間，點電荷 q 所產生的電位 V 的差值為

$$V_B - V_A \equiv \frac{U_B - U_A}{q_0} = -\int_A^B \vec{E} \cdot d\vec{l} \qquad (18\text{-}4)$$

電位差（electric potential difference）也是用做功定義的。我們可以這麼說：電場中 B 與 A 兩點間的電位差等於外力將單位正電荷從 A 點移到 B 點，對抗庫侖力所需做的功。若外力所做的功為正，則 B 點的電位高於 A 點；反之，則 A 點的電位較高；若不做功，則 A、B 兩點等電位。(18-4) 式定義了電位差，而因電場為可量測，故電位差亦屬可量測的。

若將前面的 A 點固定，而令 B 點為電場中的任意點 P，則

$$V_P - V_A = -\int_A^P \vec{E} \cdot d\vec{l} \qquad (18\text{-}5)$$

上式中，積分路徑可以是連接 A 與 P 點的任意一條曲線。此式也可改寫成為

$$V_P = V_A - \int_A^P \vec{E} \cdot d\vec{l} \qquad (18\text{-}6)$$

此固定點 A 稱為電位的參考點（reference point），而 V_A 為參考電位。若取 A 點位在距離點電荷 q 無窮遠處，且令 $V_A = 0$，則任意點的電位即為

$$V_P = -\int_\infty^P \vec{E} \cdot d\vec{l} \qquad (18\text{-}7)$$

靜電位能與靜電位均為純量。靜電位能的單位為焦耳，故靜電位的單位為焦耳/庫侖，而 1 焦耳/庫侖定為 1 伏特，故靜電位的單位為伏特。由 (18-7) 式知，電位的因次等於電場的因次乘以長度，故電場的單位牛頓/庫侖亦可表為伏特/米，即

$$1 \text{ N/C} = 1 \text{ V/m}$$

電子伏特（eV）是一種常用的能量單位，定義為一個電子在經歷一個伏特的電位差加速後所獲得的動能。既然 1 V = 1 J/C，而電子電荷 $e = 1.6 \times 10^{-19}$ C，故

$$1 \text{ eV} = 1.6 \times 10^{-19} \text{ J} \tag{18-8}$$

18-2 點電荷的電位與靜電位能

由（18-7）式可求得一個位置固定的點電荷 q 在任意點 P 所產生的電位。（18-7）式中的線積分，其路徑可取為由無窮遠處，沿著點電荷與 P 點連線的延長線，到 P 點的直線路徑，如圖 18-2 所示。令由此點電荷至 P 點的連線向量為 $\vec{r}$，則 $d\vec{l} = d\vec{r}$，

$$V_P = -\int_{\infty}^{r} \frac{kq \, dr}{r^2}$$

因為

$$d(\frac{1}{r}) = -\frac{dr}{r^2}$$

所以

$$-\int \frac{dr}{r^2} = \int d(\frac{1}{r}) = \frac{1}{r}$$

故

$$V_P = -\int_{\infty}^{r} \frac{kq \, dr}{r^2} = \frac{kq}{r} = \frac{1}{4\pi\varepsilon_0}\frac{q}{r} \tag{18-9}$$

兩個或更多的點電荷在空間某點所產生的總電位可用重疊原理求得，即

$$V = \sum_i \frac{1}{4\pi\varepsilon_0} \frac{q_i}{r_i} \tag{18-10}$$

上式中，無窮遠處的電位取為零，而 r_i 是點電荷 q_i 至觀察點 P 的距離。

讓我們再回到靜電位能的討論。在（18-3）式中，A 點若取為當 q_0 距離點電荷 q 無窮遠處，且取 $U_A = 0$，則

圖18-2 積分路徑可取為向量 $\vec{r}$ 之延長線，由無限遠處積分至 P 點。

$$\Delta U = -q_0 \int_{\infty}^{B} \vec{E} \cdot d\vec{l} \tag{18-11}$$

而由（18-7）式知，上式中的積分（含負號）即為點電荷 q 在 P 點所產生的電位，

$$V_P = \frac{kq}{r}$$

$k = \dfrac{1}{4\pi\varepsilon_0}$，$r$ 為兩個點電荷間的距離。故

$$\Delta U = q_0 V_P = \frac{kqq_0}{r} \tag{18-12}$$

上式即為當點電荷 q 與 q_0 相距 r 時的靜電位能與此兩個點電荷相距無窮遠時的靜電位能的差值。但因後者取為零，故前者可改用符號 U 表之，即

$$U = \frac{kq_0 q}{r} \tag{18-13}$$

我們可以換另一種方式來理解或定義此一靜電位能。若點電荷 q_1 與 q_2 之位置向量分別為 $\vec{r}_1$ 與 $\vec{r}_2$，如圖 18-3 所示，我們說此電荷系統擁有靜電位能

$$U_{12} = \frac{kq_1 q_2}{r_{12}} \tag{18-14}$$

上式中，r_{12} 為 q_1 與 q_2 間的距離。讓我們假設宇宙間只有 q_1 與 q_2 這兩個點電荷，且開始時它們相距無窮遠。今施外力將點電荷 q_1 從無限遠處移至圖 18-3 中的 A 點。在此過程中，因 q_1 仍和 q_2 相距無限遠，故外力不需對抗 q_2 的庫侖力做功。將 q_1 固定在 A 點後，接著外力將點電荷 q_2 移至

圖 18-3 電荷為 q_1 與 q_2 的系統，q_1 的位置向量為 $\vec{r}_1$，q_2 者為 $\vec{r}_2$。

B 點，則外力對抗點電荷 q_1 的庫侖力所需做的功顯然等於 q_2 乘上位於 A 點的 q_1 在 B 點所產生的電位，即

$$U_{12} = q_2 \left(\frac{kq_1}{r_{12}}\right) = \frac{kq_1q_2}{r_{12}} \tag{18-15}$$

因此，一個電荷系統的靜電位能可定義為：欲建立一個電荷系統，外力對抗電荷間的庫侖力所做的功。此功係以位能的形式存在於電荷系統內，為系統內所有的電荷所共同擁有。（18-15）式的 U_{12} 也可以表示為

$$U_{12} = q_1 \left(\frac{kq_2}{r_{12}}\right) \tag{18-16}$$

這表示，依據上述的定義，兩個點電荷系統的靜電位能與建立此系統的過程無關。

上面的分析可以很自然地推廣到多於兩個的點電荷系統。比方說，當我們有三個點電荷 q_1、q_2 與 q_3 分別位於圖 18-4 中的 A、B 與 C 三點時，則應用（18-15）式以及重疊原理，可得此三個點電荷系統所擁有的靜電位能為

$$U = k \left(\frac{q_1q_2}{r_{12}} + \frac{q_2q_3}{r_{23}} + \frac{q_3q_1}{r_{31}}\right) \tag{18-17}$$

上式也可改寫成為

$$U = \frac{1}{2} \sum_{i=1}^{3} \sum_{j \neq i}^{3} \frac{kq_iq_j}{r_{ij}} \tag{18-18}$$

圖 18-4　三個點電荷的系統，q_1、q_2 與 q_3 的位置向量分別為 $\vec{r}_1$、$\vec{r}_2$ 與 $\vec{r}_3$。

上式中，$\dfrac{1}{2}$ 會出現，乃因 $\dfrac{kq_iq_j}{r_{ij}}$ 在交換 i 與 j 時不變，而（18-18）式的雙重加法多算了一次的緣故。當我們有 n 個點電荷時，（18-18）式很自然地可以改寫成為

$$U = \frac{1}{2}\sum_{i=1}^{n}\sum_{j=1}^{n}\frac{kq_iq_j}{r_{ij}} = \frac{1}{2}\sum_{i=1}^{n}q_iV_i \tag{18-19}$$

上式的第二個等號之後的電位 V_i 為除了 q_i 之外，其它 $n-1$ 個點電荷在 q_i 所在位置所建立的總電位。靜電位能顯然和電荷間的庫侖交互作用力有關，因此前面所定義的靜電位能是一種交互作用能量。

讓我們回到三個點電荷的系統，並考慮點電荷 q_1 與 q_2 分別固定於 A 與 B 兩點，且讓 q_3 在 q_1 與 q_2 所建立的總電場中運動。此電荷系統的靜電位能可以分成一個不變的部份，即 $\dfrac{kq_1q_2}{r_{12}}$，和一個會隨 q_3 位置的改變而改變的部份，即

$$U = k\left(\frac{q_2q_3}{r_{23}} + \frac{q_3q_1}{r_{31}}\right) = q_3\left(\frac{kq_1}{r_{31}} + \frac{kq_2}{r_{32}}\right) = q_3V \tag{18-20}$$

上式中，V 為兩個位置固定的點電荷 q_1 與 q_2 在點電荷 q_3 所在位置所產生的總電位。所以，一個點電荷在外電場中運動時，若產生外電場的電荷其大小與位置固定，那麼我們可以認為一個點電荷在外電場中擁有的交互作用靜電位能為

$$U = qV \tag{18-21}$$

上式中，V 為在點電荷 q 所在位置，由位置固定、大小不變的外電荷所建立的總電位。若此電荷在其運動過程中未遭遇耗散力，則其總力學能守恆，即

$$\frac{1}{2}mv^2 + qV = 定值 \tag{18-22}$$

例題 18-1

三個電荷同為 q 的點電荷固定於一邊長為 a 的正三角形之三個頂點上，如圖 18-5 所示。(a) 求中心點 O 的電位；(b) 求此電荷系統的靜電位能；(c) 若再於 O 點置放另一個點電荷 Q，試問 Q 為何值時，此四個點電荷系統的總靜電位能為零？

圖18-5　電荷同為 q 的三個點電荷位於邊長為 a 的正三角形的三個頂點上。O 為中心點。

解

(a) 中心點 O 至三個電荷 q 的距離均為 $\dfrac{a}{\sqrt{3}}$，故 O 點的電位為

$$V_0 = \frac{3kq}{a/\sqrt{3}} = \frac{3\sqrt{3}\,kq}{a}$$

(b) 三個點電荷中，任意二個之間的距離均為 a，故由（18-17）式，得

$$U = \frac{3kq^2}{a}$$

(c) 若 O 點上有一點電荷 Q，則在三個頂點上的電位（該頂點上的電荷不計）均為

$$V_c = \frac{kq}{a} + \frac{kq}{a} + \frac{kQ}{a/\sqrt{3}} = \frac{2kq}{a} + \frac{\sqrt{3}\,kQ}{a}$$

故由（18-19）式得此四個點電荷系統的靜電位能為

$$U = \frac{1}{2}\{3qV_c + QV_0\} = \frac{3kq}{a}(q + \sqrt{3}Q)$$

故若 $Q = -\frac{q}{\sqrt{3}}$，則 $U = 0$。

我們也可以看出，當 $Q = 0$ 時，(c) 的結果回到 (b) 的結果。

例題 18-2

二點電荷 $Q\,(Q>0)$ 被固定於 x 軸上，其坐標分別為 $\pm a\,(a>0)$，另一點電荷 $q\,(q>0)$ 被放置於二點電荷 Q 之間 x 軸上。(a) q 的靜電位能與其坐標 x 的關係為何？(b) x 為何值時，q 的靜電位能最小？

解

(a) 當 q 的坐標為 x 時，該點的電位 V 為

$$V = kQ\left(\frac{1}{a+x} + \frac{1}{a-x}\right)$$

q 的靜電位能 U 為

$$U = qV = kqQ\left(\frac{1}{a+x} + \frac{1}{a-x}\right) = 2kqQ\left(\frac{a}{a^2 - x^2}\right)$$

(b) 由上式可看出當 $x = 0$ 時 U 的值為極小，即 q 位於原點時靜電位能為極小。在平衡點時，質點的位能為相對極小，故原點為 q 的平衡點。

18-3 連續電荷分布的電位

連續電荷分布所產生的電位可用二種方法計算而得。若電荷分布為已知，我們可以用點電荷的電位（18-9）式以及重疊

圖 18-6 一連續電荷分布內一小量電荷 dq，至 R 距離外的 P 點所產生的電位為 $dV = \dfrac{k\,dq}{R}$。

原理去計算。若有已知的電荷分布在空間的一個體積內，如圖 18-6 所示，取一小體積素 $d\tau$，設其內有電荷 dq，因取 $d\tau \to 0$，故 dq 可視為點電荷，則其在觀察點 P 的電位為

$$dV = \frac{k\,dq}{R} \tag{18-23}$$

上式中，R 為 dq 至 P 點的距離，而 $dq = \rho\,d\tau$，ρ 為體電荷密度。整個電荷分布在 P 點所產生的電位即為下列的積分

$$V = k \int \frac{dq}{R} \tag{18-24}$$

另外一種情形，若這已知的電荷分布具有高度的對稱性，則其產生的電場可由高斯定律算出，那麼電位便可用（18-7）式算出。下面我們將舉例說明上述的兩種方法。

例題 18-3

半徑 a、總電量 Q ($Q>0$) 的均勻帶電圓環被固定於 xy 面上，其圓心 O 取為坐標的原點，其中心軸取為 z 軸，如圖 18-7 所示。(a) 求在 z 軸上，距原點 z 處的電位；(b) 若從 z 軸上，距離 O 點無限遠處，以初速 v_0 將一質量 m、電荷 $q>0$ 的質點沿 z 軸方向射向 O 點，試問 v_0 必須超越何值時，此質點可穿越圓環所在的平面？

解 (a) 因圓環上各處到 P 點的距離均為 $\sqrt{z^2 + a^2}$，故 P 點的電位為

圖 18-7　半徑 a 的圓環上均勻帶電，總電荷為 Q。質量 m，帶電 q 的質點從很遠處以速度 v_0 沿著 z 軸射入環心。

$$V_P = \frac{kQ}{\sqrt{z^2+a^2}} \tag{18-25}$$

(b) 電荷 q 從遠方朝圓心射入，因受圓環上電荷的排斥力作用，其速率將減小。射入的質點在到達圓心時其速率必須大於零才能穿越圓環所在的平面。本題用力學能守恆解題較易著手。令相關的初速為 v_m，則當 $v_0 > v_m$ 時，射入的質點可穿越 xy 面。開始時，質點的動能為 $\frac{1}{2}mv_m^2$，靜電位能 $= 0$，設抵達 O 點時，速率為零，而其靜電位能為 $\frac{kQq}{a}$，故

$$\frac{1}{2}mv_m^2 + 0 = 0 + \frac{kQq}{a}$$

可解得

$$v_m = \sqrt{\frac{2kQq}{ma}}$$

例題 18-4

半徑 a、總電荷 Q、均勻帶電的薄球殼，其厚度可不計，求球殼內外各處的電位。

解

因電荷均勻分布在球面上，故其所產生的電場與電位具有球對稱。電位 V 僅為 r 的函數，r 為至球心的距離。在半徑 r 的球面上，電場的方向垂直於球面，且面上各點的電場量值均相等，故取半徑為 r 的球面為高斯面 (Gaussian surface)，由高斯定律可得：

若 $r > a$

$$E4\pi r^2 = \frac{Q}{\varepsilon_0}$$

故

$$E = \frac{Q}{4\pi\varepsilon_0 r^2} = \frac{kQ}{r^2}$$

若 $r < a$，則關在高斯面中的電荷為零，故 $E = 0$。
綜上結果

$$\vec{E} = \frac{kQ}{r^2}\hat{r} \quad (r > a)$$
$$= 0 \quad (r < a) \tag{18-26}$$

取無窮遠的電位為零，則電位 V 可由（18-7）式算得

$$V_P = -\int_{\infty}^{P} \vec{E} \cdot d\vec{l} \tag{18-7}$$

積分路徑可取為包含球心 O 與觀察點 P 之直線，如圖 18-8 所示。
當 P 點在球殼面外時，

$$V_P = -\int_{\infty}^{r} \frac{kQ}{r^2} dr = \frac{kQ}{r} \tag{18-27a}$$

當 P 點在球殼面內時，因球殼面內的電場為零，故電位處處相等，且等於球面上的電位，故

$$V_P = -\int_{\infty}^{a} \frac{kQ}{r^2} dr = \frac{kQ}{a} \tag{18-27b}$$

圖 18-8

（18-26）式及（18-27a）式表示：均勻帶電球殼對其外的觀察點而言，好像所有的電荷均集中在球心一般；而（18-27b）式則表示：球殼面內是一個等電位的空間，其電位等於球殼面上的電位。

18-4　電位差與電場

一個點電荷的電位具有球對稱：球心取在點電荷所在的位置，任意半徑所形成的球面上各點之電位均相等。這種面上各點之電位均相等的幾何曲面稱為等位面（equipotential surface）。一條長直導線上若均勻帶電，則其電場與電位均具有圓柱對稱：以導線為軸，任意半徑所形成的圓柱面均為等位面。從這兩個簡單的例子，我們可以發現電力線和等位面互相垂直，而且電場的方向是由高電位處指向低電位處，如圖 18-9 所示。等位面可用下面的數學式子表示，

$$V(x, y, z) = V_0 \quad （定值） \qquad (18\text{-}28)$$

等位面與電力線之間的關係，或是電位差與電場之間的關係，可由（18-4）式分析而得。當 A、B 兩點非常靠近時，

圖 18-9　電力線（實線）垂直於等位面（虛線）。(a) 與 (b) 圖分屬一帶正電的點電荷及一均勻帶電的長直導線。

(a)　　　(b)

兩者之間的電位差 dV 可以寫為

$$dV = V_B - V_A = -\vec{E} \cdot d\vec{l}$$
$$= -E(dl)\cos\theta$$
(18-29)

上式中，$d\vec{l}$ 是由 A 點指向 B 點的向量，而 θ 是 $\vec{E}$ 與 $d\vec{l}$ 間的夾角。設 A 為某一等位面上的一個固定點，而 B 則為在同一等位面上、且非常靠近 A 的一個任意點。由 A 點指向 B 點的向量 $d\vec{l}$ 在此等位面的切面上。B 點與 A 點的電位差為零，故由（18-29）式 $\theta = \dfrac{\pi}{2}$，表示 A 點的電場和 $d\vec{l}$ 互相垂直。這證明了電力線和等位面互相垂直。

令 S_1 及 S_2 分別是在某電場中兩個很靠近的等位面，S_1 面上的電位為 $V+\Delta V$ ($\Delta V>0$)，而 S_2 面上的電位為 V。設 A 為 S_1 面上的一個定點，而 B 為 S_2 面上鄰近 A 的一個點，如圖 18-10 所示。B 點與 A 點間的電位差可用（18-29）式表示之。我們知道 A 點的電場 $\vec{E}_A$ 是垂直於 S_1 面，亦即沿著 S_1 面在 A 點的法線方向上，所以當電場 $\vec{E}_A$ 和 $\Delta\vec{l}$ 的夾角為 0 時，S_2 面的電位低於 S_1 面的電位 ΔV。這表示電場不但垂直於等位面，且其方向係由高電位處指向低電位處。由圖 18-10 亦可得知，當 B 點位在 $\vec{E}_A$ 方向的延長線與 S_2 面的交點時，$\dfrac{\Delta V}{\Delta l}$ 有極大值。這表示電場係也指向電位的最大降落（電位梯度）方向上。根據上面的分析，我們發現：

圖 18-10 相鄰的三個等位面，其電位分別為 $V-\Delta V$、V 及 $V+\Delta V$。

1. 電場垂直於等位面；
2. 電場由高電位指向低電位；
3. 電場的方向指向電位的最大降落方向上。

電位是一種純量，而純量的計算通常比向量的計算容易。因此我們可以應用電場與電位差間的關係，由電位計算電場。因 $\overrightarrow{dl} = \hat{i}\,dx + \hat{j}\,dy + \hat{k}\,dz$，故由（18-29）式

$$dV = -(E_x\,dx + E_y\,dy + E_z\,dz) \tag{18-30}$$

若電場只有 x 分量，因此電場與電位差的關係變為

$$dV = -E_x\,dx$$

或

$$E_x = -\frac{dV(x)}{dx} \tag{18-31}$$

若電場僅有徑向分量，則 $dV = -E_r\,dr$

或

$$E_r = -\frac{dV(r)}{dr} \tag{18-32}$$

例題 18-5

由一個點電荷所產生的電位計算其所產生的電場。

解

位於坐標原點的點電荷 q 在 r 遠處的電位為

$$V(r) = \frac{kq}{r}$$

由（18-32）式，

$$E_r = -\frac{dV(r)}{dr} = -\frac{d}{dr}\left(\frac{kq}{r}\right) = \frac{kq}{r^2}$$

例題 18-6

由一個均勻帶電薄球殼所產生的電位計算其所產生的電場。

解

由例題 18-4 知，半徑 a、總電荷 Q、均勻帶電的薄球殼，其電位為

$$V = V(r) = \begin{cases} \dfrac{kQ}{r} & (r > a) \\ \dfrac{kQ}{a} & (r < a) \end{cases}$$

故

$$E_r = -\frac{dV(r)}{dr} = \begin{cases} \dfrac{kQ}{r^2} & (r > a) \\ 0 & (r < a) \end{cases}$$

例題 18-7

有兩個非常大的平行電荷面，它們分別帶有 σ 與 $-\sigma$ 的面電荷密度，而它們之間的距離為 d。(a) 求二板之間電場的量值。(b) 若面電荷密度為 σ 之板之電位設為 0，求二板之間電位的分布，面電荷密度為 $-\sigma$ 之板之電位為何？

解

(a) 在二板之間，二板所產生之電場是在相同方向，故由例題 17-10 之結果可知二板之間的電場為

$$\vec{E} = \frac{\sigma}{\varepsilon_0}\hat{i}$$

其中 $\hat{i}$ 為垂直板面，而由帶正電板指向帶負電板方向之單位向量。

利用 $dV = -E_x\, dx$，得

$$dV = -\frac{\sigma}{\varepsilon_0}\, dx$$

故得

$$V = -\frac{\sigma}{\varepsilon_0}x + C$$

上式中 C 為積分常數。當 $x = 0$ 時 $V = 0$，故 $C = 0$。因此

$$V = -\frac{\sigma}{\varepsilon_0}x$$

(b) 將 $x = d$ 代入上式，得面電荷密度為 $-\sigma$ 之板之電位為

$$V_d = -\frac{\sigma}{\varepsilon_0}d$$

例題 18-8

由一均勻帶電圓環在其中心軸上各點的電位計算其電場。

解

中心軸上的電場方向係沿中心軸方向，故只有 z 分量，由推導（18-31）式相同之考量，$E_z = -\dfrac{dV(z)}{dz}$，而由（18-25）式，

$$V(z) = \frac{kQ}{\sqrt{z^2 + a^2}} \tag{18-33}$$

故

$$E_z = -\frac{d}{dz}\left[\frac{kQ}{\sqrt{z^2 + a^2}}\right] = \frac{kQz}{(z^2 + a^2)^{3/2}} \tag{18-34}$$

在例題 17-3 中，我們直接由庫侖定律計算在圓環軸上一點電荷 Q' 所受之靜電力，若將該例題中 F_x 除以 Q'，並將 x 換 z（因本例題中，圓環中心軸取在 z 方向），則兩例題電場之答案相同，而在本例題中，我們先算電位，再算電場，獲得相同的結果。以本題而言，先算電位，再算電場的方法，其過程顯然較為簡單。

18-5 帶電導體的靜電學

導體內因為有導電電子，故會導電。導電電子在導體內部做無序的運動，因此在導體的內部及表面上並無淨電流存在。將一個帶正電的點電荷從遠處移至一個孤立、不帶電的導體附近的過程中，帶負電的導電電子受到正電荷的吸引力，有朝向點電荷位置的方向移動的趨勢。在點電荷尚未停下之前，導體內部及表面上會有電流出現，但一旦此點電荷的位置固定之後，這些電流很快又會消失，而導體又重新回復到靜電

平衡的狀態。**處於靜電平衡時，導體的內部及表面上的淨電流為零。**

處於靜電平衡狀態的帶電導體具有下列的特性：

1. 導體內部的電場為零，否則此電場會驅動導電電子，形成電流，違反了靜電平衡的條件；
2. 帶電時，多餘的電荷（正或負電荷）只存在於導體的外表面。導體的內部並不帶電。要是導體內部帶電，會產生電場，形成電流，違反了靜電平衡的條件；
3. 導體帶電時，在其外表面上有電場存在。這些電場部份係由導體外表面上的電荷所產生，部份係由導體外的電荷所產生。導體外表面上的電場，其方向垂直於表面。要是此電場不垂直於表面，必有沿表面的分量存在，並驅動導電電子形成電流，違反了靜電平衡的條件；
4. 導體帶電時，導體外表面上電場的量值與當地的面電荷密度 σ 之間有如下式的關係存在，

$$E = \frac{\sigma}{\varepsilon_0} \tag{18-35}$$

這個關係式可用高斯定律導出。取導體面 S 上一小面積 ΔA，其上共有淨電荷 $\sigma \Delta A$，再取一短圓柱形的封閉表面將此小面積包圍在裡面，如圖 18-11 所示。通過此圓柱形封閉表面的總電通量遵守高斯定律，即由（17-26）式，

$$\int_S \vec{E} \cdot \hat{n} \, dA = \frac{Q}{\varepsilon_0}$$

圖 18-11

上式中，Q 為圓柱形表面內所包圍的總電荷，即為 $\sigma \Delta A$。因為我們所考慮者為導體面上的電場，故此圓柱形的高度 h 要取為 $h \to 0$，因此通過圓柱側面的電通量趨近於零。因為導體內部的電場為零，故通過位於導體內，此圓柱的圓面的電通量為零。而在另一圓面上，因為電場垂直於圓面，故電通量為 $E \Delta A$。因此，由高斯定律，可得

$$E \Delta A = \frac{1}{\varepsilon_0}(\sigma \Delta A)$$

消去 ΔA 後，便得（18-35）式。事實上，帶電導體面上的電場可以寫為

$$\vec{E} = \frac{\sigma}{\varepsilon_0} \hat{n} \tag{18-36}$$

上式中，$\hat{n}$ 為導體面上，方向指向導體外的單位向量。當面上的面電荷為正時，當地的電場指向導體外，而當面上的面電荷為負時，當地的電場指向導體內。

　　因此，靜電平衡下的帶電導體，其內部各處的電位均相同，且等於表面上的電位。附近有電荷時，導體的表面會因靜電感應而帶電，但其內部的電場為零。不但是實心的導體如此，空心的導體亦然。

(a)　　　　　　　　　(b)　　　　　　　　　(c)

圖 18-12 (a) 一內含空洞的導體外有一電荷 $Q(Q>0)$。S_1 及 S_2 分別為導體的外表面及內表面。(b) 曲面 S 是位於導體內，包圍空洞的一個高斯面。(c) 有方向性的曲線 C 是空洞內的一條電力線。

考慮一孤立的導體，其內部有一空洞，且空洞內無電荷，而導體外則有一正電荷 Q，如圖 18-12(a) 所示。因靜電感應，導體的外表面 S_1，在靠近外電荷的部份會帶負電，而遠離 Q 的部份則會帶正電（假設外電荷 Q 尚未拿到此導體附近時，導體並不帶電），但其內表面 S_2 則不會帶電。內表面為什麼不帶電呢？首先，讓我們假設內表面因感應而帶正電，如圖 18-12(b) 所示。我們在導體內部取一高斯面（Gaussian surface）S 包圍空洞，則因 S 上各處的電場皆為零，故通過 S 的電通量為零，而根據高斯定律，高斯面 S 內的總電荷應為零。因此假設空洞的外表面 S_2 帶正電（或負電）是違反了高斯定律。讓我們再假設表面 S_2 上部份感應帶正電，部份感應則帶負電，如圖 18-12(c) 所示。假如 S_2 上的總感應電荷不為零，那麼我們仍然可以如前面的分析，應用高斯定律證明這不可能發生。但假如總感應電荷為零，前面的分析方法無效，我們必須另闢途徑去證明這並不可能發生。如果內表面 S_2 上部份帶正電，部份帶負電，那麼必然有電力線起於正電荷而終於負電荷，如圖 18-12(c) 上的曲線 C 所示，沿電力線 C 對電場做線積分顯然不為零（事實上它是一個正值），這表示電力線 C 的起點與終點之間存在一電位差，但這是不可能的，因為起點與終點都在導體上，其電位是相等的。**導體這種因靜電感應的效應，使其內部（包含內部的空洞）不受導體外電荷的庫侖力作用的現象稱為靜電屏蔽。**精密的電路板用金屬盒子包起來，有靜電屏蔽的作用。怕受干擾的電路導線用一層金屬薄膜包著，也是相同的原理（見圖 18-13）。雷雨中，汽車內的乘客因汽車金屬外殼的屏蔽作用，而可免遭雷擊。

圖 18-13 電路導線用一層金屬薄膜包著

例題 18-9

半徑分別為 a 及 $b\,(b>a)$ 的兩個導體球，二球中心距離遠大於半徑。兩個導

圖 18-14 半徑分別為 a 與 b、相距甚遠的兩個導體球。

體球用一條細導線相連，如圖 18-14 所示。今使兩球帶電，若大球帶電 Q_b，小球帶電 Q_a，求兩球表面上電場量值之比值。

解

兩個導體球以細金屬線相連，故電位相等。帶電的導體之間會互相靜電感應而影響其面電荷的分布，但因為這兩導體球相距甚遠，相互感應的效應可以忽略，因此兩個導體球可視為各自孤立的導體，帶電時，其電荷均勻分布於外表面上。兩個球面上的電位相等，

$$V = \frac{kQ_a}{a} = \frac{kQ_b}{b} \tag{18-37}$$

故

$$\frac{Q_a}{Q_b} = \frac{a}{b}$$

帶電量與半徑成正比，而球面上的電場量值則分別為

$$E_a = \frac{kQ_a}{a^2}, \quad E_b = \frac{kQ_b}{b^2}$$

其比值

$$\frac{E_a}{E_b} = (\frac{b^2}{a^2})(\frac{Q_a}{Q_b}) = \frac{b}{a} \tag{18-38}$$

小球面上的電場量值大於大球者，而由（18-37）式可得兩球面上的面電荷密度之比值為

$$\frac{\sigma_a}{\sigma_b} = \frac{b}{a} \tag{18-39}$$

顯然半徑較小者之面電荷密度較大。

從上一個例題，我們發現半徑（即幾何學上的曲率半徑）較小的導體球其面上的電荷密度較大，電場較強。這雖然是一個特例，但其結果卻有一般的適用性。一個孤立、不規則形狀的導體面上帶電時，曲率半徑越小的地方，其面電荷密度越大，電場越強。一個有尖端的導體帶電時，越靠近尖端的地方，其面電荷密度越大。導體表面上的電場正比於當地的面電荷密度，因此，金屬導體尖端處，面電荷密度大，電場也強，這種現象稱為尖端效應。正常溫度與壓力下的空氣是不導電的，但若空氣中的電場大於約 3×10^6 V/m 時，此一強大的電場會使空氣中的氮與氧分子發生游離的現象，而游離的電子與離子經電場加速後撞擊其它的空氣分子，使之游離，此時空氣變成電的導體。因此有尖端的導體，當其尖端附近的電場值大於約 3×10^6 V/m 時，尖端附近的空氣分子會被游離，這些離子和金屬尖端所釋出電子中和，產生所謂的尖端放電的現象。避雷針即是利用尖端效應的原理所設計。

習題

18-1 節

18-1 平行於 $+x$ 軸方向有一均勻電場 $\vec{E}=\hat{i}E_0$，其相對應的電位如何表示？

18-2 空間有一均勻電場，平行於 $+x$ 軸，一帶電 2.0×10^{-8} C 的質點在此電場中自靜止出發，在移動了 3.0 cm 後獲得動能 6.0×10^{-6} J。(a) 求電場的強度；(b) 運動起點與終點的電位差為何？

18-2 節

18-3 動能為 30 MeV 的質子，其運動速率為何？

18-4 經過多大的電位差加速後，一個氦核可以獲得 64 keV 的動能？

18-5 質量 m、帶電 $q>0$ 的質點，從非常遠處以初速 v_0 對正射向一個位置固定、帶電 $Q>0$ 的質點，求兩者最接近的距離。

18-6 一點電荷 $-q$ 位於 $x=0$，$y=0$，$z=\frac{R}{2}$ 處，另一點電荷 $+2q$ 位於 $x=0$，$y=0$，$z=2R$ 處，R 為一大於零的

常數。試問電位 $V=0$ 的等位面為何？

18-7 點電荷 $-q$ 與 $+q$ 相距 $2d$，P 點為 $-q$ 與 $+q$ 連線之延長線上的一點，如圖 P18-7 所示。設 P 點至原點 O 的距離為 $z \gg d$。(a) 若 $\dfrac{d^2}{z^2}$ 項可以忽略，求 P 點電位的近似值；(b) 由 (a) 的解答，計算 P 點的電場量值。

圖 P18-7 $-q$ 與 $+q$ 點電荷相距 $2d$。以兩個電荷連線的中點為坐標原點，$-q$ 至 $+q$ 連線方向為 $+z$ 軸方向。

18-8* 習題 18-7 中，若 P 點位在 z 軸外，且至原點 O 的距離為 $r \gg d$，證明 P 點的電位可以近似寫為

$$V_p \cong \frac{kp\cos\theta}{r^2}$$

$p=q(2d)$ 稱為此電偶極的極矩，θ 為 OP 與 z 軸的夾角。

18-9 一點電荷 $q=+5.0\times 10^{-8}$ C，固定於 $x=0$，$y=0$，$z=a$ 的位置。A 點位於 x 軸上，其坐標為 $x=a$，B 點位於 y 軸上，其坐標為 $y=2a$。若 $a=1.0$ m，(a) 求 A、B 兩點間的電位差，即求 V_B-V_A；(b) 將一點電荷 $q'=-2.0\times 10^{-8}$ C 從 A 點移到 B 點，外力對抗庫侖力需做功若干？

18-10 有一均勻電場 $\vec{E}_0$ 在正 x 軸方向，已知在 x 軸上距離原點 0.50 m 處（A 點）與 1.5 m 處（B 點）的電位差為 300 V。(a) 計算 $\vec{E}_0$ 的量值；(b) 將一點電荷 $q=-0.40$ μC 從 A 點移至 B 點，外力對抗庫侖力需做功若干？

18-11 依據波耳的氫原子模型，電子以半徑 5.3×10^{-11} m 做穩定的圓軌道運動。若無限遠處的電位取為零，則電子的靜電位能為若干焦耳？若干電子伏特？

18-12* 四個電荷同為 q（$q>0$）的質點固定置於邊長為 a 的正方形的四個頂點上，如圖 P18-12 所示。回答下面各問題。(a) 求此系統的靜電位能；(b) 將其中之一個電荷移至無限遠處，外力對抗其它三個電荷的庫侖力，需做功若干？(c) 將其中之一個電荷由靜止釋開，其所能獲得的最大動能為何？(d) 若從 $-z$ 軸上，距離正方形中心 O 點無限遠處，一個帶正電 Q 的質

圖 P18-12

點以初動能 K_O 射向 O 點，試問 K_O 至少需為何值此質點可以穿越正方形平面？(e) 若將帶電 $-q'$ ($q'<0$) 的質點從 z 軸上、距離 O 點 z（$|z|\ll a$）處由靜止釋開，證明此質點做簡諧運動，並求其週期。

18-3 節

18-13 半徑為 10 cm 的孤立金屬球原先不帶電，試問必須於其表面放置多少個電子，可以使其表面的電位（絕對值）變為 10 V（離此球無限遠處的電位取為零）。

18-14 半徑 5.0 cm 的金屬球帶有 5.0×10^{-12} C 的正電荷。今有一電子以初速 v_0 自金屬球面上射出，試問 v_0 至少需為何值，此電子方能完全脫離金屬球的吸引（求脫離速度）。

18-15 一不導電的長圓柱殼面上均勻帶電，單位長度的電荷為 λ。若此圓柱殼的半徑為 a，且殼面的電位取為零，求在圓柱外，距離圓柱軸 ρ 遠處的電位。

18-16 兩個同心的金屬球殼（厚度可不計），內球殼的半徑為 a，帶有 $+Q$ 的電荷，外球殼的半徑為 b，帶有 $-Q$ 的電荷。(a) 求兩球殼之間的電位差；(b) 若外球殼面的電位取為零，求在兩球殼之間，距離球心 r 處的電位。

18-17 在空氣中兩片大面積的金屬薄板間維持 1800 V 的電位差。已知當時若電場強度超過 2.0×10^6 V/m，則空氣分子會游離而變成導體。試問要避免其內的空氣變成導體，二片金屬板的距離所能允許的最小值為何？

18-18* 半徑為 a、總電量 Q（$Q>0$）的均勻帶電圓環固定置於 xy 面上，其圓心 O 取為坐標的原點，中心軸取為 z 軸，如圖 P18-18 所示。(a) 電子（質量 m，電荷 $-e$）從圓心 O 點以初速 v_0 沿 z 軸射出，試問 v_0 至少必須為何值時，電子可逸至無限遠？(b) 電子若從 z 軸上、距離 O 點 z 遠處（$z\ll a$）自靜止釋放，證明電子將做簡諧運動，並求其週期。

圖 P18-18

18-4 節

18-19 兩個長的金屬圓柱殼同軸，內圓柱殼半徑為 a，單位長度上帶有 $+\lambda$ 的電荷，外圓柱殼的半徑為 b，單位長度帶有 $-\lambda$ 的電荷，求兩圓柱間的電位差。

18-5 節

18-20 半徑為 10 cm 的金屬球在空氣中可保有的最大電荷量為何？（假設當電場強度超過 3.0×10^6 V/m 時，空氣會游離。）

18-21 半徑為 a 的金屬球與半徑為 b 的金屬球相距甚遠。開始時，A 球帶電 Q，B 球不帶電。今以一細導線將兩球相連，試問相連後：(a) 兩球的電位各為何？（無限遠處的電位取為零）(b) A 球移轉給 B 球的電量為何？

18-22* 半徑為 a、位置固定的不導電薄球殼面上均勻帶電，總電荷 $Q > 0$。球面上開一小孔，其面積可不計，如圖 P18-22 所示。今將一質量 m、帶電 $-q < 0$ 的質點從球殼外、距球心 O 點 a 遠處，從靜止釋開。試求此質點從進入小孔至撞及圖上 A 點所經歷的時間。

圖 P18-22

19

靜電能與電容器

- 19-1 電容器
- 19-2 平行板電容器
- 19-3 電容的計算
- 19-4 帶電的電容器所儲存的能量
- 19-5 靜電能與電場
- 19-6 電容器的並聯與串聯
- 19-7 電容器與介電物質

電容器是日常生活及工業上經常使用的一種電氣器材。本章中我們將介紹電容的定義以及計算方法。點電荷系統所擁有的靜電能量已於前一章介紹過。電荷系統所儲存的電能可視為系統內所有的電荷所共同擁有，但也可視為儲存於此電荷系統所建立的電場中。我們將以帶電的平行板電容器為例，導出單位體積的電場中所儲存的靜電能。接著，我們將討論電容器的並聯與串聯的組合方式，並求其等效電容。當電容器內填充以不導電介質時，其儲存電荷與電能的能力會發生改變，本章將以此為例，討論介質對電容器內的電場、電位差以及靜電能的影響。

19-1 電容器

一個電容器通常是由二個導體所組成，二導體之間隔以絕緣物質。帶電時，兩個導體分別帶有大小相同，但符號相反的電荷。當其中的一個導體帶有電量 Q ($Q>0$) 時，另一個導體帶有 $-Q$ 的電量，此時我們說此電容器帶電 Q。電容器內的電場顯然正比於 Q，因此一個電容器的帶電量 Q 應正比於其兩個導體之間的電位差 V，實驗顯示電容器的 Q、V 之間確實有正比關係，即

$$Q \text{ 正比於 } V \equiv CV \tag{19-1}$$

上式中之比例常數 C 稱為電容器的電容。電容的量值和兩個導體的形狀、尺寸以及相對距離與方位等純幾何因素有關。電容的大小決定一個電容器在一定的電位差之下所能儲存的電荷量與電能。電容的單位為 C/V。1 C/V 定為 1F（法拉，紀念法拉第）

$$1\,F = 1\,C/V \tag{19-2}$$

一個法拉是非常大的電容，我們常見的電容通常以 μF

(10^{-6} F)、pF (10^{-12} F) 計。電容器通常以符號 ─||─ 表示之。

電容器的應用相當廣泛，在日常生活裡、在工業及科技的研究與發展的工作上，是一種不可或缺的器材。收音機的選台鈕所帶動的是一個電容可以調整的可變電容器。電容器也是無線電接收器，或發射線路的電磁振盪線路中的一個主要零件，更是許多電器或電子線路中常用的零件。要把電力公司所提供的交流電轉換成直流電，需要一個濾波器，而電容器通常是濾波器的主要零件。電容器所儲存的電能可以在很短的時間內釋放出，照相機閃光裝置便是利用此一特性設計而成；充電的電容器也是脈衝雷射的主要能源供應器。

平行板電容器是一種常見的電容器，而所謂的理想平行板電容器係指其兩板的間距遠小於每一板的尺寸。理想平行板電容器帶電時，可假設其內部有均勻的電場，一些電學的基本公式均可用理想平行板電容器為例導出。實驗上，若在電容器內填裝液體或固體，並做一些基本電學量測，可讓我們了解液體或固體的物性隨溫度的改變而變化的現象。因此，電容器在生活與物理的領域中都很有用。

19-2 平行板電容器

平行板電容器是由二個互相平行，薄的平面金屬板組成，二板之間的距離遠小於金屬板的尺寸，如圖 19-1 所示。金屬板的形狀可以是正方形，也可以是圓形。當其中一板帶有電荷 Q ($Q>0$) 時，另一板帶有 $-Q$。兩板之間有電場，在電容器內其方向係從帶有 Q 的金屬板（正極）指向帶有 $-Q$ 的金屬板（負極），如圖 19-2 所示。電容器之內固然有電場，電容器之外也有較弱的電場。要讓器外的電場完全消失，理論上是不可能的。圖 19-3 是在電容器內外，電力線的示意圖。在電容器的中央部份，電力線均勻且呈直線，表示電場均勻；而靠

圖 19-1 平行板電容器係由兩片平行的薄金屬板所組成

圖 19-2 一個帶電的平行板電容器其所產生的電場的示意圖。電力線始於正極而終於負極。

圖 19-3 一出電容器之外，電場即消失，理論上是不可能的。

近兩端，電力線呈彎曲，表示電場在兩端面附近不均勻。漏出電容器外的電力線，其起點或終點落在金屬板的外側表面上，這表示有少部份的電荷會出現在外側表面上。當兩板之間的距離變小，器外的電場會變弱，外側表面上的電荷也會變小。當兩板之間的距離遠小於板的尺寸時，電容器外的電場變得很微弱，而可以忽略不計。在這種理想的條件之下，電容器內的電場可以視為均勻，而金屬板上的面電荷可視為均勻分布。在本章各節的討論中，平行板電容器都將被視為理想的。

在圖 19-3 中，取平行電極板（例如正極板）為高斯面，應用高斯定律，得

$$EA = \frac{Q}{\varepsilon_0}$$

故電容器內電場的量值為

$$E = \frac{Q}{\varepsilon_0 A} \qquad (19\text{-}3)$$

A 為金屬板的面積。故兩板間的電位差為

$$V = Ed = \frac{Qd}{\varepsilon_0 A}$$

d 為兩板的間距。因此，一個理想的平行板電容器之電容為

圖 19-4　常見電容器的實體圖

$$C = \frac{Q}{V} = \frac{\varepsilon_0 A}{d} \tag{19-4}$$

上式告訴我們，理想平行板電容器的電容值與板的面積成正比，與兩板的間距成反比。由（19-4）式可知，一個電容器的電容值與兩個導體的形狀、尺寸等幾何因素有關。在（19-4）式中，若代入 $A = 1 \text{ m}^2$，$d = 1 \text{ m}$，$\varepsilon_0 = 8.85 \times 10^{-12} \text{ C}^2/(\text{N} \cdot \text{m}^2)$，則 $C = 8.85 \times 10^{-12} \text{ F} = 8.85 \text{ pF}$，因此常數 ε_0 也可以表示為

$$\varepsilon_0 = 8.85 \text{ pF/m}$$

這種表示法在計算電容值時有用。

圖 19-4 是一些常見電容器的實體圖。

19-3　電容的計算

一個電容器其電容值的計算可依循下列程序：

1. 讓正極帶正電 Q，負極帶負電 $-Q$。
2. 若電容器金屬導體的形狀為平面、圓柱或球形，則可經由高斯定律計算電容器中之電場。
3. 兩個導體間的電位差 V_{AB} 即為

$$V_{AB} = -\int_A^B \vec{E} \cdot d\vec{l}$$

4. 電容的理論值即為

$$C = \frac{Q}{V_{AB}}$$

在前一節，我們已算出一個平行板電容器的電容為

$$C = \frac{\varepsilon_0 A}{d}$$

在下面數節，我們將再計算幾個常見電容器的電容。

19-3-1　圓柱電容器

圓柱電容器是由兩個同軸、等長的中空薄圓柱殼導體所組成，如圖 19-5 所示。內圓柱可以是一個薄的圓柱殼，也可以是一個實心的圓柱體，設內圓柱的外半徑為 a。外圓柱是一個薄的中空圓柱殼，設其內半徑為 b。假設圓柱的長度 $l \gg a \cdot b$，那麼我們可以假設漏出器外的電場及電荷可以忽略不計。若此，則電容器內的電場在徑向，而且在每一個垂直於圓柱軸的橫切面上，電場的分布均相同，且內或外圓柱面上的面電荷密度均相同。

內、外圓柱間的電場可用高斯定律計算而得。設內圓柱面共帶正電 Q，外圓柱面共帶負電 $-Q$，取一圓柱形的高斯面 S，其半徑 r 介於 a 與 b 之間，長度 h 不大於 l，如圖 19-6 所示。通過兩個圓形端面的電通量為零，而通過圓柱形側面的電通量為 $E(2\pi rh)$，依高斯定律，此電通量等於此高斯面 S 所包圍的總電荷 λh 除以 ε_0，即

$$E(2\pi rh) = \frac{\lambda}{\varepsilon_0} h = \frac{Qh}{l\varepsilon_0} \tag{19-5}$$

上式中，$\lambda = \dfrac{Q}{l}$ 是單位長度的帶電量。因此當 $a < r < b$ 時，

$$E = \frac{Q}{2\pi\varepsilon_0 lr} \tag{19-6}$$

正負兩極間的電位差為

圖 19-5　(a) 一個圓柱電容器係由兩個等長、同軸的金屬圓柱所組成；(b) 電容器內的電力線在徑向，出於正極，終於負極。

圖 19-6　電力線垂直於半徑為 r 的高斯面 S

$$V = \frac{Q}{2\pi\varepsilon_0 l}\int_a^b \frac{dr}{r} = \frac{Q}{2\pi\varepsilon_0 l}\ln(\frac{b}{a}) \quad (19\text{-}7)$$

故電容 C 為

$$C = \frac{Q}{V} = \frac{2\pi\varepsilon_0 l}{\ln(\frac{b}{a})} \quad \text{（圓柱電容器）} \quad (19\text{-}8)$$

要把接收到的視訊從室外的天線接到室內的電視機上，通常使用一條同軸電纜線。此種電纜線基本上可視為由兩條同軸的圓柱形導體所組成。內圓柱體是一條實心的銅線，此銅線套在一條塑膠管內，塑膠管外則有一條由金屬線編織而成的中空圓柱形導體，最外面再包有一層膠皮。塑膠管除做為內外導線的支撐之用外，也防止內外導線因接觸而造成短路。此塑膠管會影響到電纜線的電容值，此處我們暫不考慮這種影響。這樣的設計顯然讓電纜線可適度的彎曲。單位長度的電容值，由（19-8）式，為

$$\frac{C}{l} = \frac{2\pi\varepsilon_0}{\ln(\frac{b}{a})} \quad (19\text{-}9)$$

例題 19-1

一同軸電纜線，其內半徑 $a = 0.150$ mm，外半徑 $b = 2.10$ mm，求單位長度的電容。

解

$$\frac{C}{l} = \frac{2\pi\varepsilon_0}{\ln(\frac{b}{a})} = \frac{2\pi(8.85 \text{ pF/m})}{\ln(\frac{2.10}{0.150})} \cong 21.0 \text{ pF/m}$$

19-3-2 圓球電容器

圓球電容器由兩個同心的薄導體球殼所組成（內球也可以是實心），如圖 19-7 所示。設內球的外半徑為 a，外球殼的內半徑為 b，且內球帶正電 Q，外球帶負電 $-Q$。在內球之內部及外球之外面，電場均為零，而在兩球之間，電場係沿徑向，其量值由高斯定律可算得為

$$E = \frac{Q}{4\pi\varepsilon_0 r^2} \quad (a < r < b) \quad (19\text{-}10)$$

正負極間的電位差為

$$V = \int_a^b \frac{Q dr}{4\pi\varepsilon_0 r^2} = \frac{Q}{4\pi\varepsilon_0} \left(-(\frac{-1}{r})_{r=b} - (\frac{-1}{r})_{r=a}\right)$$

因此

$$V = \frac{Q}{4\pi\varepsilon_0}(\frac{1}{a} - \frac{1}{b}) = \frac{Q}{4\pi\varepsilon_0}\frac{(b-a)}{ab} \quad (19\text{-}11)$$

故電容為

$$C = 4\pi\varepsilon_0 \frac{ab}{(b-a)} \quad （圓球電容器） \quad (19\text{-}12)$$

圖 19-7 圓球電容器係由兩個同心的金屬球殼所組成。帶電時，其內的電場在徑向。

例題 19-2

面積 A、間距 d 的平行板電容器的中央插入一同面積、厚度 t 的平行金屬塊，如圖 19-8 所示。今將此電容器接至一端電壓為 V_0 的直流電池，求此電容器正、負極上的帶電量 Q 及電容。

圖 19-8 面積 A、間距 d 的平行板電容器接至端電壓為 V_0 的電池。電容器內有一面積 A、厚度 t 的金屬塊。

解

因靜電感應，插入的金屬塊其靠近正極之表面 S_1 帶負電，靠近負極之表面 S_2 帶正電，設正極帶有正電荷 Q。取如圖示的高斯面 S，因高斯面上，電場均為零，故通過 S 的總電通量為零，因此，S_1 面的總感應電荷為 $-Q$，而另一面 S_2 的總感應電荷為 $+Q$。正極與 S_1 面間有均勻電場，設其量值為 E，同理，負極與 S_2 面間亦有相同的電場 E，且 $E = \dfrac{Q}{\varepsilon_0 A}$，正負極間的電位差為

$$V_0 = E(d-t) = \dfrac{Q(d-t)}{\varepsilon_0 A}$$

故得

$$Q = \left(\dfrac{\varepsilon_0 A}{d-t}\right) V_0$$

即此電容器的電容為

$$C = \dfrac{Q}{V_0} = \dfrac{\varepsilon_0 A}{d-t}$$

此電容值與金屬塊在電容器內的位置無關。從上面的答案中可看出，當 $t = 0$ 時，此答案會回到沒有金屬塊的情形。

19-4　帶電的電容器所儲存的能量

電容器是由兩個導體所組成，因此在討論帶電的電容器所儲存的靜電能之前，我們可先討論帶電導體的靜電能。假設一孤立的導體原來不帶電，經由外力將電荷從無限遠處移植至導體的表面上。移植至導體表面上的電荷會自行調整，使整個導體成為一個等電位的體積。

我們可將帶電導體的表面分割成 n 部份（$n \to \infty$），每部份的電荷均可視為點電荷，又因導體面上各處之電位均相同，故由（18-19）式，孤立的帶電導體，其靜電位能為

$$U = \frac{1}{2}\sum_{i=1}^{n}(\Delta q_i)\, V = \frac{1}{2} V \sum_{i=1}^{\infty}(\Delta q_i) = \frac{1}{2} QV \tag{19-13}$$

例題 19-3

一半徑為 a，孤立的圓球形導體帶有電荷 Q，求其所儲存的靜電能量。

解

此球的電位
$$V = \frac{Q}{4\pi\varepsilon_0 a}$$

故
$$U = \frac{1}{2}QV = \frac{Q^2}{8\pi\varepsilon_0 a} \; 。$$

接著，我們討論一個帶電的電容器所儲存的靜電能量。假設電容器是由兩個相鄰的導體所組成，且兩個導體上所帶的電量量值相同，但符號相反。假設開始時兩個導體上均不帶電，此時的靜電能量為零。藉由外力（例如電池的電動勢）將電荷

（原本是電子，但習慣上我們也可假設將正電荷從一導體上取出）從一個導體上取出，並移至另一個導體上。假設在電荷轉移的某一個階段，其中一個導體帶電 $-q$，另一個帶電 $+q$，並令此時兩個導體間的電位差為 $V(q)$，電容器所儲存的靜電能量為 $U(q)$。若再將 dq 的電荷從負極移轉至正極，如圖 19-9 所示，則外力需做功

$$dW = (dq)V(q) = \frac{q}{C}dq \tag{19-14}$$

故

$$dU(q) = dW = \frac{q}{C}dq \tag{19-15}$$

將上式累加，利用積分，可得當電容器帶有電荷 Q 時，其所儲存的靜電能量為

$$U = \frac{Q^2}{2C} \tag{19-16}$$

顯然，U 有另外兩種表示法

$$U = \frac{1}{2}QV = \frac{1}{2}CV^2 \tag{19-17}$$

在（19-16）及（19-17）兩式中，C 為電容器的電容，V 為電

圖 19-9 當電容器帶電 q，電位差為 $V(q)$ 時，外力再將 dq 電荷從負極移轉至正極。

位差。

（19-17）式另外也可由（19-13）式導出，因為一個孤立的帶電導體，其靜電位能為 $\frac{1}{2}QV$，同理，我們可以導出，若有二個相鄰的帶電導體，其中一個帶電 Q_1，電位為 V_1，另一個帶電 Q_2，電位為 V_2，則此系統的靜電位能為

$$U = \frac{1}{2}Q_1V_1 + \frac{1}{2}Q_2V_2$$

一個電容器的兩個導體帶有相同量值的異性電荷，故

$$U = \frac{1}{2}QV_1 + \frac{1}{2}(-Q)V_2 = \frac{1}{2}Q(V_1 - V_2) = \frac{1}{2}QV$$

上式中，V 為電容器兩個導體間的電位差。

例題 19-4

當帶電量為 Q 時，分別求下面三種電容器所儲存的靜電能量。(a) 平行板電容器；(b) 圓柱電容器及 (c) 圓球電容器。

解

靜電能量 $\qquad U = \dfrac{Q^2}{2C}$

(a) 平行板電容器： $\qquad C = \dfrac{\varepsilon_0 A}{d}$, $U = \dfrac{Q^2 d}{2\varepsilon_0 A}$ \hfill (19-18)

(b) 圓柱電容器： $\qquad C = \dfrac{2\pi \varepsilon_0 l}{\ln(\frac{b}{a})}$, $U = \dfrac{\ln(\frac{b}{a})}{4\pi \varepsilon_0 l} Q^2$ \hfill (19-19)

(c) 圓球電容器： $\qquad C = 4\pi \varepsilon_0 \left(\dfrac{ab}{b-a}\right)$, $U = \dfrac{(b-a)Q^2}{8\pi \varepsilon_0 ab}$ \hfill (19-20)

19-5　靜電能與電場

在前面我們發現一個帶電的電容器所擁有的靜電能量為

$$U = \frac{1}{2}QV = \frac{1}{2}\frac{Q^2}{C} = \frac{1}{2}CV^2 \tag{19-21}$$

以平行板電容器為例，

$$C = \frac{\varepsilon_0 A}{d}$$

因此，當帶電 Q 時，

$$U = \frac{1}{2}\frac{Q^2}{(\frac{\varepsilon_0 A}{d})} = \frac{Q^2 d}{2\varepsilon_0 A} = \frac{\varepsilon_0}{2}(\frac{Q}{\varepsilon_0 A})^2(Ad) \tag{19-22}$$

電容器內有均勻的電場 $E = \frac{Q}{\varepsilon_0 A}$，故 U 也可寫為

$$U = (\frac{\varepsilon_0 E^2}{2})(Ad) \tag{19-23}$$

上式中，Ad 為電容器內的體積，因此 $\frac{\varepsilon_0 E^2}{2}$ 具有能量密度的因次。之前我們將靜電能量（靜電位能）視為帶電系統內所有的電荷所共同擁有，現在我們也可假設靜電能量儲存於這些電荷所建立的總電場中。單位體積的電場所儲存的電能，稱為電場能量密度，或簡稱電能密度，為

$$u_E = \frac{\varepsilon_0 E^2}{2} \tag{19-24}$$

電能密度與電場 E 的量值的平方成正比。上面這個公式雖然是由一個簡單的特例所導出，但其結果卻具有普遍性。我們也

可以從這個特例獲得另外一個具有普遍性效力的結果。

即使電荷系統所產生的電場為不均勻，（19-24）式所代表的電能密度觀念依然是正確的，因此靜電能也可以表示成為（19-24）式對電場所充滿的空間的一個體積分，即

$$U = \int (\frac{\varepsilon_0 E^2}{2}) dV \qquad (19\text{-}25)$$

比較（19-21）與（19-25）兩式，我們可以獲得**另外一種計算電容的方法**，因為

$$U = \frac{1}{2}\frac{Q^2}{C} = \frac{1}{2}CV^2 = \int (\frac{\varepsilon_0 E^2}{2}) dV \qquad (19\text{-}26)$$

故電容 C 可以表為

$$C = \frac{Q^2}{2U} = \frac{2U}{V^2} \qquad (19\text{-}27)$$

上式中 U 都由（19-25）式計算。

例題 19-5

試以對電場積分的方法，求出例題 19-3 的結果。

解

球形導體中的電場為 0，可以不必考慮。球形導體外之電場 E 為

$$E = \frac{Q}{4\pi\varepsilon_0 r^2}$$

所以電能密度 u_E 為

$$u_E = \frac{\varepsilon_0}{2}E^2 = \frac{\varepsilon_0}{2}\frac{Q^2(d-t)}{16\pi^2\varepsilon_0^2 r^4} = \frac{Q^2}{32\pi^2\varepsilon_0 r^4}$$

$$U = \int_a^\infty u_E 4\pi r^2 dr = \int_a^\infty \frac{Q^2}{8\pi\varepsilon_0 r^2} dr = \frac{Q^2}{8\pi\varepsilon_0 a}$$

此一結果與例題 19-3 相同。

例題 19-6

在例題 19-2 中，若先令平行板電容器充電，使其帶電 Q 後，拆除充電接線，再用外力將金屬塊緩緩伸入電容器內，完成如圖 19-8 所示的位置，試問外力需做功若干？

解

這個問題從能量著手較易於解答。在金屬塊尚未插入之前，系統的靜電能為

$$U_i = \frac{1}{2}\frac{Q^2}{C_i} = \frac{Q^2 d}{2\varepsilon_0 A} \tag{19-28}$$

金屬塊插入後，系統的靜電能為

$$U_f = \frac{1}{2}\frac{Q^2}{C_f} = \frac{Q^2 (d-t)}{2\varepsilon_0 A} \tag{19-29}$$

其差值即為外力所需做之功，即

$$W = \Delta U = U_f - U_i = -\frac{Q^2 t}{2\varepsilon_0 A} \tag{19-30}$$

外力做負功，意味此金屬塊是被帶電的電容器吸進去的。當金屬塊的一部份進入電容器之內後，金屬塊的表面上會出現感應電荷，而因為感應出的電荷和電容器面板上的異性電荷較為接近，故金屬塊受一向內的靜電吸引力，外界（千萬別徒手抓住此金屬塊，以防觸電）需施以一往外的力加以平衡，故外力做負功。假若在金屬塊剛開始被吸入後，外界放手，讓它被吸入，則其動能將越來越大。但當有部份的金屬塊衝出時，它又將受到一往內的吸引力。不過，假如時間算得準，在它獲得最大動能之前，將電容器在很短的時間內放電，那麼這個裝置即可成功設計成為一個發射系統。若將多個各自獨立的蓄電電容器一個接一個排列成一直線，並針對各個電容器設計出其適當的放電時間，那麼這種電容器組合即可設計成為一種酬載的發射系統。

19-6 電容器的並聯與串聯

當兩個電容分別為 C_1 與 C_2 的電容器如圖 19-10(a) 相連接時,我們稱這兩個電容器互相並聯。起始時,假設兩個電容器均不帶電。按下開關 S,讓這兩個電容器連接到一個端電壓恆為 V_0 的電池,兩個電容器便開始充電。當連接的導線上的電流為零時,充電完成。這時電容器 A 與 B 的電位差相等且等於電池的端電壓,因此並聯的電容器有相同的電位差。充完電後,A 電容器帶電 $Q_1 = C_1 V_0$,B 電容器帶電 $Q_2 = C_2 V_0$,而這兩個並聯的電容器總共帶電

$$Q = Q_1 + Q_2 = (C_1 + C_2) V_0 \tag{19-31}$$

現在讓我們考慮如圖 19-10(b) 所示的電路,亦即一個電容為 C_{eq} 的電容器連接至一個端電壓恆為 V_0 的電池,那麼它所帶的電荷為

$$Q' = C_{eq} V_0 \tag{19-32}$$

當 $Q' = Q$ 時,

圖 19-10 (a) 電容分別為 C_1 與 C_2 的兩個電容器並聯後,經開關 S 接至端電壓為 V_0 的電池;(b) 電容為 C_{eq} 的電容器接至端電壓 V_0 的電池。

$$C_{eq} = C_1 + C_2 \qquad (19\text{-}33)$$

C_{eq} 稱為這兩個並聯的電容器組合的等效電容。當有多個電容器並聯時，其等效電容值為各個個別電容值的總和，

$$C_{eq} = C_1 + C_2 + C_3 + \cdots \qquad (19\text{-}34)$$

在電位差相同的條件下，一個電容值等於等效電容的單一電容器所儲存的電荷，等於兩個並聯電容器所儲存的總電荷。在上面的敘述中，若將電荷改成電能，則依然成立。當兩個電容器以並聯的方式組合時，其等效電容器儲存的電能等於兩個個別電容器儲存的電能的和。當我們在短時間內需要大量的電能時，多個帶電的並聯電容器組合顯然是一個適當的能源。

當兩個電容分別為 C_1 與 C_2 的電容器以圖 19-11(a) 所示的方式組合時，我們稱這兩個電容器互相串聯。起始時，在開關 S 尚未按下之前，假設兩個電容器均不帶電。按下開關後，此一電容器組合便連接至端電壓恆為 V_0 的電池，電容器開始充電。充電完成後，令電容器 C_2 的下方電極帶電 $-Q$，則電容器 C_1 的上方電極帶電 $+Q$。而電容器 C_1 的下方金屬板和電容器 C_2 的上方金屬板相連接，且懸空，外界（電池）無法提供電荷給它們，而電荷也不會流出。但因靜電感應，電容器 C_1 的下方金屬板會感應帶負電，而電容器 C_2 的上方金屬板感應帶正電，開始時兩者均不帶電，總電荷為零，故充電完畢後，

圖 19-11

兩者的總電荷仍為零。利用高斯定律，我們可以證明電容器 C_1 與 C_2 的四個金屬板分別帶有 $+Q$、$-Q$、$+Q$ 及 $-Q$ 的電荷。電容器 C_1 帶電 $Q = C_1 V_1$，$V_1 = Q/C_1$ 為其電位差，而電容器 C_2 帶電 $Q = C_2 V_2$，$V_2 = Q/C_2$ 為其電位差。充電完畢後，兩個電位差之和等於電池的端電壓，即

$$V_1 + V_2 = Q(\frac{1}{C_1} + \frac{1}{C_2}) = V_0$$

或

$$Q = (\frac{1}{C_1} + \frac{1}{C_2})^{-1} V_0 \tag{19-35}$$

當一個電容值為 C_{eq} 的單一電容器連接至一端電壓恆為 V_0 的電池時，充電完畢後，電容器的帶電 Q' 為

$$Q' = C_{eq} V_0 \tag{19-36}$$

當 $Q' = Q$ 時，

$$C_{eq} = (\frac{1}{C_1} + \frac{1}{C_2})^{-1} = \frac{C_1 C_2}{C_1 + C_2} \tag{19-37}$$

此條件亦可表示為

$$\frac{1}{C_{eq}} = \frac{1}{C_1} + \frac{1}{C_2} \tag{19-38}$$

C_{eq} 稱為這個串聯電容器組合的等效電容。當多個電容器以串聯的方式組合時，其等效電容 C_{eq} 為

$$\frac{1}{C_{eq}} = \frac{1}{C_1} + \frac{1}{C_2} + \frac{1}{C_3} + \cdots \tag{19-39}$$

在電位差相同的條件下，一個電容值等於等效電容的電容器所儲存的電荷（或電能），等於兩個串聯的電容器各自所儲存的電荷（或電能）之和。

例題 19-7

用電容器組合的觀點重新分析例題 19-2。

解

插入厚度為 t 的金屬塊後的電容器可視為由兩個電容器串聯組合而成。電容器的正極與金屬塊的上方表面 S_1（見圖 19-12）形成一個間距為 x 的電容器，其電容值為 $C_1 = \dfrac{\varepsilon_0 A}{x}$，而金屬塊的下方表面與電容器的負極形成另一個電容器，其間距為 $d-t-x$，電容值為 $C_2 = \dfrac{\varepsilon_0 A}{d-t-x}$，故等效電容值 C_{eq} 為

$$\frac{1}{C_{eq}} = \frac{1}{C_1} + \frac{1}{C_2} = \frac{x}{\varepsilon_0 A} + \frac{d-t-x}{\varepsilon_0 A} = \frac{d-t}{\varepsilon_0 A}$$

故

$$C_{eq} = \frac{\varepsilon_0 A}{d-t}$$

此結果與例題 19-2 之答案相同。

圖 19-12 面積 A、間距 d 的平行板電容器內插入一塊面積 A、厚度 t 的金屬。

例題 19-8

可變電容器。圖 19-13 是一種可變電容器的示意圖。此種電容器常用於收音機的選頻器上。它常由 8 片（不一定是 8 片）薄金屬片組成，其中的 4 片 (a) 用一金屬桿相連，另 4 片 (b) 亦用金屬桿相連。a 組的位置固定不可動，但 b 組可繞其金屬桿轉動。轉動金屬桿可連續調整此電容器的電容，允許其在一定的範圍內變動。設每片金屬片的面積為 A，相鄰兩片間的距離為 d，求最大電容。

圖 19-13　8 片平行的金屬薄板交叉相連成兩組，各有 4 片。相鄰兩片的間距 d，有效截面積為 A。

解

此類電容器的金屬片通常呈半圓形，但此處為了方便討論，假設其為正方形。當兩組金屬片的邊互相平行時，電容值最大。兩組金屬片呈交叉排列，而每一組金屬片有相同的電位。故本電容器可視為由 7 個相同的電容器所並聯組合而成。每一個電容器的面積為 A，間距為 d，電容值為 $C_1 = \dfrac{\varepsilon_0 A}{d}$，故總電容為 $C = 7C_1 = 7\dfrac{\varepsilon_0 A}{d}$。

19-7　電容器與介電物質

　　平行板電容器的電容正比於其面積，反比於其間距。因此在面積一定的條件下，要增加電容，唯有縮小間距。縮小間距固然可以增大電容，但也會使電容器內部的電場增強。除非電容器內部是處於真空狀態，否則電場強度超過大約 3×10^6 V/m 時，內部的空氣將開始游離、導電，造成電容器的短路。在電容器的內部填充不導電的介電物質，可達到讓間距縮小，電容變大，以及提高工作電壓的目的。許多的介電物質其介電強度（dielectric strength）均大於或遠大於空氣。所謂的介電強度係指該介質內部所能允許存在而不致於誘發游離導電現象的最大電場強度。介電物質的另一項用途是做為電容器的

金屬板的力學支撐，並將正、負極隔離，以防止因互相接觸而造成短路。

以平行板電容器為例，假設在充電後帶電 Q_0，且其電位差為 V_0，若將充電的線路拆除，再將電容器的內部填滿某一種介電物質，如圖 19-14(a) 所示，那麼實驗發現兩板間的電位差 V 小於 V_0，即

$$\frac{V_0}{V} \equiv \kappa > 1 \quad \text{（電荷量值固定）} \quad (19\text{-}40)$$

如果不拆除充電線路，並將電容器內填滿某一種介電物質，如圖 19-14(b) 所示，那麼實驗發現電容器的帶電量 Q 大於 Q_0，即

$$\frac{Q}{Q_0} = \kappa > 1 \quad \text{（電位差固定）} \quad (19\text{-}41)$$

（19-40）與（19-41）兩式中的常數 κ 稱為介電物質的介電常數（dielectric constant）。

當電荷一定時，插入介電物質後與插入前的電容值的比

圖 19-14　(a) 一平行板電容器帶電 Q 時，其電位差為 V_0（左圖）；當帶電量不變，並其內填充介電物質時，電位差變為 V。
(b) 一平行板電容器連接至端電壓 V_0 的電池時，帶電 Q_0；當其內填充介電物質時，帶電變為 Q。

值為

$$\frac{C}{C_0} = \frac{Q/V}{Q/V_0} = \frac{V_0}{V} = \kappa > 1 \tag{19-42}$$

同理,當電位差一定時,此比值為

$$\frac{C}{C_0} = \frac{Q/V_0}{Q_0/V_0} = \frac{Q}{Q_0} = \kappa > 1 \tag{19-43}$$

故無論電荷量值固定或電位差固定,充以介電常數為 κ 的介電質後,電容 C 變為

$$C = \kappa C_0 \tag{19-44}$$

實驗發現插入介電物質後,電容器的電容變大。電容器中填充電解質可使電容值增加很多。表 19-1 列出一些代表性介電物質的介電常數及介電強度。

插入介電物質會改變電容器內部的電場強度。以上面所述,電荷一定的實驗為例,在插入介電物質之前,電場強度為

表 19-1　一些介電物質的介電常數與介電強度

介電物質	介電常數	介電強度 (10^6 V/m)
空　　氣	1.00054	3
紙	3.5	16
尼　　龍	3.4	14
多苯乙烯	2.6	24
鐵弗龍	2.1	60
陶　　瓷	6.5	
矽	12	
矽　　油	2.5	12
鍺	16	
酒　　精	25	
水 (20°C)	80.4	
鈦酸鍶	310	8

$$E_0 = \frac{V_0}{d} \tag{19-45}$$

插入介電物質之後，電場變為

$$E = \frac{V}{d} \tag{19-46}$$

其比值為

$$\frac{E}{E_0} = \frac{V}{V_0} = \frac{1}{\kappa} < 1 \tag{19-47}$$

在電荷量值固定的條件下，插入介電物質使電容器內的電場減弱。讓我們拿電荷一定的實驗說明介電物質對電場的影響。由（19-45）及（19-46）兩式可知插入前後電場的差值為

$$E_0 - E = E_0 - \frac{E_0}{\kappa} = (1 - \frac{1}{\kappa})E_0$$

故

$$E = E_0 - (1 - \frac{1}{\kappa})E_0 \tag{19-48}$$

但

$$E_0 = \frac{Q}{\varepsilon_0 A}$$

故

$$E = \frac{Q}{\varepsilon_0 A} - (1 - \frac{1}{\kappa})\frac{Q}{\varepsilon_0 A} \tag{19-49}$$

上式等號右邊的第一項可認出為電容器正、負極板上的電荷所產生，而第二項（含負號）則可視為介電物質所產生。

電場是由電荷所產生，電極上的電荷因為有自由移動的能力，被通稱為自由電荷（free charge）。自由電荷可以產生電場，事實上，在此之前我們所謂的電荷其實均指自由電荷。然而中性的介電物質又怎麼能產生電場呢？這必須從分子的層次來理解。依電性區分，分子有極性（polar）與非極性（nonpolar）分子兩種。在極性分子中，例如水分子，其正電荷（原子核帶正電）的中心（可仿質心定義）與負電荷（電子帶負電）的中心永遠分開，如圖 19-15 所示，這樣的極性分子就是一個電偶

圖 19-15 水分子的電偶極

極（electric dipole），故極性分子擁有自發性、永久性的電偶極矩（electric dipole moment）。而非極性分子，例如氮氣分子，其正電中心和負電中心重合，不具有自發性、永久性的電偶極矩。但在外加電場的作用下，一個非極性分子的負電中心會朝外加電場的反方向移動，而正電中心往電場的方向移動，於是便產生和外加電場同方向的一個感應電偶極矩（induced electric dipole moment）。這種感應電偶極矩通常均遠小於極性分子的自發性電偶極矩，且當外加電場消失時，也跟著消失。不管是永久性的或感應的電偶極均會產生電場。這麼說，那麼是否含有極性分子的物質會產生電場，吸引小紙屑呢？絕大部份不會，這乃是因為物質中的極性分子之電偶極矩（是一個向量，其方向係由負電中心指向正電中心）因受熱振動的影響而呈現無序排列的狀態，個別分子所產生的電場互相抵銷了。但將這樣的物質放進帶電的電容器內時，其內的電場有將這些原本雜亂無序的電偶極排列的能力。若個別的電偶極與電場間的交互作用能量遠大於熱振動的平均能量時，這些電偶極矩便會呈現有序的排列而產生電場。若介質的分子均屬非極性分子，那麼受到電容器內電場的作用會感應出電偶極矩，並被電場所排列整齊而產生電場。

前文述及的電場減弱現象可用圖 19-16 說明其成因。假設介質內的極性分子或非極性分子被電容器內的電場排列，如圖 19-16 所示，這種現象稱為電極化（electric polarization）現象。為方便討論，假設該物質均勻且只有一種電偶極矩。被電極化後，一個分子的負電中心較靠近正極，而正電中心較靠近負極，其淨效應是在介電物質緊鄰正極的外表面上出現負電荷，而緊鄰負極的外表面上出現正電荷，這些都是電場的來源。在尚未電極化之前，介質的內部呈電中性，亦即若在其內部取一任意大小、形狀的體積，則其內的淨電荷為零。在電極化之後，移出此任意體積的正（或負）電荷的總電量和移入者

圖 19-16 介電物質在帶電的電容器內被電極化的示意圖。介質分子的負電中心往正極方向位移，而正電中心則往負極的方向位移，其淨效應是在介質表面出現所謂的極化電荷。

一樣多，因此介質內部仍然呈現電中和。

總結上面的分析，我們可以說，由於電極化，一個介電物質的外表面上出現了面電荷，這些面電荷在極化消失後也跟著消失，是有別於自由電荷的。這種面電荷沒有一致性的稱呼，有用**束縛電荷**（bound charge）稱之，因為這些電荷其實是被束縛在分子內，不能像導電電子一般的自由移動。也有稱呼為**極化電荷**（polarization charge），乃因其為電極化現象的一個結果。這些極化電荷所產生的電場，其方向顯然相反於電極板上的自由電荷所產生的電場，因此，介電物質的介入會削減原來的電場。面極化電荷密度若以 σ_P 表之，面自由電荷密度以 σ 表之，則電容器內的總電場為

$$E = \frac{\sigma}{\varepsilon_0} + \frac{\sigma_P}{\varepsilon_0} \tag{19-50}$$

其中 $\sigma = \dfrac{Q}{A}$，Q 為電極上的總電荷，而比較（19-49）與（19-50）兩式，可得

$$\boxed{\sigma_P = -(1 - \frac{1}{\kappa})\sigma} \tag{19-51}$$

介電物質會影響電容器內的電場，也會影響電場能量密度。有介電物質時，一個帶電電容器的電能仍然可用下式表示之，

$$U = \frac{Q^2}{2C} \tag{19-52}$$

其內填滿介電常數為 κ 的介質時，一平行板電容器的電容值為

$$\boxed{C = \frac{\kappa \varepsilon_0 A}{d}} \tag{19-53}$$

將（19-53）式代入（19-52）式，並利用（19-47）式，可得

$$U = \frac{Q^2 d}{2\kappa \varepsilon_0 A} = \frac{1}{2}\kappa \varepsilon_0 (\frac{Q}{\kappa \varepsilon_0 A})^2 (Ad) = (\frac{1}{2}\kappa \varepsilon_0 E^2)(Ad)$$

故電場能量密度為

$$u_E = \frac{\kappa \varepsilon_0}{2} E^2 \qquad (19\text{-}54)$$

例題 19-9

若將圖 19-16 中的極化電荷，看成面電荷密度為 σ_P 的平板，則在正、負極板附近之總面電荷密度各為多少？利用總面電荷密度，求二板間的電場強度。

解

在正極附近的總面電荷密度 σ_T 為

$$\sigma_T = \sigma + \sigma_P = \sigma - (1 - \frac{1}{\kappa})\sigma = \frac{\sigma}{\kappa}$$

在負極附近的總面電荷密度為

$$-\sigma - (1 - \frac{1}{\kappa})(-\sigma) = -\frac{\sigma}{\kappa} = -\sigma_T$$

故二板間的電場強度

$$E = \frac{\sigma_T}{\varepsilon_0} = \frac{\sigma}{\kappa \varepsilon_0}$$

習題

19-1 節

19-1 一個法拉是一個非常大的電容。假設有一個電容器其電容為 1 F，試問當其電位差為 1 V 時，(a) 電容器所帶的電量約相當於多少個電子的總電量？(b) 假如這個電容器所儲存的能量完全供給一個 60 W 的燈泡，則約可點亮多久？

19-2 某個記憶體的儲存電容器的電容值為 55 fF（$1\,fF = 10^{-15}$ F），試問當電位差為 5.3 V 時，電容器的負極上有多少個自由電子？

19-3 地球是一個導體。假如把地球視為半

徑為 6370 km 的球形導體，考慮另一金屬板在無窮遠，那麼它的電容值為何？

19-2 節

19-4 假如一個平行板電容器的電容是 1.0 F，那麼當兩板的間距為 1.0 mm 時，金屬板的面積需為何值？

19-3 節

19-5 一個圓球電容器由兩個同心的薄圓球殼所組成，若外球的半徑 b 只略大於內球的半徑 a，即 $(b-a) \ll a$，證明此電容器的電容值相當於一個平行板電容器的電容值。

19-6* 一個圓柱電容器其內半徑為 a，外半徑為 b，長度為 l。若兩圓柱殼面之間的距離 $d = b - a \ll a$，證明此圓柱電容器的電容相當於一個面積 $A = 2\pi a l$（內圓柱的表面積），間距為 d 的平行板電容器的電容（**提示**：當 $x \ll 1$ 時，$\ln(1+x) \cong x$）。

19-7 一個平行板電容器的面積為 A，兩板之間的距離 d 遠小於金屬板的尺寸。今將此電容器彎成如圖 P19-7 所示的形狀，但兩金屬板之間的距離維持不變。試問其電容值是否有改變？為什麼？

圖 P19-7

19-4 節

19-8 電容值分別為 C_1 與 C_2 的兩個電容器原先均不帶電，(a) 若將兩個電容器並聯後接至一直流電池充電，求充電後兩個電容器所儲存的電能之比值 $\dfrac{U_1}{U_2}$；(b) 若將兩個電容器串聯後接至一直流電池充電，求充電後兩個電容器所儲存的電能之比值 $\dfrac{U_1}{U_2}$。

19-9 在習題 19-8 中，證明：(a) 並聯時，等效電容器所儲存的電能等於兩個電容器所儲存的電能的總和；(b) 串聯時，等效電容器所儲存的電能等於兩個電容器所儲存的電能的總和。

19-5 節

19-10* 一個圓球電容器的內球半徑為 a，外球半徑為 b，當此電容器帶有電荷 Q 時，(a) 求在兩球之間的電能密度 u_E；(b) 承 (a) 題，將 u_E 積分，計算此電容器所儲存的電能 U；(c) 承 (b) 題，計算此電容器的電容。

19-11* 一個長度為 l，帶電 Q 的圓柱電容器，其內半徑為 a，外半徑為 b，(a) 求兩圓柱殼之間的電能密度 u_E；(b) 承 (a) 題，對 u_E 積分，計算所儲存的電能 U；(c) 承 (b) 題，計算電容 C。

19-12* 一個半徑為 a、孤立的金屬圓球帶電 Q，試問以金屬球心為球心，a 與 $2a$ 為半徑之球之間，其所儲存的電場能

量占總能量的幾分之幾？

19-13 同例題 19-2，但假設在插入金屬塊之前，先將電容器接至一端電壓為 V_0 的電池，接著在電池電路保持接通的情況下再將金屬塊插入。試問：(a) 金屬塊插入之前，電容器所儲存的電能 U_i 為何？(b) 金屬塊插入之後，電容器所儲存的電能 U_f 為何？(c) U_f 是否等於 U_i？為什麼？

19-14 同例題 19-2，但假設在插入金屬塊之前，先將電容器接至一端電壓為 V_0 的電池，接著將連接電池的接線斷路，再將金屬塊插入電容器內，試問：(a) 金屬塊插入前，電容器所儲存的電能為何？(b) 金屬塊插入後，電容器所儲存的電能為何？(c) U_f 是否等於 U_i？為什麼？

19-15* 假設電子的電荷是均勻分布於半徑為 a 的球面上。(a) 求電子的靜電能 U（提示：對 u_E 積分）；(b) 令 $U = mc^2$，c 為光速，m 為電子的質量，則電子的半徑 a 為何？（此值稱為電子的古典半徑）

19-6 節

19-16 (a) 若將 $C_1 = 6\,\mu F$ 與 $C_2 = 3\,\mu F$ 的兩個電容器並聯，則其等效電容值為何？(b) 若將 (a) 題的兩個電容器串聯，則其等效電容值為何？

19-17 某人做實驗時急需一個 150 pF 的電容，但他只能找到一些 100 pF 和 600 pF 的電容。試問他應該如何利用這些手上的電容組合成一個 150 pF 的電容？

19-18 兩個電容器並聯時，其等效電容為 25 μF，串聯時，其等效電容為 $4\,\mu F$，試求這兩個電容器個別的電容。

19-19 考慮如圖 P19-19 所示的電路，回答下面問題。(a) 若先將開關 S 連接到 a 位置，試問充完電後，C_1 電容器上所帶的電荷 Q_1 為何？(b) 若待 C_1 電容器充電完成後，再將開關 S 移到 b 位置，試問平衡後 C_1 與 C_2 電容器的電荷 Q_1' 與 Q_2' 各為何？(c) 承 (b) 題，試求 C_2 電容器的電位差。

圖 P19-19

19-20 考慮如圖 P19-20 所示的電路，試分別求三個電容器的電荷、電位差以及儲存的電能。

圖 P19-20

19-21 考慮如圖 P19-21 所示的電路。電容器係由 4 片薄金屬板所組成，相鄰兩板間的有效截面積為 A，間距為

圖 P19-21

d，1 號與 3 號，及 2 號與 4 號金屬板各以金屬桿相連。此電容器連接至端電壓為 V_0 的電池。求：(a) 此電容器的電容；(b) 各金屬板上的電荷；(c) 此電容器所儲存的電能。

19-22 電容分別為 C_1 與 C_2 的兩個電容器串聯後接至端電壓為 V_0 的電池，如圖 P19-22(a) 所示。充電後再將帶電的兩個電容器的正極與正極相連，負極與負極相連，如圖 P19-22(b) 所示。(a) 串聯時，求兩個電容器的帶電量；(b) 並聯後，求兩個電容器的帶電量及電位差。

圖 P19-22

19-23 四個長度均為 l，同軸的薄金屬圓柱殼，其半徑分別為 a、$2a$、$4a$ 及 $8a$。若將圖 P19-23 中的 1 號與 3 號圓柱殼，2 號與 4 號圓柱殼兩兩相連，求其電容。

19-24 用 3 張相同的紙和 2 張鋁箔交互重

圖 P19-23

疊成三明治狀，再將它沿紙的一邊捲成筒狀，可做成所謂的紙電容器。紙在此處不但可以增加電容值，同時也作為絕緣體將兩張鋁箔隔開，以防短路，而捲成筒狀可以節省空間。若紙與鋁箔的面積為 A，紙的厚度為 d、介電常數為 κ，求此紙電容器的電容。（提示：習題 19-6 的結果可供參考）

19-25* 圖 P19-25 所示的電路是一種電容電橋。試問當伏特計的讀數為零時，四個電容值 C_1、C_2、C_3 與 C_4 間有何關係存在？

圖 P19-25

19-7 節

19-26 面積 A、間距 d 的平行板電容器先用端電壓為 V_0 的電池充電後，拆掉電池的通路，並將此電容器沒入介電

常數為 κ 的不導電油槽中，如圖 P19-26 所示。(a) 求電容器的帶電量 Q；(b) 沉入油之後的電位差；(c) 沉入油之前，求電容器所儲存的電能 U_i；(d) 沉入油之後，求電容器所儲存的電能 U_f；(e) U_f 是否等於 U_i？為什麼？

圖 P19-26

19-27 承上題，若先將未帶電的電容器先沉入油中，再接至端電壓為 V_0 的電池。試求此電容器的帶電量 Q 及所儲存的電能。

19-28 電容分別為 C_1 與 C_2 的兩個電容器並聯後接至一端電壓為 V_0 的電池，充完電後掀起開關 S，再將一塊厚度與面積等同於 C_1 電容器、介電常數為 κ 的物體完全移入 C_1 中，如圖 P19-28 所示。試求：(a) 介電物質移入之前，兩個電容器各自所帶的電量 Q_1 與 Q_2；(b) 介電物質移入之後，兩個電容器各自所帶的電量 Q_1' 與 Q_2'；(c) 最後的電位差 V。

圖 P19-28

20 電流與直流電路

- 20-1 電流
- 20-2 電阻與歐姆定律
- 20-3 電功率
- 20-4 金屬的導電機制
- 20-5 電動勢
- 20-6 電阻的串聯與並聯
- 20-7 克希荷夫法則與多迴路電路
- 20-8 電阻-電容 (RC) 串聯電路

電荷受電場的驅動而形成電流。金屬會導電，乃因它具有導電電子作為電流的載子。本章將用電子氣體模型簡單說明金屬的導電機制。這個模型可以引出電子漂移速度的概念，並從而導出歐姆定律以及導電介質的電導係數。本章另一主要部份是直流電路，將介紹電動勢，電阻的串聯與並聯，多迴路電路的克希荷夫法則，電阻與電容的串聯電路。另外也將簡介一些電的基本量測儀器：安培計、伏特計與歐姆計。

20-1 電 流

假如我們用一條細長的金屬導線將一個乾電池的正極與負極連接起來，如圖 20-1 所示，那麼導線內便有電流形成。導線兩端的電位差在導線內部建立電場，而導線內的導電電子受到此一電場的驅動，沿導線流動，形成電流。在 Δt 時間內，若有 ΔQ 的淨電荷通過某一導線截面，則在該處的平均電流定義為

$$\bar{I} \equiv \frac{\Delta Q}{\Delta t} \tag{20-1}$$

電流的因次為單位時間通過（某截面）的電荷，其單位為安培（A）。一安培等於在一秒內通過一庫侖的電荷，亦即

$$1 \text{ A} = 1 \text{ C/s} \tag{20-2}$$

單位時間內通過的電荷可能隨時間改變，這種電流我們稱之為時變電流。我們定義瞬時電流為

$$I \equiv \lim_{\Delta t \to 0} \frac{\Delta Q}{\Delta t} = \frac{dQ}{dt} \tag{20-3}$$

若電流不隨時間改變，我們稱之為穩定電流。

導體內的導電電子受到外加電場的驅動，會在電場的反方向獲得一個速度而形成電流，我們稱導電電子是一種**電流**

圖 20-1 一條細長直導線與一電池相連，導線上有電流通過。

圖 20-2 金屬導線中導電電子的電流方向和電場方向相同，但漂移速度的方向則與電場方向相反。

的載子或載流子（current carrier）。電流雖然是一個純量，但有正負號。習慣上，我們取從高電位流向低電位方向的電流為正。如圖 20-2 所示，在導線內，雖然導電電子受電場的驅動而在電場的反方向獲得一個速度，但因導電電子帶負電，因此導電電流的方向其實是平行於導線上電場的方向。

　　金屬銅是一種良導體。當銅原子彼此結合，形成金屬銅時，每一個銅原子最外層的一個價電子被釋放出來，留下一個帶單位正電的離子。在銅金屬內，正離子在其平衡位置附近振動，而被釋放出的價電子可在金屬內部自由移動，這便是所謂的導電電子。在一立方公分的金屬銅內，導電電子的數目約為 $n = 8.5 \times 10^{22}$ 個，亦即其粒子數密度為 $n = 8.5 \times 10^{22}/\text{cm}^3$ 或 $n = 8.5 \times 10^{28}/\text{m}^3$，這是一個很大的數字。常溫時，這些導電電子在金屬銅的內部移動，撞及表面時被反射而改變運動方向，接近一個正離子時，受到其庫侖力的作用也會改變其運動方向。這種運動模式很像裝在容器內的氣體分子一般，如圖 20-3 所示。這些導電電子的移動速率有些較大，有些較小，其平均值在常溫時約為 1.6×10^6 m/s，也是一個很大的數字。可以想見，這些為數眾多、運動又快的導電電子在金屬銅的內部，以折線的軌跡四處移動。因此，在沒有外加電場的情況下，在任何一段時間 Δt 內，從左向右通過圖 20-2 所示的截面 A 的電子數目等於從右向左通過的數目，因此電流為零。

圖 20-3 在金屬導線內，導電電子以折線的軌跡做漫無秩序的運動。和導線外壁或正離子發生碰撞後，其運動方向發生改變。

但是當一條銅線的兩端有電位差時，導電電子受到電場的作用，其運動軌跡會略有改變。基本上，外加電場使導電電子在電場的反方向獲得一個正比於外加電場的速度，這個速度稱為漂移速度（drift velocity），通常以符號 $\vec{v}_d$ 表示。這時，導電電子依然快速的在導線內流竄，但長時間看，會以 $\vec{v}_d$ 的速度向電場的反方向移動。有關金屬的導電機制，我們將在本章第四節做更詳細的說明。

在圖 20-2 中，設截面 B 與截面 A 之間的距離為 $v_d(\Delta t)$，那麼在某時刻，在兩個截面間的導電電子數為 $nA(v_d \Delta t)$，A 為導線的截面積。這些電子將在 Δt 的時間內通過截面 A，故平均電流為

$$\bar{I} = \frac{1}{\Delta t}[nAv_d(-e)(\Delta t)] = -nev_d A \tag{20-4}$$

$-e$ 為電子的電荷，而 $\vec{v}_d$ 與電場反方向，故於（20-4）式中應取負值，所以（20-4）式中的電流為正值，表示電流的流向平行於電場。這和習慣上以正電荷的移動方向代表電流的流向是一致的。（20-4）式中，$n(-e)$ 是導電電子的電荷密度，可用 $\rho = n(-e)$ 表之，而

$$J \equiv \frac{I}{A} = \rho v_d = -nev_d \tag{20-5}$$

代表單位時間內通過單位截面積的電荷，被稱為**電流密度**（current density）。電流密度的單位可用 $C/m^2 \cdot s$ 表示，也可用 A/m^2 表示之。事實上，我們可以用一個向量表示此電流密度，即

$$\vec{J} = -ne\vec{v}_d \tag{20-6}$$

對導線中的導電電子而言，其電流密度的方向平行於電場方向。

電流可以在金屬導體的內部形成，也可在其它的導電介質

或情況下形成。電視機的映像管，基本上是一種陰極射線管。陰極射線管的內部抽成眞空，而由電子鎗射出的電子經聚焦，並經加速電壓加速後形成一電子束。一個電子束也是一種電流，但此時和電流大小有關的速度是電子的移動速度。一個燒杯內若填裝有電解質溶液，再放入兩個電極，接到一個乾電池，那麼溶液中的負離子游向正極，正離子游向負極，於是在正、負極之間便有電流形成。這些可以在電場中自由移動的帶電粒子稱爲載流子。電流同時可以有數種載流子，其電流密度一般可以表示爲

$$\vec{J} = n_1 q_1 \vec{v}_1 + n_2 q_2 \vec{v}_2 + \cdots \qquad (20\text{-}7)$$

（20-7）式中，q_1，q_2，$\cdots$ 表示載流子的電荷，n_1，n_2，$\cdots$ 表示粒子數密度，$\vec{v}_1$，$\vec{v}_2$，$\cdots$ 表示載流子的漂移速度。

例題 20-1

已知金屬銅的質量密度約爲 9.00 g/cm^3，銅的原子量爲 63.5 g，試求 1 cm^3 內導電電子的數目。

解

假設每一個銅原子釋出一個導電電子，那麼在金屬銅內，導電電子的粒子數密度 n 便等於銅原子的粒子數密度。一莫耳的金屬銅所占的體積 V 等於其原子量除以質量密度，即

$$V = \frac{63.5 \text{ g}}{9.00 \text{ g/cm}^3} = 7.05 \text{ cm}^3$$

而一莫耳的銅共有 6.02×10^{23} 個原子，故其粒子數密度爲

$$n = \frac{6.02 \times 10^{23}}{7.05 \text{ cm}^3} \cong 8.5 \times 10^{22} \text{ (cm}^3)^{-1}$$

例題 20-2

一條銅線,其截面積為 1.0 mm^2,載有 10 A 的電流。求 (a) 電流密度及 (b) 導電電子的漂移速度。

解

(a) 電流密度

$$J = \frac{I}{A} = \frac{10 \text{ A}}{1.0 \times 10^{-6} \text{ m}^2} = 1.0 \times 10^7 \text{ A/m}^2$$

(b) 漂移速度的量值

$$v_d = \frac{J}{ne} = \frac{1.0 \times 10^7 \text{ A/m}^2}{(8.5 \times 10^{28} \text{ m}^3)(1.6 \times 10^{-19} \text{ C})} = 7.4 \times 10^{-4} \text{ m/s}$$

以此速度移動,一個導電電子從一條 10 m 長的銅線之一端移至另一端約需 3.6 小時。然而,當我們按下電源開關,鎢絲燈幾乎同時就亮了,這是因為在接通電源後,電場是以近乎真空中的光速沿著導線傳播的緣故。

20-2　電阻與歐姆定律

當一條金屬導線的兩端分別接到一直流電池的正、負極時,如圖 20-1 所示,導線上的電流 I 與導線兩端的電位差成正比,如圖 20-4 所示,即

$$V = IR \tag{20-8}$$

圖 20-4　歐姆導體的 I-V 曲線為一直線

圖 20-5　白熾燈的 I-V 曲線的示意圖

圖 20-6　二極電晶體 I-V 曲線的示意圖

比例常數 R 稱為此條導線的電阻。電阻的單位為伏特/安培，1 V/A 稱為一歐姆（Ω），即

$$1\,\Omega = 1\,\text{V/A} \tag{20-9}$$

電流與電位差成正比關係的導體稱為歐姆導體或線性導體。

白熾燈的電流 I 與電位差 V 的關係，有如圖 20-5 所示的曲線關係（此種曲線稱為 I-V 曲線），這表示電流與電位差之間並不遵守歐姆定律，故白熾燈並非一種歐姆導體。二極體的 I-V 曲線有如圖 20-6 所示，也是一種非歐姆導體。

電流密度 $\vec{J}$ 與導體內載流子的漂移速度 $\vec{v}_d$ 有線性關係存在，如（20-7）式所示，因此若 $\vec{v}_d$ 和電場 $\vec{E}$ 成正比，那麼 $\vec{J}$ 就正比於 $\vec{E}$，而 $\vec{E}$ 的量值在導線內又正比於電位差，所以電流 I 就正比於電位差，所以歐姆定律的另一種表示方式即為 $\vec{J}$ 與 $\vec{E}$ 成正比，

$$\vec{J} \equiv \frac{1}{\rho}\vec{E} \tag{20-10}$$

（20-10）式中的常數 ρ 稱為此歐姆導體的電阻係數或電阻率（electrical resistivity），其倒數稱為電導係數（electrical conductivity，也被稱為導電係數），通常以符號 σ 表之，即

$$\sigma \equiv \frac{1}{\rho} \tag{20-11}$$

故歐姆定律的另一種表示法為

$$\vec{J} = \sigma \vec{E} \qquad (20\text{-}12)$$

電阻率的單位為 Ω-m。一個歐姆導體的電阻和其幾何尺寸與形狀有關，但其電阻率則是此物質的一種特性，與大小、形狀等幾何因素無關。

例題 20-3

內半徑為 a，外半徑為 b，長度 $l \gg a$、b 的圓柱形導體，如圖 20-7 所示。已知其電阻率為 ρ，(a) 求兩端面間的電阻；(b) 求兩圓柱面間的電阻。

解

(a) 當我們用銅線將電池的正、負極分別接到圓柱體的兩個端面時，若此導體的電阻率大，則任何一個端面上各點的電位可能不相等，也就是端面並非一個等位面，那麼導體內的電流分布將會很複雜。遇到這種情況，假如我們先將兩個端面鍍金或塗上銀漆這類的良導體，那麼兩個端面可視為等位面。若此，導體內的電場 $\vec{E}$ 可視為均勻且其方向平行於圓柱軸，而電流密度 $\vec{J}$ 正比於 $\vec{E}$，也會均勻且平行於圓柱軸。

電流

$$I = JA = \left(\frac{E}{\rho}\right)[\pi(b^2 - a^2)] = \left(\frac{1}{\rho}\right)\left(\frac{V}{l}\right)[\pi(b^2 - a^2)]$$

故電阻

$$R = \frac{V}{I} = \rho \frac{l}{\pi(b^2 - a^2)}$$

圖 20-7 內半徑為 a，外半徑為 b，電阻係數為 ρ 的圓柱殼導體連接至一電池。

(b) 當我們把內、外圓柱面分別接到電池的正、負極，若兩個圓柱面可以視為等位面（鍍金或塗上銀漆），例如將內圓柱面接至正極，外圓柱面接至負極，則導體內的電場是在徑向，由內圓柱面指向外圓柱面，而電流密度 $\vec{J}$ 亦復如此，如圖 20-8 所示。電流穩定時，通過任意半徑 r ($b > r > a$)，長度 l 的圓柱面的電流均相等，以 I 表之

$$I = J(2\pi rl)$$

故
$$J = \frac{I}{2\pi rl}$$

所以電流密度並不均勻,越靠近內圓柱面則其值越大。

$$E = \rho J = \rho \frac{I}{2\pi rl}$$

內、外兩個圓柱面間的電位差 V 為

$$V = \int_a^b E\,dr = \frac{\rho I}{2\pi l}\int_a^b \frac{dr}{r} = [\frac{\rho}{2\pi l}\ln(\frac{b}{a})]I$$

故電阻
$$R = \rho\frac{\ln(\frac{b}{a})}{2\pi l}。$$

圖 20-8 長度 l、內半徑 a、外半徑 b、電阻率為 ρ 的圓柱殼導體在其內外圓柱面間維持一定的電位差。電流在徑向。

金屬導體的電阻率 ρ 隨溫度之升高而增大,如圖 20-9 所示。但若只考慮一個不大的溫度範圍,那麼 ρ 與溫度 T 之間的關係可用下面的線性關係表示之,

$$\rho(T) = \rho_0[1+\alpha(T-T_0)] \qquad (20\text{-}13)$$

上式中,$\rho(T)$ 表溫度為 T 時的電阻率,ρ_0 表溫度為參考溫度 T_0 時的電阻率,而 α 稱為電阻率的溫度係數。表 20-1 列出一些金屬物質,在室溫附近時的電阻率 ρ 及其溫度係數 α。

一個導電物質的電阻率會隨溫度而改變,而一個導體的幾何長度也會因熱脹冷縮而隨溫度改變,因此導體的電阻一般也會隨溫度而改變。一個金屬導體的電阻通常隨溫度之升高而變大,但在一個小的溫度範圍內,電阻與溫度間的關係也可近似用下面的線性關係表示之,

$$R(T) = R_0[1+\alpha(T-T_0)] \qquad (20\text{-}14)$$

上式中,$R(T)$ 為溫度為 T 時的電阻,R_0 為參考溫度 T_0 時

圖 20-9 金屬的電阻率隨溫度的增加而增加

表 20-1　電阻率 ρ 及其溫度係數 α

物質	ρ 10^{-6} Ω-cm	α °C^{-1}	物質	ρ 10^{-6} Ω-cm	α °C^{-1}
鋁	2.74	0.004	銀	1.61	0.0038
黃銅	1.70	0.004	金	2.20	0.0034
鐵	9.8	0.005	鎢	5.3	0.0045
鎳鉻合金	100	0.0004	鉑	10.4	0.003
鎳	7.0	0.006			

的電阻，而 α 即為電阻率 ρ 的溫度係數。

20-3　電功率

讓我們考慮圖 20-10 所示的簡單電路。當電流穩定時，導線內有一均勻的電場 $\vec{E}$，其方向沿導線由 b 指向 a。電流 I 由 b 流向 a，而導電電子則由 a 端流向 b 端。導電電子進入 a 端後，設其漂移速度為 $\vec{v}_d$，則在離開 b 端時，其漂移速度仍然是 $\vec{v}_d$。導電電子從 a 端移至 b 端的過程中，電場 $\vec{E}$ 對其做功，那麼這個功又那裡去了？導電電子在金屬導體中因和正離子發生非彈性碰撞，因此電場所做的功遂移轉成為正離子的振動能量，使正離子的平均振動能量增加，導致導體的溫度升高，這便是**電流的熱效應**，或稱為**焦耳效應**，而所產生的熱稱為**焦耳熱**。

假設在 Δt 的時間內共有 $\Delta Q = I(\Delta t)$ 的導電電子通過此

圖 20-10　在金屬導體內，導電電子的漂移速度 $\vec{v}_d$ 其方向與電流（或電場）的方向相反。

導體,那麼電場總共做功 $\Delta W = (\Delta Q)V_{ab}$,$V_{ab}$ 為導線兩端的電位差,故

$$\frac{\Delta W}{\Delta t} = (\frac{\Delta Q}{\Delta t})V_{ab} = IV_{ab} \qquad (20\text{-}15)$$

$\frac{\Delta W}{\Delta t}$ 代表電場在單位時間內所做的功,即為功率 P,

$$P = IV_{ab} \qquad (20\text{-}16)$$

若此導體的導電遵守歐姆定律,那麼 $V_{ab} = IR$,R 為電阻,則 P 亦可寫為

$$P = I(IR) = I^2 R = \frac{V_{ab}^2}{R} \qquad (20\text{-}17)$$

(20-16)及(20-17)兩式中的 P 即為導體內通有電流時的焦耳熱功率。電功率 P 的單位為瓦(Watt)。1 瓦 = 1 焦耳/秒。

　　電流的熱效應在日常生活、工業以及科學的研究上,有許多的正面應用,例如開飲機、電熱器、電烤箱、白熾燈等等皆是。但電流的熱效應對許多使用電流的儀器或裝置而言,卻也有負面的效應。例如電源供應器,不管其電功率的大小,都有焦耳熱的散熱問題必須處理。常用的散熱方式有自然冷卻、強迫式的對流冷卻或水冷卻等。許多電子儀器的外殼開有許多小洞或條狀開口,其目的即讓產生的熱能以輻射、自然對流的方式發散。加裝散熱片也可達到相同的目的。有時在會發熱的機件旁加裝一風扇就是一種強迫的對流冷卻。但對大電功率的儀器設備而言,最有效的散熱方式是採用水冷卻。

例題 20-4

　　鎳鉻線(Nichrome wire)是一種鎳、鐵與鉻的合金製成的導線,因為具有高的電阻率($\rho = 100 \times 10^{-6}$ Ω‧cm)以及低的電阻率的溫度係數($\alpha = 0.0004$ °C^{-1}),常被作為電熱線之用。現在想設計一條截面積為 2.50 mm^2 的鎳鉻線電熱線,希望

通以 10.0 A 的電流時，可以產生 400 W 的焦耳熱，試問此線所需的長度為何？

解

設所需的長度為 l 公尺，則其電阻

$$R = \rho \frac{l}{A} = \frac{(100 \times 10^{-8} \ \Omega\text{-m})l \ (\text{m})}{2.50 \times 10^{-6} \ \text{m}^2} = \frac{l}{2.50} \ \Omega$$

焦耳熱功率

$$P = I^2 R = (10.0 \ \text{A})^2 (\frac{l}{2.50} \ \Omega) = 400 \ \text{W}$$

解得 $l = 10.0$ m。

20-4　金屬的導電機制

　　金屬導線內的導電電子在其運動過程中若沒有能量消散的機制，那麼它的漂移速度將隨著它的位移的增加而增加，形成一股很大的電流。但事實上，導電電子的漂移速度很小，這乃是因為它在運動過程中和正離子發生非彈性碰撞，將從外加電場所獲得的動量與動能轉移給正離子，增大了這些正離子的振動能量，促成通有電流的金屬導體其溫度升高，這便是金屬的電阻與焦耳熱的基本機制。

　　最簡單的金屬導電機制是建立在一個古典模型上：假想導電電子類似容器內的氣體分子，除非撞及導體的外壁或是和正離子發生非彈性碰撞，在導體內部自由飛行。這些遭遇都會造成電子運動方向以及動量的改變，此種微觀模型稱為*自由電子氣體模型*（free-electron gas model）。相鄰兩次碰撞的時間間隔稱為自由時間，而其平均值稱為平均自由時間，通常以符號 τ 表之。相鄰兩次碰撞之間，電子所走的路程稱為*自由路程*，而其平均值稱為*平均自由路程*（mean free path），通常以符號 l

表之。平均自由路程與平均碰撞時間 τ 有下列的關係存在

$$l = \bar{v}\tau \tag{20-18}$$

上式中，$\bar{v}$ 是導電電子其熱運動速率的平均值，而非漂移速率。

　　這個古典的（相對於量子的）電子氣體模型假設導電電子在金屬內的運動遵守牛頓第二運動定律。當金屬內有外加電場 $\vec{E}$ 時，導電電子受到 $-e\vec{E}$ 的電力作用，其加速度為

$$\vec{a} = -\frac{e}{m}\vec{E} \tag{20-19}$$

上式中，m 為電子的質量。這個模型也假設電場對導電電子的有效加速時間為其平均碰撞時間 τ。換句話說，相當於假設電子在經歷了一次和正離子的碰撞之後，即完全喪失之前曾被電場加速的記憶。因之，導電電子從外加電場所獲得的漂移速度為

$$\vec{v}_d = \vec{a}\tau = -\frac{e\tau}{m}\vec{E} \tag{20-20}$$

因此電流密度為

$$\vec{J} = n(-e)\vec{v}_d = \frac{ne^2\tau}{m}\vec{E} \tag{20-21}$$

上式符合歐姆定律的形式。因此，這個簡單的微觀模型可以導出金屬的歐姆定律，並得到金屬的導電係數 σ 為

$$\sigma = \frac{ne^2\tau}{m} \tag{20-22}$$

上式預測：當金屬的導電電子濃度越大，則其導電係數越大，同時上式也預測當平均碰撞時間越長，則導電係數越大。電阻率 ρ 係導電係數的倒數，即

$$\rho = \frac{1}{\sigma} = \frac{m}{ne^2\tau} \tag{20-23}$$

所以，換個角度看，當導電電子的濃度越大，或平均碰撞時間越長時，電阻率越小。溫度較高時，因為正離子的平均振動振幅較大，導電電子和正離子發生非彈性碰撞的機率較高，促使平均自由時間較短，因此電阻率較大，所以金屬的電阻會隨溫度之升高而增加。反之，在很低溫時，τ 較長，所以 ρ 較小，電阻也較小。上面這個簡單的模型至少能定性解釋金屬的導電機制。

例題 20-5

常溫時，金屬銅內導電電子的平均熱運動速率 $\bar{v}$ 約為 1.6×10^6 m/s，導電電子的粒子數密度約為 8.5×10^{28} /m^3，而經由實驗測得的電阻率為 $\rho=1.70\times10^{-8}$ Ω-m。試求導電電子的 (a) 平均碰撞時間 τ；(b) 平均自由路程 l。

解

(a) 由（20-23）式，平均碰撞時間

$$\tau = \frac{m}{ne^2\rho} = \frac{9.1\times10^{-31} \text{ kg}}{(8.5\times10^{28} \text{ m}^3)(1.6\times10^{-19} \text{ C})^2(1.70\times10^{-8} \text{ }\Omega\text{-m})}$$

$$= 2.5\times10^{-14} \text{ s}$$

這個時間極短，而其倒數 4×10^{13} 次/秒即為平均碰撞頻率。

(b) 由（20-18）式，平均自由路程

$$l = \bar{v}\tau = (1.6\times10^6 \text{ m/s})(2.5\times10^{-14} \text{ s})$$

$$= 4.0\times10^{-8} \text{ m}$$

從日常生活中的尺度看這個距離固然是非常小，但在金屬銅之內，最相鄰的兩個銅離子之間的距離為 2.56 Å $= 2.56\times10^{-10}$ m，因此，平均而言，導電電子從大約 150 個銅離子旁邊自由飛翔而過之後才會和銅離子發生一次非彈性碰撞，因此從導電電子的觀點看，這個平均自由路程還是相當長的。當溫度降低，電阻率隨著下降，這個平均自由路程還會變得更長。

20-5 電動勢

　　用導線將兩個帶電的導體相連時，導線上會出現短暫的電流，但當兩個導體間的電位差變為零時，電流即停止。同理，一個蓄電的電容器也只能提供短暫的電流。純靠靜電的方式並不能提供持續的電流。要建立一個持續的電流，必須有一個完整、封閉的導電通路，而且在通路上必須有可以對電流載子做功，能使其從低電位處移往高電位處的裝置存在。顯然，這種對載流子做功的機制必須是有別於靜電的方式。

　　金屬導線有電阻，有電阻的裝置在電路學上通常以 ─⌇⌇⌇─ 符號表示。化學電池可以對導電電子做功，是*電動勢*（electromotive force，*簡稱 emf*）*之來源*，通常以 ─┤├─ 符號表示之，長線代表電位較高的正極，短線代表電位較低的負極。有電阻的元件稱為一個電阻器。假如我們把一個電阻器的兩端連接至一個化學電池的正、負極，以電路的符號表之，如圖 20-11 所示。此圖所示的線路代表一個完整的導電通路，而導電電子為電流載子。電阻器及用以連接的導線固然是導電的介質，電池的內部也可以導電。在圖 20-11 所示的電路中，電流載子是帶負電的導電電子，但習慣上，我們用帶有正電的粒子說明電流的現象。正電荷從電池的正極上出發，經導線（其電阻不計，或併入電阻器計算）、電阻器到電池的負極上，經過電池的內部，又回到正極上。電池在其正、負極之間維持一定的電位差，當正電荷到負極上時其能量減少，從負極上進入電池的內部後，必須由電池做功才能從電位較低的負極，經電池內部，回到電位較高的正極，如此循環，便可形成持續的電流。

　　當有 dq 的正電荷流經電池的內部，而電池對其做功 dW，以下式表之

圖 20-11 電阻 R 與一直流電池串聯成一完整的電流通路

$$dW = \varepsilon dq \qquad (20\text{-}24)$$

或

$$\varepsilon \equiv \frac{dW}{dq} \qquad (20\text{-}25)$$

ε 稱為此電池的電動勢。電動勢可定義為電池對通過其內部的單位正電荷所做的功。電動勢的因次和電位差相同，因此，其單位亦以伏特（V）表示。載流子在電池的內部流通時，它從電動勢所獲得的能量會有部份損失，也就是電池的內部對電流而言有電阻，這種電阻稱為電池的內電阻。內電阻的電阻通常以符號 r 表之。所以，嚴格說，一個電池在電路上的符號應該用一個沒有內電阻、電動勢為 ε 的電池串聯一個電阻為 r 的電阻器表示之，亦即

當一個電阻為 R 的電阻器和一個化學電池串聯時，其正確的電路表示法如圖 20-12 所示。當有 dq 的電荷在 dt 時間內流經此電路一次時，電池對它所做的功為 εdq，而此電荷流經外電阻 R 及內電阻 r 時所損失的能量，即為焦耳熱，$I^2(R+r)dt$。所以

$$\varepsilon dq = I^2(R+r)dt \qquad (20\text{-}26)$$

上式兩邊用 dt 除之，得

$$\varepsilon I = I^2(R+r) \qquad (20\text{-}27)$$

此式表示在單位時間內電池對電流所做的功等於電路上的總焦耳熱。（20-27）式等號兩邊各以 I 除之，得

$$\varepsilon = I(R+r) \qquad (20\text{-}28)$$

上式也可以表示成

圖 20-12 電阻 R 和一個電動勢為 ε、內電阻為 r 的電池串聯成一完整的電流通路。

$$I = \frac{\varepsilon}{(R+r)} \qquad (20\text{-}29)$$

電池正、負極之間的電位差稱為其**端電壓**（terminal voltage）。斷路時，也就是電池沒有連接到外電阻時，電流為零，此時電池的端電壓即為其電動勢。但當電池外接至電阻時，其端電壓為 $\varepsilon - Ir$，I 為當時流經電池的電流，r 為電池的內電阻。

當內電阻 r 遠小於負載電阻 R 時，端電壓值會與電動勢非常接近。但當電池使用一段時間後，內電阻 r 會增加，若內電阻 r 大小接近負載電阻 R 時，端電壓會明顯下降（此即一般所謂電池電力不足）。因此可知，相同電動勢的電池，內電阻較小者，在相同負載下，可提供較大的電流，因而有較大輸出功率。

能夠產生電動勢的裝置有化學電池、太陽電池、靜電發電機、交流發電機及熱電偶等。碳鋅乾電池就是一種化學電池，其構造的示意圖有如圖 20-13 所示。鋅外殼為負極，中央的碳棒為正極，負極與正極之間為氯化銨和二氧化錳的糊狀混合物。鋅原子和氯離子產生化學反應變成正離子後進入電解質膠質溶液中，同時留下二個電子在負極上，而由於在碳棒的外圍也會有化學反應產生，使二個電子脫離碳棒。這兩種化學反應的結果使鋅殼上積聚負電荷，碳棒上積聚正電荷，最後達到平衡，化學反應停止，且負極和正極之間產生一定的電位差。但一旦電池接到負載，有電流在電池的內部流通時，上述的平衡被破壞，化學反應又進行，更多的鋅發生化學反應，鋅殼與碳棒間維持一定的電位差，直到鋅用完為止。化學電池顯然是一種將化學能轉換成電能的一種裝置。太陽電池是利用矽之類的半導體，透過**光伏作用**（photovoltaic effect），將光能轉換成電能。利用線圈在磁場中轉動可以獲得感應電動勢，利用這種原理製成的發電機將力學能轉換成電能。靜電發電機也是一種將力學能轉換成電能的裝置。

圖 20-13 碳鋅乾電池構造的示意圖

例題 20-6

在圖 20-12 之電路中，若電動勢 ε 及外電阻 R 為固定，今變動內電阻 r，則 r 為何值時，r 中所消耗的電功率為最大？

解

r 中所消耗的電功率 P_r 為

$$P_r = I^2 r = \frac{\varepsilon^2 r}{(R+r)^2}$$

求 P_r 之極大值

$$\frac{dP_r}{dr} = \varepsilon^2 \left(\frac{1}{(R+r)^2} - \frac{2r}{(R+r)^3} \right) = 0$$

故得

$$R + r = 2r$$

亦即

$$r = R$$

此 r 值是使 P_r 為極大而非極小，因為無論 $r \to 0$ 或是 $r \to \infty$ 都會使 $P_r \to 0$，小於 $r = R$ 時的 P_r 值。

例題 20-7

內半徑為 R 的一個孤立圓球殼導體內有一半徑為 r 的同心小球殼導體，如圖 20-14(a) 所示。設內球殼上帶有正電荷 q，外球殼上帶有電荷 Q。試證明 (a) 內球殼上的電位總是高於外球殼，且其差值與外球殼上所帶的電荷無關；(b) 若用一細導線將內外兩球殼相連，則內球殼上的電荷將會全數移至外球殼上。

解

(a) 外球殼上平均分布的電荷 Q 在外球殼表面上產生的電位為 $\frac{1}{4\pi\varepsilon_0}\frac{Q}{R}$；在內球殼表面上產生的電位亦為 $\frac{1}{4\pi\varepsilon_0}\frac{Q}{R}$，這是因為一個均勻帶電的球殼在內部產生的電位等於其表面上的電位。內球殼上平均分布的電荷 q 在內球殼表面上產生的電

位為 $\dfrac{1}{4\pi\varepsilon_0}\dfrac{q}{r}$；在外球殼表面上產生的電位為 $\dfrac{1}{4\pi\varepsilon_0}\dfrac{q}{R}$。故在半徑為 r 與 R 的球殼面上的電位 V_r 及 V_R 分別為

$$V_r = \dfrac{1}{4\pi\varepsilon_0}\left(\dfrac{q}{r}+\dfrac{Q}{R}\right)$$

$$V_R = \dfrac{1}{4\pi\varepsilon_0}\left(\dfrac{Q}{R}+\dfrac{q}{R}\right)$$

上面兩式相減可得

$$V_r - V_R = \dfrac{q}{4\pi\varepsilon_0}\left(\dfrac{1}{r}-\dfrac{1}{R}\right)$$

此證明若 $q>0$，則內球殼表面上的電位恆大於外球殼，且與外球殼面上的電荷 Q 無關。

(b) 當以一條細導線將內球殼與外球殼相連後，因內球殼的電位高於外球殼，故其上的電荷將源源不斷，全數移到外球殼上，直到內、外球殼電位相等。

利用這種原理可設計成一種靜電發電機（又稱為 Van de Graaff 發電機），圖 20-14(b) 是其簡單的示意圖。利用馬達將帶有正電荷的皮帶快速移動，將電荷送到內球上，這時馬達必須做功將正電荷從電位較低處移至電位較高的內球上。再利用裝置（圖上未呈現）將內球上的電荷移轉至外球殼表面上。應用這種方式可讓外球殼積聚越來越多的正電荷，產生多達百萬伏以上的高壓。這種高壓裝置可用以加速電子束或質子束，在原子核物理方面可研究質子撞擊原子核所產生的核反應。在醫學上，高速的質子束可應用於人體腫瘤的治療。

圖 20-14 (a) 兩個導體球殼同心。內球殼外半徑為 r，帶電 q，外球殼內半徑為 R，帶電 Q；(b) 靜電發電機的構造示意圖。

20-6 電阻的串聯與並聯

當電路上有兩個電阻 R_1 與 R_2 以如圖 20-15(a) 的方式連接在一起時，我們稱這兩個電阻串聯。串聯的兩個電阻上流

圖 20-15　(a) 電阻分別為 R_1 與 R_2 的兩個電阻串聯，當 a 與 b 的電位差為 V_{ab} 時，電流為 I；(b) 等效電阻 R_{eq} 的兩端之電位差為 V_{ab} 時，電流為 I。

有相同的電流。這兩個串聯的電阻可用一個電阻 R_{eq} 所取代而不會影響 a 與 b 兩點間的電位差以及電路其它部份流通的電流。此一電阻 R_{eq} 稱為等效電阻。令 a 與 b 兩點間的電位差為 V_{ab}，則由圖 20-15(a)，知

$$V_{ab} = IR_1 + IR_2 = I(R_1 + R_2) \tag{20-30}$$

由圖 20-15(b) 知，

$$V_{ab} = IR_{eq} \tag{20-31}$$

比較上面兩式，得等效電阻 R_{eq} 為

$$R_{eq} = R_1 + R_2 \tag{20-32}$$

電路中的兩個電阻 R_1 與 R_2 若如圖 20-16(a) 的方式連接時，稱為並聯。並聯的兩個電阻有相同的電位差。並聯的兩個電阻可用一個等效電阻 R_{eq} 所取代而不會改變 a 與 b 兩點的電位差以及在電路其它部份流通的電流。由圖 20-16(a) 知，

$$V_{ab} = I_1 R_1 = I_2 R_2 \tag{20-33}$$

其中 I_1 及 I_2 分別為流經 R_1 及 R_2 的電流。

由圖 20-16(b) 知，

$$V_{ab} = IR_{eq}$$

但因電荷（電流載子）不會在導線上或電阻器內產生或消滅，則由電荷守恆知，

$$I = I_1 + I_2 \tag{20-34}$$

圖 20-16　(a) 電阻分別為 R_1 與 R_2 的兩個電阻並聯，當 a 與 b 兩點的電位差為 V_{ab} 時，電流為 I；(b) 等效電阻 R_{eq} 的兩端之電位差為 V_{ab} 時，電流為 I。

由前面三式，可得

$$\frac{1}{R_{eq}} = \frac{1}{R_1} + \frac{1}{R_2} \tag{20-35}$$

或

$$R_{eq} = \frac{R_1 R_2}{R_1 + R_2} \tag{20-36}$$

等效電阻 R_{eq} 顯然小於 R_1 或 R_2。又由（20-33）式知，

$$\frac{I_1}{I_2} = \frac{R_2}{R_1} \tag{20-37}$$

上式表示流經兩個並聯電阻上的電流與其電阻成反比。

20-7 克希荷夫法則與多迴路電路

電路中一個完整、封閉的電流通路稱為一個迴路（loop）。一個電池的兩極連接至一個電阻的簡單電路只有一個迴路。有兩個以上迴路的電路稱為多迴路電路。圖 20-17 所示的即為一個有多迴路的電路，abcd 構成一個迴路，cdef 也是一個迴路。有相同電流流過的路段稱為一個分支（branch），圖 20-17 中，有 cd、bad 及 fed 等三個分支。二個分支的交點稱為一個結點（branch point），像圖 20-17 中的 d 點即是。

要完整解出如圖 20-17 所示的電路，必須解出三個分支

圖 20-17 採用分支電流解一個多迴路的電路問題

的電流 I_1、I_2 及 I_3。克希荷夫法則（或稱為定律）（Kirchhoff's rules or laws）可解多迴路電路的問題。克希荷夫法則有二：

法則一：流入一個結點的總電流等於流出的總電流。

這個法則是源自於電荷守恆原理，亦即，若電荷（電流載子）不會在一個結點上產生或消滅，那麼在單位時間內流入結點的電荷量應等於流出的電荷量。事實上，在討論兩個並聯電阻的等效電阻時，我們已經應用了這個法則。

法則二：一個迴路上的總電位降（或升）為零。

我們在討論圖 20-12 所示的電路時，已經應用了這個法則。（20-28）式亦可改寫成為

$$\varepsilon - Ir - IR = 0 \tag{20-38}$$

上式改用文字敘述即為：若我們從迴路上的某點，例如 b 點出發，經過電動勢為 ε 的電池後，電位升高了 ε（從流經電路的正電荷之觀點看），經過內電阻 r 後，電位下降了 Ir，再經過外電阻 R 後又下降了 IR，到 b 點又回到了原來的電位。法則二也可敘述成：**一個迴路上的總電位升高等於總電位降落。**

例題 20-8

(a) 圖 20-18 所示的電路，用 ε_1、ε_2、R_1、R_2 與 R_3 表 I_1、I_2 與 I_3；(b) 若 $\varepsilon_1 = 12.0\,\text{V}$，$\varepsilon_2 = 6.0\,\text{V}$，$R_1 = 5.0\,\Omega$，$R_2 = R_3 = 10.0\,\Omega$，求 I_1、I_2 與 I_3。

解

(a) 從電路的結點 d 看，I_1 與 I_2 是流入，I_3 是流出，故

$$I_1 + I_2 = I_3 \tag{1}$$

上式中，I_1、I_2 與 I_3 的方向是自己設定的，若最後算出的答案為負值，即表示電流的實際流向和先前所設定的方向相反。應用克希荷夫法則二至 $badcb$ 及 $fedcf$ 兩個迴路，分別得到

圖 20-18

$$\varepsilon_1 = I_1R_1 + I_3R_3 \tag{2}$$

$$\varepsilon_2 = I_2R_2 + I_3R_3 \tag{3}$$

本問題有 I_1、I_2 與 I_3 等三個未知數，可由上面（1）、（2）與（3）等三個聯立方程式解得。其解為

$$I_1 = \frac{(R_2+R_3)\varepsilon_1 - R_3\varepsilon_2}{R_1R_2 + R_2R_3 + R_3R_1}$$

$$I_2 = \frac{(R_1+R_3)\varepsilon_2 - R_3\varepsilon_1}{R_1R_2 + R_2R_3 + R_3R_1}$$

$$I_3 = \frac{R_2\varepsilon_1 + R_1\varepsilon_2}{R_1R_2 + R_2R_3 + R_3R_1}$$

(b) 代入 $\varepsilon_1 = 12.0\,\text{V}$，$\varepsilon_2 = 6.0\,\text{V}$，$R_1 = 5.0\,\Omega$，$R_2 = R_3 = 10.0\,\Omega$，得

$$I_1 = 0.90\,\text{A}、I_2 = -0.15\,\text{A} \text{ 與 } I_3 = 0.75\,\text{A}$$

解出的 I_2 為負值，表示 I_2 的方向相反於原先設定的方向。

20-8 電阻-電容（*RC*）串聯電路

20-8-1 電容器充電

當一電容 C 串聯一電阻 R，再串聯至一電動勢為 ε 的電池，如圖 20-19 所示時，假設開始時電容器不帶電及導線上

圖 20-19 RC 串聯電路的充電

的電流為零，在 $t = 0$ 時按下開關 S，電路接通，電路上出現電流，對電容器充電。電路上的電流並非一個常數，而是會隨時間改變。$t < 0$ 時，電流為零，電路接通的瞬間，電池的電動勢完全降在電阻 R 上（假設電池的內電阻可以不計），電路上的電流為 $I_0 = \dfrac{\varepsilon}{R}$。當電容器開始充電後，設其帶電量為 q，電路上的電流為 i，則

$$V_{ac} = \varepsilon = V_{ab} + V_{bc} = iR + \dfrac{q}{C}$$

亦即

$$iR + \dfrac{q}{C} = \varepsilon \quad (20\text{-}39)$$

我們用小寫的 i 與 q 表示會隨時間改變的量，而用大寫的 I 與 Q 表示不隨時間改變的定值。(20-39) 式也告訴我們當充電時間增加時，電容器上的 q 也會隨之增加，同時電路上的電流也隨之減小，直至電容器上帶有電量 $Q_f = C\varepsilon$ 時，電流即為零。換句話說，**電路接通之瞬間，電容器形同短路，但充電完成後，電容器形同斷路。**

從 (20-39) 式我們可以導出電容器的帶電量 q 及電路上的電流 i 隨時間 t 變化的關係。首先 $i = \dfrac{dq}{dt}$，故 (20-39) 式可改寫為

$$R\dfrac{dq}{dt} + \dfrac{q}{C} = \varepsilon \quad (20\text{-}40)$$

上式經整理後，可改寫成為

$$\dfrac{dq}{\varepsilon C - q} = \dfrac{dt}{RC} \quad (20\text{-}41)$$

將（20-40）式整理成（20-41）式是將 q、t 兩變數分離在方程式的左、右兩邊，這種方法叫做**變數分離法**（separation of variables）。因為

$$-d(\ln(\varepsilon C - q)) = \frac{dq}{\varepsilon C - q}$$

所以由（20-41）式

$$-d(\ln(\varepsilon C - q)) = \frac{dt}{RC} \tag{20-42}$$

上式中的 A 為一積分常數，可由已知 $t = 0$ 時，$q = 0$ 的條件決定之，即

$$-\ln(\varepsilon C) = A \tag{20-43}$$

將（20-43）式代入（20-42）式，得

$$\ln(\varepsilon C - q) - \ln \varepsilon C = \ln\left(\frac{\varepsilon C - q}{\varepsilon C}\right) = \ln\left(1 - \frac{q}{\varepsilon C}\right)$$
$$= -\frac{t}{RC} \tag{20-44}$$

（20-44）式也可表示成

$$q = \varepsilon C(1 - e^{-\frac{t}{RC}}) = Q_f(1 - e^{-\frac{t}{RC}}) \tag{20-45}$$

電路上的電流

圖 20-20 (a) RC 串聯電路充電時，電路上的電流 i 與時間 t 的關係圖；(b) RC 串聯電路充電時，電容器的帶電 q 與時間 t 的關係圖。

$$i = \frac{dq}{dt} = \frac{\varepsilon}{R} e^{-\frac{t}{RC}} = I_0 e^{-\frac{t}{RC}} \qquad (20\text{-}46)$$

i 與 q 隨時間 t 改變的關係可分別用圖 20-20(a) 及 20-20(b) 表示之。

當 $t = RC$ 時，i 下降至其最大值 I_0 的 $\frac{1}{e}$ 倍，而 q 則增加至其飽和值 Q_f 的 $(1-\frac{1}{e})$ 倍。RC 乘積具有時間的因次，稱為此電路的時間常數（time constant）或鬆弛時間（relaxation time），通常以符號 τ 表之，

$$\tau \equiv RC \qquad (20\text{-}47)$$

假如我們用 i 乘（20-39）式的兩邊，可得

$$i^2 R + i\frac{q}{C} = i\varepsilon \qquad (20\text{-}48)$$

上式代表一種功率平衡式，$i\varepsilon$ 為電池在單位時間所提供的能量，而 $i^2 R$ 代表焦耳熱功率，而另外一項

$$i\frac{q}{C} = \frac{q}{C}\frac{dq}{dt} = \frac{d}{dt}(\frac{q^2}{2C}) \qquad (20\text{-}49)$$

$\frac{q^2}{2C}$ 為在 t 時間時，電容器所儲存的電能。因此，（20-48）式可解釋成：在單位時間內，電池所提供的能量中，有部份變成焦耳熱，另有部份以電能的形式儲存於電容器內。在電容器的充電過程中，電池總共提供（消耗）了多少能量呢？從上面的分析，我們知道電容器最後總共帶電 $Q_f = \varepsilon C$，亦即總共有 Q_f 的電量流經電池的內部，故電池總共做的功（或所消耗的化學能）為 $Q_f \varepsilon = C\varepsilon^2$。電容器最後所儲存的電能為 $\frac{Q_f^2}{2C} = \frac{C\varepsilon^2}{2}$，因此，其間的差值 $\frac{C\varepsilon^2}{2}$ 即為消耗在電阻上的焦耳熱。所以在電容器的充電過程中，電池所提供的能量只有一半轉換成

電容器的電能，另有一半則轉換成電阻器（或電路接線）的熱能。

20-8-2 電容器放電

上面所討論的是一個電容器的充電，下面我們討論一個電容器的放電。假設一電容為 C 的電容器原先帶電 Q_0，在 $t = 0$ 時按下圖 20-21 所示電路中的開關 S，接通電路。設在 t 時間時，電路上的電流為 i，電容器上的電荷為 q，因電阻 R 兩端的電位差等於電容器的電位差，故

$$iR = \frac{q}{C} \qquad (20\text{-}50)$$

圖 20-21 RC 串聯電路的放電

但因

$$i = -\frac{dq}{dt} \qquad (20\text{-}51)$$

（20-51）式等號之右方有負號，乃因在電容器的放電過程中，其所儲存的電荷隨 t 的增加而減少的緣故。將（20-51）式代入（20-50）式，可得

$$\frac{dq}{q} = -\frac{dt}{RC} \qquad (20\text{-}52)$$

上式兩邊可立即積分，得

$$\ln q = -\frac{t}{RC} + B \qquad (20\text{-}53)$$

上式中，B 為一有待決定的積分常數。事實上，我們也可將積分常數寫成 $\ln A$，則（20-53）式變成

$$\ln\left(\frac{q}{A}\right) = -\frac{t}{RC} \qquad (20\text{-}54)$$

因此，

$$q = Ae^{-\frac{t}{RC}} \qquad (20\text{-}55)$$

已知 $t = 0$ 時，$q = Q_0$，故 $A = Q_0$，所以

$$q = Q_0 e^{-\frac{t}{RC}} \qquad (20\text{-}56)$$

而放電電流

$$i = -\frac{dq}{dt} = \frac{Q_0}{RC}e^{-\frac{t}{RC}} \qquad (20\text{-}57)$$

在 $t=0$ 時，$i = I_0 = \dfrac{Q_0}{RC}$ 有最大值。放電電流 i 及電荷 q 隨時間 t 的改變關係，可分別用圖 20-22(a) 及 (b) 表示之。

圖 20-22 (a) RC 串聯電路放電時，電路上的電流 i 與時間 t 的關係圖；(b) RC 串聯電路放電時，電容器帶電量 q 與時間 t 的關係圖。

例題 20-9

(a) (20-46) 式為 RC 串聯電路充電時任一時刻電流的解，但在特別時刻，例如 $t=0$ 或 $t \to \infty$ 時電流的值，可直接由圖 20-19 得到，試由圖上直接讀出在此二特別時刻電流的值。(b) 由 RC 串聯電路放電的電路圖 (圖 20-21)，直接讀出 $t=0$ 或 $t \to \infty$ 時電流的值。

解

(a) 由圖 20-19 可看出當 $t=0$ 時，$q=0$，電容器可視同短路，所以流過電阻的電流為 $\dfrac{\varepsilon}{R}$。當 $t \to \infty$ 時，充電完成，$q = C\varepsilon$，電容器可視同斷路，故電流為 0。這些結果都與 (20-46) 式的結果符合。

(b) 由圖 20-21 可看出當 $t=0$ 時，$Q_0 = C\varepsilon$，電阻 R 兩端的電位差等於 $\dfrac{Q_0}{C}$，故其

電流為 $\frac{Q_0}{CR}$。當 $t \to \infty$ 時，電容器兩極電荷中和，$q \to 0$，不再隨時間改變，所以 $i = \frac{dq}{dt} = 0$。這些結果都與 (20-57) 式的結果符合。

習題

20-1 節

20-1 已知金的質量密度為 19.28 g/cm³，原子量為 196.97 g。假設每個金原子釋出一個導電電子，試求 1 cm³ 的金有多少個導電電子？

20-2 一條鎳線其截面積為 1.0 mm²，載有 5.0 A 的電流，已知其導電電子的粒子數密度為 9.14×10^{22} /cm³，求 (a) 電流密度及 (b) 漂移速度。

20-3 經過 100 V 的電位差加速後，一均勻電子束的電流為 100 μA，已知此電子束的截面積為 0.10 mm²。求 (a) 電子的速度及 (b) 電子的粒子數密度。

20-4 一方形的長鋁棒，長 2.0 m，邊長 4 mm。當電流平行於其長邊流通時，其電阻為何？（假設鋁棒內的電流密度為均勻）

20-5 一條截面積為 A 的長直金屬導線上通有穩定的電流，設 Q 為在任何時刻通過導線上某點的電荷量，(a) 證明 $\frac{dQ}{dt} = -\sigma A \frac{dV}{dx}$，$\sigma$ 為電導係數，$\frac{dV}{dx}$ 為電位梯度；(b) 比較上式和熱傳導公式的相同處。

20-2 節

20-6 一條鐵線，其截面積為 4.0 mm²，長度為 10 m，已知鐵的電阻率為 9.8×10^{-8} Ω-m，求其電阻。

20-7 溫度為 20°C 時，某條鎳鉻線的電阻為 8.0 Ω，求其在 –80°C 時的電阻。

20-8 白金（鉑）因為可被提煉成高純度的金屬，常被設計成溫度計，稱為白金電阻溫度計。已知某白金電阻溫度計在水的冰點（0°C）時的電阻為 10.000 Ω，在水的沸點（100°C）時的電阻為 13.861 Ω。(a) 求此白金電阻的溫度係數 α；(b) 放入某液體中時，此溫度計的電阻為 12.563 Ω，求此液體的溫度。

20-9 某一電動馬達的銅線圈在未轉動狀態、溫度為 20°C 時的電阻為 40 Ω。當此馬達轉動了若干小時之後，該線圈的電阻升為 56 Ω，求其溫度。

20-10 一條金屬導線長為 10.0 m，截面積為 2.0 mm²，電阻為 0.35 Ω，求 (a) 電阻率及 (b) 這條導線可能是哪一種金屬製成？

20-11 將一條電阻為 4.0 Ω 的金屬導線拉長，使其長度變為原來的 2 倍。假設電阻率及質量密度均不變，求拉長後的電阻值。

20-12 某一手電筒的鎢絲燈在點亮時，其操作電壓與電流分別為 2.40 V 及 0.25 A。已知在常溫時此鎢絲的電阻為 1.0 Ω，試估算在此燈點亮後，燈絲的溫度為何？

20-13 玻璃片上蒸鍍一層正方形的鎳鉻合金的薄膜，再於薄膜相反的兩邊蒸鍍條狀的銅作為電極，如圖 P20-13 所示。(a) 假設電流密度為均勻，且平行於正方形之一邊，證明此薄膜的電阻只和此合金的電阻率及厚度有關，與正方形的邊長無關；(b) 設電阻率 $\rho = 100 \times 10^{-6}$ Ω-cm，則薄膜厚度為何時，電阻值為 50 Ω？

圖 P20-13

20-3 節

20-14 某人離開他的汽車時，無意間忘了關燈。假設兩個前燈各耗電 40 W，兩個後燈各耗電 10 W，總共 100 W。若蓄電池(12 V)剛充過電，其蓄電量為 40 A-h（安培-小時），這四盞燈並聯至蓄電池，試問此蓄電池的電多久會被耗光？

20-15 電力公司從其主要輸電線（110 V）用兩條長各為 100 m 的銅線接電給某客戶。已知這些銅線每 1000 m 的電阻為 0.42 Ω。(a) 客戶使用 100 A 電流時，他家中的電壓為何？(b) 承 (a) 題，銅接線上所消耗的電功率為何？

20-5 節

20-16 當圖 P20-16 中的開關 S 掀起時，乾電池正、負極間的電位差為 2.4 V。當 S 按下時，正、負極間的電位差為 2.25 V，電阻 R 上的電流為 0.75 A。求電池的電動勢 ε 及其內電阻 r。

圖 P20-16

20-17 某汽車的蓄電池，其電動勢為 12.0 V。當汽車發動時，電池內的電流為 60 A，電池的端電壓降為 8.0 V，求此電池的內電阻。

20-18 某電池輸出 2.0 A 的電流時，其端電壓為 17.6 V，輸出 5.0 A 的電流時，

其端電壓為 17.0 V，求電動勢與內電阻。

20-19 長 10 m、截面積 3.0 mm² 的一條銅導線的一端與一條長 10 m、截面積 2.0 mm² 的鋁導線之一端銲接在一起成為一條複合導線。求：(a) 此條複合導線的總電阻；(b) 此條複合導線兩端的電位差為何值時，電流為 5 A？

20-20 室溫時，一條長為 10 m 的銀導線其截面積為 1.0 mm²。試問當此導線的兩端有 1.0 V 的電位差時，線上的電流為何？

20-21* 圖 P20-21 所示的電路是一種簡單的**滑線電位計**（slide-wire potentiameter）。圖上的 a 與 b 兩點間是一條長度為 l 的均質電阻線，c 點代表一位置可變動的滑動接點，V 代表待測的電位差，V 可能是一個直流電池，也可能是某一個直流電路上有電位差的兩點。測量時，移動 c 點，直到檢流計 G 的讀數為零（通過檢流計的電流為零），設此時 cb 線段的長度為 x，(a) 證明當檢流計的讀數為零時，待測電位差的量值為 $V = (\frac{x}{l})\varepsilon$；(b) 檢流計是有內電阻的，試問其內電阻是否會影響電位差的量測？(c) 這種方法可以測量一個化學電池的內電阻嗎？為什麼？

20-6 節

20-22 電阻分別為 R_1、R_2 與 R_3 的三個電阻並聯，求其等效電阻。

20-23 16 條長度同為 l、半徑同為 d 的銅導線並聯形成一條複合導線。一條長度為 l 的銅導線若要有和此複合導線相同的電阻，其半徑應為何值？

20-24 在圖 P20-24 所示的電路中，四個電阻值均相同，求 V_{ab}。

圖 P20-24

20-25 四個 2Ω 的電阻可以有幾種不同等效電阻的組合？每一種組合的等效電阻為何？

20-26 三個電阻分別為 1Ω、2Ω 及 3Ω 的電阻器並聯後接至一電動勢為 6.0 V、內電阻可不計的電池。求：(a) 此電阻組合的等效電阻；(b) 流經電池的電流；(c) 電池每一秒鐘所提供的能量。

圖 P20-21　滑線電位計

20-27 電動勢 12.0 V、內電阻 0.60 Ω 的電池 A，和一電動勢 6.0 V、內電阻 0.40 Ω 的電池 B，以及一個 R = 9.0 Ω 的電阻連接成如圖 P20-27 的電路。(a) 求電阻 R 上的電流；(b) 在哪一個電池內，化學能被轉換成電能？其功率為何？(c) 在哪一個電池內，電能被轉換成化學能？其功率為何？(d) 證明在電路中，電能的總產生功率等於電能的總消耗功率。

圖 P20-27

20-28 求圖 P20-28 所示的電阻組合中，A 與 B 兩點間的等效電阻。

圖 P20-28

20-29 考慮圖 P20-29 所示的電路，求：(a) 開關 S 掀起時，a 與 b 兩點間的電位差 V_{ab}；(b) 開關 S 按下時，通過開關的電流。

20-30* 求圖 P20-30 所示的電阻組合電路中，1 與 2 兩點間的等效電阻。（提

圖 P20-29

圖 P20-30

示：考慮電流的對稱性）

20-7 節

20-31 試求流經圖 P20-31 所示的電路中三個電阻的電流 I_1、I_2 及 I_3。假定兩個電池的內電阻均可不計。

圖 P20-31

20-32 考慮如圖 P20-32 所示的直流電路，回答下列的問題。(a) 求流經 a、b 兩點間 4 Ω 電阻的電流；(b) 求流經電池的電流；(c) 求電阻組合的等效電阻，亦即求圖上 c、d 兩點間的電阻。

圖 P20-32

20-8 節

20-33 一個電容器充電至其電位差為 2.4 V 後接至一內電阻為 1.2 MΩ 的伏特計。已知 6.0 s 後，伏特計的讀數為 1.2 V，求此電容器的電容。

20-34 如圖 P20-34 所示的電路中，開始時開關 S 掀起，且兩個電容器均未帶電。在 $t=0$ 時，按下開關 S，試問：(a) $t=0$ 時，兩個電阻上的電流各為何？(b) $t=0$ 時，a 與 b 兩點的電位何者為高？差值為何？(c) 當 $t \to \infty$ 時，兩個電容器上的帶電量各為何？

圖 P20-34

(d) 當 $t \to \infty$ 時，a 與 b 兩點的電位何者為高？差值為何？(e) 從電容器開始充電，至其帶電量達飽和的過程中，電池總共耗電若干焦耳？

20-35* 沒有一種介電物質是完美的絕緣體，因此帶電的電容器都有漏電的問題。假設一平行板電容器內填滿介電常數為 κ，電阻率為 ρ 的介質。假設在 $t=0$ 時，電容器的帶電量為 Q_0，其內的電流為零，求在 t 時間時的 (a) 電容器的帶電量 $Q(t)$；(b) 電容器內的漏電電流 $I(t)$。

20-36* 圖 P20-36 是一種修路時警示用閃光燈的電路圖。閃光燈在其端電壓 V_L 大於 70 V 時才通電流，此時電容器 C 對其放電。假設通電流時，閃光燈的電阻遠小於 RC 線路上的電阻 R。若蓄電池的電動勢 $\varepsilon = 90$ V（其內電阻可不計），$C = 0.20$ μF，則 R 為何值時，此閃光燈每 2.0 s 閃一次？

圖 P20-36　警示用閃光燈電路的示意圖

500　第 20 章　普通物理

20-8 節

20-33 一個電容器充電時其兩端的電壓 2.1 V，後經由一內電阻 1.3 MΩ 的伏特計量了已知 6.0 s 後，此時指示的讀數為 1.3 V。求此電容器的電容。

20-34 如圖 P20-34 所示的電路中，開始時開關 S 斷開，且兩個電容器皆不帶電。當在 t = 0 時，將 S 閉合。試問：(a) t = 0 時，流過開關上的電流為何？(b) t = 0.5 時，i₀ 為何？列舉的理由，所需要的電壓上的電壓為多少？並且試問電容器上的電壓隨 t 的變化？

圖 P20-34

圖 P20-32

(d) 當 t → ∞ 時，q 與 A 兩端的電位如何相關？並重新推得 T(∞) 乎電容器開始充電，且其帶電過程如同開始，電解液並共相電壓上為何？

20-35* 在一種十個物理光光熔接器，因此要電的電壓放能約要在的固定高壓處 V，通過一中行電容器內值值率動 CR 觸發時 K，瞬間滿滿 V 為 t₀ 時，一樣是 C (t = 0 時)，電容器的帶的量是 C₀，且內阻抗電池。求 C 與 T 相關於的 (a) 電容器的帶電量 Q(t)；(b) 電容器的端電壓 V(t)。

20-36* 圖 P20-36 是一種閃爍器電路可用於光的車的閃燈器，閃光管中其電壓 V_F > 90 V 及 20 V 上下通電流，此非導通者 C 對其放電，則該閃燈源流速有限，RC 路徑上的時間 R，將電池的電壓為 E = 90 V（定內阻很小）、C = 0.20 μF，問 R 為何數值時，其閃燈能發 2.0 × 閃一次？

圖 P20-36　霓虹燈閃光器簡單示電路

21

磁場與磁場源

- 21-1 磁場與磁力線
- 21-2 帶電質點在磁場中的運動
- 21-3 電流在磁場中所受的力
- 21-4 電流線圈在磁場中所受的磁力矩
- 21-5 必歐－沙伐定律
- 21-6 載流導線間的磁作用力
- 21-7 安培定律
- 21-8 安培定律的應用
- 21-9 磁性物質
- 21-10 磁單極與磁的高斯定律
- 21-11 螺線管與環式螺線管

帶電的質點在磁場中運動時，會受到磁場的作用而改變其軌跡。電流在外加磁場中也會受到磁力及磁力矩的作用。產生磁場的兩大來源包括電流與永久磁鐵。電流產生的磁場遵守必歐-沙伐定律，而由必歐-沙伐定律可以導出安培定律與磁的高斯定律。電流所產生的磁場可直接運用必歐-沙伐定律計算，也可借助於安培定律計算。以上這些主題均是本章的討論重點。

21-1　磁場與磁力線

人類很早就發現磁（magnetism）的現象。磁石以及後來發現的永久磁鐵可以吸引鐵屑，而永久磁鐵與永久磁鐵之間有互相吸引或排斥的現象。但人類對磁真正的了解，則是晚至二十世紀，在發展出量子力學之後的事了。用現在的講法，磁鐵在其周圍建立磁場，磁場內的鐵屑或是其它磁鐵就會受到磁場的作用。磁場的來源除了永久磁鐵之外，還有運動的帶電質點，或導體上的電流等。

電荷會產生電場，而電場可用電力線這種觀念呈現。同理，磁場 $\vec{B}$ 也可用磁力線具體呈現。磁力線是磁場中的一些有方向的幾何曲線，曲線上任意點的切線方向即為當地磁場的方向。圖 21-1 描繪出一個永久磁鐵（磁棒）的一些磁力線。磁力線較直的地方表示磁場的方向比較沒有改變，而磁力線彎曲的地方則表示磁場的方向改變較快；磁力線密度較大的地方表示磁場強度較大，反之則較小。

當一帶電 q 的質點在磁場 $\vec{B}$ 中運動時，其所受到的磁作用力 $\vec{F}_m$ 有下列的特性：

1. $\vec{F}_m$ 的量值正比於 q 及質點的運動速率 v；
2. 當運動方向平行於（或反平行於）$\vec{B}$ 時，$\vec{F}_m = 0$；
3. 當磁場相同時，以相同速度 $\vec{v}$ 運動的正、負電荷其所受

圖 21-1　圓柱形的磁棒所產生的磁場 $\vec{B}$，其磁力線的示意圖。

的磁力方向相反；及

4. 若 $\vec{v}$ 與 $\vec{B}$ 夾 θ 角，則 $|\vec{F}_m|$ 正比於 $\sin\theta$。

上述的這些特性，可以加以歸納，用下式表示運動的帶電質點在磁場 $\vec{B}$ 中所受的磁力 $\vec{F}_m$，

$$\vec{F}_m \equiv q(\vec{v} \times \vec{B}) \tag{21-1}$$

這個式子通常被用於定義磁場 $\vec{B}$，就如 $\vec{F}_e = q\vec{E}$，$\vec{F}_e$ 為庫侖力，被用於定義電場 $\vec{E}$ 一般。由（21-1）式，可知磁場 $\vec{B}$ 有 $N \cdot s/(C \cdot m)$ 的因次，或 $N/(A \cdot m)$ 的因次，磁場的單位定為**特士拉**（tesla），以符號 T 表之，

$$1\,T = 1\,N/(A \cdot m) \tag{21-2}$$

CGS 單位系統的磁場單位為**高斯**（gauss，寫為 G），高斯與特士拉之間的關係為

$$1\,G = 10^{-4}\,T \tag{21-3}$$

21-2 帶電質點在磁場中的運動

在陰極射線管中，電子束是用載流線圈所產生的磁場加以聚焦。做為元素分析用的**質譜儀**（mass spectrograph），其設計原理也是運用帶電粒子在磁場中的運動特性。電子以及其它帶電粒子的加速器中也少不了磁場。從太陽射出的帶電粒子在到達地球上空時，也會受到地球磁場的作用。這些均和帶電質點在磁場中的運動有關。

運動的帶電粒子若只受到磁場的作用，那麼它的運動方程式可寫為

$$\frac{d\vec{p}}{dt} = \vec{F}_m = q(\vec{v} \times \vec{B}) \tag{21-4}$$

當質點的速度遠小於光速時，動量 $\vec{p}=m\vec{v}$，那麼（21-4）式也可以寫成

$$m\frac{d\vec{v}}{dt}=q(\vec{v}\times\vec{B}) \tag{21-5}$$

（21-5）式看似簡單，但若磁場不均勻，那麼能用紙、筆寫出正確的解析解的例子並不多。最簡單的例子是均勻的磁場，亦即磁場的方向固定，且其量值不隨位置及時間改變。磁力恆垂直於質點的速度 $\vec{v}$，故磁力不做功。**磁力只會改變帶電粒子的運動方向，不會改變其動能**。故不管磁場是否均勻，在其中運動的帶電質點其動能守恆。

下面我們討論帶電質點在均勻磁場中的運動。取外加磁場 $\vec{B}_0$ 的方向為 z 方向，並設帶電 q 的質點以初速 $\vec{v}_0$ 射入磁場中。先分析初速 $\vec{v}_0$ 垂直於磁場的情況。因磁力垂直於速度 $\vec{v}_0$ 及磁場 $\vec{B}_0$，故進入磁場後，質點在垂直於磁場的平面上做半徑 r 的等速率圓周運動。圓周運動所需的向心力即為磁力，

$$m\frac{v_0^2}{r}=qv_0B \tag{21-6}$$

這可用圖 21-2 加以說明。在此圖中，均勻磁場垂直進入紙面，若電荷 q 為正，則做如圖 21-2(a) 所示的圓周運動；若電荷 q 為負，則做如圖 21-2(b) 所示的圓周運動。正電荷與

圖 21-2　正、負電荷在磁場中的迴轉方向相反：(a) 圖為正電荷，(b) 圖為負電荷的迴轉方式。

負電荷在磁場中做圓周運動的迴旋方向剛好相反。由（21-6）式，可得圓周運動的半徑 r 為

$$r = \frac{mv_0}{qB_0} \qquad (21\text{-}7)$$

因電荷有正有負，（21-7）式中的電荷 q 取其絕對值（除非另有說明，以下同）。顯然，當 B_0 一定時，半徑 r 與速率 v_0 成正比，而當 v_0 一定時，半徑 r 與 B_0 成反比。圓周運動的角速率 ω 與速率 v_0 之間的關係為 $v_0 = \omega_0 r$，故

$$\omega = \frac{v_0}{r} = \frac{qB_0}{m} \qquad (21\text{-}8)$$

此角速率與 B_0 成正比，與運動速率 v_0 無關。圓周運動的週期 T 與 ω 之間的關係為 $T = \frac{2\pi}{\omega}$，故

$$T = \frac{2\pi m}{qB_0} \qquad (21\text{-}9)$$

若質點並非垂直射入磁場中，而是以和磁場的方向夾 α 角射入，如圖 21-3 所示，則因磁力沒有 z 分量，故質點在 z 方向做速率恆為 $v_0 \cos\alpha$ 的等速運動，而在垂直於磁場的平面上做等速率圓周運動，其半徑為

$$r = \frac{mv_0 \sin\alpha}{qB_0} \qquad (21\text{-}10)$$

質點的運動軌跡是一種**螺旋線**（helix）。

圖 21-3 電子從 O 點以初速 $\vec{v}_0$ 斜向射入均勻磁場中

例題 21-1

電子以和均勻磁場 $\vec{B}_0$ 夾 α 角的初速 $\vec{v}_0$，從圖 21-3 的 O 點射入，試問 B_0 為

何值時，電子的軌跡會經過圖上的 P 點？已知 P 點在 z 軸上，且與 O 點的距離為 d。

解

電子沿磁場方向（z 方向）做速率為 $v_0 \cos \alpha$ 的等速運動，而在垂直於磁場的平面上做週期為 $T = \dfrac{2\pi m}{eB_0}$ 的圓周運動。若將電子的軌跡投影至垂直於磁場的 xy 面上，則得如圖 21-4 所示的圓周。電子要經過 P 點，顯然其飛行時間 t 必須是圓周運動週期 T 的整數倍，即

圖 21-4 電子的運動軌跡投影到垂直於磁場的 xy 面上

$$t = \frac{d}{v_0 \cos \alpha} = nT = n\left(\frac{2\pi m}{eB_0}\right), \quad n = 1, 2, 3, \cdots \quad (21\text{-}11)$$

由上式解得

$$B_0 = \frac{2\pi m\, v_0 \cos \alpha}{ed} n, \quad n = 1, 2, 3, \cdots \quad (21\text{-}12)$$

例題 21-2

電子以初速 $\vec{v}_0$ 射入互相垂直的均勻電場 $\vec{E}_0$ 與磁場 $\vec{B}_0$ 中。設 $\vec{v}_0$ 同時垂直於 $\vec{E}_0$ 及 $\vec{B}_0$，如圖 21-5 所示。試問 $\vec{v}_0$ 須為何值，電子進入場區後其運動方向不變？

圖 21-5 電子以初速 $\vec{v}_0$ 射入互相垂直的電場與磁場中

解

電子進入場區後，受 $-e\vec{E}_0$ 的電力，其方向向上；也受 $-e\vec{v}_0 \times \vec{B}_0$ 的磁力，

第 21 章　磁場與磁場源　507

其方向向下，當電力與磁力平衡時，電子可直線通過。故 $v_0 B_0 = E_0$ 或 $v_0 = \dfrac{E_0}{B_0}$。這種裝置稱為電子（或其它的帶電粒子）的速度選擇器（velocity selector）。

21-3　電流在磁場中所受的力

載流的導體在外加磁場中會受力。導體中的導電電子以漂移速度 $\vec{v}_d$ 移動，其受外加磁場的磁作用力為

$$\vec{f}_m = (-e)\vec{v}_d \times \vec{B} \tag{21-13}$$

設截面積為 A 的導線上載有電流 I，如圖 21-6 所示。dl 長的導線內共有 $nAdl$ 個導電電子，n 為單位體積內導電電子的個數。因此當此小線段電流處的外加磁場為 $\vec{B}$ 時，其所受的磁力為

$$\begin{aligned}d\vec{F}_m &= (nAdl)\vec{f}_m = (nAdl)(-e\vec{v}_d \times \vec{B})\\ &= [n(-e)\vec{v}_d]Adl \times \vec{B}\end{aligned} \tag{21-14}$$

上式中，$n(-e)\vec{v}_d$ 等於電流密度 $\vec{J}$，$\vec{J}$ 的方向沿著導線，所以（21-14）式可改寫成

$$d\vec{F}_m = I\,d\vec{l} \times \vec{B} \tag{21-15}$$

I 為電流，而 $d\vec{l}$ 的方向取為當地電流的方向。**電流線段在**

圖 21-6　載流導線處在外加磁場中

外加磁場中所受的磁力，其量值正比於電流、磁場強度、線段長度，以及 $\sin\alpha$，α 為電流與磁場的夾角。磁力的方向同時垂直於電流及外加磁場的方向。整條載流導線所受的磁力，等於（21-15）式沿導線做線積分，即

$$\vec{F}_m = I \oint_C d\vec{l} \times \vec{B} \tag{21-16}$$

例題 21-3

試證明一載流封閉線圈在一均勻磁場中，所受的總磁力為 0。

解

由 (21-16) 式，載流封閉線圈所受的總力 $\vec{F}_m$ 為

$$\vec{F}_m = I \oint_C d\vec{l} \times \vec{B}$$

上式可寫為

$$\vec{F}_m = -I \oint_C \vec{B} \times d\vec{l} = -I\vec{B} \times \oint_C d\vec{l}$$

在上式最後一步，我們用了 $\vec{B}$ 是常數，而且積分與向量積可以次序互換的性質。因為 $\oint_C d\vec{l}$ 是對一個封閉曲線積分，可以看成是沿著封閉曲線無限多個小箭頭向量的向量和，此向量和為 0，故 $\oint_C d\vec{l} = 0$，也就是 $\vec{F}_m = 0$。

例題 21-4

邊長為 a 的單圈正方形線圈通有電流 I，置於一均勻磁場中，如圖 21-7 所示。設線圈面垂直於磁場，且剛好有一半位於磁場區內，求此載流線圈所受的磁力。

解

圖上 AC 線段的電流所受的磁力，位於紙面上，且垂直於 AC 線段，如圖所示。同理 CB 線段上的電流所受的磁力位於紙面上，且垂直於 CB 線段。每段電

圖 21-7 一載流的正方形線圈，剛好有一半位於均勻的磁場區域內。

流所受的磁力其量值為 IBa，而由於對稱，可知這兩個線段上的電流所受的磁力之合力的方向係由 D 指向 C，其量值為

$$2(IBa)\cos\alpha = 2(IBa)(\frac{\sqrt{2}}{2}) = \sqrt{2}\,IBa$$

21-4 電流線圈在磁場中所受的磁力矩

一封閉電流在均勻磁場中所受到的總磁力為零，這是因為在（21-16）式中，$\vec{B}$ 可以拿到積分號外，而 $\oint d\vec{l} = 0$，但其所受到的總磁力矩可以不為零。以邊長為 a 與 b 的矩形載流線圈為例，首先考慮外加的均勻磁場 $\vec{B}$ 其方向平行於矩形一邊上的電流 $\vec{B}$，如圖 21-8 所示。DA 邊及 BC 邊上的電流平行或反平行於磁場，故不受力。AB 邊上的電流受量值為 IBb、方向穿出紙面的磁力，而 CD 邊上的電流受到一相同量值、但穿入紙面的磁力。這樣一對量值相同、但方向相反且不在一直線上的作用力構成一個力偶，其力偶矩為 $(IBb)a = IBab$。這個磁力矩會使 CD 邊轉動進入紙面內，而 AB 邊轉動出紙面外。

接著考慮外加磁場垂直於線圈面的情況，如圖 21-9 所示。AB 邊與 CD 邊上的電流所受的磁力在同一直線上，量值相同、但方向相反，這樣的一對作用力其總力矩為零。同理，DA 邊與 BC 邊上的電流所受的磁力矩亦互相抵銷。

圖 21-8 外加磁場 $\vec{B}$ 在矩形線圈所處的平面上,且平行於矩形之一邊。

圖 21-9 外加磁場 $\vec{B}$ 垂直於載流的矩形線圈

最後考慮一般的情況,亦即外加磁場既不垂直也不平行於線圈面,如圖 21-10 所示。取線圈面垂直於 x 軸,其單位法線 $\hat{n} = \hat{i}$,且令外加磁場 $\vec{B}$ 與 $\hat{n}$ 夾 α 角,如圖所示。DA 邊上的電流所受的磁力,其量值為 $IBa\sin\alpha$,方向反平行於 z 軸,而 BC 邊上的電流所受的磁力與 DA 邊上電流所受的磁力量值相同,位在同一條線上,但方向相反。這樣的一對作用力其合力矩為零。AB 邊上的電流所受的磁力 $\vec{F}$,其量值為 IBb,方向平行 xy 面,且與 x 軸夾 $(\frac{\pi}{2} - \alpha)$ 角,如圖 21-11

圖 21-10 載有電流 I 的矩形線圈位於 yz 平面上,外加磁場 $\vec{B}$ 方向平行於 xy 平面,且與 +x 方向夾 α 角。

圖 21-11 矩形線圈的 AB 邊受磁力 $\vec{F}$,CD 邊受磁力 $-\vec{F}$,兩者構成一對力偶。z 軸穿出紙面。

所示，CD 邊上電流所受的磁力為 $-\vec{F}$。$\vec{F}$ 與 $-\vec{F}$ 構成一對力偶，其力偶矩 $\vec{N}$ 的量值為

$$N = aF\cos(\frac{\pi}{2} - \alpha) = Fa\sin\alpha = (Iab)B\sin\alpha \tag{21-17}$$

此力偶矩的方向係平行於 z。

我們定義此矩形載流線圈擁有 $m = I(ab)$ 的**磁矩**（magnetic moment）。一個平面載流線圈的磁矩 m 可以定義為

$$m \equiv IA \tag{21-18}$$

A 為線圈所包圍的面積。（21-17）式的磁力矩因此可以寫為

$$N = mB\sin\alpha \tag{21-19}$$

事實上，我們可以定義一個磁矩向量 $\vec{m}$，規定其方向垂直於線圈面，且遵守右手定則：右手除拇指之外的四隻手指繞電流迴轉的方向轉動時，拇指所指的方向即為磁矩 $\vec{m}$ 的方向。圖 21-10 的矩形載流線圈，其磁矩的方向平行於 $+x$ 軸。依此，**磁力矩** $\vec{N}$ 可以寫為

$$\vec{N} = \vec{m} \times \vec{B} \tag{21-20}$$

由（21-19）式可知，當 $\alpha = 0°$ 或 $180°$ 時，即外加磁場垂直於線圈面，磁力矩為零；而當 $\alpha = 90°$，即外加磁場平行於線圈面時，磁力矩有最大值。

當 $\alpha = 0°$ 或 $180°$，線圈因所受的磁力及磁力矩均為零，是處於力學的平衡狀態。但 $\alpha = 0°$，即磁矩的方向平行於外加磁場時，線圈處於穩定平衡；而當 $\alpha = 180°$，即磁矩的方向反平行於外加磁場時，線圈係處於不穩定平衡的狀態，這種情形和一個電偶極 $\vec{p}$ 處於均勻電場中的情況相類似。

上面（21-20）式的結果，不但對於一個置於均勻磁場中的矩形載流線圈成立，對任何形狀的平面載流線圈也成立。

這個結論可用圖 21-12 加以說明。平面曲線 C 上的電流可視同如圖示的許多小的矩形載流線圈組合而成。每一個小的矩形載流線圈在外加磁場 $\vec{B}$ 中所受的磁力矩為

$$\vec{N}_i = \vec{m}_i \times \vec{B} \tag{21-21}$$

$\vec{m}_i = Ia_i\hat{n}$，a_i 為小矩形線圈所包圍的面積，$\hat{n}$ 為線圈 C 的單位法線，其方向須受前述的右手定則所約束。故所有小矩形線圈所受的總磁力矩為

$$\vec{N} = \sum_i \vec{N}_i = \sum_i \vec{m}_i \times \vec{B} = (\sum_i \vec{m}_i) \times \vec{B} = \vec{m} \times \vec{B} \tag{21-22}$$

其中
$$\vec{m} = I(\sum_i a_i)\hat{n} = IA\hat{n} \tag{21-23}$$

A 為此任意形狀的平面線圈所包圍的面積。

圖 21-12 一平面線圈 C 上的電流可視為由許多位於同一平面上的小矩形電流所疊加而成。

例題 21-5

一磁矩為 $\vec{m}$ 的線圈，被放入一磁場強度為 B 的均勻磁場中，設 $\vec{m}$ 與 $\vec{B}$ 之間的夾角為 α ($\alpha < 360°$)，則 α 為何角度時，線圈會有穩定平衡？

解

線圈所受磁力矩 N 為

$$N = mB\sin\alpha$$

當 $\sin\alpha = 0$ 時，$N = 0$；所以 $\alpha = 0$ 或 $\alpha = \pi$。也就是說 $\alpha = 0$ 或 $\alpha = \pi$ 時線圈可以平衡。再來判斷那一個是穩定平衡。按右手定則，由圖 21-10 可看出，當線圈由 $\alpha = 0$ 的位置轉開時，力矩 N 都是將線圈推回去，回到 $\alpha = 0$ 的位置。當線圈由 $\alpha = \pi$ 的位置轉開時，力矩 N 都是將線圈推開，離開 $\alpha = \pi$ 的位置。因此，$\alpha = 0$ 是穩定平衡的位置，$\alpha = \pi$ 則是不穩定平衡的位置。也就是說，線圈永遠傾向於將 $\vec{m}$ 與 $\vec{B}$ 轉為一致的方向。

21-5 必歐-沙伐定律

一細導線上載有穩定電流 I 時,所產生的磁場遵守必歐-沙伐定律(Biot-Savart's law)。必歐-沙伐定律可用下式表示

$$d\vec{B} = \frac{\mu_0}{4\pi} \frac{I d\vec{l} \times \hat{r}}{r^2} \tag{21-24}$$

$d\vec{l}$ 係導線上的一小段,其方向取為當地電流的方向,亦即沿導線的切線方向。r 為此小段電流至觀察點 P 的連線距離,如圖 21-13 所示,$\hat{r}$ 為從 $d\vec{l}$ 至 P 點連線方向的單位向量。$\frac{\mu_0}{4\pi}$ 為比例常數,其值為

$$\frac{\mu_0}{4\pi} = 10^{-7} \text{ T} \cdot \text{m/A} \tag{21-25}$$

μ_0 稱為真空的磁化率(magnetic susceptibility)。

必歐-沙伐定律包含以下的特性:

1. $d\vec{l}$ 線段上的電流所產生的磁場 $d\vec{B}$ 正比於電流 I 及線段長度 dl,反比於距離 r 的平方。
2. $d\vec{B}$ 同時垂直於 $d\vec{l}$ 及 $d\vec{l}$ 至觀察點 P 的連線方向。

若 $d\vec{l}$ 與 $\hat{r}$ 的延長線之交角為 α,則

圖 21-13 載流導線上一小段 $d\vec{l}$,在觀察點 P 所產生的磁場 $d\vec{B}$。

$$|d\vec{B}| = \frac{\mu_0}{4\pi}\frac{Idl}{r^2}\sin\alpha \qquad (21\text{-}26)$$

上式表示，當距離 r 及角度 α 均各一定時，$|d\vec{B}|$ 相同。這些觀察點落在一個圓周 C 上（見圖 21-13）。此圓周 C 的中心位於 $d\vec{l}$ 的延長線上，而圓周 C 上任意點的切線方向即為該點上 $d\vec{B}$ 的方向。事實上，$d\vec{l}$ 小線段上的電流在空間所產生的磁力線即為以此 $d\vec{l}$ 方向為軸的圓線。整條載流導線所產生的磁場，由重疊原理，為將各小載流線段所產生的磁場疊加而成，

$$\vec{B} = \frac{\mu_0 I}{4\pi}\int_C \frac{d\vec{l}\times\hat{r}}{r^2} \qquad (21\text{-}27)$$

電動馬達（electric motor）就是應用**電樞**（armature）電流在永久磁鐵磁場中受到力矩而產生轉動。圖 21-14 即為電動馬達主要構造的示意圖。**擴音器**（loud speaker）也是應用電流在磁場中受力所設計。圖 21-15 是擴音器的示意圖。

圖 21-14 電動馬達主要構造示意圖

圖 21-15 擴音器示意圖

例題 21-6

一段細導線 AB 上載有穩定的電流 I，求距離此導線 ρ 遠處 P 點的磁場。

圖 21-16　(a) AB 線段上載有電流 I，P 點距離此線段 ρ；(b) α_1 與 α_2 角的定義。

解

令電流及 P 點均在紙面上，如圖 21-16(a) 所示。取 P 點至 AB 的垂足 O 點為坐標原點。由必歐-沙伐定律知，導線上各段的電流在 P 點所產生的磁場 $d\vec{B}$，其方向均為垂直出紙面。

$$dB = \frac{\mu_0 I}{4\pi} \frac{\sin\alpha}{r^2} dx$$

由圖 21-16(a) 上的直角三角形可得到下面兩個關係式，

$$r = \rho \csc\alpha$$

$$x = -\rho \cot\alpha$$

$$dx = \rho \csc^2\alpha \, d\alpha$$

將以上三式代入 dB 之公式可得

$$dB = \frac{\mu_0 I}{4\pi\rho} \sin\alpha \, d\alpha$$

整段導線上的電流所產生的磁場為

$$B = \frac{\mu_0 I}{4\pi\rho} \int_{\alpha_1}^{\alpha_2} \sin\alpha \, d\alpha = \frac{\mu_0 I}{4\pi\rho}(\cos\alpha_1 - \cos\alpha_2) \tag{21-28}$$

α_1 與 α_2 角的定義見圖 21-16(b) 所示。當此段導線的長度趨近於無限長時，$\alpha_1 \to 0$，$\alpha_2 \to \pi$，故一條長直載流導線所產生的磁場，其量值為

$$B = \frac{\mu_0 I}{2\pi \rho} \tag{21-29}$$

例題 21-7

邊長為 $2a$ 的正方形導線上載有電流 I，求正方形中心 C 點的磁場 $\vec{B}$。

解

考慮如圖 21-17 所示的載流正方形導線。此正方形導線上的電流可視為由四段直導線所組成，而由例題 21-4 知，每一直線段上的電流在中心點 C 所產生的磁場，其量值 B_1 均相同，方向均為垂直出紙面。由 (21-28) 式，

$$B_1 = \frac{\mu_0 I}{4\pi a}(\cos\alpha_1 - \cos\alpha_2)$$

但 $\cos\alpha_1 = \cos(45°) = \frac{\sqrt{2}}{2}$，$\cos\alpha_2 = \cos(135°) = -\frac{\sqrt{2}}{2}$，故

$$B_1 = \frac{\sqrt{2}\mu_0 I}{4\pi a}$$

因此整個正方形導線產生的磁場 B 為 $B = 4B_1 = \frac{\sqrt{2}\mu_0 I}{\pi a}$。

圖 21-17 邊長 $2a$ 的正方形導線上載有電流 I，求中心點 C 的磁場。

例題 21-8

半徑為 a 的圓形導線上載有穩定電流 I，求位於通過圓心、垂直圓面的對稱軸上之一點的磁場。

解　圓周上的一小段 $d\vec{l}$ 上的電流在圖 21-18 上的 P 點所產生的磁場為

$$d\vec{B} = \frac{\mu_0 I}{4\pi} \frac{d\vec{l} \times \hat{r}}{r^2} = \frac{\mu_0 I}{4\pi} \frac{d\vec{l} \times \vec{r}}{r^3} \tag{1}$$

$\vec{r}$ 為由 $d\vec{l}$ 至 P 點的位置向量。為了方便看出幾何關係，取圓心 O 至 $d\vec{l}$ 的方向為 x 軸，則 $d\vec{l} = (dl)\hat{j}$，由三角形 AOP，得 $\vec{r} = z\hat{k} - a\hat{i}$，$z$ 為 P 點至 O 點的距離。$d\vec{B}$ 垂直於 $d\vec{l}$，故位於 xz 面上，且與向量 $\vec{r}$ 垂直，如圖 21-18 所示。

圖 21-18 圓形載流線圈在其對稱軸上點 P 的磁場

$$d\vec{l} \times \vec{r} = (dl)\hat{j} \times (z\hat{k} - a\hat{i}) = z(dl)\hat{i} + a(dl)\hat{k}$$

上式代入（1）式，得

$$dB_x = \frac{\mu_0 I}{4\pi} \frac{z\,dl}{r^3}$$

$$dB_z = \frac{\mu_0 I}{4\pi} \frac{a\,dl}{r^3}$$

$d\vec{B}$ 的 x 分量垂直於 $d\vec{l}$，亦即其方向係在圓的徑向上，故圓環上各段電流在 P 點所產生的 $d\vec{B}$，其垂直於中心軸（z 軸）的分量均在圓的徑向上，且其量值均相等，故整個圓環上電流的貢獻即完全抵銷，而只剩下沿中心軸的分量。所以 P 點的磁場為

$$\vec{B} = \hat{k} \int dB_z = \hat{k} \frac{\mu_0 I}{4\pi} \frac{a}{r^3} \oint dl = \hat{k} \frac{\mu_0 I}{4\pi} \frac{a}{r^3}(2\pi a)$$

$$= \hat{k} \frac{\mu_0 \pi I a^2}{2\pi r^3} = \hat{k} \frac{\mu_0 I \pi a^2}{2\pi (z^2+a^2)^{\frac{3}{2}}} \tag{21-30}$$

當 $z \gg a$ 時，

$$\vec{B} \cong \hat{k} \frac{\mu_0 m}{2\pi z^3} \tag{21-31}$$

$m = I\pi a^2$ 為此圓形電流的磁矩。

21-6　載流導線間的磁作用力

兩個載流導體之間存有磁作用力：其中的一個載流導體上的電流會受到另一個載流導體所產生的磁場之作用。簡單說，電流之間有磁交互作用存在。我們可用二條平行的長直載流導線為例，說明這種磁作用力。設長直導線 A 與 B 上分別載有電流 I 及 I'，且兩者之間的距離為 d，如圖 21-19 所示。B 導線上 dl 長度上的電流所受的磁力為

$$d\vec{F}_m = I'd\vec{l} \times \vec{B} \qquad (21\text{-}32)$$

圖21-19　兩條平行的長直導線上載有同方向的電流 I 及 I'

$\vec{B}$ 為導線 A 上的電流所建立的磁場，其方向在 B 導線上為垂直進入紙面，而其量值為 $B = \dfrac{\mu_0 I}{2\pi d}$。故 $d\vec{F}_m$ 的方向指向 A 導線，且其量值為

$$dF_m = I'(\dfrac{\mu_0 I}{2\pi d})dl$$

故 B 導線上單位長度的電流所受的磁力為

$$\dfrac{dF_m}{dl} = \dfrac{\mu_0 II'}{2\pi d} \qquad (21\text{-}33)$$

兩條平行的長直導線，若載有同方向的電流，會互相吸引；若載有反方向的電流，則會互相排斥。這種現象可以讓我們對電流的單位安培訂定一個操作型的定義：當兩條平行的長直導線上載有相同大小的電流，且相距 1m 時，若每條導線單位長度所受的磁力量值為 1N/m 時，定義每條導線上的電流為 1A。有了安培的操作型定義，可對電荷單位庫侖（C）下一個操作型定義：當細導線上的電流等於 1A 時，1s 內通過導線上一個截面的電荷量為 1C。

21-7　安培定律

當一條載有穩定電流 I 的長直導線垂直穿出紙面時，其磁力線為圓心在導線上、且垂直於導線的圓，如圖 21-20 所示。這些磁力線是有方向的圓曲線，其方向決定於電流的流向。磁力線上磁場的方向在圓的切線上。取圓周上一小段 $d\vec{l}$，其方向順著當地磁場的方向，則顯然 $\vec{B} \cdot d\vec{l} = B\,dl$。若將圓周分割成許多（$N$ 個）這樣的小段，則這些 $\vec{B}_i \cdot d\vec{l}_i$ 乘積之和等於圓周上的磁場量值乘以圓周長，即等於 $B(2\pi r)$，r 為半徑。但在圓周上，

$$B = \frac{\mu_0 I}{2\pi r}$$

所以

$$\sum_{i=1}^{N} \vec{B}_i \cdot d\vec{l}_i = (\frac{\mu_0 I}{2\pi r})(2\pi r) = \mu_0 I \qquad (21\text{-}34)$$

圖 21-20　長直導線載有垂直出紙面的電流，C 為其一條磁力線。

當 $N \to \infty$ 時，上式的和即變為一個封閉的線積分，

$$\oint_C \vec{B} \cdot d\vec{l} = \mu_0 I \qquad (21\text{-}35)$$

上面的積分是沿著一條有方向的封閉曲線，對磁場向量 $\vec{B}$ 的積分，這個線積分被稱為磁場繞封閉曲線 C 的環場積（circulation）。（21-35）式對一條圓曲線成立，但對於其它任意形狀的平面曲線仍然成立。

假如電流 I 並不穿越封閉路徑 C，而是從路徑之外穿過紙面，則可證明磁場的環場積為零。假若同時有數個電流穿過封閉路徑 C，則（21-35）式中之 I 為這些電流的總和，即

$$\oint_C \vec{B} \cdot d\vec{l} = \mu_0 (\sum_i I_i) \qquad (21\text{-}36)$$

上式稱為安培定律（Ampere's law）。

21-8 安培定律的應用

在電學，我們曾經應用電的高斯定律去計算一些具有對稱分布的電荷所產生的電場。同理，我們也可以應用安培定律計算一些具有對稱分布的電流所產生的磁場。在本節我們將應用安培定律對一些具有對稱分布的電流，定性及定量分析其所產生的磁場。就如同之前應用電的高斯定律於計算電場，我們要用安培定律計算磁場時，先要針對磁場的對稱性做一些定性的分析。事實上，只有少數的電流分布允許我們應用安培定律去計算它所產生的磁場，絕大部份的情況下，這是辦不到的。以例題 21-6 為例，我們無法應用安培定律計算載流的圓形導線所產生的磁場；不要說中心軸以外點的磁場，連軸上點也不行。

例題 21-9

應用安培定律計算一長直載流導線所產生的磁場。

解

如圖 21-21 所示，取導線方向為 z 軸，觀察點 P 至 z 軸的垂足 O 點為原點，O 點至 P 點的連線方向為 x 軸。由必歐-沙伐定律判斷，可知導線各部份上

圖 21-21　圓周 C 是 z 軸上的長直電流的一條半徑為 r 的磁力線

的電流在 P 點所產生的磁場都在 y 方向上。令 OP 的長度為 r，則在半徑為 r 的圓周 C 上，磁場的方向係在切線方向上，且磁場的量值相等。因此，取圓周 C 作為磁場環場積的積分路徑，則

$$\oint_C \vec{B} \cdot d\vec{l} = 2\pi r B = \mu_0 I$$

故

$$B = \frac{\mu_0 I}{2\pi r}$$

例題 21-10

一無限長、半徑為 a 的圓柱形導體內，平行於柱軸方向，流有對徑向分布均勻的電流 I，求圓柱內外的磁場。

解

實心的圓柱可視為由許多同軸的薄圓柱殼所組成。在圓柱面的內外，磁力線均為圓心位在圓柱軸上的圓曲線。取圓柱面內一半徑為 r 的磁力線 C_1 作為計算磁場環場積的積分路徑，如圖 21-22 所示，則

$$\oint_{C_1} \vec{B} \cdot d\vec{l} = B(2\pi r) = \mu_0 J(\pi r^2)$$

上式中 $J = \frac{I}{\pi a^2}$ 為電流密度。所以

$$B(2\pi r) = \mu_0 \left(\frac{I}{\pi a^2}\right)(\pi r^2)$$

圖 21-22 半徑為 a 的長圓柱體內流有均勻電流

解得
$$B = \frac{\mu_0 I}{2\pi a^2} r \quad (r < a)$$

若積分路徑取在圓柱面外，如圖 21-22 所示的 C_2，則
$$B(2\pi r) = \mu_0 I$$

所以
$$B = \frac{\mu_0 I}{2\pi r} \quad (r > a)$$

磁場量值 B 與距離 r 的關係，可用如圖 21-23 所示的圖形表示。

圖 21-23　磁場量值 B 與距離 r 的關係圖

21-9　磁性物質

原子與分子依其磁性可區分成**順磁**（paramagnetic）與**反磁**（diamagnetic）兩種。順磁的原、分子擁有自發性、永久性的磁矩；一個順磁的原、分子可視為一個微小的原子磁鐵或一個微小的**迴旋電流**（circulating current）。反磁的原、分子不具備自發性、永久性的磁矩，但在外加磁場的作用下，會感應一個和外加磁場反方向的磁矩。這種感應磁矩通常均遠小於順磁原、分子的磁矩，而且當外加磁場被移走時也消失。順磁的原、分子在外加磁場的作用下，也會感應一個磁矩，但其量值比自身所擁有者小很多。

上面所說的原子與分子的磁性，係針對原、分子內的電子而言，原子內還有原子核，而有些原子核，例如生物體內的水分子的氫核（質子）即擁有磁矩。不過，原子核的磁矩遠小於電子的磁矩，雖然如此，但現代醫療的診斷利器——*核磁共振顯影*（nuclear magnetic resonance imaging，簡稱為MRI），即是原子核磁性的一種應用。下面有關物質磁性的討論則係專指原、分子內電子的磁性。

組成物質的原、分子若全為反磁，此類物質被稱為反磁物質。若其組成的原、分子有部份或全部為順磁性，則此類物質被稱為順磁物質。順磁物質在電子工業方面也有廣泛的應用，例如彩色電視螢幕的塗料添加有順磁物質。又如一些固態雷射也用順磁物質做為材料。

在常溫時，順磁物質內的磁矩，因受原、分子熱運動的影響會呈現無序排列的現象。有些順磁物質在溫度降低後，低於此物質所謂的*居里溫度*（Curie temperature）以下時，原先無序排列的原子磁矩，可以克服無序熱運動的擾動，而呈現有規則排列的現象。例如*鐵磁性*（ferromagnetic）物質內的原子與原子間存有能量大於平均熱動能的交互作用，因此在非常低溫時（接近絕對零度），相鄰的原子磁矩有呈現平行排列的現象。居里溫度高於室溫的元素物質有鐵（770°C）、鈷（1121°C）、鎳（358°C）及釓（Gd，44°C）。這些元素物質在室溫時會被磁鐵所吸引。假如把鎳線放在酒精燈火焰中燒熱後，磁鐵吸不起它，但一旦溫度冷卻至其居里溫度以下，又會被磁鐵所吸引。除了上述的四種元素物質為鐵磁性之外，還有許多化合物或合金在低溫時也有*鐵磁*（ferromagnetism）的現象。像鐵磁性這種物質，其原子磁矩會呈現規則排列，故有時也被稱為*磁性物質*（magnetic materials）。

鐵磁物質可以做成永久磁鐵。永久磁鐵是電流之外另一種主要的磁場源，因此我們將進一步探討這種物質的一些特有

圖 21-24 (a) 鐵單晶內的磁田結構示意圖；(b) 鐵釘內的磁田結構示意圖。

的磁性。雖然說這種磁性物質內的原子磁矩有平行排列的傾向，但並不是這類物質所構成的物體內其所有的原子磁矩均呈平行排列。以鐵為例，一條細絲狀的鐵單晶（iron single crystal），其磁矩可能出現如圖 21-24(a) 所示的排列。鐵單晶的樣品內有所謂的磁域（magnetic domains）或磁田的結構存在。同一個磁田內，原子磁矩平行排列，但不同磁田內的排列方向則可能不同。磁田與磁田之間的分界區域稱為磁田壁（domain wall）。以鐵釘為例，其體內的磁田呈現大小與形狀均不規則的現象，同時各個磁田的磁矩排列方向也沒有規則性，如圖 21-24(b) 所示，所以一般的鐵釘不會吸引鐵屑或其它的鐵釘。但拿一磁棒靠近一根鐵釘，則鐵釘內的原子磁矩會有轉向平行於磁棒所產生的磁場的傾向，如圖 21-25 所示。我們說這時鐵釘被磁化（magnetized）了。但未必是被完全磁化，完全被磁化係指一個物體內只有一個磁田。被磁化的鐵釘也會吸引鄰近其它原未被磁化的鐵釘。但若馬上移走磁棒，則鐵釘又恢復其原來未磁化的狀態，不具有吸引其它鐵釘的能力。鐵釘被強磁鐵吸住磁化一段時間後，有可能被永久磁化，自己本身也變成了磁鐵。

外加磁場較低時，藉著磁域內磁矩的轉動而達到部份磁化的效果，外加磁場再增加時，接著會發生磁田壁移動的現象，使磁矩和外加磁場平行者其體積增加，相反者減少，增強磁化

圖 21-25 鐵釘被磁鐵的磁場所磁化的示意圖

圖 21-26　磁化曲線

圖 21-27　磁滯曲線

的效果。若外加磁場夠大，就有可能將整個物體幾乎完全磁化成為單一個磁域。永久磁鐵就是被永久磁化的物體。

　　磁性物質的內部有磁域的存在，而相隨的效應即為**磁滯**（magnetic hysteresis）現象。假設線圈內的軟鐵在未加外加磁場 B_0 前是處於完全未被磁化的狀態。若慢慢增加外加磁場，並同時測量線圈內軟鐵內的磁場，可以獲得類似圖 21-26 所示的曲線。此圖中的橫軸所標示的磁場 B_0，其單位為 10^{-3} T，而縱軸的磁場 B，其單位為 T，顯示 $B \gg B_0$。這種曲線稱為此物質的**磁化曲線**（magnetization curve）。假如在到達磁化曲線上的 b 點後，外加磁場開始慢慢減少，則實驗發現 B 值並不遵循原曲線下降，而是像圖 21-27 所示般的下降。當外加磁場下降至零時，B 並不消失。此時若加反向磁場，那麼會遵循圖上 $cdef$ 曲線改變。當 B_0 再降至零後，再加正向磁場，則 B 值會循 fgb 路徑改變，完成一條封閉的磁滯曲線。在圖 21-27 中，在 c 點或 f 點，雖然外加磁場為零，但物質仍然保留一些磁化，此物體已被永久磁化，變成永久磁鐵。能保留大量磁化的物質稱為**硬磁物質**（hard magnetic materials），硬磁物質適合於作為永久磁鐵的材料。只能保留少量磁化的物質稱為**軟磁物質**（soft magnetic materials），軟磁物質適合於作為電磁鐵的材料。

21-10　磁單極與磁的高斯定律

在均勻磁化的圓柱形磁棒內，原子磁矩 $\vec{m}$ 均沿著柱軸方向平行排列。磁矩 $\vec{m}$ 方向所指的磁棒端面為磁北極或 N 極，其反方向所指的端面為磁南極或 S 極，如圖 21-28 所示。實驗發現磁棒的異性極相吸，同性極相斥。磁棒內部的原子磁矩可以用一個微小的迴旋電流作為類比。假若我們用矩形的迴旋電流作為模型，那麼一條均勻磁化的磁棒相當於在其圓柱面上流有均勻的等效面電流，如圖 21-29 所示。根據這種理論，均勻磁化的磁棒所產生的磁場，和在磁棒外繞圓線圈（這種線圈稱為螺線管）後，再通以電流所產生的磁場相類似。事實上，若選取相同的圓柱的長度及半徑，那麼適當選取總圈數及電流，兩者所產生的磁場 $\vec{B}$ 是可以完全相同的，如圖 21-30 所示。就磁場 $\vec{B}$ 而言，均勻磁化的磁棒等同於載流的螺線管，反之亦然。因此，當一磁棒的 N 極靠近圖 21-31 中的載流螺線管時會被其所排斥，乃因螺線管的上端面相當於

圖 21-28　均勻磁化的圓柱形磁棒

圖 21-29　(a) 均勻磁化的磁棒（橫切面）；(b) 螺線管

圖 21-30　(a) 均勻磁化的磁棒；(b) 螺線管

磁北極，而下端面相當於磁南極。

電荷會產生電場，而相對於觀察點靜止的點電荷 q 所產生的電場遵守庫侖定律

$$\vec{E} = \frac{1}{4\pi\varepsilon_0}\frac{q\hat{r}}{r^2} \qquad (21\text{-}37)$$

電荷 q 有正負，且均可獨立存在。點電荷又稱為**電單極**（electric monopole）。那麼是否有**磁荷**（magnetic charge）存在，且其所產生的磁場亦遵守庫侖定律呢？磁荷有時也稱為**磁單極**（magnetic monopole）。我們可以假設磁荷 q_m 在真空中所產生的磁場為

$$\vec{B} = \frac{\mu_0}{4\pi}\frac{q_m\hat{r}}{r^2} \qquad (21\text{-}38)$$

我們知道一個孤立的點電荷 q 所產生的電場在真空中遵守電的高斯定律

$$\oint_S \vec{E}\cdot d\vec{A} = \frac{1}{\varepsilon_0}q \qquad (21\text{-}39)$$

事實上，電的高斯定律亦可反向解釋，亦即若實驗上發現（21-39）式中的電通量若為正，則點電荷 q 亦為正，反之亦然。（21-38）式中的磁場 $\vec{B}$ 與（21-37）式中的電場 $\vec{E}$，兩者的數學結構完全相同，因此我們預期也應該會有磁的高斯定律出現，即

$$\oint_S \vec{B}\cdot d\vec{A} = \mu_0 q_m \qquad (21\text{-}40)$$

若磁通量為正，則磁荷 q_m 亦為正，反之亦然。但事實上，我們至目前並無法從實驗上證實有孤立的磁荷存在。換句話說，（21-40）式的磁通量總是為零，

$$\oint_S \vec{B}\cdot d\vec{A} = 0 \qquad (21\text{-}41)$$

圖 21-31 載流的螺線管排斥一個永久磁鐵

不管磁場 $\vec{B}$ 是由永久磁化的物體所產生，或是由運動的電荷，或是電流所產生皆然。這迫使我們不得不認為孤立的磁荷（磁單極）並不存在，而其具體表徵之一即是 (21-41) 式所代表的磁的高斯定律。

我們知道孤立的點電荷所產生的靜電場其電力線從正電荷出發而又歸於負電荷。例如，在半徑相同、連心線垂直於表面的兩個圓面上，若一個面均勻帶有正電荷 Q，另一均勻帶電 $-Q$，那麼在空間中，電力線的分布有如圖 21-32 所示。在兩個圓面之間，電力線的方向係從帶 $+Q$ 的圓面指向帶 $-Q$ 的圓面，這和圖 21-30(a) 或 (b) 圖所示的磁力線是不相同的。事實上，若果真有孤立的磁單極存在，那麼它在真空中所產生的磁力線在性質上應類似於點電荷所產生的電力線，亦即磁力線發於正磁荷而終於負磁荷。這種磁場與磁力線的特質和穩定電流或磁棒所產生者是截然不同的。假如我們取一封閉的曲面 S_1 包圍磁棒的磁北極，如圖 21-30(a) 所示，我們發現在磁棒內，$\vec{B}$ 場的磁力線係由外進入 S_1 內，而在磁棒外則係由 S_1 內向外逸出。正負相消的結果使通過封閉曲面 S_1 的總磁通為零。上述的結論亦適用於圖 21-30(b) 中載流螺線管所產生的磁場。

圖 21-32 兩個半徑相同、盤面平行的圓盤面，其上均勻帶電 $+Q$ 及 $-Q$ 所產生的電力線。

21-11　螺線管與環式螺線管

螺線管係用一條導線沿一圓柱面繞線而成，如圖 21-33 所示。設管長為 l，半徑為 R，總圈數為 N，單位長度所繞的圈數 $n = \dfrac{N}{l}$。當線圈通以電流 I 時，磁力線的分布有如圖 21-30(b) 所示。在管內的中央部份，磁力線較密集、較直、表示磁場較強、較均勻。在靠近兩端面的部份，磁力線較彎曲、較疏，表示磁場較不均勻、較弱。管外部份的磁力線則較管

圖 21-33 載流螺線管

內為疏，表示磁場較弱。

　　當繞線緊密，且管長與半徑比 $\dfrac{l}{R}$ 越大時，管內的磁場越趨於均勻，而管外的磁場越弱。比值 $\dfrac{l}{R} \to \infty$ 的理想狀況稱為理想螺線管。理想螺線管雖然在現實上不易達成，就如理想的平行板電容器一樣，但因為它的磁場較一般真實的螺線管更易於理解與計算，因此在電磁學理論的領域內占有重要的地位。下面我們將運用對稱原理、磁的高斯定律以及安培定律定性與定量分析載流的螺線管所產生的磁場。

　　取管軸的方向為 z 軸，因假設管長趨近於無限大，故在任意垂直於 z 軸的平面上，磁場的分布均相同，易言之，磁場的量值與 z 無關。又由於本線圈可視為由圓形導線平行堆積而成，故磁場的量值只和至圓柱的垂直距離有關。

　　在管內取一圓柱形的封閉曲面，如圖 21-34 所示，則由磁的高斯定律知通過此一封閉曲面的總磁通量為零。此一封閉曲面可視為由兩個圓形端面 A 與 B，以及側面的圓柱面所組成。從 B 端面進入的磁通量和從 A 端面出去的磁通量相等，這是因為不同 z 截面上的磁場分布相同的緣故，因此，通過側圓柱面的磁通量為零，令垂直於圓柱面的磁場分量為 B_ρ，則

$$B_\rho (2\pi \rho h) = 0$$

故
$$B_\rho = 0 \quad (\rho \geqq R) \quad (21\text{-}42)$$

圖 21-34 載流螺線管內高為 h，半徑為 ρ 的圓柱形高斯面。

若將高斯面的半徑取為大於管的半徑 R，則上面的分析依然成立，故在管外，磁場的徑向分量亦為零。

　　若在管內取一半徑為 ρ 的圓形路徑 C_1，如圖 21-35 所示，因為並無電流穿越此路徑，故由安培定律知磁場的環場積為零，令切於圓周的磁場分量為 B_φ，則

$$\oint_C \vec{B} \cdot d\vec{l} = B_\varphi (2\pi \rho) = 0$$

故 $$B_\varphi = 0 \quad (\rho < R) \quad (21\text{-}43)$$

因假設圓形導線的平面皆垂直於 z 軸，那麼當我們取圓形積分路徑的半徑大於 R，B_φ 依然為零。事實上，因為導線本身有半徑，用同一條導線連續纏繞時，導線的圓面不可能完全垂直於管軸，易言之，會有一條導線穿越積分路徑。在這種情況下，

$$\oint_C \vec{B} \cdot d\vec{l} = 2\pi\rho B_\varphi = \mu_0 I \quad (21\text{-}44)$$

故 $$B_\varphi = \frac{\mu_0 I}{2\pi\rho} \quad (\rho > R) \quad (21\text{-}45)$$

圖 21-35 載流螺線管內一圓形積分路徑 C_1 及一矩形路徑 C_2，C_3 為線圈外一積分路徑。

這個磁場相當於在管軸位置上置放一載有電流 I 的長直導線在螺線管外所產生的磁場。這個磁場的量值比起螺線管內部的磁場量值（見下面的分析）小很多，可忽略不計。因此無論是螺線管內外，我們僅須考慮 z 軸方向的磁場 B_z。

接著，讓我們在管內取一矩形路徑 C_2，如圖 21-35 所示。此一矩形路徑有兩段平行於 z 軸，有兩段在徑向。因磁場無徑向分量，故沿徑向的兩個線段，磁場的積分為零，又因並無電流穿越本封閉路徑，故由安培定律可得

$$B_z(\rho) = B_z(0) \quad 或 \quad B_z = 常數 \quad (\rho < R) \quad (21\text{-}46)$$

此一矩形路徑若取在管外，如圖 21-35 中的 C_3 路徑，則上面的分析依然成立。但在管外，當 $\rho \to \infty$ 時，磁場應趨近於零，故在管外

$$B_z = 0 \quad (\rho > R) \quad (21\text{-}47)$$

理想螺線管內的磁場可再次應用安培定律算得。取如圖 21-36 所示的矩形路徑 C，此路徑有兩段平行於管軸，另兩段在徑向，而磁場的積分只有在管內，沿軸向的路段不為零，故

圖 21-36 跨越螺線管圓柱面的一個矩形路徑 C

$$\oint_C \vec{B} \cdot d\vec{l} = B_z(h) = \mu_0(nhI) \quad (21\text{-}48)$$

因此
$$B_z = \mu_0 n I \qquad (21\text{-}49)$$

理想的螺線管載有電流時，管內有平行於管軸的均勻磁場，其量值正比於電流及單位長度所繞的圈數，而管外的磁場遠弱於管內，可忽略不計。

假如我們將一個螺線管彎曲，讓兩個端面連接，形成一環形的線圈，便是環式螺線管（toroid），圖 21-37 是其示意圖。此種線圈其外形有如多拿滋，但其徑向的截面不限於圓形，也可以是方形。取通過環心，垂直於環面的軸為 z 軸。若採用前面分析螺線管的方法，可得知在管外磁場為零，而在管內，磁場只有環繞 z 軸的分量 B_φ。管內 B_φ 分量可應用安培定律求得。取一半徑為 ρ 的圓形路徑 C，如圖 21-37 中虛線所示，則磁場的環場積為 $B_\varphi(2\pi\rho)$，而穿過此路徑的總電流為 NI，N 為總圈數，因此，

$$B_\varphi(2\pi\rho) = \mu_0 NI \qquad (21\text{-}50)$$

故
$$B = B_\varphi = \frac{\mu_0 NI}{2\pi\rho} \quad (a < \rho < b) \qquad (21\text{-}51)$$

a 與 b 分別為此線圈的內、外半徑。

圖 21-37 環式螺線管

管內的磁場並不均勻，越遠離中心軸之處越弱。但若平均半徑 $R = \frac{b+a}{2} \gg (b-a)$，則

$$B \cong \frac{\mu_0 NI}{2\pi R} = \mu_0 n I \quad (\text{管內}) \qquad (21\text{-}52)$$

上式中 $n = \frac{N}{2\pi R}$ 為單位長度所繞的圈數。（21-52）式和理想螺線管在管內的磁場相同。在管長有限的條件下，**載流螺線管其磁力線會漏出管外，但環式螺線管則否，這是其優點**。

習題

21-2 節

21-1 電子由靜止開始，經 250 V 的電位差加速後，垂直進入 10 mT 的均勻磁場中。求 (a) 電子的速率；(b) 電子的軌道半徑及 (c) 迴轉週期。

21-2 質子、氘核以及 α 粒子以相同的動能垂直射入一均勻磁場中，求其圓軌道半徑的比。

21-3 電子以速率 $v = 1.0 \times 10^6$ m/s 垂直射入一均勻磁場中，試問磁場為何值時，電子的軌道半徑為 1.0 m？

21-4 電子以初速 $\vec{v}_0 = v_0 \hat{i}$ 射入均勻且互相垂直的電場與磁場中。已知電場 $\vec{E} = \hat{j}(5.0 \times 10^3 \text{ V/m})$ 及 $\vec{B} = \hat{k}(5.0 \times 10^{-3}$ T)。(a) 若要電子的運動方向維持不變，v_0 值應為何？(b) 若突然關掉電場，則電子的軌道半徑為何？

21-5 均勻磁場 $\vec{B}_0$ 垂直穿出紙面，且其範圍僅限於半徑為 a 的長圓柱面（這只是一個幾何面）內，如圖 P21-5 所示。(a) 若電子從圓心 C 點以初速 v_0 垂直於磁場射出，試問 B_0 滿足什麼條件時，電子不會逸出磁場區？(b) 若電子從圓心 C 點以和 $\vec{B}_0$ 夾 α 角（$\alpha < \frac{\pi}{2}$）的初速 $\vec{v}_0$ 射出，試問 B_0 滿足什麼條件時，電子不會逸出磁場區？

圖 P21-5 均勻磁場 $\vec{B}_0$ 垂直穿出紙面，其範圍僅及半徑為 a 的圓柱面內。電子以初速 $\vec{v}_0$ 從軸上垂直於磁場射出。

21-3 節

21-6 例題 21-3 中，若線圈面的法線方向和外加磁場 $\vec{B}$ 夾一角度 α，求線圈所受的磁力。

21-7 直徑為 D 的圓形導線上通有電流 I，置於均勻磁場 $\vec{B}$ 中。此圓形導線垂直於磁場，且剛好有一半位於磁場區內，另一半位於磁場區外，如圖 P21-7 所示。求導線所受的磁力。

圖 P21-7 直徑 D、電流 I 的圓導線，剛好有一半位於一均勻的磁場內。

21-4 節

21-8 由一條粗導線所繞成的圓線圈置於一均勻磁場 $\vec{B}$ 中。設線圈的半徑為 a，電流為 I，且磁場平行於線圈面，如圖 P21-8 所示。求線圈所受的力矩。

21-9 圖 P21-9 所示的載流導線係由兩個載有相同大小的電流 I 的同心圓所組成。求：(a) 圓心 C 點處的磁場；

圖 P21-8 半徑 a、電流 I 的圓形線圈置於一均勻磁場 $\vec{B}$ 中，磁場平行於線圈面。

圖 P21-9 兩個同心圓組成的載流線圈

(b) 此載流線圈的總磁矩。

21-10 磁矩為 $\vec{m}$ 的矩形線圈置於均勻磁場 $\vec{B}$ 中。將線圈從 $\vec{m}$ 平行於 $\vec{B}$ 轉動至 $\vec{m}$ 與 $\vec{B}$ 夾 30° 角，需做功若干？

21-11 半徑為 a 的不導電圓環上均勻帶電，總電荷為 Q。此環繞其中心對稱軸以等速度 ω 轉動，求：(a) 圓心點的磁場；(b) 此環的磁矩。

21-12 波耳的氫原子模型假設電子以質子為圓心做等速率圓周運動。設電子以等角速度 $\vec{\omega}$ 做半徑為 a 的圓周運動。(a) 求電子在質子處所產生的磁場；(b) 求電子的磁矩 $\vec{m}$ 及 (c) 電子的磁矩 $\vec{m}$ 與其軌道運動的角動量 $\vec{l}$ 之間有何關係存在？

21-13 用相同長度 l 的導線繞成單圈及雙圈的圓線圈，若兩者通有相同大小的電流時，試比較圓心的磁場值以及磁矩量值。

21-14 圖 P21-14 中的 C 點為半徑為 a 及 b 的兩個半圓的共同圓心。當導線上通有電流 I 時，求：(a) C 點的磁場；(b) 此線圈的磁矩 $\vec{m}$。

圖 P21-14

21-15 圖 P21-15 所示的線圈係由半徑為 a 與 b 的兩個 $\frac{1}{4}$ 圓周所組成。當線圈上流有如圖示的電流 I 時，求：(a) 圓心 C 點的磁場；(b) 線圈的磁矩。

圖 P21-15

21-16 周長為 l 的正三角形、正四方形、正六角形及圓的周圍流有相同大小的電流時，(a) 試比較各種載流線圈磁矩的大小；(b) 若各線圈面平行於相同大小的均勻磁場中，哪一種線圈所受的磁力矩最大，哪一種最小？

21-17 圖 P21-17 所示的線圈上通有電流 I，求 (a) 圓心 O 點的磁場；(b) 線圈的磁矩。

圖 P21-17

21-5 節

21-18 證明一個磁鐵所產生的磁場不可能出了磁極區之後就立刻降為零，如圖 P21-18 所示。

圖 P21-18　一個磁鐵與其磁力線的示意圖

21-19 一條長直導線上載有 10 A 的電流，求距離導線 10 cm 處的磁場。

21-20 一條長直導線的中央部份彎曲成一半徑為 a 的半圓形，如圖 P21-20 所示。當導線上有電流 I 時，求圓心 O 點處的磁場。

圖 P21-20　一長直導線的中央部份彎成半徑為 a 的半圓形

21-21 內半徑為 a、外半徑為 b 的不導電圓形環帶上均勻帶電，總電荷為 Q。此環帶繞其對稱軸以等角速度 ω 轉動。求圓心點的磁場。

21-22 兩條平行的長直導線上各載有電流 I，如圖 P21-22 所示。求圖上 P 點的磁場。

圖 P21-22　兩條長直導線互相平行，且載有同向的電流 I。

21-23 Helmholtz 線圈係由一對半徑相同、連心線垂直於圓面的圓形線圈所組成，如圖 P21-23 所示。兩個線圈通以相同的電流後，在兩圓面間的中央部份有相當均勻的磁場，常作為直流或交流磁場源。為了增強磁場，每一個線圈可為多圈。若為了簡省空間，也可繞成平面的螺旋狀線圈。今設每個圓線圈各有 40 圈，半徑 $a = 10$ cm，兩個圓心間的距離等於半徑 a（符合這種條件時，中央部份的磁場最為均勻），電流 $I = 10$ A，求中心點 O 處的磁場。

圖 P21-23　兩個半徑同為 a，線圈面平行的圓線圈載有相同大小與方向的電流。兩個圓心的間距等於半徑。

21-24* 在寬度為 a，厚度可不計的長條表面上載有均勻的電流，其總電流為 I，

第 21 章　磁場與磁場源　535

圖 P21-24　長條型薄表面上流有均勻電流平行於其長邊，總電流為 I。

如圖 P21-24 所示。求圖上 P 點的磁場。

21-25* 邊長為 a 的正六邊形之周圍上通有如圖 P21-25 所示的電流 I，求中心點 C 的磁場。

圖 P21-25　邊長為 a 的正六角形周圍上流有電流 I，求中心點 C 的磁場。

21-26* 周長為 l 的正三角形、正四方形、正六角形及圓的周圍流有相同大小的電流時，求中心點的磁場，並比較大小。

21-27* 一段長為 a 的導線上載有電流 I，如圖 P21-27 所示。求圖中 P 點與 Q 點的磁場。

圖 P21-27

21-6 節

21-28 載有電流 I 的矩形導線與載有電流 I' 的長直導線位於同一平面上，如圖 P21-28 所示。求矩形導線所受的磁力。

圖 P21-28

21-29 四條平行且各載有同方向電流 I 的長直導線垂直穿出紙面，如圖 P21-29 所示。求其中一條導線單位長度所受的磁力。

圖 P21-29　四條平行且載有同向電流 I 的長直導線

21-8 節

21-30 兩個長螺線管同軸，半徑為 a 者其單位長度所繞的圈數為 n_a，半徑為 b（$b > a$）者其單位長度所繞的圈數為 n_b（$n_b > n_a$）。兩個線圈載有大小同為 I，但方向相反的電流，如圖 P21-30 所示。求下列三個區域內的磁場。(a) $r < a$；(b) $b > r > a$ 及 (c) $r > b$。

21-31 電力公司的一條輸配電線係由相距 1.0 m 的兩條平行導線所組成，每條導線上載有 3000 A 的電流。(a) 求每

圖 P21-30

條導線單位長度所受的磁力；(b) 求位於兩條導線之正下方，距離兩條導線同為 20 m 處的磁場值（參考圖 P21-31）。此磁場值是大於或小於地球的磁場？

圖 P21-31

21-32 一長直圓柱形導體殼，內半徑為 a，外半徑為 b，通有電流 I，如圖 P21-32（橫切面）所示。設電流為均勻，求在下列三個區域內的磁場量值。(a) $a > r$；(b) $b > r > a$ 及 (c) $r > b$。

圖 P21-32

21-33 一長直的同軸電纜線，其核心為半徑 a 的金屬導線，外圍是內半徑 b、外半徑 c 的圓柱殼導體，如圖 P21-33 所示。若核心導體通電流 I，圓柱殼通反向的電流 I，求：(a) $r < a$；(b) $a < r < b$；(c) $c > r > b$ 及 (d) $r > c$ 的磁場。

圖 P21-33

21-10 節

21-34 證明徑向、且具有球面對稱的磁場，即 $\vec{B} = \hat{r}B(r)$ 型的磁場是不可能存在的。

22

電磁感應與磁能

- 22-1 感應電流
- 22-2 法拉第定律與冷次定律
- 22-3 運動的感應電動勢
- 22-4 感應電場
- 22-5 渦電流
- 22-6 自感應
- 22-7 互感應
- 22-8 RL 電路
- 22-9 磁場能量

當線圈在磁場中運動時，線圈上出現感應電動勢；位置固定的線圈在時變磁場中也會出現感應電動勢，這便是所謂的電磁感應現象。電磁感應由法拉第做實驗發現，並將實驗結果歸納出後人所稱的**法拉第感應定律**（Faraday's law of induction）。法拉第發現，當通過線圈上的磁通量隨時間改變時，便有感應電流產生，而感應電流的方向有阻止通過線圈的磁通量發生改變的趨勢，這便是所謂的**冷次定律**（Lenz's law）。

金屬導體在磁場中運動，或固定的金屬導體處於時變磁場中都會有感應電流出現。因為這類的感應電流的流線狀似水中的旋渦，故稱之為渦電流。渦電流會產生焦耳熱，但也有一些正面的應用。

線圈上自身的電流隨時間改變時，也有電磁感應，這種現象稱為自感應。自感應電動勢和線圈的自感有關。兩個載流線圈之間產生互相電磁感應的現象稱為互感應。

電流系統擁有的能量稱為磁場能量，或簡稱磁能。以上這些均是本章的討論重點。

22-1　感應電流

法拉第使用類似圖 22-1 所示的裝置做實驗時，發現當開關 S 按下之後，線圈 A 上會出現短暫的電流，但開關 S 若持續按下，線圈 A 所連接的檢流計並不會偏轉。若再將開關 S 掀起時，線圈 A 上又會出現短暫的電流。事實上，若將開關 S 持續按下，並將線圈 B 移動接近或遠離線圈 A 時，在線圈 B 移動的過程中，線圈 A 上也會出現電流。

法拉第以磁棒插入線圈 A 中，如圖 22-2 所示，則在磁棒移動的過程中，線圈 A 上也會出現電流。上面的這些現象稱為**電磁感應**（electromagnetic induction），而電流則稱為**感應電流**（induction current），而相關的電動勢稱為**感應電動勢**（induced electromotive force）。

圖 22-1 當開關 S 按下或掀起時，線圈 A 上會出現短暫的感應電流。

圖 22-2 在磁棒靠近或遠離的運動過程中，線圈上會出現短暫的感應電流。

22-2　法拉第定律與冷次定律

　　<u>法拉第</u>經由實驗的觀察，歸納出下列結論：一個線圈上之所以會出現感應電動勢，乃因通過線圈的磁通量隨時間改變之故。磁通量的時變率越大，感應電動勢也越大。這稱為法拉第定律（Faraday's law），或法拉第感應定律。法拉第定律可以用下式表之

$$\varepsilon = -\frac{d\Phi_B}{dt} \equiv -\frac{d}{dt}\int_S \vec{B}\cdot d\vec{A} \qquad (22\text{-}1)$$

ε 為感應電動勢，Φ_B 為通過線圈的磁通量。下面三種情況皆可能產生感應電動勢：

1. 當產生磁場 $\vec{B}$ 的電流隨時間改變；
2. 當線圈與磁場源之間有相對運動；及
3. 產生磁場 $\vec{B}$ 的電流隨時間改變，且線圈與磁場源之間有相對運動。

若線圈係由導線繞 N 圈而得，且通過每一圈的磁通量 Φ_B 皆

相等時，則感應電動勢為

$$\varepsilon = -N\frac{d\Phi_B}{dt} \tag{22-2}$$

例題 22-1

一個半徑為 a 的圓形線圈共繞有 N 圈，置於一電磁鐵的 N 極與 S 極之間的正中央，磁場垂直線圈面，如圖 22-3 所示。設供應電磁鐵的電流 I 隨時間呈線性增加，即 $I = \alpha t$，α 為正常數，磁場與電流成正比，故磁場 $B = \beta t$（$\beta > 0$）。求線圈兩個端點間的感應電動勢。

解

通過單一線圈的磁通量為 $\Phi_B = B\pi a^2 = \beta\pi a^2 t$，故感應電動勢為

$$\varepsilon = -N\frac{d\Phi_B}{dt} = -N\frac{d}{dt}(\beta\pi a^2 t) = -N\beta\pi a^2$$

圖 22-3 線圈 C 置於均勻磁場 $\vec{B}$ 中，線圈面垂直於磁場。

例題 22-2

穩定的均勻磁場 $\vec{B}$ 垂直於一ㄈ字形的導電軌道所在的平面，如圖 22-4 所示。軌道上有長度為 l，電阻為 R（軌道的電阻可以忽略不計）的細金屬桿，可在其上無摩擦地滑動。今施一外力 $\vec{F}$ 推動金屬桿，使它以等速度 $\vec{v}$ 向右運動。求：(a) 金屬桿上的感應電流；(b) 外力 F 所需之量值。

圖 22-4 長為 l 的金屬細桿以等速度 $\vec{v}$ 在導電軌道上滑行。均勻磁場 $\vec{B}$ 垂直於軌道面。

解 當金屬桿距離軌道的 AB 端 x 時,通過封閉路徑 $ABCD$ 的磁通量為 $\Phi_B = Blx$,其方向為垂直進入紙面,故感應電動勢為

$$\varepsilon = -\frac{d}{dt}(Blx) = -Bl\frac{dx}{dt} = -Blv \tag{22-3}$$

在法拉第定律(22-1)式中,等號右邊的負號代表感應電動勢或感應電流的方向,其所代表的物理意義為感應電流的方向是朝對抗磁通量的改變,這種傾向稱為冷次定律。以本例題為例,當金屬桿向右移動時,外加磁場進入紙面的磁通量增加,因此感應電流的方向呈逆時針,如圖 22-4 所示。此感應電流所產生的磁場,在穿過 $ABCD$ 路徑所在的平面時為垂直向上,有對抗磁通量改變的傾向。

(a) 感應電流 I 之量值為

$$I = \frac{\varepsilon}{R} = \frac{Blv}{R} \tag{22-4}$$

(b) 當金屬桿上有感應電流 I 時,它會受到外加磁場的磁力作用,方向向左(這也可視為冷次定律的一種具體表徵),量值為

$$F_m = IBl = \frac{B^2l^2v}{R} \tag{22-5}$$

要使金屬桿以等速度向右運動,外力 F 必須剛好平衡磁力,故

$$F = F_m = \frac{B^2l^2v}{R} \tag{22-6}$$

外力對金屬桿所施的功率為

$$P_a = Fv = \frac{B^2l^2v^2}{R} \tag{22-7}$$

消耗在金屬桿電阻 R 上的電功率則為

$$P = I^2R = (\frac{Blv}{R})^2 R = \frac{B^2l^2v^2}{R} \tag{22-8}$$

外力所做的功完全轉換成焦耳熱。

例題 22-3

例題 22-2 中的金屬細桿若於 $t=0$ 時以初速 v_0 沿軌道方向向右射出,求細桿在 t 時刻的速度 $v(t)$。

解

金屬細桿射出之後,其上的感應電流受外加磁場的作用,使細桿受到向左的磁力,因而運動速度會降低。磁力為

$$F_m = -\frac{B^2 l^2}{R} v$$

故細桿的運動方程式為

$$m\frac{dv}{dt} = F_m = -\frac{B^2 l^2}{R} v$$

m 為細桿的質量。上式可以改寫成

$$\frac{dv}{dt} = -\alpha v \tag{22-9}$$

$\alpha = \frac{B^2 l^2}{mR}$。將(22-9)式移項整理,積分得

$$\int_{v_0}^{v} \frac{dv}{v} = -\alpha \int_0^t dt$$

因此,

$$\ln\left(\frac{v}{v_0}\right) = -\alpha t$$

故

$$v(t) = v_0 e^{-\alpha t} = v_0 \exp[-\frac{B^2 l^2}{mR} t] \tag{22-10}$$

例題 22-4

面積為 A、共繞 N 圈的矩形線圈置於均勻磁場 $\vec{B}$ 中。此線圈可繞通過其中心的 OO' 軸轉動,如圖 22-5 所示。設 $t=0$ 時,線圈面垂直於磁場,求線圈以等角速度 ω 轉動時,線圈上的感應電動勢。

解 在時間 t 時，線圈的法線 $\hat{n}$ 與磁場 $\vec{B}$ 夾 $\theta = \omega t$ 的角度，因此通過線圈的總磁通量為

$$N(BA\cos\theta) = NBA\cos\omega t$$

故

$$\varepsilon = -\frac{d}{dt}(NBA\cos\omega t) = N\omega BA\sin\omega t \text{。}$$

圖 22-5 矩形線圈在均勻磁場中以等角速度轉動

例題 22-5

假如在例題 22-4 中，線圈以角速度 ω 轉動，同時磁場隨時間改變，即 $B = B_0\cos\omega t$，求線圈上的感應電動勢。

解 通過線圈的總磁通量為

$$\Phi_B = NBA\cos\theta = N(B_0\cos\omega t)A\cos\omega t$$

故

$$\varepsilon = -\frac{d\Phi_B}{dt} = -\frac{d}{dt}[N(B_0 A\cos^2\omega t)] = N\omega B_0 A\sin 2\omega t$$

感應電動勢有兩個來源：外加磁場隨時間改變所產生的感應電動勢為

$$\varepsilon_1 = -(NA\cos\theta)\frac{dB}{dt} = N\omega B_0 A\cos\omega t \sin\omega t$$

線圈在磁場中轉動所產生的感應電動勢為

$$\varepsilon_2 = -NBA\frac{d}{dt}(\cos\omega t) = N\omega B_0 A\cos\omega t \sin\omega t$$

因此總感應電動勢為 $\varepsilon = \varepsilon_1 + \varepsilon_2 = N\omega B_0 A\sin 2\omega t$ 。

22-3 運動的感應電動勢

當線圈在磁場中移動或轉動時，線圈上的感應電動勢可

▶圖22-6 長為 l 的金屬細桿，以等速度 $\vec{v}$ 垂直於均勻磁場運動。

藉法拉第感應定律，即（22-1）式，去理解與計算。這種因相對運動而產生的電動勢，稱為運動的電動勢（motional emf）。運動的電動勢也可以從感應電場的角度加以分析。考慮一條長度為 l 的金屬細桿，以等速度 $\vec{v}$ 垂直於均勻磁場 $\vec{B}$ 移動，如圖22-6 所示。當金屬細桿向右移動時，其導電電子受到向下的磁力

$$\vec{F}_m = (-e)\vec{v} \times \vec{B} \tag{22-11}$$

電子因而向金屬桿下端 b 移動，而正離子則留在原處。當 b 端積聚負電荷（導電電子）時，上端 a 也因欠缺導電電子而帶正電。a 與 b 端的正、負電荷會在金屬桿內形成由 a 指向 b 的電場 $\vec{E}$，此一電場對金屬桿內的導電電子施以由 b 指向 a 的電力。當此電力和磁力平衡時，導電電子即不再向 b 端移動。於是在金屬桿內便存在一由 a 指向 b 的穩定電場。平衡的條件為

$$(-e)E = (-e)vB$$

或 $$E = vB \tag{22-12}$$

平衡後，金屬細桿的兩端出現一電位差 V_{ab}，

$$V_{ab} = El = Blv \tag{22-13}$$

如果細桿的兩端用導線相連，那麼細桿以及導線上便有電流。因此，在磁場中移動的金屬細桿形如一個電動勢源，而這種電動勢起因於磁力。事實上，在移動的金屬內部，此磁力之效應

相當於一感應電場 $\vec{E}_{ind}$，即

$$\vec{E}_{ind} = \vec{v} \times \vec{B} \tag{22-14}$$

易言之，在運動的金屬內部，可視為存在有感應電場 $\vec{E}_{ind}$。

例題 22-6

在一均勻磁場 B 中，一長度為 L 的金屬棒，繞其一端的樞紐 O 點，以固定的角速率 ω 旋轉，假定磁場的方向與棒身垂直，求棒兩端的電位差之量值。

解

設沿棒身方向，離開 O 點的距離為 r，則在該點的速率 v 為

$$v = r\omega$$

由 (22-14) 式，在該點的感應電場 E 為

$$E = r\omega B$$

因為

$$dV = -E\,dr = -r\omega B\,dr$$

故棒兩端的電位差之量值 $|V|$ 為

$$|V| = \int_0^L r\omega B\,dr = \omega B \int_0^L r\,dr = \frac{\omega B L^2}{2}$$

22-4　感應電場

當一個導體在穩定的磁場中運動時，導體內各部份有感應電場 $\vec{E}_{ind} = \vec{v} \times \vec{B}$，$\vec{v}$ 為導體內各該部份的速度。當空間中的磁場隨時間改變時，也可視為空間中出現感應電場。考慮一細長的螺線管之兩端點串聯於一可變電阻 R 及一直流電源，如

圖 22-7 所示。當載有電流 I 時，線圈內有均勻磁場，其方向平行於 z 軸，其量值為

$$B = \mu_0 n I \qquad (22\text{-}15)$$

n 為單位長度所繞的圈數。改變可變電阻 R 可以改變線圈上的電流 I。若電流隨時間線性增加，即

$$I = \alpha t \qquad (22\text{-}16)$$

上式中，α 為大於零的常數，則線圈內的磁場值亦隨時間線性增加，即

$$B = (\mu_0 n \alpha) t \qquad (22\text{-}17)$$

假如我們在線圈內置放一個半徑為 r、圓心在 z 軸上的圓形線圈，如圖 22-8 所示，則通過圓形線圈的磁通量為

$$\Phi_B = B \pi r^2 = \mu_0 n \alpha \pi r^2 t \qquad (22\text{-}18)$$

此磁通量隨時間增加，故由法拉第定律知圓形線圈上有感應電動勢，其量值為

$$\varepsilon = \frac{d\Phi_B}{dt} = \mu_0 n \alpha \pi r^2 \qquad (22\text{-}19)$$

圖 22-7 一個螺線管接至一個直流電源

圖 22-8 兩個單圈圓形導線，其半徑分別小於及大於螺線管的半徑。

感應電流的方向，依冷次定律，為順時針方向，如圖 22-8 所示。我們也可以認為在圓形線圈上的各處，因磁場隨時間改變，出現了感應電場。此感應電場的方向在感應電流的方向，

且在圓周各處之量值相同。因此

$$\varepsilon = \oint_c \vec{E} \cdot d\vec{l} = E_{ind}(2\pi r) \qquad (22\text{-}20)$$

比較（22-19）與（22-20）兩式，得

$$E_{ind} = \frac{1}{2}(\mu_0 n \alpha r) \qquad (r < a) \qquad (22\text{-}21)$$

此感應電場的電力線係圓心位在線圈的對稱軸上的圓曲線。這種電力線是封閉的曲線；顯然，這種感應電場的本質是不同於靜電場，一個電荷在此種電場之驅動下走一圈，電場做功不為零，故它不是保守場。

　　細長的載流螺線管之外的磁場比之於其內的磁場小很多，通常都可忽略不計。但當線圈上的電流隨時間改變時，不管是增加或減少，不但線圈內有感應電場，線圈外也有感應電場。線圈外的感應電場，其量值與方向，依然可用法拉第定律及冷次定律決定之。當磁場隨時間緩慢增加，如（22-17）式所示時，線圈外的感應電場，其電力線仍為圓心在對稱軸上的圓曲線，而方向也是如圖 22-8 所示的順時針。感應電場沿半徑為 r ($r > a$) 的圓周之環場積，其量值等於穿過此圓之磁通量的時變率，即

$$E_{ind}(2\pi r) = \frac{d}{dt}(B\pi a^2) = \pi a^2(\mu_0 n \alpha) \qquad (22\text{-}22)$$

故

$$E_{ind} = \frac{\mu_0 n \alpha a^2}{2r} \qquad (r > a) \qquad (22\text{-}23)$$

感應電場之量值隨徑向距離 r 而改變的關係可用圖 22-9 表示之。

圖 22-9　螺線管內、外感應電場強度與徑向距離 r 的關係圖。

22-5 渦電流

若將一個矩形線圈以初速 $\vec{v}_0$ 垂直射入均勻磁場中，如圖 22-10(a) 所示。當線圈的一部份進入磁場後，線圈上便會出現感應電流，如圖 22-10(b) 所示。而依冷次定律，此線圈受一排斥力的作用，因而被減速。若進入磁場的不是一個矩形線圈，而是一塊薄的金屬板，如圖 22-10(c) 所示，則當有部份進入時，在金屬板的內部及表面也會出現感應電流。這種感應電流狀似水中的渦流，故名為渦電流（eddy current）。此金屬板在進入磁場區的過程中會受到排斥力而減速。這種減速作用被應用作為捷運電聯車的煞車機制。在電聯車的輪子附近裝有電磁鐵，要煞車時，通一大電流至電磁鐵，所產生的磁場便在鋼軌上感應出渦電流，而產生煞車的作用。這種煞車作用顯然和車速有關，煞車開始後，車速減小，渦電流跟著變小，煞車力也隨之變小，因此這種被稱為渦電流煞車（eddy-current-braking）的設計可提供平穩的煞車。

導體進出磁場固然會感應出渦電流，若磁場隨時間改變，靜止的導體上也會感應產生渦電流。這種渦電流會出現在變壓器、馬達或發電機的軟鐵蕊上。渦電流的壞處之一是它會產生

圖 22-10 (a) 一個矩形線圈射入磁場中；(b) 部份進入磁場後，矩形線圈上出現感應電流；(c) 一塊金屬薄板射入磁場中，電磁感應所產生的渦電流。

圖 22-11 變壓器

圖 22-12 電磁爐

熱而消耗能源。為了要降低渦電流的熱效應，通常將鐵蕊分成多層互相絕緣良好的部份（見圖 22-11）。軟鐵蕊上的感應電動勢大小和渦電流所能涵蓋的面積有關。因此層狀的鐵蕊可有效減小渦電流的環路大小，使渦電流變小。導體上的渦電流固然會在變壓器之類的設備上產生熱的不良後果，但它也有正面的應用，例如電磁爐（見圖 22-12）及高溫感應爐（induction furnace）。

22-6　自感應

　　假如我們將一個圓形線圈接至一個端電壓為 V 的直流電池，如圖 22-13 所示。當按下開關 S，接通電路時，線圈上的電流並不會突然間由零升至 $\dfrac{V}{R}$。這乃是因為當線圈上的電流開始由零增加時，此電流所產生的磁場穿過線圈本身的磁通量也隨時間而增加。這種隨時間增加的磁通量促成線圈上出現一個會抵制磁通量改變的感應電動勢。這個自我感應的電動勢，在電流增加的過程中，其極性相反於外加的電動勢，因此線圈上的電流是漸次增加至其飽和值 $\dfrac{V}{R}$，而非驟然增加至 $\dfrac{V}{R}$。這種在導電線圈上自我的電磁感應現象稱為自感應（self-induction）。自感應所產生的電動勢（是一種反電動勢（back emf））顯然正比於線圈上電流的時間改變率。當線圈係由 N 圈導線組成，且通過每圈導線的磁通量相等時，自感應電動勢可寫為

$$\varepsilon = -N\dfrac{d\Phi_B}{dt} = -L\dfrac{dI}{dt} \tag{22-24}$$

圖 22-13　一個載流線圈的磁力線有部份會穿越線圈本身

上式中，I 為線圈上的電流，而 Φ_B 為此電流 I 所產生的磁

場穿過一圈導線的磁通量。比例常數 L 稱為此線圈的自感（self inductance）。一個線圈的自感，可用（22-24）式的感應電動勢定義與測量，但也可用下式作為定義

$$L \equiv \frac{N\Phi_B}{I} \tag{22-25}$$

出現在上式的符號，其意義同（22-24）式。我們可用（22-25）式計算一個線圈的自感。自感的單位是亨利（H），由（22-24）式可看出

$$1\,\text{H} = 1\,\frac{\text{V} \cdot \text{s}}{\text{A}} \tag{22-26}$$

在例題 22-2，當金屬桿在匚字形導電軌道上滑行時，穿越 $ABCD$ 迴路（圖 22-4）的磁通量其實有兩個磁場來源：一為外加磁場，另一為迴路上的感應電流所產生的磁場。在此例題，我們假設感應電流所產生的磁場遠小於外加磁場，故而忽略不計。易言之，在例題 22-2，我們忽略不計電流迴路的自感效應。

例題 22-7

一細長的螺線管，其半徑為 a，長度為 l，單位長度繞 n 圈，求其自感。

解

當此線圈上載有穩定的電流 I 時，線圈內的均勻磁場其方向平行於線圈的長軸，而其量值為

$$B = \mu_0 n I$$

故通過每一圈導線的磁通量為

$$\Phi_B = B\pi a^2 = (\mu_0 n \pi a^2) I$$

通過 N 圈的總磁通量為

$$N\Phi_B = nl\Phi_B = \mu_0 n^2 \pi a^2 l I$$

故其自感為

$$L = \frac{N\Phi_B}{I} = \mu_0 n^2 \pi a^2 l \tag{22-27}$$

22-7 互感應

線圈 1 與線圈 2 相鄰，如圖 22-14 所示，當線圈 1 上的電流 I_1 隨時間改變時，其所產生的磁場也隨時間改變，此磁場穿越線圈 2 的磁通量也隨著時間改變，因此線圈 2 之上便會出現感應電動勢。這種兩個線圈之間互相電磁感應的現象稱為**互感應**（mutual induction）。線圈 2 上的感應電動勢 ε_2 正比於其磁通量的時變率，而這又正比於線圈 1 上的電流 I_1 的時變率，故

$$\varepsilon_2 = -N_2 \frac{d\Phi_{21}}{dt} = -M_{21} \frac{dI_1}{dt} \tag{22-28}$$

上式中，Φ_{21} 為線圈 1 上的電流 I_1 所產生的磁場，穿越線圈 2 之一圈導線的磁通量，N_2 為線圈 2 的總圈數，比例常數

圖 22-14　相鄰的兩個線圈之間有互相電磁感應

M_{21} 稱為線圈 1 對線圈 2 的互感應。M_{21} 顯然也可定義為

$$M_{21} \equiv \frac{N_2 \Phi_{21}}{I_1} \tag{22-29}$$

同理，當線圈 2 上的電流 I_2 隨時間改變時，線圈 1 上的感應電動勢為

$$\varepsilon_1 = -N_1 \frac{d\Phi_{12}}{dt} = -M_{12} \frac{dI_2}{dt} \tag{22-30}$$

M_{12} 也可定義為

$$M_{12} \equiv N_1 \frac{\Phi_{12}}{I_2} \tag{22-31}$$

事實上，可證明 $M_{12} = M_{21} = M$，M 稱為兩個線圈之間的互感（mutual inductance）。意即線圈 1 與線圈 2 均為單圈時，那麼當線圈 1 載有 1A 的電流時，其所產生的磁場穿越線圈 2 的磁通量，其量值等於線圈 2 上載有 1A 的電流時，其所產生的磁場穿越線圈 1 的磁通量。互感的單位也是亨利（H）。

例題 22-8

求兩個同軸的細長螺線管之間的互感 M。設半徑為 a 的線圈，其長度為 l_1，共繞 N_1 圈，而半徑為 b（$b > a$）的線圈，其長度 $l_2 > l_1$，共繞 N_2 圈，如圖 22-15 所示。

解

當半徑為 b 的線圈上載有電流 I_2 時，在其內部有量值為 $\mu_0 \frac{N_2}{l_2} I_2$ 的磁場，此磁場穿越半徑為 a 的線圈的總磁通量為

$$[\mu_0 (\frac{N_2}{l_2}) I_2] N_1 (\pi a^2) = [\frac{\mu_0 N_1 N_2 \pi a^2}{l_2}] I_2$$

圖 22-15 兩個同軸的螺線管

故 $$M = \frac{\mu_0 N_1 N_2 \pi a^2}{l_2}$$

同理，若半徑為 a 的線圈上載有電流 I_1 時，在其內部的磁場量值 B 為 $\mu_0(\frac{N_1}{l_1})I_1$，半徑為 b 的線圈被此磁場所穿越的總圈數 N_2' 為 $l_1(\frac{N_2}{l_2})$，故總磁通量為

$$N_2' B \pi a^2 = l_1(\frac{N_2}{l_2})[\mu_0(\frac{N_1}{l_1})I_1](\pi a^2) = [\frac{\mu_0 N_1 N_2 \pi a^2}{l_2}]I_1$$

故 $$M = \frac{\mu_0 N_1 N_2 \pi a^2}{l_2}$$

例題 22-9

半徑為 a 與 b 的兩個單圈圓形線圈，其面互相平行，且連心線垂直於圓面，如圖 22-16 所示。設連心線的長度 $c \gg a$ 或 b，且 $b \gg a$，求互感 M。

圖 22-16 兩個圓形線圈，其面互相平行，$c \gg b \gg a$。

解 由（21-28）式可知，當半徑為 b 的圓形線圈上載有電流 I_b 時，其在半徑為 a 的圓形線圈之中心所產生的磁場量值為

$$B = \frac{\mu_0 I_b b^2}{2(c^2+b^2)^{\frac{3}{2}}}$$

因設 $b \gg a$，故通過半徑為 a 的線圈的磁通量可以近似表為圓心的磁場乘以截面積，

$$\Phi_{ab} \cong B\pi a^2 = [\frac{\mu_0 \pi a^2 b^2}{2(c^2+b^2)^{\frac{3}{2}}}]I_b$$

故互感 M 為

$$M = \frac{\Phi_{ab}}{I_b} = \frac{\mu_0 \pi a^2 b^2}{2(c^2+b^2)^{\frac{3}{2}}}$$

若半徑為 a 的線圈面並非與連心線垂直，而是夾一角度 α，那麼互感約為 $M\cos\alpha$；若兩個線圈面互相垂直，則 $M \approx 0$。

22-8　RL 電路

考慮一自感為 L 的線圈與一電阻 R 及一電動勢為 ε 的直流電池所構成的電路，如圖 22-17 所示。假設電池的內電阻以及感應線圈的電阻均遠小於 R，而可忽略不計；且設開關 S 按下前，電路上的電流為零。當開關 S 在 $t=0$ 按下時，電路接通，電流開始增加，同時在感應線圈上出現一個感應電動勢 ε_L 對抗電池的電動勢，如圖 22-17 所示。因 ε_L 對抗 ε，故又稱為反電動勢，

圖 22-17　一個 RL 串聯電路

$$\varepsilon_L = -L\frac{dI}{dt} \tag{22-32}$$

應用克希荷夫定律可得

$$\varepsilon - IR - L\frac{dI}{dt} = 0 \tag{22-33}$$

上式可改寫成

$$\frac{dI}{dt} + \frac{R}{L}I = \frac{\varepsilon}{L} \tag{22-34}$$

為簡化方程式，可令

$$i = \frac{\varepsilon}{R} - I \tag{22-35}$$

則

$$\frac{di}{dt} = -\frac{dI}{dt} \tag{22-36}$$

將（22-35）及（22-36）兩式代入（22-34）式，經整理後可得

$$\frac{di}{i} = -\frac{R}{L}dt \tag{22-37}$$

上式可立即積分之，

$$\int_{i_0}^{i}\frac{di}{i} = -\frac{R}{L}\int_{0}^{t}dt \tag{22-38}$$

得

$$\ln\left(\frac{i}{i_0}\right) = -\frac{Rt}{L} \tag{22-39}$$

因此

$$i = i_0 e^{-\frac{Rt}{L}} \tag{22-40}$$

代回（22-35）式，得

$$I(t) = \frac{\varepsilon}{R} - i_0 e^{-\frac{Rt}{L}} \tag{22-41}$$

但已知 $t = 0$ 時，$I = 0$，故得 $i_0 = \frac{\varepsilon}{R}$，因此

$$I(t) = \frac{\varepsilon}{R}[1-e^{-\frac{Rt}{L}}] \quad (22\text{-}42)$$

令
$$\tau = \frac{L}{R} \quad (22\text{-}43)$$

τ 具有時間的因次，稱為此 RL 串聯電路的鬆弛時間或時間常數（time constant），(22-42) 式即可表為

$$I(t) = \frac{\varepsilon}{R}[1-e^{-\frac{t}{\tau}}] \quad (22\text{-}44)$$

電流 $I(t)$ 與時間 t 的變化關係可用圖 22-18 表示之。

當 $t \gg \tau$ 時，電流 I 接近於其飽和值 $\frac{\varepsilon}{R}$。當 $t = \tau$ 時，

$$I(\tau) = \frac{\varepsilon}{R}[1-e^{-1}] \cong 0.63\frac{\varepsilon}{R} \quad (22\text{-}45)$$

故此時電流到達其飽和值的 0.63 倍。

由 (22-45) 式對時間 t 微分一次可得電流的時間增加率，滿足下式

$$\tau \frac{dI}{dt} = \frac{\varepsilon}{R} e^{-\frac{t}{\tau}} \quad (22\text{-}46)$$

$\frac{dI}{dt}$ 在 $t = 0$ 時有其最大值，故此時感應線圈上的反電動勢最大，而隨著時間的增長，電流漸漸增加，$\frac{dI}{dt}$ 也漸漸變小，反電動勢也隨之變小，最後電流趨近於穩定值，而 $\frac{dI}{dt}$ 則趨近於零，感應線圈形如短路。

圖 22-18 當 $t = \tau$ 時，電流為其飽和值（即最大值）的 0.63 倍。

例題 22-10

(22-44) 式是圖 22-17 中 RL 串聯電路充電時，任一時刻電流 $I(t)$ 的解，在某些特定的時刻，如 $t \to \infty$ 時，電流的值可以從圖 22-17 讀出來，試直接由圖 22-17 得出 $t \to \infty$ 時電流的值。

解 當 $t \to \infty$ 時,電流的值不再改變,即 $\dfrac{dI}{dt}=0$,電感兩端的電壓 $\varepsilon_L = -L\dfrac{dI}{dt}=0$,因此,電感可以視同短路,電路中可視同只有電池 ε 及電阻 R,故其電流值為 $\dfrac{\varepsilon}{R}$,此一結果與 (22-44) 式之結果相同。

22-9 磁場能量

一個載有電流的線圈擁有能量,且因電流會產生磁場,故電流的能量稱為磁場能量,亦稱為磁能(magnetic energy)。一個電荷系統的電能定義為在電荷系統的建立過程中,外力對抗電荷間的庫侖力所必須做的功。那麼電流的磁能又如何定義呢?這個問題可由(22-33)式獲得答案,

$$\varepsilon = IR + L\frac{dI}{dt} \qquad (22\text{-}33)$$

上式兩邊各乘以 I,得

$$\varepsilon I = I^2 R + LI\frac{dI}{dt} \qquad (22\text{-}47)$$

εI 是電池在單位時間內所提供的能量,$I^2 R$ 是電阻 R 在單位時間內所消耗的焦耳熱,因此從能量守恆考量,$LI\dfrac{dI}{dt}$ 代表線圈的磁能在單位時間內的增加速率。若以 U_B 表磁能,則

$$\frac{dU_B}{dt} = LI\frac{dI}{dt} = \frac{d}{dt}\left(\frac{L}{2}I^2\right) \qquad (22\text{-}48)$$

令 $t=0$ 時,$I=0$ 及 $U_B=0$,則上式可積分而得當線圈載有電流 I 時,其所儲存的磁能為

$$U_B = \frac{1}{2}LI^2 \qquad (22\text{-}49)$$

電荷系統的電能可視為儲存在所建立的電場內，其密度為

$$u_E = \frac{1}{2}\varepsilon_0 E^2$$

同理，電流系統的磁能也可視為儲存在所建立的磁場內。我們將以載流的細長螺線管為例，導出單位體積的磁場所儲存的磁能。半徑為 a，長度為 l，單位長度繞 n 圈的細長螺線管，其自感為

$$L = \mu_0 n^2 \pi a^2 l \tag{22-27}$$

當此線圈載有電流 I 時，線圈內的磁場值為 $B = \mu_0 n I$，故所儲存的磁能，依（22-49）式，為

$$\begin{aligned} U_B &= \frac{1}{2}(\mu_0 n^2 \pi a^2 l) I^2 = \frac{1}{2\mu_0}(\mu_0 n I)^2 (\pi a^2 l) \\ &= (\frac{B^2}{2\mu_0})(\pi a^2 l) \end{aligned} \tag{22-50}$$

上式中，$\pi a^2 l$ 為螺線管所包圍的體積，故所求的磁能密度即為

$$u_B = (\frac{B^2}{2\mu_0}) \tag{22-51}$$

電能密度正比於電場的平方，而磁能密度則正比於磁場的平方。（22-51）式雖然是從一個特例導出，但卻適用於任意的電流系統，因此一個電流系統的磁能可以表示為

$$U_B = \int (\frac{B^2}{2\mu_0}) dV \tag{22-52}$$

（22-49）式及（22-52）式提供了另外一種計算電流線圈自感的方法，亦即

$$L = \frac{2U_B}{I^2} = \frac{2}{I^2} \int (\frac{B^2}{2\mu_0}) dV \tag{22-53}$$

例題 22-11

某一同軸電纜線,其內導體為一半徑 a 的實心導線,外導體為一厚度可不計、半徑為 b 的薄圓柱殼,如圖 22-19 所示。當內、外導體分別載有均勻電流 I 及 $-I$ 時,求:(a) 單位長度內所儲存的磁能;(b) 單位長度的自感。

解

在 $b > r$ 範圍內,磁力線是圓心位於圓柱軸上的圓,磁場的量值可應用安培定律求得。而 $r > b$ 時,磁場為零。

圖 22-19 同軸電纜線垂直於長軸的切面圖。內導體為半徑 a 的實心圓柱體,外導體為同軸的薄圓柱殼。內、外導體載有大小相同,但方向相反的電流。

當 $a > r$ 時,$B(2\pi r) = \mu_0 (\dfrac{I}{\pi a^2})(\pi r^2)$

故
$$B = \dfrac{\mu_0 I r}{2\pi a^2} \quad (r < a)$$

當 $b > r > a$ 時,$B(2\pi r) = \mu_0 I$,故

$$B = \dfrac{\mu_0 I}{2\pi r} \quad (b > r > a)$$

磁場能量儲存於內導體之內以及內、外兩導體之間。單位長度的內導體所儲存的磁能為

$$\int_0^a u_B (2\pi r\, dr) = \int_0^a (\dfrac{B^2}{2\mu_0})(2\pi r\, dr) = \dfrac{\mu_0 I^2}{4\pi a^4} \int_0^a r^3\, dr = \dfrac{\mu_0 I^2}{16\pi} \tag{1}$$

內、外導體之間,單位長度所儲存的磁能為

$$\int_a^b u_B (2\pi r\, dr) = \int_a^b (\dfrac{B^2}{2\mu_0})(2\pi r\, dr) = \dfrac{\mu_0 I^2}{4\pi} \int_a^b \dfrac{dr}{r} = \dfrac{\mu_0 I^2}{4\pi} \ln(\dfrac{b}{a}) \tag{2}$$

由（1）及（2）兩式，得單位長度的電纜線所儲存的磁能為

(a)
$$\frac{U_B}{l} = \frac{\mu_0 I^2}{16\pi} + \frac{\mu_0 I^2}{4\pi}\ln\left(\frac{b}{a}\right) \tag{3}$$

(b) 單位長度的自感為

$$\frac{L}{l} = \frac{2\dfrac{U_B}{l}}{I^2} = \frac{\mu_0}{8\pi} + \frac{\mu_0}{2\pi}\ln\left(\frac{b}{a}\right) \tag{4}$$

習題

22-2 節

22-1 面積為 A、電阻為 R 的平面單圈線圈置於一均勻磁場中。磁場垂直於線圈面，且其量值在 Δt 的短時間內由零線性增加至 B_0。求在此段時間內，線圈所消耗的總電能。

22-2 一正方形線圈，邊長 10 cm，共緊密繞有 40 圈，置於與線圈面垂直的均勻磁場中。此磁場在 0.2 s 內由零線性增加至 0.4 T，求線圈上的感應電動勢。

22-3 某人將一長為 a 的矩形線圈以等速度 $\vec{v}$ 垂直於均勻磁場 $\vec{B}$ 從磁場的外部拉過磁場區，如圖 P22-3 所示。令線圈的前緣線 AA' 與磁場區的邊線 BB' 之間的距離以 x 表之。試以圖形表示下列物理量與 x 之間的關係。(a) 感應電流 I（順時針為正）；(b) 某人所需施之力 F（向右為正）

圖 P22-3 矩形線圈以等速度 $\vec{v}$ 通過均勻磁場區

及 (c) 線圈上的焦耳熱功率 P。

22-4 邊長為 a 的正方形導線 $ABCD$ 置於均勻磁場 $\vec{B}$ 中。磁場垂直於正方形面。今從 A 與 C 兩端往外施力，將導線在 τ 的時間內拉直，如圖 P22-4 所示。設此導線的電阻為 R。(a) 求平均感應電動勢；(b) 求平均感應電流及 (c) 估算外力所需做的功。

22-5 質量為 m、長度為 l 的金屬細桿置於ㄈ字形的水平金屬軌道上，均勻磁

圖 P22-4 施力將均勻磁場中的正方形導線拉扁

場 $\vec{B}$ 垂直於軌道面，如圖 P22-5 所示。若磁場 $B = \alpha t$，t 為時間，α 為正常數，且細桿與軌道間的靜摩擦係數為 μ。(a) 求在細桿尚未移動前，細桿上的感應電流的量值與方向；(b) 承 (a) 小題，求細桿所受的磁力及 (c) t 等於何值時，細桿開始移動？往何方向移動？

圖 P22-5 金屬細桿架於導電軌道上。磁場隨時間線性增加。

22-6 穩定的磁場 $\vec{B}$ 垂直於ㄈ字形的金屬軌道的平面，如圖 P22-5 所示。軌道上有一條長為 20.0 cm，電阻為 10.0 Ω 的金屬細桿。施力 $\vec{F}$ 使細桿以等速率 40.0 cm/s 移動。若 $B = 0.30$ T，求 (a) 細桿上的感應電動勢；(b) 感應電流之量值及 (c) F 之量值。

22-7 例題 22-4 中，若 $N = 200$，$A = 4.0 \times 10^{-2}$ m²，磁場 $B = 0.30$ T，$\omega = 60$ cps，求最大的感應電動勢。

22-8* 一個位置固定，ㄈ字形的金屬軌道與載有電流 I 的長直導線共處一平面，如圖 P22-8 所示。當軌道上的一條金屬細桿以等速 $\vec{v}$ 在其上滑行時，求：(a) 金屬細桿上的感應電流及 (b) 要維持細桿以等速度 $\vec{v}$ 滑行所需之外力 F（摩擦力可不計）。

圖 P22-8 ㄈ字形導電軌道與載流長直導線共面

22-9 一條長直導線跨在邊長為 a 的正方形線圈上，如圖 P22-9 所示。當長直導線上的電流 I 以一定速率 $\dfrac{dI}{dt} = \alpha$ 增加時，求正方形線圈上的感應電動勢。

圖 P22-9 一條載流長直導線架在正方形線圈上

22-10* 半徑分別為 a 與 b 的兩個圓形導線 A 與 B 相距 R，$R \gg b \gg a$，如圖

P22-10 所示。線圈 B 上載有電流 I。當線圈 A 在距離 B 線圈 R 時正以速度 $\vec{v}$ 朝線圈 B 移動，求線圈 A 上感應電動勢的近似解。

圖 P22-10 圓線圈 A 以速度 $\vec{v}$ 接近載有電流 I 的圓線圈 B

22-11* 在習題 22-10 中，若兩個線圈位置固定不動，小線圈上載有電流，且其值在 Δt 時間內以等速率從 I_0 降至零，求在這段時間內，大線圈上的感應電動勢。

22-12* 一電導係數為 σ 的金屬薄圓盤置於均勻磁場中，如圖 P22-12 所示。磁場垂直於盤面，且其量值為 $B = B_0 \cos \omega t$。

圖 P22-12 半徑 a、厚度 h 的薄金屬圓盤置於均勻磁場（對空間）$B = B_0 \cos \omega t$ 中。

圓盤的半徑為 a，厚度為 h（$h \ll a$）。設此金屬盤的感應電流所產生的磁場遠小於外加磁場，可忽略不計。求：(a) 金屬圓盤內感應電流的密度及 (b) 平均的焦耳熱功率。

22-4 節

22-13 長度為 l 的金屬細桿置於均勻磁場 $\vec{B}$ 中。此細桿繞通過其一端點 O、垂直於磁場的轉軸，以等角速度 ω 轉動，如圖 P22-13 所示。求細桿兩端點間的電位差。

圖 P22-13 金屬細桿在均勻磁場中以等角速度轉動

22-14 半徑為 a 的薄金屬圓盤置於與盤面垂直的均勻磁場 $\vec{B}$ 中。此盤繞通過其圓心、垂直於盤面的軸以等角速度 ω 轉動，如圖 P22-14 所示。求圓心與盤緣間的電位差。

圖 P22-14 薄金屬圓盤在均勻磁場中轉動

22-15 長為 b 的金屬細桿與載有電流 I 的長直導線位於同一平面上，如圖 P22-15 所示。當此桿以等速度 $\vec{v}$ 平行於導線運動時，求細桿兩端點 A 與 B 間的電位差，又何者的電位較高？

圖 P22-15　金屬細桿以速度 $\vec{v}$，相對於載流的長直導線運動。

22-6 節

22-16 自感 $L = 300$ mH 的感應線圈上的電流在 30 ms 的時間內由 20.0 mA 線性增加至 200 mA 時，線圈上的感應電動勢為何值？

22-17* 某一同軸電纜線，其內導體為一半徑為 a 的中空薄圓柱形導體，外導體為一半徑為 b 的中空薄圓柱形導體。若 $a = 1.0$ mm，$b = 4.0$ mm，長度 $l = 20.0$ cm，求其自感 L。

22-18* 求習題 22-22 中環式螺線管的自感 L。

22-19* 兩條細導線，每條的半徑均為 a，相距 d（$d > a$），構成所謂的平行傳輸線（parallel-wire transmission line），如圖 P22-19 所示。其中的一條導線上載有電流 I，另一條載有反向但相同大小的電流，若導線內的磁場可以不計，

圖 P22-19　平行傳輸線

證明單位長度的自感為

$$\frac{L}{l} = \left(\frac{\mu_0}{\pi}\right)\ln\left(\frac{d-a}{a}\right)$$

22-7 節

22-20 兩個同心共面的圓形線圈，半徑分別為 a 與 b，且 $b >> a$，求兩個線圈間的互感 M。

22-21 長寬各為 a 與 b 的矩形線圈，與一條長直導線共處於同一平面上，如圖 P22-21 所示。求兩者之間的互感 M。

圖 P22-21　矩形線圈與長直導線共面

22-22 一環式螺線管共繞有 N 圈，其每一圈的截面為邊長為 h 的正方形，線圈的內半徑為 a，外半徑為 $a + h$。載有電流 I 的長直導線垂直通過環心，如圖 P22-22 所示。當 $I = \alpha t$，α 為正常數，求線圈上的感應電動勢。

22-23 一細長的螺線管 A，其半徑為 a，長度為 l，共繞有 N 圈。另一半徑為 b（$b > a$），長度為 l'（$l' < l$）的短螺

圖 P22-22 載有電流 I 的長直導線垂直通過環心

線管 B 和螺線管 A 同軸。當線圈 A 上通有電流 $I = I_0 \cos \omega t$ 時，求線圈 B 兩端點間的感應電動勢。

22-8 節

22-24 電阻 $R = 5.0\,\Omega$，自感 $L = 1.0\,H$ 的一個感應線圈連接至一個內電阻可以不計、電動勢為 200 V 的電池，如圖 P22-24 所示。若開關 S 於 $t = 0$ 時被按下，試求在 $t = 2.0\,s$ 時，(a) 磁場能量的增加速率；(b) 焦耳熱的產生速率及 (c) 電池所提供能量的速率。

圖 P22-24

22-25 一個感應線圈 L，一個電阻 R，二個開關 S_1 及 S_2 及電動勢為 ε 的直流電池連接成如圖 P22-25 所示的電路。起先 S_2 打開，S_1 按下一段長時間使通過感應線圈的電流達到飽和值。若在 $t = 0$ 時，打開 S_1，並同時按下 S_2，求在 t 時間時，感應線圈上的電流。

圖 P22-25

22-9 節

22-26 自感 $L = 400\,mH$ 的感應線圈上載有 10.0 A 的電流，求其所儲存的磁能。

22-27 一均勻電場的電場量值必須為何值時，其能量密度等於一量值為 0.40 T 的均勻磁場的能量密度？

23

交流電流

- 23-1 包含交流電源與電阻器的交流電路
- 23-2 包含交流電源與電容器的交流電路
- 23-3 包含交流電源與感應線圈的交流電路
- 23-4 LCR 串聯電路
- 23-5 方均根電壓與電流
- 23-6 電功率
- 23-7 LCR 串聯交流電路的共振
- 23-8 LC 振盪
- 23-9 RC 濾波器

電流可分成直流（direct current）及交流（alternating current）兩種，並常用 dc 表示直流，ac 表示交流。交流電流的方向會隨時間改變，而最常見的交流電流的形式為 $I = I_0 \cos \omega t$。交流電路係由電阻、電容、電感等電路元件以及交流電源所組成。本章將討論一些簡單的交流電路問題，介紹電抗及阻抗的觀念。

23-1 包含交流電源與電阻器的交流電路

交流電源提供角頻率為 ω 的交流電壓 $V(t)$，

$$V(t) = V_0 \cos \omega t \tag{23-1}$$

V_0 為最大電壓，或稱振幅，或稱電壓的峰值（peak value）。交流電源通常以 ─⊙─ 符號表示。最簡單的交流電路是由一個電阻為 R 的電阻器和一個角頻率為 ω 的交流電源所組成的電路，如圖 23-1 所示。在任何時間，電阻兩端的電壓等於交流電源的電壓。設 t 時刻時，線路上的電流為 $I(t)$，則

$$V_0 \cos \omega t = I(t) R \tag{23-2}$$

故

$$I(t) = (\frac{V_0}{R}) \cos \omega t = I_0 \cos \omega t \tag{23-3}$$

$$I_0 = \frac{V_0}{R} \tag{23-4}$$

圖 23-1 電阻 R 與角頻率為 ω、電動勢為 $\varepsilon = V_0 \cos \omega t$ 的交流電源連接成的交流電路。

顯然，當電阻兩端的電壓有最大正值時，通過電阻的電流亦有最大正值；當電壓為零時，電流亦為零。這表示電阻的電流與電壓隨時間同步改變，我們稱電流與電壓同相（in phase），如圖 23-2 所示。電流與電壓隨時間作諧調改變的現象也可用所謂的相量（phasor）圖表示。一個相量係指在一平面上做等角

圖 23-2　電路上的電流 I 與電動勢 ε 隨時間同步改變

圖 23-3　電流相量與電壓相量同相

速率轉動的向量。以（23-1）式所代表的交流電壓為例，其相量的量值為 V_0，此相量在平面上以等角速率 ω 轉動，而此向量在水平軸（時間軸）上的投影即為在時刻 t 時的電壓值 $V(t)$。電流與電壓同相，即表示電流相量與電壓相量在任何時刻均在同一條直線上，如圖 23-3 所示。

23-2　包含交流電源與電容器的交流電路

考慮電容為 C 的電容器和角頻率為 ω、電壓峰值為 V_0 的交流電源所組成的電路，如圖 23-4 所示。設在 t 時刻時，電容器上的電荷為 $Q(t)$，則 $Q(t) = CV(t)$，$V(t)$ 為電容器的電位差，也等於交流電源的輸出電壓，即

$$Q(t) = CV_0 \cos \omega t \tag{23-5}$$

故電路上的電流 $I(t)$ 為

$$I(t) = \frac{dQ}{dt} = -\omega CV_0 \sin \omega t = \omega CV_0 \cos\left(\omega t + \frac{\pi}{2}\right) \tag{23-6}$$

圖 23-4　電容 C 與一個交流電源連接而成的交流電路

電流 $I(t)$ 與電壓 $V(t)$ 隨時間改變的關係可用圖 23-5 表示。方程式（23-6）表示電流的相位比電壓的相位超前了 90°。這

圖 23-5 電流的相位比電壓的相位超前 90°

圖 23-6 電流相量的相位比電壓相量的相位超前 90°

種現象用圖 23-6 所示的相量圖可更清楚看出。電流的峰值 I_0，由（23-6）式，為

$$I_0 = \omega C V_0 = \frac{V_0}{(\frac{1}{\omega C})} \tag{23-7}$$

$\frac{1}{\omega C}$ 顯然具有電阻的因次，我們定義此量為**電容電抗**（capacitive reactance），以符號 X_C 表之，即

$$X_C \equiv \frac{1}{\omega C} \tag{23-8}$$

（23-6）式的交流電流也可以表為

$$I(t) = I_0 \cos(\omega t + \phi) \tag{23-9}$$

其中

$$I_0 = \frac{V_0}{X_C}, \quad \phi = 90° \tag{23-10}$$

ϕ 為電流與電壓間的**相差**（phase difference）。

電容器除了具備儲存電能的功能之外，在電路上也具備有阻斷直流（dc）訊號，而讓交流（ac）訊號通過的功能。圖 23-7 中的電容 C 即具備此種功能；電容 C 可以阻斷直流電壓由線路 A 傳至線路 B，但在同時允許交流訊號由線路 A 傳至線路

圖 23-7

B。當電容 C 的量值大時，其電容電抗 X_C 小，則交流訊號通過電容器後的衰減（attenuation）亦較小。電容器也可以作為過濾交流訊號之用，如圖 23-8 所示。這種電容器可讓由線路 A 傳來的交流訊號流失，而不傳輸至線路 B，但卻可讓線路 A 的直流電壓繼續跨接於線路 B。這種功能使電容器被廣泛應用於整流器（rectifier）上。電容器這種濾波的功能也被應用於收音機及其它音響設備上作為高、低音的調節之用。

圖 23-8

23-3 包含交流電源與感應線圈的交流電路

考慮一個自感為 L 的感應線圈和一個角頻率為 ω、電壓峰值為 V_0 的交流電源串接成一個完整電路，如圖 23-9 所示。若感應線圈的電阻可忽略不計，則在任何時刻 t，線圈兩端的電壓值 $L\dfrac{dI}{dt}$ 等於電源電壓，即

$$L\frac{dI}{dt} = V_0 \cos\omega t \tag{23-11}$$

上式對時間積分一次，可得

$$I(t) = \frac{V_0}{\omega L}\sin\omega t + 常數 \tag{23-12}$$

若 $t=0$ 時，$I=0$，則上式之積分常數為零，故

$$I(t) = \frac{V_0}{\omega L}\sin\omega t = \frac{V_0}{\omega L}\cos\left(\omega t - \frac{\pi}{2}\right) \tag{23-13}$$

圖 23-9 電感與交流電源所連接的交流電路

上式表示電流的相位落後電壓的相位 90°，如圖 23-10 所示。這種相位差的現象可由圖 23-11 所示的相量圖更清楚地呈現。電流的峰值為 $I_0 = \dfrac{V_0}{\omega L}$，故 ωL 也具有電阻的因次，稱為電感電抗（inductive reactance），以符號 X_L 表之，即

▶ 圖 23-10 電流相位落後電壓相位 90°

▶ 圖 23-11 電流相量的相位落後電壓相量的相位 90°

$$X_L = \omega L \tag{23-14}$$

（23-13）式也可以寫為

$$I(t) = I_0 \cos(\omega t - \phi) \tag{23-15}$$

其中，$I_0 = \dfrac{V_0}{X_L}$，$\phi = 90°$。

例題 23-1

電容為 10.0 μF 的電容器連接至電壓峰值為 110 V、頻率為 60.0 Hz 的交流電源，求線路上電流的峰值。

解

角頻率
$$\omega = 2\pi f = 2\pi(60.0 \text{ Hz}) = 377 \text{ rad/s}$$

故電容電抗
$$X_C = \frac{1}{\omega C} = \frac{1}{(377 \text{ rad/s})(10.0 \times 10^{-6} \text{ F})} = 265 \ \Omega$$

電流峰值 I_0 與電壓峰值 V_0 間的關係為
$$I_0 = \frac{V_0}{X_C} = \frac{110 \text{ V}}{265 \ \Omega} = 0.415 \text{ A}$$

例題 23-2

自感為 100 mH 的感應線圈連接至電壓峰值為 110 V、頻率為 60.0 Hz 的交流電源，求線路上電流的峰值。

解

$$\omega = 2\pi f = 377 \text{ rad/s}$$

感應線圈的電感電抗 X_L 為

$$X_L = \omega L = (377 \text{ rad/s})(100\times 10^{-3} \text{ H}) = 37.7 \text{ }\Omega$$

故電流峰值為

$$I_0 = \frac{V_0}{X_L} = \frac{110 \text{ V}}{37.7 \text{ }\Omega} = 2.92 \text{ A}$$

23-4　*LCR* 串聯電路

考慮如圖 23-12 所示，由交流電源、電阻 R、電感 L 和電容 C 所組成的串聯電路。由前面的分析知道，電阻 R 上的電壓 $V_R = IR$ 和電流同相，電容 C 上的電壓 $V_C = IX_C$，其相位落後電流 90°，而電感 L 上的電壓 $V_L = IX_L$，其相位超前電流 90°。前段敘述可用圖 23-13 所示的相量圖表示。相量 V_L 與 V_C 在一直線上，但方向相反，且其差值 $V_L - V_C$ 垂直於 V_R，而兩者之向量和即為 $V(t)$。易言之，電源電壓相量 V（是一個向量）等於 V_R、V_L 與 V_C 三個相量的向量和。故 V 的峰值為

$$\begin{aligned}V_0 &= \sqrt{V_R^2 + (V_L - V_C)^2} = \sqrt{(I_0 R)^2 + (I_0 X_L - I_0 X_C)^2} \\ &= I_0\sqrt{R^2 + (X_L - X_C)^2} \\ &= I_0\sqrt{R^2 + X^2} \equiv I_0 Z\end{aligned} \quad (23\text{-}16)$$

圖 23-12 *LCR* 串聯交流電路

圖 23-13 LCR 串聯電路的相量圖

上式中，
$$X = X_L - X_C \tag{23-17}$$

稱為此 LCR 串聯電路的**電抗**（reactance），而

$$Z = \sqrt{R^2 + X^2} = \sqrt{R^2 + (X_L - X_C)^2} = \sqrt{R^2 + (\omega L - \frac{1}{\omega C})^2} \tag{23-18}$$

則稱為此 LCR 串聯電路的**阻抗**（impedance）。

在任意時刻 t，電流與電壓的量值即分別為其相量在水平時間軸上的投影，即

$$I(t) = I_0 \cos \omega t \tag{23-19}$$
$$V(t) = V_0 \cos(\omega t + \phi) \tag{23-20}$$

上式中，I_0 與 V_0 分別為電流與電壓相量的振幅，I_0 與 V_0 間有 (23-16) 式的關係存在，ϕ 為電壓與電流相量間的夾角。由圖 23-14 可知，

$$V_0 \cos \phi = V_R = I_0 R \tag{23-21}$$
$$V_0 \sin \phi = V_L - V_C = I_0 X \tag{23-22}$$

上面兩式相除可得

$$\tan \phi = \frac{X}{R} = \frac{X_L - X_C}{R} \tag{23-23}$$

圖 23-14 電流相量與電壓相量的夾角為 ϕ

相角差 ϕ 通常取為 $90° > \phi > -90°$。若 $X_L > X_C$，可取 $90° > \phi > 0°$，則電流的相位落後電壓 ϕ；若 $X_L < X_C$，ϕ 角可取 $0° > \phi > -90°$，則電流的相位超前電壓 ϕ。在前面的討論中，係以線路上電流的相位為基準，若以交流電源的電壓相位為基準，即將電源電壓寫為 $V(t) = V_0 \cos \omega t$，則電路上的電流為 $I(t) = I_0 \cos(\omega t - \phi)$，那麼（23-16）～（23-18）等三個式子仍成立，以及（23-21）～（23-23）等三個式子依然成立。

例題 23-3

如圖 23-12 所示的 LCR 串聯電路中，若 $R = 400\,\Omega$，$L = 0.200\,H$，$C = 5.00\,\mu F$，$\omega = 377\,\text{rad/s}$（即 $f = 60.0\,\text{Hz}$），$V_0 = 110\,V$，求：(a) 阻抗 Z；(b) 電流峰值 I_0；(c) 電流與電壓間的相角差 ϕ 及 (d) 電阻、電容及電感上的電壓峰值。

解

電感電抗 $X_L = \omega L = (377\,\text{rad/s})(0.200\,H) = 75.4\,\Omega$

電容電抗 $X_C = \dfrac{1}{\omega C} = \dfrac{1}{(377\,\text{rad/s})(5.00 \times 10^{-6}\,F)} = 531\,\Omega$

(a) 故阻抗 $Z = \sqrt{R^2 + (X_L - X_C)^2} = 606\,\Omega$

(b) $I_0 = \dfrac{V_0}{Z} = \dfrac{110\,V}{606\,\Omega} = 0.182\,A$

(c) $\phi = \tan^{-1}(\dfrac{X_L - X_C}{R}) = -48.7°$

ϕ 為負值，表示電流相位超前。

(d) 電阻上的電壓峰值 $V_R = I_0 R = (0.182\,A)(400\,\Omega) = 72.8\,V$

電容上的電壓峰值 $V_C = I_0 X_C = (0.182\,A)(531\,\Omega) = 96.6\,V$

電感上的電壓峰值 $V_L = I_0 X_L = (0.182\,A)(75.4\,\Omega) = 13.7\,V$。

23-5 方均根電壓與電流

交流電壓 $V(t) = V_0 \cos \omega t$，其值隨時間 t 變化的關係已呈現於圖 23-2。顯然，我們若取在一個週期 $T = \dfrac{2\pi}{\omega}$ 內的時間平均值 $\overline{V}$，則其值為零，

$$\overline{V} = \frac{1}{T}\int_0^T V(t)dt = \frac{1}{T}\int_0^T V_0 \cos \omega t\, dt$$
$$= \frac{1}{T}\left(\left(\frac{V_0}{\omega}\sin \omega t\right)_{t=T} - \left(\frac{V_0}{\omega}\sin \omega t\right)_{t=0}\right) \tag{23-24}$$

因為 $\sin \omega T = \sin 2\pi = 0$

所以 $\overline{V} = 0$

而 $V^2(t) = V_0^2 \cos^2 \omega t$ 隨時間 t 變化的關係則有如圖 23-15 所示。$V^2(t) \geq 0$，且其週期 $\dfrac{\pi}{\omega}$ 為 $V(t)$ 的 $\dfrac{1}{2}$ 倍。我們若取 $V^2(t)$ 的一個週期 $\dfrac{\pi}{\omega}$ 的時間平均值，則

$$\overline{V^2} = \frac{\omega}{\pi}\int_0^{\frac{\pi}{\omega}} V_0^2 \cos^2 \omega t\, dt$$
$$= \frac{\omega}{2\pi}\int_0^{\frac{\pi}{\omega}} V_0^2 (1+\cos 2\omega t)dt = \frac{1}{2}V_0^2 \tag{23-25}$$

其開方值通常稱為**方均根值**（root-mean-square value）則為

$$V_{\text{rms}} = \frac{1}{\sqrt{2}}V_0 = 0.707 V_0 \tag{23-26}$$

在（23-25）式中，週期若取為 $V(t)$ 的週期 $\dfrac{2\pi}{\omega}$，則結果仍同。一般家庭中，110 V 的 ac 電源，即表示 $V_{\text{rms}} = 110\,\text{V}$，而峰值為 $V_0 = \sqrt{2}\,V_{\text{rms}} = 155.6\,\text{V}$。這乃是因為一般的交流伏特計與安培計均被設計成為讀出方均根值之故。

圖 23-15

23-6 電功率

23-6-1 R 電路

當電阻 R 上通有直流電流 I 時，其所消耗的電功率完全轉換成熱能，

$$P = I^2 R = IV \tag{23-27}$$

而當此電阻連接至電壓峰值為 V_0、角頻率為 ω 的交流電源時，通過電阻的電流為 $I = \dfrac{V_0}{R}\cos\omega t$。電阻所消耗的瞬時電功率 $P(t)$ 為

$$P(t) = I^2 R = \dfrac{V_0^2}{R}\cos^2\omega t \tag{23-28}$$

其週期的平均值 $\overline{P}$ 為

$$\overline{P} = \dfrac{V_0^2}{R}\,\overline{(\cos^2\omega t)} = \dfrac{1}{2}\dfrac{V_0^2}{R} = \dfrac{1}{2}I_0 V_0 \tag{23-29}$$

23-6-2 LCR 電路

在 LCR 串聯電路中，電路上的電流與電源電壓間存在著（23-19）與（23-20）式的關係，

$$I(t) = I_0 \cos\omega t \tag{23-19}$$

$$V(t) = V_0 \cos(\omega t + \phi) \tag{23-20}$$

電源所提供的瞬時電功率為

$$P(t) = I(t)V(t) = I_0 V_0 \cos\omega t \cos(\omega t + \phi) \tag{23-30}$$

代入三角恆等式

$$\cos(\omega t + \phi) = \cos\phi\cos\omega t - \sin\phi\sin\omega t \tag{23-31}$$

得 $P(t) = I_0 V_0 \cos\phi\cos^2\omega t - I_0 V_0 \sin\phi\cos\omega t\sin\omega t \tag{23-32}$

若取一個週期的時間平均值，則

$$\overline{P} = I_0 V_0 \overline{(\cos^2\omega t)} - I_0 V_0 \sin\phi\overline{(\cos\omega t\sin\omega t)} \tag{23-33}$$

但因 $\overline{(\cos^2\omega t)} = \frac{1}{2}$, $\overline{(\cos\omega t\sin\omega t)} = 0 \tag{23-34}$

故 $\overline{P} = \frac{1}{2}I_0 V_0 \cos\phi \tag{23-35}$

ϕ 為電流與電壓間的相角差。$\cos\phi$ 稱為此交流串聯電路的電功率因子（power factor）。（23-35）式中，$I_0 = \sqrt{2}I_{\mathrm{rms}}$，$V_0 = \sqrt{2}V_{\mathrm{rms}}$，故

$$\overline{P} = I_{\mathrm{rms}} V_{\mathrm{rms}} \cos\phi \tag{23-36}$$

同時，電阻 R 上的電壓 $V_R = IR = I_0 R\cos\omega t$，故其瞬時電功率為

$$P_R(t) = IV_R = I_0^2 R\cos^2\omega t \tag{23-37}$$

其週期平均值為

$$\overline{P_R} = I_0^2 R\overline{(\cos^2\omega t)} = \frac{1}{2}I_0^2 R = I_{\mathrm{rms}}^2 R \tag{23-38}$$

由（23-21）式，

$$\cos\phi = \frac{I_0 R}{V_0} = \frac{I_{\mathrm{rms}} R}{V_{\mathrm{rms}}} \tag{23-39}$$

將（23-39）式代入（23-36）式中，得交流電源所提供的平均電功率為

$$\overline{P} = I_{\mathrm{rms}}V_{\mathrm{rms}}\left(\frac{I_{\mathrm{rms}}R}{V_{\mathrm{rms}}}\right) = I_{\mathrm{rms}}^2 R \tag{23-40}$$

比較（23-38）與（23-40）兩式得知 $\overline{P} = \overline{P_R}$，亦即交流電源所提供的平均電功率等於電阻所消耗的平均電功率。理想的電容與電感沒有電阻，故不消耗電磁能量，只會儲存電磁能量。

例題 23-4

(a) 證明 LCR 串聯電路的功率因子 $\cos\phi = \dfrac{R}{Z}$。(b) 當 LCR 串聯電路中，電抗為 0，僅有電阻時，功率因子的值為多少？當 LCR 串聯電路中，電阻為 0，僅有電抗時，功率因子的值為多少？

解

(a) 利用 (23-23) 式

$$\tan\phi = \frac{X}{R}$$

故

$$\sec^2\phi = 1 + \tan^2\phi = 1 + \frac{X^2}{R^2} = \frac{R^2 + X^2}{R^2} = \frac{Z^2}{R^2}$$

所以

$$\cos\phi = \frac{1}{\sec\phi} = \frac{R}{Z}$$

(b) 當 $X = 0$ 時，$Z = R$，故由上式得 $\cos\phi = \dfrac{R}{Z} = 1$。

當 $R = 0$ 時，$\cos\phi = 0$。

例題 23-5

例題 23-3 中，求交流電源所提供的 (a) 平均電功率及 (b) 瞬時最大電功率。

解

交流電源所提供的平均電功率，由（23-35）式為

$$\overline{P} = \frac{1}{2} I_0 V_0 \cos\phi$$

代入 $I_0 = 0.182$ A，$V_0 = 110$ V，$\cos\phi = \cos(48.7°) = 0.66$，得

$$\overline{P} = \frac{1}{2}(0.182\ \text{A})(110\ \text{V})(0.66) = 6.6\ \text{W}$$

因為交流電源所提供的電功率完全消耗在電阻上,因此平均電功率也可由(23-40)式計算而得

$$\overline{P} = I_{rms}^2 R = \frac{1}{2}I_0^2 R = \frac{1}{2}(0.182\text{ A})^2(400\text{ }\Omega) = 6.6\text{ W}$$

電阻 R 上的最大電功率為 $P_{max} = I_0^2 R$ 為其平均電功率的 2 倍。

23-7 LCR 串聯交流電路的共振

LCR 串聯交流電路中,方均根電流與電源電壓間有以下的關係存在

$$I_{rms} = \frac{V_{rms}}{Z} = \frac{V_{rms}}{\sqrt{R^2 + (X_L - X_C)^2}} \quad (23\text{-}41)$$

電感電抗 X_L 及電容電抗 X_C 均為頻率的函數,故 I_{rms} 亦為頻率的函數。當 $X_L = X_C$,I_{rms} 有最大值。這種現象稱為電流共振。共振的頻率符合的條件為

$$\omega_0 L = \frac{1}{\omega_0 C}$$

故共振頻率為

$$\omega_0 = \frac{1}{\sqrt{LC}} \quad (23\text{-}42)$$

當頻率為 ω 時,平均電功率為

$$\overline{P} = I_{rms}^2 R = (\frac{V_{rms}^2}{Z^2})R = \frac{RV_{rms}^2}{R^2 + (X_L - X_C)^2} \quad (23\text{-}43)$$

但 $X_L - X_C = \omega L - \frac{1}{\omega C} = \frac{L}{\omega}(\omega^2 - \frac{1}{LC}) = \frac{L}{\omega}(\omega^2 - \omega_0^2)$

故

圖 23-16 平均電功率 $\overline{P}(\omega)$ 與角頻率 ω 的關係圖

$$\overline{P}(\omega) = \frac{R\omega^2 V_{\text{rms}}^2}{R^2\omega^2 + L^2(\omega^2 - \omega_0^2)^2} \quad (23\text{-}44)$$

當 L、C 與 R 固定，ω 改變時，圖 23-16 是 $\overline{P}(\omega)$ 與 ω 的關係示意圖。此條曲線的寬窄通常以品質因子（quality factor）Q_0 表示。Q_0 定義為

$$Q_0 = \frac{\omega_0}{\Delta\omega} \quad (23\text{-}45)$$

ω_0 為共振頻率，而 $\Delta\omega$ 為對應功率峰值一半的兩個角頻率的差，即當 $\omega = \omega_0 \pm \frac{1}{2}\Delta\omega$ 時，平均電功率為最大電功率的一半。$\Delta\omega$ 越小，Q_0 越大，共振寬度越窄。收音機的接收電路通常是一種 LCR 串聯電路。選台時，我們改變一個可變電容器的電容值，當接收電路的共振頻率符合電台的發射頻率時，接收電路的 I_{rms} 最大，有最佳的收聽效果。

23-8　LC 振盪

圖 23-17 所示的是一個 LC 串聯電路。設 $t < 0$ 時，開關 S 掀起，電容器帶有電荷 Q_0，電感上的電流為零；$t = 0$，開關 S 被按下。設 t 時刻時，電容器帶電 $Q(t)$，電路上的電流為 $I(t)$。若電路上的所有電阻均可忽略不計，則本問題可從能

圖 23-17

量守恆的觀點加以分析。電容器儲存的電能為 $\dfrac{Q^2(t)}{2C}$，電感所儲存的磁能為 $\dfrac{1}{2}LI^2(t)$，其和應等於 $t<0$ 時系統的能量，即電容器所儲存的電能 $\dfrac{Q_0^2}{2C}$，即

$$\frac{Q^2(t)}{2C} + \frac{1}{2}LI^2(t) = \frac{Q_0^2}{2C} \tag{23-46}$$

上式對時間微分一次可得

$$\frac{Q(t)}{C}\frac{dQ(t)}{dt} + LI(t)\frac{dI(t)}{dt} = 0 \tag{23-47}$$

但 $I(t) = \dfrac{dQ(t)}{dt}$，故上式變成

$$\frac{d^2Q(t)}{dt^2} + \frac{1}{LC}Q(t) = 0 \tag{23-48}$$

上式具有簡諧運動方程式的形式，其解可寫為

$$Q(t) = A\cos(\omega t + \phi) \tag{23-49}$$

$$\omega^2 = \frac{1}{LC}$$

已知 $t=0$ 時，$Q=Q_0$，$I=0$，可解得 $A=Q_0$，$\phi=0$。故

$$Q(t) = Q_0 \cos \omega t \tag{23-50}$$

$$I(t) = -\omega Q_0 \sin \omega t \tag{23-51}$$

這種電磁振盪稱為 LC 振盪，振盪的角頻率為

$$\omega_0 = \frac{1}{\sqrt{LC}} \tag{23-52}$$

由（23-50）及（23-51）兩式可看出，當 Q 有最大值時，I 有最小值，亦即當電容器所儲存的電能有最大值時，電感所儲存的磁能有最小值；同理，當電能有極小值時，磁能有極大值。

表 23-1　振盪的類比

力學振盪	LC 振盪
位移 x	電荷 Q
速度 v	電流 I
位能 $\frac{1}{2}kx^2$	電能 $\frac{1}{2}\frac{Q^2}{C}$
動能 $\frac{1}{2}mv^2$	磁能 $\frac{1}{2}LI^2$

在電磁振盪的過程中，電磁能量總和不變，但電能與磁能互相轉換。這個電磁振盪的現象可類比於圖 23-18 所示的質量-彈簧系統的力學振盪。若摩擦力及空氣阻力可以不計，此力學系統的總力學能守恆，即

$$\frac{1}{2}mv^2 + \frac{1}{2}kx^2 = E \tag{23-53}$$

這兩種振盪的類比及其相對應的物理量列於表 23-1 中。

圖 23-18　質量-彈簧系統

23-9　RC 濾波器

考慮如圖 23-19 所示的電阻與電容串聯電路。若輸入電壓 V_i 為電壓峰值 V_0、角頻率 ω 的交流訊號，我們希望知道輸出訊號的電壓峰值。此 RC 串聯電路的阻抗 Z 為

$$Z = \sqrt{R^2 + X_C^2} = \sqrt{R^2 + \left(\frac{1}{\omega C}\right)^2} \tag{23-54}$$

故電流峰值為

$$I_0 = \frac{V_0}{Z} = \frac{V_0}{\sqrt{R^2 + \left(\frac{1}{\omega C}\right)^2}} \tag{23-55}$$

圖 23-19　低通 RC 濾波器

輸出電壓的峰值為

$$(V_{\text{out}})_{\max} = I_0 X_C = \frac{\frac{1}{\omega C}}{\sqrt{R^2 + (\frac{1}{\omega C})^2}} V_0 \qquad (23\text{-}56)$$

輸出電壓的峰值與輸入電壓峰值之比值 r 為

$$r = \frac{\frac{1}{\omega C}}{\sqrt{R^2 + (\frac{1}{\omega C})^2}} \qquad (23\text{-}57)$$

此比值為角頻率 ω 的函數，其間的關係可用圖 23-20 表示之。頻率較高時，輸出電壓較小；反之，頻率較低時，電壓的衰減較小。這種濾波器稱為低通濾波器（low-pass filter）。（23-57）式亦可表示為

$$r = \frac{1}{\sqrt{1 + \omega^2 \tau^2}} \qquad (23\text{-}58)$$

圖 23-20　低通濾波器輸出與輸入電壓比 r 與頻率 ω 間的關係圖

上式中，$\tau = RC$ 為此 RC 濾波器的時間常數。由（23-58）式，可知 $r \leq 1$。當 $\omega \gg \frac{1}{\tau}$ 時，$r \to 0$；當 $\omega \ll \frac{1}{\tau}$ 時，$r \to 1$。

假如將圖 23-19 中電阻 R 與電容 C 的位置互相交換，如圖 23-21 所示，則

$$r = \frac{R}{\sqrt{R^2 + (\frac{1}{\omega C})^2}} = \frac{1}{\sqrt{1 + \frac{1}{\omega^2 R^2 C^2}}} \qquad (23\text{-}59)$$

此比值 r 與角頻率 ω 的關係圖有如圖 23-22 所示。當 $\omega \gg \frac{1}{RC}$，$r \to 1$，而當 $\omega \ll \frac{1}{RC}$，$r \to 0$，故這種濾波器稱為高通濾波器（high-pass filter）。

圖 23-21 高通 RC 濾波器

圖 23-22 高通濾波器輸出與輸入電壓比 r 與頻率 ω 間的關係圖

習題

23-2 節

23-1 $C = 3.0\ \mu F$ 的電容器連接至 $\omega = 1000$ rad/s、$V_0 = 120\ V$ 的交流電源，求電路上的電流峰值。

23-3 節

23-2 $L = 10\ mH$ 的線圈連接至 $\omega = 1000$ rad/s、$V_0 = 100\ V$ 的交流電源，求電路的電流峰值 I_0。

23-4 節

23-3 一個線圈的電抗為 $25\ \Omega$，阻抗為 $215\ \Omega$，試問其電阻為何值？

23-4 (a) 求頻率為 60 Hz 時，自感 $L = 4.0$ H 線圈的電抗；(b) 求頻率為 60 Hz 時、電容 $C = 5.0\ \mu F$ 電容器的電抗及 (c) 頻率 f 為何值時，$L = 4$ H 的線圈與 $C = 5\ \mu F$ 的電容其電抗相等。

23-5 $L = 100\ mH$ 的感應線圈，其電阻為 $0.40\ \Omega$。此線圈和電容 C 以及 1000 Hz 的交流電源組成串聯電路。若此電路的電流與電源的電壓同相，求電容 C。

23-6 課本圖 23-12 所示的交流電路中，若 $\omega = 10^3$ rad/s，$R = 400\ \Omega$，$L = 1.0\ H$，$C = 0.50\ \mu F$，求 (a) 阻抗 Z 及 (b) 電流與電源電壓間的相角差 ϕ。

23-7 $R = 10.0\ \Omega$ 的電阻、$C = 60.0\ \mu F$ 的電容以及 60 Hz、$V_0 = 50.0\ V$ 的交流電源串聯成完整的電路。(a) 求阻抗 Z；(b) 求電流的峰值 I_0。

23-5 節

23-8 某一個馬達運轉時，其等效電路相當於 $40.0\ \Omega$ 的電阻串聯於 $X_L = 30.0\ \Omega$

的電感。已知 $V_{rms}=110$ V，求 I_{rms}。

23-9 $R=100.0\,\Omega$ 的電阻連接至 60 Hz、$V_{rms}=110$ V 的交流電源，求平均電功率。

23-10 在某一個 LCR 串聯交流電路中，電路上的 $I_{rms}=5.0$ A，交流電源的 $V_{rms}=200$ V，且電流的相位比電源電壓的相位超前 $53°$。求 (a) 此電路的總電阻；(b) 此電路的電抗 X 及 (c) 平均電功率。

23-11 $R=4.0$ kΩ 的電阻、$C=1.0\,\mu$F 的電容和 60 Hz、$V_{rms}=110$ V 的交流電源組成串聯電路。求：(a) I_{rms}；(b) 電流與電源電壓間的相角差 ϕ；(c) 平均電功率；(d) 電阻的 V_{rms} 及 (e) 電容的 V_{rms}。

23-12 $C=10.0\,\mu$F 的電容、一個感應線圈和 60 Hz 的交流電源組成串聯電路。某生使用交流伏特計量得電容上的電壓為 100 V，線圈上的電壓為 150 V。(a) 求線圈的 L 值；(b) 求 I_{rms}；(c) 某生若使用交流伏特計測量電源的電壓，他將得到什麼讀數？

23-13 $R=50.0\,\Omega$ 的電阻、$L=100.0$ H 的電感以及 60 Hz、$V_{rms}=110$ V 的交流電源組成串聯電路。求：(a) I_{rms}；(b) 電流與電源電壓間的相角差 ϕ；(c) 平均電功率；(d) 電阻的 V_{rms} 及 (e) 電感的 V_{rms}。

23-14 $R=200\,\Omega$ 的電阻、$C=10.0\,\mu$F 的電容和 60 Hz、$V_{rms}=110$ V 的交流電源組成串聯電路。求：(a) 電容電抗 X_C；(b) 阻抗 Z；(c) I_{rms}；(d) 電流峰值 I_0；(e) 平均電功率；(f) 電流與電源電壓間的相角差 ϕ 及 (g) 若將電源電壓及電阻兩端的電壓分別接到示波器的水平與垂直輸入端，試問螢光幕上會出現何種曲線？

23-6 節

23-15 $L=10$ mH、$R=20\,\Omega$ 的感應線圈連結至 $V_0=40$ V 的交流電源時，此線圈所消耗的平均電功率為 20 W。求此交流電源的頻率 f。

23-7 節

23-16 LCR 串聯電路中，若 $R=5.00\,\Omega$，$C=20.0\,\mu$F，$L=1.00$ H，$V_0=30.0$ V。求：(a) 共振頻率 ω_0 及 (b) 共振時，電流的峰值。

23-17 一個可變電容器，其電容可從 30 pF 連續變至 365 pF。此電容器和自感為 L 的電感連接成如圖 P23-17 所示的電路。此電路用於收音機的選台之用。已知調幅廣播的頻率從 500 kHz 至 1600 kHz，試問線圈的 L 值應選用何值？

圖 P23-17

24

馬克士威方程式與電磁波

- 24-1 隨時間改變的電場是一種磁場源
- 24-2 馬克士威方程式
- 24-3 電磁波及其傳播
- 24-4 電磁波的波譜與產生
- 24-5 電磁波的偏振
- 24-6 電磁波的能量
- 24-7 電磁波的動量與光壓

在 電磁學的發展史上先後發現了庫侖定律、必歐-沙伐定律以及法拉第定律等。靜電場是保守場，遵守電的高斯定律。靜磁場遵守安培定律以及磁的高斯定律。法拉第定律說隨時間改變的磁場會產生感應電場。假如電場和磁場都隨時間改變時，馬克士威從理論上發現，安培定律必須加以修正；並從理論上發現，隨時間改變的電場也會產生感應磁場。因此，時變的電場與磁場會交互感應，而交互感應的電磁場便會產生電磁波。馬克士威從理論上發現在真空中不同頻率的電磁波其波速均相等，且等於光在真空中的波速。馬克士威也因此將古典光學整合到古典電磁場的理論。經馬克士威整理後的電磁場方程式被稱為馬克士威方程式，這些方程式是古典電磁場與電磁波，以及古典光學的理論基礎。電磁波有能量，也有動量。像其它一些波動一樣，電磁波也有偏振的現象。以上這些都是本章的討論重點。

24-1 隨時間改變的電場是一種磁場源

法拉第經由實驗發現，隨時間改變的磁場會產生感應電場；感應電場與磁通量的時變率之間遵守法拉第定律，

$$\oint_C \vec{E} \cdot d\vec{l} = -\frac{d}{dt} \int_S \vec{B} \cdot \hat{n} \, dA \tag{24-1}$$

磁場可以產生感應電場，那麼電場是否也可以產生感應磁場呢？這個問題和下面的問題息息相關。考慮一個外接至直流電路的平行板電容器，假設有一穩定的電流 I 通過此電容器，如圖 24-1 所示。取如圖所示，有指定方向的封閉路徑 C，則由安培定律知，磁場 $\vec{B}$ 繞路徑 C 的環場積等於 μ_0 乘以通過此路徑的總自由電流，亦即

圖 24-1　表面 S_1 與 S_2 的邊緣均與路徑 C 重合

$$\oint_C \vec{B} \cdot d\vec{l} = \mu_0 \int_S \vec{J}_f \cdot \hat{n} \, dA \qquad (24\text{-}2)$$

上式等號右邊的面積分，曲面 S 只要其邊緣與路徑 C 重合即可。假設路徑 C 是一條平面封閉曲線，那麼此曲線所圍成的面積 S_1 就是 S 的一種選擇。我們也可以選擇如圖示的 S_2 曲面，S_2 曲面的外緣亦與路徑 C 重合，且其部份面積處於電容器內，部份則在外。通過曲面 S_1 的總自由電流顯然為 I，但並無自由電流通過曲面 S_2。這樣的結果顯然自我矛盾。馬克士威在思考這個問題，以及在思考古典電磁場理論時，發現安培定律必須加以修正。

馬克士威從理論上發現隨時間改變的電場會產生感應磁場。在前面的平行板電容器例子，若電流 I 維持一定，那麼電極板上的自由電荷便會隨時間的增加而增加，其結果是電容器內的電場也會隨時間的增加而增加。馬克士威假設這種隨時間改變的電場會產生感應磁場，而在真空中，感應磁場與時變電場（time-varying electric field）間有如下的關係存在

$$\oint_C \vec{B} \cdot d\vec{l} = (\mu_0 \varepsilon_0) \frac{d}{dt} \int_S \vec{E} \cdot \hat{n} \, dA \qquad (24\text{-}3)$$

上式可解讀為：感應磁場的環場積正比於電通量的時變率，而在真空中，其比例常數為 $\mu_0 \varepsilon_0$。值得注意的是，(24-3) 式等號的右邊並不像法拉第定律有負號。

從第 21 章，我們知道，電流是一種磁場源，類似磁鐵之類的磁化物體也是一種磁場源。馬克士威的發現表示隨時間改變的電場也是一種磁場源。馬克士威的這項理論發現後來也經由實驗被加以證實。當空間中只有穩定的電流時，磁場與電流間遵守（21-46）式的安培定律，而當空間中同時也存在隨時間改變的電場時，安培定律顯然必須加以修改。經馬克士威修改後的安培定律，又稱為安培-馬克士威定律（Ampere-Maxwell's law），即

$$\oint_C \vec{B} \cdot d\vec{l} = \mu_0 [\int_S \vec{J}_f \cdot \hat{n} dA + \varepsilon_0 \int_S \frac{\partial \vec{E}}{\partial t} \cdot \hat{n} dA] \quad (24\text{-}4)$$

上式中的 $\frac{\partial \vec{E}}{\partial t}$ 偏微分，表示只對時間 t 微分，空間變數是保持不變的。$I_d \equiv \varepsilon_0 \int_S \frac{\partial \vec{E}}{\partial t} \cdot \hat{n} dA$ 具有電流的因次，稱為馬克士威位移電流（Maxwell's displacement current），而 $\vec{J}_d \equiv \varepsilon_0 \frac{\partial \vec{E}}{\partial t}$ 具有電流密度的因次，稱為馬克士威位移電流密度。

例題 24-1

一個平行板電容器的兩個金屬板呈圓形，面積各為 A，兩板的間隔 d 遠小於圓盤的半徑 a。此電容器接至一外電路，外電路上有一穩定電流 I，如圖 24-2(a) 所示。求電容器內的磁場。

解

設 t 時間時，電極板上所帶的總自由電荷為 $Q(t)$，則面電荷密度為

$$\sigma(t) = \frac{Q(t)}{A}$$

由高斯定律知電容器內的電場強度為

圖 24-2 (a) 半徑為 a、間距為 d 的圓形平行板電容器；(b) 電容器內的電場；(c) 圓路徑 C_1 的半徑 r 小於圓盤的半徑 a，C_2 的半徑大於 a。

$$E(t) = \frac{\sigma(t)}{\varepsilon_0} = \frac{Q(t)}{\varepsilon_0 A}$$

故馬克士威位移電流密度之量值為

$$J_d = \varepsilon_0 \frac{dE}{dt} = \frac{1}{A}\frac{dQ}{dt} = \frac{I}{A}$$

I 為電容器引線上的電流，為所謂的導電電流。若電容器外的電場可以忽略，那麼電容器內的總位移電流

$$I_d = J_d A = I$$

因電容器的電極呈圓形，故由對稱判斷，知電容器內的感應磁場的磁力線為同心圓，圓心位於圓盤的中心軸上。取半徑 r 的一條磁力線作為積分路徑 C_1，如圖 24-2(c) 所示，則在（24-3）式中，感應磁場 B 的環場積為 $2\pi rB$，而通過路徑 C_1 的電通量為 $E\pi r^2$。由（24-3）式，得

$$2\pi rB = \mu_0 \varepsilon_0 \pi r^2 \left(\frac{dE}{dt}\right) \tag{24-5}$$

解得

$$B = \frac{1}{2}\mu_0\varepsilon_0\left(\frac{dE}{dt}\right)r \quad (r < a) \tag{24-6}$$

在電容器內，感應磁場的量值正比於徑向距離 r。

若在兩個電極之間另取一個半徑大於圓盤半徑 a 的圓形路徑 C_2，如圖 24-2(c) 所示，那麼通過此路徑的電通量為 $E\pi a^2$，則由（24-3）式可得在 C_2 圓上的感應磁場強度遵守

$$2\pi rB = \mu_0 \varepsilon_0 \pi a^2 \left(\frac{dE}{dt}\right) \tag{24-7}$$

解得

$$B = \frac{\mu_0 \varepsilon_0}{2r} a^2 \left(\frac{dE}{dt}\right) \tag{24-8}$$

代入 $\dfrac{dE}{dt} = \dfrac{I}{\varepsilon_0 A} = \dfrac{I}{\varepsilon_0 \pi a^2}$，則（24-6）及（24-8）兩式分別變為

$$B = \frac{\mu_0 I}{2\pi a^2} r \quad (r < a) \tag{24-9a}$$

$$B = \frac{\mu_0 I}{2\pi r} \quad (r > a) \tag{24-9b}$$

24-2　馬克士威方程式

馬克士威在整理電磁場的理論後，提出下列四個電磁場的方程式，後人稱之為馬克士威方程式。

$$\oint_S \vec{E} \cdot \hat{n} dA = \frac{1}{\varepsilon_0} \int_V \rho_f dV \quad \text{（電的高斯定律）} \quad (24\text{-}10a)$$

$$\oint_S \vec{B} \cdot \hat{n} dA = 0 \quad \text{（磁的高斯定律）} \quad (24\text{-}10b)$$

$$\oint_C \vec{E} \cdot d\vec{l} = -\frac{d}{dt} \int_S \vec{B} \cdot \hat{n} dA \quad \text{（法拉第定律）} \quad (24\text{-}10c)$$

$$\oint_C \vec{B} \cdot d\vec{l} = \mu_0 \int_S \vec{J}_f \cdot \hat{n} dA + \mu_0 \varepsilon_0 \frac{d}{dt} \int_S \vec{E} \cdot \hat{n} dA$$

（安培-馬克士威定律）　(24-10d)

古典電磁場的基本原理均涵蓋在這四個方程式之中。馬克士威方程式不但適用於隨時間改變的時變電磁場，也適用於不隨時間改變的靜電場或靜磁場。以靜電場為例，(24-10a)式即為電的高斯定律，而(24-10c)式則變成

$$\oint_C \vec{E} \cdot d\vec{l} = 0 \quad (24\text{-}11)$$

(24-11)式表示靜電場是一種保守電場。我們知道從庫侖定律可以導出電的高斯定律以及(24-11)式，相反地，從上面兩式也可推導出庫侖定律（其嚴謹的證明並不簡單）。易言之，馬克士威方程式中已經涵蓋了庫侖定律。再以靜磁場 $\vec{B}$ 為例，$\vec{B}$ 滿足(24-10b)式所示，磁的高斯定律。只有靜磁場而無電場時，安培-馬克士威定律又變回安培定律。理論上，我們可以從必歐-沙伐定律導出磁的高斯定律以及安培定律，反過來說，

我們也可從安培定律以及磁的高斯定律反推出必歐-沙伐定律（嚴謹的數學證明並不簡單）。易言之，**必歐-沙伐定律也涵蓋在馬克士威方程式中**。由此可見馬克士威方程式在電磁場理論中所占有的地位。

24-3 電磁波及其傳播

馬克士威首先提出了電場磁場互相感應的理論，並進而提出電磁波存在的理論。從馬克士威方程式可以證明電磁波的存在，以及在真空中，電磁波的傳播速率等於光速。這些都是馬克士威在電磁學理論上的偉大成就。事實上，**我們不但可由馬克士威方程式證明電磁波的存在，並可證明在真空中電磁波是一種橫波**。電磁波是由電場與磁場交互感應所形成。在真空中，電磁波的電場與磁場互相垂直，且同時垂直於波的傳播方向。

假設在真空中，沒有電荷、電流與介質存在的空間中，有一如圖 24-3 所示，沿 +z 軸方向傳播的**平面電磁波**（plane electromagnetic wave）。此一平面電磁波的電場與磁場分別可以寫為

$$\vec{E} = \hat{x} E_0 \sin(kz - \omega t) \quad (24\text{-}12)$$

$$\vec{B} = \hat{y} B_0 \sin(kz - \omega t) \quad (24\text{-}13)$$

上式中，E_0 與 B_0 分別為電場與磁場的振幅，$k = \dfrac{2\pi}{\lambda}$ 為**波數**（wave number），$\omega = 2\pi f$。

馬克士威的電磁場理論預測，在真空中，電磁波的傳播速度 v 為

$$v = \frac{1}{\sqrt{\mu_0 \varepsilon_0}} \quad (24\text{-}14)$$

代入 $\mu_0 = 4\pi \times 10^{-7}$ (T·m)/A 與 $\varepsilon_0 = 8.85 \times 10^{-12}$ C/(V·m)，可得

圖 24-3　一平面單頻電磁波波列平行於 z 軸行進，電場 $\vec{E}$ 與磁場 $\vec{B}$ 分別在 x 及 y 方向上振盪。

$$v = 3.00 \times 10^8 \text{ m/s} \tag{24-15}$$

此速度正好等於光在真空中的傳播速度。

　　電磁波，包括光波，不需要介質媒介，在真空中亦可傳播。馬克士威方程式將傳統光學整合到古典電磁場的理論架構裡面。傳統光學，包括幾何光學和物理光學，都可用馬克士威方程式加以建構。真空中，電磁波傳播的另一個特性就是沒有色散（dispersion）的現象，乃因不同波長的電磁波其傳播速度皆相同之故。一個波列可視為一定波長範圍的許多不同波長的連續波所組成，而各種波長的波在真空中的傳播特性相同，因此傳播時，波列的波形不會變形。

　　在類似空氣及純水之類的不導電介質內，電磁波亦為橫波，其波速，依據馬克士威的理論，為

$$v = \frac{1}{\sqrt{(\mu_r \mu_0)(\kappa \varepsilon_0)}} = \frac{c}{\sqrt{\mu_r \kappa}} = \frac{c}{n} \tag{24-16}$$

上式中，μ_r 及 κ 分別為介質的相對磁導率及介電常數，n 稱為此介質的折射率，故不導電介質的折射率 n 與介質的電、磁特性常數 κ 與 μ_r 之間有如下的關係存在，

$$n = \sqrt{\mu_r \kappa} \tag{24-17}$$

對非磁性介質而言，$\mu_r \approx 1$，故

$$n \cong \sqrt{\kappa} \tag{24-18}$$

不導電介質通常有色散的現象，意即不同波長的連續波其波速

不同，這表示折射率 n 是波長（或頻率）的函數，因此，一個波列在行進的過程中，其波形會產生變形。

在類似海水或金屬的導電介質中，因受導電粒子的影響，電磁波的傳播有衰減（attenuation）的現象。進入介質越深，電磁波的電、磁場強度越趨減弱，而且衰減的幅度和頻率有關：頻率越高，衰減越大。正因為電磁波在海水中有衰減的現象，通常在岸上無法使用無線電通訊和潛入海水中的潛水夫或潛水載具取得聯繫。在地表的上空，50~1000 km 處有電離層（ionosphere）的存在，電離層中有電子等導電粒子，它們的存在足以深遠地影響電磁波的傳播。更有甚者，地表上空有地磁存在，而磁場也會影響電磁波的傳播。電離層加上地球磁場的雙重效應，使電磁波在地表上空的傳播更為複雜而又有趣。只有頻率超過大約 60 MHz 的電磁波可以通過電離層，進入太空中。因此，和環繞地球的太空船或進入太空中的衛星、探測船通訊時，通常都採用微波。頻率較低的電磁波會被電離層所反射，而折回地表。短波無線電通常即利用這種方式做超越地平線的廣播。

24-4　電磁波的波譜與產生

馬克士威首先從理論上預測了電磁波的存在。赫芝（H. Hertz）在 1887 年，馬克士威死後 8 年，首先以實驗的方法產生並偵測到電磁波。圖 24-4 是類似他的實驗裝置的示意圖。以接至一個感應線圈的兩個金屬球作為電磁波的發射器，而以接至一個線圈的另兩個金屬球作為接收器。發射器的兩個金屬球之間的距離極短，當其間的電場超過空氣的介電強度時，電荷便在兩個金屬球之間來回振動，產生了振盪電流而發射電磁波。事實上，這種裝置相當於一個電感-電容（LC）振盪線路。此電流振盪的頻率約為 100 MHz。火花放電所發射的電磁波被接收器的線圈所接收。這是因為電磁波的磁場

圖 24-4 電磁波的產生與偵測裝置的示意圖

隨時間快速改變，因此通過線圈的磁通量也隨時間快速改變而產生感應電動勢。當此電動勢在接收器的兩個金屬球之間所建立的電場超過空氣的介電強度時，接收器的兩個金屬球之間便會產生火花放電的現象。

電磁波的波長與頻率範圍極廣。從波長與地球半徑（10^3 公里）相當的長波（或極低頻）無線電波到波長約只有 10^{-14} m 的 γ-射線都有。電磁波的波譜裡包含 γ-射線、X 射線、紫外光、可見光、紅外線、微波、無線電波以及長波等。每一種電磁波所大約涵蓋的範圍列於表 24-1 中。

表 24-1　電磁波波譜

電磁波	波　長（m）
γ-射線	$10^{-10} \sim 10^{-14}$
X 射線	$10^{-8} \sim 10^{-13}$
紫外光	$10^{-7} \sim 10^{-8}$
可見光	$4 \times 10^{-7} \sim 7 \times 10^{-7}$
紅外線	$10^{-3} \sim 10^{-7}$
微　波	$10^{-3} \sim 3 \times 10^{-1}$
廣播與電視	$10^2 \sim 10^3$
長　波	$>10^3$

γ-射線的波長極短，穿透力極強。地球上有些原子核反應會產生 γ-射線，像鈷六十衰變所產生的 γ-射線在醫學上被應用於腫瘤的治療，水果或食物的久存（殺菌）。太陽的輻射或宇宙射線中也含有 γ-射線。X 射線通常用 X 光管產生，經過高電壓加速後的電子，在真空金屬管內撞擊金屬靶，電子承受很大的（減）加速度而發射 X 射線。X 射線在醫學上作為造影檢驗之用；在科學上用於 X 光繞射，分析晶體結構。

紫外光的波長略短於可見光。在地球上，太陽光是最主要的紫外光源。地球上空因為有臭氧層會吸收紫外光，可以保護人類及其它的生物。近年來，因為人類不當的破壞，使臭氧層出現了破洞。吸收過量的紫外光可能會導致皮膚癌。可見光只占電磁波波譜中的極小部份，通常被認為係由紅、橙、黃、綠、藍、靛與紫等七種色光所組成，各種色光的大約波長範圍列於表 24-2 及圖 24-5 中。

表 24-2　各種色光的波長

波長（nm）	色光
630～700	紅
590～630	橙
530～590	黃
480～530	綠
440～480	藍
400～440	紫

圖 24-5

紅外光的波長介於 1 nm 與 700 nm 之間。物體在常溫及高溫時均有熱輻射，而其主要成份即為紅外光或**遠紅外光**（far infrared）。太陽光也包括紅外光的成份，賜與大地熱。紅外線被應用於電視機或冷氣機的遙控裝置。某些物質對紅外線特別敏感，而被應用於夜視鏡之類的器材上。

微波的波長只有幾個釐米至幾個毫米，通常是用電子管所產生。微波的應用範圍極廣，在生活、科技與科學方面都有廣泛的應用。微波爐是生活上常見的一種應用。水會吸收微波，而各種食物都含有水，因此利用微波爐可以達到加熱烹調的效果。微波也廣泛被應用於無線電通訊或雷達。地面電台與人造衛星之間的通訊也藉助於微波。手機使用 1.8 GHz 的微波通訊。微波爐的微波頻率為 2.5 GHz。

無線電電磁波的波長大約在幾百公尺至幾千公尺之間，而其頻率約在幾百個 kHz 至幾百個 MHz 之間。**調輻**（amplitude-modulation，簡稱 AM）廣播採用的頻率在幾百至幾千 kHz 之間，而**調頻**（frequency-modulation，簡稱 FM）與電視廣播的頻率則在幾百至幾千個 MHz 之間。無線電電磁波通常用電子線路設備所產生。波長更長的電磁波泛稱為長波，像極低頻（ELF）通訊，其頻率只有約 10 Hz，其波長則長達幾千公里，和地球的半徑同數量級。海水會導電，因此進入海水後，一般的無線電電磁波衰減很快，無法深入海中，ELF 電磁波較易於深入海中，被選為地面電台與海面下潛水艇的通訊頻率。

24-5　電磁波的偏振

偏振（polarization）是波動的一種特性。電磁波是一種電場與磁場交互感應所形成的波動。在真空中及不導電或導電介質中，電磁波是一種橫波，意指波的電場方向與磁場方向互相

垂直，且同時垂直於波的傳播方向。圖 24-3 所示的電磁波是一種完全偏振（completely polarized）的波列，同時也是一種線偏振平面電磁波（linearly polarized electromagnetic wave）。線偏振的電磁波，其電場方向在不同的時空恆平行於某一特定的方向上來回振動；磁場也在同時垂直於波及電場的方向上來回振動。完全偏振的電磁波也可以是圓偏振的（circularly polarized）。當一個無限長的單色（monochromatic）圓偏振平面電磁波波列在空間中傳播時，在同一時刻，不同定點上，電場 $\vec{E}$ 的箭頭位於相同半徑的圓周上，如圖 24-6 所示。若在固定的點觀察，則電場箭頭的方向在一個圓周上以電磁波的頻率轉動。圖 24-6 所示的圓偏振電磁波可歸類為逆時針，這是因為若朝波的傳播方向看，電場向量係逆時針轉動。若電場向量係順時針轉動，那麼便是順時針圓偏振電磁波。逆時針偏振有時也稱為左旋，而順時針偏振則稱為右旋。假若電場向量係在一個橢圓上轉動，那便是橢圓偏振（elliptically polarized）。橢圓偏振也分成左旋及右旋兩種。

圖 24-6 逆時針圓偏振電磁波。在某一瞬間不同地點電場方向的示意圖。

　　不管是線偏振、圓偏振或橢圓偏振的電磁波，在不同的時空，相對於波的行進方向，波的電場 $\vec{E}$ 及磁場 $\vec{B}$ 均沿特定的方向振動或轉動。這類的電磁波是屬於完全偏振的。無線電或電視廣播，其天線所發射的電磁波是有偏振的。以電視廣播為例，電視接收機的戶外天線若為常用的線形天線（linear antenna），如圖 24-7 所示，為了討論方便，假設線形的發射天線和接收天線位於同一水平面上，電磁波到達接收天線時，其行進方向係沿著兩個天線的連線方向，而入射電磁波的電場 $\vec{E}$ 方向位於垂直行進方向的水平面上（線偏振）。接收天線係由空心導體棒所組成，當此棒的長軸方向垂直於電場的偏振方向時，將接收不到訊號；若將此棒的方向慢慢朝 $\vec{E}$ 方向轉動，那麼接收訊號將越來越強，當此棒平行於電場方向時，可以獲得最佳的視訊。有些收音機上附有長度與方向可調整的天線，其操作原理即同上所述。有些電視機裝上圓形的室內接收天線，

圖 24-7　T：發射天線；R：接收天線

可轉動線圈面的方向，當線圈面垂直於當地電磁波磁場的方向時，可獲得最佳視訊，這乃是因為此時磁通量的時變率最大，由感應所收到的視訊為最大的緣故。

並非所有的電磁波都是完全偏振的，太陽光或日光燈、白熾燈等的照明設備所發出的光是另一種極端，因為這些光是**完全未偏振的**（completely unpolarized）。天線所發射的電磁波通常都是完全偏振的，這是因為發射天線上的電流係沿固定的方向振動所致。反之，太陽光係由無數個點光源所發射的光波所疊加而成，每個點光源所發射的電磁波或許是完全偏振的，但因為這些點光源在空間作無序的運動，因此每個點光源所發射的電磁波到達地球上空時其電場方向亦為無序，因此疊加後的電磁波便是完全未偏振的。

讓完全未偏振的電磁波通過一個所謂的**起偏片**（polarizer）後，可以獲得線偏振的電磁波。只有當入射電磁波的電場方向平行於起偏片面上的某一個特定方向（以偏振方向稱之）時，才可穿透，否則即被吸收。因此一個完全未偏振的平面電磁波波列通過起偏片後便變成為線偏振，但電磁波的強度較通過前縮減，如圖 24-8 所示。假如在起偏片的後方置一功能相同的鏡片，如圖 24-8 中的鏡片 A，稱為**檢偏片**（analyzer），並假設這兩個鏡片的起偏與檢偏方向位在同一平面上，且夾一角度 θ，則穿過起偏片後的線偏振電磁波其電場方向和檢偏方向亦夾同一角度 θ。平行於檢偏方向的電場分量為 $E_0 \cos\theta$，E_0 為圖中 T 波的電場強度。電磁波的強度正比於電場強度的平方，因此，穿過檢偏片後的電磁波 T' 的強度 I 和穿過起偏片的電磁波 T 的強度 I_0 之間便有如下的關係存在

$$I = I_0 \cos^2\theta \tag{24-19}$$

上面的關係式稱為馬呂士（Malus）定律，顯然當 $\theta = \dfrac{\pi}{2}$ 時，亦即起偏與檢偏方向互相垂直時，電磁波便無法通過檢偏

圖 24-8 I：完全未偏振的入射波；P：起偏片；T：通過起偏片的波為線偏振；A：檢偏片；T'：通過檢偏片的波仍為線偏振，但其偏振方向轉動了一個角度。

圖 24-9 兩個鏡片偏振方向垂直時變成全黑，印證馬呂士定律。

片。光學顯微鏡若在光源之後，物鏡之前附加起偏片，同時在目鏡之後附加檢偏片，便成為所謂的 偏光顯微鏡（polarizing microscope）。偏光顯微鏡可用於礦物及寶石的非破壞性鑑定。某些太陽眼鏡的鏡片亦有起偏的功能，若將二個鏡片一前一後對準一個光源，固定其中的一個鏡片，並轉動另一個鏡片，會發現穿過兩個鏡片的光線其亮度會隨轉動的角度而有變化，轉到兩個鏡片偏振方向垂直時變成全黑，印證馬呂士定律（見圖24-9）。

例題 24-2

兩片薄的起偏片疊在一起，且兩者的偏振方向夾 30°。強度為 I_0、完全未偏振的光線垂直射向起偏片，若忽略光的反射，那麼穿透光的強度為何？

解

可將入射光的電場向量分解成平行及垂直於第一片起偏片的偏振方向，因入射光完全未偏振，而平行於鏡片偏振方向者可穿透，依馬呂士定律，與偏振方向夾 θ 角處之光有 $\cos^2\theta$ 之機會通過第一片起偏片，其平均值為 $\frac{1}{2}$，故知穿透第一片起偏片的光其強度為 $\frac{1}{2}I_0$，且其電場方向與第二片起偏片的偏振方向夾 30°，故由馬呂士定律知穿透第二片起偏片的光強為

$$I = (\frac{1}{2}I_0)\cos^2 30° = \frac{3}{8}I_0$$

24-6　電磁波的能量

電磁波的能量包含電場能量與磁場能量兩部份。單位體積的電場能量 u_E 為

$$u_E = \frac{\varepsilon_0 E^2}{2} \tag{24-20}$$

單位體積的磁場能量 u_B 為

$$u_B = \frac{B^2}{2\mu_0} \tag{24-21}$$

因此，單位體積的電磁波能量，或稱電磁波能量密度 u 為

$$u = u_E + u_B = \frac{\varepsilon_0 E^2}{2} + \frac{B^2}{2\mu_0} \tag{24-22}$$

以（24-12）及（24-13）兩式所代表的平面電磁波為例，電場強度與磁場強度 B_0 之間的關係為

$$\frac{E_0}{B_0} = c = \frac{1}{\sqrt{\mu_0 \varepsilon_0}} \tag{24-23}$$

故磁場量值 B 與電場量值 E 之間的關係為

$$B = \frac{E}{c} \tag{24-24}$$

將（24-24）式代入磁場能量密度 u_B，得

$$u_B = \frac{B^2}{2\mu_0} = \frac{E^2}{2\mu_0 c^2} = \frac{E^2}{2\mu_0}(\mu_0 \varepsilon_0) = \frac{\varepsilon_0 E^2}{2} = u_E \tag{24-25}$$

因此，電場與磁場的能量密度各占平面電磁波能量密度的一半，或

$$u = \varepsilon_0 E^2 = \frac{B^2}{\mu_0} = \frac{EB}{\mu_0 c} \tag{24-26}$$

圖 24-10 一平面電磁波波列朝右方行進。底面積 A、長 $c\,\Delta t$ 的圓柱形空間，其長軸平行於波的行進方向。

最能描述電磁波能量傳輸的是坡印廷向量（Poynting vector）。在單位時間內通過單位面積的電磁波能量便是坡印廷向量。以平面電磁波為例，考慮一個圓柱形體積，圓柱軸的方向取為平行於波的傳播方向，圓柱底的面積取為 A，長度取為 $c(\Delta t)$，Δt 為電磁波從一端面傳至另一端面所需的時間，如圖 24-10 所示。圓柱內所儲存的電磁波能量為 $U = u(Ac\,\Delta t)$，此能量在 Δt 時間內通過一端面，故坡印廷向量的量值為

$$S = \frac{U}{A(\Delta t)} = uc \tag{24-27}$$

由（24-26）及（24-27）式，可得

$$S = \frac{EB}{\mu_0} \tag{24-28}$$

我們定義

$$\vec{S} \equiv \frac{\vec{E} \times \vec{B}}{\mu_0} \tag{24-29}$$

坡印廷向量 $\vec{S}$ 同時垂直於電磁波的電場及磁場，其量值等於單位時間，單位面積通過的電磁波能量。坡印廷向量在電磁波與光學中占有重要的地位。電磁波以及光波的強度常以坡印廷向量的量值表示。以一個強白熾燈為例，在離開此燈較遠處，它可以被視為一個點光源，其*波前*（wave front）為球面，球面上光的電場強度反比於燈至觀察點的距離。這和點電荷所產生的靜電場與距離的平方成反比的關係有著很大的差別。點波源所發射的電磁波，其電場（磁場亦然）強度反比於距離，因此坡印廷向量或電磁波的強度反比於距離的平方。正因為有這種電

場與磁場的強度與距離成反比的特性，故電磁波比靜電場或靜磁場更能影響遠方。

例題 24-3

求距離一盞 100 W 白熾燈 3.0 m 遠處，光的電場及磁場的方均根值。

解

假設此燈所發射的電磁波集中在可見光，其它波長的電磁波能量可忽略不計。離燈 3.0 m 外，此燈可近似視為點光源，波前為球面。以燈為球心，r 為半徑的球面上，設坡印廷向量的量值為 S，則球面上光的照度為 $I = \bar{S}$。單位時間通過此球面的光其能量為 $(4\pi r^2)\bar{S} = P_S$，P_S 為此燈的發射功率，故得

$$I = \bar{S} = \frac{P_S}{4\pi r^2}$$

上式表示點光源的照度與距離的平方成反比。由（24-26）式及（24-27）式，得

$$E_{\text{rms}} = \sqrt{\overline{E^2}} = \sqrt{\frac{P_S}{4\pi \varepsilon_0 c r^2}} = \sqrt{\frac{(9.0 \times 10^9 \text{ N} \cdot \text{m}^2/\text{C})(100 \text{ W})}{(3.0 \times 10^8 \text{ m/s})(3.0 \text{ m})^2}} \cong 18 \text{ V/m}$$

又由（24-24）式，得

$$B_{\text{rms}} = \frac{E_{\text{rms}}}{c} = \frac{18 \text{ V/m}}{3.0 \times 10^8 \text{ m/s}} \cong 6.0 \times 10^{-8} \text{ T}$$

24-7 電磁波的動量與光壓

太陽光或燈光照射人或物體時也會施以壓力，然而人卻不易察覺，這乃是因為這種壓力很微弱的緣故。但若將一個質量小的物體封裝於真空的玻璃瓶內，並以強光照射它，這時因為它不再受空氣或其它阻力的作用，便會移動或轉動。**光對被照**

射物體施壓的現象稱為光壓（light pressure）。其實不只光，所有的電磁波都會對物體施壓，稱為輻射壓（radiation pressure）。光或電磁波會對物體施壓，乃因光或電磁波具有動量的緣故。光壓的現象類似於風或水柱會對人或牆壁施壓；空氣或水分子具有動量，而在風或水柱與物體的碰撞過程中，物體接受了動量，因而受力。但空氣分子或水分子粒子，有動量是很容易被接受的觀念，而在本章前面所討論的內容裡，我們一直把光或電磁波視為一種波，波是沒有質量的，那麼怎麼會有動量呢？原來我們若結合馬克士威的電磁場理論以及牛頓力學，那麼一個無可避免的結論是電磁波也有動量（及角動量）。

在量子物理裡，我們認為光或電磁波是由光子所組成，而這些粒子不但有能量，也有動量。在古典物理裡，電磁波的動量是分散在電磁場所占有（連續的）空間裡，而不像在量子物理，電磁波或光的動量是（不連續地）集中在光子上。

理論上，在真空中，**單位體積內的電磁場動量（electromagnetic field momentum）或電磁場動量密度 $\vec{g}$** 可以推導出為

$$\vec{g} = \varepsilon_0 \vec{E} \times \vec{B} \tag{24-30}$$

和（24-29）式做比較，我們可以獲得 $\vec{g}$ 與坡印廷向量 $\vec{S}$ 之間的關係為

$$\vec{g} = \frac{\vec{S}}{c^2} \tag{24-31}$$

所以坡印廷向量的方向不但關係到電磁能量的傳播方向，也和電磁場動量的傳播方向有關。

當光或電磁波照射到物體上時，光或電磁波會發生反射、透射以及被吸收的現象，同時物體獲得動量，因而受力。光壓可應用動量守恆定律來推導。不過，此處的動量必須同時考慮光的場動量以及物質內帶電粒子（像電子）的力學動量。讓我們考慮一個簡單的情況，即一平面單色光垂直入射一個平面物體，且被此物體的表面所完全吸收，沒有反射或透射，如圖

圖 24-11　一平面電磁波垂直射向一個平面物體，並完全被吸收。

24-11 所示。底面積 A、長 $c(\Delta t)$ 的圓柱形空間內，電磁場動量的方向垂直於物體表面，其量值為 $gAc(\Delta t)$，Δt 為光從圓柱的一端面傳至另一端面所需的時間。這些動量在 Δt 時間內被表面積為 A 的物體所接收，因此光壓即為

$$p = \frac{gAc(\Delta t)}{A(\Delta t)} = gc = (\frac{S}{c^2})c = \frac{S}{c} \tag{24-32}$$

光的頻率很大，其電、磁場以高頻快速改變，因此比較有意義的光壓係取一個週期的時間平均值。平均光壓為

$$\bar{p} = \frac{\bar{S}}{c} = \frac{I}{c} = \frac{\bar{u}c}{c} = \bar{u} \tag{24-33}$$

故平均光壓等於物體表面上入射光的平均電磁場能量密度，也等於照度除以光速 c。

例題 24-4

在前文中，若入射光完全被平面物體所反射，求光壓。

解

入射光完全被反射，故反射光的動量其方向相反於入射光，但量值相同。依動量守恆定律，平面物體所受的光壓二倍於完全吸收的情況，故平均光壓為

$$\bar{p} = 2\bar{u} = \frac{2I}{c}$$

例題 24-5

一般而言，在晴天太陽照在地球表面的強度約為 $1.2 \times 10^3 \text{ W/m}^2$，假定某一黑色平面對此照射能完全吸收，則太陽光對此平面的平均光壓為多少？將之與大氣壓力比較。

解

平均光壓 $\bar{p}$ 為

$$\bar{p} = \frac{I}{c} = \frac{1.2 \times 10^3}{3.0 \times 10^8} = 4.0 \times 10^{-6} \text{ N/m}^2$$

1 大氣壓約為 $1.013 \times 10^5 \text{ N/m}^2$，所以一般而言，太陽對地球表面的光壓與大氣壓力相比，是微不足道的。

習題

24-5 節

24-1 兩片起偏片疊在一起，強度為 I_0 的完全未偏振的光線在穿透起偏片之後，其強度變為 $\frac{1}{4}I_0$，求兩片起偏片的偏振方向間的夾角。

24-2 強度為 20 mW/m^2，完全未偏振的平面波光束垂直射向一個起偏片，求穿透光的電場的最大量值。

24-3 平行於 z 軸行進的平面單色波，其電場在 xy 面上，若其 x 與 y 分量可分別寫為

$$E_x = A\sin(kz - \omega t)$$

及

$$E_y = B\sin(kz - \omega t - \phi)$$

A、B 與 ϕ 為常數。試問 A、B 與 ϕ 滿足何種關係時，此波為 (a) 線偏振、(b) 圓偏振及 (c) 橢圓偏振？

24-6 節

24-4 一平面線偏振電磁波平行於 $+x$ 方向行進，已知在某一瞬間在某定點上電場的方向平行於 $+y$ 軸，且其量值為 10 V/m，求相關的磁場方向及量值。

24-5 一高功率雷射可在 2.0 ns 時間內發射波長為 0.26 μm、功率為 10^{14} W 的

脈衝（pulse），試問一個脈衝含有多少能量？

24-6 一平面電磁波平行於 +z 方向行進，已知其電場為

$$E_x = 0.6 \cos[\pi \times 10^8 (t - \frac{z}{c})] \text{ V/m}$$

c 為光速，$E_y = 0$，$E_z = 0$。(a) 求此波的頻率 f 及 (b) 寫出此波的磁場數學式。

24-7 圖 24-3 所示的電磁波，已知波長為 100 m，電場的振幅為 42 V/m。(a) 求頻率；(b) 求磁場的振幅；(c) 當電場 $\vec{E}$ 平行於 $-x$ 方向，且有最大值時，求磁場 $\vec{B}$ 的方向及量值；(d) 若將磁場寫成 $B = B_0 \cos(kz - \omega t)$，求 B_0、k 及 ω 的量值。

24-8 真空中的平面電磁波，其電場的最大量值為 4.2×10^{-3} V/m，求：(a) 磁場的最大量值及 (b) 電磁場能量密度的最大值。

24-9 已知在地球的大氣層之上方，太陽輻射的強度為 1340 W/m²，地球與太陽之間的平均距離為 1.49×10^{11} m。求：(a) 太陽的輻射功率及 (b) 太陽輻射的最大電場與磁場量值。

24-10 設一盞 60 W 的白熾燈向各方向均勻發光，求 5.0 m 外電場與磁場的最大量值。

24-11 距離一發射頻率為 560 MHz 的發射天線 2.0 km 處，量得其輻射電場的最大量值為 50 V/m。若將此發射天線視為點波源，且不考慮地面的反射波，則此天線的發射功率為何？

24-12 一盞 25 W 的日光燈，其長度為 1.5 m。假設此燈向各方向均勻發光，求 50 cm 遠處的照度。

24-13 功率為 5.0 mW 的雷射，射出直徑為 2.0 mm 的光束，求此光的 E_{rms} 及 B_{rms} 值。

24-14 已知離某一點光源 10 m 處，電場的最大量值為 4.0 V/m，求：(a) 該處磁場的最大量值；(b) 該處光的照度及 (c) 此光源的發射功率。

24-15 某一雷射所射出之光分散在一個窄的圓角錐之內，如圖 P24-15 所示。若分散角 θ（見圖）等於 0.50 mrad，若雷射的發射功率為 5.0 mW。(a) 求在 100 m 遠處，雷射光的強度；(b) 若換成一個向各個方向均勻發光的點光源，欲在同一地點獲得相同的光的強度，則光源所需的功率為何？

圖 P24-15 雷射發射出細光束

24-16* 半徑為 a、長度為 l、電導係數為 σ 的圓柱形導體內流有均勻電流，總電流為 I。(a) 求導體內的電場強度；(b) 求導體表面上的磁場強度；(c) 求導體表面上坡印廷向量 $\vec{S}$ 的量值與方向

及 (d) 證明單位時間內流入此導體的電磁能量等於焦耳熱功率。

24-7 節

24-17 面積為 3.0 cm² 的漆黑紙板可以完全吸收垂直入射的光。若入射光的強度為 24 W/m²，求：(a) 此紙板所受的光壓；(b) 承 (a)，此光壓等於多少大氣壓力？(c) 光對紙板總共施力若干？

24-18 圖 24-3 所代表的平面電磁波，若其波長為 100 m，電場的振幅為 42 V/m。(a) 求坡印廷向量的方向與最大量值；(b) 垂直於 z 軸，有一片完全反射的平面，求此面所受的輻射壓及 (c) 承 (b) 題，假設此片物體的質量為 100 g，表面積為 100 cm²，求此物體的加速度。

24-19* 承 24-18 題。(a) 求長 10.0 cm、平行於 x 軸的金屬細桿兩端間電位差的最大值；(b) 半徑為 10.0 cm 的單圈圓形金屬線圈，其線圈面垂直於 z 軸，求線圈上所生感應電動勢的最大值及 (c) 承 (b) 題，若線圈面之法線和 z 軸夾 30°，求電動勢的最大值。

24-20 科學家構想利用太陽光的輻射，設計出太陽帆船，旅行至月球，甚至火星。已知太陽輻射的強度在地球大氣層的上方約為 1340 W/m²，試問一艘其帆面可完全反射太陽輻射，表面積為 4.0 km² 的帆船，當其帆面正對著太陽方向時，其所受的輻射力有多大？

25

反射與折射

- 25-1 反射與透射
- 25-2 反　射
- 25-3 折　射
- 25-4 全內反射
- 25-5 色　散
- 25-6 反射係數與起偏振角

根據馬克士威的電磁學理論，光波是一種電磁波，因此光學可說是電磁學的一部份。一般常將能引發人眼視覺的電磁波，即可見光（visible light），簡稱為光（light）。當光的波長遠小於開口或阻擋物的尺寸時，其行進的路線可近似為直線，稱為光線（light ray）或射線（ray）。如圖 25-1，在點光源照射下形成的影子，其幾何形狀與開口或阻擋物的輪廓相似，就是光線直進的例子。

根據光線的概念，可利用幾何學的方法，探討光的現象，如反射與折射，這種光學是本章與下一章的主要內容，稱為光線光學（ray optics）或幾何光學（geometrical optics）。

本章將說明光的反射與折射所須遵循的基本定律，並介紹一些相關的現象，如色散、全反射與虹霓，而下一章則說明幾何光學的應用，如面鏡與透鏡的成像，及一些簡單光學儀器，如照相機、望遠鏡與顯微鏡。

波長與物體或開口的尺寸接近時，光的波動性質較為明顯，會出現波動特有的繞射轉彎與干涉等現象，這些無法以直進的光線說明，將留待第 27 章，由波動觀點加以討論。

25-1　反射與透射

光波可以在真空中或透明的物質中傳播，為簡單計，本章的討論，除非另予說明，所稱的介質可以是真空或透明物質。

圖 25-1　直進的光線

光在一介質中傳播時，如遇到另一種介質，通常有一部份會被反射，回到原來的介質中，其餘的部份則會透射，而進入另一介質，這與力學波的反射與透射現象是相同的。

金屬的表面，通常能將入射光大部份的能量反射，這是因為金屬表面的自由電子，在入射光的電磁場作用下，會振動而出現加速度，因而發出電磁波，將光的能量傳回原來的介質中，這也使金屬表面顯得光亮。但有些物質，在被光照射時，會將入射光大部份的能量吸收，因此反射或透射的光相當微弱，看起來黯黑且不透明。另外的一些介質，光可以透射通過，近乎不會有任何能量被吸收，因此看起來是透明的，這類介質通常是電的絕緣體，如空氣、玻璃、石英、壓克力。

25-2 反　射

兩介質的鄰接面稱為介面（interface）或界面（boundary surface）。如圖 25-2 所示，當光由介質 1 傳播到介質 2 時，在介面處其前進方向改變。光線 AO 為入射線，OB 為反射線，而 OC 則為折射線。入射線與介面的交點 O，稱為入射點（point of incidence）；通過入射點，且與介面垂直的直線 MN 或 ON，稱為法線（normal）。入射線與法線的夾角 θ_1 稱為入射角（angle of incidence），反射線與法線的夾角 θ_1' 稱為反射角（angle of reflection），而折射線與法線的夾角 θ_2 稱為

圖 25-2 光的反射與折射

圖 25-3　(a) 鏡面反射；(b) 漫反射。

折射角（angle of refraction）。入射線與法線所在的平面稱為**入射面**（plane of incidence）。

發生反射時，入射的光能量，會有一部份甚或全部，返回到原來的介質中。根據實驗結果，光在反射時，如圖 25-2 所示，須遵守**反射定律**（law of reflection），即

1. 入射線、反射線與法線均在入射面上，且相交於入射點。
2. 入射線與反射線位於法線兩側，且入射角等於反射角，即 $\theta_1 = \theta_1'$。

依據反射定律，當一束平行光線入射到光滑平面時，每一光線的反射角都相同，因此反射後的光束，各光線的方向仍舊是平行而一致的，此種反射稱為**鏡面反射**（specular reflection），如圖 25-3(a)。在粗糙不平的表面上產生的反射，每一光線的入射角仍等於反射角，但反射線的方向散亂而不一致，稱為**漫反射**（diffuse reflection），如圖 25-3(b)。

例題 25-1

如圖 25-4 所示，一光線在一平面鏡上之入射點為 A 點，入射角原為 θ。若平面鏡繞 A 點旋轉一角度 ϕ，則反射線偏轉之角度為何？

解

如圖 25-4 所示，原來的法線為 AN，反射線為 AB。因入射角與反射角相等，故得

$$\angle NAB = \angle OAN = \theta$$

平面鏡旋轉後，新的法線為 AN'，反射線為 AC。因入射角與反射角相等，故得

$$\angle OAN' = \theta + \phi = \angle N'AC$$

又因

$$\angle NAC = \angle NAN' + \angle N'AC = \phi + (\theta + \phi) = 2\phi + \theta$$

反射線偏轉之角度即 AC 與 AB 之夾角，故為

$$\angle BAC = \angle NAC - \angle NAB = (2\phi + \theta) - \theta = 2\phi$$

此角度與入射角 θ 無關。

此例之裝置稱為**光槓桿**（optical lever），因反射線偏轉角度為鏡的兩倍，而 BC 間之弧長，隨半徑 AB 成正比例放大，便於量度，故常用以測定反射鏡之微小偏轉。

圖 25-4 旋轉後之平面鏡

例題 25-2

如圖 25-5(a) 所示，兩平面鏡互相垂直。光線以入射角 θ 射向水平之平面鏡，試求經鉛直平面鏡反射後之光線，與最初入射線的夾角。

(a)   (b)

圖 25-5 (a) 角鏡；(b) 角反射器。

解　如圖 25-5(a) 所示，在 A 點之入射角與反射角相等，故

$$\angle NAB = \theta$$

因法線 AN 為鉛直線，與 OB 平行，故

$$\angle ABO = \angle NAB = \theta$$

在 B 點之入射角與反射角相等，均等於 $90°-\theta$。故 B 點反射線與 A 點入射線，與鉛直線之夾角均為 θ，即 B 點反射線平行於 A 點入射線。注意：光之入射面必須與兩鏡面垂直，離裝置而去之反射線才會與入射線反向平行。

此種互相垂直的平面鏡裝置，稱為回向鏡或角鏡（corner mirror）。較精密之衛星定位、距離或平坦度之測量儀，常採用類似之反射裝置，由互相垂直的三個平面鏡構成，稱為角反射器（corner cube reflector）。在此種裝置中（如圖 25-5(b)），當光沿不同方向朝三平面鏡相交的角落入射時，離去之反射線，恆與入射線反向平行。將角反射器安置於路面上，可將汽車頭燈投射之光線，反射回來，使駕駛者易於辨識車道。

25-3　折　射

當光到達兩透明介質的介面時，如圖 25-2 所示，有一部份的光被反射回到原來的介質中，而其餘部份的光則透射進入另一介質中。透射的光，其前進方向與入射方向不同，此現象稱為折射（refraction）。

折射現象發生的原因，是介面兩邊的透明介質，具有不同的波速。由於在任何一段時間內，經由介質 1 抵達介面上 OA 部份的入射波（見圖 25-6），與透射通過此部份介面進入介質 2 中傳播的波，其數目相等，故折射後的波，在介質 2 中每單位時間內傳播的波的數目，亦即折射波的頻率 f 與週期 T，均與入射波相同。由於兩介質之波速不同，故入射波之波

圖 25-6 折射

長 λ_1 與折射波之波長 λ_2 不同。

設在介質 1 與介質 2 中之波速分別為 v_1 與 v_2，波之入射角與折射角分別為 θ_1 與 θ_2。圖 25-6 所示之入射波與折射波，相鄰兩波之時間間隔為一週期 T，距離為一個波長，即 $\overline{AB} = \overline{OA}\sin\theta_1 = \lambda_1$，$\overline{CD} = \overline{OA}\sin\theta_2 = \lambda_2$。故得

$$\overline{OA} = \frac{\lambda_1}{\sin\theta_1} = \frac{\lambda_2}{\sin\theta_2} \tag{25-1}$$

但因 $\lambda_1 = v_1 T$，$\lambda_2 = v_2 T$，故上式可改寫為

$$\frac{v_1}{\sin\theta_1} = \frac{v_2}{\sin\theta_2} \tag{25-2}$$

若將光在真空中之波速 c 與在一介質中之波速 v 之比值 n，定義為該介質對光波之**折射率**（index of refraction），即

$$n = \frac{c}{v} \tag{25-3}$$

則（25-2）式的結果，可改用光在介質 1 與介質 2 中之折射率 n_1 與 n_2 表示，而成為

$$n_1 \sin\theta_1 = n_2 \sin\theta_2 \tag{25-4}$$

上式稱為笛卡兒定律（Descartes' law）或司乃耳定律（Snell's law）。由（25-1）式與（25-4）式可得

$$n_1 \lambda_1 = n_2 \lambda_2 \tag{25-5}$$

根據實驗結果，光在折射時須遵守上述之司乃耳定律，且入射線、折射線與法線三者，均在入射面上，且相交於入射點，此一結果稱為光的**折射定律**（law of refraction）。

由（25-3）式，可知在真空之折射率為 1，而因光在介質中之波速 v，一般都低於真空中之光速 c，故一般介質之折射率都大於 1。除了少數的例外情形，介質的密度越大，其折射率也越高。一般而言，氣體的折射率與其密度成正比，空氣的折射率相當接近 1。不少的礦物具有相當高的折射率，如硫砷銀礦的折射率約為 3.1。表 25-1 所列為一些透明介質對光的折射率。

表 25-1　介質對光的折射率

（波長為 589 nm）

	介質	折射率*
固體	金紅石（TiO_2）	2.62
	鑽　石	2.419
	玻　璃	1.5-1.9
	瑪　瑙	1.55
	氯化鈉	1.544
	聚苯乙烯	1.49
	塑　膠	1.3-1.4
	冰	1.309
液體	苯	1.501
	甘　油	1.473
	四氯化碳	1.46
	乙醇（酒精）	1.361
	甲醇（木精）	1.33
	水	1.333
氣體	二氧化碳	1.00045
	空　氣	1.000293

* 溫度範圍為 0°C 至 20°C，壓力為 1 atm。

例題 25-3

如圖 25-7 所示，光以入射角 θ_1，從空氣（折射率為 1.00）中斜向入射到厚度為 d 之透明平板（折射率為 n），穿出後又回到空氣中。試證明穿出之光線必與入射之光線平行，並求兩光線間之側向位移（以 d、n、θ_1 表示）。

圖 25-7 透明平板之折射

解

光在板下方介面之入射角 θ_2'，等於在板上方介面之折射角 θ_2，即 $\theta_2 = \theta_2'$。依折射定律得 $\sin\theta_1 = n\sin\theta_2 = n\sin\theta_2' = \sin\theta_1'$，即 $\theta_1 = \theta_1'$，故穿出之光線與入射光線平行。

$\overline{AB}$ 等於板之厚度 d，由直角三角形 $\triangle ABC$ 可得 $d = \overline{AB} = \overline{AC}\cos\theta_2$，而由直角三角形 $\triangle ACD$，得側向位移為

$$\overline{CD} = \overline{AC}\sin(\theta_1 - \theta_2)$$

即

$$\overline{CD} = \frac{d}{\cos\theta_2}(\sin\theta_1\cos\theta_2 - \sin\theta_2\cos\theta_1) = d\sin\theta_1(1 - \frac{\sin\theta_2}{\sin\theta_1}\frac{\cos\theta_1}{\cos\theta_2})$$

因 $n\sin\theta_2 = \sin\theta_1$，而

$$n\cos\theta_2 = \sqrt{n^2(1-\sin^2\theta_2)} = \sqrt{n^2 - \sin^2\theta_1}$$

故由上式得

$$\overline{CD} = d\sin\theta_1(1 - \frac{\cos\theta_1}{n\cos\theta_2}) = d\sin\theta_1(1 - \frac{\cos\theta_1}{\sqrt{n^2 - \sin^2\theta_1}})$$

→ 折射率遞增　　　　→ 折射率遞增

(a)　　　　　　　(b)

圖 25-8　(a) 多層折射；(b) 連續折射。

當光由折射率較小之介質，進入折射率較大之介質時，根據（25-4）式，折射角將小於入射角，即折射線會比入射線更貼近法線。反之，當光由折射率較大之介質，進入折射率較小之介質時，折射線會比入射線更偏離法線。下節將就此問題做進一步的說明。

25-3-1　海市蜃樓

在不均勻介質中，例如大氣，折射率會隨著位置連續變化。這種情形，就有如圖 25-8(a) 所示之多層透明介質的折射，隨著折射率遞增，光的行進方向越來越接近水平的法線，因此會形成如圖 25-8(b) 所示之彎曲光線。

當空氣的密度增加時，其折射率 n 也隨之遞增。低空空氣的密度通常隨高度遞減，故折射率也會隨高度遞減。但若氣溫的分布異常，以致空氣密度隨高度遞增，則折射率分布也會異常，而隨高度遞增。圖 25-9 與 25-10 分別顯示在正常與異常的折射率分布下，以低**掠射角**（grazing angle）進入大氣的太陽光，其光線彎曲的情形。

在一般情況下，地平面附近的氣溫與折射率隨高度的變化，極為有限，故光線折射彎曲的現象，實際上並不顯著。但大太陽底下的沙漠或公路表面，在經陽光長時間照射後，溫度有可能變得很高，以致其上面的空氣密度會出現較顯著的異

圖 25-9　正常 n 分布時的折射　　圖 25-10　異常 n 分布時的折射

常分布。當發生此種情況時，部份的地面看起來好像覆蓋有一層水或油，因而顯得特別的亮滑，且閃爍不定，其實這是光線在如圖 25-10 之異常分布下折射造成的現象。顯得特別亮滑的地面，其實是因光線循著上凹的曲線進入人眼，以致來自遠方較明亮景物的影像，看起來好像與該部份的地面重疊在一起，因此是一種幻象。同理，有時可以看到路面上車輛的幻影，出現在路面下，圖 25-11 顯示此情況下物體 P 與像 P' 間的關係。這類幻象屬於**下映幻象**（inferior mirage）。

由濱海的沙灘或船隻上遠眺時，有時可以看到遠方有倒懸的船隻影像，出現在海面上來往船隻的上空，形影相隨。這是因為海水溫度較低，使得海平面附近的氣溫，出現相當顯著的梯度，造成不均勻的折射率分布，因此出現如圖 25-9 的光線下凹彎曲、影像騰空升起的現象，這也是海市蜃樓出現的原因。這類幻象屬於**上映幻象**（superior mirage）。

圖 25-11　下映幻像

25-4　全內反射

兩介質中，折射率較大者，稱為光密介質（optically denser medium），而折射率較小者，稱為光疏介質（optically thinner medium）。由（25-4）式之折射定律得

$$\sin\theta_2 = \frac{n_1}{n_2}\sin\theta_1 \tag{25-6}$$

當光由空氣進入水中時，$n_1 < n_2$，亦即光入射到光密介質，則由上式可得 $\sin\theta_2 < \sin\theta_1$，故折射角 θ_2 小於入射角 θ_1，且入射角越小，折射角也越小。在此情況下，折射線會比入射線更靠向法線，如圖 25-12 所示。

當光由水進入空氣時，$n_1 > n_2$，即光入射到光疏介質，則如圖 25-13 所示，折射線會比入射線更偏離法線，即折射角 θ_2 大於入射角 θ_1，且 θ_1 越大，θ_2 也越大。故若如圖 25-14 所示，入射點由 A 向右移，入射角持續增大，則折射角也隨之變大，直到 B 成為入射點時，入射角夠大，折射角達其最大值 90°，對應之折射線 b 與介面平行。此一使折射角成為 90° 之入射角，稱為臨界角（critical angle），常以 θ_c 表示，由（25-6）

圖 25-12　光疏至光密介質之折射

圖 25-13　光密至光疏介質之折射

▓ 圖 25-14　光進入光疏介質的折射現象

式可得

$$\sin\theta_c = \frac{n_2}{n_1}\sin 90° = \frac{n_2}{n_1} \tag{25-7}$$

在圖 25-14 中，若入射角未超過臨界角，例如入射點在 A 與 B 之間時，則會同時出現反射光（圖中之 f、g、h）與折射光（圖中之 a、e、b）。但若入射角大於臨界角，則光不會折射進入光疏介質中，而會完全反射回光密介質中，故圖中在入射點 C，只有反射線 d。像此種沒有折射現象伴隨發生的反射，稱為全內反射（total internal reflection），簡稱全反射。

例題 25-4

試求光由水與玻璃進入空氣之臨界角。

解

由表 25-1 得水與空氣之折射率分別約為 $n_1 = 1.33$ 與 $n_2 = 1.00$，代入（25-7）式得臨界角之正弦為

$$\sin\theta_c = \frac{n_2}{n_1} = \frac{1.00}{1.33} = 0.752$$

即光由水進入空氣之臨界角

$$\theta_c = \sin^{-1} 0.752 = 48.8°$$

同上,因玻璃折射率約為 $n_1 = 1.5$,故

$$\sin\theta_c = \frac{n_2}{n_1} = \frac{1.00}{1.5} = 0.67$$

即光由玻璃進入空氣之臨界角

$$\theta_c = \sin^{-1} 0.67 = 42°$$

全反射現象的應用甚廣,主要是因發生全反射時,所有入射至介面之光,全部被反射回原介質中,故反射光的強度,不會減弱,但一般的鏡面反射,即使反射面非常光滑,反射光也一定比入射光為弱。因此,雙筒望遠鏡、潛望鏡、照相機等,通常都採用全反射稜鏡(如圖 25-15),而非面鏡,以反射光線。

折射與全反射是纖維光學(fiber optics)的基礎。這可用圖 25-16 的光纖(optic fiber)或光導管(light pipe)為例,來作說明。纖管的管心為細絲,直徑僅約 8 微米,一般使用透明的光密介質,如玻璃或塑膠,包覆管心的是一層或多層的光疏介質,越靠外表的覆層,其折射率越低。光纖通常使用波長

圖 25-15　全反射稜鏡

圖 25-16 光纖中的光傳播

為 0.85、1.31 與 1.55 微米的紅外光。當光進入纖管後，或因在介面出現全反射，或因經多層光疏介質折射，可以在近乎沒有減弱的情況下，沿著纖管前進。

物體發出的光線，在經光纖管壁多次全反射或折射後，方向已經失真，故單一的光纖或光導管，無法用來傳遞物體的真實影像。解決此問題的一個方法是將許多光纖絲集合成為**光纖束**（optic fiber bundle），每一條纖絲只傳送極小部份的物體影像。醫學上觀察胃、腸、膀胱、支氣管時使用的各種纖維鏡，多依此原理製成。光導管也可用來提供照明，以便進行內科醫學手術。

在現代的纖維光學通訊系統中，光可以近乎不減弱地沿著光纖傳播至數公里外，而若在傳送途中，以雷射增強其訊號，則更可用以從事跨越洲際的遠距離通訊。利用光纖從事通訊，除了訊號不易失真與管線更耐用外，其成本也低廉許多，這是因為光的頻率甚高，其頻寬遠高於傳統通訊使用的微波。一條玻璃光纖可以同時載送的電話高達數萬通，而一條銅線則只能載送約數十通。

例題 25-5

將圖 25-15 中之等腰直角稜鏡，放到水（折射率 1.33）之中，在水中以光線向其底面正射，若要光線在稜鏡中經兩次全內反射，循原入射方向反向射回，則此稜鏡的折射率至少須為多少？

解 由圖 25-15 中間之稜鏡可看出，在入射角為 45° 時，必須能夠產生全內反射，換言之，其臨界角不能小於 45°，由 (25-7) 式

$$\sin \theta_c = \frac{n_2}{n_1} = \frac{1.33}{n_1}$$

或

$$n_1 = \frac{1.33}{\sin \theta_c}$$

今 θ_c 必須小於或等於 45°，所以

$$n_1 \geq \frac{1.33}{\sin 45°} = 1.88$$

25-5 色 散

光對物質介質的作用，類似於一種強迫振動，會隨光的頻率而變。因此不同頻率的光，在物質介質中的波速，通常會隨光的頻率而變，而物質介質的折射率，依據（25-3）式的定義，也就會隨頻率（波長或顏色）而變。但在真空中，各種頻率的光或電磁波，其波速均相同，故折射率均為 1。

當一道由多種顏色（或波長）的光線合成的平行光束，例如太陽光，斜射至物質介質時，若光的折射率隨顏色而變，則各色的光線在折射後，因折射角彼此不同，就會分散開來，沿不同的方向前進，此一現象稱為**色散**（dispersion）。

依據柯西（A. Cauchy）的經驗式，折射率 n 與光的波長 λ 之間有如下的關係

$$n = A + \frac{B}{\lambda^2} + \frac{C}{\lambda^4} + \cdots \qquad (25\text{-}8)$$

上式中之 A、B、C 為常數，其值隨介質而變，右邊最後一項

圖 25-17 冕玻璃的折射率

通常很小，可以忽略。圖 25-17 顯示光學儀器常用的冕玻璃，其折射率對波長的變化圖，確與（25-8）式相符，即波長較長的光，其折射率較小。

牛頓於西元 1666 年，發現白色的陽光在通過玻璃三稜鏡後，會產生偏向，並色散成七種色光，依紅、橙、黃、綠、藍、靛、紫的偏向順序，形成光譜（spectrum），其中紅光的偏向最小，紫光最大（圖 25-18）。他同時也發現各種色光可合成為白光。

圖 25-18 三稜鏡的色散

25-5-1　稜鏡分光計

　　將稜鏡擺在一平面圓的中心，使一些已知波長的光，沿圓的半徑入射至稜鏡，再將這些光的出射方向，分別標示於圓周上當做波長的參考尺標，則觀察一波長待測的色光，經稜鏡後的出射方向，即可利用參考尺標決定其波長，此種裝置稱為**稜鏡分光計**（prism spectrometer）。液體或固體發出的光，其光譜的波長分布是連續的（圖 25-19(a)），而氣體發出的則是不連續、具有特定波長的光譜線（圖 25-19(b)）。利用能產生色散的裝置，如稜鏡分光計，可由光譜的波長分布情形，辨識出光源含有何種元素，此種方法稱為**光譜分析法**（spectral analysis）或**光譜學**（spectroscopy），在科學研究上非常有用，例如在地質學中可用來辨識礦石，而在天文學中可用以測定遙遠星球上各種元素含量的多寡。

　　在光學儀器中，色散的現象通常只有徒增困擾。例如不同顏色的光，通過玻璃透鏡的鏡頭後，由於折射率不同，會有不同的焦點，因此形成的像會出現一種畸變，稱為**色像差**（chromatic aberration），必須使用由不同折射率的玻璃透鏡所組成的複合鏡頭，才能消除。

(a)　　　　　　　　　　　(b)

圖 25-19　(a) 連續光譜；(b) 光譜線

例題 25-6

如圖 25-20，太陽光垂直入射一頂角為 α 的直角三稜鏡。若波長為 400 nm 的紫光與 700 nm 的紅光，在斜邊的稜鏡面之折射角，分別為 θ_v 與 θ_r，而稜鏡的色散曲線（dispersion curve）如圖 25-17，則能使角色散（angular dispersion）$\Delta\theta = \theta_v - \theta_r$ 為最大的 α 值為何？此稜鏡最大的角色散為何？

圖 25-20 角色散

解

由圖 25-17 得紫光與紅光的折射率分別為 $n_v = 1.538$ 與 $n_r = 1.516$。因空氣的折射率 $n_a = 1.000$，入射角為 α，由司乃耳定律（25-4）式得

$$\sin\theta_v = n_v \frac{\sin\alpha}{n_a} = 1.538\sin\alpha$$

$$\sin\theta_r = n_r \frac{\sin\alpha}{n_a} = 1.516\sin\alpha$$

上式顯示當 α 增加時，$\sin\theta_v$ 的增量比 $\sin\theta_r$ 大，因此 θ_v 的增量也比 θ_r 大，即角色散 $\Delta\theta = \theta_v - \theta_r$ 會隨 α 增加，直到紫光發生全內反射為止。故能使角色散最大的 α 值，即紫光的臨界角

$$\theta_c = \sin^{-1}(\frac{1}{1.538}) = 40.56°$$

此時 $\alpha = \theta_c$，$\theta_v = 90°$，而

$$\theta_r = \sin^{-1}(1.516\sin\alpha) = \sin^{-1}(\frac{1.516}{1.538}) = 80.30°$$

故此稜鏡最大的角色散等於 $\Delta\theta = 90° - 80.30° = 9.7°$。

圖 25-21 (a) 虹；(b) 虹、霓與暗帶

25-5-2 虹與霓

如圖 25-21(a)，位於太陽與下雨區之間的觀察者，在背日的天空中有時可看到一道七彩的圓弧，即虹（primary rainbow），有時甚至還能看到一道更大、但較不明顯的彩色圓弧，出現在虹的上方，也就是霓（secondary rainbow）（圖 25-21(b)）。虹與霓間的區域，沒有色彩且較黯黑，稱為亞歷山大暗帶（Alexander's dark band）。在噴泉、瀑布或噴水器周圍，因為瀰漫著霧狀水氣，有時也可以出現小型的虹與霓。

在西元 1635 年，笛卡兒（R. Descartes）對彩虹的形狀與出現的角度，就已經提出完整的解釋，但有關彩虹的顏色分布，則是牛頓發現色散現象後，才由他成功的加以說明。

虹與霓是空中的小水滴，如雨滴，對光的反射、折射與色散所引起的。圖 25-22(a) 與 25-22(b) 顯示光線入射到圓球形雨滴後的路線。圖 25-22(a) 中 C 點與 25-22(b) 中 D 點的折射線，亦即圖上標示為（3）類（兩次折射、一次反射）與（4）類（兩次折射、兩次反射）的光線，分別與虹、霓的形成有關。圖 25-22(b) 中入射光線與進入觀察者眼睛光線的夾角

圖 25-22　(a) 光由雨滴上半球入射；(b) 光由雨滴下半球入射

δ，稱為偏向角，而其補角 ϕ，亦即入射光線與觀察者視線的夾角，本節以下將其稱為仰角，故 $\phi = 180° - \delta$。

以下說明（3）類與（4）類的光線，為何會分別在特定的仰角形成虹與霓。入射光線偏離雨滴中心的距離 b 稱為**撞擊參數**（impact parameter）。偏向角 δ 或仰角 ϕ 會隨 b 而變，因此其角度有一變化範圍，並非單一值，但如圖 25-23 所示，隨著 b 值的遞增，（3）類光線的偏向角 δ 逐漸減小，但遞減至 B_3 位置後，則又逐漸增加，故 B_3 的偏向角 $\delta = 138°$ 為極小值。不僅如此，在此最小偏向角附近，（3）類光線也變得較密集，因此光的強度較大。故對觀察者而言，在仰角 $\phi = 180° - \delta$

圖 25-23　入射角 θ、撞擊參數 b 與偏向角 δ。

圖 25-24　偏向角 δ 隨 y 的變化（折射率 $n = 1.33$）

$= 42°$ 會有一條圓弧形亮帶出現，此即虹。同理，(4) 類光線的偏向角，以 $130°$ 為極大值，光線也較為密集，故在仰角為 $50°$ 處，亦有一條圓弧形亮帶出現，此即霓。

　　若以 y 表示撞擊參數 b 對雨滴半徑 R 的比，即 $y = \dfrac{b}{R}$，則如圖 25-23 所示，入射角 θ 的正弦 $\sin\theta = \dfrac{b}{R} = y$，故可分次應用折射與反射定律，由 y 決定偏向角 δ 或仰角 ϕ，其結果如圖 25-24 的曲線。由此圖可看出仰角在 $42°$ 至 $50°$ 之間時，並無任何 (3) 類或 (4) 類的光線，此即亞歷山大暗帶之由來。此圖亦顯示 (3) 類與 (4) 類的光線，出現的角度範圍相當廣，並非只在 $42°$ 至 $50°$ 的方向出現。

　　在上述虹與霓的說明中，考慮的光線是單色的。虹與霓所以會有色彩，並以一定順序排列，是因陽光中的各種色光，因雨滴的色散作用，在雨滴中有不同的行進路線。如圖 25-25 所示，在形成虹的光線中，即圖 25-22(a) 中的 (3) 類光線，以紅光的偏向角最小，紫光的偏向角最大，即地面觀察者看到的紅光，來自仰角較大（約 $42.38°$）之雨滴，而紫光則來自仰角較小（約 $40.51°$）之雨滴，故虹之色彩，由上而下分別為紅、橙、黃、綠、藍、靛、紫。同理，在形成霓的光線中，即

圖 25-22(b) 中的（4）類光線，紅光的偏向角較大，仰角較小（約 50.34°），而紫光的偏向角較小，仰角較大（約 53.73°），故其色彩順序與虹相反。

圖 25-25 陽光被雨滴色散

25-6 反射係數與起偏振角

經由幾何光學，雖能決定光線反射與折射的方向，但卻無法知道在一般情況下，反射光與折射光所占的比例各為多少。這個比例以及其它一些相關的結果，可由電磁波的理論求得，以下摘要加以說明。

反射光強度與入射光強度的比，稱為**反射係數**（reflection coefficients），其值隨入射角而變，且與介面兩邊介質折射率的比有關。當入射角為零時，入射光線沿法線方向入射，稱為**正入射**（normal incidence），亦即入射光與介面垂直，此時之反射係數最小。例如，光由空氣垂直入射到折射率為 1.5 的玻璃表面時，其反射係數為 0.04，亦即有 4% 的光會被玻璃反射回來，但 96% 的光則會通過玻璃。反之，入射角越接近 90°，反射係數也越大。這就是為何沿著近乎與玻璃面平行的方向望去時，門窗玻璃所反映的景象會顯得格外清楚的原因。

25-6-1 起偏振角

一電磁波的電場方向稱為其**偏振方向**。反射係數也與光的偏振方向有關。當入射光的偏振方向與入射面（與反射面為同一平面）平行時，則在一特定的入射角 θ_p，稱為起偏振角（polarizing angle）或**布如士特角**（Brewster angle），會完全沒有反射光。起偏振角由介質的折射率決定，其公式為

$$\tan\theta_p = \frac{n_2}{n_1} \qquad (25\text{-}9)$$

例如，由空氣（$n_1 = 1.00$）入射到玻璃（$n_2 = 1.5$）時，光的起偏振角 $\theta_p = 56.3°$。

若入射光的偏振方向，原本具有垂直與平行於入射面的分量，則當入射角等於 θ_p 時，光仍會反射，但反射光的偏振方向，變成與入射面垂直，沒有平行於入射面的分量，因此 θ_p 稱為起偏振角。

光照射到金屬表面時，也會有類似上述起偏振角的現象出現。陽光被空氣分子散射後，其偏振方向也會較一致。因此反射或散射的光，通常可藉由只有特定偏振方向的光才能通過的鏡片，如太陽眼鏡或照相機的濾光片，使其強度大幅降低，不致過分刺眼。

例題 25-7

在一般光偏振的情形，當光線以起偏振角入射一介面時，會同時有反射及折射光線。證明在此情況，起偏振角 θ_p 及折射角 θ_r 滿足 $\theta_p + \theta_r = 90°$ 的關係。

解

由 (25-9) 式
$$\tan\theta_p = \frac{n_2}{n_1}$$

或
$$n_1 \sin\theta_p = n_2 \cos\theta_p$$

又由折射定律得 $n_1 \sin\theta_p = n_2 \sin\theta_r$

比較上兩式得 $\cos\theta_p = \sin\theta_r = \cos(90° - \theta_r)$

所以 $\theta_p = 90° - \theta_r$

亦即 $\theta_p + \theta_r = 90°$

習題

25-2 節

25-1 若要使反射的光線偏轉 20°，則應將平面鏡轉動多大之角度？

25-2 兩平面鏡之夾角為 θ，一光線被此二平面鏡各反射一次後離去。試證明此光線的行進方向總共偏轉了 $360° - 2\theta$。

25-3 節

25-3 一光線由空氣進入水中時，其行進方向偏折了 5°，則此光線的入射角與折射角各為何？

25-4 試證明角反射器能使入射之光線循原方向返回。

25-5 如圖 P25-5 所示之正三角形三稜鏡，頂角 α 為 60°，光線由空氣中入射後穿出，入射角 θ 為 45°。(a) 若入射光之折射率 n 為 1.5，試求偏向角 δ；(b) 若入射光為白色陽光，則折射率為 1.582 的紅光，與折射率為 1.633 的藍光，其偏向角 δ 相差多少度？

圖 P25-5

25-4 節

25-6 試求光由玻璃進入水中之臨界角。

25-7 若光由一透明物質進入空氣時之臨界角為 60°，則在此物質中之光速為何？

25-8 一折射率為 n 之透明液體中有一點狀光源，離液面之深度為 h，則液面因被光源照射，而有光折射進入空氣之部份，其面積為何？

25-6 節

25-9 起偏振角為 60° 的物質，其折射率為何？

25-10 試求光由空氣進入鑽石之起偏振角。

習題

25-2 節

25-1 若反射光與入射光線相垂直 20°，則鏡面 應旋轉幾度？光之方向為？

25-2 兩平行鏡面之交角為 θ，一光線射至二 平面鏡各一次，證明一出射線，其方向與此 光線的行進方向相垂直於 $360° - 2\theta$。

25-3 節

25-3 一光線由空氣射入水中折射，其行進方向偏折了 7.5°，問此光線照射水面的角度 為若干度？

25-4 何證明折射定律能使從以入射之光線通過 自向反射？

25-5 如圖 P25-5 所示之三角稜鏡之頂角 由 α 15.60°，光線從左邊射入其後由 出，入射角為 θ 進 45°，(a) 若入射光之 折射率 n 為 1.5，求此稜鏡角，若 (b) 若入射光為紅色圓光，即折射率於 1.582 時之 (c) 如果水折射率為 1.633 的光 時，其偏向角 ϕ 相差多少度？

圖 P25-5

25-4 節

25-6 求光之相反到速進入水中之臨界角？

25-7 當光由一透明物質進入空氣中之臨界 角為 60°，則在此物質中之光速為何？

25-8 行向頻率 n_x 之塑膠體中有一點 狀光源，離板的之距離為 h，則由圖 因此光在圓盤上，則有光能照過此圓盤 之邊緣，其面積為？

25-6 節

25-9 鑽石稜角為 60° 的稜鏡，其形成之散 射？

25-10 試求光由空氣進入鑽石之相對臨界角？

26

成像與光學儀器

- **26-1** 平面鏡
- **26-2** 曲面鏡
- **26-3** 透　鏡
- **26-4** 造鏡者公式
- **26-5** 光學儀器

光學系統如面鏡、顯微鏡、望遠鏡、照相機、眼鏡、眼睛等，能夠藉由反射或折射，改變光的行進方向，因而可使入射的光，形成一種視覺圖樣，而能將實物或景象的形體顯現出來，稱為**像**（image）。本章延續前章的討論，將在幾何光學近似下，探討一些常見光學系統的成像原理與特性。

透過成像系統看一個物體時，到達眼睛的光，雖然看來都像是從物體發出，沿著直線直接傳來，但這些光的行進路線，其實已被成像系統改變過，因此人眼看到的像，就位置、大小或方位而言，與實際物體並不一定相同。當進入人眼的光，確實是像從其所在之位置發出時，稱此像為**實像**（real image），若實際並非由像之位置發出，而只是看似如此時，則稱為**虛像**（virtual image）。若於像之位置放一屏幕，則實像可將屏幕照亮，虛像則對屏幕毫無作用。

26-1　平面鏡

整理儀容常用平面的反射鏡，稱為**平面鏡**（plane mirror），鏡前的人可以看到自己在鏡中的像。比較像與真人，則可發現兩者與鏡面等距，均為正立，大小並無不同，但左右相反。

如圖 26-1 所示，平面鏡 MM' 之前有一點狀物體 S，其所發出的光經鏡面反射後，看來像是由鏡面後的 S' 點發出，亦即所有反射線向後延伸後會相交於 S' 點，S' 稱為物體 S 之**像**。因實際並無光線自 S' 發出，故 S' 為**虛像**。以下根據光的反射定律，說明平面鏡的成像特性。

如圖 26-1，在 O、P、P' 三個入射點的法線，均與鏡面 MM' 垂直。設 S' 是反射線 OS 與 PQ 向鏡後延伸後的交點。由光的反射定律可得 $\angle a = \angle b$，故由其餘角須相等，得 $\angle c = \angle d$，而由對頂角相等，可得 $\angle e = \angle d$，故 $\angle c = \angle e$。此結果顯示 △SPO 與 △$S'PO$ 為全等的直角三角形，故得 $S'O = OS$ 與 $S'P = SP$ 的結論。

圖 26-1　平面鏡成像

當考慮的入射點由 P 換成 P' 時，設反射線 OS 與 $P'Q'$ 的延伸線相交於 S''，則同上理，可得 $S''O = OS$ 與 $S''P' = SP'$，故 $S''O = S'O$，即 S' 與 S'' 為同一點。推而廣之，可知 S' 是所有反射線向後延伸後的交點，即 S' 為 S 之像。圖 26-1 中，由鏡面到物體 S 之距離 OS，稱為物距（object distance），而由鏡面到像點 S' 的距離 OS'，稱為像距（image distance）。依前段之結果得 $S'O = OS$，故對點狀物體而言，平面鏡所成之像為虛像，像到物的連線與鏡面垂直，且像距等於物距。

一般物體可視為由許多點組成，將對應於每一物點的像點集合起來，就成為物體之像，而可得到以下結論：平面鏡所成之像恆為虛像，各物點到其對應像點的連線，與鏡面垂直，各點之像距等於物距，故像與物體之大小與形狀相同，且恆為正立。

上述結論中，物體與像相對於平面鏡所具有的幾何關係，稱為面鏡對稱（mirror symmetry）或鏡稱。如將左手掌置於平面鏡前，則所成之像看起來會像右手掌，因此相向的左手掌與右手掌，就是一種面鏡對稱的關係。

例題 26-1

如圖 26-2 所示，一身高為 H 之人，站立於可沿鉛直牆壁上下移動之平面鏡前。若此人可看見自己在鏡中的全身像，則鏡面上、下端之高度差 h 至少為何？

解

鏡前之人與鏡後之像，與鏡面等距，故 $CN = ND$。假設人眼與腳尖之連線 AC 平行於鉛直線 MN，則三角形 $\triangle ADC$ 與 $\triangle EDN$ 相似，故得

$$\frac{AE}{ED} = \frac{CN}{ND} = 1，即 AE = ED，AD = AE + ED = 2AE$$

同理，假設像之頭頂與腳尖之連線 BD 平行於鉛直線 MN，則 $\triangle AME$ 與 $\triangle ABD$ 相似，故 $\frac{AD}{AE} = \frac{DB}{EM} = 2$，即 $2EM = DB$。因像與人之高度相等，即 $DB = H$，故鏡面之高度差 h 至少為 $EM = \frac{H}{2}$。

圖 26-2 直立的平面鏡

26-2 曲面鏡

反射面為曲面的鏡子，稱為**曲面鏡**（curved mirror）。平面鏡只能形成大小不變的正立虛像，但曲面鏡所成的像，大小可以改變，正立或倒立都有可能，而除了虛像外，也可以是實像。

26-2-1 拋物面鏡

如圖 26-3(a) 與 (b) 所示之拋物線，以其頂點 O 為平面直角坐標系的原點，並以其對稱軸為 x 軸時，可表示為 $y^2 = 4cx$，其焦點 F 位於 $(c, 0)$，焦距為 $|c|$。此拋物線繞 x 軸旋轉半周所形成的迴轉面，稱為拋物迴轉面，簡稱拋物面。

圖 26-3 (a) 拋物凹面鏡（$c < 0$）；(b) 拋物凸面鏡（$c > 0$）。

反射面為拋物面的鏡子，稱為拋物迴轉面鏡（paraboloidal mirror），簡稱**拋物面鏡**。拋物面鏡有一特性，即所有平行於對稱軸 Ox 的入射光線，其反射線或反射線向鏡後延伸時，必通過同一點 F，稱為其**焦點**（focus 或 focal point）。故拋物凹面鏡常用於反射式天文望遠鏡，以使遠方星球成像於焦點時，能較為明亮。

反之，將光源置於拋物凹面鏡的焦點，則經鏡面反射後，光線均平行於鏡軸。故照明燈具，如探照燈、手電筒或汽機車之頭燈，常利用此方式提供平行光束，使光得以投射到遠處。

26-2-2 球面鏡

反射面為球形面的曲面鏡，稱為**球面鏡**（spherical mirror），其中以球凹面與球凸面為反射面者，分別稱為**球凹面鏡**（spherical concave mirror）與**球凸面鏡**（spherical convex mirror），如圖 26-4(a) 與 (b)。

圓球面中心 C 稱為球面鏡之**曲率中心**（center of curvature），圓弧 AOB 對 C 之張角 $\angle ACB$，稱為鏡之**孔徑角**（aperture angle）。鏡面中心點 O 稱為**鏡頂**（vertex of mirror）或**頂點**，連接頂點與曲率中心的直線 OC，稱為鏡之**主軸**（principal axis）或**光軸**（optic axis），而任何在主軸近旁，方

圖 26-4 (a) 球凹面鏡；(b) 球凸面鏡

向近乎平行於主軸的光線，稱為近軸光線（paraxial ray）。當半徑趨近無窮大時，球面鏡即趨近平面鏡。

圓心位於 $(R, 0)$、半徑為 $|R|$ 之圓，可表示為 $y^2 + (x-R)^2 = R^2$。對近軸光線而言，因只入射到球面鏡位於鏡頂 O 附近的部份（圖 26-5），即 $x \ll |R|$，故上式可改寫為 $0 = y^2 + x^2 - 2xR = y^2 + x(x-2R) \approx y^2 - 2Rx$，而得 $y^2 \approx 2Rx$，此結果顯示，圓可近似為 $c = \dfrac{R}{2}$ 之拋物線，其焦點 F 位於 $(\dfrac{R}{2}, 0)$。換言之，對近軸光線而言，球凹面鏡就如同拋物凹面鏡，可將平行於主軸的光線，會聚到鏡頂 O 與曲率中心 C 的中點，如圖 26-5 所示。

球面鏡由於反射面較為規則，比拋物面鏡更易製作，故一般聚焦多選用之，如哈伯太空望遠鏡。但大面積的球面鏡，無法像拋物面鏡一樣，將所有與主軸平行的光線會聚到單一之焦點（如圖 26-5 中之光線 a），此種缺失稱為**球面像差**（spherical aberration）。如果只使用一小部份的球面作為鏡面，則可降低此種像差。

根據光的反射定律，畫出多條入射線與反射線，可求得平面鏡或曲面鏡所成的像，此法稱為**光線描跡法**（ray tracing），或稱**作圖法**。一物點經面鏡反射所成的像點，通常都可由兩條反射光線實際或延伸後的交點決定。若球面鏡可近似為拋

圖 26-5 圓與拋物線之反射

物面鏡，則在求其成像時，可用以下方式作圖：

1. 入射線平行於主軸時，反射線或其延伸線必通過焦點 F。
2. 入射線或其延伸線通過焦點 F 時，反射線必平行於主軸。
3. 入射線通過曲率中心 C 時，反射線與入射線反向，且兩者均與鏡面垂直。
4. 通過頂點 O 的入射線與反射線，與主軸之夾角相等。

事實上，不論球面鏡是否可近似為拋物面鏡，**3.** 與 **4.** 兩項所述均能成立。當物點不在主軸上時，以上任何兩項均可用來決定其像點。

圖 26-6(a) 至 (c) 為利用 **1.** 與 **2.** 求出成像的例子。作圖時，都只選一物點（即物體頂端），先求出其像點，再從像點作一垂線至主軸，而以其垂足為成像之位置。

注意：在圖 26-6(b) 中，物體底部較粗的部份，其像點

(a)

(b)

(c)

(d)

圖 26-6 (a) 物體在曲率中心外；(b) 物體在曲率中心與焦點間；(c) 物體在焦點與頂點間；(d) 孔徑遮闌。

並不在其頂端像點至主軸的垂線上，故出現圖示之像差。若鏡面的尺寸遠小於球半徑，且物點均位於主軸附近，與鏡面有些距離，則所有入射線與反射光線，均為近軸光線，像差微小而可忽略，圖中帶有箭頭之垂線，即為物體之像。故只考慮近軸光線時，球面鏡的成像問題會變得較簡單。如圖 26-6(d) 所示之阻隔物 S 稱為**孔徑遮闌**（aperture stop），可限制鏡面範圍，使通過的光線成為近軸光線，以減少像差。本章以下有關曲面成像的討論，除非另有說明，均假設成像之光線為近軸光線。

球凹面鏡成像時，若物體在曲率中心 C 外（圖 26-6(a)），則成縮小之倒立實像，如湯匙凹面所成之像；若位在曲率中心與焦點之間（圖 26-6(b)），則成放大之倒立實像，且像比物體更遠離鏡面，物體越接近焦點，實像越大，離鏡面也越遠。若物體位在焦點上，則反射線都平行於主軸，無法相交成像。若物體在焦點與頂點之間（圖 26-6(c)），則反射線須向鏡面後延伸，才會相交，此時像為放大之正立虛像。

球凸面鏡成像時，不論物體在鏡前何處，所成之像恆為**縮小之正立虛像**（圖 26-7），故能將大範圍內的人物與景象成像於鏡中，方便就近監視，常用於大型車輛、保全防盜系統與道路轉彎處顯示路況之廣角鏡。

26-2-3　球面鏡的成像公式

作圖法對定性地了解球面鏡成像的位置、虛或實、正立或反立、縮小或放大等，非常便利有用，但更精確而定量化

圖 26-7 凸面鏡之成像

的了解，則需藉助於**面鏡公式**（mirror equation）。本章以下之討論，使用**笛卡兒符號制**（Cartesian sign convention），有下述之約定：

1. 鏡之頂點為平面直角坐標系原點 O，沿鏡之主軸向右為 $+x$ 軸方向，垂直主軸向上為 $+y$ 軸方向。
2. 真實物體位於鏡之左側，光線最初由左向右入射至鏡。
3. 位置坐標以 (x, y) 表示，由 A 點到 B 點的位移向量以 AB 表示，故 $AB = -BA$。但平行於 x 軸與 y 軸之位移，可簡化而分別只用其 x 分量與 y 分量表示。例如圖 26-8 中，原點 O 之坐標為 $(0, 0)$，A 點之坐標為 $(l, 0)$，B 點之坐標為 (l, h)，C 點之坐標為 $(l, -H)$，而位移 $OA = l$，$AO = -l$，$AB = h$，$AC = -H$。
4. 逆時鐘方向之夾角，其角度為正；順時鐘方向之夾角，其角度為負。例如圖 26-8 中，$\angle AOB$ 為正值，但 $\angle AOC$ 與 $\angle ABO$ 則均為負值，而 $\angle OAB = -90°$。注意：$\angle AOB$ 指的是向量 OA 繞 O 點旋轉至向量 OB 時，絕對值不超過 $180°$ 的角。

一底部位於 x 軸之物體或像，其離 x 軸最遠之點的 y 坐標，稱為其高度。像之高度 h' 與物體高度 h 之比 m，稱為**橫向放大率**（transverse magnification，簡稱放大率）。當 m 為正

圖 26-8　笛卡兒符號制

時，像為正立；當 m 為負時，像為倒立。

設以 R 代表頂點 O 至曲率中心 C 之位移 OC，則球面之半徑為 $|R|$，球凹面鏡（圖 26-9(a)）之 R 為負值，球凸面鏡（圖 26-9(b)）之 R 為正值。如前節所述，當球面鏡可近似為拋物面鏡時，其焦點 F 位於 $(\frac{R}{2}, 0)$。頂點 O 至焦點 F 之位移 OF 稱為焦距（focal distance），一般以 f 表示，故對可近似為拋物面鏡之球面鏡而言，其焦距為

$$f = \frac{R}{2} \tag{26-1}$$

球凹面鏡之焦距為負值，而球凸面鏡之焦距為正值，此與其焦點分別位在頂點左邊與右邊是一致的。

如圖 26-9(a) 與 (b) 所示，頂點 O 至物點 P 的位移 $s = OP$，

圖 26-9　(a) 球凹面鏡成像；(b) 球凸面鏡成像；(c) 球凹面鏡之放大率；(d) 球凸面鏡之放大率。

稱為物距，而頂點 O 至像點 P' 的距離 $s' = OP'$，稱為像距。

由光的反射定律，可求出物距與像距間的關係。如圖 26-9(a) 與 (b) 所示，光在 A 點的反射角及其對頂角，都等於入射角，故 $\angle CAP' = \angle PAN = \theta$，而三角形 $\triangle CP'A$ 之外角等於不相鄰兩內角之和，故得 $\angle OP'A = \angle OCA + \theta$。同理，由 $\triangle P'AP$ 得 $\angle OP'A = \angle OPA + 2\theta$。由前二式消去 θ 可得 $\angle OP'A + \angle OPA = 2\angle OCA$。當入射線與反射線均為近軸光線時，上式中之各夾角均甚小，可用其正切值近似，即 $\angle OP'A \cong BA/P'B$，$\angle OPA = BA/PB$，$\angle OCA = BA/CB$，而得

$$\frac{BA}{P'B} + \frac{BA}{PB} = 2\frac{BA}{CB} \tag{26-2}$$

因 OB 遠小於半徑 $|R|$、物距 s 與像距 s'，線段 AB 之垂足 B 與頂點 O 可視為重合，故得 $PB \approx PO = -OP = -s$，$P'B = -BP' \approx -OP' = -s'$，$CB = -BC \approx -OC = -R$。將此結果代入（26-2）式，即得**面鏡成像公式**

$$\frac{1}{s'} + \frac{1}{s} = \frac{2}{R} \tag{26-3a}$$

若 $s \to -\infty$ 或 $\frac{1}{s} \to 0$，即物點在無窮遠處，則入射光線與主軸平行，此時像點即焦點，像距 s' 即焦距 f，故由上式得 $s' = f = \frac{R}{2}$，此與（26-1）式之結論一致，即上式可寫為

$$\frac{1}{s'} + \frac{1}{s} = \frac{1}{f} \tag{26-3b}$$

上二式不論入射點 A 之位置為何，均能成立，故由物點 P 發出之近軸光線，經球面反射後，均通過 P' 點或看似來自 P' 點，即此點確為像之所在。

如圖 26-9(c) 與 (d) 所示，設一物體之高度為 h，其頂端 Q 所成之像 Q' 的位置與高度 h'，可依以下方式求得。

在近軸光線之近似下，$\triangle QCP$ 與 $\triangle Q'CP'$ 相似，故得

$P'C : PC = h' : h$。但 $PC = -s + R$，$P'C = -s' + R$，而由（26-3b）式得 $\dfrac{1}{s'} - \dfrac{1}{R} = \dfrac{1}{R} - \dfrac{1}{s}$，故放大率 m 為

$$m = \dfrac{h'}{h} = \dfrac{P'C}{PC} = \dfrac{R-s'}{R-s} = \dfrac{Rs'(\dfrac{1}{s'} - \dfrac{1}{R})}{Rs(\dfrac{1}{s} - \dfrac{1}{R})}$$

故得
$$m = -\dfrac{s'}{s} \tag{26-4}$$

例題 26-2

如圖 26-9(e)，一高度為 2.0 cm 之物，直立於半徑為 24 cm 之球凹面鏡前 32 cm 處，試求：(a) 鏡之焦距 f；(b) 像距 s'；(c) 像之虛實；(d) 放大率 m；(e) 像之高度 h'；(f) 像為正立或倒立。

解

物距 $s = -32$ cm，高 $h = 2.0$ cm，半徑 $R = -24$ cm。

(a) 由（26-1）式，$f = \dfrac{R}{2} = -12$ cm。

圖 26-9 (e) 求球凹面鏡之成像

(b) 由（26-3b）式得

$$\dfrac{1}{s'} = \dfrac{1}{f} - \dfrac{1}{s} = \dfrac{1}{(-12)} - \dfrac{1}{(-32)} = \dfrac{-8+3}{96} = \dfrac{-5}{96}$$

故像距 $s' = \dfrac{-96}{5} = -19.2$（cm）為負值，表示像位於鏡之左方，即鏡前。

(c) 由前小題知像位於鏡前，故為實像。

(d) 由（26-4）式得放大率 m 為 $m = \dfrac{-s'}{s} = \dfrac{-(-19.2)}{-32} = -0.60$。

(e) 由（26-4）式得像之高度 $h' = h \times m = 2.0 \times (-0.60) = -1.2$（cm）。

(f) 因像之高度 h' 為負值，故為倒立。

26-3 透鏡

　　光學透鏡（optical lens），簡稱**透鏡**（lens），是形狀與厚度呈規則變化，且高度透明的物體，通常具有旋轉對稱性，且兩側表面為球面，故稱為**球面透鏡**（spherical lens），本章中只考慮此類具雙球面的透鏡。

　　如圖 26-10 所示，透鏡的幾何中心，即兩側球面相交處之圓的圓心 O，稱為**透鏡中心**（center of lens），簡稱**鏡心**。透鏡的旋轉對稱軸，稱為**主軸**（principal axis），通過兩側球面的曲率中心。透鏡內恆存在一點，稱為**光心**（optical center），能使任何通過光心的光線，其出射方向與入射方向平行。若透鏡很薄，則光心即位於鏡心 O。

　　如圖 26-11(a) 與 (b) 所示，透鏡能使平行於主軸的入射光線，因折射而偏向，在穿出透鏡後，會相交於主軸上的同一點，

圖 26-10　球面透鏡

圖 26-11　(a) 凸透鏡；(b) 凹透鏡

軸 ――――――――   ―――――――― 軸

(a)　　　　　　　　　　(b)

圖 26-12　(a) 會聚稜鏡組；(b) 發散稜鏡組

或看似由同一點發出，此共同點常以 F 表示，稱為透鏡之焦點。如圖 26-10 所示，鏡心 O 至焦點 F 之距離 f，稱為焦距。鏡心至物點與像點的距離 s 與 s'，分別稱為物距與像距。

　　透鏡可分為兩種，一為凸透鏡（convex lens）或稱會聚透鏡（converging lens），平行光穿過此種透鏡後，實際都通過其焦點，稱為實焦點，如圖 26-11(a) 所示；另一為凹透鏡（concave lens）或稱發散透鏡（diverging lens），平行光穿過此種透鏡後，光線實際並不相交，但向後延伸時，會相交於焦點，稱為虛焦點，如圖 26-11(b) 所示。因光可由透鏡任一側的球面入射，故透鏡兩側各有一個焦點。透鏡使平行光線會聚或發散的功能，其道理和兩個三稜鏡的組合相同，即光在通過後，均會往鏡體較厚的部份偏折，如圖 26-12(a) 與 (b) 所示。

　　本章中有關透鏡的討論，除非另有說明，只考慮近軸光線，並假定**薄透鏡近似**（thin-lens approximation）的條件成立，即透鏡厚度遠小於一些軸向長度，如鏡面半徑、物距、像距、焦距等，近乎沒有厚度。因此每一條光線的入射點與出射點，可視為重合，但因透鏡的兩面並不平行，一般光線在通過透鏡後，方向會發生偏折，故出射與入射光線的方向，仍可不同。以圖表示時，習慣上將透鏡畫為一個能產生折射的平面，此平面與主軸相交於鏡心，光線在透鏡內的實際路線，都省略不畫，入射線被當作是直進到代表透鏡的平面後，才折射偏向成為出射線。

26-3-1 光線描跡法

要決定透鏡的成像，可以仿照球面鏡的光線描跡法，畫出兩條光線，而由其交點決定像點。通常可選擇以下的光線，以簡化求像過程：

1. 入射線如平行於主軸，則出射線或出射線向後延伸時，必通過焦點 F。
2. 入射線通過或指向焦點 F 時，出射線必平行於主軸。
3. 入射線如通過透鏡中心 O，則出射線不偏向。

除非此物點是在主軸上，利用以上任何兩條光線，可決定一物點的像點。圖 26-13(a) 至 (e) 的例子，顯示成像性質如何隨物體位置而變，作圖時使用的是 1. 與 3. 項的光線。

在焦距以外的物體，越靠近透鏡者，其像離透鏡越遠，且像與物體不同側，恆為倒立實像，但在兩倍焦距以外的物體，其像在一到兩倍焦距間，較物為小（如圖 26-13(a)），而在一到兩倍焦距之間的物體，其像在兩倍焦距以外，較物為大（如圖 26-13(b)）。在焦距以內的物體，越靠近透鏡者，其像離透鏡越近，像也越小，但恆為正立放大之虛像，與物體同側，且比物體遠離透鏡（如圖 26-13(c)）。當物距為焦距一半時，像與透鏡之距離正好為焦距，如圖 26-13(d)。

凹透鏡與球凸面鏡一樣，只能形成正立縮小之虛像（如圖 26-13(e)），因此必須隔著透鏡，往物體所在的一側望去，才能看見所成之像。

26-4 造鏡者公式

利用光的折射定律，可求得球面透鏡成像與物之間的關係。光線進入與穿出球面透鏡時，各有一次折射，因此，要了解透鏡的折射，須先探討光在單一球面的折射成像公式。

圖 26-13 (a) 倒立縮小實像 ($s < -2f$, $2f > s' > f$)；(b) 倒立放大實像 ($-2f < s < -f$, $s' > 2f$)；(c) 正立放大虛像 ($-f < s < 0$, $s' < -2f$)；(d) 正立放大虛像 ($s = -\frac{f}{2}$, $s' = -f$)；(e) 正立縮小虛像 ($s < s' < 0$)。

本節仍採用 26-2 節所述的笛卡兒符號制。

26-4-1　球面折射成像公式

如圖 26-14(a) 與 (b) 所示，一球面的曲率中心為 C，頂

圖 26-14 (a) 球凸面之折射；(b) 球凹面之折射；(c) 球凸面折射之放大率；(d) 球凹面折射之放大率；(e) 視深與實深。

點為 O，以 R 代表位移 OC，則球面半徑為 $|R|$。設此球面兩側的透明介質，如真空、空氣、水、玻璃或塑膠等，其折射率分別為 n 與 n'。

若物體位於主軸上之 P 點，則頂點 O 至 P 之位移 OP，即物距 s。在近軸光線近似下，圖中各夾角均甚小，可用正弦值近似，即 $\theta \approx \sin\theta$，故在 A 點的折射公式可近似為 $n\theta \approx n'\theta'$。由 P 向頂點 O 發出之光線 PO，與球面垂直，入射後不會偏向，而與 A 點的折射線相交於 P' 點，故 P' 為光源 P 之像點，頂點 O 至像點 P' 之位移 OP'，即像距 s'。

由 $\triangle APC$ 之外角等於不相鄰兩內角之和，得 $\theta = \angle OPA + \angle ACO$；同理，由 $\triangle AP'C$ 得 $\angle ACO = \theta' + \angle AP'O$。將前二式分別乘以 n 與 n'，並利用 $n\theta \approx n'\theta'$，即得 $(n'-n)\cdot\angle ACO = n\cdot\angle OPA + n'\cdot\angle AP'O$。因前式中各角甚小，可用正切值近似，而 OB 甚短，可將 O 與 B 視為重合，即 $\angle ACO \approx \dfrac{BA}{R}$，$\angle OPA \approx \dfrac{BA}{-s}$，$\angle AP'O \approx \dfrac{BA}{s'}$，故在近軸光線的假設下，可由上式推得球面折射成像公式為

$$\dfrac{n'-n}{R} = \dfrac{n'}{s'} - \dfrac{n}{s} \tag{26-5}$$

當入射點 A 的位置改變時，上式仍能成立，故由物點 P 發出之近軸光線，經球面折射後，均通過 P' 點，即此點確為像之所在。

當物體之高度為 h 時，其像的高度 h' 與放大率 m，可依以下方式求得。如圖 26-14(c) 與 (d) 所示，在近軸光線之近似下，$\triangle QCP$ 與 $\triangle Q'CP'$ 為相似三角形，故得 $P'C : PC = (-s'+R) : (-s+R) = h' : h$，而由（26-5）式移項得

$$n'\left(\dfrac{1}{R} - \dfrac{1}{s'}\right) = n\left(\dfrac{1}{R} - \dfrac{1}{s}\right) \tag{26-6}$$

故得放大率 m 為

$$m = \frac{h'}{h} = \frac{R-s'}{R-s} = \frac{Rs'(\frac{1}{s'}-\frac{1}{R})}{Rs(\frac{1}{s}-\frac{1}{R})}$$

故
$$m = \frac{s'n}{sn'} \qquad (26\text{-}7)$$

上式顯示，若 m 為正，則 s' 與 s 須同號，即像與物在折射面的同一側，故所成之像為虛像；反之，若 m 為負，則像與物不在同一側，而成實像。

（26-5）式至（26-7）式之結果，不論球面半徑之大小為何均能成立，故對半徑為無窮大之平面，亦可適用，此時（26-5）式之成像公式簡化為

$$0 = \frac{n'}{s'} - \frac{n}{s} \qquad (26\text{-}8a)$$

故由（26-7）式得放大率 m 為

$$m = \frac{h'}{h} = \frac{s'}{n'} \cdot \frac{n}{s} = 1 \qquad (26\text{-}8b)$$

即實物經平面折射，成正立虛像，且像與物的橫向大小相同。

以上之結果可應用到空氣（折射率 $n' \approx 1$）與水（折射率 $n \approx \frac{4}{3}$）的介面。如圖 26-14(e) 所示，水下物體 P 之物距 s 為負值，$(-s)$ 即物體在水面下之實際深度 d，稱為實深。由（26-8a）式，此時像距 s' 亦為負值，故觀察者由空氣中正視水下之物體時，看到的恆為虛像，此像在水面下之深度 d' 為 $(-s')$，稱為視深（apparent depth）。視深與實深之比可由成像公式求得為

$$\frac{d'}{d} = \frac{-s'}{-s} = \frac{n'}{n} \qquad (26\text{-}9)$$

故由空氣中正視水下之物體時，視深約為實深的四分之三。

例題 26-3

在圖 26-14(c) 中，若一物在球凸面左方 0.50 m 處之空氣中，$R = 0.20$ m，$n' = 1.50$，求像之位置。

解

由 (26-5) 式

$$\frac{n'-n}{R} = \frac{n'}{s'} - \frac{n}{s}$$

將 R、n'、s 之值代入，並令 $n = 1.0$，得

$$\frac{1.5-1.0}{0.20} = \frac{1.5}{s'} - \frac{1.0}{-0.50}$$

故

$$2.5 - 2.0 = \frac{1.5}{s'}$$

或

$$s' = \frac{1.5}{0.50} = 3.0 \text{ m}$$

亦即像 f 在凸面右方 3.0 m 處。

26-4-2 薄透鏡折射成像公式

球面透鏡有兩個折射面，如先求出主軸上一物點對其中一折射面所成之像，再以此像為另一折射面的物點，求出其像點，則可得球面透鏡之成像公式。

參閱圖 26-15(a)，假定對第一折射面所成之像 q 之像距為 d (未在圖 26-15(a) 中示出)，則由 (26-5) 式

$$\frac{n'-n}{R} = \frac{n'}{d} - \frac{n}{s} \tag{26-10a}$$

對第二折射面 q 成為物點，d 成為物距。又因現在是從透鏡折射出來，所以 n 與 n' 的角色要互換。設其最後之像距為 s'，則在 (26-5) 式中將 s 代以 d，R 代以 R'，並將 n 與 n' 互換，則得

$$\frac{n-n'}{R'} = \frac{n}{s'} - \frac{n'}{d} \qquad (26\text{-}10b)$$

將 (26-10a) 式與 (26-10b) 式相加，得

$$(n'-n)(\frac{1}{R} - \frac{1}{R'}) = n(\frac{1}{s'} - \frac{1}{s}) \qquad (26\text{-}11)$$

(26-11) 式稱為薄透鏡之造鏡公式（lensmaker's formula）。因物距 s 為 $\pm\infty$ 時之像距 s'，即為薄透鏡之焦距 f，故由 (26-11) 式得

$$(n'-n)(\frac{1}{R} - \frac{1}{R'}) = n(\frac{1}{f}) \qquad (26\text{-}12)$$

由 (26-11) 及 (26-12) 兩式可得

$$\frac{1}{f} = \frac{1}{s'} - \frac{1}{s} \qquad (26\text{-}13)$$

由 (26-7) 式可得第一折射面的放大率 m_1 為

$$m_1 = \frac{dn}{sn'}$$

第二折射面的放大率 m_2 為

$$m_2 = \frac{s'n'}{dn}$$

總放大率 m 為

$$m = m_1 m_2 = (\frac{dn}{sn'})(\frac{s'n'}{dn}) = \frac{s'}{s} \qquad (26\text{-}14)$$

(a)

(b)   (c)

圖 26-15 (a) 球面薄透鏡之成像參數；(b) 會聚透鏡；(c) 發散透鏡。

透鏡焦距 f 的倒數，稱為透鏡的折射本領（refractive power），簡稱本領（power），常以 D 表示，即

$$D = \frac{1}{f} \tag{26-15}$$

當焦距 f 以公尺為單位時，本領 D 的單位為曲光度（diopter），或稱折光度，故 1 折光度即 1 公尺$^{-1}$。在眼鏡度數的用語中，習慣將 1 折光度稱為 100 度。正常人眼在靜息時的折射本領約為 66.7 曲光度，表示此時眼睛約相當於焦距為 1.5 公分的凸透鏡。

考慮在空氣中之玻璃透鏡，則 $n' > n$，由（26-12）式可知，中心較外緣為厚之透鏡，如圖 26-15(b) 之雙凸、平凸、凹凸透鏡，其焦距均為正值，故為會聚透鏡；而中心較外緣為薄之透鏡，如圖 26-15(c) 之雙凹、平凹、凸凹透鏡，其焦距均為負值，故為發散透鏡。

例題 26-4

如圖 26-15(d)，一凹凸透鏡之折射率 $n = 1.5$，其兩面之半徑分別為 12 cm 與 15 cm，一物高 5.0 cm，直立於鏡前 30 cm 處，試求在空氣中使用時之：(a) 鏡之焦距 f；(b) 像距 s'；(c) 像之虛實；(d) 放大率 m；(e) 像之高度 h'；(f) 像為正立或倒立。

圖 26-15　(d) 求凹凸透鏡之成像。

解

折射率 $\dfrac{n'}{n} = 1.5$，物距 $s = -30$ cm，物高 $h = 5.0$ cm，由圖上可讀出 $R = 12$ cm，$R' = 15$ cm。

(a) 由（26-12）式，$\dfrac{1}{f} = (\dfrac{n'}{n} - 1)(\dfrac{1}{R} - \dfrac{1}{R'}) = (1.5-1)(\dfrac{1}{12} - \dfrac{1}{15}) = \dfrac{1}{120}$，故焦距 $f = 120$ cm 為正值，表示此為會聚透鏡。

(b) 由（26-12）式，$\dfrac{1}{s'} = \dfrac{1}{f} + \dfrac{1}{s} = \dfrac{1}{120} + \dfrac{1}{(-30)} = \dfrac{-1}{40}$，故得像距 $s' = -40$ cm 為負值，表示像位於鏡之左方。

(c) 由前小題知像位於鏡之左方，故為虛像。

(d) 由（26-14）式得放大率 $m = \dfrac{s'}{s} = \dfrac{-40}{-30} = \dfrac{4}{3}$。

(e) 由前小題得像之高度 $h' = h \times m = 5.0 \times \dfrac{4}{3} = 6.7$（cm）。

(f) 依前小題，像之高度 h' 為正值，故為正立。

例題 26-5

兩個焦距分別為 f_1 及 f_2 的薄凸透鏡緊貼的靠在一起，形成一個等效薄凸透鏡，求此等效薄凸透鏡的焦距 f，f 與 f_1 及 f_2 的大小關係為何？

解

將 (26-13) 式應用至 f_1 透鏡，得

$$\frac{1}{f_1} = \frac{1}{s'} - \frac{1}{s}$$

設最後之像距為 s''，並將 s' 視為 f_2 透鏡的物距，故可在上式中將 s' 用 s'' 取代，s 用 s' 取代，f_1 用 f_2 取代，即得

$$\frac{1}{f_2} = \frac{1}{s''} - \frac{1}{s'}$$

將上兩式相加得

$$\frac{1}{f_1} + \frac{1}{f_2} = \frac{1}{s''} - \frac{1}{s} = \frac{1}{f}$$

由上式可得

$$f = \frac{f_1 f_2}{f_1 + f_2}$$

f 可以寫為

$$f = f_1 \frac{f_2}{f_1 + f_2} = f_2 \frac{f_1}{f_1 + f_2}$$

因為 f_1 及 f_2 都是正值，所以 $f < f_1$ 及 f_2。這個結果很容易了解，因為 f_1 及 f_2 都是會聚透鏡，所以組合的等效透鏡其聚光能力要比每一單獨透鏡為強，所以其焦距也比每一單獨透鏡為短。

26-5　光學儀器

動物的眼睛以及各種具有成像功能的光學儀器或用具，例如化妝鏡、汽機車後視鏡、廣角面鏡、放大鏡、眼鏡、照相機、攝影機、投影機、顯微鏡、望遠鏡等，都和前述的面鏡與透鏡一樣，可以從幾何光學的觀點，了解其成像的一些特性與基本原理。

26-5-1　眼睛與眼鏡

人的眼睛大致是一個直徑約 2.3 公分的圓球，其主要構造與折射參數如圖 26-16 與表 26-2。正常的人眼，其虹膜能隨視野的明暗，自動調節瞳孔開口的大小（直徑 2~8 公釐），以增減進入眼睛的光量，而其睫狀肌則能隨注視點的遠近，自動調節晶狀體表面的彎曲度，使景物在視網膜上的黃斑中凹處，形成清楚的倒立縮小實像，刺激視覺細胞，再經由視神經將訊息傳至腦部，引發視覺。

角膜與晶狀體的折射率分別為 1.376 與 1.42，相對於水

圖 26-16　人類眼睛的構造

表 26-2　眼睛的折射參數

	半徑（mm）	厚度（mm）	折射率
角　膜	8	0.6	1.376
水狀液	-	-	1.336
玻璃狀液	-	-	1.336
晶狀體	前 10 後 6	4	1.42

狀液與玻璃狀液（折射率均為 1.336），其比值分別為 1.03 與 1.06，但角膜相對於空氣的折射率則較大，約為 1.376，因此進入人眼的光線，其折射偏向主要來自角膜，而非眼睛內部。儘管如此，藉由睫狀肌的收縮，晶狀體所產生的焦距改變，卻可讓大約在眼前 25 公分之外至無窮遠處的景物，清楚成像於網膜上。

眼前景物須成像於網膜上，眼睛才能看得清楚，稱為**明視**（distinct vision）。當睫狀肌放鬆時，晶狀體的形狀較為扁平，其焦距較長，此時正常人眼正好能將無窮遠處的景物，成像於視網膜上（如圖 26-17(a)），但其它較近的景物，其像距較長（如圖 26-13(a) 與 (b)），以致成像落於網膜後而無法明視，因此睫狀肌必須收縮，以增加晶狀體的曲率，使眼睛的焦距縮短，才能使近處景物成像於網膜上，這稱為眼睛的

圖 26-17　(a) 正常眼睛；(b) 近視眼睛；(c) 遠視眼睛

調節（accomodation）作用。

　　只靠調節作用，正常人眼的明視距離最遠為無窮遠，稱為明視的遠點（far point），而最近則約可到眼前 25 公分處，稱為明視的近點（near point）。隨著年歲增加，人眼的調節作用漸差，明視近點會逐漸變遠，而看不清楚近距離的景物，稱為老花眼（presbyopia）。圖 26-18 顯示明視近點隨年齡改變的情形。要補救此種視力缺失，須配戴會聚透鏡，以使正常人近點（即物距 $s = -0.25$ 公尺）的景物，成像於配戴者的近點處（即像距 s'）。故如老花眼者的近點為 2.0 公尺，則由（26-12）式與（26-15）式，需配戴的眼鏡焦距 f 與折射本領 D 約為

$$D = \frac{1}{f} = \frac{1}{s'} - \frac{1}{s} = \frac{1}{-2.0} - \frac{1}{-0.25} = +3.5 \ (\text{m}^{-1}) \qquad (26\text{-}16)$$

因眼鏡度數為曲光度（即公尺$^{-1}$）的 100 倍，故 +3.5 曲光度相當於 +350 度。

　　近視眼（myopia）者的眼睛，角膜至網膜的距離較正常者為長，因此當睫狀肌放鬆時，無窮遠處的景物成像於網膜前（圖 26-17(b)），無法明視，直到景物靠近到某一距離時，才開始可以成像於網膜上，產生明視，此距離即為其明視遠點。矯正此種視力缺失時，須配戴發散透鏡，以使無窮遠處

圖 26-18　明視近點的變化

的景物（即物距 $s = -\infty$）成像於遠點（即像距 s'）。例如遠點為 2 公尺，則由（26-13）式與（26-15）式，矯正的眼鏡，其焦距 f 與折射本領 D 約為

$$D = \frac{1}{f} = \frac{1}{s'} - \frac{1}{s} = \frac{1}{s'} = \frac{1}{-2} = -0.5 \text{ (m}^{-1}\text{)} \qquad (26\text{-}17)$$

亦即 -0.5 曲光度，也就是眼鏡度數為 -50 度。上式顯示矯正近視的眼鏡，其焦距 f 恆等於近視者的遠點對眼睛之像距 s'。

遠視眼（hyperopia）者的眼睛，角膜至網膜的距離較正常者為短。當睫狀肌放鬆時，無窮遠處的景物成像於網膜後（圖 26-17(c)），如要產生明視，可靠調節作用，使晶狀體與眼睛的焦距縮短。但景物越近時，成像離網膜越遠，而調節作用有一定的極限，故景物接近到某一距離時，遠視者的眼睛即無法明視，此距離即為其明視近點。遠視眼者之近點較正常者為遠，此點與老花眼者並無不同，因此遠視眼者矯正視力時所配戴的眼鏡，與老花眼者相同。

26-5-2　照相機

照相機的鏡頭與人的眼睛類似，具有會聚透鏡的功能，能形成倒立的實像，如圖 26-19(a) 所示。不過，照相機的聚焦方式，亦即使不同距離的景物都能清楚成像的方式，通常與眼睛有些不同，採取的多半不是改變焦距，而是改變像距，也就是藉由鏡頭的伸縮，以改變透鏡與底片間的距離。傳統靜態的照相機，大都成像於感光的底片，但新近發展的數位照相機，則採用稱為 CCD（charge-coupled device）的光電裝置，將影像儲存於數位資料記憶體。現代的攝影機所使用的，幾乎也都是 CCD。

照相機的鏡頭通常都有一可變光闌（iris diaphragm），簡稱光闌，如圖 26-19(b) 所示，可用以調節進入照相機的光量。光闌的作用與人眼的虹膜類似，而其開口則相當於瞳孔。進

圖 26-19 (a) 照相機；(b) 可變光闌。

入照相機的光量 Q，與光闌開口的面積（或開口直徑 d 的平方）成正比，故 $Q \propto d^2$。光闌開口大小相同的兩個透鏡，進入的光量 Q 相同，但焦距 f 較短者，其橫向放大率較小，以致成像的面積 A 亦較小，而與焦距 f 的平方成正比，故成像處每單位面積的曝光量 $\dfrac{Q}{A}$ 與 $(\dfrac{d}{f})^2$ 成正比。如果將曝光的時間 t 考慮在內，則得

$$\frac{Q}{A} \propto (\frac{d}{f})^2 t \tag{26-18}$$

故底片上像點之**輻照度**（irradiance）E 為

$$E = \frac{Q}{tA} \propto (\frac{d}{f})^2 \tag{26-19a}$$

一般將 $\dfrac{d}{f}$ 稱為**透鏡速率**（speed of a lens），較快的透鏡具有較大的透鏡速率，其像點之輻照度較高，而可在較短的曝光時間內，使底片獲得成像所需的光量。透鏡速率的倒數，即焦距 f 與 d 之比，稱為透鏡的**光圈數**（f/number）或**焦比**（focal ratio, f/stop），即

$$光圈數 = \frac{f}{d} \tag{26-19b}$$

上式中的 f 與 d 通常以公釐（即 mm）為單位表示。焦距 f 為 50 公釐、光闌開口直徑 d 為 36 公釐之透鏡，其光圈數

為 1.4，一般稱此為 $f/1.4$ 的鏡頭。光圈數通常標示於照相機鏡頭前，如圖 26-19(b) 所示。由（26-19a）式可知，像點之輻照度與光圈數的平方成反比，而由（26-18）式可知，要使底片上的像獲得同樣的曝光量時，光圈數越大之透鏡，所需之曝光時間越長。當光圈數為 $2\sqrt{2} \approx 2.8$、4、$4\sqrt{2} \approx 5.6$、8、$8\sqrt{2} \approx 11$、16 時（見圖 26-19(b)），所需之曝光時間比為 1：2：4：8：16：32，亦即光圈數平方的比。

相機內底片曝光時間之長短，利用光閘（shutter，亦稱快門）來控制，按下相機之拍照鈕，即可打開光閘。光閘打開時間的長短，稱為光閘速率（shutter speed），可以配合光圈數，以調節底片的曝光量。最慢的光閘速率通常為 1 秒，其餘更快的則以 2 倍成幾何級數增加，即 1/2、1/4、1/8 直到大約 1/500 秒。在相機上，這些速率通常以其倒數標示，如 1、2、4、8 至 500，數字越大即表示光閘速率越快，曝光時間越短。

光圈數越大，則光闌開口直徑越小，照相機的成像性質也越像針孔，亦即當鏡頭對準某一距離的拍照對象聚焦後，前後一些距離與拍照對象不同的景物，也都能較清楚地成像於底片上。因此，拍攝景深較大的像時，選擇較大的光圈數，效果較好，但因所需曝光時間較長，光閘速率較慢，須注意景物在光閘打開的期間內，能否保持靜止，不致因景物的位置改變而使成像變得模糊。

26-5-3 放大鏡與顯微鏡

如圖 26-13(c) 與 (d) 所示，當物體在凸透鏡的焦點以內時，會出現正立放大的虛像，即像高 h' 與物高 h 之比 $m > 1$，但凸透鏡可以當作放大鏡，其判斷的依據，並不是因為其所成之像較實物為大。

人眼依據視覺判斷兩物體孰大孰小時，其實比較的不是

圖 26-20　眼睛成像

物體或凸透鏡成像的實際大小，而是兩物體在視網膜上成像的大小。如圖 26-20，若物 P 在視網膜上的像為 P'，則依（26-7）式，像高 h' 與物高 h 之比為

$$m = \frac{h'}{h} = \frac{s'}{n'} \cdot \frac{n}{s} = \frac{k}{s} \tag{26-20a}$$

上式中之 s' 為角膜至網膜之距離，不隨物體與物距而變，故 $k = \frac{s'n}{n'}$ 為正值常數。因人眼看到的物，其大小由 h' 決定，而由上式

$$h' = k\frac{h}{s} = k\tan\theta \approx k\theta \tag{26-20b}$$

故人眼看到的物，其大小由物對眼睛之張角 θ 決定。

放大鏡的**放大率**（magnifying power）指的是經由與不經由凸透鏡明視一物體時，視網膜上的像高 h' 增大的倍數。經由凸透鏡時，人眼在明視下看到的物，其實是物經凸透鏡所成的虛像 P'，此像必須出現在明視距離，如圖 26-21(a)；不經由凸透鏡時，人眼在明視下看到的物，則是位在明視距離的物 P_n，如圖 26-21(b)。注意：正常人眼可以明視的 P' 或 P_n，其標準範圍為眼前 25 公分到無窮遠。

由（26-20b）式，若像 P' 與物 P_n 對人眼之張角分別為 β 與 α，則放大鏡的放大率 m_θ 為

$$m_\theta = \frac{k\beta}{k\alpha} = \frac{\beta}{\alpha} \tag{26-20c}$$

圖 26-21　(a) 放大鏡的成像；(b) 人眼直接看物。

上式顯示放大鏡的放大率其實是一種**角度放大率**（angular magnification）。由圖 26-21(a) 與 (b) 可得

$$\beta = \frac{h'}{s'} = \frac{h}{s}, \quad \alpha = \frac{h}{s_n} \tag{26-20d}$$

若使用的凸透鏡，其焦距為 f，則由（26-13）式可得

$$\frac{1}{s} = \frac{-1}{f} + \frac{1}{s'} \tag{26-20e}$$

綜合以上三式之結果，可得

$$m_\theta = \frac{\beta}{\alpha} = \frac{s_n}{s} = \frac{-s_n}{f} + \frac{s_n}{s'} \tag{26-21a}$$

一般在討論放大鏡的放大率時，常以人眼能清楚看到的最大原物，作為標準來比較，即 P_n 應位於明視之近點 $s_n = -25$ 公分，故由上式得

$$m_\theta = \frac{25}{f(\text{cm})} + \frac{25}{-s'(\text{cm})} \tag{26-21b}$$

當 P' 在無窮遠處，可以在睫狀肌放鬆的情況下看清楚放大之像，故一般將 $s' \to -\infty$（即 $s = -f$）時之 m_θ，稱為放大鏡的放大率，即

$$m_\theta(s' \to -\infty) = \frac{25}{f(\text{cm})} \quad (26\text{-}21c)$$

用單一凸透鏡製成之簡單放大鏡，因焦距太小時，容易出現顯著的像差，其實際可用的放大率很難超過 4 倍。要達到更高的放大率，可聯合多個凸透鏡的作用，使其放大效果相乘。通常的顯微鏡，或稱*複顯微鏡*（compound microscope），是由兩個透鏡組成的，如圖 26-22 所示，靠近物體的透鏡，稱為*物鏡*（objective lens），能使恰好位於其焦距 f_o 外之物體 P，形成放大之倒立實像 P'；另一個透鏡靠近人眼，稱為*目鏡*（eyepiece lens）。實像 P' 恰位於目鏡焦距 f_e 之內，人眼透過目鏡看到的則為以 P' 為物的放大虛像 P''，此虛像位於人眼明視的遠點，亦即無窮遠處。物鏡與目鏡的焦距 f_o 與 f_e 均相當短，故可視為遠小於物鏡到目鏡的距離 L。

圖 26-22 顯微鏡

如圖 26-22 所示，因物 P 恰位於物鏡焦點外，故物鏡的橫向放大率 m_o 為

$$m_o = \frac{s'}{s} \approx \frac{s'}{-f_o} \quad (26\text{-}22a)$$

因實像 P' 恰位於目鏡焦點內，而焦距 f_e 遠小於鏡筒長度 L，故 $s' = L - f_e \approx L$。故由上式得

$$m_o \approx \frac{L}{-f_o} \quad (26\text{-}22b)$$

人眼由目鏡看實像 P'，正如同以目鏡為放大鏡之情況，故由 (26-21c) 式得目鏡之放大率

$$m_\theta = \frac{25}{f_e(\text{cm})} \qquad (26\text{-}22c)$$

故得顯微鏡的放大率為

$$m = m_o m_\theta = -\frac{L}{f_o} \cdot \frac{25}{f_e(\text{cm})} \qquad (26\text{-}22d)$$

上式顯示此放大率恆為負值，即人眼看到的是倒立虛像，而為了提高放大率，物鏡與目鏡均選用焦距很短之凸透鏡。

26-5-4　望遠鏡

望遠鏡（telescope）可收集來自遠方物體的光，以便成像供觀察者檢視，或供其它儀器分析之用。望遠鏡依其收集光時，主要是採用折射透鏡或反射鏡面，而可分為折射式與反射式兩類。手持型或雙筒望遠鏡、遠距照相機的鏡頭及老式的望遠鏡，通常多為折射式，現代的天文望遠鏡，則多為反射式。

將一個凸透鏡當作物鏡，可將遠方的物體，成像於其焦點附近，因此凸透鏡可說是最簡單的折射望遠鏡（refracting telescope）。若另以一凸透鏡為目鏡，使物鏡所成之實像恰位於目鏡焦點內，則如前述顯微鏡之目鏡，人眼將能以高倍之角放大率，看到位於無窮遠之虛像。因此，這種具有物鏡與目鏡的望遠鏡與顯微鏡，其成像原理基本上是相同的。不過，為了儘量多收集來自遠方的光，望遠鏡的物鏡需具有較大的孔徑，而為了提高角放大率，也需具有較長的焦距，此點可由以下分析看出。

如圖 26-23 所示，因物 P 位於無窮遠，故在望遠鏡所在位置，以人眼直接觀看之張角約為

$$\theta_o = \frac{h}{-f_o} \qquad (26\text{-}23a)$$

圖 26-23 折射望遠鏡

而透過目鏡所看到的虛像 P''，位於無窮遠處，其張角為

$$\theta_e = \frac{h}{f_e} \quad (26\text{-}23b)$$

故望遠鏡之放大率為

$$m_\theta = \frac{\theta_e}{\theta_o} = -\frac{f_o}{f_e} \quad (26\text{-}23c)$$

上式顯示放大率隨物鏡的焦距變長而增大，而放大率為負值，表示人眼所看到的像為倒立虛像。故這種望遠鏡用在觀察地面景物時，都需加裝能使影像倒轉之光學裝置，例如伽立略設計的望遠鏡，最初就是以凹透鏡做為目鏡，而雙筒望遠鏡則常加裝全反射稜鏡。就天文研究而言，望遠鏡所成之像是否為正立，無關緊要，而放大率之高低，也不是特別重要，較值得重視的其實是收集光的能力，也就是物鏡的孔徑大小。

反射望遠鏡（reflecting telescope）有許多優點。例如，因為不牽涉到光的折射，故不會出現色散問題，而只用單面來反射，鏡的背面全部可用來安裝支持鏡體或改變鏡面曲率的裝置用，故反射鏡面的面積不僅可以甚大，其曲率也可以視需要改變，而能發揮最佳的聚焦功能。全世界最大的反射望遠鏡直徑達 10 公尺，哈伯太空望遠鏡的直徑也有 2.4 公尺。相形之下，折射望遠鏡因只有其邊緣可利用來做支持，故其孔徑較受限制，最大的折射望遠鏡，其直徑也不過 1 公尺。

習題

26-1 節

26-1 若有兩個大小相同、邊長為 a 的正方形平面鏡，其反射面之夾角為 $90°$，兩鏡的正方形有一邊沿著 z 軸，完全重合，如圖 P26-1 所示。一質點位於 P，其坐標為 $(\frac{a}{2}, \frac{a}{2}, \frac{a}{2})$，則質點在鏡中所成之像，其坐標各為何？

圖 P26-1

26-2 節

26-2 一物體置於球凹面鏡前 40 cm 處時，所成之實像位於鏡前 80 cm 處，則此凹面鏡之焦距為何？若將物體移至鏡前 20 cm 處，則成像之性質與位置為何？

26-3 若物體與球凹面鏡之距離為焦距 f 之 4 倍，則成像之虛實與放大率為何？像為正立或倒立？

26-4 一物體之高度為 5 cm，置於焦距為 15 cm 之球凹面鏡前 12 cm 處，則所成之像之位置、大小與性質為何？

26-5 一物體之高度為 5 cm，置於焦距為 15 cm 之球凸面鏡前 12 cm 處，則所成之像之位置、大小與性質為何？

26-3 節

26-6 若物體與會聚透鏡之距離為焦距 f 之 3 倍，則成像之放大率為何？像為正立或倒立？

26-7 若透過一放大鏡看位於鏡後 20 cm 處之物體時，所看到的像位於鏡後 22 cm 處，則放大鏡之焦距為何？

26-8 若一焦距為 40 cm 之球凸透鏡，所成之實像與實物之大小相同，則像距與物距各為何？

26-9 若一透鏡所成實像之像距為物距的 2 倍，則像距與物距各為焦距的幾倍？

26-10 一放大鏡之焦距為 20 cm，則太陽光經此透鏡會聚後，所成之亮圈約有多大？

26-4 節

26-11 一雙凸玻璃透鏡兩側球面之曲率半徑均為 40 cm，透鏡玻璃對紅、藍光之折射率分別為 1.50 與 1.54。若鏡軸上有一白色點光源，距離透鏡 80 cm，則成像散布之範圍為何？

26-12 一遠視眼者在閱讀報紙時，須將報紙置於眼前 50 cm 處，始能清楚辨認報紙上之文字，則能矯正此人視力之透鏡，其折射本領為何？

26-5 節

26-13 一複顯微鏡之物鏡與目鏡焦距分別為 6.0 cm 與 1.5 cm，若物鏡與目鏡間之距離為 8 cm，則此複顯微鏡之放大率為何？

26-14 一般照相機在物距小於 60 cm 時，無法聚焦。若要照相機在物距為 20 cm 時仍能聚焦，則須加裝的透鏡為何種透鏡？其折射本領為何？

27

干涉與繞射

- 27-1 相干性與干涉
- 27-2 雙縫干涉
- 27-3 多縫干涉與繞射光柵
- 27-4 薄膜與干涉計
- 27-5 海更士原理與繞射
- 27-6 單縫繞射
- 27-7 繞射極限

前兩章由幾何光學的觀點，探討光在介面的反射與折射現象，除了說明其必須遵循的基本定律外，也介紹其在成像問題上的應用。幾何光學是一種近似的理論，並不適合用在光經由其波動性質而顯現的一些特有現象上。因此本章改由物理光學（physical optics）的觀點，來探討光的波動現象，並將重點放在物理光學中一再出現的兩個基本現象，即干涉與繞射。

27-1　相干性與干涉

當電場與磁場以波動的方式傳播，且波長約在 400 至 700 nm 的範圍時，就形成光波。光波或其它電磁波的干涉，與力學波基本上是相同的。在第 12 章中曾提到，兩個力學波重疊時，其合成波的位移，與兩波之間的相位差有關，有可能出現相長或相消的干涉。光波的電場或磁場，相當於力學波中介質的位移，也適用波的重疊原理，即兩光波重疊時，合成波的電場（或磁場），等於個別波的電場（或磁場）以向量加法相加後得到的總和。故兩光波出現相長干涉時，合成波的電場（或磁場）增強；反之，兩光波出現相消干涉時，合成波的電場（或磁場）減弱。

27-1-1　相干性

雖然兩個波相遇，就一定會產生干涉（interference），並出現干涉圖樣（interference pattern），但若要圖樣維持穩定不變，則兩波必須具有相干性（coherence）或同調性，也就是說兩波的相位差是固定的，不隨時間而變。一般而言，太陽或白熾燈泡等熾熱光源所發出的光波（圖 27-1(a)），都是相當短的波列，其長度只有幾個波長，而且兩個波列之間的相位差，並無一定的關係。相形之下，雷射發出的光波（圖 27-1(b)），每一波列均相當長，可達很多個波長。波列只有在距離小於其長

(a)

(b)

圖 27-1　(a) 白熾燈泡發出的光波；(b) 雷射發出的光波。

度的範圍內時，才可能具有相干性，一波列自始至終的時間，可視為其**相干時間**（coherence time），而波列前後的長度，可視為其**相干長度**（coherence length）。一光源的相干長度大致與其所發出的波列長度相當，因此，熾熱光源的相干長度甚短，大約為光的波長，而雷射光源的相干長度則相當長，遠大於光的波長。

例題 27-1

已知波列的相干時間 τ，等於其頻寬 Δf 的倒數，即 $\tau = \dfrac{1}{\Delta f}$。設太陽光的波長範圍為 $\lambda_1 = 400$ nm 至 $\lambda_2 = 700$ nm，試估計太陽光的相干長度。

解

設以 c 代表光速，則光的頻率 f 與波長 λ 的關係為 $f = \dfrac{c}{\lambda}$，故得頻寬 $\Delta f = c\left(\dfrac{1}{\lambda_1} - \dfrac{1}{\lambda_2}\right)$。故太陽光的相干長度為

$$L = c\tau = \frac{c}{\Delta f} = \frac{\lambda_1 \lambda_2}{\lambda_2 - \lambda_1} = \frac{400 \times 700}{700 - 400} = 933 \text{ nm}$$

此相干長度僅約為兩個波長左右，尚不及 1 微米。

　　來自不同光源的光波，彼此之間很難具有相干性，因此實際的光波干涉，通常都使用單一的光源，再設法將其發出的波，分開成為兩部份，並分別通過不同的路徑後，才交會在一起，產生干涉。當然，**兩路徑的長度差，不可超過光源的相干長度，否則就無法形成穩定的干涉圖樣**。

　　兩光波的頻率必須相同，才能具有相干性，因此，不同波長或顏色的光，不具相干性。當兩光波的頻率相當接近時，其干涉圖樣會類似於聲波，產生拍的現象，而以拍的頻率變化。

　　雷射光源的相干長度很長，且能發出近乎單一波長的光，亦即**單色光**（monochromatic light），因此用來進行干涉實驗，是非常適合的。太陽或白熾燈泡發出的白光，是由不同波長的多種色光合成的，每一種色光有其各自的干涉圖樣，因此整體的干涉現象通常較為複雜，而此類光源的相干長度又甚短，因此較不利於用來進行干涉實驗。

27-1-2　相長與相消干涉

　　將來自同一光源的單色光波分開成為兩部份，使其通過不同路徑後，重疊在一起。若兩路徑長的差，正好為半波長的奇數倍，則兩波相位差為 180°，稱為**異相**（out of phase），重疊後會出現相消干涉（圖 27-2(a)），即合成波的波幅等於兩波波幅相減，因此光波強度減弱。如果兩波的波幅大小相同，則在相消干涉下，合成波的波幅就成為零。

　　若兩路徑長的差，正好為波長的整數倍，則兩波相位差為

λ/2 ⟶|←

(a)

λ ⟶|←

(b)

圖 27-2　(a) 兩波異相；(b) 兩波同相。

0°，稱為同相（in phase），重疊後會出現相長干涉（圖 27-2(b)），即合成波的波幅等於兩波波幅相加，因此光波強度增強。

CD（compact disc）、VCD（video compact disc）或 DVD（digital video disc 或 digital versatile disc）等類型的光碟片，能以數位化的方式，儲存大量的聲音與影像訊號或電腦數據，其方法是將一具有反光性的圓形金屬平面，劃分成多個同心的圓形軌道區，並在各圓軌區打出一些深度相同的凹洞。當以照射面積稍大於凹洞的雷射光束照射時，凹洞與洞口周圍平坦部份的反射光，由於路徑長相差約為雷射光的半波長，會出現相消干涉，因此由光偵測器收到的反射光，會比沒有凹洞處為弱，如此就可利用某處是否有凹洞，來代表 0 或 1，達到儲存數位化資料的目的。

27-2　雙縫干涉

楊格（T. Young）於西元 1801 年進行雙縫干涉（double-slit interference）實驗，使太陽光首先通過一個小開口，再通過兩個狹縫，最後照射在一屏幕上，產生明暗條紋相間的圖樣，稱為干涉條紋（interference fringe），明確地顯示出光在本質上是

一種波動。

當開口的口徑小到與太陽光的干涉長度相當時，來自開口的光具有相干性，此種開口可當作是一個具有相干性的點光源。若開口與兩狹縫的距離相同，則由開口出發到達兩狹縫的光，其相位在任何時刻均相同，因此，如圖 27-3(a) 所示，由兩狹縫出發到達屏幕上同一點 P 的光，其相位差完全由兩狹縫至 P 點的路徑長 r_1 與 r_2 之差決定。

設兩狹縫的間隔為 d，兩狹縫至屏幕的距離為 L，並設以雙狹縫中點 C 至屏幕的垂線 CO 為 $\theta = 0$ 方向時，P 點的角位置為 θ，P 點至 O 點的距離為 y，因 L 遠大於 y，故 $\tan\theta = \dfrac{y}{L} \ll 1$，即 θ 角甚小，由圖 27-3(b) 可看出兩路徑長之差的絕對值 $|r_1 - r_2|$，或**程差**（path difference），可表示為

$$|r_1 - r_2| \approx d\sin\theta \tag{27-1}$$

又因 $\theta \ll 1$，故

$$d\sin\theta \approx d\tan\theta = \dfrac{yd}{L} \tag{27-2}$$

圖 27-3　(a) 雙縫干涉；(b) 程差。

當程差 $|r_1 - r_2|$ 為波長 λ 的正整數倍時，在 P 點會出現相長干涉，形成亮紋，即

$$d \sin \theta = m\lambda \quad \text{（亮紋）} \quad (27\text{-}3)$$

上式右邊的整數 $m \geq 0$，稱為**干涉級**（order of interference）或簡稱**級**，故位於中央的亮紋（$\theta = 0$）為 0 級干涉條紋，而其它干涉級 m 更高的亮紋，則分居於中央亮紋的上、下側。

當程差 $|r_1 - r_2|$ 為半波長 $\dfrac{\lambda}{2}$ 的奇整數倍時，在 P 點會出現相消干涉，形成暗紋，即

$$d \sin \theta = (m + \frac{1}{2})\lambda \quad \text{（暗紋）} \quad (27\text{-}4)$$

上式右邊的整數 $m \geq 0$。

利用（27-2）式的近似結果，可由（27-3）式與（27-4）式求得 m 級亮紋或暗紋與中央亮紋（$m = 0$）之間隔 y_m 為

$$y_m = m\lambda \frac{L}{d} \quad \text{（亮紋）}, \quad y_m = (m + \frac{1}{2})\lambda \frac{L}{d} \quad \text{（暗紋）} \quad (27\text{-}5)$$

故得相鄰兩亮紋或兩暗紋之間隔 Δy 可近似為

$$\Delta y = y_m - y_{m-1} = \frac{L\lambda}{d} \quad (27\text{-}6)$$

上式顯示由干涉條紋之間隔，可測出光波之波長。

例題 27-2

以波長 589 nm 之光，照射與屏幕距離為 80 cm 之雙狹縫，若相鄰兩亮紋之間隔為 1.5 cm，則兩狹縫之間隔 d 為何？

解 由題意知 $L = 80$ cm，$\Delta y = 1.5$ cm，$\lambda = 589$ nm，故由（27-6）式可得

$$d = \frac{L\lambda}{\Delta y} = \frac{(0.80\,\text{m})(5.89 \times 10^{-7}\,\text{m})}{0.015\,\text{m}} = 3.14 \times 10^{-5}\,\text{m} = 31.4\,\mu\text{m}$$

27-2-1 光強度分布

由（27-5）式的公式，只能得知干涉圖樣中，光波強度的極大值（即亮紋）與極小值（即暗紋）究竟出現在屏幕上的什麼位置，但無法得知光波強度隨位置連續變化的詳細情形。以下將考慮光波的電場，根據前述波的重疊原理，以求得光波強度在屏幕上的分布情形。

如圖 27-3(a) 所示，由兩狹縫出發到達屏幕上 P 點之光波，其電場 E_1 與 E_2 在 P 點隨時間 t 之變化可表示為

$$E_1 = E_{1P} \sin \omega t \qquad E_2 = E_{2P} \sin (\omega t + \phi) \qquad (27\text{-}7)$$

上式中 E_{1P} 與 E_{2P} 為電場之振幅，ω 為波的角頻率，ϕ 為兩波因路程差 $|r_1 - r_2| \neq 0$ 而出現之相位差。當程差 $|r_1 - r_2| = d\sin\theta$ 遠較 L 或路徑長 r_1 與 r_2 為小時，兩光波在 P 點之振幅可視為相等，即 $E_{1P} = E_{2P} = E_P$。此外，由於程差每增減一個波長時，相位差即增減 2π，故由（27-2）式可得

圖 27-4 干涉圖樣之強度分布

$$\frac{\phi}{2\pi} = \frac{|r_1 - r_2|}{\lambda} = \frac{d\sin\theta}{\lambda} \qquad (27\text{-}8)$$

依重疊原理,合成波在 P 點之電場為

$$E = E_1 + E_2 = 2E_P \sin(\omega t + \frac{\phi}{2})\cos(\frac{\phi}{2}) \qquad (27\text{-}9)$$

故合成波的光波平均強度為

$$\overline{S} \propto \frac{[2E_P \cos(\frac{\phi}{2})]^2}{2\mu_0 c} \equiv 4\overline{S}_0 \cos^2(\frac{\pi d \sin\theta}{\lambda}) \qquad (27\text{-}10)$$

其中 $\overline{S}_0 = \frac{E_P^2}{2\mu_0 c}$ 為每一光波的平均強度。上式顯示 $\overline{S}$ 隨角度 θ 而變,其最大值為 $4\overline{S}_0$,最小值為 0,分別出現在使上式右邊之餘弦為 ±1 與 0 之角度,即

$$\frac{d\sin\theta}{\lambda} = m \quad \text{與} \quad \frac{d\sin\theta}{\lambda} = m + \frac{1}{2}$$

此與(27-3)式與(27-4)式之結果顯然完全一樣。若利用(27-2)式,將(27-10)式表示為 $\overline{S}$ 隨 P 至 O 點距離 y 的函數,則得圖 27-4 所示之干涉圖樣強度隨位置 y 之分布。

27-3 多縫干涉與繞射光柵

　　光學與材料分析用的儀器,常使用具有多個狹縫的光柵,每一公分的寬度內約刻有數千條左右的狹縫,這可大幅提高亮紋與暗紋間的強度對比。

　　藉由較簡單的例子,如三狹縫光柵,可以了解**多縫干涉**(multiple-slit interference)的原理。圖 27-5 所示的光柵,具有三個完全一樣的狹縫,且相鄰兩狹縫的間隔均為 d。若光波由三狹縫出發時,相位均相同,則在屏幕上要產生亮度極大值的條件,與雙縫干涉的情形相同,即相鄰兩狹縫到屏幕 P 點

的程差，須為波長的整數倍，亦即各光波在 P 點均為同相，產生相長干涉，此條件對其它多狹縫光柵的干涉也適用。由於相鄰兩光波的程差均為 $d\sin\theta$，故如（27-3）式得

$$\frac{d\sin\theta}{\lambda} = m \qquad （多縫干涉的亮紋） \quad (27\text{-}11)$$

上式中之整數 $m = 0，1，2，\cdots$。

但多狹縫光柵的相消干涉條件，則較為複雜。仿照（27-7）式，由三狹縫出發到達屏幕上之光波，其電場在 P 點隨時間 t 之變化可表示為

$$\begin{aligned} E_1 &= E_P \sin\omega t \\ E_2 &= E_P \sin(\omega t + \phi) \\ E_3 &= E_P \sin(\omega t + 2\phi) \end{aligned} \qquad (27\text{-}12)$$

此三電場之時間變化與簡諧振動運動相同，故依相量的觀念，將其視為以等角速度 ω 作圓周運動的三個向量 $\vec{e}_1$、$\vec{e}_2$、$\vec{e}_3$ 在 y 軸上的投影。

若令 $\theta = \omega t$，則三向量之位置與三電場之關係如圖 27-6(a)，而合成波在 P 點的電場 $E = E_1 + E_2 + E_3$，可視為三向量之和 $\vec{e} = \vec{e}_1 + \vec{e}_2 + \vec{e}_3$ 在 y 軸上的分量。若 $\vec{e} = 0$，則 $E = 0$，即三狹縫發出之光波在 P 點產生完全相消干涉，其合

圖 27-6　(a) 三縫干涉的電場變化；(b) 相消干涉的向量。

成波之亮度等於零，即亮度為極小值，在此位置會出現暗紋。

由圖 27-6(b) 可看出，若相位差 $\phi = 2m\pi + \dfrac{2\pi}{3}$ 或 $2m\pi + \dfrac{4\pi}{3}$（m 為整數），則三向量 $\vec{e}_1$、$\vec{e}_2$、$\vec{e}_3$ 形成一封閉之等邊三角形，其合向量 $\vec{e} = 0$，即 $E = 0$，此情形下三狹縫之光波在 P 點會產生完全相消干涉。故三縫之干涉圖樣，在符合（27-11）式之相長干涉條件、且彼此相鄰的任何兩條亮紋之間，會有兩條因相消干涉而亮度成為零之暗紋，並另有一條次級亮紋出現。因此主要之初級亮紋寬度，會比間隔亦為 d 的雙縫干涉圖樣還要狹窄，如圖 27-7 所示。

圖 27-7　三縫干涉之強度分布

上述之結果可推廣至 N 狹縫之干涉，即當相位差 $\phi = 2m\pi + \dfrac{2k\pi}{N}$（$m$ 為整數，$k = 1, 2, 3, \cdots, N-1$）時，所有 N 個狹縫發出之光波，在 P 點會產生完全相消干涉，而形成暗紋，依（27-8）式，此條件可表示為

$$\boxed{\dfrac{\phi}{2\pi} = \dfrac{d\sin\theta}{\lambda} = m + \dfrac{k}{N}} \qquad （N 縫干涉之暗紋） \qquad (27\text{-}13)$$

隨著狹縫數目增加，多縫干涉圖樣之亮紋會變得更為細窄而亮，而每兩條亮紋之間的暗區，也會顯得越來越寬。

例題 27-3

圖 27-7 顯示了三縫干涉之強度分布，試由 (27-13) 式，說明當狹縫數 $N > 3$ 時，兩個主亮紋之間有幾條暗紋？有幾條次級亮紋？隨著 N 的增加，主亮紋的強度及寬度有什麼變化？次級亮紋的強度有什麼變化？

解

由 (27-13) 式可看出，有 $k = 1, 2, 3, \cdots, N-1$，共 $N-1$ 個 k 值使 N 個狹縫發出的光波，在屏幕上 P 點產生完全破壞性干涉，所以有 $N-1$ 條暗紋。每兩條亮紋之間有一條次級亮紋，所以有 $N-2$ 條次級亮紋。

隨著 N 的增加，主亮紋的強度會增加。因為總能量是一定的，所以其寬度會變得更細。又因為能量更集中到主亮紋處，所以次級亮紋的強度會減低，亮度變弱。由於這些性質，所以我們要用 N 遠大於 1 的光柵來分辨波長相近的色光。

27-3-1　繞射光柵

狹縫數很多、且間隔很小的多縫光柵，亦稱為**繞射光柵**（diffraction grating），在光譜分析上非常有用。一般的繞射光柵，橫寬僅約數公分，但每公分的狹縫數目則高達數千條。習

慣上一條狹縫也稱為一條線，因此狹縫的間隔，常以每公分有多少條線表示。以上所討論的光柵，產生干涉的光波，必須穿過各狹縫，因此稱為**透射光柵**（transmission grating）。但有些光柵則是將入射的光波反射，以產生干涉，故稱為**反射光柵**（reflection grating）。

如（27-11）式所示，干涉級 $m \neq 0$ 的干涉亮紋位置，與波長有關，因此繞射光柵可取代稜鏡分光計，以使入射光所含的各種色光分散開來，再根據各色光的亮紋線，在屏幕上出現的位置，即可精確地決定各色光的波長。CD 光碟片的反光常具有多種顏色，與彩虹類似，這是因為光碟片有很多條具有凹洞的圓軌，其作用就如同反射光柵的狹縫一樣，可使不同的色光分開。

例題 27-4

鈉蒸氣發光時，會放出波長分別為 589.0 nm 與 589.6 nm 的兩條黃色亮光。若使用每公分有 5000 條線的繞射光柵，則其二級亮紋線的角度相差多少度？

解

相鄰兩狹縫的間隔 $d = \dfrac{1}{5000}$ cm $= 2.000 \times 10^{-6}$ m $= 2.000 \mu$m，干涉級 $m = 2$，波長分別為 $\lambda_1 = 589.0$ nm 與 $\lambda_2 = 589.6$ nm，故由（27-11）式得

$$\sin \theta_1 = \frac{2\lambda_1}{d} = \frac{2 \times (5.890 \times 10^{-7} \text{ m})}{2.000 \times 10^{-6} \text{ m}} = 0.5890$$

$$\sin \theta_2 = \frac{2\lambda_2}{d} = \frac{2 \times (5.896 \times 10^{-7} \text{ m})}{2.000 \times 10^{-6} \text{ m}} = 0.5896$$

即角度差為

$$\sin^{-1} 0.5896 - \sin^{-1} 0.5890 = 36.1286° - 36.0861° = 0.0425°。$$

圖 27-8　兩光波的繞射光柵強度分布

27-3-2　鑑別率

設有波長很接近的兩光波，入射到同一個繞射光柵。若屏幕上出現的干涉圖樣，其強度分布有如圖 27-8 所示，即一光波的亮度出現極大值的位置，正好就是另一光波第一個亮度極小值出現的位置，則圖中兩光波的亮度尖峰，亦即亮度為極大的位置，恰可清楚地被辨識出來，從而可由其位置差決定兩波長之差異。

設繞射光柵的狹縫數為 N，兩光波的波長分別為 λ 與 $\lambda' = \lambda + \Delta\lambda$，且屏幕上出現的 m 級干涉圖樣，其光波強度的分布如圖 27-8，即波長為 λ 的光波，其中央干涉亮紋正好與 λ' 光波中央亮紋旁的干涉暗紋，在 O 點重疊。若 θ 為對應於 O 的角位置，則由（27-11）式與（27-13）式可得

$$d\sin\theta = m\lambda' = (m+\frac{1}{N})\lambda \tag{27-14}$$

整理後可得

$$\frac{\lambda}{\Delta\lambda} = \frac{\lambda}{\lambda'-\lambda} = mN \tag{27-15}$$

上式左邊之比 $\dfrac{\lambda}{\Delta\lambda}$，可用以衡量光柵將波長很近的兩光譜線分開的能力，故定義為光柵之鑑別率（resolving power）或鑑別本領。依上式，鑑別率與干涉級 m 和狹縫數 N 成正比，鑑別率之值越大，表示可以分辨的波長差 $\Delta\lambda$ 越小。

例題 27-5

原子受到磁場作用時，其發出的光譜線常會一分為二，而在原來的光譜線外，另出現一條波長非常接近的光譜線。設有一波長為 435.8 nm 的汞原子光譜線，在磁場中變成波長相差 0.025 nm 的兩條光譜線。若要由一級干涉圖樣分辨出此二光譜線，則須使用有多少狹縫的繞射光柵？

解

波長 $\lambda = 435.8$ nm，波長差 $\Delta\lambda = 0.025$ nm，干涉級 $m = 1$，故由（27-15）式可求得使用的繞射光柵，其狹縫數至少為

$$N = \frac{\lambda}{m\Delta\lambda} = \frac{435.8}{1 \times 0.025} = 17432$$

27-4　薄膜與干涉計

如圖 27-9，當光照射到一透明**薄膜**（thin film）時，在薄膜的上表面會有一部份被反射而成為光線 1，另有一部份則折射進入薄膜，而在下表面產生部份反射，並回到上表面產生部份折射，再回到原介質中，而成為光線 2。由於光線 1 與 2 均源自於同一入射光，故具有相干性，可以產生穩定的干涉圖樣。

圖 27-9　薄膜干涉

設薄膜的折射率 n'，大於周圍介質的折射率 n，則入射光波是以較快的波速，入射到波速較慢的薄膜，因此其反射波會與入射波異相。這與前面所述的弦波的情形一樣，即當波由線質量密度 μ 較小的弦線，進入 μ 較大的弦線時，反射波會與入射波異相，如圖 13-7 或 13-6(a)。依（12-12）式，μ 較小即波速較快，故弦波由波速較快的介質，入射到波速較慢的介質時，反射波與入射波異相。反之，當弦波由波速較慢的介質，進入波速較快的介質時，反射波會與入射波同相，如圖 13-6(b)。注意：不論是力學波或光波，折射或穿透的波，恆與入射波同相，而與進入的介質波速變快或變慢無關，如圖 13-7。

設薄膜厚度為 d，入射光垂直入射薄膜表面，波長為 λ，則反射光線 1 與 2 之程差 L 為 $2d$。因光波在薄膜內之波長 $\lambda' = \dfrac{n\lambda}{n'}$，故光線 1 與 2 由於在薄膜內之程差會有相位差 $\Delta\phi' = \dfrac{2\pi L}{\lambda'} = \dfrac{4\pi n' d}{n\lambda}$。但當 $n' > n$ 時，光線 1 在薄膜的上表面反射時，其相位與入射波異相（即相位差為 π），而光線 2 在薄膜的下表面反射或在上表面折射時，均無相位差，故反射光線 1 與 2 之相位差總共為 $\Delta\phi = \Delta\phi' - \pi = \dfrac{4\pi n' d}{n\lambda} - \pi$。若 $n' < n$，則僅有光線 2 在薄膜的下表面反射時，發生相位差 π，故兩反射光線之相位差仍為 $\Delta\phi = \dfrac{4\pi n' d}{n\lambda} - \pi$。

由於反射光線 1 與 2 產生相長干涉與相消干涉的條件分別為 $\Delta\phi = 2m\pi$ 與 $\Delta\phi = (2m+1)\pi$。故得

$$2m\pi = \dfrac{4\pi n' d}{n\lambda} - \pi$$

亦即

$$(m+\dfrac{1}{2})\lambda = 2(\dfrac{n'}{n})d \quad \text{（相長干涉）} \quad (23\text{-}16)$$

又因

$$(2m+1)\pi = \frac{4mn'd}{n\lambda} - \pi$$

故得

$$(m+1)\lambda = 2(\frac{n'}{n})d \quad （相消干涉） \quad (27\text{-}17)$$

上二式中之整數 $m = 0，1，2，3，\cdots$。

以上所得之干涉條件，只要薄膜上、下方介質的折射率，均大於或均小於薄膜的折射率，即可適用。但若薄膜的折射率介於上、下方介質的折射率之間，則光波在上、下表面的反射所產生的相位差相同，故 $\Delta\phi = \Delta\phi' = \frac{4\pi n'd}{n\lambda}$，在此情況下，（27-16）式與（27-17）式的相長干涉與相消干涉條件，正好對調。因此，如果在玻璃透鏡的鏡面上，均勻地鍍上或塗敷一層折射率 n' 介於空氣（$n = 1.0$）與玻璃之間的薄膜，且薄膜厚度正好滿足（27-16）式，則經薄膜上下表面反射的光，會產生相消干涉，而沒有反射光，即入射光會全部進入透鏡。此種**抗反射敷層**（antireflection coating）的厚度，其最小值 d 須能產生 $m = 0$ 的干涉，即 $d = \frac{n\lambda}{4n'} = \frac{\lambda}{4n'}$。

當入射光為單色光時，若薄膜的厚度隨位置而變，則有可能在若干個位置上，分別滿足（27-16）式與（27-17）式，在此情況下，薄膜上將出現隨位置而變的干涉圖樣，亮紋與暗紋交互出現。當入射光是由多種波長不同的色光組成時，個別色光出現相長干涉與相消干涉的位置彼此有別，因此亮紋的顏色隨位置而變，形成多彩的干涉圖樣。這就是為什麼在陽光下的肥皂泡或油膜，看來會有相間的各種彩色亮紋。

例題 27-6

如果我們在汽車的車窗玻璃外面鍍一層薄膜，此薄膜的折射率 n' 介於空氣與車窗的折射率之間，今以波長為 λ 的光自窗外之空氣中正射車窗，若要使薄膜上、

下表面反射的光有完全相長干涉，則薄膜的最小厚度為何？

解

在此情況下，完全相長干涉的條件如 (27-17) 式所示，因此

$$(m+1)\lambda = 2(\frac{n'}{1.0})d$$

因 d 要為最小，故在上式中取 $m=0$，故

$$d = \frac{\lambda}{2n'}$$

例題 27-7

如圖示，一長方形線圈，沿鉛直方懸吊於空氣中時，覆滿於其線圈面的一層肥皂薄膜，厚度由零開始，自上端往下逐漸增加，至底端之厚度為 1.5 μm。若肥皂膜的折射率為 1.5，則以波長為 650 nm 的單色光，垂直膜面照射時，薄膜上會有多少條亮紋出現？

解

波長 $\lambda = 650$ nm，薄膜與空氣的折射率分別為 $n'=1.5$ 與 $n=1.0$。薄膜厚度越厚，亮紋之干涉級 m 越大，而薄膜在上端之厚度為零，在下端之厚度 $d=1.5$ μm 為最大厚度，故亮紋可能之最大干涉級，可由（27-16）式求得為

$$m = 2(\frac{n'}{n})\frac{d}{\lambda} - \frac{1}{2}$$
$$= 2 \times \frac{1.5 \times 1.5 \times 10^{-6}}{1.0 \times 650 \times 10^{-9}} - \frac{1}{2} = 6.42$$

但干涉級須為整數，故亮紋之最大干涉級為 6，即薄膜上可出現 m 為 0 至 6 的 7 條亮紋。

將透鏡置放於一玻璃平面上，則介於透鏡面與玻璃面之間的空氣，可以像薄膜一樣（如圖 27-10），使入射至透鏡的光，產生干涉而出現圓環狀的明暗條紋，稱為**牛頓環**（Newton's ring）。由於牛頓環的分布與透鏡面的形狀有關，故此一干涉現象可用來檢驗透鏡面的曲度是否合乎要求。

圖 27-10 牛頓環的原理

27-4-1 邁克生干涉儀

兩光波干涉時產生的條紋，會因其程差些微的改變，而使條紋的位置發生明顯的變動，因此由干涉條紋移動的幅度，可以精確地測出比光波波長還短的長度或距離。利用上述原理以測量微小距離的儀器，稱為干涉計（interferometer）。一個相當簡單而重要的干涉計，就是邁克生干涉儀（Michelson interferometer），其基本構造如圖 27-11 所示。圖中與入射光成 45° 角的射束分離器（beam splitter），是一面半塗銀（half-silvered）的玻璃鏡，能使入射的光有一半被反射，而另一半則可穿透，分成為兩條具有相干性的光。反射與穿透的光沿互相垂直的路線前進至反射鏡，被反射回到射束分離器，再次發生半反射與半穿透。因此有一部份的反射光與穿透光會重疊在一起，朝觀察者的方向前進，並因路徑不同出現程差，而產生干涉條紋。

圖 27-11 邁克生干涉儀

27-5　海更士原理與繞射

波的基本特性之一就是能夠干涉，而另一則為繞射（diffraction），也就是能繞過障礙物轉彎前進的特性。繞射與干涉的關係密切，以上討論過的雙縫與多縫光柵，其干涉現象其實也與繞射有關，因此才有繞射光柵之稱。

海更士（C. Huygens）倡言光是一種波動，並於 1678 年提出海更士原理（Huygens' principle），說明光或其它波動的繞射現象。此原理與馬克士威電磁理論的推論一致，但較簡單而易於應用，其內容大略如下：

> 位在一波前上的各點，均可當作點波源，發出子波（wavelet）。子波為球面波，以介質中之波速傳遞，在某一瞬間時，與所有向前傳播的子波球面相切的面，就是新的波前。

圖 27-12(a) 與 (b) 分別顯示海更士原理如何說明平面波與球面（或圓柱面）波的傳播，圖中之 c 為波速。此原理亦可用以說明波的反射與折射定律。

圖 27-12　(a) 平面波；(b) 球面波。

▶ 圖 27-13　缺口孔徑遠大於波長

▶ 圖 27-14　缺口孔徑與波長相當

27-5-1　繞　射

當一平面波沿一直線前進到一障礙物的缺口時，依據海更士原理，在缺口的波前發出球面子波，形成新的波前，繼續前進。如果缺口孔徑遠較波長為大，則如圖 27-13 所示，新的波前基本上還是平面，進入缺口的能量，幾乎全都沿著原來入射的方向前進，繞射現象並不顯著。但如缺口孔徑與波長相當，則如圖 27-14 所示，新的波前將接近球面，波的前進方向就分散開來，與原來入射的方向不同，明顯出現轉彎繞射的現象。

在幾何光學中，通常都假設光的波長，遠小於考慮的缺口或障礙物的尺寸，因此就像圖 27-13 的情形，可忽略繞射，而將光當作沿直線前進。但欲使微小的物體成像於光學系統中或使光束精確地聚焦時，繞射的影響就不能被忽視，也無法避免。

27-6　單縫繞射

以上各節在討論雙縫或多縫干涉現象時，都假設每一道狹縫的寬度，遠比入射光的波長為短而可忽略，因此依據海更

圖 27-15　單縫繞射

士原理，當入射光到達各狹縫時，每一條狹縫都有如圖 27-13 所示，可以當作一個線光源，發出球面波，沿不同方向前進至屏幕上各部份，並與其它狹縫發出的球面波產生干涉，形成干涉圖樣。但若一單獨的狹縫，其寬度與入射光的波長相差不多，無法加以忽略，則依據海更士原理，狹縫的各部份都可視為線光源，各自發出球面波，彼此干涉。這種寬度與波長相當的狹縫，實際上就像是具有無窮多個狹縫的多縫光柵，可以在屏幕上形成干涉圖樣，稱為繞射圖樣（diffraction pattern），這種單獨狹縫的干涉現象稱為單縫繞射（single-slit diffraction）。

如圖 27-15 所示，設平面光波沿 OC 方向入射到一個寬度為 a 的單狹縫，則依據海更士原理，在狹縫 AB 上的各點均可當作光源，發出球面子波朝右邊各個方向前進。若屏幕與狹縫的距離遠大於縫寬 a，則到達屏幕上同一點 P 的各個子波，其路線可視為彼此平行，且與光波入射方向的夾角均為 θ。

設 O 為狹縫的等分點，則光線 1 與 1′ 的程差為 $\delta = \overline{AD} = \dfrac{a\sin\theta}{2}$。狹縫上半段 OB 中任一位置發出的光線，與下半段 AO 中位於其下 $\dfrac{a}{2}$ 的位置所發出的光線，例如圖中的 2 與 2′ 光線，亦均具有相同的程差 δ。故當程差 δ 隨 θ 角增

圖 27-16 等分為 m 部份的狹縫（$m = 4$）

加而達半波長 $\dfrac{\lambda}{2}$ 時，由狹縫各點發出的光線將出現上半段與下半段成對相消的情形，而在屏幕上的 P 點出現相消干涉，形成暗紋。事實上，當程差 δ 等於半波長的正整數倍時，亦即

$$\delta = \dfrac{a}{2}\sin\theta = m\dfrac{\lambda}{2} \quad (m = 1,2,3,\cdots) \quad (27\text{-}18)$$

可設想狹縫被等分為 m 部份，如圖 27-16 所示，每部份的寬度均為 $\dfrac{a}{m}$。由（27-18）式，在此種分法下，每部份的程差 $\delta' = \dfrac{\delta}{m} = \dfrac{a\sin\theta}{2m}$，正好為半波長 $\dfrac{\lambda}{2}$。故每部份都將如上述程差 $\delta = \dfrac{\lambda}{2}$ 的情況，出現光線成對相消的現象，因此在屏幕上的 P 點會出現相消干涉，形成暗紋。綜合以上所述，可得單狹縫繞射暗紋出現之角度，須滿足（27-18）式，亦即

$$a\sin\theta = m\lambda \quad (m = 1,2,3,\cdots) \text{（相消干涉）} \quad (27\text{-}19)$$

例題 27-8

平面光波入射到單狹縫後，中央亮紋兩側 $m=1$ 繞射暗紋的夾角 2θ，可用以衡量光線散開的角度。設一單狹縫的寬度為入射光波長的 10 倍，則光線通過單狹縫後散開的角度為何？

解

設波長為 λ，則縫寬 $a=10\lambda$，當 $m=1$ 時，由（27-19）式得

$$\sin\theta = \frac{m\lambda}{a} = \frac{1}{10}$$

故光線散開的角度為 $2\theta = 2\sin^{-1}(0.1) = 11.5°$。

27-6-1 單縫繞射的強度分布

仿照雙縫干涉時求屏幕上光強度分布的方法，可求得單縫繞射的強度分布。設將一寬度為 a 的單狹縫等分為 N 部份，則每部份的寬度為 $\frac{a}{N}$，當以波長為 λ 的光照射，且子波光線的偏角為 θ 時，相鄰兩部份所發出的光波到達屏幕上同一點 P 時，其程差為 $\delta = \frac{a\sin\theta}{N}$，電場的相位差為 $\phi = \frac{2\pi\delta}{\lambda}$，而狹縫上、下邊緣發出的光波，其相位差 Φ，亦即總相位差可表示為

$$\Phi = N\phi = \frac{2\pi N\delta}{\lambda} = \frac{2\pi a\sin\theta}{\lambda} \qquad (27\text{-}20)$$

設以 E_k 代表第 k 部份發出的光波在 P 點的電場，則如（27-12）式可得

$$\begin{aligned} E_1 &= E_P \sin\omega t \\ E_2 &= E_P \sin(\omega t + \phi) \\ E_k &= E_P \sin[\omega t + (k-1)\phi] \end{aligned} \qquad (27\text{-}21)$$

圖 27-17　向量和 $\vec{e}$ 與電場和 E

上式中之各電場，可分別視為以等角速度 ω 作圓周運動的向量 $\vec{e}_1$、$\vec{e}_2$、… 在 y 軸上的投影。依據上式，相鄰兩向量 $\vec{e}_k$ 與 $\vec{e}_{k+1}$ 的夾角均等於相位差 ϕ。故如圖 27-17 所示，合成波在 P 點的電場 $E = E_1 + E_2 + \cdots$ 可視為各向量之和 $\vec{e} = \vec{e}_1 + \vec{e}_2 + \cdots$ 在 y 軸上的分量。當 N 趨近無窮大時，各向量 $\vec{e}_k$ 可視為一半徑為 R 之圓弧的一小段，此圓弧之長度為 $L = R\Phi$，其兩端之切線為直線 1 與 2。因總電場 $E = \overline{OC} + \overline{CD}$，故可得

$$\begin{aligned}E &= R\cos\omega t + R\cos(\pi - \omega t - \Phi) \\ &= R\{\cos\omega t - \cos(\omega t + \Phi)\} \\ &= 2R\sin\frac{\Phi}{2}\sin(\omega t + \frac{\Phi}{2}) \\ &= L\frac{\sin(\frac{\Phi}{2})}{(\frac{\Phi}{2})}\sin(\omega t + \frac{\Phi}{2})\end{aligned} \qquad (27\text{-}22)$$

由上式可得偏角為 θ 時，在 P 點之總電場 E，其振幅 E_θ 為

$$E_\theta = L\frac{\sin(\frac{\Phi}{2})}{(\frac{\Phi}{2})} \qquad (27\text{-}23)$$

但當 P 點位於屏幕上入射光直射之處時，偏角 θ，程差 δ、相位差 ϕ 與總相位差 Φ 均為零，在此情形下，由上式得電場

E 之振幅 $E_0 = L$，故（27-21）式可表示為

$$E = E_0 \frac{\sin(\frac{\Phi}{2})}{\frac{\Phi}{2}} \sin(\omega t + \frac{\Phi}{2}) \qquad (27\text{-}24)$$

而得在偏角為 θ 之處的光波平均強度為

$$\overline{S} \propto \frac{E_\theta^2}{2\mu_0 c} \equiv \overline{S}_0 \left(\frac{\sin\frac{\Phi}{2}}{\frac{\Phi}{2}}\right)^2 \qquad (27\text{-}25)$$

上式中 $\overline{S}_0 = \dfrac{E_0^2}{2\mu_0 c}$ 為 $\theta = 0$ 時之光波平均強度。依據此式與（27-20）式，$\overline{S}$ 隨偏角 θ 而變，其最大值為 $\overline{S}_0$，出現在 $\theta = 0$

(a) $a = 10\lambda$

光波強度 $\overline{S}$

(b) $a = 2\lambda$

光波強度 $\overline{S}$

(c) $a = \lambda$

光波強度 $\overline{S}$

圖 27-18　單縫繞射之強度分布

處,而其最小值為 0,出現在上式右邊正弦 $\sin(\frac{\Phi}{2})$ 為 0 處,即 $\Phi = 2m\pi$,$m = 1,2,3,\cdots$。此條件可利用(27-20)式改寫為

$$a\sin\theta = m\lambda \quad (m=1,2,3,\cdots)（相消干涉）$$

此結果與(27-19)式顯然完全一樣。

利用(27-2)式可得圖 27-18 所示之繞射圖樣強度隨角度 θ 之分布。當縫寬比波長大得多時(圖 27-18(a)),中央亮帶極為狹窄,幾乎像沒有繞射,即入射光基本上就像幾何光學之假設一樣,是直進的。但當縫寬變窄後,繞射的角度逐漸變大,直到縫寬等於波長時(圖 27-18(c)),光束之張角已大於 120°。

例題 27-9

單縫繞射圖樣中,光波強度出現極大值之角度,除中央亮紋之 $\theta = 0$ 外,其餘大約位在強度為零之兩暗紋中間,亦即(27-25)式右邊之正弦約為 ± 1 之角度。試求單縫繞射圖樣中各強度極大值之比。

解

中央亮紋($\theta = 0$)之強度 $\bar{S}_0$ 為強度之最大值。其餘出現極大值之角度 θ,須使(27-25)式中之 $\sin(\frac{\Phi}{2}) \approx \pm 1$,即 $\Phi \approx (2m+1)\pi$,$m = 1,2,3,\cdots$,故可由(27-25)式得對應於 m 之強度極大值 $\bar{S}_m$ 為

$$\frac{\bar{S}_m}{\bar{S}_0} = (\frac{2}{\Phi})^2 = \frac{4}{(2m+1)^2 \pi^2}$$

例如 $\frac{\bar{S}_1}{\bar{S}_0} = \frac{4}{9\pi^2} = 0.045$,即 $m = 1$ 之亮紋,其強度極大值僅為 $\bar{S}_0$ 之 4.5% 左右。

▣ 27-19　單縫繞射圖樣　　　　　　　▣ 27-20　顯現繞射圖樣之雙縫干涉

上述有關單縫繞射的討論，均假設屏幕位於無窮遠處，因此考慮的是來自狹縫各點、偏角相同的平行光。實際上，如果要使繞射圖樣（如圖 27-19）出現在屏幕上，則須將平行光聚焦到屏幕上，因此在狹縫與屏幕間，通常都加裝有凸透鏡。此種來自於平行光的繞射稱為**夫朗和斐繞射**（Fraunhofer diffraction），而距離光柵較近處之一般非平行光的繞射，則稱為**夫瑞奈繞射**（Fresnel diffraction）。

27-6-2　多縫繞射

在 27-3 節討論多縫干涉與繞射光柵時，都假設狹縫寬度遠小於入射光之波長（參考圖 27-18(c)）。因此通過各狹縫的光，均可繞射至偏角 $\theta = \pm 90°$。若狹縫寬度與入射光波長比較，並不能忽略時，則每一狹縫都會如上所述產生單縫繞射，因此產生的是每一單縫繞射的亮紋內，會出現多縫的干涉圖樣，如圖 27-20。

27-7　繞射極限

在各種光學成像系統中，由於光的繞射作用，當兩物體靠得夠近時，要將兩物體清楚分辨出來，會遭遇一些無法克服的基本限制。如圖 27-21，假設有兩個不相干的點光源，同時照射一狹縫。當光源與狹縫距離夠遠時，來自兩光源的入射光均可視為平面波，但因光源的位置不同，兩平面波抵達狹縫時，其入射方向有些差異，因此在屏幕上產生的繞射圖樣，其中央

圖 27-21 可鑑別的兩光源

圖 27-22 不能鑑別的兩光源

亮紋的位置並不相同。

若兩入射方向間的夾角 θ 夠大，則如圖 27-21 所示，兩繞射圖樣的中央亮紋將明顯分開，而可以輕易地分辨出兩光源的存在。但若兩入射方向間的夾角夠小，則如圖 27-22 所示，兩繞射圖樣的中央亮紋，將合而為一，而無法分辨出兩光源的位置差異。

要判斷兩個光源是否可以分辨，通常都根據**瑞立判據**（Rayleigh criterion）。依此判據，若夾角 θ_{min} 正好可使一個中央亮紋光強度出現極大值之位置，與另一個中央亮紋旁第一次出現亮度極小值之位置，彼此重合（如圖 27-23），則認為此兩個中央亮紋在合成後，仍有足夠的強度變化，恰可將兩個光源**鑑別**（resolution）出來。若狹縫寬度為 a，光波波長為 λ，而 $\lambda << a$，則由（27-19）式可得

$$\theta_{min} \approx \sin\theta_{min} = \frac{\lambda}{a} \quad （狹縫） \quad (27\text{-}26)$$

圖 27-23 恰可鑑別的兩光源

圖 27-24 圓孔的繞射圖樣

所有光學系統讓光線進入的開口，不論其形狀為何，都類似於上述的狹縫，會因為光的繞射（圖 27-24），而無法分辨很小的角度差異，因此，要探測極為微小物體的構造細節，有一定的底限。對一個直徑為 D 的圓形開口而言，能使瑞立判據成立的張角，與狹縫的情形近似，可求得為

$$\theta_{min} \approx \sin\theta_{min} = \frac{1.22\lambda}{D} \quad (\text{圓形開口}) \quad (27\text{-}27)$$

依據（27-26）式與（27-27）式，波長固定時，要鑑別越小的角度差異，縫寬或開口的口徑就必須越大，也就是鏡面、透鏡或其它配合組件都要越大。顯然地，如果波長變得越短，也可以提高鑑別能力。有些極為精良的光學系統，其成像的清晰度，因為受限於繞射，無法再予提升，因此稱為受繞射限制系統（diffraction-limited system），例如哈伯太空望遠鏡（Hubble Space Telescope）。

例題 27-10

某人眼睛的瞳孔直徑為 4.00 mm。若入射光波長為 550 nm，則此人在繞射極限時，能夠遠在多少公尺之外，分辨間隔為 1.00 cm 的兩點？

解

設在繞射極限時，此人眼睛能在 L 公尺之外，分辨間隔為 1.00 cm 的兩點，則因 $D = 4.00 \times 10^{-3}$ m，$\lambda = 550$ nm，故由（27-27）式得

$$\theta_{min} \approx \frac{1.00 \times 10^{-2}}{L} = \frac{1.22\lambda}{D}$$

$$= \frac{1.22 \times 550 \times 10^{-9}}{4.00 \times 10^{-3}} = 1.68 \times 10^{-4}$$

即 $L = 60$ m。

習題

27-2 節

27-1 一雙縫干涉實驗之兩狹縫間隔為 16 μm，兩狹縫至屏幕的距離為 2.5 m，若 $m = 1$ 級干涉亮紋的位置偏離屏幕中心 7.2 cm，則光波之波長為何？

27-2 一雙縫干涉實驗之兩狹縫間隔為 25 μm，兩狹縫至屏幕的距離為 75 cm，光波之波長為 550 nm，則屏幕上兩相鄰干涉亮紋的間隔為何？

27-3 一雙縫干涉實驗之兩狹縫間隔為 6.0 μm，兩狹縫至屏幕的距離為 1.8 m，光波之波長為 630 nm，則屏幕上干涉級為 1 與 2 的亮紋，其間隔為何？干涉級為 3 與 4 的亮紋，其間隔為何？

27-4 以一光源發出之 400 nm 與 550 nm 光波，進行雙縫干涉實驗時，若 550 nm 光波之干涉亮紋，與 400 nm 光波之干涉暗紋重疊，則亮紋之干涉級最低為何？

27-3 節

27-5 一個 3 縫光柵之第 1 條干涉暗紋，其出現方向與入射方向之夾角為 3°，則其第 1 級干涉亮紋出現之角度為何？

27-6 一個 5 縫光柵之狹縫間隔為 7.0 μm，光波之波長為 630 nm，則第 1 與第 2 個亮度出現極大值之角位置為何？第 3 與第 4 個亮度出現極小值之角位置為何？

27-7 一個 5 縫光柵，在第 1 與第 2 個亮度極大值之間，會出現幾個亮度極小值？

27-8 一光柵每公分有 10,000 個狹縫，以波長為 630 nm 之光，垂直入射光柵平面，則可看到的亮度極大，最高為哪一級？

27-4 節

27-9 一薄膜之折射率為 1.35，以波長為 630 nm 之光垂直入射，則能出現相長干涉的薄膜厚度最小為何？

27-10 水面上浮著一層折射率為 1.25 的油膜，當以波長為 560 nm 之光垂直入射時，能出現相長干涉的油膜厚度最小為何？

27-6 節

27-11 若入射光之波長為 560 nm，縫寬為 2.4 μm，則單縫繞射的中央亮帶，其角度寬為何？

27-12 欲使單縫繞射的 $m=1$ 暗紋出現在 $\pm 90°$ 的角度，則縫寬與波長之比應為何？

27-13 一照相機使用 $\dfrac{f}{1.4}$ 之鏡頭，則以波長為 560 nm 之平行光入射此相機時，聚焦於底片上的亮點，其直徑最

的 10,000 倍，若屏幕與繞射缺口之距離為 80 cm，則缺口之直徑為何？

小為何？

27-14 一圓形繞射圖樣之中心與屏幕上出現第一個強度極小處之距離為波長

28 相對論

- 28-1 伽立略轉換
- 28-2 愛因斯坦的基本假定及勞侖茲轉換
- 28-3 相對論中的質量及動量
- 28-4 相對論力學

一般都認為，近代物理學包括了二十世紀前後發展出來的一些物理上的問題。其中**相對論**及**量子理論**是兩大重要的基本課題。

在二十世紀以前，古典物理學上的幾大主題：力學、電磁學、熱學及光學皆已充份的發展。它們的定律已經被證實在相當大的範圍內不需要對它們做任何修正。日常生活中所觀察到在運動中的物體，準確地遵循牛頓運動定律。電磁學以馬克士威方程式來總結。熱力學及光學的定律也都有相當堅實的實驗證據。這些情況讓當時的一些物理學家認為，整個物理學的重要定律都已被發現，剩下來的只是一些如何提高實驗精確度的瑣碎工作及發展物理理論的數學方法而已。

但是出乎意料的，在二十世紀初，物理學家面對了許多新的、且是非常基本的問題。首先，他們發現牛頓第二運動定律對在一般的運動速度下的運動物體可以描述得很好。但是，在高速度運動下（$v \approx c$）的物體，則無法給出正確的結果。其次，兩個觀察者做相對運動時，他們沒有辦法用相同的時空**轉換方程式**（transformation equation）來把力學及電磁學定律從一觀察者的坐標轉換至另一觀察者的坐標，而不產生理論上的矛盾。

這些困難在 1905 年愛因斯坦發展出**狹義相對論**（special theory of relativity）之後都被克服了。狹義相對論是處理兩個相互以等速運動的不同慣性坐標裡的觀察者，對同一物理現象的測量的問題。

28-1　伽立略轉換

根據牛頓慣性定律，一個系統如果相對於某一恆星是靜止的（或是做等速度運動），則在無外力作用下，此系統保持靜止（或等速度運動）。滿足這個性質的所有坐標系都叫做慣性系。如果忽略地球的公轉及自轉所產生的加速度，則任何固定在地

球上的坐標可以把它當作是慣性坐標。

首先，考慮兩個慣性參考坐標，如圖 28-1，用 S 及 S' 來標示這兩個坐標系統。為了簡化問題，我們在圖上不顯現它們的 z 軸。從圖 28-1，我們可以讀出

$$\begin{aligned} x' &= x - vt \\ y' &= y \\ z' &= z \\ t' &= t \end{aligned} \quad \text{或} \quad \begin{aligned} x &= x' + vt' \\ y &= y' \\ z &= z' \\ t &= t' \end{aligned} \tag{28-1}$$

在牛頓力學中，我們是假定 $t = t'$ 的，(28-1) 式的時空轉換式稱作伽立略坐標轉換式（Galilean transformation）。

如果點 P 在 x 方向的運動，相對於 S 的速度為 v_x，寫成 $v_x = \dfrac{dx}{dt}$；相對於 S' 的速度為 $v'_x = \dfrac{dx'}{dt'} = \dfrac{dx'}{dt}$，則

$$\begin{aligned} v'_x &= v_x - v \\ v'_y &= v_y \\ v'_z &= v_z \end{aligned} \quad \text{或} \quad \begin{aligned} v_x &= v'_x + v \\ v_y &= v'_y \\ v_z &= v'_z \end{aligned} \tag{28-2}$$

這就是牛頓力學的速度相加定理。再將（28-2）式對時間取導數，就可以得 P 點的加速度轉換關係式

$$\begin{aligned} a'_x &= a_x \\ a'_y &= a_y \\ a'_z &= a_z \end{aligned} \tag{28-3}$$

圖 28-1 P 點的位置可以用 x 及 y 坐標來描述，也可以用 x' 及 y' 坐標來描述。參考坐標 S' 以等速度 v 沿著 x-x' 軸相對於 S 運動。兩個原點 O 及 O' 在時間 $t = t' = 0$ 時是重合的。

以向量表示就是

$$\vec{a}' = \vec{a} \tag{28-4}$$

也就是在兩個不同的慣性坐標裡看到同一個質點 P 的運動加速度是一樣的。我們也可以說，加速度在伽立略轉換下是不變的。實際上，我們可以更進一步來看，牛頓第二定律的形式，在兩個不同的慣性坐標內是相同的，即

$$\begin{aligned} F_x &= F_x' = ma_x \\ F_y &= F_y' = ma_y \\ F_z &= F_z' = ma_z \end{aligned} \tag{28-5}$$

以向量表示就是

$$\vec{F} = \vec{F}' = m\vec{a} \tag{28-6}$$

因此，牛頓力學運動定律在所有慣性坐標系內都是一樣的。物理定律在不同的慣性坐標系中形式相同的性質稱為遵守相對性原理（principle of relativity），因此牛頓運動定律在伽立略轉換下，遵守相對性原理。

如果一慣性坐標系 S 內有兩個質量分別為 m_1 及 m_2 的質點沿著 x 軸分別以速度 $\vec{u}_1$ 及 $\vec{u}_2$ 作彈性碰撞。碰撞後其速度分別為 $\vec{v}_1$ 及 $\vec{v}_2$，還是沿著 x 軸運動，如圖 28-2 所示。在 S 內，線動量及動能都是守恆的

$$m_1 u_1 + m_2 u_2 = m_1 v_1 + m_2 v_2 \tag{28-7}$$

$$\frac{1}{2}m_1 u_1^2 + \frac{1}{2}m_2 u_2^2 = \frac{1}{2}m_1 v_1^2 + \frac{1}{2}m_2 v_2^2 \tag{28-8}$$

圖 28-2 在不同的慣性坐標系 S 及 S' 觀察兩質量為 m_1 及 m_2 的質點間的彈性碰撞運動。S' 以等速度 v 相對於 S 運動。

一觀察者在另一慣性坐標上是否也觀察到線動量及動能守恆？我們用

$$u_1 = u'_1 + v$$
$$u_2 = u'_2 + v$$
$$v_1 = v'_1 + v$$
$$v_2 = v'_2 + v$$

代入（28-7）式及（28-8）式就可以得到

$$m_1 u'_1 + m_2 u'_2 = m_1 v'_1 + m_2 v'_2 \tag{28-9}$$

$$\frac{1}{2} m_1 u'^2_1 + \frac{1}{2} m_2 u'^2_2 = \frac{1}{2} m_1 v'^2_1 + \frac{1}{2} m_2 v'^2_2 \tag{28-10}$$

說明了線動量及動能守恆的性質具有伽立略轉換不變性。

現在，我們要問一個問題：電磁學定律是否也同樣具有伽立略轉換不變性？事實上，電磁學定律是不滿足伽立略轉換不變性的。我們可以看一個例子，一個球形電磁波以等速率 c 在慣性坐標系 S 中前進。它必須滿足

$$x^2 + y^2 + z^2 - c^2 t^2 = 0 \tag{28-11a}$$

如果另一慣性坐標系 S' 以 v 之速度沿 x 軸運動。若方程式具伽立略轉換不變性，則

$$x'^2 + y'^2 + z'^2 - c^2 t'^2 = 0 \tag{28-11b}$$

必須成立。但是將（28-1）式代入（28-11a）式我們得到的是

$$(x' + vt')^2 + y'^2 + z'^2 - c^2 t'^2 = 0 \tag{28-11c}$$

而不是（28-11b）式。因此，電磁波的傳播方程式不具伽立略轉換不變性。

如果我們相信相對性原理的普適性，則有必要去尋找一個既適用於古典力學也適用於電磁理論的新轉換式。

28-2 愛因斯坦的基本假定及勞侖茲轉換

勞侖茲在 1904 年發現了一個適用於電磁理論的時空轉換式。愛因斯坦看到了前面所談的古典力學與電磁理論的矛盾，在鑽研了勞侖茲時空轉換理論之後，在 1905 年提出了兩個基本假定：

1. 物理定律在所有慣性坐標系中都是相同的。也就是說，所有物理定律都遵守相對性原理。
2. 在所有慣性坐標系中，光在真空中的速度都是 c。這個假定又叫做光速不變原理。

在這兩個基本假定之下，愛因斯坦建構了狹義相對論。以新的時空觀念，解釋了勞侖茲轉換（Lorentz transformation）的正確物理意義。

28-2-1 勞侖茲坐標轉換式

考慮一靜止慣性坐標 S 及另一以等速度 $\bar{v}$ 沿 xx' 軸運動的慣性坐標 S'，如圖 28-3。今有兩個觀察者，其中一個對 S 而言是靜止的，另一觀察者對 S' 而言是靜止的。這兩個慣性坐標系在 $t = t' = 0$ 時重合。此時，有一光從兩者的原點發出，經過一段時間後，這個訊號到達 P 點，若 P 點與 S 的原點 O 的距離為 r，與 S' 的原點 O' 的距離為 r'。根據愛因斯坦的第二個假定，在這兩個坐標中光速是一樣的，而 $r' \neq r$，因此到達 P 點所花的時間就不一樣。

$$r = ct$$
$$r' = ct'$$

圖28-3 慣性坐標 S 及 S' 的原點 O 及 O' 在 $t = t' = 0$ 時重合。S 為靜止，S' 以 $\vec{v}$ 的速度沿 xx' 軸運動。

這兩個式子可以寫成

$$x^2 + y^2 + z^2 = c^2 t^2$$
$$x'^2 + y'^2 + z'^2 = c^2 t'^2 \tag{28-12}$$

因為此兩坐標的相對運動在 xx' 軸上，所以其 y 坐標及 z 坐標仍然是一樣的。因此 $y' = y$，$z' = z$。如果 P 點就放在 xx' 上，則 $y' = y = 0$，$z' = z = 0$，而（28-12）式就變成

$$x^2 - c^2 t^2 = 0$$
$$x'^2 - c^2 t'^2 = 0 \tag{28-13}$$

也就是

$$x^2 - c^2 t^2 = x'^2 - c^2 t'^2 \tag{28-14}$$

從（28-14）式我們可以找出 x'、t' 與 x、t 的關係。

我們假定它們的關係是線性的，也就是

$$x' = x'(x, t) = \alpha x + \beta t$$
$$t' = t'(x, t) = \lambda x + \delta t$$

這裡的 α、β、λ 及 δ 都是常數。經過詳細計算後（此處略去計算過程），可以得到

$$\alpha = \gamma$$
$$\beta = -\gamma v$$
$$\lambda = -\frac{v}{c^2}\gamma$$
$$\delta = \gamma$$

其關係式可以寫為

$$x' = \gamma(x - vt)$$
$$t' = \gamma(t - \frac{v}{c^2}x)$$

這裡的 $\gamma \equiv \dfrac{1}{\sqrt{1-\dfrac{v^2}{c^2}}}$，有時候習慣令 $\beta \equiv \dfrac{v}{c}$，而 γ 寫成 $\gamma = \dfrac{1}{\sqrt{1-\beta^2}}$。再加上 $y' = y$，$z' = z$，我們就可以得到 x'、y'、z'、t' 與 x、y、z、t 的關係式

$$\begin{aligned} x' &= \gamma(x - vt) \\ t' &= \gamma(t - \frac{v}{c^2}x) \\ y' &= y \\ z' &= z \end{aligned} \tag{28-15}$$

這個關係式就是勞侖茲時空坐標轉換式。這個式子給出了從 S 坐標轉換到 S' 坐標的時空轉換關係。我們也可以得到從 S' 坐標轉換到 S 坐標的轉換關係式

$$\begin{aligned} x &= \gamma(x' + vt') \\ t &= \gamma(t' + \frac{v}{c^2}x') \\ y &= y' \\ z &= z' \end{aligned} \tag{28-16}$$

我們從（28-15）式及（28-16）式可以看到，只要把（28-15）式中的 v 變成 $-v$，把左邊的坐標改成 S' 坐標系統的坐標，右邊的坐標改成 S 坐標系統就可以得到（28-16）式。這是因為 S' 坐標相對於 S 坐標的速度為 v，而 S 坐標相對於 S' 坐標的速度為 $-v$。這樣的結果符合相對性原理的要求。

當 $\dfrac{v}{c} \ll 1$ 時，$\gamma \approx 1$，$\dfrac{v^2}{c^2} \approx 0$，勞侖茲轉換式變成

$$\begin{aligned} x' &= x - vt \\ y' &= y \\ z' &= z \\ t' &= t \end{aligned} \tag{28-17}$$

這個轉換式就是伽立略轉換式。這說明了牛頓力學是相對論的一種極限情況，只有在物體運動速度遠小於光速時，牛頓力學才是正確的描述。同時，勞侖茲轉換設下了 v 的最大極限值，也就是 $v \leq c$，否則 $\gamma = \dfrac{1}{\sqrt{1-\beta^2}}$ 就變成虛數，導致時間及空間坐標都變成虛數，這在物理上是不允許的。

28-2-2　勞侖茲速度轉換式

將勞侖茲轉換式（28-15）式取微分可得

$$\begin{aligned}
dx' &= \gamma(dx - v\, dt) \\
dy' &= dy \\
dz' &= dz \\
dt' &= \gamma(dt - \dfrac{v}{c^2} dx)
\end{aligned} \tag{28-18}$$

於是我們可以得到同一粒子的速度在兩不同坐標系之間的轉換關係式，

$$\begin{aligned}
u'_x &= \dfrac{dx'}{dt'} = \dfrac{u_x - v}{1 - \dfrac{v}{c^2} u_x} \\
u'_y &= \dfrac{dy'}{dt'} = \dfrac{u_y}{\gamma(1 - \dfrac{v}{c^2} u_x)} \\
u'_z &= \dfrac{dz'}{dt'} = \dfrac{u_z}{\gamma(1 - \dfrac{v}{c^2} u_x)}
\end{aligned} \tag{28-19}$$

式中的 $\vec{u}'$ 及 $\vec{u}$ 分別代表在 S' 及 S 坐標系統上所觀察到的同一粒子的速度，而此兩坐標的相對速度為 $\vec{v}$，$\vec{v}$ 在 xx' 軸的方向上。這就是勞侖茲速度轉換式。我們可以看到如果 $u_x = c$，則 $u'_x = c$，也就是在所有慣性坐標系上觀測光速，結果都是 c。當然，如在（28-19）式中將 v 換成 $-v$，並將 u、u' 角色互換，我們也可以得到從 S' 轉換到 S 的速度轉換式

$$u_x = \frac{dx}{dt} = \frac{u'_x + v}{1 + \frac{v}{c^2}u'_x}$$

$$u_y = \frac{dy}{dt} = \frac{u'_y}{\gamma(1 + \frac{v}{c^2}u'_x)} \qquad (28\text{-}20)$$

$$u_z = \frac{dz}{dt} = \frac{u'_z}{\gamma(1 + \frac{v}{c^2}u'_x)}$$

如果 $\frac{v}{c} \ll 1$，且 $\frac{u'_x}{c} \ll 1$，則（28-19）及（28-20）兩式就變成

$$u'_x = u_x - v$$
$$u'_y = u_y$$
$$u'_z = u_z$$

和

$$u_x = u'_x + v$$
$$u_y = u'_y$$
$$u_z = u'_z$$

也就是在速度（包括粒子的運動速度及兩坐標之間的相對速度）遠比光速低的情況下，勞侖茲速度轉換式就變成伽立略速度轉換式，愛因斯坦的理論又回復到牛頓古典力學。

例題 28-1

一物體以相對於地球 24×10^7 m/s（$= 0.80c$）的速率向東運動。一太空梭以相對於地球 15×10^7 m/s（$= 0.50c$）的速率向西運動。太空梭上的人看該物體的速度是多少？

解

假設 S 是附著在地球上的一個慣性坐標系，且 S' 是附在太空梭上的慣性坐標系，則利用（28-19）式

$$u'_x = \frac{u_x - v}{1 - \frac{v}{c^2}u_x}$$

且 $v = -0.50c$（令向東為正），$u_x = 0.80c$，$u_y = u_z = 0$，我們可以得到

$$u'_x = \frac{u_x - v}{1 - \frac{v}{c^2}u_x} = \frac{0.80c - (-0.50c)}{1 - \frac{(-0.50c)}{c^2}(0.80c)} = \frac{1.3}{1.4}c = 0.93c \text{（向東）}$$

例題 28-2

三艘太空梭 A、B、C 分別在太空中運動，A 太空梭上的人看 B 及 C 太空梭認為它們分別以 $0.60c$ 及 $0.70c$ 的速率在相反的方向運動，則 B 太空梭上的人看 C 太空梭的速率是多少？

解

假設 S 是附著在 A 太空梭上的一個慣性參考坐標系，且 S' 是附在 B 太空梭上的慣性坐標系，則 $v = 0.60c$（假設為朝正 x 方向），而 A 太空梭上的人看 C 太空梭的速度為 $u_x = -0.70c$，則 B 太空梭上的人看 C 太空梭的速度為 u'_x

$$u'_x = \frac{u_x - v}{1 - \frac{v}{c^2}u_x} = \frac{-0.70c - 0.60c}{1 - \frac{0.60c}{c^2}(-0.70c)} = -0.92c$$

所以其速率為 $0.92c$。

例題 28-3

太空船 A 相對於地球以 pc 的速度向東運動，太空船 B 相對於太空船 A 以 qc 的速度向東運動，其中 p 及 q 都是大於 0 但小於 1 的正數，也就是說，它們之間的相對速度都是小於光速的。試證明無論 p 及 q 是在 0 與 1 之間的任何值，太空船 B 相對於地球的速度都不可能到達光速。

解

利用（28-20）式

$$u_x = \frac{dx}{dt} = \frac{u'_x + v}{1 + \frac{v}{c^2}u'_x}$$

將 $v = pc$ 及 $u'_x = qc$ 代入上式,得

$$u_x = \frac{qc + pc}{1 + \frac{pc}{c^2}qc} = \frac{p+q}{1+pq}c$$

上式中 $(1+pq)$ 一定大於 $(p+q)$,因為

$$(1+pq) - (p+q) = (1-p)(1-q) > 0$$

所以

$$\frac{p+q}{1+pq} < 1$$

故由 u_x 的方程式可看出

$$u_x < c$$

這個結果的物理意義為:方向相同、小於光速的兩個速度,其和仍小於光速。

28-2-3 相對論的同時性

在牛頓力學裡,時間是絕對的,也就是在所有慣性坐標系中,時間的尺度都是一樣的,即 $t' = t$。這個時間為絕對的觀念,導致同時性是絕對的結果。所以在牛頓力學裡,當我們說 A 事件與 B 事件是同時發生時,我們只說它們是同時發生,並不需要特別指明這些事件是在哪一個慣性參考坐標系上觀察的結果,因為這些事件在所有參考坐標系上都被認為是同時發生。在牛頓力學裡,這種看法是不成問題的,主要是因為在牛頓力學裡,訊號的傳遞是經由無限大的速度在傳遞。然而,在愛因斯坦的相對論中,沒有任何速度可以大於光速,而光速是有限的,因此沒有什麼事情是絕對同時發生的。在慣性坐標系 S 上看 A、B 兩事件是同時發生,在另

圖 28-4 火車上頭尾兩點在某一時刻與地面兩點重合

一慣性坐標系 S' 上看 A、B 兩事件卻不一定是同時發生。也就是同時性（simultaneity）僅具相對意義。

有一個例子可以用來說明同時性的相對性。假設有一列很長的火車在地面上行駛，火車在靠近頭尾的地方分別有兩點 A' 及 B'，如圖 28-4。

在某一時刻，該兩點分別對應於地面上兩點 A 及 B。在地面上的 A、B 兩點的中點 O 處有一觀察者，在火車上的 A' 及 B' 的中點 O' 處也有一觀察者。如果在某一時刻（A' 與 A 重合，B' 與 B 重合，O' 與 O 重合），在 A、B 兩點各發出一個光的訊號，假定此兩訊號同時到達 O 點，O 處觀察者會認為此兩訊號同時發出。火車上 O' 處的人看到的訊號是從 A' 及 B' 兩點發出來的。但是火車上 O' 處的人相對於地面有一速度 $\vec{v}$（如圖 28-4），因此當訊號到達 O' 處之觀察者時，火車已走了一段距離，因此，從 B' 處來的訊號比從 S' 處來的訊號先到達 O' 處，對 O' 處的觀察者而言，光訊號對他走了同樣的距離，光速又恆為一定，所以兩訊號走了相同的時間到達他，O' 上的人先看到 B' 所發出的訊號，因此 O' 處的觀察者必然認為 B' 的訊號比 A' 的訊號早發出。在地面上的觀察者認為同時發生的兩事件（光訊號的發出），在火車上的觀察者卻認為該兩事件是不同時發生，這說明了同時性不是絕對的。

從勞侖茲轉換式可以很容易看出同時性是相對的。從（28-15）式我們知道，如果事件 A 及事件 B 在 S 坐標中是在不同地點同時發生，也就是 $t_A = t_B$，則在 S' 上的觀測者看到此兩事件的時間間隔為

$$t'_B - t'_A = \gamma[\frac{v}{c^2}(x_A - x_B)] = \gamma\frac{v}{c^2}\overline{AB} \neq 0$$

所以，此兩事件就 S' 上的觀察者來說，並不是同時發生。

28-2-4　長度收縮

我們如果要量一根棒子的長度，可以用棒子頭尾兩端的坐標差來決定它的長度。如果棒子對觀察者來說是靜止的話，同一時間量頭尾兩端的坐標，與不同時量它們的坐標是沒有什麼差別的。但是，如果棒子對觀察者有相對運動時，就必須對棒子的頭尾兩端的坐標同時量測，才能得到棒子的長度。

假設有兩個觀察者 O 及 O' 靜止在兩慣性坐標系 S 及 S' 上，有一根棒子靜止在慣性坐標系 S' 上，其長度為 $L_0 = x'_2 - x'_1$。如果 S' 以 v 的速度相對於 S 沿 xx' 軸運動，則根據勞侖茲轉換式（28-15）式

$$x'_2 - x'_1 = \gamma[(x_2 - x_1) - v(t_2 - t_1)]$$

因為在 S 上的觀察者 O 必須同時量頭尾兩端的坐標，所以 $t_1 = t_2$，因此

$$L_0 = \gamma L \tag{28-21}$$

L_0 是在棒子為靜止的坐標系 (S') 上所量出的長度，稱為原長（proper length），L 是在棒子為運動狀態的坐標系 (S) 上所量出的長度，而 $L < L_0$。由於 $y' = y$，$z' = z$，所以在 y 及 z 方向的長度不變，因此我們得到這樣的一個結論：當物體在運動狀態時,沿其運動方向所測得的長度會縮短成靜止時長度(原長)的 $\sqrt{1-\beta^2}$ 倍，這個結果稱為長度收縮，而垂直於運動方向的長度沒有改變。

例題 28-4

一太空船以 $0.800c$（相對於月球）的速率飛越月球，月球上的太空站上有一

觀察者測量此太空船的長度為 100 m。之後，此太空船著陸於月球上，此觀察者再一次測量太空船的長度，他量到的是多長？

解

根據（28-21）式，著陸於月球後的長度應為

$$L_0 = \gamma L = \frac{1}{\sqrt{1-\frac{v^2}{c^2}}} L = \frac{1}{\sqrt{1-\frac{(0.800c)^2}{c^2}}} \times 100 \text{ m}$$

$$= \frac{5}{3} \times 100 \text{ m} = 167 \text{ m}$$

例題 28-5

一根棒子長度為 50 cm，靜止於慣性坐標系 S' 上，且與 x' 軸夾 30° 角，另一慣性坐標系 S 上一觀察者觀測此棒之長度是多少？此棒與 x 軸的夾角是多少？假設 S' 以 $v = \frac{\sqrt{3}}{2}c$ 沿 xx' 軸的速度相對於 S 運動。

解

假設在 S' 上的觀察者量到的長度為 L_0，其 x' 分量為 L_{0x}，y' 分量為 L_{0y}，則 $L_0 = 50$ cm，$L_{0x} = L_0 \cos 30° = \frac{\sqrt{3}}{2} L_0$，$L_{0y} = L_0 \sin 30° = \frac{1}{2} L_0$。

在 S 上所量到的 x 分量的長度為

$$L_x = \sqrt{1-\beta^2} L_{0x} = \frac{1}{2} \frac{\sqrt{3}}{2} L_0 = \frac{\sqrt{3}}{4} L_0$$

y 分量長度為

$$L_y = L_{0y} = \frac{1}{2} L_0$$

所以其總長度為

$$L = \sqrt{L_x^2 + L_y^2} = \frac{\sqrt{7}}{4} L_0 = 33 \text{ cm}$$

假設其與 x 軸夾角為 θ，則

$$\tan\theta = \frac{L_y}{L_x} = \frac{\frac{1}{2}L_0}{\frac{\sqrt{3}}{4}L_0} = \frac{2}{\sqrt{3}} , \quad \theta = \tan^{-1}\frac{2}{\sqrt{3}} = 49°$$

28-2-5　時間膨脹

時間間隔與長度一樣，不是絕對的，它們會因為在不同的慣性坐標系上觀察而有不同的結果。如果一個觀察者在慣性坐標系 S 的原點 O 上，他用一個時鐘觀察在相同位置，兩事件 A 及 B 的時間間隔，這個時間間隔 $t_B - t_A = T_0$ 稱為這兩事件中 A 及 B 的原時間隔（proper time interval）。現在，另一慣性坐標系 S′ 上有另一觀察者在坐標原點 O′ 上觀察該兩事件。假定 S′ 對 S 在 xx′ 軸方向有一相對速度 v。在 O′ 處的觀察者觀察 A、B 兩事件一定是在兩不同位置量到的。因此 O′ 上的觀察者需要兩個校正好的鐘來決定 A、B 兩事件發生的時間間隔。

根據（28-15）式，我們可以得到

$$T' = \frac{T_0 - \frac{v}{c^2}(x_B - x_A)}{\sqrt{1-\frac{v^2}{c^2}}}$$

但是因為在 O 處的觀察者是在相同位置處量此二事件，所以 $x_B = x_A$。因此

$$T' = \frac{T_0}{\sqrt{1-\frac{v^2}{c^2}}} \tag{28-22}$$

$T' > T_0$，所以在 O′ 處的觀察者所觀察到事件 A、B 之間的時間間隔比原時間隔為大，這個結果稱為時間膨脹（time dilation）。

例題 28-6

π 介子的半衰期是 1.8×10^{-8} s，一束 π 介子以 $0.80\,c$ 的速率離開加速器，這些 π 介子走了多少距離以後有一半的粒子會衰變掉？

解

我們說 π 介子的半衰期是 1.8×10^{-8} s，是指 π 介子靜止時的半衰期，或是說一觀察者與 π 介子有相同速度時觀察到 π 介子的半衰期是 1.8×10^{-8} s。因此在實驗室坐標系來看，這些 π 介子的半衰期應該更長（因為時間間隔膨脹）。

$$T' = \frac{T_0}{\sqrt{1-\frac{v^2}{c^2}}} = \frac{1.8\times10^{-8}\,\text{s}}{\sqrt{1-(0.80)^2}} = 3.0\times10^{-8}\,\text{s}$$

$$d = vT' = 0.80\times3.0\times10^8\,\text{m/s}\times3.0\times10^{-8}\,\text{s} = 7.2\,\text{m}$$

所以在實驗室裡的觀察者看到這些 π 介子走了 7.2 m 後有一半會衰變掉。

例題 28-7

假設某星球與地球之間的相對速度可以忽略，並假設相對於地球及該星球為靜止的觀察者量測該星球與地球的距離為 20 光年（1 光年為光走一年的距離）。雙胞胎甲乘一太空船以 $0.80\,c$ 的速率航向該星球到該星球後立即折返，以相同的速率飛回地球。雙胞胎乙一直停留在地球上。這一對雙胞胎的年紀在甲返回地球後相差幾歲？

解

在地球及該星球的坐標來看，以 $0.80\,c$ 的速率走一趟 20 光年的距離需要的時間為

$$\Delta t = \frac{c}{0.80\,c}\times20y = 25y$$

因此來回需 50 年，也就是當雙胞胎甲回到地球時，雙胞胎乙已經過了 50 年的歲月了。但是當太空船航向星球時，甲在太空船上的「鐘」走得比較慢，因此一趟所花的時間比較少，為

$$\Delta t' = \sqrt{1-\frac{v^2}{c^2}}\,\Delta t = \sqrt{1-\frac{(0.80c)^2}{c^2}} \times 25y = 15y$$

來回共花了 30 年，所以當甲回到地球時兩人的年紀差了 20 年。

28-3　相對論中的質量及動量

在牛頓力學裡，物體的動量定義為 $\vec{p} = m\vec{v}$，這裡的質量 m 是不變量，它與運動的速度無關。但是在愛因斯坦的相對論中，質量不是常數，它會隨速度的變化而改變。當然速度很小的時候，質量的變化就很小，當作常數是可以的。但是如果速度很大時，質量就不可以當作常數了。如果我們把 $v=0$ 時的質量叫做 m_0，稱為靜質量（rest mass），牛頓力學裡的動量可以用 $\vec{p} = m_0 \vec{v}$ 來表示，我們可以用動量守恆的性質及勞侖茲轉換式來找 $m(v)$，我們發現

$$m(v) = \frac{m_0}{\sqrt{1-\frac{v^2}{c^2}}} = \gamma m_0 \tag{28-23}$$

而在相對論中，以速度 $\vec{v}$ 運動的物體，其動量為

$$\vec{p} = m\vec{v} = \frac{m_0}{\sqrt{1-\frac{v^2}{c^2}}}\vec{v} = m_0 \gamma \vec{v} \tag{28-24}$$

當 $v \to 0$ 時，$m(v) \to m_0$，當 $v \to c$ 時，$m(v) \to \infty$，這就是說如果我們想增加一粒子的速度到達光速，它的質量會增加到無窮大，質量越大，加速越困難。因此，我們不可能把一個靜質量不為零的粒子加速到光速。

例題 28-8

一個靜質量為 m_0 的粒子，最初以 $0.300\,c$ 的速率運動。如果粒子的速率變成原來的兩倍，則粒子的新動量是原來動量的幾倍？

解

從（28-24）式可知最初的動量為

$$p_i = \frac{m_0}{\sqrt{1-\frac{v_i^2}{c^2}}} v_i = \frac{0.300\,m_0 c}{\sqrt{1-(0.300)^2}} = 0.315\,m_0 c$$

當速率變成原來的兩倍時，粒子的速率變成 $v = 0.600\,c$，而動量變成

$$p = \frac{0.600\,m_0 c}{\sqrt{1-(0.600)^2}} = 0.750\,m_0 c$$

新動量與最初動量的比值為

$$\frac{p}{p_i} = \frac{0.750\,m_0 c}{0.315\,m_0 c} = 2.38$$

雖然速率只變成兩倍，動量卻變成 2.38 倍。

28-4 相對論力學

由於物體的質量隨其運動的速度而變化，因此在愛因斯坦相對論中，力學的基本定律 $\vec{F} = m\vec{a}$ 的形式必須加以修正。動能及總能量的定義也必須跟著改變。在牛頓力學中，作用在一物體上的力 $\vec{F}$ 等於其動量的變化率。但是在愛因斯坦的相對論中，動量要改用相對論動量

$$\vec{F} = \frac{d\vec{p}}{dt} = \frac{d}{dt}(m\vec{v}) = \frac{d}{dt}(m_0 \gamma \vec{v}) \tag{28-25}$$

這裡的 m 不再是常數，而是 v 的函數，$m = m(v)$。假設一靜質量為 m_0 的粒子，從靜止的狀態，在力 $\vec{F}$ 作用下，在時間間隔 t 內行進了一段距離 x，最後速度變成 $\vec{v}$。就像在牛頓力學的情形一樣，動能 K 等於力 $\vec{F}$ 所做的功。如果取 x 軸的正方向為 $\vec{F}$ 的方向，則

$$K = \int_0^x F\, dx = (m - m_0)c^2 = (\gamma - 1)m_0 c^2 \tag{28-26}$$

上式的推導中，我們省略了詳細的積分過程。（28-26）式說明一粒子最初在 $x = 0$ 處呈靜止狀態，其速度 $v = 0$，質量為 m_0，受一 x 方向的力 F 的作用，運動至 x 處，此時粒子的速度為 v，質量為 m，$m = m(v)$，粒子的動能為 $K = (\gamma - 1)m_0 c^2$。這個結果與在牛頓力學的動能 $K = \frac{1}{2}m_0 v^2$ 的樣子是十分不同的。當然，如果 $\frac{v^2}{c^2} \ll 1$ 時，把相對論的動能表示式用二項式定理展開可得

$$K = \left(\frac{1}{\sqrt{1 - \frac{v^2}{c^2}}} - 1\right) m_0 c^2 = \left[\left(1 + \frac{1}{2}\frac{v^2}{c^2} + \ldots\right) - 1\right] m_0 c^2 \approx \frac{1}{2} m_0 v^2$$

這時候（$\frac{v^2}{c^2} \ll 1$），相對論動能就回到牛頓力學的動能表示式。

動能 K 代表總能量 E 與靜止時的能量 E_0（或稱靜能量）的差，因此

$$K = E - E_0 \tag{28-27}$$

從（28-26）式，我們知道

$$K = m(v)c^2 - m_0 c^2 \tag{28-28}$$

如果我們選擇靜能量為 $E_0 = m_0 c^2$，則總能量 E 就可以寫成

$$E = mc^2 = \gamma m_0 c^2 = \gamma E_0 \quad (28\text{-}29)$$

這就是<u>愛因斯坦</u>的質能關係式。

如果把（28-23）式左右兩邊平方，並在兩邊各乘以 $c^4(1-\dfrac{v^2}{c^2})$，我們就可以得到

$$m^2 c^4 (1 - \frac{v^2}{c^2}) = m_0^2 c^4$$

或

$$m^2 c^4 = m^2 c^2 v^2 + m_0^2 c^4 \quad (28\text{-}30)$$

如果 $E = mc^2$，$E_0 = m_0 c^2$，$p = mv$，將這些關係式代入（28-30）式，就可以得到<u>動量與能量的關係式</u>

$$E^2 = p^2 c^2 + E_0^2 \quad (28\text{-}31)$$

例題 28-9

一個 μ 介子的靜質量是電子靜質量的 207 倍。μ 介子靜止時的平均壽命是 2.00×10^{-6} s。如果 μ 介子在實驗室中量測到的平均壽命是 7.00×10^{-6} s，則此 μ 介子的質量是多少？（μ 介子的靜質量是電子的靜質量的 207 倍，也就是 $1 m_{0\mu} = 207 m_{0e}$）

解

從時間膨脹的式子（28-22）

$$T = \frac{T_0}{\sqrt{1 - \dfrac{v^2}{c^2}}}$$

故 γ 為

$$\gamma = \frac{T}{T_0} = \frac{7.00 \times 10^{-6}}{2.00 \times 10^{-6}} = 3.50$$

而

$$m(v) = m_0 \gamma = 3.50 \times 207\, m_{0e} = 725\, m_{0e}$$

此介子的質量是電子的靜質量的 725 倍。

例題 28-10

在離海平面 100 km 高的地球大氣層中，有靜能量為 140 MeV 的 π^+ 介子產生，這些 π^+ 介子是垂直向下運動。如果在 π^+ 介子的坐標中發現，在它產生後 2.00×10^{-8} s，π^+ 介子有一半會衰變掉，由地面上測量其總能量為 1.50×10^5 MeV，那麼離海平面多高，這些 π 介子會有一半衰變掉？

解

從愛因斯坦的質能關係式（28-29）式可知

$$\gamma = \frac{1}{\sqrt{1-\frac{v^2}{c^2}}} = \frac{E}{E_0} = \frac{1.50 \times 10^5\, \text{MeV}}{1.40 \times 10^2\, \text{MeV}} = 1.07 \times 10^3$$

所以

$$\frac{v^2}{c^2} = 1 - \frac{1}{\gamma^2} \approx 1 \quad v \approx c$$

再從時間膨脹的關係式（28-22）

$$T = \frac{T_0}{\sqrt{1-\frac{v^2}{c^2}}} = \gamma T_0 = 1.07 \times 10^3 \times 2.00 \times 10^{-8}\, \text{s}$$

$$= 2.14 \times 10^{-5}\, \text{s}$$

$$d = vT \approx cT = 6.43 \times 10^3\, \text{m} = 6.43\, \text{km}$$

所以 π 介子衰變一半是發生在離海平面 100 km – 6.43 km = 93.6 km 的地方。

例題 28-11

一個動能為 4.000 MeV 的電子速率是多少？（電子的靜能量為 0.511 MeV）

解

電子的總能量

$$E = K + m_0 c^2 = 4.000 \text{ MeV} + 0.511 \text{ MeV} = 4.511 \text{ MeV}$$

$$\gamma = \frac{1}{\sqrt{1 - \frac{v^2}{c^2}}} = \frac{E}{E_0}$$

因此，

$$\frac{v}{c} = \sqrt{1 - (\frac{E_0}{E})^2} = \sqrt{1 - (\frac{0.511}{4.511})^2} = 0.99$$

也就是 $v = 0.99c$。

習題

28-2 節

28-1 兩太空船 A 及 B 彼此相向運動，每一太空船皆以相對於地球 $0.70c$ 的速率運動，則 A 相對於 B 的速率是多少？

28-2 地面上一觀察者看到天空有一束光以光速 c 掠過。此時在太空上有一太空船以相對於地球 $0.8c$ 的速率往同一方向飛行，則該束光相對於太空船的速度是多少？

28-3 一太空船在觀察者的坐標上是靜止的，此時量其長度為 120 m。若太空船以相對於觀察者 $0.99c$ 的速率飛行，則觀察者量到太空船的長度是多少？

28-4 在一靜止坐標系上，單擺的週期是 2.0 s，若一觀察者在另一參考坐標系上，此一坐標系以相對於單擺 $0.9c$ 的速率運動，則此觀察者測到的單擺週期是多少？

28-5* 一艘太空船以 $0.60c$ 的速率接近地球，當太空船離地球 6.0×10^8 km 時，地面上的人發出一個光訊號給太空船上的人，這個訊號多久可以到達太空船？(a) 由地面上的人量測的。(b) 由太空船上的人量測的。

28-6 甲太空船以相對於地球 $0.60c$ 的速率沿 $+y$ 方向運動，乙太空船以相對於地球 $0.6c$ 的速率沿 $-x$ 的方向飛行。乙太空船的觀察者測得甲太空船的速度是多少？

28-7 在實驗室裡，一觀察者見一電子以 $0.70c$ 的速率運動，與此電子同速度的觀察者見一中子在其運動方向以

0.90c 的速率運動，實驗室的觀察者見此中子的速率是多少？

28-8 火箭上的飛行員以相對於地球 0.90c 的速度遠離地球，他看到另一火箭以 0.80c 的速度向他逼近，則在地球上的觀察者量測到第二個火箭的速度是多少？

28-9 一米尺以相對於實驗室的觀察者 0.80c 的速度沿其長度的方向運動。此米尺通過實驗室觀察者的時間間隔為何？

28-10 甲太空船及乙太空船靜止時的長度分別是 108 m 及 150 m，假設此二太空船相向而行，甲太空船上的人發現乙太空船的船頭需要 6.0×10^{-7} s 才能通過甲太空船的長度，則這兩艘太空船的相對速度是多少？

28-11 上題中，乙太空船上的人發現通過甲太空船的頭尾兩端所需的時間是多少？

28-3 節

28-12 (a) 一電子由靜止被電位差為 511 kV 的加速器加速後，其質量是靜質量的多少倍？(b) 它的速率是多少？(c) 如果用古典的動能形式 $K = \frac{1}{2}m_0 v^2$ 來計算速率，誤差百分率為何？

28-13 假設一光子的動量 p 與一動能為 2.0 MeV 的電子動量相同，則此光子的能量（$E = pc$）是多少？

28-14 在靜止坐標系上，一 π^+ 介子在 5.0×10^{-8} s 的時間內衰變成一個 μ^+ 介子及一個微中子。假設這個 π^+ 介子的動能等於它的靜能量的兩倍，則：(a) π^+ 介子的速率是多少？(b) 對靜止的觀察者來說，π^+ 介子在衰變以前走了多遠？

28-15 一動能為 2.0 MeV 的電子，其動量是多少？

28-16 一電子從靜止被加速到 0.80c，其能量的變化是多少？

28-17 某一粒子的質量比它的靜質量大 25%，則此粒子的速度是多少？

29 量子物理

- **29-1** 黑體輻射
- **29-2** 光電效應
- **29-3** 康卜吞效應
- **29-4** 電子繞射
- **29-5** 量子力學的初步

十九世紀末，二十世紀初，人們發現了一系列的實驗結果，要圓滿解釋這些實驗結果所需要的觀念與古典物理的觀念完全不相容。這些新的觀念經過一些基本推斷（假設），及一些巧妙的實驗安排的驗證下，逐漸發展成為近代的**量子論**（quantum theory）。

本章的目標就是要陳述這一系列的實驗結果，以及如何用量子論來說明這些現象。這些現象所呈現出來的新觀念有哪些呢？它包含：

1. 電磁輻射具有粒子的性質。
2. 物質具有波動性質。
3. 某些物理量呈現量子化現象。

我們先看二十世紀初第一個古典物理無法說明的實驗現象，**黑體輻射**（black body radiation）。

29-1　黑體輻射

一個熱的物體是會輻射能量的，它們以電磁波的形式向外輻射能量，這種能量稱為輻射能。此輻射能的量及性質是與溫度有關的。例如一個白熾燈絲，其放射輻射能的速率隨溫度的升高而增加。當溫度低於 800 K 時，只感到燈絲發熱而不見發光。但當溫度高達 800 K 後，燈絲開始呈現紅色，單位時間內輻射的能量也增加。當溫度再升高時，燈絲便由紅變黃，再由黃變白，達到白熾化，單位時間內輻射的能量也更大。但是有一點很重要，即使燈絲不通電流它也是不斷地在輻射能量，只不過數量非常少而已。如果此白熾光置於一稜鏡前，此白熾光將被分散開而形成連續光譜。

照落在物體上的輻射能至少有部份會被物體吸收，其餘的會被反射出去。在所有的溫度下物體都會輻射能量（物體的溫度因而降低），也都會吸收其它物體輻射出來的能量（物體的溫

度因而升高)。如果物體的溫度達到平衡，也就是物體的溫度不再升高或降低，這時候物體每秒所吸收的輻射能與放射出去的輻射能相等。也就是說，當某一物體從外界吸收的能量等於此物體因輻射而減少的能量時，我們說這物體的熱輻射達到平衡，叫做平衡熱輻射。物體處在這種狀態時它的溫度就不再變化了。

在熱平衡時，物體所輻射出來的能量頻譜涵蓋所有的頻率，其頻譜分布是頻率 f 及溫度 T 的函數（或波長 λ 與溫度的函數）。因此我們可以定義一個量 $e(\lambda, T)$，叫做**單頻輻射率**（radiance）。它是這樣定義的：若物體表面溫度為 T 時，單位面積上在單位時間內，在波長 λ 到 $\lambda + d\lambda$ 這個範圍內所輻射的能量為 $dU(\lambda, T)$，則 $e(\lambda, T)$ 定義為 $e(\lambda, T)d\lambda = dU(\lambda, T)$。

如果一個物體能夠吸收落在它上面的全部輻射，而完全沒有反射，我們稱這種物體為**黑體**（black body）。這個名稱是從光學那裡學來的，因為如果一個物體吸收所有的可見光而不反射，這個物體就是黑色的。

完全的黑體，事實上只是一個理想化的情形。可是，我們可以假想一個**空腔**（cavity），它保持在一定的溫度，在此空腔上開一個小孔。如果小孔比起整個空腔是夠小的話，從外面進入的輻射總是在空腔內重複反射及吸收，很少有機會跑出來，所以這個小洞的吸收像一個黑體。圖 29-1 為理想黑體輻射示意圖。如果我們把過程反過來，均勻地將腔壁加熱，以提高它的溫度。腔壁將向腔內放射熱輻射，其中一部份將從小孔射出，因為小孔像一個黑體的表面，所以從小孔發射出來的輻射波譜，也就表現著黑體輻射的特性。1879 年，**史帝芬**（J. Stefan）從實驗中發現，一個黑體輻射所輻射出來的功率與絕對溫度 T 的四次方成正比，即

$$U = \sigma T^4 \tag{29-1}$$

圖 29-1 理想黑體輻射示意圖

這裡的 U 是黑體的發射率（emittance），為黑體每單位面積所輻射的功率。σ 是史帝芬常數，其值為 5.6696×10^{-8} W/m$^2 \cdot$K^4。五年以後，波茲曼（L. Boltzmann）以熱力學的觀點從理論直接導出（29-1）式。後來這個式子就叫做史帝芬-波茲曼定律（Stefan-Boltzmann law）。

1893 年，維恩（Wien）發現，對任何黑體，黑體輻射的問題只是要找一個單一變數的未知普適函數 $F(\lambda T)$ 而已。當時，所有嘗試利用古典理論想得到與實驗一致的正確函數 $F(\lambda T)$ 都宣告失敗。這就是二十世紀初，古典理論所遭遇到的第一個挫敗。如圖 29-2，維恩發現：對不同的溫度，輻射率 $e(\lambda, T)$ 對波長 λ 的圖形都有一個最大值，此最大值對應的波長用 λ_m 表示。隨著溫度的增高，λ_m 向短波長方向移動。溫度 T 與 λ_m 滿足

$$\lambda_m T = 常數 = 2.898 \times 10^{-3} \text{ m} \cdot \text{K} \tag{29-2}$$

（29-2）式稱為維恩位移定律。

圖 29-2 不同的溫度，其最大輻射率所對應的波長不同。

雖然在那個時代企圖從古典理論得到與實驗相符的 $F(\lambda T)$ 都宣告失敗，但是有兩個失敗的例子仍然值得一提。因為後來成功的結果，與此兩例子有密切關係。第一個我們要提的例子是<u>維恩</u>所提的理論，<u>維恩</u>把氣體動力論的想法用在空腔內，提出了一個理論公式

$$e(\lambda, T) = C_1' \lambda^{-5} e^{\frac{-C_2'}{\lambda T}}$$

或

$$e(f, T) = C_1 f^3 e^{\frac{-C_2 f}{T}} \tag{29-3}$$

（29-3）式中，C_1 與 C_2 為兩待定常數。不管如何定這兩個參數，這個理論公式與實驗數據所得的函數圖形在長波長範圍無法吻合。

另一個例子是<u>瑞立-京氏</u>（Rayleigh-Jeans）的公式。從古典的觀念來說，熱輻射是由物體表面的原子內的帶電粒子加速運動而產生的。這種受熱的帶電粒子有各種不同的加速度，以致於所輻射出來的能量是連續的。<u>瑞立-京氏</u>利用這種古典的觀念，他們把電磁輻射看成是由一些<u>振子</u>（oscillator）振盪產生的。<u>瑞立-京氏</u>計算了頻率在 f 到 $f+df$ 之間有多少這種振子的數目

$$dN = \frac{8\pi V}{c^3} f^2 df \tag{29-4}$$

這裡的 $V = L^3$ 為空腔的體積，c 是光速。

由於能量是連續分布的，在溫度為 T 的情形下，每一個振子的平均能量 $\overline{E}$ 可以由平均的觀念求得，其結果是 $\overline{E} = kT$，這裡的 k 為波茲曼常數。因此黑體在溫度為 T 時所輻射出來頻率在 f 到 $f+df$ 之間的能量密度為

$$u(f, T) df = \frac{dN}{V} kT = \frac{8\pi f^2}{c^3} kT df \tag{29-5}$$

所以 $u(f, T) = \dfrac{8\pi f^2}{c^3} kT$。

有時候實驗數據是以 $u(\lambda, T) = \dfrac{8\pi}{\lambda^4} kT$ 表示，有時候是以 $u(f, T) = \dfrac{8\pi f^2}{c^3} kT$ 來表示*，這就是瑞立-京氏公式。

黑體空腔內單位波長的能量密度 $u(\lambda, T)$ 與黑體單頻輻射率 $e(\lambda, T)$ 之間的關係可以被證明為

$$u(\lambda, T) = \dfrac{4}{c} e(\lambda, T)$$

為了方便，我們以後就直接用能量密度來討論黑體輻射的性質，而不再談它的單頻輻射率。

瑞立-京氏公式除了在長波長的範圍可以與實驗數據圖吻合，在短波長部份就完全不能吻合。圖 29-3 是瑞立-京氏曲線與實驗數據曲線對照圖。

在 1900 年，卜朗克（M. Planck）發現，物質表面在某種不明原因下，當吸收或放射輻射能時是以有限的（非無限小的）量 ε 為單位，進行吸收或放射；也就是說，吸收或放射輻射能時是以 ε 的整數倍 $n\varepsilon$ 進行，n 為正整數，絕不以 ε 的非整數倍進行能量的吸收或放射；這個非無限小的單位 ε，不是普遍同一的大小，而是與頻率成正比，即 $\varepsilon = hf$。h 是一個未定常數，此常數稱為卜朗克常數（Planck constant）。在這種假設下，一個振子在熱平衡時的平均能量就不是 $\overline{E} = kT$。卜朗克利用一個在溫度為 T 時的平衡狀態下的波茲曼機率分布函數（Boltzmann probability distribution）來計算一個振子的平均能量 $\overline{E}$。其結果為

$$\overline{E} = \dfrac{\varepsilon}{e^{\frac{\varepsilon}{kT}} - 1} \tag{29-6}$$

因此黑體在頻率為 f 到 $f + df$ 之間所輻射的能量密度為

圖 29-3 瑞立-京氏的預測值與實驗數據的比較圖

---

* $u(\lambda, T)$ 與 $u(f, T)$ 的關係是 $u(\lambda, T) d\lambda$ 與 $u(f, T) df$ 有相同的量值。

$$u(f,T)df = \frac{dN}{V}\frac{\varepsilon}{e^{\frac{\varepsilon}{kT}}-1} = \frac{8\pi f^2 \varepsilon}{c^3(e^{\frac{\varepsilon}{kT}}-1)}df \qquad (29\text{-}7)$$

所以

$$u(f,T) = \frac{8\pi f^2 \varepsilon}{c^3}\frac{e^{-\frac{\varepsilon}{kT}}}{1-e^{-\frac{\varepsilon}{kT}}} \qquad (29\text{-}8)$$

如果用 $h = 6.63 \times 10^{-34}$ J·s，$\varepsilon = hf$，(29-8) 式可以與實驗圖形吻合。(29-8) 這個式子就是有名的**卜朗克輻射定律**（Planck's radiation law）。我們可以看到，當 f 很大時，正確地說應該是 $hf \gg kT$ 時，$1 - e^{-\frac{hf}{kT}} \approx 1$，$u(f,T)$ 就變成 $\frac{8\pi hf^3}{c^3}e^{-\frac{hf}{kT}}$，這就是維恩公式。當 f 很小時，$u(f,T)$ 變成 $\frac{8\pi f^2}{c^3}kT$，這就是瑞立-京氏公式。

　　卜朗克的論點是空腔壁上的原子，在某種不明的原因下，以一個個能量包的能量輻射出來，這個能量包的能量為 nhf，是 hf 的任意整數倍。每一個 hf 的能量稱為一個**能量量子**（energy quantum）**的能量**。每一個能量量子所含的能量很小，在可見光的範圍內，譬如說 $\lambda = 6000$ Å，其能量量子的能量為

$$hf = h\frac{c}{\lambda} = \frac{(6.63\times 10^{-34}\,\text{J·s})\times(3.0\times 10^8\,\text{m/s})}{6.000\times 10^{-7}\,\text{m}} \approx 3.3\times 10^{-19}\,\text{J}$$

因此，一個 100 W 的光源每單位時間所輻射這種波長的光能量量子的數目為

$$N = \frac{100\,\text{J/s}}{3.3\times 10^{-19}\,\text{J}} \approx 3\times 10^{20}\,\text{s}^{-1}$$

有這麼多的光能量量子存在，這就是為什麼我們不會感覺到光的粒子性質。因此，在巨觀的尺度上，這些結果與古典光學沒有兩樣，但是卜朗克對其公式的說明，徹底改變了我們對輻射特性的看法。

例題 29-1

一個彈簧及木塊組成一個振子 (oscillstor) 系統，設木塊的質量為 0.10 kg，彈簧的力常數為 100 N/m。今將木塊拉離平衡位置 0.10 m，自靜止釋放，則 (a) 木塊振盪的頻率為何？(b) 此振子系統的能量為何？(c) 若將此振子系統看成是一個量子系統，則其能量量子的能量為何？(d) 若此振子系統的能量改變百萬分之一，需吸收或放出多少個能量量子？

解

(a) $f = \dfrac{\omega}{2\pi} = \dfrac{1}{2\pi}\sqrt{\dfrac{k}{m}} = \dfrac{1}{6.28}\sqrt{\dfrac{100}{0.10}} = 5.0 \text{ s}^{-1}$

(b) $E = \dfrac{1}{2}kA^2 = \dfrac{1}{2} \times 100 \times (0.10)^2 = 0.50 \text{ J}$

(c) $hf = 6.63 \times 10^{-34} \times 5.0 = 3.3 \times 10^{-33} \text{ J}$

(d) $n = \dfrac{E \times 10^{-6}}{hf} = \dfrac{0.50 \times 10^{-6}}{3.3 \times 10^{-33}} = 1.5 \times 10^{26}$

因此，就一個巨觀的振子系統而言，其量子化的性質是非常不明顯的。

例題 29-2

假定太陽的輻射像一個黑體的輻射。太陽的半徑 $R = 7.00 \times 10^8$ m，太陽到地球的平均距離 $d = 1.50 \times 10^{11}$ m。假設當太陽在地球的正上方時，落在地球表面上的輻射能量為 1.40×10^3 J/m²·s。試估計太陽表面的溫度及 λ_m。

解

黑體發射率 $U(T) = \sigma T^4$，$\sigma = 5.67 \times 10^{-8}$ W/m²·K⁴。所以從太陽表面所輻射出來的總能量為

$$U_{\text{tot}} = 4\pi R^2 U(T)$$

落在地球表面上每單位面積的能量為

$$u = \dfrac{U_{\text{tot}}}{4\pi d^2} = \dfrac{4\pi R^2 U(T)}{4\pi d^2} = \dfrac{R^2}{d^2}\sigma T^4$$

$$= \dfrac{(7.00 \times 10^8)^2}{(1.50 \times 10^{11})^2} \times 5.67 \times 10^{-8} T^4 = 1.23 \times 10^{-12} T^4 \text{ W/m}^2\cdot\text{K}^4$$

根據題意，這個量等於 1.40×10^3 W/m²，所以太陽表面的溫度大約是 $T = 5809$ K。再從維恩位移定律 $\lambda_m T = 2.898\times 10^{-3}$ m·K，可知 $\lambda_m \approx 5.0\times 10^3$ Å。

例題 29-3

一氣象衛星監控到地球輻射的紅外線波長範圍在 $\lambda_1 = 3400$ Å 到 $\lambda_2 = 4200$ Å 之間。假定地球的輻射像一個溫度為 280 K 的黑體，利用維恩公式，求從地面上每單位面積所輻射出去，波長在這小範圍內的功率。

解

對應的紅外線頻率為 $f_1 = 8.82\times 10^{13}$ Hz 及 $f_2 = 7.14\times 10^{13}$ Hz，這個頻率的範圍為 $\Delta f = 1.68\times 10^{13}$ Hz，平均頻率大約為 $f = 8.00\times 10^{13}$ Hz。在這個範圍內的光能量子的能量大約為

$$hf = 6.63\times 10^{-34}\text{ J·s} \times 8.00\times 10^{13}\text{ Hz} = 5.29\times 10^{-20}\text{ J} = 0.33\text{ eV}$$

而 kT 在 $T = 280$ K 時大約為 0.024 eV。$\dfrac{hf}{kT} = 13.75 \gg 1$，因此卜朗克公式趨近於維恩公式，用維恩公式來計算是可以的。頻率為 f 到 $f + \Delta f$ 之間每單位面積的發射率為

$$u(T) = \int \frac{8\pi h f^3}{c^3} e^{-\frac{hf}{kT}} df \approx \frac{8\pi h f^3}{c^3} e^{-\frac{hf}{kT}} \Delta f$$

$$= \frac{8\times (3.14\times 6.63\times 10^{-34})\times (8.00\times 10^{13})^3}{(3\times 10^8)^3} \times e^{-13.75} \times 1.68\times 10^{13}$$

$$= 0.43\text{ W/m}^2$$

29-2 光電效應

卜朗克於 1900 年 10 月 19 日在柏林舉行的德國物理學會發表他對黑體輻射的看法。雖然他的看法可以成功地說明黑體輻射率隨頻率（或波長）變化的實驗曲線圖，但是並沒有引起

圖 29-4　光電效應的實驗裝置示意圖

多大的反應。對當時的物理學家來說，卜朗克的觀點離譜到無法令人接受。1905 年，愛因斯坦接受了卜朗克的能量量子的觀念，很成功地說明了金屬的一些奇特的性質：當可見光或紫外光照在金屬上，會有電子跑出金屬外面，這就是光電效應（photoelectric effect），跑出來的電子叫做光電子（photo electron）。這現象是 1887 年赫芝（H. Hertz）發現的。圖 29-4 是光電效應的簡單實驗示意圖。愛因斯坦為了解釋這個以古典理論無法解釋的光電現象，做了一個比卜朗克更進一步的假設。他說不僅在物質吸收及放射輻射能時，交換的能量是以有限的（非無限小）單位進行，即使輻射（以電磁波的形式）在空間傳播時亦有粒子的性質。這些粒子稱為光量子（light quantum）或光子（photon），它具有如卜朗克所說的能量 hf。

當光電子被打出來時，如果電荷收集板 C 比金屬板 M 的電位高，則光電子會被兩端的電位差加速。但是如果把電池的雙向開關反過來，讓電荷收集板 C 比金屬板 M 的電位低 $|V|$，則光電子會被減速。此時只有那些動能比 $e|V|$ 還大的

電子才到得了電荷收集板，光電流（photo electron current）i_p 就會降低。如果讓這個反向電位差慢慢變大，一直到檢流計指針不偏轉，此時的電壓為 V_0，$i_p = 0$。這個電壓就稱為截止電壓（stopping potential），而電子的最大動能 K_{max} 為

$$K_{max} = \frac{1}{2}mv_{max}^2 = e|V_0| \tag{29-9}$$

改變一些實驗條件，可以得到光電效應的一些重要的實驗結果：

1. 如果入射光的頻率 f 固定，光電流 i_p 隨入射光的強度 I 的增加而變大。也就是說，如果 f 固定，$i_p \propto I$。
2. 在入射光照射 10^{-9} 秒內即可看到光電流。也就是說，入射光照射與金屬板放出光電子，這兩件事情的發生幾乎沒有時間上的落差。
3. 對任一金屬都會有一個底限頻率（threshold frequency）f_0 存在，入射光的頻率必須大於這個底限頻率才會有光電流產生。不同的金屬有不同的 f_0。
4. 對固定頻率的入射光來說，光電子的最大動能 K_{max} 與入射光的強度 I 無關。
5. 入射光的強度 I 固定時，對不同頻率的入射光，光電流的最大動能 K_{max} 與頻率 f 成正比，其關係式為 $K_{max} = af + b$。對所有的金屬來說 a 是定值，但是不同的金屬表面有不同的 b 值。

如果要用古典電磁理論來說明這些實驗結果是有困難的。根據古典電磁理論，光電子被打出金屬表面的時間與入射光的光強度有關，光強度減弱時要經過比較長的時間，累積到足夠的能量，才可以把金屬表面的電子打出來。因此，以弱光照射金屬表面，到金屬表面有光電流產生，會有一段很長的時間落差。同時，以這種理論來看，也沒有底限頻率存在。再弱的光只要時間夠長，累積到足夠的能量，就可以把電子打出來，這

與實驗結果 3. 不符。根據古典電磁理論，光電子的初動能與光強度有關，因為光強度增加表示電磁波的振幅增加或能量增加。因此，光電子應該獲得更大的動能。但是實驗結果 4. 所顯示的卻不是這樣。至於結果 5.，古典電磁理論根本無法預測。

1905年，愛因斯坦採用了卜朗克的假定，對光電效應作了正確的說明。他是這樣說的：頻率為 f 的電磁輻射在空間傳播時，是以一顆顆的能量量子的形式在前進。這些能量量子的能量為 hf。當光打在金屬表面時，便將它所有的能量傳給電子。後來人們叫這種能量量子為光量子。如果一個金屬表面的電子吸收了一個能量為 hf 的光子，它要用一部份能量 W（金屬的功函數）來克服金屬表面的束縛，剩下的能量就作為它的動能。

$$K_{max} = hf - W \qquad (29\text{-}10)$$

這個式子說明了實驗結果 5.，其中的 $a = h$，所以與金屬的性質無關。$b = -W$，這部份的能量會因為不同的金屬而不同，因此 b 會隨不同的金屬而變。這些量之間的關係可以用圖 29-5 來表示。斜率 h 與圖 29-6 的實驗數據比較十分吻合，因此說明了 5. 的結果。

圖 29-5　入射光子的能量，與光電子的最大動能及功函數的關係圖。

圖 29-6　不同的金屬表面（銫（Cs）、鉀（K）及鎢（W））所產生的光電子的最大動能 K_{max}，對頻率 f 的斜率為一常數。

至於 **1.** 至 **4.** 的結果，用愛因斯坦的光量子假定可以很容易了解。當光強度增加時就表示光子的數目增加，一個光子可以打出一個電子，所以光子數目多，光電流就變大。當入射光頻率 f 大於某特定頻率 f_0 時，即 $f > f_0$，馬上就可以把電子打出來，沒有時間的落差；如果 $f < f_0$，再長的時間也打不出電子。此特定頻率 $f_0 = \dfrac{W}{h}$ 就是底限頻率。

例題 29-4

波長為 3500 Å 的入射光照射在鉀金屬表面上，脫離金屬表面的光電流其截止電壓 V_0 為 1.76 V，試計算光電子的最大動能 K_{max}，功函數 W 及底限頻率 f_0。

解

光電子的最大動能

$$K_{max} = e|V_0| = 1.76 \text{ eV}$$

因為 $e|V_0| = hf - W$，所以

$$W = hf - e|V_0| = \dfrac{hc}{\lambda} - e|V_0| = \dfrac{(6.63 \times 10^{-34} \text{ J·s}) \times (3.00 \times 10^8 \text{ m/s})}{3500 \times 10^{-10} \text{ m} \times 1.60 \times 10^{-19} \text{ J/eV}} - 1.76 \text{ eV}$$

$$= 3.55 \text{ eV} - 1.76 \text{ eV}$$

$$= 1.79 \text{ eV}$$

底限頻率可以從 $hf_0 = W$ 來求

$$f_0 = \dfrac{W}{h} = \dfrac{1.79 \text{ eV} \times 1.60 \times 10^{-19} \text{ J/eV}}{6.63 \times 10^{-34} \text{ J·s}} = 4.32 \times 10^{14} \text{ s}^{-1}$$

例題 29-5

假設光電效應的金屬板是鉋金屬板，其功函數是 1.81 eV，則要產生光電流的底限頻率及波長是多少？如果入射光的波長是 4000 Å，則光電子的最大動能是多少？

解

底限頻率 f_0 為

$$f_0 = \frac{W}{h} = \frac{(1.81 \text{ eV}) \times (1.60 \times 10^{-19} \text{ J/eV})}{6.63 \times 10^{-34} \text{ J·s}} = 4.37 \times 10^{14} \text{ Hz}$$

而其對應的波長 λ_0 為

$$\lambda_0 = \frac{c}{f_0} = \frac{3.00 \times 10^8 \text{ m/s}}{4.37 \times 10^{14} \text{ Hz}} = 6.87 \times 10^3 \text{ Å}$$

光電流最大動能為

$$K_{max} = \frac{hc}{\lambda} - W = \frac{(6.63 \times 10^{-34} \text{ J·s}) \times (3.00 \times 10^8 \text{ m/s})}{(4000 \times 10^{-10} \text{ m}) \times (1.60 \times 10^{-19} \text{ J/eV})} - 1.81 \text{ eV}$$

$$= 3.11 \text{ eV} - 1.81 \text{ eV} = 1.3 \text{ eV}$$

1913 年,波耳(N. Bohr)結合了卜朗克的量子假定及愛因斯坦的光子假定提出了一個原子模型,波耳的原子模型理論是 1913 年以後約 10 年間量子物理的主軸,我們將在下一章中詳細討論。

29-3 康卜吞效應

在二十世紀初的一些實驗當中,對電磁輻射的粒子性質提供最直接證據的實驗就是所謂的康卜吞效應(Compton effect),或叫做康卜吞散射(Compton scattering)。康卜吞效應是有關 X-射線被電子散射的現象。根據古典電磁理論,當一個頻率為 f 的電磁波照射到一個帶電的粒子(譬如說自由電子)時,這個帶電粒子會吸收電磁輻射而振動,其振動頻率與入射電磁波的頻率一樣,都是 f。這種形式的散射其波長沒有改變,我們稱之為同調散射(coherent scattering)。這種情形在可見光及長波長範圍內的電磁輻射常常可以看到。但當我們用非常短的波長的電磁波,像 X-射線,被電子散射時,古典電磁波

理論的預測就失敗了。在實驗上，我們所看到散射後的 X-射線有兩種不同的頻率，一種與原來入射的頻率 f（或波長 λ）相同，另一種的頻率 f' 小於 f（或 λ' 大於 λ）。這種形式的散射我們稱為**不同調散射**（incoherent scattering）。λ 稱為**未變波長**（unmodified wavelength），λ' 稱為**已變波長**（modified wavelength）。正確解釋散射後已變波長的現象是美國科學家康卜吞（A. Compton），他在 1923 年提出解釋並在 1927 年獲得諾貝爾獎。康卜吞採用了卜朗克的量子的假定，並利用動量及能量守恆定律來計算短波長電磁波散射後的頻率。他所得到的結論與實驗數據十分吻合，也因而證實了光量子的假定，並確立了電磁輻射的粒子性質。

如圖 29-7，一束單頻的 X-射線從 X-射線管射出，經過**準直儀**（collimator）後打到由碳製成的靶。在碳原子中，外圍束縛得很鬆的電子可以視為自由電子。這是因為波長為 1Å 的 X-射線（典型的 X-射線波長為 1 Å）的能量差不多是 12.4 keV，而碳原子外圍電子的束縛能差不多是 11 eV，外圍電子束縛能比起 12.4 keV 小了約 1000 倍，這個束縛能可以被忽略掉，因此，這些外圍電子可以視為是自由電子。散射後的 X-

圖 29-7 康卜吞散射實驗的示意圖

圖 29-8 四個不同的角度，所量到的散射後 X-射線的波長。

射線可以在不同的角度量測，圖 29-8 是在四個不同的角度下量測到的結果。

　　康卜吞的理論預測是這樣的：把入射電磁波看成是一束能量為 hf 的光子，每個光子被個別的自由電子彈性散射，在彈性碰撞過程中，動量及動能都是守恆的。圖 29-9 是把入射電磁波看成是粒子與電子作彈性碰撞的示意圖。

　　入射光子頻率為 f，波長為 λ，以動量 p 行進，自由電子最初是靜止的。散射後的光子頻率為 f'，波長為 λ'，以 p' 的動量且與原入射方向夾 θ 角的方向被散射出去。靜止的自由

圖 29-9 入射光子與靜止電子的彈性碰撞

電子被撞擊後以動量 p_e 且與原光子運動方向夾 ϕ 角的方向被反彈出去。在愛因斯坦相對論中，質能關係式為

$$E = \sqrt{(m_0 c^2)^2 + (p_e c)^2} \tag{29-11}$$

如果現在電磁波用光子來處理，則電磁波的動量及能量會變成什麼樣呢？我們知道光子永遠以光速行進，所以光子的靜質量 $m_0 = 0$。因此，光子的動量及能量的關係為 $E = pc$，而根據量子假定，光子的 $E = hf$，所以光子的動量 $p = \dfrac{hf}{c}$。根據動量守恆定律

$$\vec{p} = \vec{p}' + \vec{p_e}$$

或

$$\vec{p_e} = \vec{p} - \vec{p}' \tag{29-12}$$

將（29-12）式的兩邊平方

$$\vec{p_e} \cdot \vec{p_e} = (\vec{p} - \vec{p}') \cdot (\vec{p} - \vec{p}') = p^2 - 2\vec{p} \cdot \vec{p}' + p'^2$$

或

$$p_e^2 = \frac{h^2 f^2}{c^2} - 2\frac{h^2 ff'}{c^2} \cos\theta + \frac{h^2 f'^2}{c^2} \tag{29-13}$$

再將（29-13）式兩端各乘以 c^2 並加以整理，得到

$$p_e^2 c^2 = h^2 (f^2 + f'^2 - 2ff' \cos\theta) \tag{29-14}$$

而從能量守恆定律我們可以得到

$$hf + m_e c^2 = hf' + \sqrt{(m_e c^2)^2 + p_e^2 c^2} \tag{29-15}$$

其中 $m_e c^2$ 是電子的靜能量。將（29-15）式兩邊平方後加以整理可得

$$p_e^2 c^2 + m_e^2 c^4 = (hf - hf' + m_e c^2)^2$$
$$= (hf - hf')^2 + 2m_e c^2 h(f - f') + m_e^2 c^4$$

或

$$p_e^2 c^2 = (hf - hf')^2 + 2m_e c^2 h(f - f') \qquad (29\text{-}16)$$

從（29-14）及（29-16）兩式可知

$$\begin{aligned}&h^2(f^2 + f'^2 - 2ff'\cos\theta) \\ &= h^2(f^2 + f'^2 - 2ff') + 2m_e c^2 h(f - f')\end{aligned} \qquad (29\text{-}17)$$

消掉左右兩邊相同的項並稍作整理可得

$$hff'(1 - \cos\theta) = m_e c^2 (f - f')$$

或

$$\frac{hc^2}{\lambda\lambda'}(1 - \cos\theta) = \frac{m_e c^3 (\lambda' - \lambda)}{\lambda\lambda'} \qquad (29\text{-}18)$$

消掉上式兩邊相同的因式後得到

$$\Delta\lambda = \lambda' - \lambda = \frac{h}{m_e c}(1 - \cos\theta) \qquad (29\text{-}19)$$

當 $\theta = 90°$ 時，

$$\Delta\lambda = \frac{h}{m_e c} = \frac{6.63 \times 10^{-34} \text{ J}\cdot\text{s}}{(9.1 \times 10^{-31} \text{ kg}) \times (3.0 \times 10^8 \text{ m/s})}$$

$$\approx 2.4 \times 10^{-12} \text{ m} = 0.024 \text{ Å}$$

因此康卜吞理論預測散射後電磁波波長與原入射電磁波波長的差為

$$\Delta\lambda = 0.024(1 - \cos\theta) \text{ Å} \qquad (29\text{-}20)$$

這個結果與在不同角度所量測到的實驗結果非常吻合。因此，我們看到了量子的假定，很成功地說明了康卜吞效應，在不同角度時已變波長的散射現象。除此之外，實驗結果仍然有未變波長的散射存在。康卜吞的理論如何說明這種同調散射呢？

我們知道，在原子中尚有被緊緊束縛的內層電子，當入射的光子打到這些內層電子時，這些電子不會被打走，而是整個原子被反彈。若原子的質量為 M，此時（29-19）式必須改寫成

$$\Delta\lambda = \lambda' - \lambda = \frac{h}{Mc}(1-\cos\theta) \qquad (29\text{-}21)$$

估算其大小，以最小的氫原子為例，其質量大約是電子質量的 1840 倍，所以 $\frac{h}{Mc} <$ 0.0000133 Å，取最大的散射角 θ_{max} = 180°，$\Delta\lambda <$ 0.0000266 Å，波長的變化幾乎可以被忽略，也就是 $\lambda' \approx \lambda$。所以實驗上看到的同調散射就是光子打到內層電子被散射的結果，不同調散射就是光子打到自由電子的結果。

例題 29-6

在康卜吞散射實驗中，一束 X-射線被一些靜止的自由電子散射後，散射角為 60° 的 X-射線，其已變波長為 0.035 Å，那麼原入射 X-射線的能量是多少？

解

$\Delta\lambda$ = 0.024(1 − cos 60°) Å = 0.012 Å，所以 $\lambda' - \lambda$ = 0.012 Å，而 λ' = 0.035 Å，所以 λ = 0.023 Å。

原入射 X-射線的能量

$$E = \frac{hc}{\lambda} = \frac{6.63 \times 10^{-34}\,\text{J}\cdot\text{s} \times 3.00 \times 10^{8}\,\text{m/s}}{0.023 \times 10^{-10}\,\text{m}}$$
$$= 8.65 \times 10^{-14}\,\text{J} = 5.40 \times 10^{5}\,\text{eV}$$

29-4 電子繞射

現在讓我們稍微整理一下前面三節所討論的問題。在十九世紀末以前，大家都知道電磁輻射有波的性質，像繞射、干涉等現象。後來陸續發現的一些實驗結果，像黑體輻射的頻譜、光電效應、康卜吞效應等這些現象，用古典電磁波的理論卻無

法說明。物理學家被迫接受顛覆傳統的量子假定：電磁輻射在與物質作用時是以光子的形式進行。因此賦予電磁波粒子的性質，這種電磁輻射的波與粒子雙重性質，在康卜吞效應之後已經被廣泛地接受了。

法國物理學家德布羅意（L. de Broglie）在深入研究愛因斯坦的相對論及量子假定之後，於 1924 年在他的博士論文中做了一個大膽的假設，他認為波及粒子之間有一非常基本的關聯。從愛因斯坦相對論及量子假定可以看到，電磁輻射的光子的能量及動量分別是

$$E = hf \tag{29-22}$$

$$p = \frac{E}{c} = \frac{h}{\lambda} \tag{29-23}$$

（29-22）、（29-23）式的左邊 E 及 p 是粒子的性質，而右邊 f 及 λ 是波的性質，這兩種性質的量是用一個卜朗克常數 h 把它們連結起來的。德布羅意認為這種雙重性不應只有電磁輻射才有，對所有的物質，像電子、質子等粒子都應該也有波的性質。唯一不同的只是光子的靜質量為 0，速度 $v=c$，而其它的物質的靜質量 $m_o \neq 0$，$v<c$ 而已。因此，他做了這樣的假定

如果一個粒子的動量是 p，它的運動會伴隨著一個波，此波後來被稱為物質波（matter wave），其波長為

$$\lambda = \frac{h}{p} \tag{29-24}$$

德布羅意的假定在當時看起來十分突兀，但是它卻有十分深遠的影響，事實上後來整個物理都因而發生重大的變化。這個假定是說物質（粒子）也有波的性質。前面已經看到各種不同頻率的電磁波都可以看成是光子（粒子的性質），這已經獲得不少實驗結果像黑體輻射的頻譜、光電效應、康卜吞效

應等的支持。所以，如果要確認德布羅意的假定是對的話，我們必須找一些實驗來證實物質的波動性質。在波的性質中，最顯著的就是干涉及繞射的現象。如果我們能夠證實物質可以呈現繞射圖紋的話，我們就可以證明物質確是有雙重性質的。

讓我們先回顧一下波的繞射。一束單頻光穿過一狹縫後，它的強度會隨空間位置變化。在圖 27-19 中，我們看到可見光經 12000 條/公分（人造光柵的極限）的繞射光柵繞射的情形。產生繞射條紋亮帶的條件是

$$d\sin\theta = n\lambda \qquad n = 1, 2, 3, \ldots \qquad (29\text{-}25)$$

n 是亮帶條紋的級數，λ 是入射波的波長，θ 是繞射角，$d \approx 10^{-4}$ cm。當 $n = 1$ 時，$\sin\theta = \dfrac{\lambda}{d}$，如果我們想看到繞射現象，$d$

圖 29-10 氯化鈉的晶格圖形

的大小必須與 λ 有相同的數量級。如果 $d \gg \lambda$，則 $\sin\theta \approx 0$，也就是 $\theta \approx 0$，我們看不到繞射的現象。可見光的波長大約在 4000 Å 到 7000 Å 之間，$d \approx 10^{-4}$ cm = 10,000 Å。因此，可見光入射到此光柵可以看得見繞射圖紋。但是如果我們想看 X-射線的繞射條紋，d 就必須很小，因為典型的 X-射線波長在 0.1 Å 到 100 Å 之間，所以 d 要比 100 Å 更小一些。但是人工製造的光柵無法達到這麼小。1912 年勞厄（M. von Laue）建議使用一個**固體晶格**（crystal lattice），其中原子都是整齊排列，每個原子間的間隔只有幾個 Å，可以拿來作為 X-射線的繞射光柵。

　　圖 29-10 中的平行線為**布拉格平面族**（families of Bragg plane）。為了瞭解如何產生晶格繞射，我們考慮一個晶格的某一布拉格平面。

　　從圖 29-11 中可以看到 A、B 兩 X-射線經晶格面反射後光程差為 $2d\sin\theta$，當

$$2d\sin\theta = n\lambda \qquad n = 1, 2, 3, \ldots \qquad (29\text{-}26)$$

時會產生相長性干涉，這就是布拉格相長性干涉定律。在某一個方向（θ 為某一值）散射波之間會有相長性干涉，在某些方向散射波之間會有相消性干涉。圖 29-12 為 X-射線被晶格散射的實驗裝置圖。

圖 29-11　入射 X-射線被晶格面反射後造成干涉現象

圖 29-12 X-射線被晶體散射的實驗示意圖

現在，為了證實德布羅意的假定，我們必須證實像電子、質子等粒子也有像 X-射線一樣的干涉、繞射圖紋。假設一個電子被 V 的電位差加速，若 V 不太大，使其速度遠小於光速，則用非相對論的古典理論來討論即可。此時電子的動量 p 可以這樣來求，

$$\frac{p^2}{2m} = eV \tag{29-27}$$

或

$$p = \sqrt{2m\,eV} \tag{29-28}$$

根據德布羅意的假定，伴隨此電子的波長 λ 為

$$\begin{aligned}\lambda &= \frac{h}{p} = \frac{h}{\sqrt{2m\,eV}} \\ &= \frac{6.63 \times 10^{-34}\,\text{J}\cdot\text{s}}{\sqrt{2\times(9.10\times10^{-31}\,\text{kg})\times(1.60\times10^{-19}\,\text{J})\times V}} \\ &= \sqrt{\frac{150}{V}}\times 10^{-10}\,\text{m} = \sqrt{\frac{150}{V}}\,\text{Å}\end{aligned} \tag{29-29}$$

（29-29）式中的 V 是以伏特 V 作單位。如果 $V = 150\,\text{V}$，則

$\lambda \approx 1$ Å，這是在典型的 X-射線的波長的範圍內，這就是為什麼我們要用晶格作繞射光柵的原因。1927 年，德維生（C. Davidson）及革末（L. Germer）在貝爾實驗室做了這樣的實驗，其實驗裝置圖如圖 29-13。德維生及革末用加速電子撞擊加熱的鎳靶，他們的實驗用 $V = 54$ V 的電位差來加速電子，在 $\phi = 50°$ 的地方發現到有強度極大存在，這個現象說明了有波存在。我們可以計算此波的波長。

從圖 29-14 的分析，$2\theta = \pi - \phi$，$\phi = 50°$，所以 $\theta = 65°$。鎳原子間的間隔 $D = 2.15$ Å，所以

$$d = D\sin(\frac{\pi}{2} - \theta) = D\sin(\frac{\phi}{2}) = 0.91 \text{ Å}$$

根據（29-26）式，現在 $n = 1$，所以

$$\lambda = 2d\sin\theta = 2 \times 0.91 \text{ Å} \times \sin 65° \approx 1.65 \text{ Å}$$

因此，德維生及革末的實驗裡，在 $\phi = 50°$ 附近的亮紋是由波長為 1.65 Å 的波造成的。根據德布羅意的假定，被 54 V 的電壓加速下的電子其伴隨的波的波長為 $\lambda = \sqrt{\frac{150}{54}}$ Å $= 1.67$ Å，這個值與 1.65 Å 非常接近，證實了電子在運動時有一波伴隨著它行進。德布羅意的假定得到證實。

圖 29-13 電子束被鎳靶散射的實驗示意圖

圖 29-14 電子束與晶格某一布拉格平面夾 θ 角，被布拉格面散射，散射後電子束與入射電子束夾 ϕ 角。

例題 29-7

一個 0.100 eV 的中子束被一不知名的樣品散射，如果第一階的布拉格散射發生在 30°，則布拉格平面間的間隔 d 是多少？

解

0.100 eV 的中子束其波長為 $\lambda = \dfrac{h}{\sqrt{2m\,\text{eV}}}$，中子的質量 $m = 1.67 \times 10^{-27}$ kg，所以

$$\lambda = \frac{6.63 \times 10^{-34} \text{ J} \cdot \text{s}}{\sqrt{2 \times 1.67 \times 10^{-27} \text{ kg} \times 0.100 \times 1.6 \times 10^{-19} \text{ J}}} = 0.907 \text{ Å}$$

從（29-26）式，取 $n = 1$，$\theta = 30°$，則

$$d = \frac{\lambda}{2\sin 30°} = \lambda = 0.907 \text{ Å}$$

29-5　量子力學的初步

前面我們談到德布羅意的假定，任何一個質點在行進時，都有一個波伴隨著它。這個理論並沒有提供一個完整的架構，它只是跨向量子力學的第一步，並沒有告訴我們這些波是怎麼行進的。這個波的傳遞方程式，稱為水丁格方程式（Schrödinger equation），是水丁格（E. Schrödinger）在 1926 年提出來的。水丁格的波函數 $\psi(x, t)$ 滿足微分方程式

$$i\hbar \frac{\partial}{\partial t}\psi(x, t) = -\frac{\hbar^2}{2m}\frac{\partial^2}{\partial x^2}\psi(x, t) + V(x)\psi(x, t)$$

其中 $\hbar = \dfrac{h}{2\pi}$，h 為卜朗克常數。波函數的絕對值的平方表示在

圖 29-15 不同波長的平面波疊加後會有侷部性

該處附近找到該粒子的機率密度，對自由粒子來說，$|\psi(x, t)|^2 = 1$，表示在任何地方找到該粒子的機率是一樣的。這與我們的認知不同，在該粒子附近的機率應該較大，離粒子很遠的地方的機率應該很小。顯然，我們的自由粒子波函數失掉其侷部性。這個問題可以很容易解決，當不同波長 λ（或波數 k）的平面波疊加在一起以後就會有侷部性，如圖 29-15，疊加在一起的波形成波包，可以用來描述一個粒子。

29-5-1 測不準原理

我們說過一些不同頻率（或波數）的平面波重疊在一起，可以形成比較具侷限性的波包。我們也發現這些波其波數的範圍越廣，波包的侷限性越好。如果 Δk 表示參與重疊的波之波數範圍，Δx 表示找到粒子可能的位置的範圍，則

$$\Delta k \, \Delta x \geq 1 \qquad (29\text{-}30)$$

如果把這個式子乘上 $\hbar$，利用 $\hbar k = \dfrac{h}{2\pi} \cdot \dfrac{2\pi}{\lambda} = \dfrac{h}{\lambda} = p$，我們就可以得到

$$\Delta p \, \Delta x \geq \hbar \qquad (29\text{-}31)$$

這個關係式就是海森堡測不準關係式（uncertainty relations）。因為 Δx 代表粒子在 x 坐標可能存在的範圍，Δp 代表在 x 方向的動量的大小的可能範圍。因此（29-31）式告訴

我們，如果我們試圖建造一個在坐標空間極高度侷限性的波包（$\Delta x \to 0$），則我們將不可能知道其動量的可能範圍，這是與古典力學的認知相違背的。同樣的情形，如果我們用極窄範圍的不同的波數（或不同的動量）重疊形成的波包來代表粒子，則此粒子可能存在的 x 坐標範圍就很廣。在古典力學裡，我們可以同時很準確的量測到粒子的精確位置及其動量的大小，也就是 $\Delta p\, \Delta x = 0$。

波耳及海森堡（W. Heisenberg）以顯微鏡量測電子位置的假想實驗，如圖 29-16 來說明測不準原理：假設動量為 p_x 的電子沿正 x 方向進來，顯微鏡用來看電子的位置。為了看電子的位置，我們讓光從負 x 的方向照射過來。某些光子會被此電子散射進入顯微鏡，設顯微鏡鏡頭的直徑為 D，由（27-27）式，

$$\Delta x \cong l\Delta\theta_{\min} = l\frac{1.22\lambda}{D} \sim \frac{\lambda}{\sin\phi} \tag{29-32}$$

λ 為入射光的波長。被電子散射的光子，其動量在 x 方向的分量在 $-\frac{h}{\lambda}\sin\phi$ 到 $+\frac{h}{\lambda}\sin\phi$ 間者皆可進入顯微鏡內。電子與光子的動量守恆，也就是說，我們所看到的電子的 x 分量動量的範圍

圖 29-16　測量電子位置的海森堡想像實驗顯微鏡簡圖

$$\Delta p_x \sim 2\frac{h}{\lambda}\sin\phi \tag{29-33}$$

因此，

$$\Delta p_x \Delta x \sim 2\frac{h}{\lambda}\sin\phi \cdot \frac{\lambda}{\sin\phi} = 4\pi\hbar \tag{29-34}$$

（29-34）式與（29-31）式是一致的。

我們是無法同時準確地量測到電子的坐標位置及該方向的動量的。我們能不能克服這個困難？答案是否定的。因為要更精確的量測電子的位置，即縮小 Δx，由（29-32）式看，我們必須減小 λ 或增加 ϕ，但由（29-33）式，這樣都會增加 Δp_x；Δx 與 Δp_x 的乘積是大於零的常數（儘管很小），但永遠不為零，因此不能同時有 $\Delta x = 0$ 及 $\Delta p_x = 0$。

在 y 及 z 方向也有相同的關係

$$\Delta p_y \Delta y \geq \hbar$$
$$\Delta p_z \Delta z \geq \hbar \tag{29-35}$$

測不準原理的關係式對其它的物理量也成立。譬如說一個粒子的能量 E，在實驗上必須花一段時間 Δt 來量這個能量，所量到的能量的不確定量與所花的時間之間的關係式也滿足下列的式子

$$\Delta E \, \Delta t \geq \hbar \tag{29-36}$$

也就是說如果要量一個粒子的能量量到不確定量為 0（$\Delta E = 0$），只有花無窮多的時間（$\Delta t \to \infty$）才辦得到。

例題 29-8

假設一電子被侷限於一寬度為 0.0100 Å 的一維空間的「盒子」內，估計此電子可能具有的動量不確定量是多少？

解 從 (29-31) 式，

$$\Delta p \geq \frac{\hbar}{0.0100 \text{ Å}} = \frac{1.055 \times 10^{-34} \text{ J} \cdot \text{s}}{1.000 \times 10^{-12} \text{ m}} = 1.06 \times 10^{-22} \text{ J} \cdot \text{s/m}$$

因此，此電子可能的動量不確定量大約是 1.06×10^{-22} J·s/m。

習題

29-1 節

29-1 從下面的一些發熱的金屬所輻射出來的電磁波的波長，估計它們的溫度。
   (a) 暗紅，$\lambda_m = 8100$ Å
   (b) 鮮紅，$\lambda_m = 7200$ Å
   (c) 黃色，$\lambda_m = 6200$ Å
   (d) 白熾，$\lambda_m = 5000$ Å

29-2 人體的溫度是 37°C，則其所輻射出來的輻射能的最大強度對應的波長是多少？

29-3 當光子頻率為：(a) 6.20×10^{14} Hz；(b) 3.00 GHz；(c) 40.0 MHz 時，計算光子的能量（以 eV 為單位）。

29-4 某一 X-射線的波長為 30.0 pm，計算此 X-射線的光子的：(a) 能量；(b) 頻率；(c) 動量。

29-5 某種燈泡輻射波長為 660 nm 的單色光。此燈泡標示的瓦特數為 60 W，其將電能轉換成光能的效率是 90%，燈泡可使用 720 h，在這段期間它共釋放出多少個光子？

29-2 節

29-6 某金屬靶的功函數為 2.43 eV，試求以頻率為 3.00×10^{15} Hz 的輻射能照射時，所得到的光電子的最大動能。

29-7 (a) 如果某金屬的功函數是 1.07 eV，則以波長為 600 nm 的光入射時，光電流的截止電壓是多少？(b) 從此金屬表面脫離的光電子的最大速率是多少？

29-8 鉬的功函數為 4.2 eV。求 (a) 要產生光電效應時，入射光的底限頻率為多少？(b) 當入射光的波長為 200 nm 時，光電流的截止電壓是多少？

29-9 當以波長為 4000 Å 的光照射一金屬表面時，從金屬表面逸出的光電子動能範圍從 0 到 2.0×10^{-19} J，則此光的截止電壓是多少？此金屬的起始波長是多少？

29-10 鋰的功函數為 2.13 eV，當波長為 4000 Å 的入射光照射在鋰金屬板上時，金屬板所逸出的最快電子的動能是多少？

29-3 節

29-11 波長為 0.652 Å 的 X-射線在康卜吞散射實驗中，散射角為 180° 時之散射波波長是多少？

29-12 波長為 1.000 Å 的 X-射線被碳塊散射，在散射角為 60° 處量到的 X-射線波長是多少？反彈電子的動能是多少？

29-13 能量為 50 keV 的 γ 射線光子與最初是靜止的電子相撞。如果光子被散射的角度是與其原入射方向夾 30° 角時，電子反彈後的動能為多少？

29-14 波長為 1.00×10^{-5} Å 的光子經過康卜吞散射後向後 180° 反轉，其波長變為 3.64×10^{-5} Å，則產生此康卜吞散射的粒子質量是多少？

29-15 一光子被一原先為靜止的質子散射，散射後原來靜止的質子獲得最大可能的動能為 5.700 MeV。則此光子的能量是多少？

29-4 節

29-16 一質子從靜止經電壓為 0.100 kV 的電位差加速後，其德布羅意波長是多少？

29-17 一電子在運動時伴隨的德布羅意波長為 4.00 Å 時，此電子的動能是多少？

29-18 一晶格內兩鄰近原子間的間隔約為 1.20 Å，用此晶格作繞射光柵來測試電子是否伴隨一物質波時，電子的物質波波長應該也是這樣的數量級才能產生繞射現象。此電子最少需要具有的動能是多少？

29-19 鎳晶格的一組晶格面間的距離是 3.00 Å，一束具有相同能量的電子入射此晶格面，且與晶格面夾 30° 角，若要產生繞射峰值，則電子束的動能最少要多少？

29-20 一光子與一電子有相同的波長，都是 20 Å，(a) 光子的能量及電子的動能分別是多少？(b) 若波長是 2.0×10^{-5} Å，則動能會是多少？

29-5 節

29-21 一電子在原子的某一能階上，其平均生命期差不多為 10^{-9} s，則此電子所在能階的能量不確定量是多少？

29-22 原子核的直徑大約是 10^{-14} m，中子被侷限在原子核內，利用測不準原理估計中子可能的最低動能。

29-23 一系統的激發態的能量寬度為 1.2 eV，則此激發態的平均生命期大約是多少？

30

原子物理

- **30-1** 氫原子光譜
- **30-2** 波耳的原子模型
- **30-3** X-射線
- **30-4** 雷 射

自從湯木生（J. Thomson）發現原子內可以跑出電子，知道原子內部有電子後，他就開始思考原子構造的基本問題，並提出下述原子模型：

一個原子具有 Z 個電子，每一電子帶有 $-e$ 的電荷，這些電子均勻且不連續地分布於原子的範圍內，而電量為 Ze 的正電荷則均勻連續地分布於原子的範圍內，構成一個平衡的中性原子，原子的重量幾乎全在正電荷上。

這個模型稱為湯木生原子模型。

這個模型是否經得起考驗？我們可以用理論來估計一個 α 粒子被一原子散射時此 α 粒子的軌跡。α 粒子帶正電，與原子內的電子及正電荷會有庫侖作用力。

1. 如果 α 粒子與電子作用，則 α 粒子的動量會有變化，以致於其前進方向會略為改變。α 粒子每與一個電子作用其方向角的變化最多不過是

$$\phi_{\max} \sim 10^{-4} \text{ rad.}$$

α 粒子最多不過與幾十個電子作用，所以其角度之變化仍然是十分有限。

2. 如果 α 粒子與正電荷作用，如果正電荷均勻分布在原子內，由於庫侖作用力，α 粒子的前進方向也是會改變，但其變化量也是微不足道

$$\phi_{\max} \sim 10^{-4} \text{ rad.}$$

也就是說，根據湯木生原子模型，α 粒子撞擊原子以後偏離角度很小（約 0.01°）。

1911 年，拉塞福（E. Rutherford）用 α 粒子去撞擊一層金屬薄片，發現到每 10,000 個入射 α 粒子就會有一個是大

角度的偏離（$\phi > 90°$），這就表示<u>湯木生</u>的原子模型是不對了。根據這實驗結果，<u>拉塞福</u>提出了另一個原子模型

> 所有正電荷集中在一個很小的範圍內，我們稱這個很小的範圍為原子核（nucleus）。原子的質量絕大部份集中在原子核內，電子則圍繞著原子核運轉。

<u>拉塞福</u>認為大角度的散射來自於 α 粒子與大質量的粒子的碰撞，而約 10,000 個 α 粒子才有一個做大角度的散射，顯示碰撞的機率不是很大，因此推測原子的質量集中在很小的範圍。這個原子模型在 1912 年由他的助手<u>蓋革</u>（H. Geiger）和<u>馬斯登</u>（E. Marsden）在實驗室中證實了。

<u>拉塞福</u>最初認為原子核內除了質子之外，還有一種中性粒子組成，它的性質與質子相似。那時候沒有人知道這種粒子是什麼，直到 1930 年左右才被人發現到，後來定名為<u>中子</u>（neutron）。

至此以後，科學家對原子總算有了約略的認識。

30-1　氫原子光譜

<u>拉塞福</u>提出原子模型之後，大家知道原子中心原子核的存在，但是對原子的結構還是一無所知。要了解原子的結構，我們可以求諸於原子光譜的研究。最簡單的原子系統就是氫原子，氫原子只含兩個粒子，一為電子，另一為原子核內的質子，這兩粒子彼此以庫侖吸引力作用。氫原子問題是原子結構中最重要的一個問題，它是原子系統中唯一可以不需要用近似方法得到正確解的系統。氫原子光譜包含一些精細的、不連續的亮線，這樣的光譜我們稱為線光譜。氫原子的放射光譜是氫原子的特性亮線光譜。每一化學元素都有它自己的特性線光譜。氫原子在可見光範圍的線光譜標示為 H_α、H_β、H_γ、… 等，如圖 30-1。圖 30-1 是依頻率增加

圖 30-1 氫原子在可見光範圍的輻射頻率分布，這一組光譜線就是巴耳麥系。

的順序排列，通常 H_α 線比 H_β 線亮很多，而 H_β 線比 H_γ 線亮很多，依此類推。相鄰兩譜線間的距離（頻率差）也隨著頻率的增加而減少，不連續的光譜線最終趨於連續。這一組在可見光範圍內的氫原子光譜線稱為**巴耳麥系**（Balmer series）。這是因為在 1885 年，**巴耳麥**（J. Balmer）首先發現到當時已發現的九條光譜線，可以用一個簡單的經驗公式來表示

$$\lambda = b\frac{n^2}{n^2 - 4} \qquad n = 3, 4, 5, \ldots \quad (30\text{-}1)$$

λ 為氫原子光譜線的波長，b 為常數，為 3645.6 Å，將 $n = 3$ 代入（30-1）式得到 $\lambda = 6562.08$ Å，這就是 H_α 線，其實驗測定值為 $\lambda = 6562.10$ Å，這條光譜線是紅色的。將 $n = 4$ 代入（30-1）式得到 $\lambda = 4860.8$ Å，這是 H_β 線，其實驗測定值為 $\lambda = 4860.74$ Å，這條線是深綠色的。$n = 5$ 時，得到 $\lambda = 4340.0$ Å，這就是 H_γ 線，其實驗測定值為 $\lambda = 4340.10$ Å，是青色的。這些計算值與實驗值在誤差範圍內可說是十分吻合。當 $n \to \infty$ 時，$\lambda \to 3645.6$ Å，是這一線系的極限值。巴耳麥的成功，激勵了當時研究光譜的學者，像**芮得柏**（J. Rydberg）、**凱塞**（Kayser）等人，掀起了光譜研究的熱潮。

（30-1）式可以改寫成

$$\frac{1}{\lambda} = R_H \left(\frac{1}{2^2} - \frac{1}{n^2}\right), \qquad n = 3, 4, 5, \ldots \quad (30\text{-}2)$$

R_H 是**芮得柏常數**（Rydberg constant），為 $1.0967758 \times 10^7 \text{ m}^{-1}$ $= 1.0967758 \times 10^{-3}$ Å^{-1}。

氫原子的巴耳麥系光譜是在可見光範圍。後來**來曼**（T. Lyman）在紫外線區域發現了另一組氫原子光譜線，這一組光譜系稱為來曼系。**帕申**（L. Paschen）及**布拉克**（F. Brackett）也在紅外線區域各發現一組光譜系，分別稱為帕申系及布拉克系。這些系可以用一個簡單的公式，後來稱作**芮得柏方程**

式（Rydberg equation）來表示

$$\frac{1}{\lambda} = R_H \left(\frac{1}{n_f^2} - \frac{1}{n_i^2}\right) \tag{30-3}$$

當 $n_f = 1$ 時，

$$\frac{1}{\lambda} = R_H \left(\frac{1}{1^2} - \frac{1}{n_i^2}\right)，n_i = 2，3，4，\ldots \tag{30-4}$$

這樣的譜線叫做**來曼系**（Lyman series），在紫外線波長的範圍。

當 $n_f = 2$ 時，

$$\frac{1}{\lambda} = R_H \left(\frac{1}{2^2} - \frac{1}{n_i^2}\right)，n_i = 3，4，5，\ldots \tag{30-5}$$

這樣的譜線叫做**巴耳麥系**（Balmer series），在可見光波長範圍。

當 $n_f = 3$ 時，

$$\frac{1}{\lambda} = R_H \left(\frac{1}{3^2} - \frac{1}{n_i^2}\right)，n_i = 4，5，6，\ldots \tag{30-6}$$

這樣的譜線叫做**帕申系**（Paschen series），是在紅外線波長範圍。

當 $n_f = 4$ 時，

$$\frac{1}{\lambda} = R_H \left(\frac{1}{4^2} - \frac{1}{n_i^2}\right)，n_i = 5，6，7，\ldots \tag{30-7}$$

這樣的譜線叫做**布拉克系**（Brackett series），它是在遠-紅外線的波長範圍。

30-2 波耳的原子模型

拉塞福的原子模型雖然成功地解釋了 α 粒子撞擊原子時，只有萬分之一的機會向後反彈的現象，但是它面臨了兩個無法克服的困難：(a) 因為它沒有對電子的分布作說明，以

致於無法說明原子的輻射光譜。(b) 它也不能解釋為何原子是穩定的。如果一個電子作圓周運動，它將會因受向心力而有加速度。根據古典電磁理論，帶電粒子作加速度運動時，將會因為輻射而減少能量。由於持續的損失能量，電子將在極短時間內（約 10^{-10} 秒）「落入」原子核。我們當然知道這是沒有發生的現象。

就在拉塞福原子模型提出來之後約兩年，在 1913 年，波耳（N. Bohr）把拉塞福的原子模型及卜朗克的量子假定、愛因斯坦的光子假定等連結在一起，提出了一套理論，可以說明原子的光譜線並避開原子穩定的問題。卜朗克原始的量子假定牽涉到兩個重要的特質：

1. 一個振子只能存在於諸多不連續的量子態中的某一個狀態，而每一個這些不連續的量子態都有它特定的能量。
2. 當振子保持在某一量子狀態時，是不會有電磁輻射產生的，但是如果它從某一較高的能量量子態躍遷到另一較低的能量量子態時，就會損失能量。這些損失的能量以光子的方式輻射出來。

波耳強調了這些特質，再加上一些自己的看法，提出了一個原子模型。在這個模型中，他做了下面的假定

1. 原子中的電子受原子核的庫侖作用力，繞著原子核作圓周運動，這個運動遵循牛頓運動定律。
2. 電子不像在牛頓運動中可以有無限多可能的軌道，它的軌道必須滿足其角動量 L 是 $\hbar$ 的整數倍（$\hbar = \dfrac{h}{2\pi}$，h 是卜朗克常數），也就是 $L = n\hbar$，$n = 1$，2，3，…。
3. 儘管電子在一穩定軌道上運動持續受到加速度的作用，它不會輻射電磁能。也就是電子在一穩定的軌道上運動時其總能量 E 保持一定。此種軌道稱為穩定軌道。
4. 如果一個電子從能量為 E_i 的軌道突然躍遷到能量較低

的 E_f 的軌道，它會放出電磁輻射，其頻率 f 為

$$f = \frac{E_i - E_f}{h} \qquad (30\text{-}8)$$

反之，如果一個電子從能量為 E_i 的軌道吸收了 $\Delta E = E_f - E_i$ 的能量（$E_f > E_i$），則電子會躍遷至能量為 E_f 的軌道。

波耳的原子理論應用到氫原子或**類氫原子**（hydrogen-like atom），可以很容易地得到一些重要的結果。如果我們把軌道看成是圓的軌道，原子核的電荷是 Ze，電子的電荷是 $-e$，軌道半徑為 r，由牛頓力學，電子繞原子核作圓周運動有向心加速度，其向心力由庫侖力提供

$$k\frac{Ze^2}{r^2} = \frac{mv^2}{r} \qquad (30\text{-}9)$$

其中 k 為庫侖力常數，$k = 9.0 \times 10^9 \, \text{N} \cdot \text{m}^2/\text{C}^2$。由波耳原子理論的第二個假定

$$L = mvr = n\hbar$$

由（30-9）式及上式可得

$$r = n^2 \frac{\hbar^2}{kme^2 Z} \qquad (30\text{-}10)$$

及

$$v = \frac{kZe^2}{n\hbar} , \quad n = 1,2,3,\ldots \qquad (30\text{-}11)$$

當 $n = 1$，$Z = 1$ 時，$r = a_0 = \dfrac{\hbar^2}{kme^2} = 0.53 \text{Å}$，是氫原子的最小半徑。從（30-10）式可知，電子可能的軌道半徑是不連續的，我們可以把這些軌道半徑寫成

$$r_n = \frac{n^2}{Z} a_0 \qquad (30\text{-}12)$$

在這個軌道上的速度寫成

$$v_n = \frac{kZe^2}{n\hbar} \tag{30-13}$$

當 $n = 1$ 時，氫原子的 $v_1 = \frac{ke^2}{\hbar} \approx 2.2 \times 10^6$ m/s，比起光速大約小 100 倍，因此相對論的效應可以忽略，牛頓運動定律可以適用。假如原子核的質量 M 看成是無限大，則原子的總能量等於電子的動能及位能的和

$$E_n = \frac{1}{2}mv_n^2 - \frac{kZe^2}{r_n}$$

把（30-12）式的 r_n 及（30-13）式的 v_n 代入可得

$$E_n = -\frac{k^2 Z^2 m e^4}{2n^2 \hbar^2} \quad n = 1, 2, 3\ldots \tag{30-14}$$

從（30-14）式，我們也可以看出氫原子或類氫原子的能量是不連續的。對氫原子來說

$$E_n = -\frac{13.6}{n^2} \text{ eV} \tag{30-15}$$

所以 $E_1 = -13.6$ eV，$E_2 = -3.4$ eV，$E_3 = -1.51$ eV，…，當 n 增加時，$|E_n|$ 變小，而當 $n \to \infty$ 時，$E_n \to 0$。

從（30-14）式的結果再加上波耳氫原子理論的第四個假定，我們就可以得到氫原子（或類氫原子）的譜線

$$f = \frac{E_i - E_f}{h} = -\frac{k^2 2\pi^2 Z^2 m e^4}{h^3}\left(\frac{1}{n_i^2} - \frac{1}{n_f^2}\right) \tag{30-16}$$

或

$$\frac{1}{\lambda} = -\frac{k^2 2\pi^2 Z^2 m e^4}{ch^3}\left(\frac{1}{n_i^2} - \frac{1}{n_f^2}\right) \tag{30-17}$$

把氫原子電子從基態（$n = 1$）激發到無限遠處的自由態

所需要的能量為 13.6 eV，這個能量稱為氫原子的游離能。氫原子的電子從高能階躍遷至低能階時有電磁輻射放射出來，其波長的倒數為

$$\frac{1}{\lambda} = -\frac{k^2 2\pi^2 me^4}{ch^3}(\frac{1}{n_i^2} - \frac{1}{n_f^2}) = R_H(\frac{1}{n_f^2} - \frac{1}{n_i^2}) \quad \text{(30-18)}$$

這裡的 R_H 就是芮得柏常數的理論值，其值為

$$R_H = \frac{k^2 2\pi^2 me^4}{ch^3} = 109740 \text{ cm}^{-1} = 1.0974 \times 10^{-3} \text{ Å}^{-1}$$

而實驗值為 $R_{ex} = 109677.576 \pm 0.012/\text{cm}$。理論值與實驗值是非常接近的。波耳的理論成功的解釋了芮得柏常數的理論來源，這是波耳理論的一大成就。

圖 30-2 是氫原子光譜的各線系，波耳的理論結果與各線系的實驗結果相當符合，也就是說，波耳的理論以（30-14）

圖 30-2 氫原子光譜的各線系

一個公式將氫原子光譜各線系統合了起來，這是波耳理論的另一大成就。

例題 30-1

從下列數據分別計算氫原子的游離能：(a) 氫原子的巴耳麥系列的極限波長為 3645.6 Å；(b) 來曼系的第一條光譜線波長為 1215.7 Å。

解

(a) 從（30-5）式知巴耳麥系列的極限波長為

$$\frac{1}{3645.6 \text{ Å}} = R_H (\frac{1}{2^2}) = \frac{1}{4} R_H$$

所以

$$R_H = \frac{4}{3645.6 \text{ Å}}$$

氫原子的游離能為

$$E_I = hf = \frac{hc}{\lambda} = hcR_H(\frac{1}{1^2}) = \frac{4 \times (6.63 \times 10^{-34} \text{ J} \cdot \text{s}) \times (3 \times 10^8 \text{ m/s})}{3645.6 \times 10^{-10} \text{ m}}$$

$$= 2.18236 \times 10^{-18} \text{ J} = 13.64 \text{ eV}$$

(b) 從（30-4）式知來曼系的第一條光譜線的波長為

$$\frac{1}{1215.7 \text{ Å}} = R_H (\frac{1}{1^2} - \frac{1}{2^2}) = \frac{3}{4} R_H$$

所以

$$R_H = \frac{4}{3} \times \frac{1}{1215.7 \text{ Å}}$$

氫原子的游離能為

$$E_I = hcR_H = \frac{4 \times (6.63 \times 10^{-34} \text{ J} \cdot \text{s}) \times (3 \times 10^8 \text{ m/s})}{3 \times 1215.7 \times 10^{-10} \text{ m}}$$

$$= 2.18146 \times 10^{-18} \text{ J} = 13.63 \text{ eV}$$

例題 30-2

在波耳模型中,氫原子中的電子在基態時是以一圓形軌道繞行原子核,其能量為 -13.6 eV,試計算氫原子中電子在基態時,繞行原子核的動能。

解

原子核對電子的向心力為

$$\frac{ke^2}{r^2} = \frac{mv^2}{r}$$

所以

$$mv^2 = \frac{ke^2}{r} = -U$$

上式中 U 代表電子的位能。因此,由上式可得

$$2K = -U$$

又已知

$$E = K + U = -13.6 \text{ eV}$$

由上兩式可得

$$K = -E = 13.6 \text{ eV}$$

30-3 X-射線

X-射線是 1895 年德國物理學家侖琴(W. Roentgen)在用庫立吉射線管(Coolidge tube)研究陰極射線時無意中發現的。它是能量很高的光子,波長大約是 1 Å 的數量級。在早期的實驗中,X-射線可以用陰極發射出來的電子在幾萬伏特電壓加速下,撞擊金屬靶來產生。通常是用鎢、銅等重金屬。這些高速運動的電子在金屬內急劇減速就產生 X-射線,這種輻射 X-射線的過程就叫做制動輻射(Bremsstrahlung)。圖 30-3(a)

是加速電子撞擊金屬靶產生 X-射線的示意圖。X-射線光譜有兩種型態，一種是連續光譜，另外一種是不連續光譜，又稱為特性光譜。如圖 30-3(b)，金屬靶的 X-射線光譜包含一波長範圍比較寬的連續光譜線及幾個波長範圍很窄的特性光譜線。

當快速運動的電子受到重原子的庫侖作用力作用，被減速使得運動減緩下來，所輻射出來的 X-射線是連續譜線，其波長範圍為 0.01 Å~10 Å，最短波長的大小取決於 X-射線管的操作電壓。原子內的電子殼層排列以 X-射線符號來描述，用 K，L，M，N，… 等殼層名稱表示主量子數 $n=1$，2，3，4，… 的電子殼層。當重原子的最內層電子像 K 層或 L 層的電子被快速電子激發至高能階，再降回低能階時所放出的能量譜線，或最內層的電子被快速電子撞掉而留下空位，以致於外層電子躍遷回到該空位而放出能量的譜線，叫做特性光譜線。特性光譜線形成一種特定的形式，代表不同元素的特性。

制動輻射產生的 X-射線是連續的，但當加速電壓達到一

圖 30-3　(a) 從陰極發射出來的電子在高電壓加速下撞擊金屬靶產生 X-射線；(b) 金屬靶的 X-射線光譜線。

定值後，輻射譜線中除連續光譜外，還出現不連續光譜，此時電壓稱為臨界電壓。譬如銠（Rh）靶所輻射的光譜，當電壓達 23.2 kV 時光譜還是連續的，當電壓增大到 31.8 kV 時，在連續光譜中增加了細細的特性光譜。

快速電子原來的動能為 K_1，撞擊重靶後速度減小，能量變為 K_2，電子所失去的能量以電磁輻射的形式釋放，於是

$$hf = K_1 - K_2$$

或

$$\frac{hc}{\lambda} = K_1 - K_2 \qquad (30\text{-}19)$$

由於入射電子在這種碰撞過程中可以損失任何大小的能量，所以光譜線是連續的。若此快速電子損失所有動能，則 $K_2 = 0$，所以 $\lambda_{\min} = \dfrac{hc}{K_1}$。$\lambda_{\min}$ 稱為截止波長（cutoff wavelength）。

現在，讓我們來看看特性 X-光譜線，我們考慮鎘（$Z = 48$）原子，我們必須加足夠的能量才能把鎘原子的 K 層電子提升到價電子的能階，因為其它的殼層像 L、M、N 等都已填滿。重原子裡的 K 或 L 殼層的束縛能很大，約在好幾個 keV 的數量級。入射的快速電子如果要把內層的電子打到價電子的能階，它必須很靠近該內層電子。因為 K 層電子的體積範圍較小，比較容易被打到，而 L 層、M 層的體積範圍較大，比較不容易被打到，所以 K 層的電子被快速電子打到的機率最大。假設 E_K 是 K 層電子的束縛能，如果我們提供 E_K 的能量來打掉 K 層的電子，則原子有了多餘的能量 E_K，而在 K 層留下一個洞。同樣的，如果從 L、M、N 等或 O 殼層拿掉電子，則原子就有多餘的能量 E_L、E_M、E_N 或 E_O。圖 30-4 是從原子中的 K、L、M、N 殼層拿掉電子留下空洞的示意圖。

圖 30-4 叫作原子的 X-射線能階圖。如果一個 K 層的電

圖 30-4 原子中的 K、L、M、N 殼層的電子被快速電子打掉留下空洞，隨後其它較外殼層的電子跳入該空洞而釋放能量。以 K 層為例，在 K 層留下的空洞，若 L 層的電子躍入該空洞，則釋放的譜線叫 K_α。若 M 層的電子躍入該空洞，則釋放的能量形成的譜線叫 K_β，餘此類推。我們也可以說 K 殼層上的空洞跳到 L 殼層上，而放出 K_α 的 X-射線。

子被快速電子撞擊掉，我們知道這樣的結果會使得原子多一個能量 E_K，而且 K 層會多出一個空洞，在 L 殼層的電子可以跳到 K 殼層上的空位而釋放出能量

$$hf_{K\alpha} = E_K - E_L \tag{30-20}$$

我們也可以用一個更方便的方法來描述電子的躍遷。我們不說電子從 L 殼層躍遷到 K 殼層，我們說 K 殼層上的空洞躍遷到 L 殼層上而放出 X-射線。從 K 殼層上的空洞跳到 L 殼層上所釋放出的 X-射線的能量為 $hf_{K\alpha}$。如果 K 殼層上的空洞跳至 M 殼層，其所放出的 X-射線的能量為 $hf_{K\beta}$，依此類推，我們就可以得到 K 系的特性 X-射線的譜線。

K 系：
$$hf_{K\alpha} = E_K - E_L$$
$$hf_{K\beta} = E_K - E_M$$
$$hf_{K\gamma} = E_K - E_N$$
$$hf_{K\delta} = E_K - E_O \tag{30-21}$$

同理，如果快速電子打掉的是 L 殼層上的電子，使得 L 殼層上現出空洞，我們可以得到 L 系的特性 X-射線譜線。

L 系：
$$hf_{L\alpha} = E_L - E_M$$
$$hf_{L\beta} = E_L - E_N$$
$$hf_{L\gamma} = E_L - E_O \tag{30-22}$$

從量子力學的理論，電子（或空洞）的躍遷需要滿足選擇定則 $\Delta\ell = \pm 1$，$\Delta j = 0$、± 1，但是對 n 則沒有限制。

30-3-1 莫斯萊定律

1913 年莫斯萊（H. Moseley）系統化地研究了鈣（$Z = 20$）、鈧（$Z = 21$）、鈦（$Z = 22$）、釩（$Z = 23$）、鉻（$Z = 24$）、錳（$Z = 25$）等 38 種元素所輻射的線狀不連續光譜之後，發現改變元素時，它們的特性 X-射線光譜線的波長變化十分緩慢。當 Z 增加時，特性 X-射線的波長變短，頻率變大。且 $\sqrt{f_K}$ 與 Z 差不多成正比，或者說

$$f_K = \frac{3}{4}cR(Z-1)^2 \tag{30-23}$$

（30-23）式中，c 為光速，R 為芮得柏常數。（30-23）式稱為莫斯萊定律。從這些觀察，他得到下面的結論：

1. 週期表上元素的排列，應該依據原子序的順序排列。
2. 依據原子序的順序排列，可以去掉許多舊有週期表所顯現的一些矛盾的現象，例如鈷（$Z = 27$）原子量為 58.9，應該排在鎳（$Z = 28$）原子量 58.7 之前，雖然鎳的原子量比鈷還要小。
3. 按照原子序的排列，可以預測到一些在當時的週期表中沒有的元素，像鈧（Sc，$Z = 21$），鉅（Pm，$Z = 61$）。這些元素後來都被發現了。

隨著光譜儀的發明及鑑別率的改進，當時的科學家已經可以分辨雙線精細結構的頻率，像 $K_{\alpha 1}$、$K_{\alpha 2}$ 及 $K_{\beta 1}$、$K_{\beta 2}$。莫斯萊定律應用在此四條線上，其 $\sqrt{f_{K\alpha}}$ 對 Z 的圖形也是一條直線，但是斜率有一點點不一樣。事實上（30-23）式應該改寫成比較一般化的式子

$$f = C_n (Z-S)^2 \tag{30-24}$$

C_n 及 S 都是常數，它們隨不同的系列有不同的值，S **稱為屏蔽常數**。我們可以利用類氫原子的能量公式導出這個關係式。對類氫原子而言，

$$f = cR(Z-S)^2 (\frac{1}{n_f^2} - \frac{1}{n_i^2}) \tag{30-25}$$

對 $n_i = 2$，$n_f = 1$ 的特例來說

$$f_K = cR(Z-S)^2 (\frac{1}{1^2} - \frac{1}{2^2}) = \frac{3}{4} cR(Z-S)^2 \tag{30-26}$$

當一個電子從 L 殼層跳到 K 殼層時，此電子「看到」的有效電荷是原子核的 $+Ze$ 及 K 電子的 $-1e$。因此 $S=1$，所以 $f_K = \frac{3}{4} cR(Z-1)^2$，這就是莫斯萊定律所預測的結果。其它系列的屏蔽常數也都已經被算出來了，但是它們不像 K 系列那麼單純。譬如說 L 系列的 X-射線，$n_f = 2$，$n_i = 3$，而 K 殼層上有兩個電子，L 殼層上有 7 個電子（加上一個洞），則 M 殼層上的電子跳至 L 殼層上的洞時，它「看到」的有效電荷不是 $(Z-9)e$，而是 $(Z-7.4)e$。這是因為 L 殼層電子散布得比較寬廣，不像 K 殼層那麼緊密，因此有些電子不在 M 殼層的屏遮範圍內，對 L 系列來說

$$f_L = cR(\frac{1}{2^2} - \frac{1}{3^2})(Z-7.4)^2 = \frac{5}{36} cR(Z-7.4)^2 \tag{30-27}$$

例題 30-3

估計鉬原子 ($Z = 42$) 的 K_α X-射線的波長及能量。

解

從 (30-26) 式取 $S = 1$，

$$f_{K_\alpha} = cR(\frac{1}{1^2} - \frac{1}{2^2})(Z-1)^2$$
$$= 3.00 \times 10^8 \,\text{m/s} \times 1.097 \times 10^7 \,\text{m}^{-1} \times \frac{3}{4} \times 41^2$$
$$= 4.15 \times 10^{18} \,\text{s}^{-1}$$

其能量為

$$E = hf_{K_\alpha} = 6.63 \times 10^{-34} \,\text{J} \cdot \text{s} \times 4.15 \times 10^{18} \,\text{s}^{-1}$$
$$= 2.75 \times 10^{-15} \,\text{J} \times \frac{1\,\text{eV}}{1.6 \times 10^{-19}\,\text{J}}$$
$$= 17.2 \,\text{keV}$$

波長為

$$\lambda_{K_\alpha} = \frac{c}{f_{K_\alpha}} = \frac{3.00 \times 10^8 \,\text{m}/s}{4.15 \times 10^{18}\,\text{s}^{-1}} = 0.72 \,\text{Å}$$

例題 30-4

要多大的能量來激發鉛 ($Z = 82$) 原子，才能看到 L 系 X-射線？需要多少能量才能看到所有不同系的 X-射線？

解

要得到 L 系的特性 X-射線譜線，快速電子或光子必須打掉 L 殼層上的電子，使得 L 殼層上現出空洞。

$$E = hf = hcR(\frac{1}{2^2} - \frac{1}{\infty^2})(82 - 7.4)^2$$
$$= (6.63 \times 10^{-34}\,\text{J} \cdot \text{s}) \times (3.00 \times 10^8\,\text{m/s}) \times (1.097 \times 10^7\,\text{m}^{-1}) \times \frac{1}{4} \times (74.6)^2$$
$$= (3.0357 \times 10^{-15}\,\text{J}) \times \frac{1\,\text{eV}}{1.6 \times 10^{-19}\,\text{J}} = 19.0\,\text{keV}$$

只要把 K 層上的一個電子打掉，使得 K 層上現出空洞，則 L 層上的電子躍入 K 層上的洞，放出 K 系 X-譜線，而在 L 層上留下空洞。M 層上的電子躍入 L 層上的空洞，放出 L 系 X-射線，而在 M 層上留下空洞。N 層上的電子躍入 M 層上的空洞，放出 M 系 X-射線，而在 N 層上留下空洞，依此繼續類推，可得所有不同系的 X-射線。因此若要看到所有的線系，只要把 K 層打出一個空洞即可，故 X-射線所需要的能量為

$$\begin{aligned} E &= hf = hcR(\frac{1}{1^2} - \frac{1}{\infty^2})(82-1)^2 \\ &= (6.63 \times 10^{-34} \text{ J} \cdot \text{s}) \times (3.00 \times 10^8 \text{ m/s}) \times (1.097 \times 10^7 \text{ m}^{-1}) \times 1 \times 81^2 \\ &= (14.3157 \times 10^{-15} \text{ J}) \times \frac{1 \text{ eV}}{1.6 \times 10^{-19} \text{ J}} \\ &= 89.5 \text{ keV} \end{aligned}$$

30-4 雷射

雷射（laser）是一種裝置，用來產生非常強，差不多是單一方向，單頻的可見光。這個名稱是從 Light Amplification by the Stimulated Emission of Radiation 的第一個字母組成的，是在 1958 年開始發展出來的。現代的雷射有兩種不同的型態，一種是固態雷射，另一種是氣態雷射。這些雷射光的頻率大約在紅外光至紫外光之間。現在，我們來了解雷射的基本原理。

一束光子與在基態或激發態的原子的作用，可以有很多種方法，下面幾個過程是最重要的：

假如一束光子其能量為 $hf = E_2 - E_1$，入射於一樣品，其中有些原子在基態，其能量為 E_1，而其它的原子在激發態，能量為 E_2。如果入射光子與基態的原子作用，則基態的原子

吸收了光子後變成激發態，這樣的過程稱為受激吸收（induced absorption or stimulated absorption），圖 30-5 是原子的受激吸收的能階示意圖。

圖 30-5　入射光子被基態的原子吸收，基態原子上的電子被激發到激發態上。

一旦這個原子變成能量為 E_2 的激發態，被激發的電子可以經由兩種不同的過程躍遷至能量較低的狀態：

1. 其一為自發輻射（spontaneous emission），如圖 30-6 所示。

圖 30-6　在激發態的電子躍遷至基態，自發地輻射能量。

在自發輻射的過程中，處於 E_2 的一堆原子，它們是彼此不相干地發射光子，這些光子的能量都是 $hf = E_2 - E_1$，但其相位、偏振狀態及發射方向，完全獨立，彼此無關。

2. 另一為受激輻射（induced or stimulated emission），如圖 30-7 所示。

$hf = E_2 - E_1$ ⎯⎯⎯●⎯⎯⎯ E_2 ⎯⎯⎯⎯⎯⎯ E_2
                                              ⟶ $hf = E_2 - E_1$
                                              ⟶ $hf = E_2 - E_1$
⎯⎯⎯⎯⎯⎯ E_1 ⎯⎯⎯●⎯⎯⎯ E_1

圖 30-7 入射光子誘發激發態中的電子，使得激發態 E_2 中的電子躍遷至 E_1 而放出光子，此光子的能量及方向均與入射光子相同。

在受激輻射的過程中，入射光子的能量為 $hf = E_2 - E_1$，它會誘發激發態能量為 E_2 的原子放射光子，此放射出來的光子的能量及方向皆與入射光子相同。這樣就會產生一束單一方向的同調的光，進來時是一個光子，出去時可能是兩個、三個或好幾倍數目的光子，光強度放大了。

現在我們應該可以看出，我們的設計就是要讓受激輻射比自發輻射多很多，才能得到單一方向的同調光束。根據**波茲曼統計分布**（Boltzmann statistical distribution）的觀念，一個含原子數目為 N_o 的樣品，在溫度 T 達到熱平衡時，在 E_1 及 E_2 能階上的原子數目分別是

$$N_1 = N_o e^{-\frac{E_1}{kT}} \quad (30\text{-}28)$$

及

$$N_2 = N_o e^{-\frac{E_2}{kT}} \quad (30\text{-}29)$$

k 為波茲曼常數。對一般光源的光而言，$E_1 < E_2$ 時，$N_1 > N_2$，即大部份的原子喜歡在 E_1 能階上，所以自發放射比較容易發生，這不符合我們希望產生單一方向的同調光的環境。

有一種方法可以達到產生雷射的良好環境，這個方法叫

作粒子數分布反轉法（population inversion）。這個方法可以讓較多的原子在較高的能階上，也就是使得當 $E_1 < E_2$ 時，$N_1 < N_2$。讓我們看看這是怎麼做到的？

考慮一物質，它的原子從基態 E_1 被激發至 E_3，根據選擇定則它們不會直接回到 E_1，E_3 這個激發態上的原子隨即自發放射至 E_2，它停留在 E_3 的平均生命期約為 10^{-8} s。如果躍遷至 E_2 而在 E_2 上的平均生命期比 10^{-8} s 還長，E_2 這個狀態可以看成是一個暫穩態（metastable state）。在這種情形下，進到 E_2 的原子比離開 E_2 到 E_1 的原子還多，於是粒子數分布反轉已經完成，這種過程叫做光學幫浦（optical pumping），如圖 30-8。

用來產生雷射的物質通常是固態或氣態，有一小部份的是液態。最常見的是氦-氖雷射及紅寶石雷射。紅寶石雷射的材料是用三氧化二鋁注入約 0.05% 的鉻（Cr）來取代鋁

圖 30-8 原子從 E_1 態被激發至 E_3 態，在 E_3 態上停留的時間大約在 10^{-8} s 就會跳至 E_2 態，在 E_2 態上停留時間比較長，約 3×10^{-3} s 才跳回 E_1 態，因此在 E_2 態上的原子比在 E_1 態上的原子數目還多。

原子。

1960 年，麥門（T. Maiman）製成了第一個紅寶石雷射。他把紅寶石做成棒狀，放在螺旋狀的放電管內，如圖 30-9。此放電管會發出閃光，閃光所產生的波長在 550 nm 左右，它把 Cr^{3+} 離子從 E_1 態激發至 E_3 態，在 E_3 態上停留了大約 10^{-8} s 後，躍遷至 E_2 態，在 E_2 態上停留較長時間（約 3×10^{-3} s），然後躍回 E_1 態（由 694.3 nm 的入射光子誘發）。

也是在 1960 年，伽文（A. Javan）等人，用氦及氖的混合氣體製成了一個氣體雷射。他把氦及氖注入一放電管，放電管內的電子與這些氣體原子會產生碰撞，這樣的碰撞會把氦原子從基態提升到一個能量為 E_1（比基態多 20.61 eV）的暫穩態，如圖 30-10。碰撞也會把氖原子從基態提升到一個能量為 E_2（比氦原子基態多 20.66 eV）的暫穩態。能量為 E_1 的氦原子可以跟基態的氖原子碰撞，而把能量傳給氖原子，使得氖原子從基態被提升到能量為 E_2 的暫穩態。不足的 0.05 eV 則由原子間的動能提供。所以，除了氖原子被電子碰撞而被幫浦到 E_2 外，氦原子也幫了很多忙，把許多氖原子幫浦到 E_2 的暫穩態。在 E_2 的氖原子躍至 E_3（比氦原子基態高 18.70 eV）的能態，而放出 632.8 nm 的雷射光。在 E_3 的氖原子很快的經由躍至 E_4 再躍回基態，使得 E_2 與 E_3 之間仍然維持 E_2 比 E_3 有較多氖原子的粒子數反轉分布狀態。

圖 30-9

圖 30-10

習題

30-1 節

30-1 估計氫原子的游離能。

30-2 氫原子的電子從 $n=5$ 能階躍遷至 $n=2$ 能階所放出光子的波長是多少？

30-3 氫原子光譜的巴耳麥系中最長的波長是多少？

30-4 氫原子光譜的來曼系中最短波長是多少？

30-5 計算氫原子光譜的帕申系的首三條光譜線的光子能量及波長。

30-2 節

30-6 氫原子的電子在基態上，入射光子最低頻率是多少才能游離此原子？

30-7 氫原子的電子在第一波耳軌道上運動，則此電子每秒繞幾圈？這相當於多大的電流？這電子的運動在質子處產生多大的磁場？

30-8 氫原子的電子在 $n=2$ 的軌道上吸收一波長為 327 nm 的光子，此氫原子是否被游離？如果氫原子是被游離，則此被游離的電子的動能是多少？

30-3 節

30-9 氫原子的電子最初在一相當高的激發態上，突然掉到 $n=n_2$ 的能階上，n_2 最小是多少，輻射的光子的頻率才會在紅外線的範圍 ($\lambda > 700$ nm)？

30-10 估計鉬原子 ($Z=42$) 的 L_α X-射線的波長及能量。

30-11 一實驗量測到某原子的 K_α X-射線的波長為 1.54 Å，則此元素的原子序是多少？

31

分子與固態物理

- **31-1** 分子鍵結
- **31-2** 分子的能階
- **31-3** 固體的種類
- **31-4** 晶體的能帶理論
- **31-5** 超導性

分子是由原子組合而成的，分子的形成是原子中的電子與其它原子的電子的交互作用產生的。當兩個原子集在一起形成穩定的系統的時候，它就是一個雙原子分子。三個原子集在一起就是三原子分子。分子有五種比較普遍的結合形式，不同的結合形式是因為分子中的原子間的結合機制（binding mechanisms）不同，這些不同的結合機制造成不同的分子鍵結（molecular bonding）。在本章中，我們將討論分子的一些性質、固體的性質以及超導性。

31-1 分子鍵結

31-1-1 離子鍵

當電子由一個原子中轉移到另一個原子形成正、負離子時，此兩離子藉庫侖作用力相吸結合成分子。這種結合方式叫做離子鍵（ionic bonding）。典型的離子鍵結的分子是由鹼金屬與鹵族元素（氟、氯、溴、碘、等）的結合，像氯化鈉（NaCl）、氯化鉀（KCl）等。以氯化鈉為例，鈉有 11 個電子，其電子組態為 $1s^22s^22p^63s^1$，氯有 17 個電子，其電子組態為 $1s^22s^22p^63s^23p^5$。當鈉原子中的電子移到氯原子後就形成 Na^+ 及 Cl^-，它們彼此靠庫侖作用力相吸形成氯化鈉分子（NaCl）。

鈉原子中的 $3s^1$ 的電子是很容易就可以被去掉的，其游離能只有 5.1 eV，

$$Na + 5.1eV \rightarrow Na^+ + e^-$$

而氯原子很喜歡接受一個電子使外圍形成滿殼層，

$$Cl + e^- \rightarrow Cl^- + 3.7eV$$

這釋放出來的能量 3.7eV 稱為氯的電子親合能（electron affinity）。因此，如果要得到 Na^+ 及 Cl^- 就需要 1.4 eV 的能量，

圖 31-1 氯及鈉原子（離子）間的位能隨其距離的變化

$$Na + Cl + 1.4\,eV \rightarrow Na^+ + Cl^-$$

當然，這時候 Na^+ 及 Cl^- 是相隔很遠的。也就是說把鈉及氯兩個原子形成兩個分開很遠的 Na^+ 及 Cl^- 需要 1.4 eV 的能量。Na^+ 及 Cl^- 這個系統的位能隨著兩離子之間的距離而變化，如圖 31-1。

我們可以看到，兩離子在距離 ($r = r_0$) 約為 2.4 Å 時的能量最低，大約為 −4.2 eV，是一個穩定的狀態，也就是 NaCl。因此

$$Na + Cl \rightarrow NaCl + 4.2\,eV$$

要把穩定的氯化鈉分子變成中性的鈉原子及氯原子需要 4.2 eV 的能量。這個能量稱為**分解能**（dissociation energy）。

31-1-2 共價鍵

當分子中的原子的部份價電子是彼此共有時，這類形式的分子稱為**共價鍵結**（covalent bonding）分子。例如，氫分子的組成就是以共價鍵型態組成。一個氫分子是由兩個氫原子組成的，每一個氫原子的電子組態都是 $1s^1$。每一個氫原子都希望

另一個原子的電子來組成滿殼層的穩定態。因此這兩個電子為兩個原子所共有，這些共有的電子會花比較多的時間在兩原子之間。共價鍵分子 H_2、O_2、N_2 與離子鍵分子有一相當不一樣的特性，就是離子鍵分子有永久電偶極矩，而共價鍵分子則不具永久電偶極矩。

31-1-3　金屬鍵

　　金屬中原子的結合是由**金屬鍵**（metallic bonding）結合而成的。這種結合型態是由於原子核與其束縛的電子形成晶格，但最外層的電子並不固定在某一晶格上，而是在晶格周圍自由運動，好像形成電子氣一樣。正離子的晶格沈浸在電子氣中，電子氣中的電子與晶格的吸引力使金屬晶體結合在一起。

31-1-4　凡德瓦爾鍵

　　這是一種很弱的結合鍵，靠這種形式結合的分子其原子間平衡距離都比較大。例如汞分子，其原子間是靠一種叫做**凡德瓦爾力**（Van der Waals force）結合而成。這種結合鍵的分解能大約在 0.01~1 eV 之間，而前面三種分解能則大約在 1~5 eV 之間。

31-1-5　氫　鍵

　　一個氫分子是由兩個氫原子組成的，這兩個氫原子之間是靠共價鍵結合。但是如果這兩個氫原子與另一個它種原子結合（像水分子，H_2O），也是共價鍵的結合的話，為什麼水分子不是形成固體的樣子？所以水分子的原子間的結合，不是共價鍵，是另一種稱為**氫鍵**（hydrogen bonding）的結合。氫鍵是一種很弱的結合，它是由氫原子核的帶正電的質子吸引分子的其它帶負電荷的部份。以水為例，氫鍵把水分子中的質子與其它水分子的氧原子連結起來。最正確的說法可以看成是 OH 的電偶極的相吸引。

31-2　分子的能階

　　分子的能階比原子能階要複雜許多。分子的能階之所以這麼複雜，是由於它內部複雜的運動及交互作用所引起的。分子內部的運動可以分成兩種類型，這兩種不同類型的運動產生兩種不同形式的能階。

1. 分子因轉動而產生的能階，用 E_{rot} 表示，這種能階其能量在 10^{-4} eV 左右。
2. 組成分子的原子間因振動而產生的能階，用 E_{vib} 表示，這種能階其能量在 10^{-1} eV 左右。

　　除此之外，分子間的電子與原子核之間還有很複雜的作用，這些作用會產生一種能階，叫做**分子的電子能階**（electronic energy level of molecules），用 E_{el} 表示。這分子的電子能階很複雜，因為它牽涉到許多電荷之間的作用。分子的能量 E 可以寫成

$$E = E_{rot} + E_{vib} + E_{el}$$

以雙原子分子來說，它的轉動能階 E_{rot} 可以寫成

$$E_{rot} = \frac{\hbar^2}{2I} J(J+1) \, , \, J = 0 \, , \, 1 \, , \, 2 \, , \, \ldots$$

這裡的 I 是分子對某一軸的轉動慣量。我們可以看到轉動能階 E_{rot} 是量子化的。

　　振動能階 E_{vib} 可以寫成

$$E_{vib} = (n + \frac{1}{2})hf \, , \, n = 0 \, , \, 1 \, , \, 2 \, , \, \ldots$$

其中 n 稱為**振動量子數**（vibrational quantum number），f 為分子的振動頻率。E_{vib} 也是量子化的。

例題 31-1

一氧化碳（CO）分子從 $J=1$ 到 $J=2$ 轉動能階的躍遷，其對應的光子頻率為 2.30×10^{11} Hz，計算一氧化碳分子的轉動慣量。

解 從

$$E_{rot}=\frac{\hbar^2}{2I}J(J+1)$$

可知

$$\Delta E=\frac{\hbar^2}{2I}[J_f(J_f+1)-J_i(J_i+1)]$$

所以

$$\Delta E=\frac{\hbar^2}{2I}(2\times3-1\times2)=\frac{2\hbar^2}{I}=\frac{h^2}{2\pi^2 I}=hf$$

∴

$$I=\frac{h}{2\pi^2 f}=\frac{6.63\times10^{-34}\,\text{J}\cdot\text{s}}{2\pi^2(2.30\times10^{11}\,\text{s}^{-1})}=1.46\times10^{-46}\,\text{kg}\cdot\text{m}^2$$

例題 31-2

某分子之振動光譜中最低的光子頻率 f 等於 $\dfrac{0.12\,\text{eV}}{h}$，則此分子的振動基態能量為多少？

解 分子之振動能階為

$$E_{vib}=(n+\frac{1}{2})hf \text{ , } n=0,1,2,\ldots$$

因此最小的能階差為 hf。已知

$$f=\frac{0.12\,\text{eV}}{h}$$

故

$$hf=0.12\,\text{eV}$$

分子的振動基態能量 $E_{vib}^0=\frac{1}{2}hf$，故 $E_{vib}^0=\frac{1}{2}\times0.12\,\text{eV}=0.06\,\text{eV}$。

31-3 固體的種類

當一大堆原子或分子被擺在一起時，這些原子或分子間的交互作用的性質及強弱的程度就決定它們會形成氣態、液態或固態中的哪一種態。在氣態中，分子間的距離與分子的大小比起來要大很多。在固態中，分子間的作用力，與組成分子的原子間的作用力大小的數量級差不多，且分子間的距離差不多是沒有多大的變化，不像氣體，氣體中分子間的距離變化極大。因此固體具有近乎剛體的結構，這是會產生彈性行為的。液體的性質則是介在氣體及固體之間。

在氣體中，分子間的平均距離大，每一個分子可以視為孤立的，但是在固體裡，分子不再能夠被視為孤立。每一個分子的性質會因為鄰近分子的存在而改變。鄰近分子間因為作用力而把彼此之間的距離拉到幾個 Å 左右而形成固體。在能量比較低的狀態下，有些分子或原子有規則地在三度空間整齊排列著，當固體呈現這種有規則性或是週期性的排列時，我們說它是構成一*晶體*（crystalline solid）。有些原子或分子緊緊的結合在一起，但不具幾何規則性或週期性，我們說這樣的固體為*非結晶形固體*（amorphous solid）。像玻璃、木頭及塑膠等都是非結晶形固體。非結晶形材料由於本質上的不規則性，很不容易分析、討論，我們只集中在晶體的討論。晶體依據其結合的方式，可以分成*離子晶體*（ionic crystals）、*共價晶體*（covalent crystals）及*金屬晶體*（metallic crystals）三種。

31-3-1 離子晶體

離子晶體包含正、負離子，規則地排列著，就像 31-1-1 節所說的離子鍵一樣，發生在很容易失去電子的原子（週期表中第 I 族）與很容易接受電子的原子（第 VII 族）的結合。

圖 31-2 (a) 面心結構；(b) 體心結構。

前者失掉一個電子形成正離子，後者接受一電子形成負離子。在穩定平衡中，異電荷之間的吸力大於同性電荷之間的斥力。

離子晶體有兩種結構，一種是面心結構（face-centered-cubic structure），簡寫為 fcc，如圖 31-2(a)，像氯化鈉（NaCl）。另一種是體心結構（body-centered-cubic structure），簡寫為 bcc，如圖 31-2(b)，像氯化銫（CsCl）。

在氯化鈉中，相同原子間的距離約為 5.2 Å，而在氯化銫中相同原子間的距離約為 4.11 Å。

離子晶體的結合能是離子間的淨靜電相吸的作用加上離子間由於包立不相容原理（Pauli exclusion principle）所產生的排斥的作用而來的。包立不相容原理是說：不可能有兩個量子數 (n, l, m_l, m_s) 完全一樣的電子存在於同一原子中，因此這兩個電子好像有一很強的排斥力存在。由於離子鍵的強度很大，大部份的離子晶體都十分硬，它們通常都十分易碎，熔點高，如氯化鈉的熔點為 801°C。同時，因為離子晶體沒有什麼自由電子，因此是熱及電的不良導體。有許多離子晶體很容易溶於極性液體（polar liquid），像水，極性溶劑會對帶電的離子產生相吸的靜電力，這靜電力會破壞離子晶體的離子鍵，使離子晶體溶解。

離子晶體的電子都是成對的，因此這些晶體的電子殼層都是滿殼層，也就是說這些離子晶體沒有磁偶極矩。因此大部份離子晶體都是反磁性。

31-3-2　共價晶體

共價晶體的結合情形與分子的共價鍵結合非常類似。像*鑽石*（diamond）、*矽*（silicon）、*碳化矽*（silicon carbide）及*鍺*（germanium）等都是。共價晶體的每一原子的平均結合能差不多在 6~12 eV，因此結合強度很強。譬如說每一碳原子在鑽石晶體中的平均結合能為 7.4 eV，在碳化矽中是 12.3 eV。這就是為什麼共價晶體這麼硬且不易變形。鑽石是所知物質中最硬的。

共價晶體的熔點特別高，像鑽石的熔點就高達 4000 K。但是共價晶體在大部份液體中是不可溶的。

共價晶體與離子晶體一樣也沒有多少自由電子，因此它也是熱及電的不良導體。它的第一激發態非常高，像鑽石的第一激發態是 6 eV。可見光的能量是 0.8 eV 到 3.1 eV 之間，因此可見光照射到共價晶體無法被晶體吸收，這就是為什麼很多共價晶體是透明的。

31-3-3　金屬晶體

如果把一些含有束縛得很弱的價電子的原子集結起來形成固體，像大部份的金屬，它們是另一種結合方式。這些金屬原子集結成的固體就是金屬固體。金屬原子的價電子以外的部份，被看成是固定的正離子。金屬固體裡的一些被束縛得很弱的電子像是「自由電子」般或多或少可以在整個金屬固體內游動。我們可以看成這些電子就好像是在金屬固體內形成負的*電子*「*氣*」（electron gas）。金屬鍵就是這些電子氣與正離子間的吸引力產生。由於有這些自由電子的存在，使得金屬固體是電及熱的良導體。

金屬晶體的結合鍵強度比離子晶體及共價晶體弱，譬如說銅（Cu）及鉛（lead），每一原子的平均結合能分別是 3.5 eV 及 2.0 eV。

31-4 晶體的能帶理論

由於晶體的規則性，使得量子力學在討論晶體時比較能夠掌握，因此量子物理中有相當大的部份是在討論晶體物理，我們在這裡只集中在討論把原子集結成晶體的力的來源，及晶體內電子所可能允許的能階。電子的這些被允許的能階會形成能帶（energy band）。能帶理論可以應用到許多有趣及實用的現象，包括半導體（semiconductors）及半導體元件（devices）。了解能帶理論，則晶體的許多性質，像電、熱及光學性質等就變得比較容易理解。

兩個離得很遠的原子如有相同能階，譬如說它們的 1s，2s，…的能階都是一樣的，當把這兩個原子拉近到某一距離後，由於包立不相容原理，這兩個原子不再能夠有完全相同的能階，此兩原子系統的能階因而分裂成兩個不同的能階。如圖 31-3(a)，兩原子在距離很遠時，它們的 1s 及 2s 是簡併的，當兩原子的距離近到某一值時，它們的 1s 及 2s 能階不再是簡併而是分開來了。如圖 31-3(b)，當五個原子集在一起時，它們的 1s 及 2s 能階分裂成五條。再如圖 31-3(c)，當 N 個原子，N 非常大，集結成晶體時，晶體的 1s，2s，…能階變成連續的能帶。

一個電子可以在某一能帶的最低能階到最高能階之間的任一能階，但是不能在兩能帶之間，這些不能存在的區域稱為能隙（energy gaps），也稱為能量禁帶（forbidden energy bands）。固體內電子的性質與這些能帶及能量禁帶的安排，及電子如何安置在這些能帶上是有關係的。用這種方式來描述固體中電子的理論稱為固體的能帶理論（band theory of solids）。當固體形

圖 31-3　(a) 兩原子的 1s 及 2s 能階隨距離的縮小，從簡併變成分裂；(b) 五個原子的 1s 及 2s 能階隨距離的縮小，從簡併變成分裂；(c) 無數個原子的 1s 及 2s 能階隨距離的縮小，從簡併變成分裂成一能帶。

成時，有三種情況的能帶被形成，導致固體可以分成三類，**導體**（conductors）、**絕緣體**（insulators）及**半導體**（semiconductors）。

31-4-1　導　體

我們可以利用能帶理論來了解為什麼有些物質是導體，有些卻是絕緣體。考慮一物質，它的簡略能帶結構如圖 31-4(a)。我們假想依據包立不相容原理把電子填在能帶內的能階上，電子是從最低能階開始往上填起。在 $T=0\,\mathrm{K}$ 時，電子所填到的最高能階叫做**費米能階**（Fermi energy），如圖 31-4(a)，費米能

圖 31-4　(a) 導體的簡略能帶圖；(b) 絕緣體的簡略能帶圖；(c) 半導體的簡略能帶圖。

階落在能帶內,能帶並未填滿,這種物質叫做導體,這樣的能帶叫做導電能帶(conduction band)。在費米能階附近的電子只需要獲得一點點能量就可以到達費米能階上方那些未填滿的能階。因此如果有外加電壓在這個物質上,在導體內就有許多這樣的可輕易游動的電子可以移動,所以它們是電的良導體。

31-4-2　絕緣體

物質內電子所填到的最高的能帶常稱為價電能帶(valence band)。價電能帶上方的次高能帶是空的。價電能帶與其上方的次高能帶之間的能距,會影響物質的導電性。有一類物質,這類物質叫做絕緣體。它們的能帶結構有個特質:

1. 電子把價電能帶全部填滿(在 $T=0$ 時)。
2. 價電能帶上方的次高能帶是完全空的導電能帶。價電能帶與其上方的次高能帶之間有很大的能隙。

它們的能帶簡圖如 31-4(b),圖中 E_g 是價電能帶與導電能帶之間的能隙。

例如,鑽石是一個非常好的絕緣體,它的價電能帶與其導電能帶之間的能隙大約是 6 eV。一般來說,絕緣體的能隙大約在 5~10 eV。所以在室溫,電子能夠獲得的熱能約為 $\frac{3}{2}kT \approx$ 0.04 eV,電子很難跨越能隙躍至導電能帶,即使在外加電場下,也不會有多少電子可以變成導電電子而形成傳導電流,因此這種物質不是電的導體。

31-4-3　半導體

在圖 31-4(b) 中,絕緣體的簡略能帶圖只有在絕對零度時才是這種樣子。在絕對零度時,價電能帶全部填滿,而次一能帶的導電能帶全部是空的。如果是其它不為零的溫度,則電子或多或少會獲得一些熱能。如果價電能帶與導電能帶之間的

能隙不是很大，如圖 31-4(c)，則價電能帶中的有些電子有可能會躍過能隙到達導電能帶。當外加電場時，這些在導電能帶中的電子會受到電場加速而形成電流。這些半導體的能隙一般都在 0.1 eV 到 1 eV 之間。像矽（Si）及鍺（Ge）是典型的半導體材料，它們的能隙分別是 1.14 eV 及 0.67 eV。

例題 31-3

一半導體的導電率在波長為 670 nm 或更短的波長的光照射下變大，如果這是由於價電能帶的電子躍至導電能帶所產生的，則此半導體的能隙是多少？

解

在此入射光可以轉給電子的能量為

$$E_g = hf = \frac{hc}{\lambda} = \frac{(6.63\times 10^{-34}\,\text{J}\cdot\text{s})(3.0\times 10^8\,\text{m/s})}{(670\times 10^{-9}\,\text{m})(1.6\times 10^{-19}\,\text{J/eV})} = 1.9\,\text{eV}$$

一般來說，半導體分為兩類，一類叫做**純半導體**（pure semiconductor），或**本質半導體**（intrinsic semiconductors）。另一類叫做**摻雜半導體**（doped semiconductors），或叫做**外質半導體**（extrinsic semiconductors）。

在絕對零度時，一完美的純晶體本質半導體，其價電能帶全部填滿，而導電能帶全部是空的。由於價電能帶與導電能帶之間的能隙很小，溫度稍為高一些，就能提供價電能帶最上方的電子一些熱能，使得那些電子躍至導電能帶，作為電流的**載子**（carriers）。一旦外加電場，這些電子受到電壓加速形成電流。價電能帶上的電子躍至導電能帶後，遺留一些空洞，我們稱為**電洞**（hole）。價電能帶裡的電子陸續跳至電洞內，又復留下電洞。因此，價電能帶會有大量的電流正載子。正、

負載子都對電流有貢獻。在本質半導體內，正、負載子的數目一樣多。

因為溫度增高，**載子的濃度（carrier concentration）**變大，電阻因此變小。這正好與導體相反，在導體中，溫度增高，電阻變大。

半導體在電腦、音響及其它家用電器品的應用是利用另一類半導體的設計。這一類半導體是摻雜少量的（比例約為 $\frac{1}{10^6} \sim \frac{1}{10^8}$）三價或五價電子的原子到本質半導體內，如矽（Si）或鍺（Ge），形成外質半導體。

如果將少量的五個價電子的砷（As）原子加入純矽半導體，則砷原子會取代晶體內的矽原子。砷的五個價電子中，有四個與四個矽原子的價電子形成共價鍵，而留下一個剩餘的價電子，這個多餘的價電子將不太受到束縛而類似導體中的自由電子，如圖 31-5(b)。這個電子將提供作為電流的載子，因為電子是負電荷，所以是負載子。像砷這類雜質施予額外的電子作為載子，我們稱它為**施子（donor）**，而多出負載子的半導體則稱為 n 型半導體。

如圖 31-6(a)，當施子加到本質半導體時，會在導電能帶

圖 31-5　(a) 矽半導體的價電子簡圖；(b) 砷原子加入矽半導體後留下一額外電子；(c) 鎵原子摻入矽半導體後每一鎵原子會留一電洞。

```
                導電能帶                    導電能帶
              • • • • •
施子能階  ─── ○ ○ ○ ○ ○ ───        受子能階  ─── • • • • • ───
                                              ○ ○ ○ ○ ○
        價電能帶                         價電能帶
           n- 型                            p- 型
            (a)                              (b)
```

圖 31-6　(a) 施子摻入本質半導體後在導電能帶附近產生一些許可能階；(b) 當受子摻入本質半導體後會在價電能帶附近提供一些許可能階。

下方，很靠近（約 0.05 eV）導電能帶處，產生一些**許可能階**（allowed energy levels）。在這些許可能階中的電子，約在室溫下就可以躍至導電能帶，作為電流的負載子。而在價電能帶則有一些電流正載子。

如果本質半導體中摻雜了 n 型雜質，半導體內的電子的數目大為增加，但是電洞的數目則比在本質半導體中少。減少的原因是因為電子的數目變多時，電子、電洞**復合**（recombination）的機率也會變大。

如圖 31-5(c)，如果將少量的三個價電子的鎵（Ga）原子加入矽半導體，則鎵原子會取代晶體內的矽原子。鎵的三個價電子與三個矽原子的價電子形成共價鍵，而矽原子中少了一個鎵原子提供的價電子，因而留下一個電洞。這個電洞將提供作為電流的載子，因為是電洞相當於正電荷，所以是正載子。像鎵這類雜質提供電洞而接受電子，我們稱它為**受子**（acceptor），而多出正載子的半導體則稱為 p 型半導體。

如圖 31-6(b)，當受子加到本質半導體時，會在價電能帶上方，很靠近價電能帶處，產生一些許可能階。在價電能帶處的電子，約在室溫下就可以躍至這些許可能階，因此在價電能帶產生大量的電流正載子。

n 型半導體及 p 型半導體的結合有許多的應用，譬如說 pn 接面二極體（junction diode），npn 或 pnp 接面電晶體（junction transistor）都是相關的應用。

31-5　超導性

我們從實驗知道，金屬的電阻隨溫度的降低而變小。這是因為當溫度降低時，原子振動的振幅變小；電子的平均自由路徑因而變大，而使得金屬的電阻變小，或是說金屬的導電率變大。然而實驗發現許多金屬在溫度為 4 K 左右時，它們呈現電阻為零的非尋常高電導率，也就是它們變成**超導態**（superconducting state）。這種現象我們稱為**超導性**（superconductivity）。

第一個發現超導現象的人是歐尼斯（K. Onnes）。1911 年，當他在極低溫量測汞（mercury）的電阻時，無意中發現了這個現象，如圖 31-7。汞的電阻在溫度低於 4.2 K 時突然變為零。後來的一些實驗證明不只是金屬，甚至於不良導體像鉛（lead）及銦（indium）在低溫時也顯現超導現象。這個電阻突然變化的溫度，我們稱為**臨界溫度**（critical temperature）T_C。任何物質當其溫度低於該物質的臨界溫度時就變成超導體。它的電阻在溫度低於它的臨界溫度時突然消失。表 31-1 列出一些物質的臨界溫度。

圖 31-7　當溫度降低到臨界溫度時電阻突然消失

表 31-1　一些超導體的臨界溫度

物　　質	T_C(K)	物　　質	T_C(K)
鋅（Zn）	0.88	Nb_3Sn	18.05
鋁（Al）	1.19	Nb_3Ge	23.2
錫（Sn）	3.72	$Yba_2Cu_3O_7$	92
汞（Hg）	4.15	Bi-Sr-Ca-Cu-O	105
鉛（Pb）	7.18	Tl-Ba-Ca-Cu-O	125
鈮（Nb）	9.46		

物質處在超導態時，除了有上述電阻消失的性質之外，還有另一個很重要的性質。超導體會把磁通量排擠在外（exclusion of flux）。這種現象我們稱為邁斯納效應（Meissner effect）。圖 31-8(a) 及 31-8(b) 分別代表我們把一超導體的溫度自高溫 ($T > T_C$) 降低到它的臨界溫度以下 ($T < T_C$)，然後把它放在一磁場中的情形。

(a) $H > 0, T > T_C$　　(b) $H > 0, T < T_C$

圖 31-8　(a) 當導體不是在超導態時，磁場可以穿過導體；(b) 當導體呈超導態時，磁場會被排擠到導體外面。

在超導體的內部不會有磁場，也就是磁通量被排擠到超導體外面。這是什麼原因呢？這是因為當物質處在超導態時，它具有完美的反磁性。如果把此超導體放在一磁場中，根據冷次定律，在超導體內部會有感應電流，這感應電流所產生的磁場與外面的磁場完全抵銷，使得超導體內部的磁場為零。也就是說，在超導體內部，當 $T < T_C$ 時，磁場 $B = 0$。

如果我們把一環狀的超導體，我們稱為超導環（super-conducting ring），放在一磁場中，則由於超導體有邁斯納效應，有一些磁場會被陷在內圈中空的範圍內，如圖 31-9。

這些被陷在內圈的磁通量的大小，只能是某一磁通量大小的整數倍

$$\Phi_n = n\Phi_0 \text{，} n = 0\text{，}1\text{，}2\text{，}3\text{，}\ldots$$

這裡的 $\Phi_0 = \dfrac{h}{2e} = 2.07 \times 10^{-15}$ Wb。這種現象我們稱為磁通量量子化（flux quantization）。Φ_0 的分母出現 $2e$，是與兩個電子的電荷 $-2e$ 有關的，這兩個電子我們稱為是一對庫柏對（Cooper-pair）。超導現象可以用庫柏對的觀念來了解。庫柏對是一對電子，它們的動量及自旋都是互相反方向的，這一對電子形成束縛態。超導體的高導電率與成群的庫柏對有關。

最近有一些研究報告指出，他們已經在含汞的氧化物

圖 31-9　當環狀導體處於超導態時，環內所圈陷進來的磁通量是量子化。

（$Hg-Ba_2Ca_2Cu_2O_{8+\delta}$）中發現超導臨界溫度已經可以高達 150K。我們相信超導臨界溫度達到室溫應該不是夢想，因此，超導體的應用遠景也是可以期待的。

習題

31-2 節

31-1 一氧化碳（CO）分子的轉動能階從 $J=0$ 躍遷到 $J=1$ 時，所對應的光子頻率為 1.15×10^{11} Hz，試計算一氧化碳分子的轉動慣量。

31-4 節

31-2 某一半導體元件發出波長為 500 nm 的光，求此半導體的能隙。

31-3 矽（Si）的能隙寬度為 1.14 eV，求它能吸收的輻射波的最長波長？

31-4 如果矽（Si）用
(a) 鋁（Al）
(b) 磷（P）
摻雜，會得到哪一型的半導體？

31-5 如果矽（Si）用
(a) 銦（In）
(b) 銻（Sb）
摻雜，會得到哪一型的半導體？

($Hg_2Ba_2Ca_2Cu_3O_{10+x}$)中發現超導臨界溫度已經可以高達 150K，我們相信超導臨界溫度達到室溫應該不是夢想，因此，超導體的應用遠景也是不可限量的。

習題

31-2 節

31-1 一氧化碳（CO）分子的轉動慣量為 $I = 0$。設頻率 $f = 1.15 \times 10^{11}$ Hz，試估計一氧化碳分子的轉動能量。

31-4 節

31-2 某一半導體元件能階出波長為 500 nm 的光，求此半導體的能隙。

31-3 當 15V 的電壓施加在 1.1 eV 半導體的能隙上時，試估計產生的電場強度？

31-4 當果矽（Si）加
　　(a) 砷（As）
　　(b) 硼（B）
　　雜質，會得到哪一型的半導體？

31-5 如果矽（Si）加
　　(a) 銦（In）
　　(b) 銻（Sb）
　　雜質，會得到哪一型的半導體？

32 原子核物理

- **32-1** 原子核的一些基本性質
- **32-2** 原子核的束縛能
- **32-3** 原子核的放射性
- **32-4** α 衰變
- **32-5** β 衰變
- **32-6** γ 衰變
- **32-7** 天然放射性

根據第 30 章所談過的拉塞福的原子模型，原子大部份的質量集中在一個很小的範圍內，其半徑約為 10^{-15} m，我們稱之為原子核。電子繞原子核運動，分布在半徑約為 10^{-10} m 的範圍內。原子核內只有中子及質子，中子不帶電，質子帶正電，其電量與電子電量量值相同但電性相反，電子帶負電。原子核內的質子的數目與原子所帶的電子數目相同，所以正常情況下，原子為電中性。質子質量約為電子質量的 1,840 倍，中子的質量與質子質量非常接近，但是中子質量略大。1932 年查兌克（J. Chadwick）發現中子後，陸陸續續有許多次原子粒子被發現，人們稱它們為基本粒子，有關基本粒子的詳細內容，將在第 33 章討論。

研究原子或原子系統與研究原子核是有很大的不同。原子實驗與原子核實驗，最大的差異在於它們的特性能量的差異。典型原子核特性能量的數量級差不多是百萬電子伏特（MeV），而原子的特性能量不過是十幾個電子伏特（eV）的數量級而已。在敘述原子性質的理論被發展出來以前，原子內電子之間的電磁作用已經被很詳細的研究過。但是對原子核內質子與中子的核力，了解仍然十分有限。雖然現在我們對原子核內的核力已經有相當了解，但是這些認識仍然無法建立一個可以理解的完整原子核理論。也就是說，我們沒有辦法利用對質子與中子之間的核力的了解，來明瞭原子核的所有性質。儘管有許多困難，核物理學家在過去五、六十年的努力，仍然有許多進展。原子核物理主要研究的內容包括核結構、核力、核反應、放射、衰變等現象，其應用極為廣泛。

32-1 原子核的一些基本性質

32-1-1 原子核的質量及電荷

一個單一的原子及原子核的質量是很小的，1 克的物質中

所含的原子數目的數量級大約在 10^{21} 到 10^{23} 之間，因此，一個原子的質量大約是 10^{-21} 克到 10^{-23} 克的數量級。用克作為一個原子或原子核的質量單位顯然是不切實際的。我們通常用一個 $^{12}_{6}C$ 的原子的靜質量定為 12 個原子質量單位，每個原子質量單位用 u 表示，因此一個原子質量單位為

$$1\,\text{u} = 1.660566 \times 10^{-27}\,\text{kg}$$

在原子質量單位裡，質子、中子及電子的質量分別為

$$m_p = 1.007276\,\text{u}$$
$$m_n = 1.008665\,\text{u}$$
$$m_e = 0.000549\,\text{u}$$

原子核的質量比它的原子的質量稍微輕一些，原子核的質量約等於 A 倍氫原子的質量或約等於 A 倍質子的質量。這裡的 A 稱為質量數（mass number），是一最接近原子量的正整數。表 32-1 列出一些較輕的原子質量。

$$原子核的電荷 = 該原子的原子序\ Z \times (+e) = +Ze$$

而核外的電子的總電荷為 $-Ze$，原子為電中性。原子序（atomic

表 32-1　是一些較輕的原子的質量，以 u 作單位

元　素	原子量（以 u 作單位）	元　素	原子量（以 u 作單位）
$^{1}_{1}H$	1.007825	$^{6}_{3}Li$	6.015124
$^{2}_{1}H$	2.014102	$^{7}_{3}Li$	7.016004
$^{3}_{1}H$	3.016050	$^{9}_{4}Be$	9.012186
$^{3}_{2}He$	3.016030	$^{11}_{5}B$	11.009305
$^{4}_{2}He$	4.002603	$^{12}_{6}C$	12.000000

number) Z 給出原子在週期表中的位置。

32-1-2　原子核的大小

從 α 粒子對原子核的散射分析中知道，原子核的半徑 ≤ 10 fm，1 fm $= 10^{-15}$ m。半徑是從原子核的中心量到 α 粒子開始因庫侖作用力而偏轉的地方。分析比較一些質量數 A 比較大的放射性原子核所放射 α 粒子的放射速率，可以估計原子核的半徑大約是 9 fm。實驗數據顯示，各種原子的原子核半徑大約可以表示成

$$R = R_0 A^{\frac{1}{3}} \tag{32-1}$$

R_0 為一經驗常數，約等於 1.2 fm，不同的實驗測得的 R_0 稍有不同，但都在 1.1 fm～1.3 fm 之間。

32-1-3　原子核的魔術數字

在原子物理中，我們已經看到，當原子中的電子數是某些特定數字時，這些原子顯得出奇的穩定，像鈍氣元素（noble gas）。這些奇特的數字為

2，10，18，36，54，86，…

這些數字就是電子魔數（magic number）。

從許多實驗的結果發現，當原子核中的質子或中子的數目各為

2，8，20，28，50，82，126，…

時，這些原子核也特別穩定，這些整數我們稱為原子核的魔數。尤其是當原子核的質子及中子數都各為魔數時，這原子核更是穩定。例如 $^{4}_{2}$He、$^{16}_{8}$O、$^{40}_{20}$Ca、$^{208}_{82}$Pb 等核種就是這種情形，我們稱它們是雙魔數（double magic）。原子核的這些魔數與原子的電子魔數類似，也可以用殼層解釋，但卻又不若原子般的明顯。

32-2　原子核的束縛能

一般用 $^A_Z X$ 表示一個原子，表示這個原子 X 是由 Z 個質子，$(A-Z)$ 個中子及 Z 個電子組成的，但是它的質量 $M(A, Z)$ 比這些組成份子的總質量小。這些減少的質量 ΔM 稱為質量耗損（mass defect），轉換成能量為

$$\Delta E = \Delta M c^2 \qquad (32\text{-}2)$$

當這些組成份子合成原子時，$\Delta E = \Delta M c^2$ 的能量就會被釋放出來，一旦這些粒子組合成原子，如果我們想把它再分裂成原來的組成粒子時必須再加上 $\Delta E = \Delta M c^2$ 的能量。這個能量稱為束縛能（binding energy），以 BE 表示。因此，

$$BE = [Zm_p + (A-Z)m_n + Zm_e - M(A, Z)]c^2 \qquad (32\text{-}3)$$

m_p、m_n 及 m_e 分別是質子、中子及電子的質量。

如果我們忽略氫原子的束縛能，我們就可以把 $m_p + m_e$ 寫成 m_H，m_H 是氫原子的質量。因此，束縛能就可以寫成

$$BE = [Zm_H + (A-Z)m_n - M(A, Z)]c^2 \qquad (32\text{-}4)$$

每一個核子的平均束縛能為

$$\frac{BE}{A} = [Zm_H + (A-Z)m_n - M(A, Z)]\frac{c^2}{A} \qquad (32\text{-}5)$$

在計算束縛能時常可用 $1\ uc^2 = 931.50\ \text{MeV}$ 這樣的單位換算。

圖 32-1 是不同的原子核每一個核子的平均束縛能 $\frac{BE}{A}$ 對質量數的函數圖形。圖 32-1 有下面幾個重要的性質：

1. 大約在質量數 $A = 55$ 左右，$\frac{BE}{A}$ 有最大值，此最大值約為 8.8 MeV。

圖 32-1　原子核每一個核子的束縛能 $\frac{BE}{A}$，以 MeV 為單位，對質量數的函數圖形。

2. 對質量數 A 很小的原子核來說其 $\frac{BE}{A}$ 很小，但是它隨著 A 的增加而快速變大，直到 $A \approx 20$ 為止才緩慢增加。

3. 在 A 為 20~180 之間，$\frac{BE}{A}$ 沒有太大的變化，這個範圍內的原子核的 $\frac{BE}{A}$ 都在 8 MeV~8.8 MeV 之間。

4. 在質量數較大的區域 $\frac{BE}{A}$ 是緩慢遞減的。

一般而言，$\frac{BE}{A}$ 越大的原子核越穩定。從圖 32-1 可以看出 A 在 60~80 左右的質量中等的原子核最為穩定，所以較重的原子核 (A~200) 會分裂成兩個質量中等的原子核，而非常輕的原子核則會融合成較重的原子核。

例題 32-1

在 32-2 節中計算原子核的束縛能時，曾將 $m_e + m_p$ 用 m_H 代替，試解釋為何我們可以這樣做？

解

$m_e + m_p$ 與 m_H 之間的差別在於電子與質子之間的束縛能，也就是氫原子的游

離能,已知氫原子的游離能為 13.6 eV,而原子核的束縛能常為數十或數百 MeV,故誤差在百萬分之一以下,可以略去。這也是為什麼在化學反應中,我們不須考慮質量損耗的原因,因為化合物的質量至少在 1 u 以上,化合物的分解能的數量級是 eV,而 1u 約為 10^9 eV,因此在化學反應中質量損耗僅為 10^{-9} 的數量級,完全可以略去。

例題 32-2

氦原子($^4_2$He)的質量為 4.002603 u,則其總束縛能是多少?每一個核子的平均束縛能是多少?

解

原子的質量耗損為

$$\Delta M = ZM_H + (A-Z)M_n - M(A, Z)$$

故氦原子的質量耗損為

$$\Delta M = [2 \times 1.007825 + (4-2) \times 1.008665 - 4.002603]u$$
$$= 0.030377 \text{ u}$$

則其總束縛能為

$$\Delta Mc^2 = 0.030377\, uc^2$$

因為 $1\, uc^2 = 931.50$ MeV,所以

$$\Delta Mc^2 = 28.296 \text{ MeV}$$

每一核子的平均束縛能

$$\frac{BE}{A} = \frac{\Delta Mc^2}{A} = \frac{28.296 \text{ MeV}}{4} = 7.074 \text{ MeV}$$

例題 32-3

碳($^{12}_6$C)原子的總束縛能是多少?每一個核子的平均束縛能是多少?

解

碳原子的質量耗損為

$$\Delta M = [6M_H + (12-6)M_n - M_C]$$
$$= [6 \times 1.007825 + 6 \times 1.008665 - 12.000000]u$$
$$= 0.0989400 \text{ u}$$

總束縛能
$$BE = \Delta M c^2 = 0.0989400\, uc^2$$
$$= 92.162610 \text{ MeV}$$

故每一個核子的平均束縛能
$$\frac{BE}{A} = \frac{\Delta M c^2}{A} = \frac{92.162610 \text{ MeV}}{12.000000} = 7.680 \text{ MeV}$$

32-2-1 核　力

我們對電磁作用力及重力是相當熟悉的，日常生活中經常會接觸到及感覺到這種力。有另外兩種形式的基本作用力也是非常重要的，那就是核力及弱作用力。這兩種作用力在日常生活中無法感覺到它們的存在，因為它們是非常短距離的作用力。弱作用力在第 33 章將會談到，這一章我們只談核力。

原子核中除了電中性的中子以外，還有一些帶正電的質子，這些帶正電的粒子彼此會有庫侖排斥力。如果這些核子只有庫侖作用力，沒有其它的吸引力的話，這些質子不可能聚集在原子核內，一定會彼此排斥而散開，原子核就無法形成。

我們已經看到原子核內每個核子的平均束縛能大致在 8 MeV 左右，這表示原子核內，核子之間有很強的吸引力。由於對原子核的研究都是以模型的方式來討論，我們只能得到一些核力的一般特性。核力的特性為

1. **核力與電荷無關**，質子與質子、中子與中子、質子與中子的作用力都一樣強，它們都是相吸的。
2. **這個作用力是短程力**，只侷限在原子核內，其作用範圍大

約在 1 fm 左右，在這個範圍外，這些核子完全沒有核力，它們之間僅有庫侖作用力（如果彼此都是質子的話）。在 1 fm 的範圍內，這些核子之間有很強的吸引力，雖然質子之間仍有庫侖排斥力，但是核子之間的強吸引力主導它們之間的作用力。

3. **原子核密度及每一個核子的束縛能接近常數**，此一事實告訴我們，每一個核子不可能同時與所有的核子作用，因為如果每一核子對所有其它核子的作用皆相同，則每一核子的平均束縛能將與質量數 A 成正比，而非我們所看到的趨近定值。它只能與鄰近的少數幾個核子作用，這與庫侖力不同，每一個質子與所有的質子都作距離平方反比的排斥力。這種核力的性質我們稱之為**飽和**（saturation）。

例題 32-4

估計 ^4_2He 中兩質子的電位能，並用每一個核子的平均束縛能來比較原子核內的庫侖力及核力。

解

氦原子核的半徑可以從（32-1）式來估計

$$R = 1.2 A^{1/3} \text{ fm} = 1.2 \times 4^{1/3} \text{ fm}$$
$$= 1.9 \text{ fm}$$

質子的電位能為

$$U = \frac{e^2}{4\pi\varepsilon_o R} = \frac{(9.0\times 10^9 \text{ N}\cdot\text{m}^2/\text{C}^2)\times(1.6\times 10^{-19} \text{ C})^2}{1.9\times 10^{-15} \text{ m}\times(1.6\times 10^{-19} \text{ J/eV})}$$
$$= 7.6 \times 10^5 \text{ eV}$$
$$= 0.76 \text{ MeV}$$

正的電位能表示這兩質子是相斥的。

質子在氦原子核中的束縛能，可由表 32-1 中的數據計算

$$\Delta Mc^2 = [M(p) + M(^3_1\text{H}) - M(^4_2\text{He})]c^2$$
$$= (1.007276 + 3.016050 - 4.0026030)uc^2$$
$$= 0.020723 = 19.3 \text{ MeV}$$

因此，我們的結論是核力比庫侖力大許多。

32-3　原子核的放射性

　　1896 年貝克勒（H. Becquerel）偶然發現放射性（radio-activity）的現象，這個時間甚至比原子核被認定存在的時間還要早。自然界中發現的天然核元素約有 330 種，其中大約有 270 種是穩定的。很重的元素像鈾、釷、鐳等原子核很不穩定，它們會由不同的途徑衰變，變成另一種元素的原子核。這種現象稱作放射性衰變（radioactive decay）。它們可以自發地放射 α、β 或 γ 射線。不同的物理定律可以掌控不同方式的衰變模式，不同模式的衰變有其不同的發生機率。

　　實驗發現，各種放射性同位素都有共同的衰變規律。如果 N_0 是 $t = 0$ 時原子核的數目，則在時間 t 時殘存的原子核數目為

$$N(t) = N_0 e^{-\lambda t} \tag{32-6}$$

（32-6）式中 λ 稱為衰變常數（decay constant），此式即稱為衰變定律。

　　（32-6）式是一個統計性的結果，每一個原子核何時衰變則不得而知。但是一旦衰變，在 dt 時間內，有 dN 個原子核衰變，其衰變率為 $-\dfrac{dN}{dt}$（t 增加時，N 減少），此衰變率與當時殘存的原子核數目 N 成正比。即

$$-\frac{dN}{dt} = \lambda N \qquad (32\text{-}7)$$

如果 $t = 0$ 時 $N = N_0$，則在任何時刻 t 的原子核數目為

$$N(t) = N_0 e^{-\lambda t}$$

這就是（32-6）式的衰變定律。衰變率 $R = \left|\dfrac{dN}{dt}\right|$，有時候又叫作此原子核的衰變**活性**（activity）

$$R = \left|\frac{dN}{dt}\right| = N_0 \lambda e^{-\lambda t} = R_0 e^{-\lambda t} \qquad (32\text{-}8)$$

$R_0 = N_0 \lambda$ 是 $t = 0$ 時的衰變率。

如果經過一段時間 $T_{1/2}$，原子核的數目減少到原來的一半，則 $T_{1/2}$ 稱為半衰期。因為

$$\frac{N}{N_0} = e^{-\lambda T_{1/2}} = \frac{1}{2} \qquad (32\text{-}9)$$

$$\therefore T_{1/2} = \frac{\ln 2}{\lambda} = \frac{0.693}{\lambda} = 0.693\tau$$

這個關係式說明了衰變常數 λ 越大，半衰期 $T_{1/2}$ 越短。如以 $T_{1/2}$ 表示，（32-6）式也可表為

$$N(t) = N_0 e^{-\frac{0.693\,t}{T_{1/2}}} \qquad (32\text{-}10)$$

衰變活性有一個常用單位叫做居里（Ci），定義成

$$1\,\text{Ci} \equiv 3.7 \times 10^{10}\ \text{decays/s}$$

而其國際單位為貝克勒（Becquerel, Bq）

$$1\,\text{Bq} = 1\,\text{decay/s}$$

因此，

$$1\,\text{Ci} \equiv 3.7 \times 10^{10}\ \text{Bq}$$

居里是比較大的單位，比較常用的是毫居里（mCi）或微居里（μCi）

$$1 \text{ mCi} = 10^{-3} \text{ Ci}$$
$$1 \text{ }\mu\text{Ci} = 10^{-6} \text{ Ci}$$

例題 32-5

一放射源的半衰期為 2 min，在 $t = 0$ 時置於一探測器附近，量測到的衰變率 R 為 4,000 decays/s，求：(a) 此放射源的衰變常數；(b) 在時間 $t = 2$、4 及 8 分鐘時的衰變率分別為多少？

解

(a) $\lambda = \dfrac{0.693}{T_{1/2}} = \dfrac{0.693}{120} = 5.8 \times 10^{-3} \text{ s}^{-1}$

(b) 從（32-8）式

$$R = \left|\dfrac{dN}{dt}\right| = \lambda N = N_0 \lambda e^{-\lambda t} = R_0 e^{-\lambda t}$$

可知

$$R = R_0 e^{-\lambda T_{1/2}(\frac{t}{T_{1/2}})} = R_0 \left(\dfrac{1}{2}\right)^{\frac{t}{T_{1/2}}}$$

$t = 2 \text{ min}$，則 $\dfrac{t}{T_{1/2}} = 1$，所以 $R = \dfrac{1}{2} R_0 = 2{,}000$ decays/s

$t = 4 \text{ min}$，則 $\dfrac{t}{T_{1/2}} = 2$，所以 $R = \dfrac{1}{4} R_0 = 1{,}000$ decays/s

$t = 8 \text{ min}$，則 $\dfrac{t}{T_{1/2}} = 4$，所以 $R = \dfrac{1}{16} R_0 = 250$ decays/s。

例題 32-6

12 g 的純鈾（$^{235}_{92}$U）樣品，其半衰期是 7.04×10^8 年，試問：(a) 這個樣品在

$t=0$ 時的原子核數目是多少？(b) 此樣品最初及 10,000 年後的衰變率分別是多少？

解

(a) 鈾（$^{235}_{92}U$）的莫耳質量約為 235 g/mol，所以 12 g 的鈾（$^{235}_{92}U$）的原子核數目為

$$N = \frac{12\text{ g}}{235\text{ g/mol}} \times 6.02 \times 10^{23} \text{ nucleons/mol} = 3.0 \times 10^{22} \text{（個）}$$

(b)
$$T_{1/2} = 7.04 \times 10^8 \text{ y} = 7.04 \times 10^8 \text{ y} \times 3.15 \times 10^7 \text{ s/y} = 2.22 \times 10^{16} \text{ s}$$

$$\therefore \lambda = \frac{0.693}{T_{1/2}} = 3.12 \times 10^{-17} \text{ s}^{-1}$$

$t = 0$ 時的衰變率

$$R_0 = \lambda N = 3.12 \times 10^{-17} \text{ s}^{-1} \times 3.0 \times 10^{22} \text{ decays} = 9.36 \times 10^5 \text{ decays/s}$$

從例題 32-4 知衰變率
$$R = R_0 (\frac{1}{2})^{\frac{t}{T_{1/2}}}$$

$t = 10,000$ y 時，$\quad \frac{t}{T_{1/2}} = \frac{10,000\text{y}}{7.04 \times 10^8 \text{ y}} = 1.42 \times 10^{-5}$

所以 10,000 年後的衰變率為

$$R = 9.36 \times 10^6 \text{ decays/s} \times (\frac{1}{2})^{1.42 \times 10^{-5}}$$

$$\approx 9.36 \times 10^6 \text{ decays/s}$$

與最初的衰變率幾乎一樣。

32-4　α 衰變

在上一節我們說過放射性元素有三種自發衰變的模式，我們現在要仔細地來討論這三種衰變模式。這一節要談的是 α 衰變。

圖 32-2 母核 X 在衰變前為靜止，衰變後子核與 α 粒子反向運動。

從母核 $^A_Z X$ 放射 α 粒子衰變成子核 $^{A-4}_{Z-2}Y$ 的衰變過程可以寫成

$$^A_Z X \rightarrow ^{A-4}_{Z-2}Y + ^4_2 He$$

α 粒子就是氦原子的原子核，我們用 $^4_2 He$ 表示。因為子核 Y 的原子序與母核 X 的原子序不同，其化學性質也因此不同。

現在我們將利用動量及能量守恆定律來探討在什麼條件下原子核可以經由放射 α 粒子而衰變。假設 M_X、M_Y 及 M_α 分別代表母核、子核及 α 粒子的靜質量。若母核在衰變前為靜止，則子核與 α 粒子必須反向運動，如圖 32-2。能量守恆定律告訴我們

$$M_X c^2 = M_Y c^2 + K_Y + m_\alpha c^2 + K_\alpha \qquad (32\text{-}11)$$

在這裡可以用非相對論動能 $K = \frac{1}{2}Mv^2$ 來表示，這是因為在這個衰變過程中，子核及 α 粒子的速度遠小於光速。我們可以重寫（32-11）式為

$$K_Y + K_\alpha = Q = (M_X - M_Y - m_\alpha)c^2 \qquad (32\text{-}12)$$

這裡的 Q 是**總蛻變能量**（total disintegration energy），等於反應後的總質量減反應前的總質量。對自發性衰變來說，Q 必須是正的，所以要產生放射 α 粒子的自發性衰變的條件就是

母核的靜質量必須大於子核及 α 粒子的總靜質量

通常我們把 Q 的核子質量差以原子的質量差表示，我們只需在（32-12）式中的原子核質量各加上其電子質量即可

$$Q = [(M_X + Zm_e) - (M_Y + (Z-2)m_e - (m_\alpha + 2m_e)]c^2$$
$$= [M(A, Z) - M(A-4, Z-2) - m(4, 2)]c^2 \qquad (32\text{-}13)$$

我們這裡用 $M(A, Z)$ 表示質量數為 A、原子序為 Z 的原子的質量。

α 粒子的自發性衰變有幾個例子，像 $^{238}_{92}\text{U}$、$^{226}_{88}\text{Ra}$ 的原子核，就是有 α 粒子的自發性衰變。

$$^{238}_{92}\text{U} \rightarrow {}^{234}_{90}\text{Th} + {}^{4}_{2}\text{He}$$
$$^{226}_{88}\text{Ra} \rightarrow {}^{222}_{86}\text{Rn} + {}^{4}_{2}\text{He}$$

$^{238}_{92}\text{U}$ 的半衰期為 $4.47 \times 10^9 \text{ y}$，而 $^{226}_{88}\text{Ra}$ 的半衰期為 $1.60 \times 10^3 \text{ y}$。

例題 32-7

鈾（$^{238}_{92}\text{U}$）以 α 粒子模式衰變：$^{238}_{92}\text{U} \rightarrow {}^{234}_{90}\text{Th} + {}^{4}_{2}\text{He}$，如果鈾（$^{238}_{92}\text{U}$）原子核是在靜止狀態下衰變，且鈾（$^{238}_{92}\text{U}$）的原子質量為 238.050784 u，釷（$^{234}_{90}\text{Th}$）的原子質量為 234.043593 u，$^{4}_{2}\text{He}$ 的原子質量為 4.002602 u，求 α 粒子的動能。

解

$$\begin{aligned}
Q &= [M(238, 92) - M(234, 90) - m(4, 2)]c^2 \\
&= (238.050784 - 234.043593 - 4.002602)uc^2 \\
&= 0.004589 \, uc^2 \\
&= 0.004589 \times 931.5 \text{ MeV} \\
&= 4.275 \text{ MeV}
\end{aligned}$$

因為 $^{234}_{90}\text{Th}$ 與 α 粒子動量的量值相等，故二者所獲動能與其質量成反比，因此 α 粒子的動能為

$$K_\alpha = \frac{234}{238}Q = 4.203 \text{ MeV}$$

α 粒子最主要的性質是它們通過物質時，其能量被物質吸收而使物質電離。α 粒子有很強的電離作用，其動能很容易被物質吸收，因而在一般物質中的射程不大。

32-5 　β 衰變

β 衰變有三種機制：

1. 電子放射（或 β^- 衰變），這是原子核放射一個負電子的衰變。
2. 正電子（或正子）放射（或 β^+ 衰變），這是原子核放射一個正子的衰變。
3. 電子捕獲，這是在原子核衰變時捕獲額外電子的過程。

這三種形式的 β 衰變，原子核的質量數 A 都沒變，也就是 $\Delta A = 0$。因爲電荷守恆的原故，當有一個電子被放射出來時，原子核內的一個中子必須變成質子，如此，電荷才能守恆。因此，衰變後，原子核的原子序會增加 1，從 Z 變成 $Z+1$。β^- 的衰變，自發的或人工放射的，都有可能發生。

如果放射出一個正子，原子核內必須有一個質子變成中子，電荷才能守恆，因此衰變後的原子核，原子序會減少 1，從 Z 變成 $Z-1$。這種 β^+ 衰變只有人工放射才有可能發生。如果原子核捕獲核外一電子，則原子核的原子序會減少 1，這種過程又稱爲 K 層電子捕獲。

原子核中不存在電子，這種原子序的改變是中子與質子的變化

$$^1_0 n \rightarrow {}^1_1 p + {}^{\ 0}_{-1} e$$

或

$$^1_1 p + {}^{\ 0}_{-1} e \rightarrow {}^1_0 n$$

上面的變化其實就是 β 衰變的機制。

大概有超過 1,000 種人工的放射性同位素可以經由 β 衰變製成，這些同位素在原子核穩定線的上、下方，在穩定線上方的原子核是 β^- 衰變，而在穩定線下方的放射源則是 β^+ 衰變或 K 層電子捕獲。原子核穩定線如圖 32-3，對於較輕的原子核，其中子數等於質子數時，原子核特別穩定。對於較重的原子核，質子數較多，所以需要較多的中子間的核力來抵銷質子間的排斥力，所以中子數要略大於質子數才會穩定。

利用能量守恆定律，我們可以知道一個已知不穩定的原子核是否可以作 β^- 衰變、β^+ 衰變或電子捕獲。這三種過程可以寫成

圖 32-3 原子核的穩定線

$$^A_Z X \to {}^A_{Z+1}Y + {}^0_{-1}e$$
$$^A_Z X \to {}^A_{Z-1}Y + {}^0_{+1}e$$
$$^A_Z X + {}^0_{-1}e \to {}^A_{Z-1}Y$$

X 及 Y 分別代表母核及子核，其質量分別為 M_X 及 M_Y。考慮 β^- 衰變的情形，假設 K_Y 及 K_e 分別代表子核及電子的動能，則從能量守恆可知

$$M_X c^2 = M_Y c^2 + K_Y + m_e c^2 + K_e \tag{32-14}$$

定義衰變能 Q 為

$$Q \equiv K_Y + K_e = (M_X - M_Y - m_e)c^2 \tag{32-15}$$

如果用原子質量 $M(Z)$ 及 $M(Z+1)$ 來代替原子核質量 M_X 及 M_Y

$$M(Z) = M_X + Z m_e$$
$$M(Z+1) = M_Y + (Z+1)m_e$$

則

$$Q = [M(Z) - M(Z+1)]c^2 \tag{32-16}$$

這是 β^- 衰變的衰變能。因為是自發性衰變，Q 必須為正，所以只有在母核的原子質量大於原子序比母核多 1 的子核的原子質量，自發性 β^- 衰變才可能發生。

同理，可以得到 β^+ 衰變的衰變能及電子捕獲的衰變能。

β^+ 衰變的衰變能

$$Q = [M(Z) - M(Z-1) - 2m_e]c^2 \tag{32-17}$$

電子捕獲的衰變能

$$Q = [M(Z) - M(Z-1)]c^2 \tag{32-18}$$

下面是兩個典型的 β^-、β^+ 衰變過程

$$^{14}_{6}C \rightarrow ^{14}_{7}N + ^{0}_{-1}e$$
$$^{12}_{7}N \rightarrow ^{12}_{6}C + ^{0}_{+1}e$$

由於動量守恆的關係，實驗上發現必定有一個其它粒子伴隨 β 衰變，這個粒子在下一章會談到，就是微中子 ν 或反微中子 $\bar{\nu}$。

$$^{14}_{6}C \rightarrow ^{14}_{7}N + ^{0}_{-1}e + \bar{\nu}$$
$$^{12}_{7}N \rightarrow ^{12}_{6}C + ^{0}_{+1}e + \nu$$

前面質能的計算都是忽略微中子的存在。

電子捕獲的一個典型例子就是

$$^{7}_{4}Be + ^{0}_{-1}e \rightarrow ^{7}_{3}Li + \nu$$

例題 32-8

證明放射性元素 $^{64}_{29}Cu$ 滿足三種 β 衰變的條件。

解

三種可能的 β 衰變過程如下：

$$^{64}_{29}Cu \rightarrow ^{64}_{30}Zn + \beta^- + \bar{\nu}$$
$$^{64}_{29}Cu \rightarrow ^{64}_{28}Ni + \beta^+ + \nu$$
$$^{64}_{29}Cu + ^{0}_{-1}e \rightarrow ^{64}_{28}Ni + \nu$$

這些同位素的原子量分別為 $M(29) = 63.9297\,u$，$M(28) = 63.9280\,u$，$M(30) = 63.9291\,u$。就 β^- 衰變來說，

$$\begin{aligned}Q &= [M(Z) - M(Z+1)]c^2 \\ &= [63.9297 - 63.9291]uc^2 \\ &= 0.0006 \times 931.5\,\text{MeV} \\ &= 0.56\,\text{MeV} > 0\end{aligned}$$

對 β^+ 衰變來說

$$Q = [M(Z) - M(Z-1) - 2m_e]c^2$$
$$= [63.9297 - 63.9280]uc^2 - 2m_e c^2$$
$$= 0.0017 \times 931.5 \text{ MeV} - 2 \times 0.000549 \times 931.5 \text{ MeV}$$
$$= 0.56 \text{ MeV} > 0$$

電子捕獲，

$$Q = [M(Z) - M(Z-1)]c^2$$
$$= 0.0017 \times 931.5 \text{ MeV}$$
$$= 1.58 \text{ MeV} > 0$$

實驗上發現，$^{64}_{29}C$ 以 β^- 衰變的百分比約為 40%，以 β^+ 衰變的百分比約為 20%，而電子捕獲的百分比約為 40%。

32-6　γ 衰變

一個原子核經過衰變後常常會處在一個激發能量狀態，這個處在激發能量狀態的原子核，隨後會再經過一次衰變，回到較低的能量狀態，也許是基態，而放出一個高能量的光子。

$$^A_Z X^* \rightarrow ^A_Z X + \gamma$$

X^* 是代表原子核 X 處在一個激發狀態。這放射出來的光子稱為 γ 射線。如果用 E_i 及 E_f 分別代表 X^* 及 X 的能量，則 γ 射線的能量為

$$hf = E_i - E_f \tag{32-19}$$

其中 f 為 γ 射線的頻率。實驗上發現 γ 射線的能量是不連續的，這表示原子核具有不連續的能階。

一個母核有可能先經過 α 衰變或 β^- 衰變成激發狀態的子核，激發狀態的子核再放出 γ 射線（或稱 γ 光子）變成較

圖 32-4 母核 $^A_Z X$ 經過 α 衰變或 β 衰變成激發狀態的子核後，再放出光子變成較低能量狀態的子核。

圖 32-5 $^{12}_5\text{B}$ 衰變成激發狀態的 C*，然後再放出光子變成基態的 $^{12}_6\text{C}$。

低能量的子核或基態的子核。其過程如圖 32-4。

一個實際的衰變是這樣子的

$$^{12}_5\text{B} \rightarrow {}^{12}_6\text{C}^* + e^- + \bar{\nu}$$

$$^{12}_6\text{C}^* \rightarrow {}^{12}_6\text{C} + \gamma$$

如圖 32-5，$^{12}_5\text{B}$ 經過 β 衰變成激發狀態的 $^{12}_6\text{C}^*$，然後再放出光子變成基態的 $^{12}_6\text{C}$。

圖 32-6 (a) ^{238}U 系列衰變情形；(b) ^{232}Th 系列衰變情形。

32-7 天然放射性

母核衰變成基態的子核後，這個子核往往還是不穩定的，這種情形會產生放射系列。所謂放射系列就是不穩定的原子核經過一系列的衰變，最後變成穩定的原子核。

放射性原子核通常分為兩類，一類是自然界中天然存在的不穩定原子核，它們會產生天然放射性，造成放射系列，另一類是從實驗室的反應器中製作的不穩定原子核，它們會呈現人工放射。

有三種天然放射性系列是從 $^{238}_{92}U$、$^{235}_{92}U$ 及 $^{232}_{90}Th$ 開始發生的，它們的半衰期分別是 4.47×10^9 y、7.04×10^8 y 及 1.41×10^{10} y，而其最終的穩定核分別為 $^{206}_{82}Pb$、$^{207}_{82}Pb$ 及 $^{208}_{82}Pb$。

人工放射系列的一個例子是從 $^{237}_{93}Np$ 開始的，其半衰期為 2.14×10^6 y，最終的穩定核為 $^{209}_{83}Bi$。$^{237}_{93}Np$ 在自然界中並不存在。

Th 系列的質量數 A 是 $4n$，Np 系列的質量數 A 是 $4n+1$，^{238}U 系列的 A 是 $4n+2$，^{235}U 系列的 A 是 $4n+3$，這裡的 n 是正整數。圖 32-6 是 ^{238}U 及 ^{232}Th 系列的衰變情形。

習題

32-2 節

32-1 氮（$^{14}_{7}N$）的質量為 $14.003074\,u$，其總束縛能是多少？每一個核子的平均束縛能是多少？

32-2 鐵（$^{56}_{26}Fe$）的質量為 $55.934939\,u$，其總束縛能是多少？每一個核子的平均束縛能是多少？

32-3 氧（$^{16}_{8}O$）的質量為 $15.994915\,u$，其總束縛能是多少？每一個核子的平均束縛能是多少？

32-4 鈾（$^{238}_{92}U$）的質量為 $238.050785\,u$，其總束縛能是多少？每一個核子的平均束縛能是多少？

32-3 節

32-5 釷 (Th, $Z = 90$) 放射性元素經由 α 粒子衰變，其半衰期為 3.64 天。(a) 如果此樣品最初的衰變活性為 10^4 decays/min，則最初有多少釷原子核存在？(b) 七天以後的衰變活性是多少？

32-6 鎝 (Tc, $Z = 43$) 放射性元素的半衰期為 6.0 h，其最初的衰變活性為 6.4×10^7 decays/s，則 6 h 以後的衰變活性是多少？12 h 以後的衰變活性是多少？24 h 以後的衰變活性是多少？

32-7 鍶 ($^{90}_{38}$Sr) 人工放射性元素的半衰期為 25 年。此樣品最初的衰變活性為 10^9 decays/s，則 100 年以後的衰變活性是多少？1000 年以後的衰變活性是多少？

32-4 節

32-8 鐳 ($^{234}_{88}$Ra) 經由放射 α 粒子而衰變，其生成核的 Z 及 A 是多少？此生成核是什麼原子核？

32-9 釹 (Nd, $Z = 60$) 經由 α 粒子衰變成子核鈰 (Ce, $Z = 58$)：$^{144}_{60}$Nd $\rightarrow$ $^{140}_{58}$Ce $+\alpha$。則此 α 粒子及子核的動能是多少？（釹的原子量為 $143.910039u$，鈰的原子量為 $139.905392u$）

32-10 以 4 MeV 的氘去撞擊鋰 ($^{6}_{3}$Li)，我們觀察到的一個反應是形成兩個 α 粒子，每一個 α 粒子的能量是 13.2 MeV，則此反應的 Q 值（衰變總能量）是多少？

33

基本粒子

- 33-1 粒子的發現之旅
- 33-2 粒子的交互作用
- 33-3 粒子的分類
- 33-4 粒子的守恆定律
- 33-5 夸克模型

人類從古老時代對於物質組成結構的探討從未間斷過。西元前四、五百年，歐洲就有學者認為物質是由水及其變化產生的，後來又有人認為自然界的物質是由土、氣、水、火組成，這與佛家所謂的四大，風、地、水、火是一致的，也就是說他們認為組成物質的基本元素是土、氣、水、火。人們對組成物質的基本元素的認知，隨著知識的累積及進展，一直在改變。在每一個時期都宣稱某些粒子是基本粒子，隨後又會發現這些所謂的基本粒子內部還有更基本的元素。對物質的終極結構的探討，帶動了科學的發展，科學技術的發展又改變了對物質終極結構的認知。因此，科學家對基本粒子的探討，雖然看似只是對自然界最基本問題的純學術研究，但是它也帶動了近代科學技術的發展，對現代文明有相當大的影響。

　　這一章我們將要探討一些次原子粒子的基本性質，以及影響它們行為的一些基本作用。這些粒子的內部結構都還是目前正在研究的熱門課題。我們所發現到的這些粒子大部份都非常不穩定，它們很容易就衰變成其它的粒子。

33-1　粒子的發現之旅

　　在兩、三百年前，基本粒子稱為原子（atom），希臘字的意思是不可分割的東西。大約在十九世紀初期，已經有人注意到稀薄氣體的放電現象，並進行研究。圖 33-1 是一個典型的實驗裝置。圖 33-1 中，在玻璃管內正負極間接高電壓，會造成正負極間有電流通過。在玻璃管內充滿低壓的氣體，氣體會產生輝光放電（glow discharge）。如果我們把氣體抽到很低的壓力（≤ 0.01 mmHg），氣體就不再放電（氣體太過稀薄是其原因之一），但是安培錶上還是有電流通過。同時在管壁 S 上的亮點仍然在那裡。亮點的位置及大小完全取決於放在

圖 33-1 陰極射線管的示意圖

D、D' 處洞的大小及位置。這個現象告訴我們，亮點是由陰極出來的粒子束以直線行進，最後打在玻璃管的另一端。有一些其它的證據可以支持這個看法：

1. 如果在 D、D' 前放一小障礙物，則在管的尾端，在原來的亮點處會有陰影。
2. 在 D' 右邊放電場或磁場可以改變亮點的位置，這證明粒子束是帶電的，且從其亮點移動的情形可判斷粒子束帶負電。

我們將這粒子束稱為陰極射線（cathode ray）。1897 年，湯木生量陰極射線的電荷與質量的比值 $\dfrac{e}{m} = 1.76 \times 10^8$ C/g。這些陰極射線粒子後來被稱為電子（electron）。

氫離子 H$^+$ 的 $\dfrac{e}{m}$ 值比陰極射線的 $\dfrac{e}{m}$ 值小 1,840 倍。

湯木生認為兩者的 e 相等，而陰極射線的 m 比 H$^+$ 的 m 小 1,840 倍。1909 年密立根實驗發現 $e = 1.6 \times 10^{-19}$ C，因此可推算電子的質量 $m = 9.1 \times 10^{-28}$ g。

自從湯木生發現原子內可以跑出電子後，原子就不再是最基本的了。後來拉塞福提出了一個原子模型，使得二十世紀的前二十年，大家對原子的結構有比較清楚的概念。

拉塞福的原子模型是：原子的中心有一原子核，電子則在

原子中繞行原子核。拉塞福最初認為原子核是由質子和一些假想的粒子組成，這些假想的粒子是中性的，它的性質和質子差不多，但是這些粒子又是什麼呢？當初，大家都不知道這些粒子是什麼？也沒有人找到這樣的粒子。一直到 1930 年，貝瑟（W. Bothe）及貝克（H. Becker）用從釙放出來的 α 粒子去撞擊鈹，發現有一種穿透性很強的中性射線產生，其後相隔大概兩年，居里夫婦重複這個實驗，但是他們用 α 粒子與氮相撞，結果相同。

　　1932 年查兌威克把它們視為一種幾乎質量與質子相同的中性粒子，並定名為中子（neutron），而認為這種粒子就是當初拉塞福所認為與質子共同組成原子核的中性粒子。

　　自從中子被發現之後，再沒有人會懷疑原子核是由兩種基本粒子，即質子和中子所構成。質子與中子的質量大約是電子質量的 1840 倍，而中子質量略大於質子質量。

　　中子跟電子、質子不同的地方，除了電荷以外，就是中子是不穩定的。一個「自由」的中子大約在 15 分鐘後就會衰變成質子、電子及一些其它的粒子

$$n \rightarrow p + e^- + 其它粒子$$

這個過程，其實就是放射性元素放射的基礎。

　　中子除了衰變成質子及電子之外，還有一個粒子伴隨發生，這個粒子當初叫做微中子 ν（neutrino），後來發現其實是反微中子 $\bar{\nu}$（anti-neutrino）。這個粒子吸收多餘的動量及能量，它不帶電，其質量接近於零。微中子是 1930 年由包立（W. Pauli）所建議的，最後在 1956 年被發現到。

　　狄拉克（P. Dirac）在研究描述電子可能的能量狀態方程式時，發現有兩組解，其中一組對應著在真實世界裡的電子，另一組似乎是對應著負能量的電子，也就是電子的能量可以是正的，也可以是負的。負能量的電子就是電子的反粒子，稱為正電子，又叫做正子（positron）。正子以 e^+ 表示，這個觀念是

1928 年狄拉克所提出來的。1932 年正子被發現。

雖然狄拉克在 1928 年的研究是關於電子的，事實上它的結論可以通用於質子，也就是應該有反質子存在，反質子用 $\bar{p}$ 表示，它的電荷為負的。更可以推廣到所有物質。1950 年的實驗證實了反質子 $\bar{p}$ 的存在。

在差不多是 1950 年代左右，物理學家又發現了一些不尋常的事。他們在研究宇宙射線與大氣層上原子核的交互作用的時候，發現了一些新的粒子。宇宙射線是大氣層中能量很高的質子。這些新發現的粒子與中子一樣，都是非常不穩定的，其生命期比中子還短，約 10^{-8} 秒或更短。這些新粒子最終都衰變成質子、電子及微中子。這些新粒子的生命期雖然這麼短，但是也夠長到可以把它們當作粒子。也就是它們衰變成其它粒子之前，我們可以量到它們的質量、電荷等作為一個粒子該有的性質。

接著，加速器的製造及創新，我們可以在實驗室內產生高能量的質子（速率接近光速）的碰撞，模仿在地球上空大氣層上宇宙射線的作用。於是有更多新的「基本粒子」問世。在 1960 年左右，文獻上有記載的粒子有好幾百種。但是它們都不穩定，這些不穩定的粒子最後都衰變成質子、電子、微中子。看起來好像質子、電子、微中子等是最基本的了。

1970 年代，更進一步的實驗似乎顯示，質子、中子及大部份的前面所說的那些新的粒子都像原子一樣，是由更小的，但又打不出來的東西組成的，這些基本單元稱為 **夸克**（quark）。

要組成這麼多實驗上已經發現到的粒子，似乎需要六種形式的夸克，我們說有六種不同的夸克。它們分別是上夸克 u、下夸克 d、奇夸克 s、魅夸克 c、底夸克 b 及頂夸克 t。夸克之間不同的組合構成我們實驗所看到的 **次原子粒子**（subatomic particles）。質子及中子是由三個夸克組成的，但只含兩種不同的夸克。夸克似乎具有一些不尋常的性質，我們

可以把原子從物質中敲出來，可以從原子核中把質子、中子敲出來，但是到目前為止，還沒有實驗可以從質子敲出單一的夸克。有很好的理論上的原因似乎可以說明為什麼無法敲出單一夸克，這種理論就是所謂的**夸克囚禁**（quark confinement），因此，導致許多物理學家懷疑，是否粒子的發現之旅已經走到了盡頭？物質最基本的組成單位已經被找出來了？電子及微中子可不可以用夸克模型來說明呢？它們似乎不是由夸克組成的。事實上到目前為止，我們所感覺的就是電子、微中子是不能再被分割的了，因此電子、微中子是「基本粒子」是無庸置疑的了。

除此之外，在宇宙射線實驗裡及在加速器的實驗室裡所發現的眾多新粒子當中，有一些它們的行為很像電子。它們是 μ（muon）及 τ（tau）。τ 第一次在實驗室中被發現到是在 1975 年。τ 及 μ 跟電子很像，就好像是電子比較重的翻版，同時也有兩種形式的微中子，ν_μ 及 ν_τ 伴隨著 μ 及 τ 而出現。因此，合起來似乎有六種粒子不是由夸克組成的，它們是 e、ν_e，μ、ν_μ、τ、ν_τ，合稱為**輕子**（leptons），希臘字意思是小或瘦的意思。

有一個粒子叫做 Δ^{++} 是由三個上夸克 u 組成的。夸克模型強迫我們把三個相同的夸克放在一個完全對稱的基態 uuu。但是這樣的狀態是不被允許的，因為它違背了包立不相容原理，因此我們引進一種量子數叫做**色**（color）。我們說每一種夸克有三種色量子數：R、G 及 B，而構成 Δ^{++} 的三個上夸克 u 分別是帶三種不同的色量子數：u_G、u_R 及 u_B。由於這三個上夸克的色量子數皆不相同，因此不會違背包立不相容原理。這三種色量子數結合在一起是不具色量子數的，因此 Δ^{++} 是不具色量子數。

由於有這三種色量子數，夸克之間的強交互作用，可以交換八種所謂的**膠子**（gluons），同時夸克在弱交互作用時會改變夸克的種類而放出 W^+、W^- 或 Z^0 粒子。所以，六種夸克、六

個輕子、八個膠子、一個光子、Z^0、W^+ 及 W^- 似乎可以構成整個物理世界，它們可以說是「基本粒子」；至少，到目前為止，我們相信是如此。

33-2 粒子的交互作用

到目前為止，基本粒子之間主要有四種交互作用：強作用、電磁作用、弱作用及重力作用。粒子的產生或湮滅與這四種之一或一個以上有關。表 33-1 列出這四種交互作用的性質。

33-2-1 強作用

這種交互作用力是把質子和中子結合在一起而構成原子核的核力。它是非常強的短程力，不遵守與距離的平方成反比的定律，也不是連心力。強作用與所帶電荷的性質無關，中性的中子與帶正電的質子有強作用，質子與質子、中子與中子都會有強作用。這些粒子的強作用可以看成是它們的組成夸克之間的強作用。夸克在強作用中種類不會改變，但是色量子數改變了。

表 33-1　基本粒子的交互作用的性質

交互作用	作用相對強度	作用力範圍	作用媒介粒子
強作用	1	很短（約 10^{-15} m）	膠子
電磁作用	$\sim 10^{-2}$	∞	光子
弱作用	$\sim 10^{-7}$	很短（約 10^{-18} m）	$W^\pm$ 及 Z^0 玻色子
重力作用	$\sim 10^{-45}$	∞	重力子

例題 33-1

在表 33-1 之中，電磁交互作用比重力交互作用強了約 10^{43}，試以兩個電子之間的電磁及重力交互作用強度為例，說明此一差別是合理的。

解

假定兩個電子的距離為 r，則其間的靜電力為

$$F_e = \frac{ke^2}{r^2}$$

兩個電子間的重力為

$$F_g = \frac{Gm_e^2}{r^2}$$

故兩力之比為

$$\frac{F_e}{F_g} = \frac{ke^2}{Gm_e^2}$$

$$= \frac{9.0 \times 10^9 \times (1.6 \times 10^{-19})^2}{6.67 \times 10^{-11} \times (9.1 \times 10^{-31})^2} = 4.2 \times 10^{42}$$

所以其數量級確實接近 10^{43}。

33-2-2 電磁作用

電磁作用力作用在帶電粒子的電荷上，其作用力與帶電粒子間的距離平方成反比。這個作用力可能是吸引力，也可能是排斥力，與其所帶電荷的性質有關。電子與電子的作用力可看作一方的帶電粒子放出光子，而另一帶電粒子吸收光子的過程，如圖 33-2。

$$e^- \rightarrow e^- + \gamma$$
$$e^- + \gamma \rightarrow e^-$$

在電磁作用中，電荷是守恆的。

圖 33-2 從左邊入射的電子放出光子後反彈，放出的光子被右邊入射的電子吸收，吸收光子後的電子因動量變化而改變方向。

圖 33-3 中子衰變過程中，其中的 d 夸克經由 W^- 作媒介變成 u 夸克，隨後 W^- 再衰變成 e^- 及 $\bar{\nu}_e$。

33-2-3 弱作用

弱作用力很弱，也就是在弱作用中守恆量並不多。典型的弱作用像中子的衰變

$$n \rightarrow p + e^- + \bar{\nu}_e$$

可以看成是中子的下夸克 d 變成上夸克 u，d 夸克是經由 W^- 玻色子作為媒介變成 u 夸克的，W^- 玻色子隨後衰變成 e^- 及 e 型反微中子 $\bar{\nu}_e$。在弱作用中，夸克的種類改變了，但是它的色量子數並不改變。圖 33-3 是中子衰變的夸克內涵變化。

33-2-4 重力作用

重力作用在粒子物理中是可以忽略的，因為粒子的質量都很小，其作用強度與其它三種作用相較，微乎其微，我們不予討論。

33-3 粒子的分類

所有的粒子可以分成兩類，一類叫做**強子**（hadrons），什麼叫做強子？凡是可以參與強作用的粒子就叫做強子。另一類

叫做輕子（leptons），凡是不可以參與強作用的粒子叫做輕子。強子又分為兩類，凡是其自旋量子數是 0 或正整數的強子就叫做介子（mesons），其自旋量子數為半奇整數的強子叫做重子（baryons）。像 π 介子，自旋量子數為 0，它是介子。ρ 介子自旋量子數為 1，也是介子。而質子、中子自旋量子數為 $\frac{1}{2}$，是重子。

$$粒子 \begin{cases} 強子：可以參與強作用的粒子 \begin{cases} 介子：自旋量子數為 0 或正整數 \\ 重子：自旋量子數為半奇整數 \end{cases} \\ 輕子：不參與強作用的粒子 \end{cases}$$

目前所知道的輕子有 e^-、μ^- 及 τ^-，還有伴隨著它們的微中子 ν_e、ν_μ 及 ν_τ，以及它們的反粒子。τ 輕子在 1975 年被發現，它的生命期很短 ($< 4 \times 10^{-13}$ s)，其質量 (1784 MeV/c^2) 差不多是質子質量 (938.3 MeV/c^2) 的兩倍。τ 型微中子目前在實驗室中尚未被發現到。目前對微中子的一些研究顯示，微中子的質量雖然很小，但不是零，如果它們的質量不等於 0，它們的速率就不可能達到光速。

我們有時候用粒子的統計性質來區分粒子。凡是粒子的統計性質是依照費米-狄拉克分布（Fermi-Dirac distribution）的粒子叫做費米子（fermion）。粒子的統計性是依照玻色-愛因斯坦分布（Bose-Einstein distribution）的粒子叫做玻色子（boson）。

$$粒子 \begin{cases} 費米子：粒子的統計性依照費米-狄拉克分布 \\ 玻色子：粒子的統計性依照玻色-愛因斯坦分布 \end{cases}$$

33-4 粒子的守恆定律

基本粒子在交互作用時會遵守一些守恆定律的，除了我們所熟悉的動量守恆、能量守恆、電荷守恆及角動量守恆之外，還有一些特有的守恆定律。下面我們分別介紹這些守恆定律及其相關的量子數

33-4-1 重子數守恆定律

如果把每一個重子都賦與一個重子數 $B = +1$，這個重子的反粒子賦與重子數 $B = -1$，其它非重子賦與其重子數 $B = 0$，則所有粒子的反應過程前後，重子數的代數和不變，這就是重子數守恆定律。

例題 33-2

電荷守恆定律及動量、角動量守恆定律都允許質子衰變成正子 e^+ 及 π 介子 π^0。

$$p \to e^+ + \pi^0$$

但是實驗告訴我們質子的生命期超過 10^{30} 年，顯然上式的反應不會發生，說明其不會發生的原因。

解

質子是重子，其重子數為 +1，正子是輕子，重子數為 0，π 介子是介子，其重子數亦為 0，所以左邊的重子數為 1，而右邊的重子數和為 0，這個反應式的重子數不守恆，反應不會發生。

例題 33-3

利用重子數守恆定律檢驗下列反應可否發生。(a) $p + n \to p + p + n + \bar{p}$；(b)

$p + n \rightarrow p + p + \bar{p}$。

解
(a) 左邊的重子數 = 1 + 1 = 2
右邊的重子數 = 1 + 1 + 1 + (–1) = 2
左邊的重子數 = 右邊的重子數，所以 $p + n \rightarrow p + p + n + \bar{p}$ 可以發生（當然其它的守恆定律也滿足）。
(b) 左邊的重子數 = 1 + 1 = 2
右邊的重子數 = 1 + 1 + (–1) = 1
兩邊的重子數不相等，所以 $p + n \rightarrow p + p + \bar{p}$ 不可能發生。

33-4-2 輕子數守恆定律

如果賦與電子 e^- 及 e 型微中子的 e 型輕子數 $L_e = +1$，它們的反粒子 $L_e = -1$，其它粒子的 $L_e = 0$。賦與 μ^- 及 μ 型微中子的 μ 型輕子數 $L_\mu = +1$，它們的反粒子 $L_\mu = -1$，其它粒子的 $L_\mu = 0$。賦與 τ 及 τ 型微中子的 τ 型輕子數 $L_\tau = +1$，它們的反粒子 $L_\tau = -1$，其它粒子的 $L_\tau = 0$。在所有粒子的反應過程前後，各型輕子數皆不變。這個守恆定律叫做輕子數守恆定律。

例題 33-4
利用輕子數守恆定律檢驗下列反應是否能發生。(a) $\mu^+ \rightarrow e^+ + e^- + e^+$；(b) $\nu_\mu + n \rightarrow e^- + p$；(c) $\bar{\nu}_\mu + p \rightarrow e^+ + n$。

解
(a) 左邊的 $L_\mu = -1$，右邊的 $L_\mu = 0$。
左邊的 $L_e = 0$，右邊的 $L_e = -1 + 1 + (-1) = -1$。
L_μ 及 L_e 都不守恆，所以 $\mu^+ \rightarrow e^+ + e^- + e^+$ 不可能發生。
(b) 左邊的 $L_\mu = 1 + 0 = 1$，右邊的 $L_\mu = 0$。

左邊的 $L_e = 0$，右邊的 $L_e = 1$。

L_μ 及 L_e 都不守恆，所以 $v_\mu + n \rightarrow e^- + p$ 不可能發生。

(c) 左邊的 $L_\mu = -1 + 0 = -1$，右邊的 $L_\mu = 0$。

左邊的 $L_e = 0$，右邊的 $L_e = -1$。

L_μ 及 L_e 都不守恆，所以 $\bar{v}_\mu + p \rightarrow e^+ + n$ 不可能發生。

33-5 夸克模型

　　1963 年蓋爾曼（M. Gell-Mann）及次威格（Zweig）提出了一個模型叫做夸克模型，雖然現在的樣貌已經與蓋爾曼與次威格當初的樣貌不太一樣，但是這個模型已成為今日研究基本粒子的主流。在蓋爾曼的夸克模型裡，真正基本粒子只有輕子及三種夸克（及其反粒子）而已。他們認為所有的介子均是由一個夸克及一個反夸克組成的，而所有重子則是由三個夸克組成的。這些組合與原子的情形相似，也可產生各種將會急速蛻變的「激態」，這些激態就是所謂的共振態。這三種夸克就是上夸克 u、下夸克 d 及奇夸克 s，它們的反粒子為 $\bar{u}$、$\bar{d}$ 及 $\bar{s}$。有八個最輕的介子，它們的自旋都是 0，它們是 K^0、K^+、π^-、π^0、π^+、$\overline{K}^0$、K^- 及 η。把這些介子用夸克模型來表示，每一個粒子賦予適當的夸克味道，譬如說 K^0（$d\bar{s}$），K^+（$u\bar{s}$），π^-（$d\bar{u}$），π^0（$u\bar{u}$ 及 $d\bar{d}$ 的組合），π^+（$u\bar{d}$），$\overline{K}^0$（$s\bar{d}$），K^-（$s\bar{u}$）及 η（$u\bar{u}$、$d\bar{d}$ 及 $s\bar{s}$ 的組合）。這些夸克的主要量子數如表 33-2。

　　因為三個夸克形成一個重子，而一個重子的重子數為 1，所以我們賦與一個夸克的重子數為 $\frac{1}{3}$。從不同種類的夸克的電荷量的配置可以看到它們與最輕的八個介子的電荷是一致

表 33-2　1960 年代的夸克模型中三種夸克的量子數

夸克	重子數 B	電荷 Q	同位旋 I	I_3	奇異數 S	自旋 s
u	$\frac{1}{3}$	$\frac{2}{3}$	$\frac{1}{2}$	$\frac{1}{2}$	0	$\frac{1}{2}$
d	$\frac{1}{3}$	$-\frac{1}{3}$	$\frac{1}{2}$	$-\frac{1}{2}$	0	$\frac{1}{2}$
s	$\frac{1}{3}$	$-\frac{1}{3}$	0	0	-1	$\frac{1}{2}$

的。最輕的八個重子為 p，n，Λ^0，Σ^+，Σ^0，Σ^-，Ξ^0，Ξ^-，它們的夸克內涵為 p（uud），n（udd），Λ^0（uds），Σ^+（uus），Σ^0（uds），Σ^-（dds），Ξ^0（uss），Ξ^-（dss）。

　　1980 年代的夸克模型與 1960 年代蓋爾曼及次威格當初所提的夸克模型，雖然基本要素沒有兩樣，但是整個樣貌全不同了。現在的夸克模型有六種不同種類的夸克，主要是因為 1970 年代以後又發現了許多新的粒子。

　　在 1970 年代中間，一大堆的實驗數據顯示出有新的粒子出現，這個新發現的粒子的行為與介子一樣，但是質量卻比質子質量大很多，它就是丁肇中等人所發現的 J/Ψ 粒子。J/Ψ 粒子有一個不尋常的性質就是它的生命期很長。通常質量很大的粒子有很大的機會可以衰變成其它質量較小的粒子，不過 J/Ψ 粒子卻沒有衰變成質量比較小的粒子的傾向，其衰變機率很小。J/Ψ 粒子的衰變很慢，它的生命期很長。這個長的生命期就是這個新粒子的註冊商標。我們需要引進新的夸克來說明 J/Ψ 粒子的組成，這個新的夸克 c 叫做魅夸克，它攜帶一個叫做魅（charm）的量子數。J/Ψ 粒子的發現等於宣告世人第四個夸克 c 的存在。

　　接著，於 1978 年，在美國費米實驗室發現了 γ 粒子，

表 33-3　六種夸克的量子數及其質量

夸克	重子數	電荷	奇異數	迷量子數	底量子數	頂量子數	質量（GeV/c²）
u	$\frac{1}{3}$	$+\frac{2}{3}e$	0	0	0	0	0.001~0.005
d	$\frac{1}{3}$	$-\frac{1}{3}e$	0	0	0	0	0.003~0.009
s	$\frac{1}{3}$	$-\frac{1}{3}e$	−1	0	0	0	0.075~0.170
c	$\frac{1}{3}$	$+\frac{2}{3}e$	0	1	0	0	1.15~1.35
b	$\frac{1}{3}$	$-\frac{1}{3}e$	0	0	−1	0	4.0~4.4
t	$\frac{1}{3}$	$+\frac{2}{3}e$	0	0	0	1	174.3 ± 5.1

它是含底夸克 b 的粒子，底夸克的質量約為 4 GeV/c²（1 GeV = 10^3 MeV）。1995 年 3 月，頂夸克的研究群，其中包含我國中央研究院物理研究所的實驗高能物理研究群，又發現了頂夸克。頂夸克的質量約為 174 GeV/c²。現在，我們就把這些目前我們認為存在的夸克的量子數及質量列在表 33-3 中；這些夸克的反夸克的量子數列在表 33-4。

所有夸克及反夸克的自旋都是 $\frac{1}{2}$，它們都是費米子。

表 33-4 六種反夸克的量子數

反夸克	重子數	電荷	奇異數	迷量子數	底量子數	頂量子數
$\bar{u}$	$-\frac{1}{3}$	$-\frac{2}{3}e$	0	0	0	0
$\bar{d}$	$-\frac{1}{3}$	$+\frac{1}{3}e$	0	0	0	0
$\bar{s}$	$-\frac{1}{3}$	$+\frac{1}{3}e$	+1	0	0	0
$\bar{c}$	$-\frac{1}{3}$	$-\frac{2}{3}e$	0	−1	0	0
$\bar{b}$	$-\frac{1}{3}$	$+\frac{1}{3}e$	0	0	+1	0
$\bar{t}$	$-\frac{1}{3}$	$-\frac{2}{3}e$	0	0	0	−1

習題

33-4 節

33-1 檢驗下列反應是否滿足輕子數守恆定律？(a) $\gamma \to e^+ + e^-$；(b) $\pi^+ \to \mu^+ + \nu_\mu$；(c) $\mu^+ \to e^+ + \nu_e + \bar{\nu}_\mu$；(d) $\mu^+ \to e^+ + \gamma$。

33-2 檢驗下列反應式是否能發生？如果不能發生，是違反哪一個守恆定律？(a) $\pi^0 \to e^- + e^+$；(b) $p \to n + e^+ + \nu_e$；(c) $\mu^+ \to e^+ + e^- + e^+$。

33-3 檢驗下列反應式的電荷、重子數是否守恆？(a) $\pi^- + p \to K^0 + \Lambda^0$；(b) $\pi^- + p \to K^- + \Sigma^+$。

33-4 檢驗下列反應式，哪些是可能發生的？(a) $\Xi^- \to \eta + \pi^-$；(b) $\Sigma^0 \to \Lambda^0 + e^- + e^+$；(c) $\Lambda^0 \to p + e^- + \bar{\nu}_e$；(d) $K^- \to \pi^- + 3\pi^0$。

附　錄

附錄 A　國際公制單位
附錄 B　常用物理常數表
附錄 C　常用單位換算表
附錄 D　常用數學符號及公式
附錄 E　元素週期表
附錄 F　習題答案

附錄 A　國際公制單位

1. 基本單位

物理量	單　位	符　號
時　　間	秒	s（second）
長　　度	公尺	m（meter）
質　　量	公斤	kg（kilogram）
電　　流	安培	A（Ampere）
絕對溫度	度（克耳文）	K（Kelvin）
物 質 量	莫耳	mol（mole）
照　　度	燭光	cd（candela）

2. 導出單位

物理量	單位	符號
面　　積	平方公尺	m^2
體　　積	立方公尺	m^3
密　　度	每立方公尺公斤	kg/m^3
頻　　率	赫	s^{-1}
速　　度	公尺每秒	m/s
加 速 度	公尺每秒秒	m/s^2
力	牛頓	$N = kg \cdot m/s^2$
壓　　力	帕	$Pa = N/m^2$
能　　量	焦耳	$J = N \cdot m$
功　　率	瓦特	$W = J/s$
電　　量	庫侖	$C = A \cdot s$
電　　位	伏特	V
電　　場	牛頓每庫侖	$N/C = V/m$
電　　阻	歐姆	$\Omega = V/A$
電　　容	法拉	$F = C/V$
電　　感	亨利	$H = V \cdot s/A$
磁　　場	特士拉	T
磁 通 量	韋伯	$Wb = V \cdot s$
熵	焦耳每度	J/K
比　　熱	焦耳每度每公斤	$J/(kg \cdot K)$
平 面 角	弧度	rad
立 體 角	立弳	sr

附錄 B　常用物理常數表

常數	符號	公用值
真空中光速	c	3.00×10^8 m/s
基本電量	e	1.60×10^{-19} C
重力常數	G	6.67×10^{-11} m^3/(s$^2 \cdot$ kg)
亞佛加厥常數	N_A	6.02×10^{23} mol^{-1}
氣體常數	R	8.31 J/(mol$\cdot$K)
波茲曼常數	k	1.38×10^{-23} J/K
史帝芬-波茲曼常數	σ	5.67×10^{-8} W/(m$^2 \cdot$ K^4)
真空電容率	ϵ_0	8.85×10^{-12} F/m
真空磁導率	μ_0	1.26×10^{-6} H/m
電子質量	m_e	9.11×10^{-31} kg
質子質量	m_p	1.67×10^{-27} kg
電子荷質比	e/m_e	1.76×10^{11} C/kg
中子質量	m_n	1.68×10^{-27} kg
波耳半徑	r_B	5.29×10^{-11} m
波耳磁矩	μ_B	9.27×10^{-24} J/T
芮得柏常數	R	1.10×10^7 m^{-1}
原子質量單位	u	1.66×10^{-27} kg

附錄 C　常用單位換算表

1 弧度	=	57.30 度	1 大氣壓	=	1.013×10^5 帕
2π 弧度	=	360 度		=	76 水銀柱高
1 公分	=	10^{-2} 公尺	1 英熱單位	=	1055 焦耳
1 公里	=	10^3 公尺	1 卡	=	4.186 焦耳
1 英尺	=	0.3048 公尺	1 爾格	=	10^{-7} 焦耳
1 英里	=	1.609×10^3 公尺	1 千瓦小時	=	3.600×10^6 焦耳
1 埃	=	10^{-10} 公尺	1 電子伏特	=	1.602×10^{-19} 焦耳
1 公克	=	10^{-3} 公斤	1 原子質量單位	=	1.492×10^{-10} 焦耳
1 公噸	=	10^3 公斤	1 馬力	=	745.7 瓦特
1 英磅	=	0.4536 公斤	1 高斯	=	10^{-4} 特士拉
1 達因	=	10^{-5} 牛頓			

附錄 D　常用數學符號及公式

1. 常用數學符號

=	等於		$\geq$	大於或等於
$\equiv$	恆等於		<	小於
$\neq$	不等		$\leq$	小於或等於
~	數量級為		Σ	將後面各項相加
$\approx$	約等於		$\propto$	正比於
>	大於		$\overline{X}$	X 之平均值

2. 三角函數恆等式

$\sin(\dfrac{\pi}{2} - \theta) = \cos\theta$

$\cos(\dfrac{\pi}{2} - \theta) = \sin\theta$

$\tan\theta = \dfrac{\sin\theta}{\cos\theta}$

$\sin^2\theta + \cos^2\theta = 1$

$\tan^2\theta + 1 = \sec^2\theta$

$\cot^2\theta + 1 = \csc^2\theta$

$\sin 2\theta = 2\sin\theta\cos\theta$

$\cos 2\theta = 2\cos^2\theta - 1 = 1 - 2\sin^2\theta$

$\sin(\alpha + \beta) = \sin\alpha\cos\beta + \cos\alpha\sin\beta$

$\cos(\alpha + \beta) = \cos\alpha\cos\beta - \sin\alpha\sin\beta$

$\tan(\alpha + \beta) = \dfrac{\tan\alpha + \tan\beta}{1 - \tan\alpha\tan\beta}$

$\sin\alpha + \sin\beta = 2\sin\dfrac{1}{2}(\alpha + \beta)\cos\dfrac{1}{2}(\alpha - \beta)$

$\cos\alpha + \cos\beta = 2\cos\dfrac{1}{2}(\alpha + \beta)\cos\dfrac{1}{2}(\alpha - \beta)$

3. 常用展開式

二項式

$$(1+x)^n = 1 + \frac{nx}{1!} + \frac{n(n-1)x^2}{2!} + \cdots \qquad (x^2 < 1)$$

指數函數

$$e^x = 1 + x + \frac{x^2}{2!} + \frac{x^3}{3!} + \cdots$$

對數函數

$$\ln(1+x) = x - \frac{1}{2}x^2 + \frac{1}{3}x^3 + \cdots \qquad (|x| < 1)$$

三角函數

$$\sin\theta = \theta - \frac{\theta^3}{3!} + \frac{\theta^5}{5!} + \cdots$$

$$\cos\theta = 1 - \frac{\theta^2}{2!} + \frac{\theta^4}{4!} + \cdots$$

$$\tan\theta = \theta + \frac{\theta^3}{3} + \frac{2}{15}\theta^5 + \cdots$$

4. 常用微分式

$$\frac{d}{dx}(x^m) = mx^{m-1}$$

$$\frac{d}{dx}(e^x) = e^x$$

$$\frac{d}{dx}(\ln x) = \frac{1}{x}$$

$$\frac{d}{dx}(uv) = \frac{du}{dx}v + u\frac{dv}{dx}$$

$$\frac{d(\sin x)}{dx} = \cos x$$

$$\frac{d(\cos x)}{dx} = -\sin x$$

$$\frac{d(\tan x)}{dx} = \sec^2 x$$

$$\frac{d(\cot x)}{dx} = -\csc^2 x$$

$$\frac{d(\sec x)}{dx} = \tan x \sec x$$

$$\frac{d(\csc x)}{dx} = -\cot x \csc x$$

5. 常用積分式

$$\int x^m \, dx = \frac{x^{m+1}}{m+1}$$

$$\int e^x \, dx = e^x$$

$$\int \frac{dx}{x} = \ln x$$

$$\int \sin x \, dx = -\cos x$$

$$\int \cos x \, dx = \sin x$$

$$\int \tan x \, dx = \ln|\sec x|$$

$$\int \sin^2 x \, dx = \frac{1}{2}x - \frac{1}{4}\sin 2x$$

$$\int \cos^2 x \, dx = \frac{1}{2}x + \frac{1}{4}\sin 2x$$

$$\int e^{-ax} \, dx = -\frac{1}{a}e^{-ax}$$

$$\int u\frac{dv}{dx}dx = uv - \int v\frac{du}{dx}dx$$

$$\int \frac{dx}{\sqrt{x^2+a^2}} = \ln(x + \sqrt{x^2+a^2})$$

$$\int \frac{x\,dx}{(x^2+a^2)^{3/2}} = -\frac{1}{(x^2+a^2)^{1/2}}$$

$$\int \frac{dx}{(x^2+a^2)^{3/2}} = \frac{x}{a^2(x^2+a^2)^{1/2}}$$

$$\int_0^\infty x^{2n} e^{-ax^2}\, dx = \frac{1\cdot 3\cdot 5\cdot\ldots\cdot(2n-1)}{2^{n+1} a^n}\sqrt{\frac{\pi}{a}}$$

$$\int_0^\infty x^n e^{-ax}\, dx = \frac{n!}{a^{n+1}}$$

附錄 E　元素週期表

圖例：
- 元素符號 — 原子序 (例：1，氫 H，原子量 1.008)
- □：鈍氣
- □：金屬
- □：非金屬

族→	1 IA	2 IIA	3 IIIB	4 IVB	5 VB	6 VIB	7 VIIB	8 VIIIB	9 VIIIB	10 VIIIB	11 IB	12 IIB	13 IIIA	14 IVA	15 VA	16 VIA	17 VIIA	18 VIIIA
1	1 氫 H 1.008																	2 氦 He 4.003
2	3 鋰 Li 6.941	4 鈹 Be 9.012											5 硼 B 10.81	6 碳 C 12.01	7 氮 N 14.01	8 氧 O 16.00	9 氟 F 19.00	10 氖 Ne 20.18
3	11 鈉 Na 22.99	12 鎂 Mg 24.31											13 鋁 Al 26.98	14 矽 Si 28.09	15 磷 P 30.97	16 硫 S 32.07	17 氯 Cl 35.45	18 氬 Ar 39.95
4	19 鉀 K 39.10	20 鈣 Ca 40.08	21 鈧 Sc 44.96	22 鈦 Ti 47.88	23 釩 V 50.94	24 鉻 Cr 52.00	25 錳 Mn 54.94	26 鐵 Fe 55.85	27 鈷 Co 58.93	28 鎳 Ni 58.69	29 銅 Cu 63.55	30 鋅 Zn 65.39	31 鎵 Ga 69.72	32 鍺 Ge 72.59	33 砷 As 74.92	34 硒 Se 78.96	35 溴 Br 79.90	36 氪 Kr 83.80
5	37 銣 Rb 85.47	38 鍶 Sr 87.62	39 釔 Y 88.91	40 鋯 Zr 91.22	41 鈮 Nb 92.91	42 鉬 Mo 95.94	43 鎝 Tc 98.91	44 釕 Ru 101.1	45 銠 Rh 102.9	46 鈀 Pd 106.4	47 銀 Ag 107.9	48 鎘 Cd 112.4	49 銦 In 114.8	50 錫 Sn 118.7	51 銻 Sb 121.8	52 碲 Te 127.6	53 碘 I 126.9	54 氙 Xe 131.3
6	55 銫 Cs 132.9	56 鋇 Ba 137.3	57-71 鑭系元素	72 鉿 Hf 178.5	73 鉭 Ta 180.9	74 鎢 W 183.9	75 錸 Re 186.2	76 鋨 Os 190.2	77 銥 Ir 192.2	78 鉑 Pt 195.1	79 金 Au 197.0	80 汞 Hg 200.6	81 鉈 Tl 204.4	82 鉛 Pb 207.2	83 鉍 Bi 209.0	84 釙 Po (210)	85 砈 At (210)	86 氡 Rn (222)
7	87 鍅 Fr (223)	88 鐳 Ra (226)	89-103 錒系元素	104 鑪 Unq (261)	105 𨧀 Unp (262)	106 𨭎 Unh (263)	107 𨨏 Uns (262)	108 𨭆 Uno (265)	109 䥑 Une (266)									

鑭系元素：

57 鑭 La 138.9	58 鈰 Ce 140.1	59 鐠 Pr 140.9	60 釹 Nd 144.2	61 鉕 Pm 144.9	62 釤 Sm 150.4	63 銪 Eu 152.0	64 釓 Gd 157.3	65 鋱 Tb 158.9	66 鏑 Dy 162.5	67 鈥 Ho 164.9	68 鉺 Er 167.3	69 銩 Tm 168.9	70 鐿 Yb 173.0	71 鎦 Te 175.0

錒系元素：

89 錒 Ac (227)	90 釷 Th 232.0	91 鏷 Pa (231)	92 鈾 U 238.0	93 錼 Np (237)	94 鈽 Pu 239.1	95 鋂 Am 243.1	96 鋦 Cm 247.1	97 鉳 Bk 247.1	98 鉲 Cf 252.1	99 鑀 Es 252.1	100 鐨 Fm 257.1	101 鍆 Md 256.1	102 鍩 No 259.1	103 鐒 Lr 260.1

附錄 F　習題答案

第 1 章

1-1 略

1-2 可分類成「物理的科學」及「生物的科學」兩大領域

1-3 略

1-4 170 億光年 = 1.6×10^{23} km

1-5 3.4×10^2 倍；9.6×10^{-6} kg

1-6 15 μm = 15×10^3 nm；5280 Å = 528.0 nm；0.01 μm = 1×10^2 Å

1-7 0.13 s

1-8 8 分 20 秒

1-9 5.46 g/cm^3

1-10 2.4×10^{-16} kg/m^3

1-11 m、kg、s、m^3、kg/m^3

1-12 密度的單位為公斤/公尺^3，因次為 $[M][L]^{-3}$；
動量的單位為公斤×公尺/秒，因次為 $[M][L][T]$；
力臂的單位為公尺，因次為 $[L]$；
波長的單位為公尺，因次為 $[L]$；
頻率的單位為赫 = 1/秒，因次為 $[T]^{-1}$；

1-13 第二項應改為 $\frac{1}{2}at^2$

第 2 章

2-1 $\bar{v} = 11.4$ m/s；$\Delta x = 41.0$ km

2-2 $\bar{v} = 2$ m/s

2-3 最初兩秒內下坡路段平均速率為 $\frac{4}{2} = 2$ m/s；最後兩秒內下坡路段平均速率為 $\frac{12}{2} = 6$ m/s；全部下坡路段平均速率為 $\frac{16}{4} = 4$ m/s；任一時刻之瞬時速度 $v = 2t$ m/s

2-4 4 m/s

2-5 (a) 2.7 s；(b) 4.7 s

2-6 (a) 100 m；(b) 20 m/s

2-7 $t = \sqrt{2s(\frac{1}{a_1} + \frac{1}{a_2})}$

2-8 $a > \frac{(v_1 - v_2)^2}{2s}$

2-9 1.85 s

2-10 3.1×10^2 m

2-11 2.8×10^2 km/h

2-12 2 s

2-13 (a) 1 s；(b) 4.9 m；(c) 39 m

2-14 10 m；$y/R = 0.8$

2-15 $R = 250$ m

2-16 量值為 $2 \times 2.0 \times 10^3 \cos 45° \text{ N} = 2\sqrt{2} \times 10^3$ N；夾角 $\phi = 22.5°$

2-17 合力之 x 分量為 $R_x = 4.1$ N；合力之 y 分量為 $R_y = 4.1$ N；合力值為 5.8 N，夾角 $\phi = 45°$

2-18 合位移向量的量值 $R = 20$ m，平均速度量值為 1.0 m/s

2-19 合位移向量的量值 $R = 100$ m，平均速度量值為 5.0 m/s

2-20 合位移向量的量值 $R = 50$ m，平均速度量值為 $\frac{5}{3}$ m/s

2-21 v_0 可以是任何值

2-22 $v_0 = 49$ 公尺/秒

第 3 章

3-1 $k = \frac{750 \times 1200}{750 + 1200} \approx 462$ N/m

3-2 $k = 750 + 1200 = 1.95 \times 10^3$ N/m

3-3 $k_{eq} = \frac{k}{n}$

3-4 $k_{eq} = nk$

3-5 位移 $= (\frac{l_0}{3} \frac{1}{l_0})\frac{F}{k} = \frac{1}{3}\frac{F}{k}$

3-6 $\vec{F}$ 之量值為 $\sqrt{(37.3)^2+(44.6)^2} = 58.2$ kgw，$\tan\theta = 1.20$

3-7 $F_3 = \sqrt{(a_1+a_2)^2+(b_1+b_2)^2}$，在 x 軸上之分量為 $-(a_1+a_2)$

3-8 $F = [(a_1+a_2)^2+(b_1+b_2)^2]^{\frac{1}{2}}$
$\tan\theta = \frac{F_y}{F_x} = \frac{(b_1+b_2)}{(a_1+a_2)}$

3-9 略

3-10 f 之最小值為 0
f 之最大值為 $1.19mg$

3-11 f 之最小值為 0
f 之最大值為 $0.19mg$

3-12 $T_1 = W \cdot \frac{\cos\theta_2}{\sin(\theta_1+\theta_2)}$
$T_2 = W \cdot \frac{\cos\theta_1}{\sin(\theta_1+\theta_2)}$

3-13 擺錘沿擺弧做加速度運動。

3-14 $T = W\sin\theta$

3-15 $\mu = \frac{1-\sin\theta}{\cos\theta}$

3-16 繩之上端之張力等於繩之重量 mg，中點處之張力則為 $\frac{1}{2}mg$，故相差一倍，即上端處的張力為中點處的兩倍。

3-17 是鐵軌對火車輪子的摩擦力。

3-18 摩擦力無法提供足夠的向心力。

3-19 $F_B = \frac{2}{3}mg$

3-20 $h = \frac{\sqrt{3}}{m'}[\mu(m+m')L\frac{\sqrt{3}}{2} - \frac{m}{4}L]$

3-21 (a) $T = \frac{2}{\sqrt{3}}(\frac{1}{2}mg+m'g)$；(b) $f = \frac{1}{2}mg$

3-22 略

3-23 $f = \frac{mg}{2}\frac{2-3\mu}{1-\mu}$

第 4 章

4-1 靜止不動或等速度運動

4-2 加速度運動

4-3 前方

4-4 4 秒末的速度為 $v = 4.4$ m/s；4 秒內的位移為 $s = 8.8$ m

4-5 張力 $T = 1.5$ N

4-6 10 m/s

4-7 49 m/s² ; 39 m/s²

4-8 $N = m(g+a) = mg(1+\frac{\Delta l}{l})$

4-9 $F > \mu_1(m_A+m_B)g + \mu_2(m_Ag+m_Bg)$
$= (\mu_1+\mu_2)(m_A+m_B)g$

4-10 略

4-11 (a) $f = 1.6$ N；(b) $f_{45} = 3.2$ N

4-12 反方向水平推進

4-13 靜止於桌面上

4-14 略

4-15 不是

4-16 (a) $t = -\frac{v_y}{g} + \sqrt{\frac{v_y^2+hg}{g}} = \{-\frac{M}{M+m} + \sqrt{1+(\frac{M}{M+m})^2}\}\sqrt{\frac{h}{g}}$；
(b) $v_x t = (\frac{mu}{M+m})\{-\frac{M}{M+m} + \sqrt{1+(\frac{M}{M+m})^2}\}\sqrt{\frac{h}{g}}$

4-17 (a) $V = f(\frac{\Delta t}{M} + \frac{\Delta t}{m+M})$；(b) $N = \frac{Mf}{m+M}$

4-18 $v_A = 2.0$ m/s

第 5 章

5-1 $W = -1000$ J

5-2 地球引力所作之功為零

5-3 $4d$

5-4 重力所作之功為 $-mgh$，所以 $\vec{F}$ 力所作之功為 mgh

5-5 1.3 J

5-6 $W = -mg(-h) = mgh$，N 作功為零

5-7 重力作功為 mgh，正向力作功為零，摩擦力作功為 $-\mu mgh\cot\theta$

5-8 $W = -mg(y_f - y_i) = mgR$

5-9 $E_k = 3.86 \times 10^5$ J

5-10 $E_k = 3.82 \times 10^{28}$ J

5-11 $W = -3.86 \times 10^5$ J

5-12 $l = \frac{v_0^2}{2g\sin\theta}$; $-mg\sin\theta l = -mgh$

5-13 $l' = \frac{v_0^2}{2g(\sin\theta + \mu_k\cos\theta)}$; $W_f = \frac{-\mu_k mv_0^2 \cos\theta}{2g(\sin\theta + \mu_k\cos\theta)}$; $W_g = -\frac{m_g \sin\theta v_0^2}{2(\sin\theta + \mu_k\cos\theta)}$

5-14 $E_k = mgy - \frac{k}{2}y^2$, $y = \frac{mg}{k}$, $E_k = \frac{1}{2k}(mg)^2$

5-15 空氣阻力所作之功為重力所作之功之負值，故空氣阻力所作之功為 -1.3 J

5-16 $\bar{P} = \frac{W}{\Delta t} = 9.0 \times 10^4$ 瓦特

5-17 (a) $P = -mg(v_0\sin\theta - gt)$;
(b) $\bar{P} = -\frac{mg}{2}v_0\sin\theta$

5-18 (a) $P = -\mu_k mgv$; (b) $\bar{P} = -\frac{1}{2}\mu mg v_0$

5-19 略

5-20 是

5-21 略

5-22 (a) $h = \frac{1}{2}\frac{v^2\sin^2\theta}{g}$; (b) $v' = [v^2 - gh]^{\frac{1}{2}}$

5-23 $v_m = 2\sqrt{Rh}$

5-24 $D = 2\sqrt{hR}$

5-25 $v = \sqrt{2g(R+h)}$

第 6 章

6-1 1 kg·m/s

6-2 $v_c = \frac{1}{3}\sqrt{41}$, $\tan\theta = \frac{4}{5}$, $\theta = 39°$

6-3 $\vec{v_1'} = \frac{10}{3}\hat{i} - \frac{4}{3}\hat{j}$, $\vec{v_2'} = \frac{5}{3}\hat{i} - \frac{2}{3}\hat{j}$,
$m_1\vec{v_1'} + m_2\vec{v_2'}$
$= 0.1(\frac{10}{3}\hat{i} - \frac{4}{3}\hat{j}) + 0.2(-\frac{5}{3}\hat{i} + \frac{2}{3}\hat{j})$
$= 0$

6-4 $\vec{F_e} = 0.8\hat{i} + 0.7\hat{j}$

6-5 $\vec{a}_{AB} = \vec{a}_B - \vec{a}_A = \hat{i} - \hat{j}$

6-6 10 m

6-7 $\vec{r_c} = \frac{16}{3}\hat{i} + \frac{14}{3}\hat{j}$

6-8 $\frac{F}{m_1+m_2} = \frac{(m_2-m_1)^2}{(m_1+m_2)^2}g$

6-9 略

6-10 $\frac{5}{4}R$, $\frac{7}{8}R$

6-11 外動能為 $\frac{1}{16}Mv^2\cos^2\theta$
內動能為 $\frac{1}{16}Mv^2\cos^2\theta$

6-12 $\omega_1 = \sqrt{\frac{k}{\mu}}$

6-13 $v_1 = \sqrt{\frac{m_2 k[\Delta^2 - (d-l_0)^2]}{m_1(m_1+m_2)}}$
$v_2 = -\sqrt{\frac{m_1 k[\Delta^2 - (d-l_0)^2]}{m_2(m_1+m_2)}}$

6-14 $v_1 = m_2\sqrt{\frac{2G}{m_1+m_2}(\frac{d-d'}{dd'})}$
$v_2 = -m_1\sqrt{\frac{2G}{m_1+m_2}(\frac{d-d'}{dd'})}$

6-15 $h = \frac{1}{2g}\frac{M}{(m+M)}v^2$

6-16 $\frac{1}{3}mv^2$

6-17 $v^2 = m\frac{g^2}{k}$ 或 $v = g\sqrt{\frac{m}{k}}$

6-18 $V = m\sqrt{\frac{2gh}{M(M+m)}}$

6-19 略

6-20 $u_1 = -1$ m/s
$u_2 = 4$ m/s

6-21 (a) $v_c = \frac{v}{2}$; (b) $x = v\sqrt{\frac{m}{2k}}$

6-22 $v_c = \frac{1}{3}v$, $x = v\sqrt{\frac{m}{6k}}$

6-23 $h = R(1-\cos\theta)$
亦即 B 上滑到 A 原始位置對稱的位置

6-24 $h = \frac{1}{4}R(1-\cos\theta)$

6-25 $h = \frac{1}{8g}(\frac{m}{M})^2 v^2$

6-26 $v_A = 5\sqrt{3}$ m/s , $v_B = 5$ m/s

6-27 $\frac{\mu}{2}|\vec{v}_B - \vec{v}_A|^2 = 30$ J

第 7 章

7-1 25.1 rad

附　錄　851

7-2　$\omega = \frac{2}{15}$ rad/s，$\theta = \frac{4}{3}$ rad
7-3　1020 rad
7-4　$\omega = 1$ rad/s，$\theta = 5$ rad，$l = 3 \times 10^2$ m
7-5　$\omega = 2.6 \times 10^{-6}$ rad/s
7-6　$\alpha(t) = 6t + 2$
7-7　$t = 5.6$ s，$\Delta\omega = 0.56$ rad/s
7-8　1.6×10^{-3} rad/s^2
7-9　209 rad/s
7-10　角位移為 8π，角速率 ω 為 αt，
　　　$\omega = \sqrt{16\pi\alpha}$
7-11　4 圈
7-12　$\theta(10) = \frac{1000}{3}a + 50b + 10c$
　　　$a_t = 20a + b$，$a_n = r(100a + 10b + c)^2$
7-13　$x = R\cos\omega t$，$y = R\sin\omega t$
7-14　$v_x = -R\omega\sin\omega t$，$v_y = R\omega\cos\omega t$，
　　　$v = R\omega$
7-15　$a_x = -R\omega^2\cos\omega t$，$a_y = -R\omega^2\sin\omega t$，
　　　$a_t = 0$，$a_n = R\omega^2$
7-16　2.6×10^{-3} m/s^2
7-17　2.8×10^{34} kg·m^2/s
7-18　$L = \frac{mv^3\sin 2\theta\sin\theta}{g}$
7-19　$I = 9.69 \times 10^{37}$ kg·m^2
　　　$\omega = 7.27 \times 10^{-5}$ rad/s
　　　$L = 7.04 \times 10^{33}$ kg·m^2/s
7-20　$\frac{1}{12}ML^2 + \frac{1}{2}mL^2$
7-21　$\frac{1}{3}ML^2 + mL^2$
7-22　1.0×10^{-3} kg·m^2/s
7-23　3×10^{-4} kg·m^2/s
7-24　$L = ml\sqrt{2gl(1-\cos\theta_0)}$

第 8 章

8-1　略
8-2　$\omega = \frac{20\tau_0}{MR^2}$
8-3　$\tau = \frac{MR^2\omega_0}{40}$
8-4　$L = L_0 + mR^2\alpha t$
8-5　在最高點時角動量量值最小，但其時變率量值最大，在最低點時角動量量值最大，但其時變率量值為零。
8-6　略
8-7　略
8-8　略
8-9　$-\frac{4m\pi}{M}$ rad
8-10　$\omega = \frac{mvl}{2(\frac{1}{12}ml^2 + \frac{1}{4}ml^2)}$
8-11　$\omega' = \frac{1}{2}\omega$
8-12　(a) $\omega' = (\frac{r}{r'})^2\omega$；(b) $T' = T(\frac{r}{r'})^3$
8-13　(a) 起始動能為 $\frac{1}{2}mr^2\omega^2$，末了動能為
　　　$\frac{1}{2}m\frac{r^4}{r'^2}\omega^2$；(b) $\frac{1}{2}m(\frac{r^4}{r'^2} - r^2)\omega^2$
8-14　$E_k = \frac{mR^2}{2}(\omega_0 + \alpha t)^2$
8-15　(a) $mgL(1-\cos\theta_0)$；
　　　(b) $E_k = mgL(1-\cos\theta_0)$
8-16　$v = Rw$
8-17　$E_k = \frac{1}{2}MR^2\omega^2$
8-18　$E_k = MR^2\omega^2$，
　　　$\frac{1}{2}MR^2\omega^2 + \frac{1}{2}MR^2\omega^2 = MR^2\omega^2$
8-19　$v = \frac{\sqrt{3}}{2}\sqrt{gl(1-\cos\theta_0)}$
8-20　(a) $I_c = md^2$；(b) $I_o = 2md^2$；(c) 略
8-21　$I = \frac{2}{3}Ma^2$
8-22　(a) $I_c = \frac{1}{2}M(a^2 + b^2)$；
　　　(b) $I_o = \frac{M}{2}(a^2 + 3b^2)$
8-23　$I = \frac{7}{5}MR^2$
8-24　$\frac{1}{2}(MR^2)\omega^2$
8-25　$\bar{\tau} = \frac{MR^2\omega_0^2}{160\pi}$ N·m

第 9 章

9-1　$T_m = 5.92 \times 10^7$ s
9-2　$\cong 11.9$

9-3 略

9-4 最近距離 $r_n = \dfrac{1}{a+b}$，最遠距離 $r_f = \dfrac{1}{a-b}$

9-5 0

9-6 $d = 2.64 \times 10^6$ m

9-7 9.77 m/s^2

9-8 $d = 3.46 \times 10^8$ m

9-9 略

9-10 2.24×10^{15} m^2/s

9-11 $L = m\sqrt{GM_s \dfrac{a}{(1-\varepsilon)^2}}$

9-12 $T = 2\pi\sqrt{\dfrac{d^3}{G(m_1+m_2)}}$

9-13 $h \cong 4.59 \times 10^3$ m

9-14 $U_f - U_i \cong 5.97 \times 10^{11}$ J

9-15 $U_g = -7.62 \times 10^{28}$ J，$E_k = 3.81 \times 10^{28}$ J

9-16 所作之功至少為 2.64×10^{33} J

9-17 $v = v_0 b[\dfrac{-GM_s}{v_0^2} + \sqrt{(\dfrac{GM_s}{v_0^2})^2 + b^2}]^{-1}$

9-18 $E_k = \dfrac{GM_1M_2[r-(R_1+R_2)]}{r(R_1+R_2)}$

9-19 $v_1 - v_2 = \left[\dfrac{2G[r-(R_1+R_2)](M_1+M_2)}{r(M_1+R_2)}\right]^{\frac{1}{2}}$

9-20 負，$E = \dfrac{U_g}{2}$

9-21 $h = 2.8 \times 10^5$ m

9-22 變長的

第 10 章

10-1 $P = 2.95 \times 10^2$ cmHg

10-2 石門水庫

10-3 $F = 7.8 \times 10^3$ N

10-4 略

10-5 略

10-6 略

10-7 (a) $m = 6.8 \times 10^2$ g；
(b) $P = P_0 + 6.7 \times 10^3$ dyne/cm^2，P_0 為大氣壓力

10-8 略

10-9 $F = 1.01 \times 10^5$ N

10-10 $F = 3.03 \times 10^5$ N

10-11 $5.0 \times 9.8 = 49$ N

10-12 此即利用帕斯卡原理，使壓力能傳至各水管中，管內水壓力增加後，才能輸送到較高的地方。且如管中水壓增大，亦會使用戶的出水量較大且快。

10-13 牙醫診療椅、修車廠起降平台、怪手、汽車油壓煞車等

10-14 當人一入水，由於毛細現象，使泳褲濕濕而變鬆，人一離水，由於褲上有水，水受重力吸引下落，使泳褲貼住腿部，另外，泳褲上的水膜會因表面張力縮小其表面積，使泳褲緊緊貼著腿部。

10-15 因棉絮與水的接觸角小，且較多空隙，因此水比較容易在棉絮的纖維間產生毛細現象而爬升。故棉絮較易吸水。

10-16 若在布上噴上一層與水的接觸角大於 90° 的膠質液體，則乾後此布即可與水形成互不濕潤，這樣即可達成不透水的功能。

10-17 否，這是由於牛頓第三運動定律中的作用力與反作用力引起的，不是白努利方程的結果。

10-18 模型飛機機翼、竹蜻蜓、煙囪、DDT 殺蟲液噴罐。

10-19 和白努利原理有關。

第 11 章

11-1 $T = 2.0$ s，$f = 0.50$ Hz，振幅為 1.0 m

11-2 $T = 2.27$ ms

11-3 $x(t) = A\cos\omega t$；最大加速度 $a = 2.0\pi^2 \times 10^2$ m/s^2；受到的最大作用力為 $F = 5.0\pi^2 \times 10^2$ N

11-4 運動 a 的振幅 $A = 15.0$ cm，
角頻率 $\omega = 0.25\pi$ rad/s，
相位常數為 $\theta_0 = -\frac{\pi}{2}$ rad；
運動 b 的振幅 $A = 10.0$ cm，
角頻率 $\omega = 0.25\pi$ rad/s，
相位常數為 $\theta_0 = 0$；
運動 c 的振幅 $A = 20.0$ cm，
角頻率 $\omega = 0.25\pi$ rad/s，
相位常數為 $\theta_0 = -\frac{3\pi}{4}$ rad

11-5 略

11-6 略

11-7 $f = 0.78$ Hz，$T = 1.3$ s，$v_m = 0.15$ m/s，$F = 0.18$ N

11-8 $\frac{T}{2} = 1.27$ s

11-9 $f = 3.2$ Hz

11-10 升空時 $T' = \sqrt{\frac{2}{3}}T$，降落時 $T' = \sqrt{2}T$

11-11 $T = 2\pi\sqrt{\frac{2R}{g}}$

11-12 $T = 2\pi\sqrt{\frac{2MR}{mg}}$

11-13 $\omega = \sqrt{\frac{k_1 k_2}{m(k_1+k_2)}}$

11-14 $T = 9.9$ s

11-15 $t = \frac{n}{2} - \frac{1}{24}$ 與 $t = \frac{n}{2} - \frac{7}{24}$；$x = \pm\frac{30}{\sqrt{2}}$ m

11-16 $mgL(1-\cos\theta_0)$

11-17 $E = \frac{(3m/2)v^2}{2} + \frac{kx^2}{2}$；$T = 2\pi\sqrt{\frac{3m}{2k}}$

11-18 $t = 67$ s

11-19 略

11-20 $\frac{A}{A_0} \approx 0.73$ 或 0.85

第 12 章

12-1 $\omega = 9.0\pi$ rad/s，$T = 0.22$ s，$\lambda = 8.0$ m，$A = 0.010$ m

12-2 $v = 0.045$ m/s

12-3 (a) $\lambda = 3.0\times10^2$ m；(b) $\lambda = 1.5$ m；
(c) $\lambda = 3.0\times10^{-2}$ m；(d) $\lambda = 7.5\times10^{-7}$ m

12-4 (a) 2.4 cm；(b) $T = 0.050\pi$ s；
(c) $\lambda = 2.5\pi$ cm；(d) $k = 0.8$ rad/cm；
(e) $v = 50$ cm/s

12-5 略

12-6 (a) 0.24 m；(b) $f = \frac{1.6}{\pi}$ Hz；
(c) $\lambda = 4.0\pi$ m；(d) $v = 6.4$ m/s

12-7 $y(x,t) = \frac{0.1}{(x-vt)^2} + \frac{0.1}{(x+vt)^2}$

12-8 $v = 50$ m/s；$v_m = 1.2\pi$ m/s

12-9 $m = 0.17$ kg

12-10 $\overline{P} = 14$ W

12-11 $E = \frac{2\pi^2 FA^2}{\lambda}$

12-12 $f = 0.167$ Hz

12-13 $v = 320$ m/s

第 13 章

13-1 $\rho = 0.142$ kg/m^3

13-2 $x = 40\%$

13-3 $v = 1.49$ km/s

13-4 $s_0 = 5.37\times10^{-9}$ m

13-5 2.89%

13-6 $I = 2.2\times10^{-3}$ W/m^2；$\beta = 93.4$ dB

13-7 略

13-8 略

13-9 $r_2 = 95$ m

13-10 $L = 17$ m

13-11 $f = 12.5$ Hz，第一泛頻為 25 Hz

13-12 240 Hz

13-13 567 Hz

13-14 340 Hz

13-15 37.8 m/s

13-16 1.36

第 14 章

- **14-1** 5.8 L
- **14-2** 0.0503 m^3
- **14-3** 0.031 m^2
- **14-4** 101 m^3
- **14-5** $l = 1.000085$ m
- **14-6** $V = 30.0144$ cm^3
- **14-7** (a) 9.6×10^{-5}；(b) 慢了 4.2 s
- **14-8** (a) 2.2×10^2 kcal；(b) 6.8×10^6 J；(c) 7.9×10^3 s
- **14-9** 1.76 kg
- **14-10** 38.5°C
- **14-11** 3.5 kW
- **14-12** 0.11 kg
- **14-13** 34.2°C
- **14-14** 20.16°C
- **14-15** 810 Cal (大卡)
- **14-16** 1.6×10^3 W
- **14-17** (a) 410 W；(b) 50°C；(c) $T(x) = 100x$°C
- **14-18** $T = 11.5$°C，$J_1 = 177$ W
- **14-19** (a) $T = 102$°C；(b) 0.109 kg
- **14-20** 1.26×10^3 W
- **14-21** 4.1×10^5 J
- **14-22** (a) 1.6×10^5 J；(b) 4.0×10^{-2} kg
- **14-23** 1.2×10^{-4} m^2
- **14-24** 44.8 W
- **14-25** 10.6 W

第 15 章

- **15-1** 4.0×10^3 J
- **15-2** (a) 2.5×10^3 J；(b) 1.0×10^3 J
- **15-3** 1.5×10^3 J
- **15-4** 1.69×10^2 J
- **15-5** 1.1×10^4 J
- **15-6** (a) 7.5×10^6 N/m^2；(b) -2.7×10^3 J
- **15-7** (a) 606°C；(b) 4.87×10^3 J
- **15-8** (a) 3.0×10^2 J；(b) 1.5×10^3 K
- **15-9** (a) -1.8×10^6 J；(b) 2.0×10^6 J
- **15-10** -300 J
- **15-11** -3.7×10^3 J
- **15-12** 700 J，200 J，400 J，800 J
- **15-13** (a) 10.3 mol；(b) 4.3×10^3 J；(c) 1.7×10^3 J
- **15-14** 1.0 m^3
- **15-15** (a) 0.866×10^5 N/m^2；(b) 0；(c) -1.25×10^3 J
- **15-16** 6.7×10^3 J
- **15-17** 3.7×10^3 J
- **15-18** $\Delta Q = RT \ln\left(\frac{V_f}{V_i}\right)$
- **15-19** 20.8 J
- **15-20** 9×10^2 J
- **15-21** (a) 1.5×10^4 J；(b) 1.6×10^4 J
- **15-22** 1.25×10^3 m/s
- **15-23** (a) 460 m/s；(b) 2.73×10^4 K
- **15-24** 73 K
- **15-25** 9×10^5 N/m^2
- **15-26** $\simeq 1.74 \times 10^3$ °C
- **15-27** 3.4×10^3 m/s

第 16 章

- **16-1** (a) $P_b = 0.38$ atm；$T_b = 9.2$ K (b) 61 J
- **16-2** (a) -1.0×10^2 J；(b) 零
- **16-3** $P_f = 2.17 \times 10^4$ N/m^2，$T_f = 4.4$ K
- **16-4** 1.38×10^3 J
- **16-5** (a) $\Delta W = RT \ln \frac{V_f}{V_i}$；(b) $\Delta W = -\frac{3}{2}(P_f V_f - P_i V_i)$
- **16-6** (a) -8.1×10^2 J；(b) -2.9×10^3 J
- **16-7** (a) 600 K；(b) 185 K
- **16-8** (a) 0.55；(b) 360 J
- **16-9** (a) 0.83；(b) 2500 J

16-10 (a) 1.40×10^3 J ; (b) 0.71 ; (c) 1.05×10^3 K

16-11 (a) 2.5×10^6 N/m² ; (b) 4.6×10^2 K

16-12 (a) 2.3×10^3 J ; (b) -1.15×10^3 J ; (c) 0.5

16-13 (a) 0.23 ; (b) 0.17 ; (c) 0.4

16-14 382°C

16-15 0.63

16-16 (a) 40 kJ ; (b) 30 kJ ; (c) 33 kJ

16-17 (a) $\Delta U = 0$; (b) $\Delta S = 5.75$ J/K

16-18 (a) $\Delta U = -2.3\times10^3$ J ; (b) $\Delta S = 0$

16-19 (a) $T_f = 6.7°C$; (b) 熵在增加

16-20 (a) 30 cal/K ; (b) 28 cal/K

16-21 2.0 J/K

第 17 章

17-1 2.3×10^2 N

17-2 2.9×10^{-9} N

17-3 $1.13\times10^{-8}\hat{i}$ (N)

17-4 $\vec{F} = \vec{F}_A + \vec{F}_B + \vec{F}_C = 0$

17-5 $\vec{F} = \dfrac{-2akqQ}{(a^2+y^2)^{\frac{3}{2}}}\hat{i}$

17-6 $\dfrac{kq^2}{x^2} = \dfrac{mgx}{2\sqrt{l^2-\frac{x^2}{4}}}$

17-7 $t = 4.8\times10^4$ s

17-8 2.5×10^{18}

17-9 $\vec{F}_1 = -4.23\times10^{-9}\hat{i}$ (N) ,
$\vec{F}_2 = 4.3\times10^{-9}\hat{i}$ (N)

17-10 $E = 5.1\times10^{11}$ N/C , $F = 8.2\times10^{-8}$ N

17-11 (a) $\vec{E} = 0$;
(b) $\vec{E}(0, 0)$
$= \dfrac{kq}{a^2}(-\hat{i}) + \dfrac{kq}{a^2}(-\hat{j})$
$+ \dfrac{kq}{2a^2}(-\dfrac{1}{\sqrt{2}}\hat{i} - \dfrac{1}{\sqrt{2}}\hat{j})$
$+ \dfrac{-kq}{a^2}[(1+\dfrac{1}{2\sqrt{2}})\hat{i} + (1+\dfrac{1}{2\sqrt{2}})\hat{j}]$

17-12 (a) $\vec{E}(x) = -kq\hat{i}[\dfrac{1}{(x+a)^2} - \dfrac{2}{x^2} + \dfrac{1}{(x-a)^2}]$;
(b) $\vec{E}(x) = \dfrac{-6kqa^2\hat{i}}{x^4}$

17-13 (a) $\vec{E}(x, 0, 0) = \dfrac{-2kqa\hat{j}}{(x^2+a^2)^{\frac{3}{2}}}$; (b) $\vec{F} = \dfrac{-2kqQa\hat{j}}{(x^2+a^2)^{\frac{3}{2}}}$

17-14 $\vec{E} = \dfrac{-2kq\hat{j}}{\pi a^2}$

17-15 3.5×10^{14} m/s²

17-16 0

17-17 (a) $\Phi_A = 2\times10^2$ N·m²/C ,
$\Phi_B = -2\times10^2$ N·m²/C ;
(b) $\Phi = \Phi_A + \Phi_B = 0$

17-18 (a) $\vec{E} = \dfrac{kq\hat{r}}{r^2}$; (b) $\Phi = \dfrac{q}{2\varepsilon_0}$

17-19 $\Phi = \dfrac{q}{\varepsilon_0}$

17-20 (a) $\vec{E} = \begin{cases} \dfrac{\sigma}{\varepsilon_0}\hat{i} , & 0 < x < L \\ 0 , & x > L \text{ 或 } x < 0 \end{cases}$;
(b) $\vec{F} = \dfrac{\sigma^2}{2\varepsilon_0}\hat{i}$

17-21 $\vec{E} = \begin{cases} \dfrac{-3\sigma\hat{i}}{2\varepsilon_0} , & x < 0 \\ \dfrac{3\sigma\hat{i}}{2\varepsilon_0} , & x > 2d \\ \dfrac{-\sigma\hat{i}}{2\varepsilon_0} , & 0 < x < d \\ \dfrac{\sigma\hat{i}}{2\varepsilon_0} , & d < x < 2d \end{cases}$

17-22 (a) $E = \dfrac{\lambda}{2\pi r\varepsilon_0}$; (b) $F = \dfrac{\lambda^2}{2\pi r\varepsilon_0}$

17-23 (a) $\vec{E} = \dfrac{(q_1+Q)\hat{r}}{4\pi\varepsilon_0 r^2}$; (b) $\vec{E} = \dfrac{q_1\hat{r}}{4\pi\varepsilon_0 r^2}$; (c) $\vec{F} = 0$

17-24 $\vec{E} = \begin{cases} \dfrac{\sigma}{\varepsilon_0}\hat{i} , & x > L \\ -\dfrac{\sigma}{\varepsilon_0}\hat{i} , & x < 0 \\ 0 , & 0 < x < L \end{cases}$

17-25 $9\times10^{-3}\hat{r}$ (N/C) ; $9\times10^{-7}\hat{r}$ (N/C)

第 18 章

18-1 $V = -E_0 x + V_0$

18-2 (a) 1.0×10^4 V/m ; (b) 300 V

18-3　$v \cong 7.6\times10^7$ m/s

18-4　32 keV

18-5　$r_m = \dfrac{2kQq}{mv_0^2}$

18-6　以原點為球心，半徑為 R 的球面

18-7　(a) $\dfrac{2kqd}{z^2}$ ；(b) $\dfrac{4kqd}{z^3}$

18-8　略

18-9　(a) -1.2×10^2 V ；(b) 2.4×10^{-6} J

18-10　(a) 3.0×10^2 V/m ；(b) 1.2×10^{-4} J

18-11　-4.4×10^{-18} J，-28 eV

18-12　(a) $U = \dfrac{4kq^2}{a}(1+\dfrac{\sqrt{2}}{4})$ ；
(b) $W = -\dfrac{2kq^2}{a}(1+\dfrac{\sqrt{2}}{4})$ ；(c) $\dfrac{2kq^2}{a}(1+\dfrac{\sqrt{2}}{4})$ ；
(d) $U = \dfrac{4\sqrt{2}kQq}{a}$ ；(e) $T = 2\pi\sqrt{\dfrac{ma^3}{2\sqrt{2}kq^2}}$

18-13　$N \cong 6.9\times10^8$

18-14　$v_0 = 0.90$ V，$v_s \cong 5.6\times10^5$ m/s

18-15　$V = -\dfrac{\lambda}{2\pi\varepsilon_0}\ln(\dfrac{b}{a})$

18-16　(a) $\dfrac{kQ(b-a)}{ab}$ ；(b) $kQ(\dfrac{1}{r}-\dfrac{1}{b})$

18-17　0.9 mm

18-18　(a) $v_0 = \sqrt{\dfrac{2kQ}{ma}}$ ；(b) $T = 2\pi\sqrt{\dfrac{ma^3}{keQ}}$

18-19　$\dfrac{\lambda}{2\pi\varepsilon_0}\ln\dfrac{b}{a}$

18-20　$\cong 3.3\times10^{-6}$ C

18-21　(a) $\dfrac{kQ}{a+b}$ ；(b) $(\dfrac{b}{a+b})Q$

18-22　$2a\sqrt{\dfrac{ma}{kQq}}$

第 19 章

19-1　(a) $\cong 6.25\times10^{18}$ ；(b) $\dfrac{1}{120}$ 秒

19-2　$N \cong 1.8\times10^5$

19-3　$C = 7.1\times10^{-4}$ F

19-4　$A \cong 1.1\times10^8$ m^2

19-5　相當於面積 $A = 4\pi a^2$，間距 $d = b-a$ 的平行板電容器

19-6　略

19-7　$C = \dfrac{\varepsilon_0 A}{d}$，不變

19-8　(a) $\dfrac{C_1}{C_2}$ ；(b) $\dfrac{C_2}{C_1}$

19-9　略

19-10　(a) $u_E = \dfrac{Q^2}{32\pi^2\varepsilon_0 r^4}$ ；(b) $U = \dfrac{1}{2}\dfrac{Q^2}{4\pi\varepsilon_0}(\dfrac{b-a}{ab})$ ；
(c) $C = 4\pi\varepsilon_0(\dfrac{ab}{b-a})$

19-11　(a) $u_E = \dfrac{Q^2}{8\pi^2\varepsilon_0 l^2 r^2}$ ；(b) $U = \dfrac{Q^2}{4\pi\varepsilon_0 l}\ln(\dfrac{b}{a})$ ；
(c) $C = \dfrac{2\pi\varepsilon_0 l}{\ln(\dfrac{b}{a})}$

19-12　$\dfrac{1}{2}$

19-13　(a) $U_i = \dfrac{1}{2}(\dfrac{\varepsilon_0 A}{d})V_0^2$ ；(b) $U_f = \dfrac{1}{2}(\dfrac{\varepsilon_0 A}{d-t})V_0^2$ ；
(c) $\Delta U = U_f - U_i > 0$

19-14　(a) $U_i = \dfrac{1}{2}(\dfrac{\varepsilon_0 A}{d})V_0^2$ ；
(b) $U_f = \dfrac{1}{2}(\dfrac{\varepsilon_0 A}{d})(\dfrac{d-t}{d})V_0^2$ ；
(c) $\Delta U = -\dfrac{1}{2}(\dfrac{t}{d})(\dfrac{\varepsilon_0 A}{d})V_0^2$

19-15　(a) $U = \dfrac{e^2}{8\pi\varepsilon_0 a}$ ；(b) $a = 1.4\times10^{-15}$ m

19-16　(a) $9\,\mu$F ；(b) $2\,\mu$F

19-17　兩個 100 pF 並聯，再和一個 600 pF 串聯

19-18　$C_1 = 20\,\mu$F，$C_2 = 5\,\mu$F

19-19　(a) $Q_1 = C_1 V_0$ ；(b) $Q_1' = (\dfrac{C_1^2}{C_1+C_2})V_0$，
$Q_2' = (\dfrac{C_1 C_2}{C_1+C_2})V_0$ ；(c) $V = (\dfrac{C_1}{C_1+C_2})V_0$

19-20　$Q_1 = Q_2 = (\dfrac{C_1 C_2}{C_1+C_2})V_0$，$Q_3 = C_3 V_0$，
$V_1 = (\dfrac{C_2}{C_1+C_2})V_0$，$V_2 = (\dfrac{C_1}{C_1+C_2})V_0$，
$V_3 = V_0$，$U_1 = \dfrac{1}{2}\dfrac{C_1 C_2^2}{(C_1+C_2)^2}V_0^2$，
$U_2 = \dfrac{1}{2}\dfrac{C_1^2 C_2}{(C_1+C_2)^2}V_0^2$，$U_3 = \dfrac{1}{2}C_3 V_0^2$

19-21　(a) $C = \dfrac{3\varepsilon_0 A}{d}$ ；(b) 由上而下，分別為 Q、

$-2Q$、$+2Q$ 及 $-Q$，其中 $Q = (\frac{\varepsilon_0 A}{d})V_0$；
(c) $U = \frac{1}{2}(\frac{3\varepsilon_0 A}{d})V_0^2$

19-22 (a) $Q = (\frac{C_1 C_2}{C_1 + C_2})V_0$；(b) $Q_1' = (\frac{2C_1}{C_1 + C_2})Q$，
$Q_2' = (\frac{2C_2}{C_1 + C_2})Q$，$V = \frac{2Q}{C_1 + C_2}$

19-23 $C = \frac{6\pi \varepsilon_0 l}{\ln 2}$

19-24 $C = \frac{\kappa \varepsilon_0 A}{d}$

19-25 $C_1 C_4 = C_2 C_3$

19-26 (a) $Q = (\frac{\varepsilon_0 A}{d})V_0$；(b) $V = \frac{V_0}{\kappa}$；
(c) $U_i = \frac{1}{2}(\frac{\varepsilon_0 A}{d})V_0^2$；(d) $U_f = \frac{1}{2}(\frac{\varepsilon_0 A}{\kappa d})V_0^2$；
(e) $\Delta U = U_f - U_i < 0$

19-27 $Q = (\frac{\kappa \varepsilon_0 A}{d})V_0$，$U_i = \frac{1}{2}\frac{\kappa \varepsilon_0 A}{d}V_0^2$

19-28 (a) $Q_1 = C_1 V_0$，$Q_2 = C_2 V_0$；
(b) $Q_1' = [\frac{\kappa C_1 (C_1 + C_2)}{\kappa C_1 + C_2}]V_0$，
$Q_2' = [\frac{C_2 (C_1 + C_2)}{\kappa C_1 + C_2}]V_0$；
(c) $V = [\frac{(C_1 + C_2)}{\kappa C_1 + C_2}]V_0 < V_0$

第 20 章

20-1 5.9×10^{22} 個/cm³

20-2 (a) $5.0 \times 10^6 \text{ A/m}^2$；(b) 3.4×10^{-4} m/s

20-3 (a) 5.9×10^6 m/s；(b) 1.1×10^{14}/m³

20-4 3.4×10^{-3} Ω

20-5 略

20-6 0.25 Ω

20-7 7.7 Ω

20-8 (a) $\alpha = 0.0038 \,°C^{-1}$；(b) $67.4 \,°C$

20-9 $120 \,°C$

20-10 (a) 7.0×10^{-6} Ω-cm；(b) 鎳

20-11 16.0 Ω

20-12 $1930 \,°C$

20-13 (a) 略；(b) $2 \,\mu$m

20-14 4.8 hr

20-15 (a) 1.1×10^2 V；(b) 8.4×10^2 W

20-16 $\varepsilon = 2.4$ V，$r = 0.2$ Ω

20-17 0.067 Ω

20-18 $\varepsilon = 18.0$ V，$r = 0.2$ Ω

20-19 (a) 0.20 Ω；(b) 1.0 V

20-20 6.3 A

20-21 略

20-22 $R = \frac{R_1 R_2 R_3}{R_1 R_2 + R_2 R_3 + R_3 R_1}$

20-23 $4d$

20-24 1 V

20-25 5 種；$\frac{1}{2}$Ω，1.5Ω，2Ω，$\frac{8}{3}$Ω 及 8Ω

20-26 (a) $\frac{6}{11}$ Ω；(b) 11 A；(c) 66 W

20-27 (a) 0.60 A；(b) 7.2 W；(c) 3.6 W；
(d) 7.2 W

20-28 R

20-29 (a) $V_{ab} = 8$ V；(b) 3 A

20-30 $\frac{3}{4}R$

20-31 $I_1 = 2$ A，$I_2 = \frac{4}{3}$ A，$I_3 = \frac{4}{3}$ A

20-32 (a) 0.3 A；(b) 2.1 A；(c) $\frac{20}{7}$ Ω

20-33 $7.2 \,\mu$F

20-34 (a) 3 A；(b) 12 V；(c) 24×10^{-6} C；
(d) 12 V；(e) 5.6×10^{-4} J

20-35 (a) $Q(t) = Q_0 \exp(-\frac{t}{\kappa \varepsilon_0 \rho})$；
(b) $I(t) = \frac{Q_0}{\kappa \varepsilon_0 \rho} \exp(-\frac{t}{\kappa \varepsilon_0 \rho})$

20-36 $R = 6.6 \times 10^6$ Ω

第 21 章

21-1 (a) 0.94×10^7 m/s；(b) 5.4 mm；
(c) 3.6×10^{-9} s

21-2 $1 : \sqrt{2} : 1$

21-3 0.57×10^{-5} T

21-4 $v_0 = 2.0 \times 10^6$ m/s，$r = 4.6$ mm

21-5 (a) $B_{\min} = \frac{2mv_0}{ea}$ ；(b) $B_{\min} = \frac{2mv_0 \sin\alpha}{ea}$

21-6 $\sqrt{2}IBa$

21-7 IBD

21-8 $N = IB\pi a^2$

21-9 (a) $\frac{\mu_0 I}{2}(\frac{1}{a} - \frac{1}{b})$，垂直出紙面；
(b) $m = I\pi(b^2 - a^2)$，垂直進入紙面

21-10 $mB(1 - \frac{\sqrt{3}}{2})$

21-11 (a) $B = \frac{\mu_0 I}{2a}$ ；(b) $m = \frac{\omega Q a^2}{2}$

21-12 (a) $\vec{B} = -\frac{\mu_0 e\vec{\omega}}{4\pi a}$ ；(b) $\vec{m} = -\frac{ea^2}{2}\vec{\omega}$ ；
(c) $\vec{m} = -\frac{e}{2m}\vec{l}$

21-13 (a) 雙圈的磁場為單圈者的 2 倍；
(b) 單圈的磁矩為雙圈者的 2 倍

21-14 (a) $B = \frac{\mu_0 I}{4}(\frac{1}{a} + \frac{1}{b})$，垂直出紙面；
(b) $m = \frac{I\pi}{2}(a^2 + b^2)$，垂直出紙面

21-15 (a) $B = \frac{\mu_0 I}{8}(\frac{1}{a} - \frac{1}{b})$，垂直進入紙面；
(b) $m = \frac{I\pi}{4}(b^2 - a^2)$，垂直出紙面

21-16 (a) 圓形 > 正六角形 > 正方形 > 正三角形；(b) 圓形所受的磁力矩最大，正三角形者最小

21-17 (a) $B = \frac{\mu_0 I}{4a}(1 + \frac{2}{\pi})$，垂直出紙面；
(b) $m = 4Ia^2(1 + \frac{\pi}{8})$，垂直出紙面

21-18 略

21-19 2.0×10^{-5} T

21-20 $B = \frac{\mu_0 I}{4a}$，垂直出紙面

21-21 $B = \frac{\mu_0 Q\omega}{2\pi(a+b)}$

21-22 $B = \frac{\mu_0 I z}{\pi(z^2 + a^2)}$

21-23 $B \cong 36 \times 10^{-4}$ T

21-24 $B = \frac{\mu_0 I}{4\pi x}\ln(\frac{d+a}{d})$

21-25 $B = \frac{\sqrt{3}\mu_0 I}{\pi a}$

21-26 (a) $\frac{27\mu_0 I}{2\pi l}$ ；(b) $\frac{8\sqrt{2}\mu_0 I}{\pi l}$ ；(c) $\frac{6\sqrt{3}\mu_0 I}{\pi l}$ ；(d) $\frac{\mu_0 \pi I}{l}$
$n=3 > n=4 > n=6 >$ 圓

21-27 $B = \frac{\mu_0 I}{4\pi x}[\frac{y+a}{\sqrt{x^2 + (y+a)^2}} - \frac{y}{\sqrt{x^2 + y^2}}]$

21-28 $\frac{\mu_0 II'ab}{2\pi c(b+c)}$

21-29 $\frac{3\sqrt{2}\mu_0 I^2}{4\pi a}$

21-30 (a) $B_z = \mu_0 I(n_b - n_a)$ ；(b) $B_z = \mu_0 I n_b$ ；
(c) $B_z = 0$

21-31 (a) 1.8 N/m ；(b) 7.5×10^{-3} G

21-32 (a) $B = 0$ ；(b) $B = \frac{\mu_0 Ir}{2\pi(b^2 - a^2)}$ ；(c) $B = \frac{\mu_0 I}{2\pi r}$

21-33 (a) $B = \frac{\mu_0 Ir}{2a^2}$ ；(b) $B = \frac{\mu_0 I}{2\pi r}$ ；
(c) $B = \frac{\mu_0 I}{2\pi r}(\frac{c^2 - r^2}{c^2 - b^2})$ ；(d) $B = 0$

21-34 略

第 22 章

22-1 $\frac{B_0^2 A^2}{R(\Delta t)}$

22-2 0.8 V

22-3 略

22-4 (a) $\frac{Ba^2}{\tau R}$ ；(b) $\frac{B^2 a^4}{\tau^2 R}$

22-5 (a) $I = -\frac{\alpha lw}{R}$，由 A 指向 B ；
(b) $F_m = (\frac{\alpha^2 l^2 w}{R})t$，向左；(c) $t = \frac{\mu mgR}{\alpha^2 l^2 w}$

22-6 (a) 24 mV ；(b) 2.4 mA ；(c) 1.4×10^{-4} N

22-7 9.0×10^2 V

22-8 (a) $-\frac{\mu_0 Iv}{2\pi R}\ln(\frac{b+c}{c})$，逆時針；
(b) $[\frac{\mu_0 I \ln(\frac{b+c}{c})}{2\pi}]^2 \frac{v}{R}$

22-9 $-\frac{\mu_0 \alpha a}{2\pi}\ln(\frac{a-b}{b})$

22-10 $\frac{3\mu_0 \pi a^2 b^2 R}{2(R^2 + b^2)^{\frac{5}{2}}}v$

22-11 $\frac{\mu_0 \pi a^2 b^2}{2(R^2 + b^2)^{\frac{3}{2}}}\frac{I_0}{\Delta t}$

22-12 (a) $\frac{1}{2}\sigma\omega B_0 r\sin\omega t$ ；

(b) $\frac{1}{16}\pi h\sigma\omega^2 B_0^2 a^4$

22-13 $\frac{1}{2}\omega Bl^2$

22-14 $\frac{1}{2}\omega Ba^2$

22-15 $\frac{\mu_0 Iv}{2\pi}\ln(\frac{b+c}{c})$，B 點的電位較高

22-16 18 V

22-17 $L \cong 5.6\times 10^{-8}$ H

22-18 $\frac{\mu_0 N^2 h}{2\pi}\ln(1+\frac{h}{a})$

22-19 $\frac{\mu_0}{\pi}\ln(\frac{d-a}{a})$

22-20 $\frac{\mu_0 \pi a^2}{2b}$

22-21 $\frac{\mu_0 a}{2\pi}\ln(\frac{b+c}{c})$

22-22 $-Nh\alpha\ln(1+\frac{h}{a})$

22-23 $\mu_0(\frac{N}{l})N'\pi a^2 \omega I_0 \sin\omega t$

22-24 (a) 0.36 J/s；(b) 8.0×10^3 J/s；(c) 8.0×10^3 J/s

22-25 $\frac{\varepsilon}{R}e^{-\frac{RT}{L}}$

22-26 2.0 J

22-27 1.2×10^8 V/m

第 23 章

23-1 $\cong 3.0$ A

23-2 10 A

23-3 2.1×10^2 Ω

23-4 (a) $X_L \cong 1.5\times 10^3$ Ω；(b) $X_C = 5.3\times 10^2$ Ω；(c) 36 Hz

23-5 2.5 μF

23-6 (a) $Z \cong 1.1\times 10^3$ Ω；(b) −68°

23-7 (a) $Z = 45.3$ Ω；(b) $I_0 = 1.10$ A

23-8 2.20 A

23-9 121 W

23-10 (a) $R = 35.2$ Ω；(b) $X = 26.5$ Ω；(c) $P = 8.8\times 10^2$ W

23-11 (a) 22.9 mA；(b) −34°；(c) $\cong 2.1$ W；(d) 92 V；(e) 60 V

23-12 (a) $\cong 1.0$ H；(b) $\cong 49$ V

23-13 (a) 1.8 A；(b) 37°；(c) 1.6×10^2 W；(d) 90 V；(e) 68 V

23-14 (a) 2.6×10^2 Ω；(b) 3.3×10^2 Ω；(c) 0.33 A；(d) 0.47 A；(e) 60.5 W；(f) −53°；(g) 橢圓

23-15 3.2×10^2 Hz

23-16 (a) 2.24×10^2 rad/s；(b) 6.0 A

23-17 0.28~0.33 mH

第 24 章

24-1 45°

24-2 $\cong 2.7$ V/m

24-3 (a) $\phi = 0°$，線偏振；(b) $A = B$，$\phi = \pm\frac{\pi}{2}$，圓偏振；(c) 其它為橢圓偏振

24-4 $B = 3.3\times 10^{-8}$ T

24-5 2.0×10^5 J

24-6 (a) 50 MHz；(b) $B_x = 0$，$B_y = B_0 \cos[\pi\times 10^8(t-\frac{z}{c})]$，$B_0 = 0.2\times 10^{-8}$ T，$B_z = 0$

24-7 (a) 3.0 MHz；(b) 1.4×10^{-7} T；(c) 1.4×10^{-7} T，−y 方向；(d) $B_0 = 1.4\times 10^7$ T，$k = 6.3\times 10^{-2}$ 1/m，$\omega = 1.9\times 10^7$ rad/s

24-8 (a) 1.4×10^{-11} T；(b) 1.56×10^{-16} J/m^3

24-9 (a) 3.74×10^{26} W；(b) $E_0 = 1.0\times 10^3$ V/m，$B_0 = 3.33\times 10^{-6}$ T

24-10 $E_0 \cong 12.0$ V/m，$B_0 = 4.0\times 10^{-8}$ T

24-11 167 W

24-12　$5.3 \text{ J/m}^2 \cdot \text{s}$

24-13　$E_{\text{rms}} = 770 \text{ V/m}$，$B_{\text{rms}} = 2.6 \times 10^{-6} \text{ T}$

24-14　(a) $\cong 1.3 \times 10^{-8} \text{ T}$；(b) $2.13 \times 10^{-2} \text{ J/m}^2 \cdot \text{s}$；
(c) $\cong 27 \text{ W}$

24-15　(a) 1.0 mW/m^2；(b) $1.3 \times 10^2 \text{ W}$

24-16　(a) $E = \dfrac{I}{\sigma \pi a^2}$；(b) $B = \dfrac{\mu_0 I}{2\pi a}$；
(c) $\vec{S} = -\dfrac{I^2}{2\pi^2 \sigma a^3} \hat{\rho}$；(d) $S(2\pi al) = I^2 R$

24-17　(a) $8.0 \times 10^{-8} \text{ N/m}^2$；(b) $\cong 8.0 \times 10^{-13}$ atm；
(c) $2.4 \times 10^{-11} \text{ N}$

24-18　(a) $4.7 \text{ J/m}^2 \cdot \text{s}$；(b) $1.6 \times 10^{-8} \text{ N/m}^2$；
(c) $1.6 \times 10^{-9} \text{ m}^2/\text{s}$

24-19　(a) 4.2 V；(b) 82.8 mV；(c) 71.7 mV

24-20　$\cong 36 \text{ N}$

第 25 章

25-1　$10°$

25-2　略

25-3　入射角為 $19.5°$，折射角為 $14.5°$

25-4　略

25-5　(a) $\delta = 37.3°$；(b) 8.0

25-6　$63°$

25-7　$v = \dfrac{\sqrt{3}}{2} c$

25-8　$A = \dfrac{\pi h^2}{n^2 - 1}$

25-9　$n_2 = \sqrt{3}$

25-10　$\theta_p = 67.5°$

第 26 章

26-1　$(\frac{a}{2}, -\frac{a}{2}, \frac{a}{2})$，$(-\frac{a}{2}, \frac{a}{2}, \frac{a}{2})$，$(-\frac{a}{2}, -\frac{a}{2}, \frac{a}{2})$

26-2　$f = -\dfrac{80}{3}$ cm，$s' = 80$ cm，位於鏡後，故為虛像，為正立

26-3　實像，$m = -\dfrac{1}{3} < 0$，故為倒立

26-4　$s' = 60$ cm，$m = 5 > 0$，故為正立

26-5　$s' = \dfrac{20}{3}$ cm，$m = \dfrac{5}{9} > 0$，故為正立

26-6　實像，放大率為 $-\dfrac{1}{2} < 0$，為倒立

26-7　$f = 220 \text{ cm} > 0$

26-8　物距 $s = -80$ cm，像距為 $s' = 80$ cm

26-9　物距為焦距的 1.5 倍，像距為焦距的 3 倍

26-10　$r = 0.093$ cm

26-11　成像散佈於透鏡後 69 cm 至 80 cm 之光軸上

26-12　$D = 2.0 \text{ m}^{-1}$

26-13　$m = -22$

26-14　$D = 3.3 \text{ m}^{-1}$

第 27 章

27-1　$\lambda = 0.461 \ \mu\text{m}$

27-2　1.65 cm

27-3　19.65 cm；23.56 cm

27-4　4 級

27-5　$\theta = 9°$

27-6　$\theta_1 = 5.16°$，$\theta_2 = 10.37°$，$\theta_3 = 3.1°$ 與 $\theta_4 = 4.13°$

27-7　4 個

27-8　$m = 1$ 級

27-9　$d = 117$ nm

27-10　$d = 224$ nm

27-11　$27°$

27-12　相等

27-13　$1.9 \ \mu\text{m}$

27-14　$97.6 \ \mu\text{m}$

第 28 章

28-1　$0.94c$

28-2　c

附　錄　861

28-3	17 m	29-15	54.65 MeV
28-4	4.6 s	29-16	2.85×10^{-2} Å
28-5	(a) 1.3×10^3 s；(b) 2.5×10^3 s	29-17	9.40 eV
28-6	$0.77c$	29-18	105 eV
28-7	$0.98c$	29-19	16.7 eV
28-8	$0.36c$	29-20	(a) 光子的能量 $E = 6.2 \times 10^2$ eV
28-9	2.5×10^{-9} s		電子的動能 K.E. = 0.38 eV
28-10	$0.60c$		(b) 光子的能量 $E = 6.2 \times 10^8$ eV
28-11	4.8×10^{-7} s		電子的動能 K.E. = 6.2×10^8 eV
28-12	(a) 2 倍；(b) $0.866c$；(c) 63.3%	29-21	6.59×10^{-7} eV
28-13	2.5 MeV	29-22	0.052×10^5 MeV
28-14	(a) $0.943c$；(b) 42 m	29-23	5.5×10^{-16} s
28-15	2.5 MeV/c		
28-16	0.34 MeV	**第 30 章**	
28-17	$0.6c$	30-1	13.6 eV
		30-2	4.34×10^3 Å
第 29 章		30-3	6562.1 Å
29-1	(a) 3578 K；(b) 4025 K；(c) 4674 K；(d) 5796 K	30-4	911.8 Å
29-2	9.35×10^4 Å	30-5	第一條光譜線的波長為 $1.88\,\mu$m，能量為 0.66 eV
29-3	(a) 2.6 eV；(b) 12.5 μeV；(c) 1.66×10^{-7} eV		第二條光譜線的波長為 $1.28\,\mu$m，能量為 0.97 eV
29-4	(a) 41.4 eV；(b) 1.0×10^{19} Hz；(c) 2.21×10^{-23} kg·m/s		第三條光譜線的波長為 $1.09\,\mu$m，能量為 1.13 eV
29-5	4.6×10^{26} photons	30-6	3.29×10^{15} Hz
29-6	10.1 eV	30-7	電子每秒所繞的圈數為 6.6×10^{15} rps
29-7	(a) 0.99 V；(b) 5.9×10^5 m/s		相當於電流 1.1×10^{-3} A
29-8	(a) 1.01×10^{15} Hz；(b) 2.0 V		產生的磁場為 13 Wb/m²
29-9	1.5×10^6 l/m；6.7×10^3 Å	30-8	游離所需能量為 3.4 eV
29-10	0.98 eV		自由電子的動能為 0.4 eV
29-11	0.7 Å	30-9	n_2 最小為 3
29-12	1.012 Å；0.147 keV	30-10	波長為 5.48 Å，能量為 2.27 keV
29-13	0.637 keV	30-11	$_{29}$Cu
29-14	1.67×10^{-27} kg		

第 31 章

31-1 1.46×10^{-46} kg·m^2

31-2 2.5 eV

31-3 1.09×10^{-6} m

31-4 (a) p 型半導體；(b) n 型半導體

31-5 (a) p 型半導體；(b) n 型半導體

第 32 章

32-1 總束縛能為 104.66 MeV，每一核子平均的束縛能為 7.476 MeV

32-2 總束縛能為 492.261 MeV，每一核子平均的束縛能為 8.79 MeV

32-3 總束縛能為 127.62 MeV，每一核子平均的束縛能為 7.976 MeV

32-4 總束縛能為 1801.712 MeV，每一核子平均的束縛能為 7.57 MeV

32-5 (a) 7.56×10^7 nuclei；(b) 2638 decays/min

32-6 6 小時以後衰變活性是 3.2×10^7 decays/s
12 小時以後衰變活性是 1.6×10^7 decays/s
24 小時以後衰變活性是 4.0×10^6 decays/s

32-7 100 年以後衰變活性是 6.25×10^7 decays/s
1000 年以後衰變活性是 9.15×10^{-4} decays/s

32-8 Z 為 86，$A = 220$，原子核為 $^{220}_{86}$Rn

32-9 α 粒子的動能 $K_\alpha = 1.851$ MeV，
Ce 的動能 $K_Y = 0.053$ MeV

32-10 22.38 MeV

第 33 章

33-1 (a) 守恆；(b) 守恆；(c) 守恆；(d) 不守恆

33-2 (a) 發生；(b) 不發生，違反質量守恆定律；(c) 不發生，輕子數不守恆

33-3 (a) 電荷守恆，重子數守恆；(b) 電荷守恆，重子數守恆

33-4 (a) 不發生；(b) 發生；(c) 發生；(d) 不發生

索引

A

absolute temperature scale	絕對溫標	309
acceleration	加速度	36
acceptor	受子	799
accomodation	調節	661
action	作用力	90
activity	活性	813
adhesive force	附著力	220
adiabatic	絕熱	347
Alexander's dark band	亞歷山大暗帶	628
allowed energy levels	許可能階	797
alternating current	交流	566
amber	琥珀	384
amorphous solid	非結晶形固體	789
ampere	安培,寫為 A	388
Ampere-Maxwell's law	安培-馬克士威定律	587
Ampere's law	安培定律	520
amplitude	振幅	234
amplitude-modulation	調輻,簡稱 AM	596
analyzer	檢偏片	598
angle of incidence	入射角	611
angle of reflection	反射角	611
angle of refraction	折射角	612
angular accerleration	角加速度	155
angular dispersion	角色散	627
angular displacement	角位移	153
angular frequency	角頻率	238
angular magnification	角度放大率	666
angular momentum	角動量	162
angular velocity	角速度	154
anti-neutrino	反微中子 $\bar{\nu}$	830
antinode	波腹	294
antireflection coating	抗反射敷層	689
aperture angle	孔徑角	639
aperture stop	孔徑遮闌	642
apparent depth	視深	653
Aristotle	亞里斯多德	82
arm of force	力臂	71
armature	電樞	514
atom	原子	828
atomic nucleus	原子核	385
atomic number	原子序,簡寫為 Z	385, 805
attenuation	衰減	569, 593
audible sound	可聞聲	280
average wave power	平均波功率	268
Avogadro	亞佛加厥	307

B

Balmer, J	巴耳麥	762
Balmer series	巴耳麥系	762
band theory of solids	固體的能帶理論	792

863

baryons 重子	836
beam splitter 射束分離器	691
beat 拍	273
Becker, H 貝克	830
Becquerel, H 貝克勒	812
Bernoulli's equation 白努利方程式	227
binding energy 束縛能	807
binding mechanisms 結合機制	784
Biot-Savart's law 必歐-沙伐定律	513
black body 黑體	731
black body radiation 黑體輻射	730
body-centered-cubic structure 體心結構	790
Bohr, N 波耳	742, 764
Boltzmann, L 波茲曼	732
Boltzmann probability distribution 波茲曼機率分布函數	734
Boltzmann statistical distribation 波茲曼統計分布	778
Bose-Einstein distribution 玻色-愛因斯坦分布	836
boson 玻色子	836
Bothe, W 貝瑟	830
bound charge 束縛電荷	461
boundary surface 界面	611
Boyle, R 波以耳	308
Boyle's law 波以耳定律	309
Brackett, F 布拉克	762
Brackett series 布拉克系	763
branch 分支	487
branch point 結點	487
Bremsstrahlung 制動輻射	769
Brewster angle 布如士特角	632
British thermal unit 英國的熱單位，簡稱為 Btu	316
bulk modulus 體積彈性模量	283
buoyant force 浮力	212

C

calorie 卡，簡寫為 cal	314
capacitive reactance 電容電抗	568
capillarity 毛細現象	222
capillary tube 毛細管	222
Carnot cycle 卡諾循環	373
Carnot engine 卡諾熱機	373
carrier concentration 載子的濃度	796
carriers 載子	795
Cartesian sign convention 笛卡兒符號制	643
cathode ray 陰極射線	829
Cauchy, A 柯西	624
Cavendish, H 卡文狄西	194
cavity 空腔	731
Celsius degree 攝氏 °C	308
center of buoyancy 浮力中心	214
center of curvature 曲率中心	639
center of lens 透鏡中心，簡稱鏡心	647
center of mass system 質量中心坐標，簡稱質心坐標	135
Cesium 銫	7
Chadwick, J 查兌克	804
charge density 電荷密度	391
charge-coupled device CCD	662
Charles, J 查理	309
charm 魅	840
chemical equilibrium 化學平衡	337
chromatic aberration 色像差	626
circularly polarized 圓偏振的	597
circulating current 迴旋電流	522
circulation 環場積	519
Clausius, R 克勞修斯	377
closed pipe 閉管	296

coefficient of absorption 吸收係數	329	converging lens 會聚透鏡	648
coefficient of kinetic friction 動摩擦係數	66	convex lens 凸透鏡	648
		Coolidge tube 庫立吉射線管	769
coefficient of linear expansion 線膨脹係數	312	Cooper-pair 庫柏對	800
		corner cube reflector 角反射器	614
coefficient of static friction 靜摩擦係數	66	corner mirror 回向鏡或角鏡	614
coefficient of volume expansion 體積膨脹係數	313	coulomb 庫侖，寫為 C	385
		Coulomb, C 庫侖	387
coherence 相干性	674	couple 力偶	73
coherence length 相干長度	675	covalent bonding 共價鍵結	785
coherence time 相干時間	675	covalent crystals 共價晶體	789
coherent scattering 同調散射	742	cps, cycle per second 1 週/秒	235
cohesive force 內聚力	220	critical angle 臨界角	620
collimator 準直儀	743	critical damping 臨界阻尼	249
collision 碰撞	134	critical temperature 臨界溫度	798
color 色	832	crystal lattice 固體晶格	750
compact disc CD	677	crystalline solid 晶體	789
completely polarized 完全偏振	597	CsCl 氯化銫	790
completely unpolarized 完全未偏振的	598	Cu 銅	792
component 分力	56	Curie temperature 居里溫度	523
compound microscope 複顯微鏡	667	current carrier 載流子	469
compound pendulum, physical pendulum 複擺	243	current density 電流密度	470
		curved mirror 曲面鏡	638
compression 稠密部	280	cutoff wavelength 截止波長	771
Compton, A 康卜吞	743		
Compton effect 康卜吞效應	742	**D**	
Compton scattering 康卜吞散射	742	damped oscillation 阻尼振盪	248
concave lens 凹透鏡	648	damping constant 阻尼常數	248
conduction 傳導	322	Davidson, C 德維生	752
conduction band 導電能帶	794	de Broglie, L 德布羅意	748
conductors 導體	793	decay constant 衰變常數	812
conservative force 保守力	111	decibel 分貝，符號為 dB	288
constructive interference 相長干涉	272	degree 度	153
continuous wave 連續波	260	density wave 密度波	280
convection 對流	321	derivative 導數	25

Descartes, R 笛卡兒 628
Descartes' law 笛卡兒定律 615
destructive interference 相消干涉 272
devices 元件 792
diamagnetic 反磁 522
diamond 鑽石 791
diatomic gas 雙原子氣體 352
dielectric constant 介電常數 457
dielectric strength 介電強度 456
Diesel cycle 狄塞耳循環 371
diffraction 繞射 692
diffraction grating 繞射光柵 684
diffraction-limited system 受繞射限制系統 702
diffraction pattern 繞射圖樣 694
diffuse reflection 漫反射 612
digital versatile disc DVD 677
digital video disc DVD 677
dimension 因次 14
diopter 曲光度 656
Dirac, P 狄拉克 830
direct current 直流 566
dispersion 色散 592, 624
dispersion curve 色散曲線 627
displacement 位移 36
dissociation energy 分解能 785
distinct vision 明視 660
diverging lens 發散透鏡 648
domain wall 磁田壁 524
donor 施子 796
doped semiconductors 摻雜半導體 795
Doppler effect 都卜勒效應 299
Doppler shift 都卜勒頻移 299
double magic 雙魔數 806
double-slit interference 雙縫干涉 677

drift velocity 漂移速度 470
driven 受迫 250
driven oscillation 受迫振盪 251
driving frequency 驅動頻率 251
Dufay, C 杜菲 385
dynamics 動力學 82

E

eddy current 渦電流 548
eddy-current-braking 渦電流煞車 548
Einstein, A 愛因斯坦 4
elastic collision 彈性碰撞 135
electric charge 電荷 385
electric dipole 電偶極 400, 459
electric dipole moment 電偶極矩 400, 460
electric field 電場 395
electric flux 電通量 401
electric monopole 電單極 527
electric motor 電動馬達 514
electric polarization 電極化 460
electric potential difference 電位差 414
electrical conductivity 電導係數，也被稱為導電係數 473
electrical resistivity 電阻率 473
electromagnetic field momentum 電磁場動量 603
electromagnetic induction 電磁感應 538
electromotive force 電動勢，簡稱 emf 481
electron 電子 385, 825
electron affinity 電子親合能 784
electron gas 電子「氣」 791
electronic energy level of molecules 分子的電子能階 787
elliptically polarized 橢圓偏振 597
emissivity 發射係數 328

emittance 發射率	732
energy band 能帶	792
energy gaps 能隙	792
energy quantum 能量量子	735
entropy 熵	378
equation of continuity 連續性方程式	228
equation of state 狀態方程式	310
equipotential surface 等位面	424
escape speed 脫離速率	201
exclusion of flux 磁通量排擠在外	799
external force 外力	125
extrinsic semiconductors 外質半導體	795
eyepiece lens 目鏡	667

F

f/number 光圈數	663
face-centered-cubic structure 面心結構	790
families of Bragg plane 布拉格平面族	750
far infrared 遠紅外光	596
far point 遠點	661
Faraday's law 法拉第定律	538
Faraday's law of induction 法拉第感應定律	538
Farhenheit degree 華氏 °F	308
feet 呎	12
Fermi-Dirac distribution 費米-狄拉克分布	836
Fermi energy 費米能階	793
fermion 費米子	836
ferromagnetic 鐵磁性	523
ferromagnetism 鐵磁	523
fiber optics 纖維光學	622
final state 最末狀態，簡稱末態	337
first harmonic 基音	294
fluid 流體	210
fluid mechanics 流體力學	210
flux quantization 磁通量量子化	800
focal distance 焦距	644
focal point 焦點	639
focal ratio, f/stop 焦比	663
focus 焦點	639
Foliot 佛立歐	7
forbidden energy bands 能量禁帶	792
force 作用力	36
force constant 力常數	54
Fraunhofer diffraction 夫朗和斐繞射	700
free charge 自由電荷	459
free-electron gas model 自由電子氣體模型	478
free expansion 自由膨脹	338
free-falling body 自由落體	34
frequency 頻率	234
frequency-modulation 調頻，簡稱 FM	596
Fresnel diffraction 夫瑞奈繞射	700
friction force 摩擦力	66
fundamental frequency 基頻	294
fundamental mode 基諧模式	294

G

Galilean transformation 伽立略坐標轉換式	707
Galileo, G 伽立略	34
gas phase 氣相	318
gauss 高斯，寫為 G	503
Gaussian surface 高斯面	422, 431
Gay-Lussac, J 蓋呂薩克	309
Ge 鍺	795
Geiger, H 蓋革	761
Gell-Mann, M 蓋爾曼	839
geometrical optics 幾何光學	610

germanium 鍺	791
Germer, L 革末	752
glow discharge 輝光放電	828
gluons 膠子	832
gravitational acceleration 重力加速度	34
gravitational potential energy 重力位能	198
grazing angle 掠射角	618

H

hadrons 強子	835
half-silvered 半塗銀	691
hard magnetic materials 硬磁物質	525
harmonic 諧頻或諧音	294
heat conduction 熱傳導，簡稱為 conduction	322
heat current 熱流	322
heat engine 熱機	370
heat of evaporation 汽化熱 L_v	318
heat of fusion 熔化熱 L_f	318
heat reservoir 熱庫	336
Heisenberg, W 海森堡	755
helix 螺旋線	505
high-pass filter 高通濾波器	582
hole 電洞	795
Hubble Space Telescope 哈伯太空望遠鏡	702
Huygens, C 海更士	692
Huygens' principle 海更士原理	692
hydraulic pressure 流體靜壓力	211
hydrodynamics 流體動力學	210
hydrogen bonding 氫鍵	786
hydrogen-like atom 類氫原子	765
hydrostatics 流體靜力學	210
hyperopia 遠視眼	662

I

ideal gas 理想氣體	310
ideal gas constant 理想氣體常數	310
image 像	636
image distance 像距	637
impact parameter 撞擊參數	629
impedance 阻抗	572
impulse 衝量	96
impulsive force 衝力	96
in phase 同相	566, 677
inch 吋	
incoherent scattering 不同調散射	743
index of refraction 折射率	615
indium 銦	798
induced absorption or stimulated absorption 受激吸收	777
induced electric dipole moment 感應電偶極矩	460
induced electromotive force 感應電動勢	538
induced or stimulated emission 受激輻射	777
induction current 感應電流	538
induction furnace 高溫感應爐	549
inductive reactance 電感電抗	569
inelastic collision 非彈性碰撞	135
inertia 慣性	83
inertial reference frame 慣性參考系，簡稱為慣性系	84
inferior mirage 下映幻象	619
infrasound 聲下波	280
initial state 初始狀態，簡稱初態	337
instantaneous axis 瞬時轉軸	152
insulators 絕緣體	793
interface 介面	611
interface phenomena 界面現象	220
interference 干涉	271, 674

interference fringe 干涉條紋	677
interference pattern 干涉圖樣	674
interferometer 干涉計	691
internal energy 內能	132, 348
internal force 內力	125
intrinsic semiconductors 本質半導體	795
ion 離子	385
ionic bonding 離子鍵	784
ionic crystals 離子晶體	789
ionized 游離	386
ionosphere 電離層	593
iris diaphragm 可變光闌，簡稱光闌	662
iron single crystal 鐵單晶	524
irradiance 輻照度	663
irreversible 不可逆的	344
irreversible process 不可逆過程	344
isobaric process 等壓過程	344
isochoric process 等容過程	344
isothermal 等溫	309
isothermal process 等溫過程	340

J

Javan, A 伽文	780
joule 焦耳	103
junction diode 接面二極體	798
junction transistor 接面電晶體	798

K

Kayser 凱塞	762
Kelvin, L 克耳文	309
Kelvin scale 絕對溫標（K）	308
kilogram 公斤，簡寫為 kg	54
kinetic energy 動能	102
kinetic friction force 動摩擦力	66
Kirchhoff's rules or laws 克希荷夫法則，	
克希荷夫定律	488
knowledge 知識	2

L

laboratory system 實驗室坐標	135
large scale motion 大尺度運動	84
laser 雷射	776
laser cooling 雷射冷凍術	7
latent heat 潛熱	318
Laue, M. von 勞厄	750
law of conservation of mechanical energy 力學能守恆定律	115
law of reflection 反射定律	612
law of refraction 折射定律	616
lead 鉛	798
lens 透鏡	647
lensmaker's formula 造鏡公式	655
Lenz's law 冷次定律	538
leptons 輕子	832, 836
life science 生物的科學	3
light 光	610
light pipe 光導管	622
light pressure 光壓	603
light quantum 光量子	738
light ray 光線	610
limiting circle 極限圓	152
linear antenna 線形天線	597
linear density 線密度	265
linearly polarized electromagnetic wave 線偏振平面電磁波	597
liquid phase 液相	318
longitudinal wave 縱波	259
loop 迴路	487
Lorentz transformation 勞侖茲轉換	710
loud speaker 擴音器	514

loudness 響度		288
low-pass filter 低通濾波器		582
Lyman, T 來曼		762
Lyman series 來曼系		763

M

Mach angle 馬赫角		302
Mach number 馬赫數		285
macroscopic system 巨觀系統		306
magic number 電子魔數		806
magnet 磁石		385
magnetic charge 磁荷		527
magnetic domains 磁域		524
magnetic energy 磁能		557
magnetic hysteresis 磁滯		525
magnetic materials 磁性物質		523
magnetic moment 磁矩		511
magnetic monopole 磁單極		527
magnetic susceptibility 磁化率		513
magnetism 磁		502
magnetization curve 磁化曲線		525
magnetized 被磁化		524
magnifying power 放大率		665
Maiman, T 麥門		780
Malus 馬呂士		598
Marsden, E 馬斯登		761
mass defect 質量耗損		807
mass number 質量數		805
mass spectrograph 質譜儀		503
matter wave 物質波		748
Maxwell's displacement current 馬克士威位移電流		588
Mayer, R 梅耶		314
mean free path 平均自由路程		478
mechanical energy 力學能		115
mechanical equilibrium 機械平衡		337
mechanical wave 力學波		258
Meissner effect 邁斯納效應		799
mercury 汞		798
mesons 介子		836
metallic bonding 金屬鍵		786
metallic crystals 金屬晶體		789
metastable state 暫穩態		779
Michelson interferometer 邁克生干涉儀		691
mirror equation 面鏡公式		643
mirror symmetry 面鏡對稱		637
mode number 模式數		294
modified wavelength 已變波長		743
molar specific heat 莫耳比熱		317
molar specific heat at constant pressure 莫耳定壓比熱 c_p		352
molar specific heat at constant volume 莫耳定容比熱 c_v		351
molecular bonding 分子鍵結		784
moment of inertia 轉動慣量		163
monatomic gas 單原子氣體		352
monochromatic 單色		597
monochromatic light 單色光		676
Moseley, H 莫斯萊		773
motional emf 運動的電動勢		544
multiple-slit interference 多縫干涉		681
mutual inductance 互感		552
mutual induction 互感應		551
myopia 近視眼		661

N

nano-meter 奈米		13
natural frequency 自然頻率		251
near point 近點		661
neutrino 微中子 ν		830

neutron 中子	385, 761, 830
newton 牛頓，寫爲 N	55, 85
Newton's first law of motion 牛頓第一運動定律	83
Newton's ring 牛頓環	690
Newton's second law of motion 牛頓第二運動定律	85
Newton's third law of motion 牛頓第三運動定律	90
Nichrome wire 鎳鉻線	477
noble gas 鈍氣元素	806
nodal line 節線	274
node 波節	294
nonconservative force 非保守力	111
nonpolar 非極性	459
normal 法線	611
normal force 正向力	65
normal incidence 正入射	631
nuclear magnetic resonance imaging 核磁共振顯影，簡稱爲 MRI	523
nucleus 原子核	761

O

object distance 物距	637
objective lens 物鏡	667
Onnes, K 歐尼斯	798
open pipe 開管	296
optic axis 光軸	639
optic fiber 光纖	622
optic fiber bundle 光纖束	623
optical center 光心	647
optical lens 光學透鏡	647
optical lever 光槓桿	613
optical pumping 光學幫浦	779
optically denser medium 光密介質	620

optically thinner medium 光疏介質	620
order of interference 干涉級，簡稱級	679
oscillation 振盪運動	234
oscillator 振子	733, 736
Otto cycle 鄂圖循環	371
out of phase 異相	676
overdamped 過阻尼	249
overtone 泛音	294
overtone frequency 泛頻	294

P

paraboloidal mirror 拋物迴轉面鏡，簡稱拋物面鏡	639
parallel-axis theorm 平行軸定理	181
parallel-wire transmissin line 平行傳輸線	563
paramagnetic 順磁	522
paraxial ray 近軸光線	640
particle pair 質點對	131
Pascal 帕，紀念法國人帕斯卡	211
Pascal principle 帕斯卡原理	218
Paschen, L 帕申	762
Paschen series 帕申系	763
path difference 程差	678
Pauli, W 包立	830
Pauli exclusion principle 包立不相容原理	790
peak value 峰值	566
period 週期	234
permitivity 電容率	388
phase 相	317
phase 相位	239
phase change 相變化	318
phase constant 相位常數	239
phase difference 相差	568
phase transition 相變	318

phasor 相量	566	primary rainbow 虹	628
photo electron 光電子	738	principal axis 主軸	639, 647
photo electron current 光電流	739	principle of Archimedes 阿基米德原理	214
photoelectric effect 光電效應	738	principle of relativity 相對性原理	708
photon 光子	738	principle of superposition 重疊原理	390
photovoltaic effect 光伏作用	483	prism spectrometer 稜鏡分光計	626
physical optics 物理光學	674	proper length 原長	718
physical science 物理的科學	3	proper time interval 原時間隔	720
Planck constant 卜朗克常數	734	proton 質子	385
Planck, M 卜朗克	734	Ptolemy, A 托勒密	190
Planck's radiation law 卜朗克輻射定律	735	pulse 脈衝波	260
plane electromagnetic wave 平面電磁波	591	pure semiconductor 純半導體	795
		PV-diagram PV 圖	342
plane mirror 平面鏡	636		
plane of incidence 入射面	612	**Q**	
plane wave 平面波	270	quality factor 品質因子	579
point of incidence 入射點	611	quantum theory 量子論	730
polar 極性	459	quark 夸克	831
polar liquid 極性液體	790	quark confinement 夸克囚禁	832
polarization 偏振	596	quasi static process 準靜過程	339
polarization charge 極化電荷	461		
polarizer 起偏片	598	**R**	
polarizing angle 起偏振角	632	radian 弧度,簡寫做 rad	153
polarizing microscope 偏光顯微鏡	599	radiance 單頻輻射率	731
polyatomic gas 多原子氣體	352	radiation 輻射	322
population inversion 分布反轉法	779	radiation pressure 輻射壓	603
positron 正子	830	radioactive decay 放射性衰變	812
potential energy 位能	102	radioactivity 放射性	812
power 功率	110	rarefaction 稀疏部	280
power 本領	656	ray 射線	292, 610
power factor 電功率因子	576	ray optics 光線光學	610
Poynting vector 坡印廷向量	601	ray tracing 光線描跡法	640
presbyopia 老花眼	661	Rayleigh criterion 瑞立判據	701
pressure 壓力	210	Rayleigh-Jeans 瑞立-京氏	733
pressure wave 壓力波	280	reactance 電抗	572

reaction 反作用力	90
reaction force 抗力	65
real image 實像	636
recombination 復合	797
rectifier 整流器	569
reduced mass 約化質量	128
reference point 參考點	414
reflecting telescope 反射望遠鏡	669
reflection 反射	290
reflection coefficients 反射係數	631
reflection grating 反射光柵	685
refracting telescope 折射望遠鏡	668
refraction 折射	292
refractive power 折射本領	656
relaxation time 鬆弛時間	492
resolution 鑑別	701
resolving power 鑑別率	686
resonance 共振	252
resonance curve 共振曲線	251
rest mass 靜質量	722
resultant 合力	56
reversible 可逆	344
reversible process 可逆過程	344
Roentgen, W 侖琴	769
root-mean-square value 方均根值	574
rule of Dulong and Petit 杜龍與柏蒂法則	317
Rutherford, E 拉塞福	760
Rydberg, J 芮得柏	762
Rydberg constant 芮得柏常數	762
Rydberg equation 芮得柏方程式	762

S

satellite 人造衛星	203
saturation 飽和	811

scalar 純量	36
Schrödinger, E 水丁格	753
Schrödinger equation 水丁格方程式	753
secondary rainbow 霓	628
self inductance 自感	550
self-induction 自感應	549
semiconductors 半導體	792, 793
separation of variables 變數分離法	491
Sevres 塞佛	8
shock wave 震波	302
shutter 光閘，亦稱快門	664
shutter speed 光閘速率	664
Si 矽	795
silicon 矽	791
silicon carbide 碳化矽	791
simple harmonic motion，簡諧運動，簡稱為 SHM	236
simple harmonic wave 簡諧波	262
simple pendulum 單擺	243
simultaneity 同時性	717
single-slit diffraction 單縫繞射	694
sinusoidal wave 正弦波	262
slide-wire potentiameter 滑線電位計	497
Snell's law 司乃耳定律	615
soft magnetic materials 軟磁物質	525
sonic boom 音爆	302
sonic speed 音速	285
sound intensity 聲強度或聲強	286
sound intensity level 聲強度級	288
sound wave 聲波	280
special theory of relativity 狹義相對論	706
specific gravity 比重	216
specific heat 比熱	316
spectral analysis 光譜分析法	626
spectroscopy 光譜學	626

spectrum 光譜		625
specular reflection 鏡面反射		612
speed of a lens 透鏡速率		663
speed of propagation 傳播速率		282
speed of sound 聲速		285
spherical aberration 球面像差		640
spherical concave mirror 球凹面鏡		639
spherical convex mirror 球凸面鏡		639
spherical lens 球面透鏡		647
spherical mirror 球面鏡		639
spherical wave 球面波		270
spontaneous emission 自發輻射		777
spring force 彈簧力		63
standing wave 駐波		302
state 狀態		337
static equilibrium 靜力平衡		54, 73
static friction force 靜摩擦力		66
statics 靜力學		54
Stefan, J 史帝芬		323, 731
Stefan-Boltzmann constant 史帝芬-波茲曼常數		328
Stefan-Boltzmann law 史帝芬-波茲曼定律		732
stopping potential 截止電壓		739
subatomic particles 次原子粒子		831
sublimation 昇華		321
subsonic speed 次音速		285
superconducting ring 超導環		800
superconducting state 超導態		798
superconductivity 超導性		798
superior mirage 上映幻象		619
superposition principle 重疊原理		271
supersonic speed 超音速		285
surface charge density 面電荷密度		406
surface tension 表面張力		220

T

telescope 望遠鏡		668
temperature 溫度		306
tension 張力		64
terminal voltage 端電壓		483
tesla 特士拉		503
the second law of thermodynamics 熱力學第二定律		369
the zeroth law of thermodynamics 熱力學第零定律		307
thermal conductivity 熱傳導係數		323
thermal efficiency 熱效率 η		370
thermal energy 熱能		316
thermal equilibrium 熱平衡		307
thermal expansion 熱膨脹		311
thermodynamic cycle 熱力循環		344
thermodynamic equilibrium 熱力平衡		337
thermodynamic process 熱力過程		337
thermodynamic variable 熱力變數		337
thermodynamics 熱力學		132
thin film 薄膜		687
thin-lens approximation 薄透鏡近似		648
Thomson, J 湯木生		760
threshold frequency 底限頻率		739
threshold of feeling 感覺底限		288
threshold of hearing 聽覺底限		288
time constant 時間常數		492, 556
time dilation 時間膨脹		720
time-varying electric field 時變電場		587
toroid 環式螺線管		531
torque 力矩		70
Torricelli, E 托里切利		217
torsional constant 扭轉常數		244
torsional pendulum 扭擺		244
total disintegration energy 總蛻變能量		816

total internal reflection 全內反射，簡稱
　全反射 621
Townes, C 湯斯 4
transformation equation 轉換方程式 706
transmission 透射 291
transmission grating 透射光柵 685
transverse magnification 橫向放大率，
　簡稱放大率 643
transverse wave 橫波 259

U

ultrasound 超聲波 280
uncertainty relations 測不準關係式 754
underdamped 次阻尼 249
unit 單位 5
unmodified wavelength 未變波長 743

V

valence band 價電能帶 794
Van der Waals force 凡德瓦爾力 786
vector 向量 36
velocity 速度 36
velocity selector 速度選擇器 507
vertex of mirror 鏡頂 639
vibrational quantum number 振動量子數 787
video compact disc VCD 677
virtual image 虛像 636
visible light 可見光 610

W

Watt 瓦 477
watt 瓦特，寫為 W 110
wave 波 258
wave cycle 波循環 260
wave front 波前 270, 601
wave function 波函數 262
wave intensity 波強度 270
wave motion 波動 258
wave number 波數 263, 591
wave speed 波速 261
wave train 波列 260
waveform 波形 260
wavelet 子波 692
Wien, W 維恩 732
work 功 102
work-kinetic energy theorem 功-動能定
　理 107

Y

yard 碼 12
Young, T 楊格 677

Z

Zweig 次威格 839

total internal refraction 全内反射；隔辐		visible light 可见光	610
	621		
Townes, C. 陶恩斯	4	**W**	
transformation equation 转换方程式	706	Watt, J.	477
transmission 透射	291	watt 瓦特；焦耳 W	110
transmission grating 透射光栅	685	wave 波	258
transverse magnification 横向放大率		wave cycle 波周期	260
耶鲁校大学	643	wave front 波阵面	259, 601
transverse wave 横波	259	wave function 波函数	262
		wave intensity 波强度	230
U		wave motion 波动	258
ultrasound 超声波	280	wave number 波数	263, 591
uncertainty relations 测不准关系（原理）	754	wave speed 波速	261
underdamped 欠阻尼	249	wave train 波列	260
unit 单位	5	waveform 波形	260
unmodified wavelength 不变波长	742	waveler 下者	692
		Wien, W. 维恩	732
V		work 功	102
valence band 价电子能	794	work-kinetic energy theorem 功-能定理	107
Van der Waals force 凡得瓦耳力	786		
vector 向量	36	**Y**	
velocity 速度	36	yard 码	12
velocity selector 速度选择器	507	Young, T. 杨格	677
vertex of mirror 镜顶	639		
vibrational quantum number 振动量子数	787	**Z**	
video compact disc VCD	677	Zweig, 丛维格	830
virtual image 虚像	636		